基于强化熔池熔炼理念的冶金新技术开发与实践

主　编　刘　诚
副主编　陈学刚　魏甲明　李东波

北　京
冶金工业出版社
2025

内 容 提 要

本书介绍了强化熔池熔炼技术，包括底吹、侧吹和顶吹等强化熔池熔炼技术与装备，叙述了"富氧""强化传热传质"和"浸没燃烧"等主要技术特征与传统熔炼技术相比具有的显著技术优势，也就是概括为"高效化""高值化""高资源化"即"三高"优势，以及同时具有绿色、低碳、多元和自动化水平先进等优点，总结了中国恩菲在火法冶金强化熔池熔炼领域的优势，梳理并首次提出了"强化熔池熔炼技术体系树"。

本书可供火法冶金技术、城市矿山回收、工业废弃物处置等领域的科研工作者和工程技术人员阅读，也可供大专院校相关专业师生参考。

图书在版编目（CIP）数据

基于强化熔池熔炼理念的冶金新技术开发与实践／
刘诚主编. -- 北京：冶金工业出版社，2025. 5.
ISBN 978-7-5240-0115-7

Ⅰ. TF803. 11

中国国家版本馆 CIP 数据核字第 2025TL5432 号

基于强化熔池熔炼理念的冶金新技术开发与实践

出版发行	冶金工业出版社		**电　话**	（010）64027926
地　　址	北京市东城区嵩祝院北巷 39 号		**邮　编**	100009
网　　址	www.mip1953.com		**电子信箱**	service@ mip1953.com

责任编辑 杨盈园　**美术编辑** 彭子赫　**版式设计** 郑小利
责任校对 王永欣　**责任印制** 禹　蕊

北京瑞禾彩色印刷有限公司印刷

2025 年 5 月第 1 版，2025 年 5 月第 1 次印刷

710mm×1000mm　1/16；27. 25 印张；529 千字；423 页

定价 238. 00 元

投稿电话　（010）64027932　投稿信箱　tougao@cnmip.com.cn
营销中心电话　（010）64044283
冶金工业出版社天猫旗舰店　yjgycbs.tmall.com
（本书如有印装质量问题，本社营销中心负责退换）

本书编委会

主　　编：刘　诚

副主编：陈学刚　魏甲明　李东波

主要编写人员：

王书晓	苟海鹏	郭亚光	王雪亮	王　云
王　琛	代文彬	祁永峰	汪兴楠	丁　冲
孙晓峰	陈　霞	高永亮	张　莹	党　辉
李鸿飞	张　阁	陈　曦	郭天宇	宋　言
余　跃				

审核人：

尉克俭	陈宋璇	李　兵	黎　敏	张海鑫
陆金忠	李　锋	颜　杰	徐小锋	吴卫国
刘　恺	许　良	李晓霞	李海春	

前　言

随着我国经济社会的不断进步，传统冶金技术已无法满足金属资源强劲的市场需求和日益严格的环保要求。火法冶金的技术创新，不仅是冶炼企业生产率大幅提升的重要依托，也是推进有色冶炼行业新旧动能转换、实现转型升级的核心动力，更是培育高端化、智能化、绿色化产业体系的有力引擎。以强化熔池熔炼技术为代表的关键技术的蓬勃发展，是适应新时代新要求的必然选择，它势必以高质量绿色科技创新的新成效持续激活新质生产力，塑造发展新优势。

中国有色工程有限公司暨中国恩菲工程技术有限公司（以下简称"中国恩菲"）针对氧气底吹熔炼、侧吹熔炼、顶吹熔炼等熔炼技术的研发和工程化实践，70年来形成了底吹熔炼、侧吹熔炼、顶吹熔炼等多项核心技术和装备，建成了多个中国，乃至世界的首台（套）装置和工程。本书系统阐述了强化熔池熔炼技术基础研究和工程应用研究工作，凝练中国恩菲冶炼技术的特长和优势，分析预判未来技术发展方向、技术演进路径，梳理总结并提出"强化熔池熔炼技术体系树"。强化熔池熔炼理论与技术体系是火法冶金学科最关键的内容，与传统熔炼技术相比具有"高富氧""强化传热传质"和"浸没燃烧"等显著的技术优势，并具有绿色、低碳、多元和自动化水平先进等优点，在处理低品位、复杂矿物领域优势明显。

本书重点介绍了中国恩菲近年来在强化熔池熔炼领域开展的技术

创新，从传统的铜、铅、锌基本金属冶炼服务到镍、钴、钪、钒、锰等战略性、能源性金属服务领域；从有色资源到黑色资源，如铁基多金属矿、钒钛磁铁矿、高磷铁矿等；从只能处理原生矿产到大力挖掘二次资源、城市矿产和大宗固废，包括赤泥、磷石膏、煤矸石等；拓宽资源可冶炼的品位边界，增加资源储量，释放出更多的可经济性利用的资源，引领了有色金属行业的技术革新和产业升级。

　　由于作者的水平所限，书中不妥之处，敬请读者批评指正。

编　者

2024 年 6 月

目　　录

1 强化熔池熔炼技术概述 ……………………………………………… 1

1.1 现代火法冶金熔炼概述 ………………………………………… 1
1.2 强化熔池熔炼技术体系树的缘起与内涵 ……………………… 1
　　1.2.1 技术特征 ………………………………………………… 2
　　1.2.2 技术优势 ………………………………………………… 2
1.3 强化熔池熔炼技术的应用实践 ………………………………… 5
　　1.3.1 富氧顶吹熔池熔炼技术 ………………………………… 5
　　1.3.2 富氧侧吹熔池熔炼技术 ………………………………… 8
　　1.3.3 氧气底吹熔炼技术 ……………………………………… 10
1.4 强化熔池熔炼技术的发展趋势及展望 ………………………… 13

2 强化熔池熔炼理论基础 …………………………………………… 14

2.1 反应热力学 ……………………………………………………… 14
　　2.1.1 吉布斯自由能 …………………………………………… 14
　　2.1.2 多元多相反应平衡 ……………………………………… 15
2.2 反应动力学 ……………………………………………………… 16
　　2.2.1 气液反应动力学 ………………………………………… 17
　　2.2.2 液液反应动力学 ………………………………………… 20
　　2.2.3 液固反应动力学模型 …………………………………… 22
2.3 熔池流动与传热 ………………………………………………… 26
　　2.3.1 熔池中固体-熔体-气体的相互作用 …………………… 26
　　2.3.2 熔池中固体-熔体传热 ………………………………… 28

3 强化熔池熔炼模拟及技术装备 …………………………………… 30

3.1 强化熔池熔炼物质流、能量流转化及强化耦合理论 ………… 30
　　3.1.1 冶金反应器内多元多相传热传质及流动模拟 ………… 31
　　3.1.2 强化熔池熔炼冶金反应器冷态物理模拟 ……………… 31
　　3.1.3 强化熔池熔炼冶金反应器数值仿真 …………………… 36

3.2 强化熔池熔炼长寿命智能诊断喷枪及粉煤喷吹技术 ················· 47
    3.2.1 强化熔池熔炼喷枪服役工况特点 ······················· 47
    3.2.2 强化熔池熔炼智能诊断喷枪 ························· 49
    3.2.3 强化熔池熔炼粉煤喷枪与应用实践 ···················· 51
    3.2.4 强化熔池熔炼炉喷枪烧损与侵蚀机理 ················· 52
3.3 强化熔池熔炼炉用耐火材料特征及侵蚀 ···················· 66
    3.3.1 耐火材料的分类及特征 ···························· 66
    3.3.2 强化熔池熔炼炉用耐火材料的特点 ··················· 73
    3.3.3 镁铬质耐火材料的种类与特征 ····················· 73
    3.3.4 关键点位镁铬质耐火材料侵蚀机理分析 ··············· 77
    3.3.5 耐火材料对炉寿命的影响及其典型应用实践 ·········· 80
3.4 强化熔炼水冷装备安全服役关键技术 ····················· 84
    3.4.1 传统冷却技术、水冷装备及安全风险 ················ 84
    3.4.2 安全服役技术开发背景与研发历程 ················· 85
    3.4.3 强化熔炼水冷装备安全服役技术理论 ··············· 86
    3.4.4 强化熔炼安全服役水冷系统装备模拟 ··············· 90
    3.4.5 强化熔炼安全服役水冷系统工业系统设计 ············ 94

4 强化熔池熔炼低碳冶金技术体系 ···················· 98
4.1 熔池熔炼技术处理钒钛磁铁矿 ························ 98
    4.1.1 钒钛磁铁矿现有处理技术概述 ···················· 98
    4.1.2 火法熔池熔炼技术的提出及工艺 ················· 100
    4.1.3 火法熔池熔炼技术工艺设计 ····················· 132
4.2 含锌固废（危废）侧吹熔炼技术的研发应用 ··············· 145
    4.2.1 锌浸出渣的来源及基本性质 ····················· 145
    4.2.2 锌浸出渣侧吹熔炼工艺技术路线 ················· 153
    4.2.3 锌浸出渣侧吹冶炼过程金属迁移分配和逸出规律 ······ 154
    4.2.4 锌浸出渣还原熔炼-连续烟化核心装备 ·············· 176
    4.2.5 示范工程 ·································· 180
4.3 铌铁矿侧吹熔融-电热法提取有价元素工艺 ··············· 182
    4.3.1 铌及铌资源 ································ 182
    4.3.2 铌铁矿侧吹熔融-电热法工艺特点 ················· 184
    4.3.3 铌铁矿侧吹熔融-电热法工艺技术 ················· 187
4.4 全热态底吹三连炉铜金连续冶炼 ····················· 195
    4.4.1 技术背景 ·································· 195

　4.4.2　工业生产技术及装置 ……………………………………… 200

　4.4.3　全热态底吹三连炉铜金冶炼技术产业化应用 …………… 226

　4.4.4　与国内外同类技术的比较 ………………………………… 226

4.5　"富氧侧吹熔炼+多枪顶吹连续吹炼+阳极精炼"热态三连炉连续

　　炼铜技术 …………………………………………………………… 231

　4.5.1　技术背景 ……………………………………………………… 231

　4.5.2　富氧侧吹热态三连炉连续炼铜技术产业化开发 ………… 232

　4.5.3　产业化实施方案 ……………………………………………… 246

4.6　侧吹-底吹连续熔炼技术处理含铜污泥及其他含铜物料 255

　4.6.1　概况 …………………………………………………………… 255

　4.6.2　工艺流程及主要设备 ………………………………………… 256

　4.6.3　生产运行指标 ………………………………………………… 257

　4.6.4　处理含铜污泥及其他含铜物料生产系统特点 …………… 261

　4.6.5　实施效果及成果指标 ………………………………………… 261

4.7　赤泥火法熔炼综合回收技术 ……………………………………… 262

　4.7.1　赤泥简介 ……………………………………………………… 262

　4.7.2　赤泥国内外利用现状 ………………………………………… 262

　4.7.3　赤泥火法回收技术 …………………………………………… 266

　4.7.4　技术经济性测算 ……………………………………………… 272

4.8　侧吹一步炼镍 ……………………………………………………… 276

　4.8.1　概述 …………………………………………………………… 276

　4.8.2　侧吹短流程炼镍工艺现状 …………………………………… 276

　4.8.3　侧吹炼镍基础研究 …………………………………………… 277

　4.8.4　侧吹一步炼镍扩大试验研究 ………………………………… 281

　4.8.5　侧吹一步炼镍应用实践 ……………………………………… 304

4.9　高磷铁矿侧吹还原熔炼技术 ……………………………………… 307

　4.9.1　高磷铁矿资源利用概述 ……………………………………… 307

　4.9.2　高磷铁矿还原热力学分析 …………………………………… 313

　4.9.3　高磷鲕状赤铁矿熔融还原试验 ……………………………… 324

　4.9.4　高磷铁矿富氧侧吹还原熔炼冶金计算 …………………… 338

　4.9.5　结论 …………………………………………………………… 348

4.10　红土镍矿石膏硫化还原造锍技术 ……………………………… 349

　4.10.1　红土镍矿资源分布及造锍熔炼 …………………………… 350

　4.10.2　红土镍矿还原硫化热力学及试验 ………………………… 359

　4.10.3　红土镍矿还原硫化工业试验及工程设计方案 …………… 371

4.10.4　结论 ……………………………………………………… 380
4.10.5　展望 ……………………………………………………… 380

5　氢在有色金属低碳冶炼中研究进展 ………………………… 381
5.1　前言 …………………………………………………………… 381
5.2　氢冶金在金属冶炼领域应用现状 …………………………… 381
5.2.1　钢铁冶炼行业氢冶金技术现状 ……………………… 381
5.2.2　有色冶炼行业氢气冶金技术现状 …………………… 383
5.3　氢气还原铁氧化物理论分析 ………………………………… 384
5.3.1　氢气还原铁氧化物热力学理论分析 ………………… 384
5.3.2　铁氧化物氢气还原热力学平衡 ……………………… 387
5.4　氢气还原有色金属氧化物理论分析 ………………………… 391
5.4.1　氢气还原有色金属氧化物热力学分析 ……………… 391
5.4.2　高铅渣氢气还原理论分析 …………………………… 391
5.4.3　锌焙砂渣氢气还原理论分析 ………………………… 401
5.5　氨在有色金属低碳冶炼中的应用展望 ……………………… 412
5.5.1　氨的制备、储运 ……………………………………… 412
5.5.2　氨作为能源供热 ……………………………………… 413
5.5.3　氨作为冶炼还原剂 …………………………………… 415
5.5.4　总结与展望 …………………………………………… 419

参考文献 ………………………………………………………… 420

1 强化熔池熔炼技术概述

1.1 现代火法冶金熔炼概述

有色金属火法冶金熔炼工艺主要有鼓风炉料柱熔炼、矿热电炉熔炼、闪速熔炼和熔池熔炼。熔池熔炼技术发展稍晚，20 世纪 70 年代国内外才开始起步，分别围绕侧吹、顶吹、底吹类型熔池熔炼技术进行了开发。这些方法包括侧吹卧式转炉的诺兰达法、特尼恩特法，侧吹固定炉的瓦纽科夫法、白银法等，浸没式顶吹的 TSL 法（艾萨、澳斯麦特）、底吹卧式转炉的富氧底吹法（QSL）等。

我国从 20 世纪 80 年代开始，陆续引进加拿大诺兰达矿物有限公司诺兰达炼铜法、德国鲁奇公司的 QSL 炼铅法、澳大利亚的奥斯迈特富氧顶吹炼铜、炼锡、炼镍工艺，以及芒特艾萨富氧顶吹炼铜、炼铅系列技术、俄罗斯瓦纽科夫侧吹炼铅法等熔池熔炼新技术，有效提高了我国有色金属熔池熔炼的技术装备水平。

上述引进技术中富氧顶吹炼铜、铅、锡、镍仍在生产运行，也有些技术由于固有的一些缺点，逐步停用或由其他技术替代。其中，诺兰达炼铜法为大冶有色金属集团控股有限公司 20 世纪 90 年代引进，但由于诺兰达炉侧吹气流在炉内行程短，气流处于气泡区，传质效率低，富氧浓度难以提高等问题，2011 年又引进澳斯麦特法取代了诺兰达法。QSL 炼铅法是我国西北铅锌冶炼厂 1983 年引进的，1990 年建成，由于在同一反应器中连续完成铅精矿的氧化和液态铅渣还原反应，对操作和工艺条件控制要求较高，后由于耐材寿命短等问题而停产至今。

1.2 强化熔池熔炼技术体系树的缘起与内涵

强化熔池熔炼技术出现之前，有色冶金领域的烧结锅熔炼、鼓风炉熔炼、反射炉熔炼等传统熔炼方法普遍存在熔炼强度低、能耗高、工序长、污染严重、操作环境差等问题，无法满足国家经济社会发展对金属资源的强劲市场需求和环保要求，迫切需要开发环保好、能够大规模开发利用矿产资源的高效绿色先进冶炼工艺和装备。20 世纪 70~80 年代，多种强化熔池熔炼工艺技术和装备在世界和中国落地生根，中国有色工程有限公司暨中国恩菲工程技术有限公司（以下简称"中国恩菲"）在引进消化吸收再创新和自主创新的过程中发挥了重要作用。

强化熔池熔炼是在高速射流的强烈搅拌和卷吸作用下，物料在炉内的高温熔池迅速完成化学反应传热传质等冶金过程。中国恩菲拥有 70 年的技术积淀和工程实践经验，接触掌握了全世界有色领域几乎所有先进冶炼技术，在全世界建设了上千座冶炼厂。总结凝练的中国恩菲冶炼技术的特长优势，特别是围绕富氧顶吹、底吹和侧吹强化熔池熔炼技术及装备几十年的技术工程经验和研发创新，共同组成了中国恩菲"强化熔池熔炼技术体系树"，如图1-1所示。

强化熔池熔炼技术的鲜明特点可以总结为1富、2强、3高、4优（"富氧""强化两传一反"和"浸没燃烧"等）；它与传统熔炼技术相比具有显著的技术优势，可概括为"高效化""高值化""高资源化"的"三高"优势，并且还具有绿色、低碳、多元和自动化水平先进等优点，强化熔池熔炼技术原料适应性强、物料适用领域广阔，能覆盖约40%的有色金属产能，特别是在处理我国的低品位、复杂矿物料领域优势非常明显。

1.2.1　技术特征

1.2.1.1　富氧
强化熔池熔炼技术的一个显著技术特征是"富氧"。

强化熔池熔炼过程多为富氧熔炼，富氧浓度一般在65%以上，并可在21%～100%调整。富氧熔炼可以减少冶炼烟排放气量进而减少烟气带走热量损失，有利于实现低碳节能冶炼。另外，富氧熔炼易于使炉内达到更高的冶炼温度，强化反应热力学条件并有利于促进强化熔池熔炼向高熔点物料处理领域拓展。

1.2.1.2　强化
强化熔池熔炼技术的另一个显著特征是"强化"。

强化熔池熔炼过程中，通过喷枪喷入炉内的高速气流强烈搅动炉内熔池，一方面强化了炉内反应动力学条件，另一方面也强化加速了炉内传热传质过程，带来的显著效果是可以提高处理规模。

1.2.1.3　浸没燃烧
中国恩菲具有专长的强化熔池熔炼技术还有一个重要特征是"浸没燃烧"。

中国恩菲专有浸没燃烧熔池熔炼技术，通过多通道浸没燃烧喷枪向炉内熔池喷入富氧空气和天然气、煤气、粉煤等燃料，利用多通道浸没燃烧喷枪直接向熔体补热，实现炉内浸没燃烧熔炼，尤其适用于处理不发热物料，具有热效率高、床能力大、设备投资低、原料适应性强等优点。浸没燃烧喷枪采用不同氧浓度和喷吹燃料还可以实现最佳的冶金过程热平衡精确控制，为城市矿产开发和固废危废处置提供绿色高效技术方案。

1.2.2　技术优势

传统熔炼技术如烧结锅、反射炉、鼓风炉和PS转炉等由于工序流程长、燃

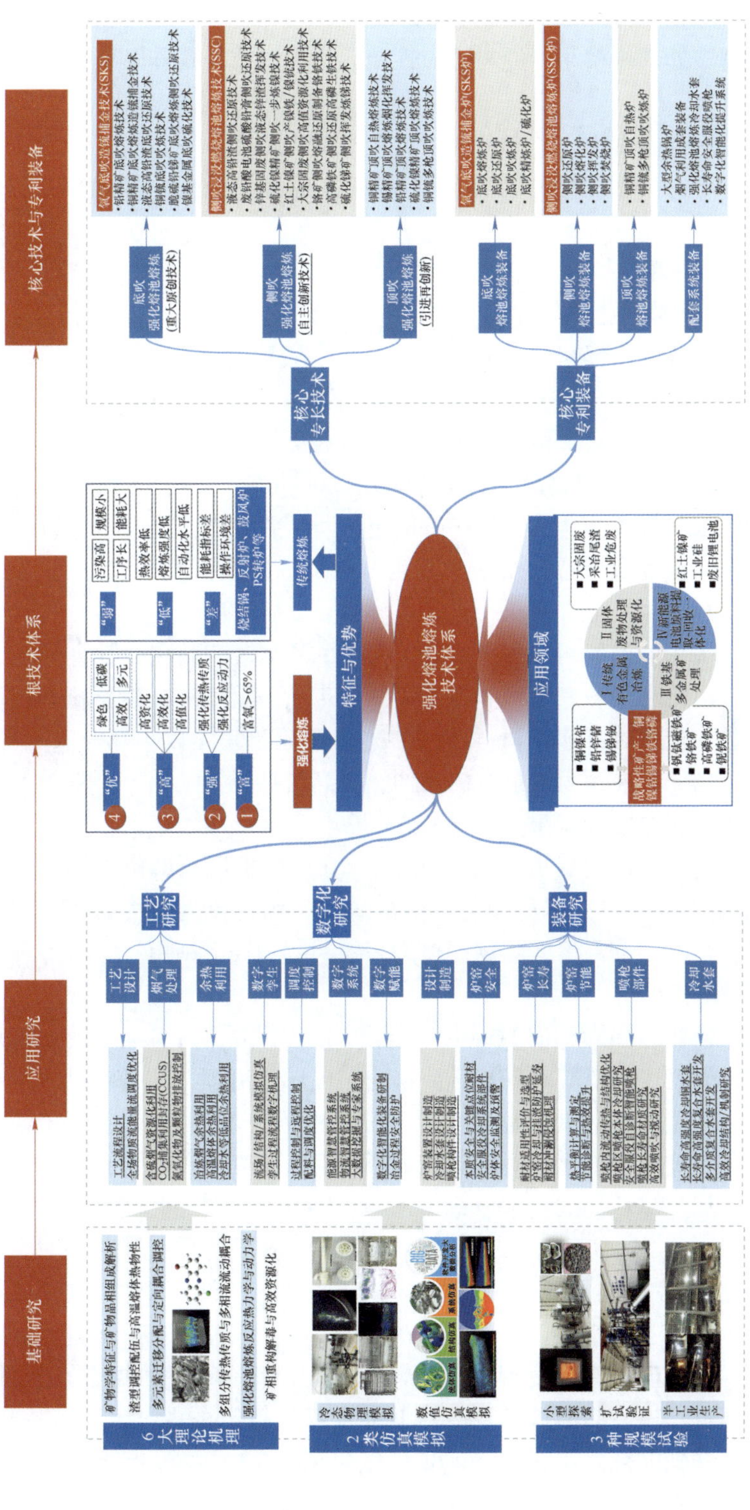

图 1-1　强化熔池熔炼技术体系全过程产生-演变发展的路径图

料利用率低、熔炼强度低、环保措施少、机械化程度和自动化水平低下，具有热效率低、能耗高、处理规模小、原料适应性差、污染严重、操作环境差和劳动强度高等明显缺点。

强化熔池熔炼技术由于"富氧""强化""浸没燃烧"等显著技术特征而具有显著的技术优势，技术优势可概括为"三高"、绿色、低碳、多元和自动化智能化水平先进等。

1.2.2.1　"三高"

"三高"技术优势是指高效化、高值化和高资源化。

高效化技术优势的内涵可以简述如下：（1）流程更短，强化熔池熔炼技术与传统熔炼技术相比是工序流程更少的短流程工艺；（2）反应更快，强化熔池熔炼技术由于富氧熔炼和高效搅拌，可使炉内具有更好的热力学条件和动力学条件，炉内"两传一反"过程得到加速和强化，炉内化学反应和传热传质过程更快，床能力大，处理规模更大；（3）消耗更少，浸没燃烧具有高效供热特点，可使热量利用率高，以及通过自熔渣型和全自热熔炼体系研究，能量利用率高，熔料过程物料消耗更少。

高值化技术优势的内涵可以简述如下：（1）多元素产品化，除金属主产品外，烟气进行资源化利用生产硫酸和硫黄等烟气产品，熔渣进行建材化利用用于生产水泥、陶粒、透水砖等建筑材料；（2）产品高附加值，以市场需求为导向，研究产品向下游延伸、向高附加值方向延伸，提高产品经济价值，开发镍基、锌基、磷基等能源金属产品和能源金属材料。

高资源化技术优势的内涵可以简述如下：（1）深挖原料的资源属性，实现原料的全资源化利用；（2）深挖原料的能源属性，包括硫化矿物的燃料和能源属性及实现高温烟气、高温熔体等物理热的高效回收和经济利用。

1.2.2.2　绿色

"绿色"技术优势的内核可以简述如下：（1）环保效果好，实现传统熔炼技术升级，污水、烟气、弃渣等水气渣排放物均实现环保治理，污染物排放少，工人操作环境好，炉渣无害化处理彻底，属于绿色冶炼技术；（2）应用于城市矿产开发和固废危废处置，强化熔池熔炼技术可用于固体废物资源化利用和危险废物无害化处置，属于绿色高效技术方案。

1.2.2.3　低碳

"低碳"技术优势的内核可以简述如下：（1）节能降碳，强化熔池熔炼技术采用富氧熔炼，烟气排放量更少，热量损失少，热效率高，能耗低，可以减少"碳"的消耗，有利于实现低碳熔炼；（2）余热利用水平高，侧吹强化熔池熔炼技术可以实现高温烟气、高温熔体及冷却循环水等低品位余热资源的高效利用，提高热利用率，降低能耗水平，进而实现低碳熔炼；（3）浸没燃烧直接高效补热，中国恩菲专有浸没燃烧熔池熔炼技术，通过多通道浸没燃烧喷枪直接向熔体补热，实现炉内浸没燃烧熔炼，热量利用率高，可以减少粉煤等碳燃料和还原剂的消耗，实现低碳熔炼。

1.2.2.4 多元

"多元"技术优势的内核可以简述如下：（1）原料适用性强，强化熔池熔料技术不仅可以应用于硫化矿的自热熔炼，适用于处理不发热物料，如氧化矿、锌浸出渣、废铅酸蓄电池铅膏、复杂铁基多金属矿、大宗固废及危险废物处理处置；（2）低品位复杂物料处理能力强，侧吹强化熔池熔炼技术的显著技术特征和技术优势，可以处理低品位和复杂物料，譬如闪速熔炼仅可以处理高品位"细粮"，强化熔池熔炼技术则可以处理低品位、复杂"粗粮"。

1.2.2.5 自动化智能化水平先进

强化熔池熔炼技术还具有自动化水平先进的显著技术优势，并通过智能化装备和数字化研究，也在不断在向智能化方向发展。

1.3 强化熔池熔炼技术的应用实践

随着我国有色金属冶炼行业的发展，熔池熔炼技术经过数十年的发展，已逐渐呈现出旺盛生命力和技术适用性。随着高富氧、高温冶炼、喷枪浸没燃烧等强化冶炼手段和措施的推进，熔池熔炼技术逐步向现代先进的强化熔池熔炼技术体系发展演变。近年来，结合引进消化吸收和本土技术创新，我国重有色金属冶炼行业熔池熔炼技术逐步发展孵化为两个主流方向：氧气底吹熔炼技术和富氧侧吹熔炼技术。

1.3.1 富氧顶吹熔池熔炼技术

顶吹熔炼是将喷枪从炉子顶部插入，通过氧枪鼓入富氧空气对熔体强烈搅动，实现强化冶炼。根据喷枪的插入深度和形式分为自热炉顶吹熔炼、三菱法顶吹熔炼和顶吹浸没熔炼，其中顶吹浸没熔炼技术应用最为广泛。顶吹熔炼又分为澳斯麦特熔炼法和艾萨熔炼法。顶吹熔炼炉为竖式圆筒形炉体，占地面积小，在受场地限制的厂区较易改造。但顶吹熔炼喷枪特别是顶吹浸没喷枪寿命短，需要严格控制喷枪浸没深度。

1.3.1.1 澳斯麦特法

澳斯麦特法起源于澳大利亚澳斯麦特公司，最早开发应用于炼锡，后来在炼铜、炼铅、炼锡、炼镍、炼锌渣等方面均有工业应用，目前在全球有 20 多台（套），中国有 14 台（套）。

在铜冶炼领域，采用澳斯麦特炼铜工艺的代表有中条山有色金属集团侯马冶炼厂、铜陵金昌冶炼厂、葫芦岛冶炼厂、云南锡业和大冶冶炼厂。

中条山有色金属集团侯马冶炼厂于 1999 年 8 月投产，是世界上首家采用澳斯麦特双炉冶炼工艺的铜冶炼厂，每炉处理料量 120 t，年处理精矿能力 24 万吨，控制炉温 1200 ℃左右。2022 年开始，中条山有色金属集团侯马冶炼厂采用了富氧侧吹熔池熔炼+多枪顶吹连续吹炼炼铜技术对原有澳斯麦特双炉冶炼工艺进行改造。

铜陵金昌冶炼厂于 2003 年建成投产，经过工艺升级和技术优化，目前铜精矿处理能力约 70 万吨/a，配有贫化电炉实现冰铜与炉渣的分离。

云南锡业 10 万吨/a 澳斯麦特炉铜熔炼项目为双顶吹铜冶炼，于 2012 年成功投产。主体工艺采用顶吹熔炼—顶吹吹炼—不锈钢阴极电解技术，配套两转两吸制酸及炉渣选矿工艺。

大冶冶炼厂于 2010 年实施了铜冶炼生产系统的第二次升级改造，新大冶澳斯麦特熔炼炉炉体由传统炉体 ϕ4.4 m×11 m 扩大至 ϕ5 m×16.5 m，最大炉料处理量提高至 180 t/h 以上，并将传统澳斯麦特炉结构复杂的马蹄形炉顶改造为平顶结构。

在锡冶炼领域，采用澳斯麦特顶吹炼锡工艺的代表有云南锡业股份锡冶炼厂、广西来宾华锡冶炼有限公司。

在镍冶炼领域，国内采用澳斯麦特法的有吉林吉恩镍业股份有限公司和金川镍冶炼厂。金川镍冶炼厂富氧顶吹炼镍系统 2006 年 9 月 30 日开始建设，2008 年 9 月投料。工艺流程为：镍精矿预干燥—富氧顶吹炉熔炼—电炉沉降分离—PS 转炉吹炼—吹炼炉渣电炉贫化，产品为高镍锍。吉林吉恩镍业股份有限公司 2009 年 11 月采用澳斯麦特炉产出第一炉低冰镍，并经沉降电炉和转炉产出第一包高冰镍，标志着整个工程的所有工艺全部打通。

在铅冶炼领域，国内采用澳斯麦特法的有呼伦贝尔驰宏矿业有限公司，该系统于 2014 年 12 月投产。

澳斯麦特法工艺主要应用企业见表 1-1。

表 1-1　澳斯麦特法工艺主要应用企业

投产时间	所属公司	工厂位置	炉料类型	产品
1999 年	中条山	中国侯马	铜精矿	粗铜
2002 年	Amplats	南非吕斯滕堡	水淬低镍锍	高镍锍
2003 年	铜陵有色	中国铜陵	铜精矿	铜锍
2003 年	Birla 铜业	印度	铜精矿	粗铜
2004 年	韩国锌业	韩国温山	铜渣	铜锍
2005 年	韩国锌业	韩国温山	铅厂含铜残渣等	铜锍
2005 年	Start project	俄罗斯	铜精矿	铜锍

续表 1-1

投产时间	所属公司	工厂位置	炉料类型	产品
2007 年	同和矿业	日本	再生铜原料	粗铜
2008 年	赤峰金剑铜业	中国赤峰	铜精矿	铜锍
2008 年	葫芦岛有色集团	中国葫芦岛	铜精矿	铜锍
2012 年	云锡铜业	中国云南	铜精矿	粗铜

1.3.1.2 艾萨熔炼法

艾萨熔炼工艺起源于澳大利亚芒特艾萨公司，先后在澳大利亚、美国、印度、秘鲁等地应用，主要用于铜精矿和铅精矿冶炼，据不完全统计目前全球有 18 台（套）。

云南铜业集团从 2002 年 5 月起将原有的电炉工艺改成艾萨炉工艺，此工艺可大幅降低电能消耗、提高生产能力、提高烟气 SO_2 浓度。艾萨炉喷枪插入熔体 300~400 mm 深处，通过喷入富氧空气对渣层进行强烈搅动，实现强化冶炼的目的。由于采用圆盘制粒机控制入炉料粒度，烟尘率较低（1.0%~1.5%）。艾萨熔炼法炼铜工艺中，砷的脱除率在 90%以上，铅的脱除率为 50%~75%，锌的脱除率为 70%~80%。云南铜业艾萨烟尘直接开路处理，减少了杂质元素在熔炼流程中反复循环和积累。

此外，中国采用艾萨熔炼工艺的还有会理昆鹏铜业、楚雄滇中铜业及赞比亚谦比希铜冶炼有限公司。

谦比希铜冶炼有限公司由中国有色矿业集团和云南铜业集团合资组建，位于赞比亚境内，并于 2009 年正式投产。2010 年改建后，年产粗铜 18 万吨，当地铜精矿品位较高，精矿含铜 34%~35%，在富氧浓度 65%~70%的条件下，控制炉渣铁硅比 0.85~0.9，Fe_3O_4 含量小于 8%，产出冰铜品位较高，达到 65%~67%。ISA 熔炼工艺主要应用企业见表 1-2。

表 1-2 ISA 熔炼工艺主要应用企业

投产时间	所属公司	位置	工厂类型
1987 年	芒特艾萨矿业有限公司	澳大利亚芒特艾萨	铜冶炼厂
1992 年	塞浦路斯迈阿密矿业	美国亚利桑那	铜冶炼厂
1992 年	芒特艾萨矿业有限公司	澳大利亚芒特艾萨	铜冶炼厂
1996 年	Sterlite 工业有限公司	印度 Tuticorin	铜冶炼厂
1997 年	联合矿业	比利时霍博肯	铜/铅冶炼厂
2002 年	云南铜业	中国昆明	铜冶炼厂
2002 年	Huttenwerke Kayser AG	德国 Lunen	再生铜冶炼厂

投产时间	所属公司	位置	工厂类型
2004 年	驰宏锌锗曲靖冶炼厂	中国昆明	铅冶炼厂
2005 年	Sterlite 工业有限公司	印度 Tuticorin	铜冶炼厂
2006 年	Mopani 铜矿	赞比亚 Mufulira	铜冶炼厂
2007 年	南秘鲁铜业	秘鲁 Ilo	铜冶炼厂
2009 年	Kazzinc JSC	哈萨克斯坦	铜冶炼厂
2009 年	秘鲁 Doe Run	秘鲁 La Oroya	铜冶炼厂
2014 年	驰宏锌锗会泽冶炼厂	中国会泽	铅冶炼厂

目前，随着冶金行业技术装备的发展，富氧顶吹熔池熔炼技术由于喷枪寿命短、作业率低等技术缺陷，新建和扩建项目已逐步被富氧侧吹熔池熔炼技术和闪速熔炼技术所替代。

1.3.2　富氧侧吹熔池熔炼技术

富氧侧吹熔池熔炼技术是将物料通过加料系统从炉顶加料口连续加入至炉内，富氧空气从炉身侧部风口鼓入炉内熔体中，从炉顶加入的物料在强烈搅动的熔体中快速熔化完成化学反应的过程。典型的侧吹熔池熔炼主要有诺兰达熔炼法、特尼恩特熔炼法与瓦纽科夫炉、白银炉等，主要用于处理可以自热的硫化铜镍矿。

1.3.2.1　硫化矿自热物料

目前硫化铜、硫化镍领域主要应用的侧吹技术为起源于苏联的瓦纽科夫自热熔炼技术，苏联莫斯科钢铁和合金学院有色冶炼教研室基于在冶金过程理论方面多年系统的研究，创新发明了硫化铜/镍矿的自热熔池熔炼技术。该工艺符合现代冶炼发展趋势的要求，保证最重要的物理化学过程——硫化物的氧化、难熔组分的熔解、相分离等达到最佳化程度。1956 年用一家工厂的烟化炉设备开展首次半工业试验，1968 年完成了 3 m^2 熔池熔炼的工业试验。

近年来，围绕冶炼系统配套装备，我国冶金工作者做出了大量的革新和集成创新工作，推进了富氧侧吹熔池熔炼技术在硫化矿自热熔炼领域（主要有硫化铜矿、硫化镍矿和硫化铅精矿领域）的应用。

（1）在硫化铜矿领域。2006 年，新乡中联为广西河池铜厂设计的我国首台处理铜精矿的 7.2 m^2 富氧侧吹炉投产，随后赤峰云铜、富邦等冶炼厂相继投产逐步发展并完善了侧吹炼铜冶炼技术，已形成了"富氧侧吹熔炼 + 多枪顶吹连续吹炼 + 火法阳极精炼热态三连炉连续炼铜工艺"。

（2）在硫化镍矿领域。2011 年，长沙有色冶金设计院设计的新疆喀拉通克首台处理镍精矿的侧吹炉投产，形成了"富氧侧吹熔炼 + 转炉吹炼"镍锍冶炼工艺。

国内富氧侧吹炼铜技术推广企业（部分）见表1-3。

表1-3　国内富氧侧吹炼铜技术推广企业（部分）

序号	厂家名称	工艺	规模/万吨·a^{-1}	状态
1	赤峰云铜	侧吹熔炼+侧吹吹炼+多枪顶吹吹炼	约13	已投产
2	赤峰云铜（搬迁）	侧吹熔炼+多枪顶吹吹炼	40	已投产
3	吉林紫金铜业有限公司	侧吹熔炼+PS转炉吹炼	10	已投产
4	浙江江铜富冶和鼎铜业有限公司	侧吹熔炼+PS转炉吹炼	10	已投产
5	安徽池州冠华	侧吹熔炼+PS转炉吹炼	10	已投产
6	山东烟台鹏晖铜冶炼厂	侧吹熔炼+侧吹吹炼	10	已停产
7	烟台国润铜业	侧吹熔炼+多枪顶吹吹炼	12	已投产
8	烟台国兴铜业	侧吹熔炼+多枪顶吹吹炼	18	已投产
9	赤峰金剑铜业（搬迁）	侧吹熔炼+PS转炉吹炼	30	已投产
10	赤峰富邦铜业	侧吹熔炼+PS转炉吹炼	6	已投产
11	广西南国铜业	侧吹熔炼+多枪顶吹吹炼	30	已投产
12	广西金川防城港	侧吹熔炼+多枪顶吹吹炼	30	建设中
13	侯马北铜业	侧吹熔炼+多枪顶吹吹炼	20	已投产
14	赤峰富邦铜业改造项目	侧吹熔炼+PS转炉吹炼	10	建设中
15	营口建发盛海	侧吹熔炼+多枪顶吹吹炼	60	建设中

1.3.2.2　不发热物料浸没燃烧技术应用

进入21世纪以来，随着耐材、水冷装备的技术进步，冶金和化工行业对不发热的物料处理需求急速增大，针对新的形势需求，2004年原中国有色工程设计研究总院副总工程师、我国知名的重有色冶炼专家王忠实提出侧吹浸没燃烧熔池熔炼技术路线。2007年中国恩菲开始实质布局侧吹熔炼技术，该技术主要应用在锌浸渣侧吹熔炼、液态铅渣侧吹还原等领域。

中国恩菲与驰宏锌锗2007年开始合作开发的锌浸渣侧吹熔炼技术为国家"十一五"重大产业技术开发项目［2008BAB39B03］。2009年，驰宏锌锗会泽冶炼厂锌浸渣侧吹半工业试验取得成功，锌浸渣的侧吹熔炼技术与装备研究及产业化荣获2016年中国有色金属工业协会科学技术奖一等奖。随后，2019年7月侧吹连续熔化烟化锌浸出渣工业生产线在驰宏锌锗会泽冶炼厂投产成功。该技术先后应用于白银有色西北铅锌冶炼厂、盛屯矿业四环锌锗汉源基地，彻底改变了我国乃至世界锌浸出渣处理技术的落后现状，将锌浸出渣处置的能耗降低了30%以上。

中国恩菲与河南金利金铅集团有限公司2008年开始合作开发的液态铅渣直接还原技术为国家"十二五"重大产业技术开发专项项目（发改办高技〔2007〕3194号）。2009年10月，济源金利液态铅渣侧吹还原工业试验取得成功，液态铅渣侧吹炉直接还原技术获2010年中国有色金属工业协会科学技术奖一等奖。

2011年中国恩菲与湖北金洋公司开始合作开发的我国首条富氧侧吹炉处理再生铅铅膏生产线在湖北金洋公司投产，并首次在侧吹炉上使用天然气侧吹浸没燃烧喷枪。侧吹熔炼技术在再生铅行业的成功应用，彻底改变了中国再生铅行业的落后现状。2016年9月，中国恩菲开发的单台周期式操作的再生铅侧吹炉生产线首次在豫光金铅投产成功。目前我国再生铅行业铅膏处理技术90%以上均为中国恩菲发明的具有自主知识产权的富氧侧吹炉处理铅膏技术。2018年开始，依托富氧侧吹熔炼技术在处理铅膏等含铅危废方面的成熟技术，侧吹熔炼技术逐步在工业固体废弃物污泥处置等领域拓展应用。

侧吹浸没燃烧技术的成功实践表明，该技术代表了强化熔池熔炼技术发展的方向，发展潜力巨大，是我国冶炼领域的撒手锏技术。侧吹熔炼技术发展后，国外的顶吹熔炼技术逐步退出中国市场，所以这项技术是民族的争气技术。目前国内已有的顶吹熔炼炉大部分已开始进行增设侧吹喷枪的侧顶复合熔炼技术改造。

由于侧吹浸没燃烧技术的独特优点和先进性，中国恩菲对该技术进行了拓展开发，特别是在高磷铁矿、磷矿、铬铁、锑等战略关键金属矿产方向上，不断拓展我国重要矿产资源的忍耐度和利用边界。

1.3.3　氧气底吹熔炼技术

20世纪80~90年代，我国几乎全部现代强化冶炼技术都依靠国外引进，甚至有"世界冶炼技术的展览馆"之称。为扭转受制于人的被动局面，从20世纪80年代开始，中国恩菲与水口山矿务局等企业，成功研发了我国具有自主知识产权的氧气底吹炼铅技术、氧气底吹炼铜技术，改变了世界铜和铅冶炼的技术格局。

（1）氧气底吹炼铅技术。氧气底吹炼铅技术开发始于20世纪80年代。自2002年首次工业化应用成功，经历了氧气底吹熔炼-鼓风炉还原炼铅技术，氧气底吹还原液态铅渣技术的开发，最终形成了底吹熔炼-底吹还原-烟化挥发的三连炉短流程炼铅技术。氧气底吹炼铅技术经过20多年发展，共建设了40余条生产线，覆盖了我国铅冶炼行业总产能的80%以上。氧气底吹炼铅技术是我国铅冶炼领域最为重要的技术革新，促进了我国铅冶炼行业整体产业升级。

（2）氧气底吹炼铜技术。氧气底吹炼铜工艺最早也称水口山炼铜法（SKS

法）。1991—1992 年，由中国有色工程设计研究总院与水口山矿务局共同在湖南水口山冶炼厂日处理 50 t 炉料的装置上，进行了半工业试验并取得了满意的技术经济指标，1994 年获中国专利权，被命名为水口山炼铜法。

氧气底吹炼铜工艺的工业化应用最早在 2001 年的越南老街冶炼厂，炼铜规模为电铜 1 万吨/a。2008 年底吹炼铜技术在中国山东东营鲁方有色金属公司投产，设计规模为阳极铜 5 万吨/a，后经改造阳极铜产能达到 10 万吨/a。2009 年，山东恒邦冶炼厂投产第三台底吹炉，用于处理复杂金精矿，年产 6 万吨电铜，同时回收贵金属。2011 年，内蒙古华鼎冶炼厂采用底吹工艺改造原有鼓风炉工艺并投产成功。目前，北方铜业垣曲冶炼厂、豫光金铅玉川冶炼厂、中原黄金冶炼厂和五矿铜业等多家冶炼厂采用了该技术。

底吹熔炼作为"造锍捕金"代表性技术，以处理含铜金精矿、含砷复杂矿为独特优势，进一步拓宽了铜冶炼行业的界限，将铜金行业跨界整合变成了现实，为铜冶炼企业提高了竞争力，快速得到了广泛应用和推广。

底吹连续吹炼是中国恩菲在氧气底吹熔炼炼铜基础上提出的一种吹炼工艺。产自底吹熔炼炉的液态高温铜锍，经流槽流入氧气底吹吹炼炉，从吹炼炉底部连续送入富氧空气对铜锍进行连续吹炼。在炉子一端较上部开孔，排放吹炼渣，较下部开孔，设置粗铜排放口。底吹连续吹炼最显著的特点就是连续性的吹炼过程，进料和放铜根据规模不同可以间断操作，吹炼和烟气收集均是连续的，有利于后续烟气制酸系统的稳定运行。此外，底吹连续吹炼还有以下特点：（1）铜锍品位相对较高，为 68%~75%；（2）与其他连续吹炼工艺类似，需要较高的操作温度（1230~1270 ℃）；（3）容易产生泡沫渣，粗铜含硫偏高，杂质较 PS 转炉高。底吹连续吹炼实现了吹炼过程连续化，克服了传统 PS 转炉缺点，具有很大发展潜力。底吹连续吹炼是中国第一个自主知识产权，单炉达到 10 万吨/a 产能以上的连续吹炼技术，与 PS 转炉的间断吹炼相比，是一项划时代的进步。底吹连续吹炼工艺从 2014 年第一条生产线投产以来，已经吸引包括豫光金铅玉川冶炼厂、包头华鼎、东营方圆在内的多家企业。另外，江西兴南环保科技有限公司、黑龙江紫金铜业有限公司采用侧吹熔炼+底吹吹炼工艺。

氧气底吹炼铅熔炼技术推广企业见表 1-4。氧气底吹炼铜熔炼技术推广企业见表 1-5。

表 1-4　氧气底吹炼铅熔炼技术推广企业

序号	企业名称	设计规模 /kt·a⁻¹	投产日期	工　艺	还原炉段改造
1	豫光金铅 I	50	2002 年	底吹熔炼+鼓风炉	底吹还原炉
2	池州科威	30	2002 年	底吹熔炼+鼓风炉	侧吹还原炉

序号	企业名称	设计规模/kt·a⁻¹	投产日期	工　艺	还原炉段改造
3	水口山	100	2005 年	底吹熔炼+鼓风炉	侧吹还原炉
4	豫光金铅Ⅱ	80	2005 年	底吹熔炼+鼓风炉	底吹还原炉
5	灵宝新凌	80	2006 年	底吹熔炼+鼓风炉	侧吹还原炉
6	祥云飞龙	60	2006 年	底吹熔炼+鼓风炉	
7	济源金利Ⅰ	80	2007 年	底吹熔炼+鼓风炉	侧吹还原炉
8	河南万洋	80	2008 年	底吹熔炼+鼓风炉	侧吹还原炉
9	湖南宇腾	80	2008 年	底吹熔炼+鼓风炉	侧吹还原炉
10	陕西汉中	80	2008 年	底吹熔炼+鼓风炉	侧吹还原炉
11	江西金德	80	2008 年	底吹熔炼+鼓风炉	侧吹还原炉
12	内蒙古兴安	80	2009 年	底吹熔炼+鼓风炉	侧吹还原炉
13	豫光金铅Ⅲ	80	2009 年	底吹熔炼+底吹还原炉	
14	青海西豫	100	2010 年	底吹熔炼+鼓风炉	侧吹还原炉
15	洛阳永宁	80	2010 年	底吹熔炼+鼓风炉	侧吹还原炉
16	郴州金贵	80	2010 年	底吹熔炼+鼓风炉	侧吹还原炉
17	济源金利Ⅱ	200	2010 年	底吹熔炼+侧吹还原炉	
18	湖南桂阳银星	100	2011 年	底吹熔炼+鼓风炉	侧吹还原炉
19	广西苍梧	60	2011 年	底吹熔炼+鼓风炉	
20	安阳岷山	100	2011 年	底吹熔炼+底吹还原炉	
21	山东恒邦	100	2013 年	底吹熔炼+底吹还原炉	
22	湖南华信	100	2013 年	底吹熔炼+侧吹还原炉	
23	云南沙甸	100	2014 年	底吹熔炼+侧吹还原炉	
24	云南蒙自矿冶	80	2014 年	底吹熔炼+侧吹还原炉	
25	内蒙古赤峰山金	100	2014 年	底吹熔炼+底吹还原炉	
26	山西亿晨	100	2018 年	底吹熔炼+侧吹还原炉	
27	河池生富	80	2018 年	底吹熔炼+侧吹还原炉	
28	豫光金铅	350	2021 年	底吹熔炼+底吹还原炉	
29	青海西豫	200	2023 年	底吹熔炼+底吹还原炉	
30	灵宝新凌铅业	200	2023 年	底吹熔炼+底吹还原炉	

表 1-5 氧气底吹炼铜熔炼技术推广企业

序号	企业名称	设计规模 /kt·a^{-1}	投产日期	工艺
1	东营方圆 I 期	50	2008 年	底吹熔炼+转炉吹炼
2	山东恒邦	50	2010 年	底吹熔炼+转炉吹炼
3	包头华鼎铜业	100	2011 年	底吹熔炼+底吹吹炼
4	北方铜业垣曲冶炼厂	100	2014 年	底吹熔炼+转炉吹炼
5	豫光金铅玉川冶炼厂	100	2014 年	底吹熔炼+底吹吹炼
6	中原黄金冶炼厂	300	2015 年	底吹熔炼+悬浮吹炼
7	湖南有色五矿金铜	100	2016 年	底吹熔炼+转炉吹炼
8	青海铜业	100	2018 年	底吹熔炼+底吹吹炼
9	灵宝金城	100	2018 年	底吹熔炼+底吹吹炼

1.4 强化熔池熔炼技术的发展趋势及展望

（1）床能力不断提高。强化熔池熔炼炉的床能力与传统熔炼炉相比有很大提升，并且还在不断提高。床能力与炉型和处理物料有关系，侧吹炉处理矿铜的床能力普遍大于 75 t/(m^2·d)，并向 80~100 t/(m^2·d) 高床能力迈进。侧吹炉处理再生铅的床能力也从 40 t/(m^2·d) 提高到 60 t/(m^2·d)。

（2）冶炼温度持续提升。强化熔池熔炼技术通过富氧和浸没燃烧等创新及炉窑装备长寿命安全服役技术的进步，熔炼温度已经具备从传统的 900~1300 ℃提升至 1500~1800 ℃的应用实践或研究进展，因此强化熔池熔炼技术提高反应效率的同时可进一步拓展应用于铁合金等高熔点物料处理领域。

（3）应用领域逐渐拓展。强化熔池熔炼技术从传统有色金属冶炼服务，逐步拓展应用于战略性、能源性金属服务领域；从有色金属拓展至钒钛、铬铁矿等黑色矿产资源；从原生矿产，拓展应用到二次资源；在拓宽矿产资源可开发利用的品位下限方面，强化熔池熔炼技术具有显著技术优势。

（4）低碳冶金、数字智能技术加速耦合。结合目前的双碳背景及新一代信息技术的快速发展，强化熔池熔炼技术未来将结合低碳冶金新工艺开发以及数字化智能化技术赋能，在引领冶金工业低碳高效智能发展和产业革新中发挥重要作用。

2 强化熔池熔炼理论基础

2.1 反应热力学

热力学是研究物质的热运动和运动形式相互关系的一门科学，主要适用于宏观体系，基础主要是热力学第一定律和热力学第二定律。其中，热力学第一定律用于研究上述变化中的能量转化问题，热力学第二定律用于研究上述变化过程的方向、限度及化学平衡和相平衡的理论。

热力学方法的特点是既不考虑物质内部的微观结构，也不涉及过程的速率和机理；只能指出某一变化在一定条件下能否发生，若能发生，其方向和限度如何，而无法解释其发生机理，也不可能预测实际产量；只预测反应发生的可能性，而不考虑其现实性；只指出反应的方向，变化前后的状态，而不能得出变化速率。

2.1.1 吉布斯自由能

简单地讲，冶金热力学重点研究的是反应的方向、限度及其进程中的能量转化关系。关于方向和限度，几乎所有冶金热力学问题均围绕着式（2-1）进行。

$$\Delta G = \Delta G^{\ominus} + RT \ln Q \tag{2-1}$$

式中　Q——化学反应的活度熵，对于反应式（2-2），其活度熵的表达式为式（2-3）。

$$a\mathrm{A} + b\mathrm{B} =\!\!=\!\!= c\mathrm{C} + d\mathrm{D} \tag{2-2}$$

$$Q = \frac{a_{\mathrm{D}}^{d} \, a_{\mathrm{C}}^{c}}{a_{\mathrm{A}}^{a} \, a_{\mathrm{B}}^{b}} \tag{2-3}$$

利用式（2-3）可以解决以下问题。

（1）根据 ΔG 为正值或负值判断给定条件下反应能否自发地向预期方向进行。$\Delta G < 0$ 反应向右进行；反之，反应向左进行。

（2）根据给定条件下反应的 ΔG，得到平衡常数 K_{p}，进而确定反应进行的限度。

（3）分析影响反应吉布斯自由能变化值 ΔG 和平衡常数 K_{p} 的因素，通过改变这些因素促使反应向有利方向进行，并控制反应限度。

使用 ΔG 作为反应方向判据，必须先具备以下三个条件：

（1）反应体系必须是封闭体系。

（2）只给出某指定温度和压力（且始态、终态的温度和压力相同）下反应的可能性，并未说明其他温度压力下的情况。

（3）反应体系必须不做非体积功（或不受外界如电场、磁场等各种"场"的影响）。

值得指出的是，对于实际反应方向的判断必须用 ΔG，而不是标准状态的 $\Delta G^{\ominus}$。但由于 ΔG 表达式中，$\Delta G^{\ominus}$ 是 ΔG 的主要部分，某些情况下可用 $\Delta G^{\ominus}$ 的值近似代替 ΔG，对化学反应进行近似分析，以判断化学反应进行的可能性。一般而言，以下情况中可以用 $\Delta G^{\ominus}$ 代替 ΔG 判断化学反应的方向。

（1）定性判断。一般认为，若常温下，$\Delta G^{\ominus} > 41.8$ kJ/mol，基本上就决定了 ΔG 的符号（但在高温下不一定成立）。

（2）同等条件。例如对于元素氧化反应，$M + O_2 \Longrightarrow MO_2$，由于不同元素都采用相同标准，比如都在 1 mol O_2 的条件下，可以用 $\Delta G^{\ominus}$ 比较各元素氧化的先后顺序。

（3）特定的标准状态。研究的反应中各物质都满足以下条件：

1）参加反应的气体，其压力为标准状态下的压强，为 1.01325×10^5 Pa；

2）参加反应的是固态或液态纯物质；

3）有溶液参加的反应，溶于金属液中的元素浓度是 1%（标准态）；

4）参加反应的炉渣组元是纯物质。

2.1.2 多元多相反应平衡

当多个反应同时发生时，若仅凭某一个反应的 ΔG 来判断一个反应能否发生，其结果是不确定的，甚至可能会得到相反的结论。例如：

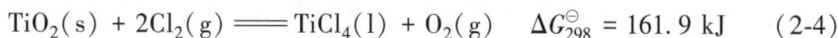

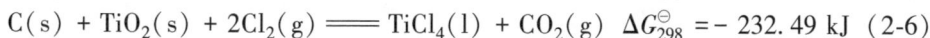

$$TiO_2(s) + 2Cl_2(g) \Longrightarrow TiCl_4(l) + O_2(g) \quad \Delta G^{\ominus}_{298} = 161.9 \text{ kJ} \quad (2\text{-}4)$$

$$C(s) + O_2 \Longrightarrow CO_2(g) \quad \Delta G^{\ominus}_{298} = -394.38 \text{ kJ} \quad (2\text{-}5)$$

$$C(s) + TiO_2(s) + 2Cl_2(g) \Longrightarrow TiCl_4(l) + CO_2(g) \quad \Delta G^{\ominus}_{298} = -232.49 \text{ kJ} \quad (2\text{-}6)$$

若不考虑式（2-4）和式（2-5）之间的耦合反应，单从式（2-4）来看 $TiCl_4$ 的生成是不可能的，但若系统中除了 TiO_2、O_2、Cl_2 之外还存在着 C，则必须要考虑式（2-5）。而结合式（2-4），是能够顺利得到式（2-6）的。因此，若不考虑耦合反应的存在，所判断的反应发生与否就是不确定的。实际上在一个多元多相热力学体系中，反应与反应之间都存在着或多或少的"耦合"，如氧化熔炼过程中的氧化反应是几个元素同时和氧反应，如果单独计算一个氧化反应，其结果是值得怀疑的。

对于多元多相系的热力学平衡问题，最常用的方法是最小自由能法。热力学原理是：体系在达到热力学平衡时，总的自由能最小。因此，热力学平衡问题转化为有约束条件的最小化数学问题。

$$\min G = \sum_{i=1}^{C} n_i G_i \tag{2-7}$$

式中　　C——体系的总的组元数；

　　　　n_i——组元 i 在平衡时的物质的量；

　　　　G_i——组元 i 的摩尔自由能，J/mol，$G_i = G_i^{\ominus} + RT\ln a_i$；

　　　　a_i——组元 i 的活度。

对于复杂体系，系统自发向自由能最小化的方向进行。有约束条件的极值求法实际上是有约束的非线性规划（或非线性优化）问题，已有很多专用的程序可供选用。最近，许多研究者已经开始针对复杂相平衡热力学模型及数据库开发进行积极的研究，这也可以应用到熔池熔炼过程中来，极大地帮助准确预测和控制熔炼过程进行。

2.2　反应动力学

热力学探讨的是反应进行的可能性，反应方向及限度。而动力学研究的核心问题是反应速率和反应机理。传统的化学动力学以均匀分散反应体系为基础，研究纯化学反应的微观机理、步骤和速度，通常称为微观动力学。实际的冶金反应过程除化学反应外，总是伴随着物质和热量的传递，而物质和热量的传递又都与流体流动（动量传递）密切相关。

宏观动力学考虑了伴随反应发生的各种传递过程，其研究方法是把决定上述各传递过程速度的操作条件与反应进行速度之间的关系用数学公式联系起来，从而确定一个综合反应速度来描述过程的进行。对于有显著热效应的化学反应还包括有流体参加反应时的对流传热，有时还有辐射传热及某相内部的传导传热。可见多相反应的共同特征是反应发生在两相的界面上，因此反应速度与界面的状态有着密切关系。对于多相反应，由于其界面的大小、界面的性质及有无新相产生等因素不同，其反应速度也不同。

熔池熔炼过程多涉及的是非均相的、多相的化学反应，还要考虑各传递过程的速率，这隶属宏观动力学体系。这类反应一般包括下列环节：

(1) 反应物向反应界面扩散。

(2) 在界面处发生化学反应，通常伴随吸附、脱附和新相生成。

(3) 生成物离开反应界面。

多数冶金反应是发生在不同相之间的多相反应，按照体系中的相界面特征划分可以分为五大类型的相间反应。即气—固反应、气—液反应、液—液反应、液—固反应和固—固反应。熔池熔炼过程中主要涉及了气—液反应、液—液反应、液—固反应，下面对其进行详细介绍。

2.2.1 气液反应动力学

在冶金过程中，气液反应是一类很重要的反应，如有色冶炼中的熔池熔炼、铜转炉吹炼得到粗铜等过程，均属气液反应。这类反应主要分为两大类，即分散的气泡通过液体的移动和液体接触和气液两相持续接触反应。

2.2.1.1 移动接触的气泡与液体间反应

移动接触的气泡与液体间反应过程主要包括 4 个部分，即气泡的形成、气泡在液体中的运动、气泡与液体间的传质、气泡与液体间的反应。

A 气泡的形成

液相中形成气泡主要有两种途径：一是由于溶液过饱和而产生气相核心，并长大形成气泡，该过程分为均相形核和非均相形核两种情况；二是浸没在液相中的喷嘴喷出气体产生气泡，如浸没燃烧熔池熔炼等。由于均相形核克服的阻力非常巨大，因此在冶金熔体中，均相形核实际上是不可能的，都是非均相形核形成气泡。

气泡的大小与气体流量有一定的关系。当气体流量很小，$Re_b = vd_0\rho_1/\mu_1 < 500$ 时，处于静力学区，气泡的大小取决于浮力和表面张力之间的平衡，气泡直径 d_b 为：

$$d_b = [6d_0\sigma_1/g(\rho_1 - \rho_g)]^{1/3} \tag{2-8}$$

式中　d_0——喷嘴内径；

ρ_1, ρ_g——液体和气体的密度；

σ_1——液体的动力黏度。

此时，气泡直径与喷嘴直径的 1/3 次方成正比，与气体流量无关。

当气体流量增大，$500 < Re_0 < 2100$ 时，处于动力学区，气泡的表面张力可以忽略，气泡主要在浮力和惯性力的控制下形成，此时脱离喷嘴的气泡平均体积为：

$$V_{b,c} = q^{\tau_e} = (2\alpha/g)^{3/5}(3/4\pi)^{1/5}q^{6/5} \tag{2-9}$$

式中　α——气泡排开液体体积的比例系数；

τ_e——气泡从开始形成、长大到脱离喷嘴（气泡半径为 r）所经历的时间；

q——气体流量。

从式（2-9）可以看出，该条件下气泡直径随气体流量的增加而增大。

当气体流量增加至 $Re_0 > 2100$ 时，可能进入射流区，喷入的气体很快分裂成许多小气泡，且雷诺数越大，气泡直径越小；当 $Re_0 > 10000$ 时，气泡直径近似为常数。

B 气泡在液体中的运动速度

气泡在液体中的运动主要取决于浮力、黏滞力和形状阻力，当这些力达到平衡时，气泡匀速上升，这与固体颗粒在气体或液体中下落时的情况类似。但是两者之间也有一些重要差异：一是气泡不是刚性体，在力的作用下会变形；二是气泡上浮时，泡内气体可以产生循环流动，会影响形状阻力大小。气泡在液体中的运动将取决于雷诺数 Re_b、韦伯数 We_b 及弥散系统中的无量纲特征数，即重力与表面张力之比 $\left(Eo_b = \dfrac{g\Delta\rho d_b^2}{\sigma}\right)$。

当 $Re_b < 2$ 时，形成球形小气泡，行为类似刚体，服从 Stokes 定律，其上升速率为：

$$v_t = d_b^2(\rho_1 - \rho_g)g/(18\mu) \tag{2-10}$$

当气泡为球形，且 $2 < Re_b < 400$ 时，气泡内将发生循环流动，可减少形状阻力，气泡上升速度 v 将增加至式（2-10）的计算值的 1.5 倍。

当 $Re_b > 1000$，且 $We_b > 18$ 或 $Eo_b > 50$ 时，在低黏度或中等黏度液体中上升的当量直径大于 1 cm 的气泡成球冠形，其上升速度与液体性质无关，可由下式估算：

$$v_t = 1.02(gd_{b/2})^{1/2} \tag{2-11}$$

C　气泡与液体间的传质

气泡与液体间的传质过程受气泡内气体循环、气泡变形和振动等因素影响，比通常气液间传质过程复杂。其传质系数按雷诺数大小可以分为 4 个区域计算。

$$J_A = \cfrac{c_{|A|} - \dfrac{c_{(A^{z+})}}{K^{\ominus}}}{\dfrac{1}{k_{[A]}} + \dfrac{1}{K^{\ominus}k_{(A^{z+})}} + \dfrac{1}{k_{rea+}}}$$

式中　$\dfrac{1}{k_{[A]}}$ ——A 在钢液中的传质阻力；

$\dfrac{1}{K^{\ominus}k_{(A^{z+})}}$ ——A 在渣中的传质阻力；

$\dfrac{1}{k_{rea+}}$ ——A 在界面上化学反应的阻力。

这就是双膜理论在渣钢反应中应用的数学模型。可以看出，总反应速率与两相间的浓度差成正比，与总反应的阻力成反比。

（1）$Re_b < 1.0$ 区域。气泡行为类似刚性球体，通过理论分析有下式成立：

$$Sh = k_bd_b/D = 0.99(Re_bSc)^{1/3} \tag{2-12}$$

式中　Sc——施密特数，$Sc = \mu_1/(\rho_1 D)$。

（2）$1 < Re_b < 100$ 区域。气泡内不发生循环流动时，可应用下式计算：

$$Sh = 2 + 0.55Re_b^{0.55}Sc^{0.33} \qquad (2-13)$$

（3）$100 < Re_b < 400$ 区域。气泡内有气体循环，引起气泡变形和振动，尚无合适计算式。

（4）$Re_b > 400$ 区域。对于球冠形气泡有：

$$Sh = 1.28(Re_b/Sc)^{1/2} \qquad (2-14)$$

结合式（2-11）和式（2-14）可导出气泡传质系数 K_d：

$$K_d = 1.08g^{1/4}D^{1/2}d_b^{-1/4} \qquad (2-15)$$

式中　D——组分的分子扩散系数。在无可靠实验数据时，可以根据以上各式联立推导传质系数 K_d 值。

气泡与液体间的传质通量为：

$$N_d = K_d(C_{Ab} - C_{Ai}) \qquad (2-16)$$

式中　C_{Ab}——液相主体与气泡界面上 A 的浓度；
　　　C_{Ai}——液相主体与界面上 A 的浓度。

大多数气体与液体间的反应速度都比扩散速度快，因此，气泡与液体间的反应通常受传质过程控制，从而界面上的化学反应达到平衡状态。

2.2.1.2　持续接触的气液相间反应

气液相间反应及气体的吸收或解吸，在多数金属的精炼中有重要意义。其中，气液相间反应是伴随传质过程的化学反应，而气体的吸收或解吸可作为物理过程。通常情况下吸收和解吸都受液体中传质过程控制。

气液间传质理论主要有界膜模型、渗透理论和表面更新理论三种。

A　界膜模型

界膜模型假设流体与界面间的传质阻力完全在紧贴界面的薄膜内，即有效边界层内，薄膜内传质靠分子扩散且浓度分布稳定，膜以外的流体中浓度均匀。传质通量通常由下式确定：

$$N_A = -D_A dC_A/dx = D_A(C_{Ab} - C_{Ai})/\delta \qquad (2-17)$$

式中　δ——边界层厚度。

B　渗透理论

渗透理论假定气液相间传质是由于液体表面上的流体微元不断被来自主体且具有主体浓度的新微元所更换完成的，微元在表面的停留时间很短且是均等的，气体组分 A 向微元中渗透距离远小于微元尺寸，所以可把 A 在微元中的渗透视为半无限大液体中的非稳态扩散。

A 组分某一时刻的传质通量为：

$$N_A = -D_A \partial C_A/\partial x \big|_{x=0} = \sqrt{D_A/(\pi\tau)}(C_{Ai} - C_{Ab}) \qquad (2-18)$$

微元在表面上（τ）停留时间内的平均传质通量为：

$$\overline{N_A} = \frac{1}{\pi}\int_0^\tau N_A d\tau = 2\sqrt{D_A/\pi\tau}\,(C_{Ai} - C_{Ab}) \tag{2-19}$$

C　表面更新理论

表面更新理论假定，流体微元在表面上的停留时间服从统计定律，存在一个停留时间分布，其分布函数为：

$$\varphi(\tau) = se^{-s\tau} \tag{2-20}$$

式中　s——表面更新率，表示单位时间被更新的表面分数。

停留时间在 $0\sim\infty$ 分布，所以平均传质通量为：

$$\overline{N_A} = \frac{1}{\pi}\int_0^\infty N_A\varphi(\tau)d\tau = \int_0^\infty \sqrt{D_A/(\pi\tau)}\,(C_{Ai} - C_{Ab})\,se^{-s\tau}d\tau = \sqrt{sD_A}\,(C_{Ai} - C_{Ab}) \tag{2-21}$$

综合式（2-17）、式（2-18）和式（2-21）可以看出，传质通量可统一表达为：

$$N_d = K_d(C_{Ab} - C_{Ai}) \tag{2-22}$$

式中　K_d——传质系数。

三种理论中的传质系数 K_d 分别为：$K_d = D_A/\delta$（界膜模型）；$K_d = 2\sqrt{D_A/(\pi\tau)}$（渗透理论）；$K_d = \sqrt{sD_A}$（表面更新理论）。

应用三种理论模型处理问题时，传质系数与扩散系数的关系是不同的。在冶金气-液反应中有许多应用它们的实例，其中以界膜模型应用最多。

2.2.2　液液反应动力学

液液反应是指两个不相溶的液相之间的反应，这类反应对冶金过程十分重要。例如，在火法冶金过程中，鼓风炉炼制粗铅及转炉吹炼粗铜都包含有熔渣和金属熔体之间的液液反应。这类反应过程包括反应物和产物在两个液相中的传质和化学反应等基本步骤。

液液反应的限制性环节一般分为两类：一类以扩散为限制性环节；另一类是以界面化学反应为限制性环节。在高温冶金反应中，大部分限制性环节处于扩散范围，只有一小部分反应属于界面化学反应类型。尽管后者代表的反应不多，但是其机理的研究却很重要，处理的难度也较前者大。

通常应用双膜理论分析金属液-溶渣反应机理和反应速率。金属液-熔渣反应主要有以下两种反应：

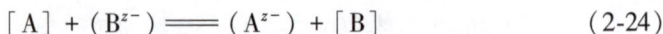

$$[A] + (B^{z+}) = (A^{z+}) + [B] \tag{2-23}$$

$$[A] + (B^{z-}) = (A^{z-}) + [B] \tag{2-24}$$

式中　　　　　　$[A]$，$[B]$——金属液中以原子状态存在的组元 A、B；

（A^{z+}）、（A^{z-}）、（B^{z+}）、（B^{z-}）——熔渣中以正（负）离子状态存在的组元 A、B。

就反应机理分析，整个反应包括以下步骤：

（1）组元［A］由金属液内穿过金属液一侧边界层向金属液-熔渣界面迁移；

（2）组元（B^{z+}）由渣相内穿过渣相一侧边界层向熔渣-金属液界面迁移；

（3）在界面上发生化学反应［A］+（B^{z+}）=（A^{z+}）+［B］；

（4）反应产物（A^{z+}）＊由熔渣-金属液界面穿过渣相边界层向渣相内迁移；

（5）反应产物［B］由熔渣-金属液界面穿过金属液边界层向金属液内部迁移。

对于一般情况，若组元 A 在金属液和渣中的扩散和在界面化学反应速率差不多，每一步的物质流密度如下。在金属液边界层的物质流密度为（图2-1）：

图2-1 所示为组元 A 在熔渣、金属液中的浓度分布。

$$J_{[A]} = k_{[A]}(c_{[A]} - c_{[A]}^{*}) \tag{2-25}$$

在渣相边界层的物质流密度为：

$$J_{(A^{z+})} = k_{(A^{z+})}(c_{(A^{z+})}^{*} - c_{(A^{z+})}) \tag{2-26}$$

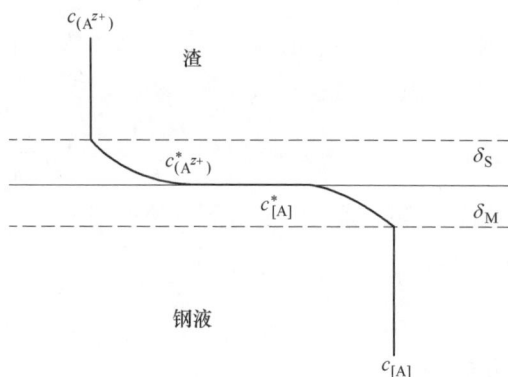

图2-1 组元 A 在熔渣、金属液中的浓度分布

若界面化学反应为一级反应时，化学反应净速率为：

$$v_{A} = k_{rea+}(c_{[A]}^{*} - \frac{c_{[A^{z+}]}^{*}}{K^{\ominus}}) \tag{2-27}$$

式中 k_{rea+}——正反应速率常数；

$K^{\ominus}$——反应平衡常数。

总反应过程达到稳态时，则

$$J_A = k_{[A]}(c_{[A]} - c_{[A]}{}^*) = k_{(A^{z+})}(c_{(A^{z+})}{}^* - c_{(A^{z+})}) = k_{rea+}(c_{[A]}^* - \frac{c_{[A^{z+}]}^*}{K^\ominus})$$

$$(2-28)$$

式中　$\dfrac{1}{k_{[A]}}$——A 在金属相中的传质阻力；

　　$\dfrac{1}{K^\ominus k_{[A^{z+}]}}$——A 在渣中的传质阻力；

　　$\dfrac{1}{k_{rea+}}$——A 在界面上的化学反应的阻力。

这是双膜理论渣金反应中应用的数学模型。可知，总反应速率与两相间的浓度差成正比，与总反应的阻力成反比。

(1) 若 A 在金属相中的传质是限制环节，$\dfrac{1}{k_{[A]}} \gg \dfrac{1}{K^\ominus k_{[A^{z+}]}} + \dfrac{1}{k_{rea+}}$，则在渣中的阻力和化学反应阻力可以忽略。此时，反应过程总速率如下：

$$J_A = k_{[A]}(c_{[A]} - c_{[A]}^*)$$

$$(2-29)$$

(2) 若 A 在渣中的传质是限制环节，$\dfrac{1}{K^\ominus k_{[A^{z+}]}} \gg \dfrac{1}{k_{rea+}} + \dfrac{1}{k_{[A]}}$，则在金属相中的阻力和化学反应阻力可以忽略。此时，反应过程总速率如下：

$$J_A = k_{(A^{z+})}(c_{(A^{z+})}^* - c_{(A^{z+})})$$

$$(2-30)$$

(3) 若 A 在渣金界面化学反应是限制环节，$\dfrac{1}{k_{rea+}} \gg \dfrac{1}{K^\ominus k_{[A^{z+}]}} + \dfrac{1}{k_{[A]}}$，则在金属相和渣中的阻力可以忽略，此时，总过程的速率如下：

$$J_A = k_{rea+}(c_{[A]}^* - \frac{c_{[A^{z+}]}^*}{K^\ominus})$$

$$(2-31)$$

2.2.3　液固反应动力学模型

含碳物质与熔渣间的还原反应、石灰石或球团矿在熔渣中的熔化溶解及熔渣和耐火材料间的反应等都是冶金中重要的液固反应。本节对熔融还原反应动力学进行分析讨论。

熔融还原反应过程中，熔渣内金属氧化物（M_xO）与碳颗粒的反应，属于碳粒与熔渣系的反应：

$$(M_xO) + C \longrightarrow x[M] + CO$$

$$(2-32)$$

式（2-32）电化学反应可表示为：

$$\frac{2}{y}(M^{y+}) + 2e^- =\!\!=\!\!= \frac{2}{y}[M]$$

$$(2-33)$$

$$(O^{2-}) \Longrightarrow [O] + 2e^- \tag{2-34}$$

$$[O] + C \Longrightarrow CO \tag{2-35}$$

综合式（2-33）~式（2-35），可得：

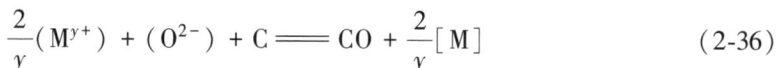

$$\frac{2}{y}(M^{y+}) + (O^{2-}) + C \Longrightarrow CO + \frac{2}{y}[M] \tag{2-36}$$

熔渣中 M^{y+}、O^{2-} 向 C 颗粒表面传质，在此处出现电极反应式（2-33），式（2-34）产生的 [O] 与碳粒发生反应 [式（2-35）] 生产 CO。反应生成 CO 在碳粒周围形成气膜（CO+CO_2），表观还原反应是通过气-渣（气-液）反应产生，即反应式（2-32）可视为由渣-气界面反应 [式（2-37）] 和碳粒-气界面反应 [式（2-38）] 组成，即

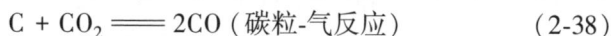

$$(M_xO) + CO \Longrightarrow x[M] + CO_2 \text{（渣-气反应）} \tag{2-37}$$

$$C + CO_2 \Longrightarrow 2CO \text{（碳粒-气反应）} \tag{2-38}$$

熔融还原反应产生的 CO 对熔体有强烈的搅拌作用，可促进界面反应的进行，熔融还原反应物理模型，如图2-2所示。

由图2-2可知，熔融还原过程由碳粒-气的界面反应、气相传质（碳粒气膜内 CO、CO_2 的扩散）、液相传质（渣中金属氧化物的传质）、渣-气的界面反应组成，一般情况下，熔融还原反应速率由碳粒-气的界面反应、渣中金属氧化物向渣-气界面传质扩散两个环节混合限制。

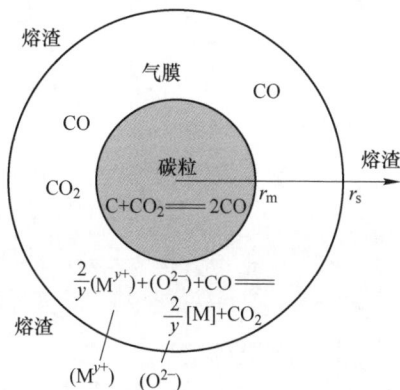

图 2-2 熔融还原反应的物理模型

2.2.3.1 碳粒-气界面反应

碳粒与气膜中 CO_2 反应速率 v：

$$v = A_m k a_c (p_{CO_2} - p'_{CO_2}) \tag{2-39}$$

式中 A_m——碳粒表面积；

k——反应式（2-38）的速率常数；

p'_{CO_2}——反应式（2-38）的 CO_2 平衡分压，其值接近于零；

由于碳粒为固体状态，$a_c = 1$，即

$$v = A_m k p_{CO_2} \tag{2-40}$$

对于渣-气反应式（2-37）平衡常数 $K^\ominus$，有

$$K^\ominus = \frac{p_{CO_2}}{a_{(M_xO)} p_{CO}} \tag{2-41}$$

由于渣-气反应速率很快，接近于平衡态；式中 $p_{CO} \approx 1$，反应式（2-41）中

$a_{(M_xO)} \approx w_{(M_xO)\%}$，则得到：

$$p_{CO_2} = K^{\ominus} w_{(M_xO)\%} \tag{2-42}$$

将式 (2-42) 代入式 (2-40)，得：

$$v = A_m k K^{\ominus} w_{(M_xO)\%} \tag{2-43}$$

由反应式 (2-42)，得：

$$v = -\frac{dn_{(M_xO)\%}}{dt} = -\frac{\rho_s V_s}{100 M_{M_xO}} \cdot \frac{dw_{(M_xO)\%}}{dt} \tag{2-44}$$

式中 ρ_s ——熔渣密度，kg/m^3；

       V_s ——参与一个碳粒反应的熔渣体积，m^3；

    $w_{(M_xO)\%}$ ——熔渣中 M_xO 的浓度；

     M_{M_xO} ——参与一个碳粒反应的熔渣中 M_xO 摩尔质量。

将式 (2-44) 代入式 (2-43) 可得：

$$dt = -\frac{\rho_s V_s dw_{(M_xO)\%}}{100 M_{M_xO} A_m k K^{\ominus} w_{(M_xO)\%}} \tag{2-45}$$

经积分：

$$t = \frac{\rho_s V_s}{100 M_{M_xO} A_m k K^{\ominus}} \ln\left[\frac{w_{0(M_xO)\%}}{w'_{(M_xO)\%}}\right] \tag{2-46}$$

式中 $w_{0(M_xO)\%}$ ——反应开始时渣中金属氧化物含量，%；

     $w'_{(M_xO)\%}$ —— t 时刻，反应界面处金属氧化物含量，%。

定义还原率为：

$$\delta = \frac{m_0 w_{0(M_xO)\%} - m_t w_{t(M_xO)\%}}{m_0 w_{0(M_xO)\%}} \tag{2-47}$$

式中 δ —— t 时刻渣中金属氧化物还原率；

     m_0 ——初始时渣质量，g；

     m_t —— t 时刻渣质量，g；

$w_{t(M_xO)\%}$ —— t 时刻渣中金属氧化物含量，%。

当气体与碳粒反应为控制环节时，金属氧化物在熔渣中的传质速度大于气体与碳粒反应速度，界面金属氧化物含量为 t 时刻渣中金属氧化物含量，即 $w'_{(M_xO)\%} = w_{t(M_xO)\%}$。将式 (2-47) 代入式 (2-46) 得：

$$t = \frac{\rho_s V_s}{100 M_{M_xO} A_m k K^{\ominus}} \ln\left[\frac{m_t}{(1-\delta) m_0}\right] \tag{2-48}$$

提高温度可增大渣-气界面反应平衡常数、提高碳粒气化反应速率常数。由式 (2-48) 分析可知，当控速环节为碳粒的气化反应时，反应时间 t 与碳粒的气化反应速率常数、渣-气界面反应平衡常数、与熔渣接触的碳粒表面积成反比，可通过提高温度、增大碳粒表面积，降低控速环节反应时间。

2.2.3.2 熔渣中金属氧化物的传质

熔渣中金属氧化物的传质通量：

$$J = -\frac{1}{A_g} \cdot \frac{dn_{M_xO}}{dt} = \beta(w_{(M_xO)\%} - w_{(M_xO)\%}^*) \tag{2-49}$$

式中　　　　　J——熔渣中 M_xO 向碳粒周围单位面积内的传质通量；

A_g——碳粒周围表面积（碳粒周围有气膜存在，因此 $A_g > A_m$）；

β——熔渣中 N_xO 的传质系数，m/s；

$w_{(M_xO)\%}$，$w_{(M_xO)\%}^*$——渣中 M_xO 的浓度及渣-气界面处 M_xO 的浓度，其中渣-气界面处 M_xO 浓度接近于零。

熔渣内金属氧化物向碳粒周围扩散的传质速率为：

$$v = -\frac{dn_{M_xO}}{dt} = -V_s \cdot \frac{dc_{M_xO}}{dt} = \beta A_g c_{M_xO} \tag{2-50}$$

移项积分，得：

$$t = \frac{V_s}{\beta A_g}\ln\left[\frac{w_{0(M_xO)\%}}{w_{t(M_xO)\%}}\right] \tag{2-51}$$

将式（2-47）代入式（2-51），得：

$$t = \frac{V_s}{\beta A_g}\ln\left[\frac{m_t}{(1-\delta)m_0}\right] \tag{2-52}$$

在反应物性质一定的情况下，传质系数与温度成正比，与熔渣黏度成反比，提高温度有利于传质系数的增大。由式（2-52）可知，当熔渣中金属氧化物的传质为控速环节时，反应时间 t 与传质系数 β、碳粒周围气膜表面积成反比，可通过提高温度、增大碳粒表面积，提高传质系数及碳粒周围气膜表面积，从而达到降低熔渣中金属氧化物传质时间的目的。

通常，总反应速率是由碳粒-气反应、渣中 M_xO 的传质混合限制，即

$$v = -\frac{dn_{M_xO}}{dt} = -\frac{\rho_s V_s}{100 M_{M_xO}} \cdot \frac{dw_{(M_xO)\%}}{dt} = \frac{w_{(M_xO)\%}}{\dfrac{100 M_{M_xO}}{A_g \beta \rho_s} + \dfrac{1}{A_m k K^{\ominus}}} \tag{2-53}$$

由式（2-53）可得：

$$t = \left(\frac{V_s}{A_g \beta} + \frac{\rho_s V_s}{A_m k K^{\ominus} 100 M_{M_xO}}\right)\ln\left[\frac{w_{0(M_xO)\%}}{w_{t(M_xO)\%}}\right] \tag{2-54}$$

将式（2-47）代入式（2-54）可得：

$$t = \left(\frac{V_s}{A_g \beta} + \frac{\rho_s V_s}{A_m k K^{\ominus} 100 M_{M_xO}}\right)\ln\left[\frac{m_t}{(1-\delta)m_0}\right] \tag{2-55}$$

由式（2-55）可知，熔融还原过程中可通过改善碳粒尺寸、反应温度等条件提高碳粒与熔渣接触面积、渣中金属氧化物的传质速率，从而提高反应速率。

2.3 熔池流动与传热

2.3.1 熔池中固体-熔体-气体的相互作用

2.3.1.1 熔池中流体运动

熔池熔炼过程中存在固体炉料颗粒与周围介质的传递过程，固体炉料颗粒处在强烈搅动的气-液介质中，受到液体流动、气体流动和两种流体相互作用及其动能交换的影响。熔池熔炼通过喷枪从侧面或底部或上部向熔体内部鼓入气流，气流进入熔体时，受到熔体的阻碍被分散成小股气流和气泡。由于气泡继续受到熔体阻力，会变成更小的气泡，造成熔体气化膨胀。但是气泡在熔体中并不是均匀分布使熔体整体向上膨胀，而是随着熔体的运动形成羽状卷流。这是由于除了气泡夹带熔体向上浮动外，更重要的是喷出口的负压与其他区域的正压形成的压力差，使流体向与流股界面垂直的方向流动。滞留气体在熔体表面形成的这种羽状卷流是熔池熔炼的基本条件。羽状卷流的好坏决定了熔池内炉料的熔化、反应速度，而且直接影响炉体耐火材料的寿命和烟尘率。

2.3.1.2 熔体搅动能量

由于气体鼓入的冲击力及气泡上升和膨胀，给熔体带来很大的搅动能量。搅动能量与鼓风量、鼓风压力、熔体密度及风口的浸没深度有关。可以表示为：

$$P_m = 0.74QT\ln(1 + \rho Z/p) \tag{2-56}$$

式中 P_m——搅动能量，W；

       Q——鼓入的气体流量，m^3/s；

       T——熔体温度，K；

       ρ——熔体密度，g/cm^3；

       Z——风口的浸没深度，cm；

       p——鼓风压力，×101.3 kPa。

搅动能量 P_m 值也可用每吨熔池熔体所接受的搅动功率来表示，如下式表示：

$$\varepsilon = P_m/W_m \tag{2-57}$$

式中 ε——每吨炉料所接受的搅动能量，kW/t；

       W_m——熔体质量，t。

西梅利斯估算出，在熔体深度约 1 m 处鼓入流量为 21 m^3/h 的气体，熔池假定平均密度为 4700 kg/m^3 时，则大型诺兰达炉内的熔池熔体搅动能量约为 21 kW/t。而 PS 转炉这一数值通常为 20~30 kW/t。在澳大利亚南方铜厂较大的诺兰达炉内，这一搅动能量约为 12 kW/t。这种水平的搅动能量可和 OBM/Q-BOP 氧气底吹炼钢过程及其他的熔池熔炼系统相比较。这表明，在风口区内，诺兰达炉的作用和"优良搅拌器"的反应炉相近。

熔池熔炼依靠搅动能量进行传质传热，搅动能量可加快熔炼的反应速度，强化其熔炼过程。这种搅动并非分布于整个熔池，而只限于熔池的搅动区域，熔体需要分相分离，需要静止区域和单向流动区域。

2.3.1.3　熔体中液体与气体的界面面积

在喷入熔池的气体形成的羽状卷流中，滞留气体与熔体之间的界面面积是传质传热的主要参数。决定滞留气体与熔体之间的界面面积的因素有单位熔体的鼓风量、气泡在熔体中的停留时间、气泡的大小及熔体温度等。

鼓风量决定熔池表面的搅动速度，也决定熔池表面的气流速度。气流速度低可以减少熔池上部空间飞溅物的数量，气流速度高将导致上部空间飞溅物及烟尘量增加。因此，鼓风量的大小不仅要根据热力学的氧气量进行计算，还要考虑气流速度的动力学影响。

熔体与气体之间的界面面积是分析熔池熔炼传质传热及化学反应的重要参数。熔池内任何瞬间的熔体与气体之间的界面面积是根据理想气体定律按照球形气泡进行计算的，即

$$A = U \cdot \frac{T}{273} \cdot \frac{1}{P} \cdot t \cdot \frac{\sigma}{d} \tag{2-58}$$

式中　A——熔体与气体之间的界面面积，m^2；

　　　U——通过喷枪或风口的气流速度，m^3/s；

　　　T——熔体温度，K；

　　　P——气泡内平均压力补偿系数，×101.3 kPa；

　　　t——直径为 d 的气泡在熔体中的停留时间，s；

　　σ/d——直径为 d 的气泡的表面积与体积之比。

式（2-58）表明熔体与气体之间的界面面积与通过喷枪或风口的气流速度、熔体温度、气泡在熔体中的停留时间及气泡的比表面积成正比，与气泡直径成反比。鼓风的气流速度越高，说明气流的动能越大，克服熔体阻力的能力越强，形成的气泡直径越小；熔体温度越高，熔体的黏度越小，越容易被气流分散；气泡在熔体中的停留时间越长，熔体中的气泡数量越多。这些因素都能促使熔体与气体之间的界面面积增大，有利于炉料的熔化和化学反应的进行。相反，气泡直径越大，气泡的比表面积就越小，与熔体的接触界面面积就越小。

当然气泡在熔体中的停留时间不能过长，停留过长，说明熔体温度过低、黏度过大，气体不能及时排出就会形成大气泡，产生泡沫渣。

2.3.1.4　气泡在熔体中的滞留体积

气泡在熔体中的滞留体积 V 可用下式表示：

$$V = U \cdot \frac{T}{273} \cdot \frac{1}{P} \cdot t \qquad (2-59)$$

式中　V——气泡在熔体中的滞留体积，m^3；

其余符号表示意义与式（2-58）相同。

假设 20 m^2 的富氧侧吹炉，全部风口的气流速度为 2.5 m/s，气泡内平均压力为 150 kPa，熔炼温度为 1500 K，气泡在熔体内的停留时间为 0.25 s，由此可以计算出气泡在熔体中的滞留体积为 2.32 m^3。如果这些气泡均匀分布在整个熔体内部，就会使整个熔体表面膨胀上升 116 mm。但是由于气泡随着熔体流动，事实上滞留气泡会使熔体形成羽状卷流，这是熔池熔体产生强烈搅动的动能。

值得注意的是，如果熔体表面形成黏度较大的泡沫渣，化学反应生成的气体和惰性气体就不能及时排出。滞留时间仅为 1 s 时，气泡滞留体积会达到 9.28 m^3，整个熔体表面上升 464 mm。如果滞留时间达到 1 min，熔体表面上涨 27.8 m，炉子就会冲顶，出现安全事故。遇到这种情况，事先必须停止鼓风。

2.3.2　熔池中固体-熔体传热

由于强制鼓风给予熔体强烈的搅动能量，熔池熔炼的传热过程是强制对流传热，因此比自然传导传热的速度要快得多。

在相对静止的熔池内，固体炉料加入熔池内熔体表面时，在冷料周围会形成一层硬壳，当熔体的热量传递给炉料颗粒并大于炉料内部传出的热量时，颗粒及硬壳开始熔化。N. J. Themelis 等人认为，熔渣与颗粒之间的传热关系取决于自然的对流传热，可用下式描述：

$$Nu = 2.0 + 0.6(Gr^{0.25} + Pr^{0.333}) \qquad (2-60)$$

式中　Nu，Gr，Pr——努塞尔数、格拉晓夫数和普朗特数。

当 $Gr = 131$，$Pr = 17.3$ 时，计算得出 $Nu = 7.3$。由此可计算自然状态下被浸没颗粒及硬壳熔化所需要的时间，颗粒粒度为 5 cm 时完全熔化时间为 360 s，颗粒粒度为 2 cm 时完全熔化时间为 140 s，计算结果与实验结果基本上吻合。

通过风口鼓入富氧空气使熔池强烈搅动，热传递为喷射强制传热，这时努塞尔数由下式确定：

$$Nu = 2.0 + 0.6(Re^{0.25} + Pr^{0.333}) \qquad (2-61)$$

其中，Re 计算为 560，故算得喷射强制传热的 Nu 为 29.4，此值比计算出的自然对流传热约大 4 倍。因此，可以粗略地估算出，强制传热条件下，粒度相同的炉料颗粒完全熔化所需要的时间仅为自然传热的 1/4，5 cm 颗粒将在约 90 s 内完成熔化，2 cm 颗粒约在 35 s 内熔化。

根据霍恩厂诺兰达炉的操作情况，上述估算可用来比较设计的熔炼量和反应炉的实际加料颗粒。鉴于日平均加料总量为 3000 t，颗粒平均直径为 2 cm，入炉的颗粒数按计算为 2800 粒。如果装入的炉料分布在熔化和吹炼区的表面上，2 cm 的球形颗粒在每平方米的熔体表面上按单层分布来计算为 2500 粒，鉴于平均熔体层的全部表面积为 50 m^2，这样所需时间为：$2500/2800 \times 50 = 45$ s，上述估算是按颗粒成单层分布进行的。但是强烈搅动的熔池内，一个颗粒一瞬间即被熔体所包围。因此，激烈搅动的熔池能够熔化比单层更多的粒子。这一估算指出，熔池熔炼反应炉的冶炼能力还能大大地增加。当然，对产量的实际限制，还取决于诸如对风口和反应炉内衬的磨损和损坏等技术障碍的克服情况，取决于对风料比的控制及反应炉温度的控制等操作因素。

3 强化熔池熔炼模拟及技术装备

3.1 强化熔池熔炼物质流、能量流转化及强化耦合理论

强化熔池熔炼冶金工艺的发展建立在冶金反应器的不断改进基础之上，强化熔池熔炼冶金过程最基本的科学问题可以归结为冶金过程物质流、能量流转化及强化耦合交互作用及匹配机制，如图 3-1 所示。

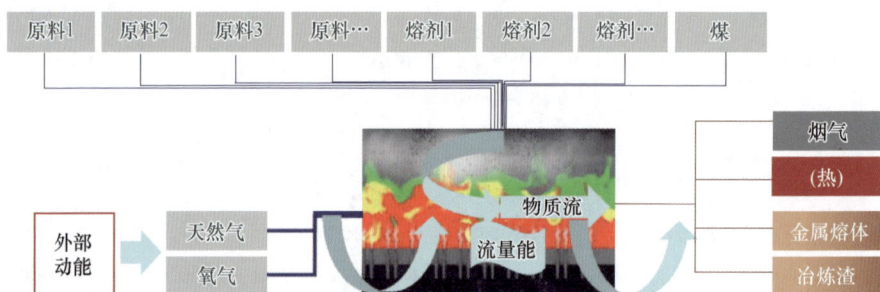

图 3-1　强化熔池熔炼物质流、能量流转化

强化熔池熔炼冶金反应过程中，通过喷枪喷入熔池内的介质不仅是熔体的搅拌动力来源，更是熔炼过程的主要反应物。在硫化矿自热熔炼过程中，氧气与矿料颗粒反应放出大量的热量满足熔炼过程所需。在氧化矿等不发热物料冶炼过程中，喷枪喷入的燃料和氧气浸没燃烧实现高效直接补热，喷枪直接喷入熔池的还原剂可以实现高效还原过程。在射流的剧烈搅动过程中，强化熔池熔炼反应快速高效进行，其中伴随物质流、能量流的相互转化及耦合强化。因此，强化熔池熔炼冶金反应动力学、反应热力学及反应器内多元多相流动行为的研究至关重要。

强化熔池熔炼技术的主要技术特征是"富氧""强化传热传质"和"浸没燃烧"等，与传统熔炼技术相比具有显著的技术优势，喷枪将富氧空气、天然气、粉煤等介质高速喷入强化熔池熔炼冶金反应器炉内熔池，高速射流强烈搅动熔池，参与并加速熔池内的传热传质和化学反应过程，具有生产效率高、运行成本低和适用性强等优点。强化熔池熔炼技术主要包括底吹强化、侧吹强化和顶吹强化等。

3.1.1 冶金反应器内多元多相传热传质及流动模拟

强化熔池熔炼是将气体及燃料等介质通过喷枪以射流形式喷射到冶金反应器内熔体区，气体及燃料作为反应物的同时提供搅拌动力来源强烈搅动冶金反应器内高温熔体并加速反应器内三传一反过程，冶金反应器内气相、液相、固相同时存在，形成包含金属层、渣层、烟气层等多元多相复杂体系。在强化熔池熔炼过程中，矿料颗粒始终会受到气、液流动及两种流体间动量交换作用等因素的影响，强化熔池熔炼冶金反应器内的传热传质与流体动力学非常复杂。

射流喷射进入熔池后，射流与周围熔体间形成相界面，由于射流流动较为复杂导致相界面一直处于不稳定的形态，射流卷吸周围熔体致使熔池内流动区域不断扩大，喷枪结构、数量及排布均对射流流动、熔体流动、枪口侵蚀、熔池稳定及气-液-固间的反应有着较为重要的影响。强化熔池熔炼冶金反应器熔池内部多元多相流动过程相互耦合影响，很难通过测试或者实验的方法对其内部各种参数进行研究，有不少学者主要借助于水模型实验对熔池熔炼炉进行相关的研究。但是现场实验研究方法存在耗时耗力，实验结果误差大，结果提取连续性差等局限性，而理论研究在工程应用方面尚存在一定的难度。随着计算机技术及数值计算方法的迅速发展，CFD（Computational Fluid Dynamics）已成为一种能够真实揭示熔炼炉内流场、温度场和浓度场分布情况的有效方法。

针对强化熔池熔炼炉冶金反应器内多元多相流动行为开展冷态物理模拟和数值仿真研究，获得速度场、浓度场分布及气体射流各方向扰动力大小变化规律，了解炉内气体喷吹后的分布情况及气体射流摆动对熔池稳定的影响，可以针对喷枪结构参数及其排布方式提出优化建议，为强化熔池熔炼冶金反应器的设计提供理论依据。这有利于加强对冶金反应器内物质流动、传热、传质过程的认识，提升装备本体及关键部件寿命，具有重要的理论和现实意义。

3.1.2 强化熔池熔炼冶金反应器冷态物理模拟

3.1.2.1 底吹炉搅拌能力冷态物理模拟研究

针对底吹炉开展的冷态物理模拟试验结果充分显示了底吹熔炼的优越性。底吹气体射流能够在熔池内部形成局部的搅拌区，实现熔池搅拌的作用，通过动量交换作用使熔池内的熔体流动，而其自身动能逐渐降低，因此能够不损伤炉衬及炉体上部烟道。

冷态模拟试验求得了有关参数关系的半经验公式。

$$S/W = 26.24(W/D_0)^{-0.619}(Fr')^{0.122}(H/D)^{0.523} \tag{3-1}$$

式中　S——有效搅拌区直径，m；

　　　W——枪距，m；

D_0——喷嘴直径，m；

H——液位高度，m；

D——炉体直径，m；

Fr'——修正的费劳德数，它与气体出口速度，气体密度、黏度，液体密度、黏度，表面张力和重力加速度有关。

在铜冶炼实践中，实际运算求得的 S/W 准则数值大约为 2.61。当 $S/W>1$ 时，说明搅拌直径大，流线部分重叠干扰，且部分撞击炉衬。一般取 $S/W=1$，而在铜冶炼过程取 S/W 略小于 1，这样有利于炉壁挂渣。当喷吹气体搅动熔池时，整个熔池形似一沸腾层，此时的熔池层厚度（称之为熔体层厚度）约为原熔融物厚度的 4/3。

3.1.2.2 底吹炉蘑菇头生成及影响因素冷态物理模拟

A 底吹炉喷枪出口处蘑菇头生成过程

稳定蘑菇头的生成可分为两个阶段："生成—破碎—生成"反复阶段和稳定生成阶段，如图 3-2 所示。

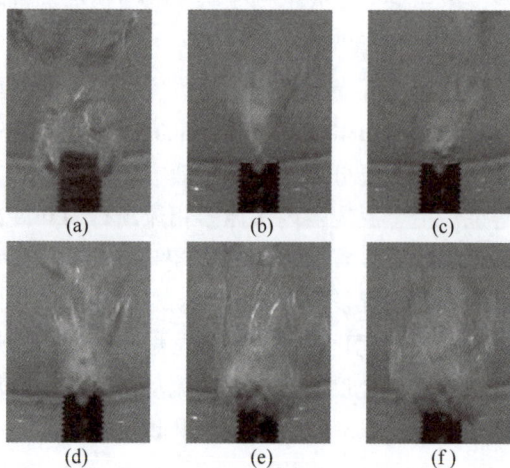

图 3-2 稳定蘑菇头生成过程

在"生成—破碎—生成"反复阶段，蘑菇头未处于动态热平衡状态，结构不稳定。不稳定的蘑菇头不断生成并被气流和水流破碎，反复多次。在稳定蘑菇头生成阶段，喷枪内壁面上首先结成小冰瘤，逐渐长大并堵塞底吹气流的垂直向上流动，底吹气流发生偏斜，阻力增大，底吹气流不断改变偏斜方向，长大的冰瘤逐渐重合，形成覆盖底吹喷枪出口端的蘑菇头核，蘑菇头核逐渐长大生成稳定的蘑菇头，此时稳定蘑菇头处于动态热平衡状态。

图 3-3 所示为生成的稳定蘑菇头，蘑菇头是一个具有蘑菇头形状的典型多孔介质区域。比较有无蘑菇头时的液面喷溅发现，在生成蘑菇头之后，熔池内的液面喷溅显著减小，如图 3-4 所示。

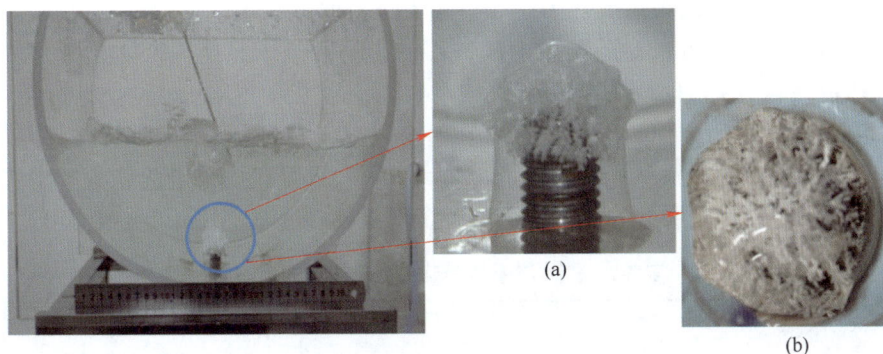

图 3-3 稳定蘑菇头形貌图

(a) 蘑菇头正视图；(b) 蘑菇头俯视图

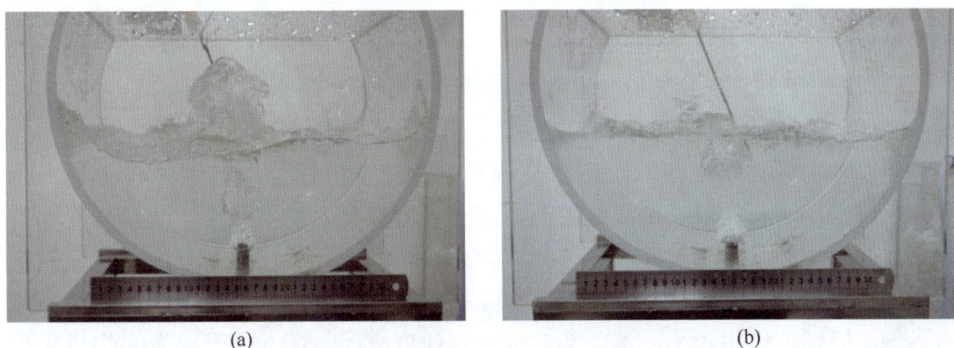

图 3-4 蘑菇头对熔池液面喷溅的影响

(a) 无蘑菇头时液面喷溅；(b) 存在蘑菇头时液面喷溅

B 气体流量和氧枪倾角对喷枪出口蘑菇头的影响

实际生产中，底吹氧枪布置并非完全 0°倾角竖直布置，而是不同氧枪倾角混合布置的。由表 3-1 不同氧枪倾角实验结果可知，在氧枪倾角分别为 0°、10°和 20°时，生成稳定蘑菇头所用时间均为 10 min 左右，氧枪倾角对生成稳定蘑菇头所需时间的影响不明显，氧枪倾角的变化对蘑菇头气孔率和稳定蘑菇头的尺寸大小的影响作用也很小。

表 3-1 氧枪倾角对蘑菇头生成过程的影响

氧枪倾角/(°)	蘑菇头尺寸		蘑菇头气孔率 /%	生成稳定蘑菇头 所需时间/min
	直径/mm	氧枪外径 n 倍		
0	16.735	2.789	19.42	9
10	15.536	2.569	18.51	11
20	17.380	2.896	19.16	10

在满足稳定蘑菇头生成热力学条件情况下，研究了 1.5 m³/h、2.0 m³/h 和 2.5 m³/h 三种气体流量对蘑菇头生成过程的影响，包括蘑菇头尺寸、气孔率及生成稳定蘑菇头所需时间等。

由表 3-2 实验结果可知，随气体流量增大，生成稳定蘑菇头所用时间减小，因为气体流量大，冷气体带入炉内的冷量可以更快满足生成稳定蘑菇头所需的热力学平衡条件；随气体流量增大，蘑菇头的气孔率和蘑菇头尺寸也会变大。

表 3-2　气体流量对蘑菇头生成过程的影响

底吹气体 温度/℃	气体流量 /m³·h⁻¹	蘑菇头尺寸		蘑菇头气孔率 /%	生成稳定蘑菇头 所需时间/min
		直径/mm	氧枪外径 n 倍		
−54.8	1.5	14.116	2.353	15.49	13
	2.0	16.735	2.789	19.42	9
	2.5	19.574	3.262	21.91	7

C　侧吹炉内气流穿透行为冷态物理模拟研究

a　侧吹炉内气流穿透行为

侧吹炉内侧吹气流穿透距离，是侧吹炉体和喷枪设计中非常关心的数据指标，通过水模实验针对喷枪浸入熔池距离、喷枪高度、喷枪孔径、液面高度和气体流量等影响因素对侧吹气流穿透距离的影响规律进行了较为充分的研究。侧吹气流穿透距离几乎不受熔池液面高度和喷枪高度影响，会受到喷枪浸入熔池距离的影响，但影响作用较小；主要与喷枪出口速度有关。图 3-5 所示为侧吹强化熔池熔炼炉内气流穿透行为。

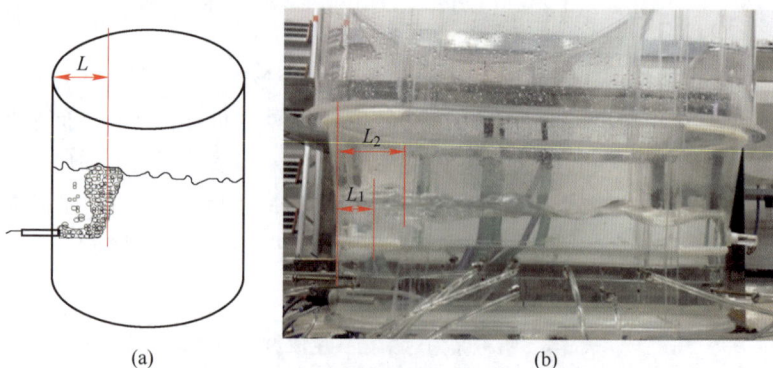

图 3-5　侧吹强化熔池熔炼炉内气流穿透行为
(a) 示意图；(b) 实拍图

侧吹气流穿透距离会影响侧吹炉内熔池流动和搅动情况，进而影响熔池内冶炼反应的充分进行。流量较小，侧吹气流穿透距离较小，熔池存在较多搅拌死区，搅动不充分，不利于反应的充分进行；流量较大，侧吹气流能够对喷枪以上熔池充分搅动，但流量太大会导致炉内乳化现象严重。侧吹炉设计中，喷枪数量、合适单枪送气量选取和合理喷枪结构设计非常关键。

b　侧吹喷枪不同孔径最大送气量

采用 3D 打印方式加工得到两种结构喷枪：一种为直管式喷枪，即从喷枪入口到出口截面为相同的尺寸；另一种为渐缩式喷枪，即从喷枪入口到出口截面孔径逐渐缩小。

保持熔池高度和喷枪高度不变，改变喷枪结构和喷枪孔径，研究不同喷枪结构和出口孔径情况下最大送气量。研究发现随着喷枪孔径的变小，喷枪送气量也受到了限制。图 3-6 所示为渐缩式喷枪最大送气量与喷枪出口孔径之间关系。

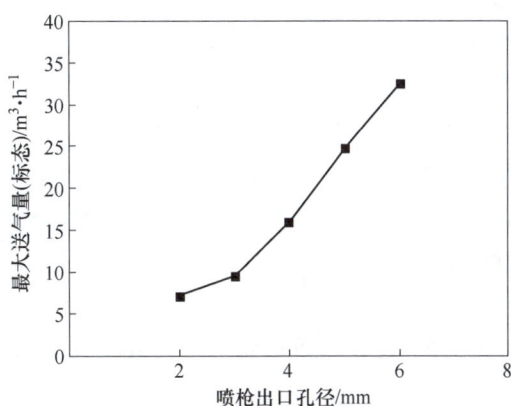

图 3-6　最大送气量与喷枪出口孔径关系（渐缩式喷枪）

喷枪的最大送气量不仅与气源系统相关，与喷枪结构、出口截面设计和气源阀站管道阀门选取也息息相关。合理的喷枪结构、出口截面设计可以显著提高喷枪最大供气能力。

c　侧吹炉耐材炉衬的侵蚀研究

如图 3-7 所示，采用模拟耐材模拟侧吹炉内喷枪附近炉衬，研究熔体晃动对侧吹喷枪口附近耐材的侵蚀作用。C（参照耐材）的侵蚀损失主要为水中溶解损失，A（端墙耐材）和 B（侧墙耐材）的侵蚀冲刷损失除水中溶解损失之外还包括侧吹气流回击冲刷、晃动熔体的机械冲刷损失等。

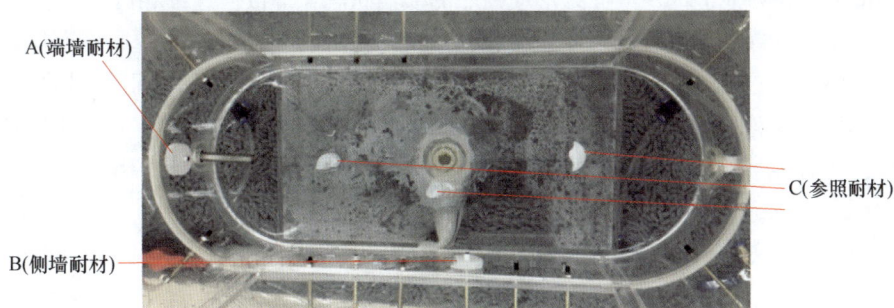

图 3-7　模拟耐材炉衬侵蚀损失试验的耐材位置（俯视）

图 3-8 中试验结果显示：喷枪
口附近耐材完全浸没于侧吹炉熔
体中，熔体对侧墙喷枪口附近炉
衬的冲刷侵蚀大于端墙喷枪口附
近耐材的冲刷侵蚀，B（侧墙耐
材）炉衬侵蚀损失量大于 A（端
墙耐材）炉衬侵蚀损失量，造成
实际生产中喷枪砖最容易受损。
而针对烟气区自由空间耐材炉衬，
熔体对端墙自由空间耐材炉衬的
机械冲刷程度大于对侧墙自由空

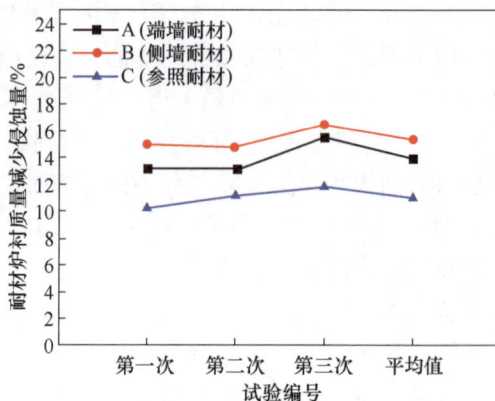

图 3-8　模拟耐材炉衬侵蚀损失试验结果

间耐材炉衬的机械冲刷程度，炉窑设计时熔体区侧墙耐材和烟气区端墙耐材可以适
当加厚加固，这些结论需要更进一步的试验和现场数据验证。

3.1.3　强化熔池熔炼冶金反应器数值仿真

3.1.3.1　底吹炉内气泡运动行为数值仿真与水模试验结果对比

底吹熔炼是通过底部氧枪将富氧空气以喷射状态鼓入熔池内，形成气-液两相
体系，该气-液两相体系大致可分为纯气相区、气体连续相区（该区存在液滴）和
液体连续相区（该区存在大量气泡）。气体喷入熔池后，首先在氧枪喷口处形成球
体纯气相区，当气相区的体积增加到一定程度，在熔池浮力的作用下气体开始上
浮。在气泡上升的过程中，由于分裂液滴的作用及不稳定气-液剪切作用，液滴不
断地被卷吸入气相区，形成气体连续相区，气体与液体进行剧烈的动量交换，气体
带动熔体向上流动，从而实现对炉内熔池的搅拌，该区域主要存在于熔池的中下
部。当气体到达熔池的中上部后，将在液体介质中分散成无数大大小小的气泡并与
液体混合，在熔池上部及液面处形成强烈的喷涌状态，即液体连续相区。

为了观测富氧底吹过程的气体流动行为，运用高速摄影仪拍摄了水模拟试验
中的气体底吹过程。气体从氧枪喷出后，在熔池内形成了 3 个特征不同的气-液
两相体系，熔池底部喷口处有一个明显的气团，为纯气流区，中部气团中夹杂着
液滴，为气体连续相区，上部液体和气泡的混合区域，为液体连续相区，这一结
果验证了理论分析结果的正确性。

图 3-9 是底吹炉冷态模拟试验结果与数值仿真结果定性比较分析，冷态模拟
试验与数值模拟所得到的气泡运动过程的结果是一致的。气泡形成过程分为两个
阶段：第一阶段为膨胀阶段，气泡附着于锐孔上，直径不断增大；第二阶段，随
着气泡直径的增大，受浮力的影响，气泡开始上浮，形成缩颈，气泡向远离锐孔

的方向运动，仅有缩颈保持其和锐孔的接触。由于气体的连续进入，气泡不仅长大，缩颈亦不断伸长，直至气泡完全脱离。在气泡的上升过程中，椭圆形气泡上升一小段距离之后开始变形成底部凹进的帽子形状，并逐步变形成蘑菇状，在此段距离内气泡的上升速度很小，接近于"0"，气泡上浮过程中的变形及合并必然伴随着破碎。椭圆形气泡上浮变形成蘑菇状气泡的过程中，两球帽状气泡两侧破碎并分离出小气泡向四周扩散，并出现气泡群左右摆动的现象。

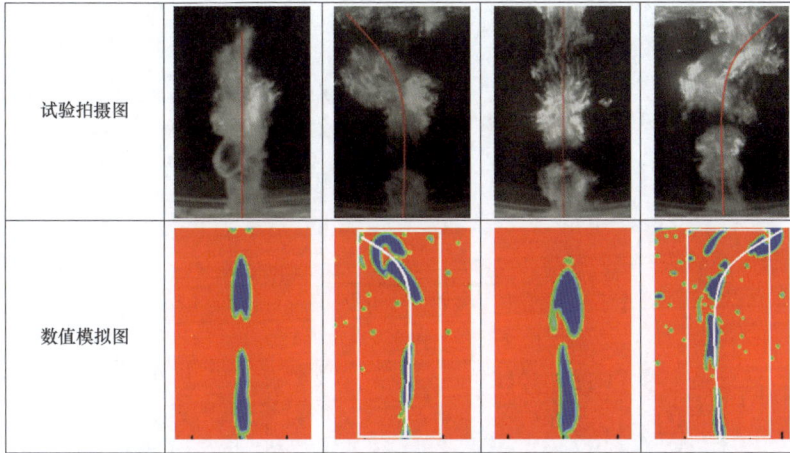

图 3-9 底吹炉气泡行为数值仿真结果与试验结果的比较

3.1.3.2 底吹炉蘑菇头对气液流动影响数值仿真研究

数值模拟研究了蘑菇头的存在对炉内气液流动的影响，主要体现在气泡形貌和气泡到达液面时间方面。蘑菇头存在时，气泡的体积会更大且横向膨胀明显，到达液面的时间会更长即在炉内停留时间变长，这一定程度上有利于炉内熔体与底吹气体之间进行更充分的反应。因此，蘑菇头的存在会影响炉内气液流动，合理控制蘑菇头，可使底吹气体与熔体接触面积增加，气体在炉内停留时间更长，一定程度有利于炉内反应充分进行（图 3-10）。

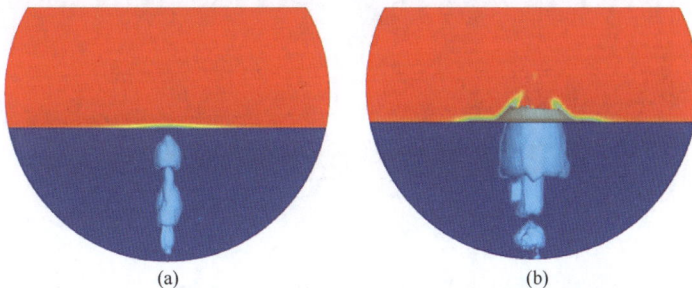

图 3-10 存在和不存在蘑菇头时底吹气流对比

（a）不存在蘑菇头；（b）存在蘑菇头

3.1.3.3 底吹炉内气液两相流动分析

利用 FLUENT 软件，模拟从炉膛底部通入氧气开始（0 s），运行至 60 s 期间的炉内熔体流场。通过炉内熔体内流场流动情况可以得出熔池内熔体的流动情况，得到的结果如图 3-11 所示。

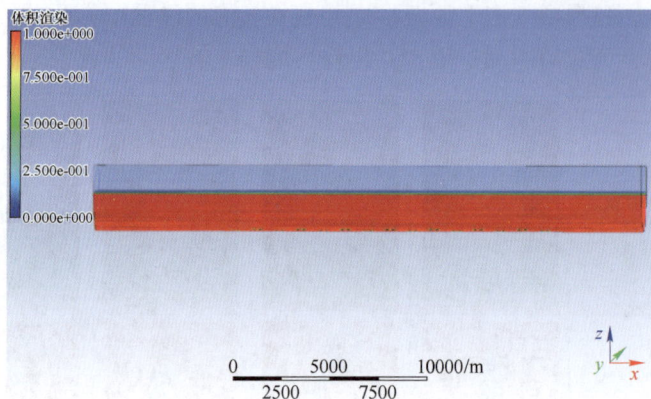

(a)

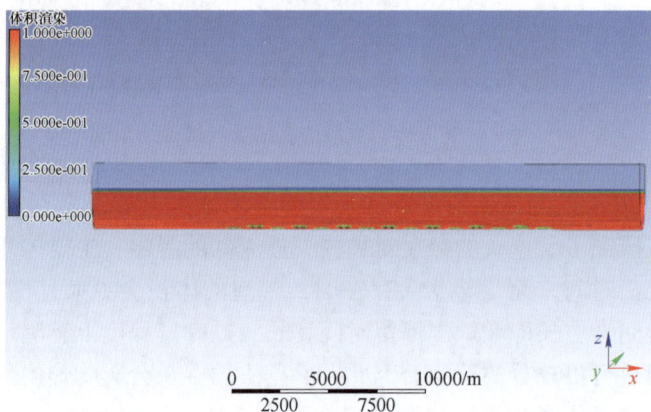

(b)

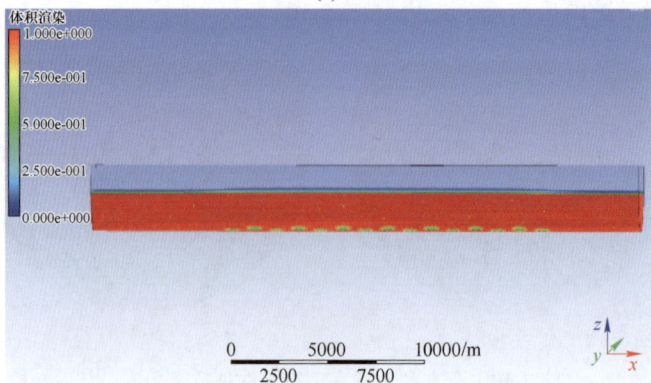

(c)

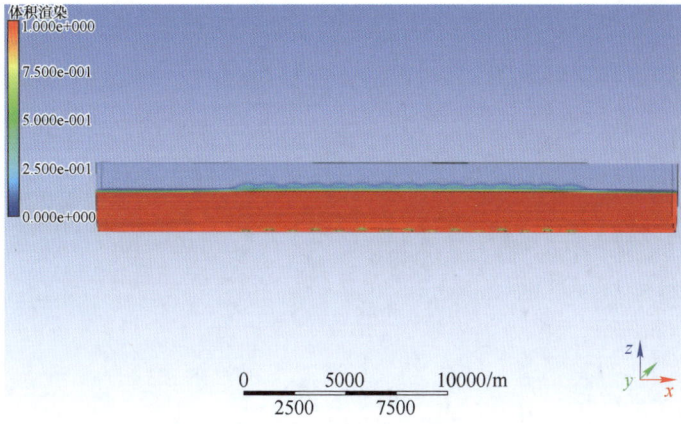

(d)

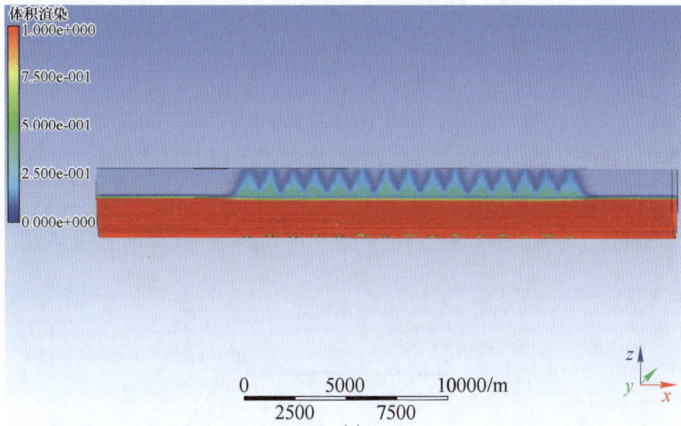

(e)

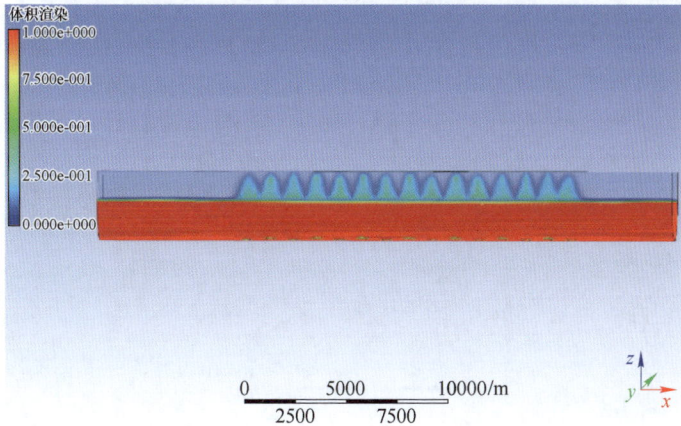

(f)

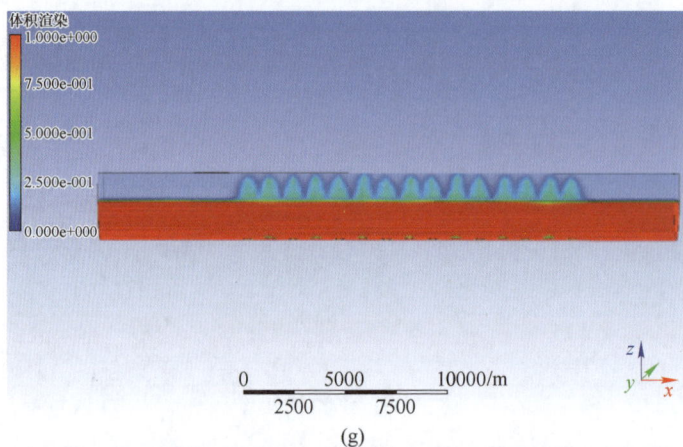

(g)

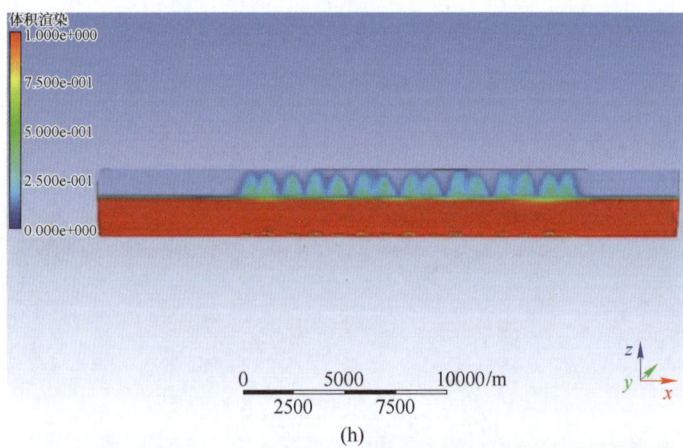

(h)

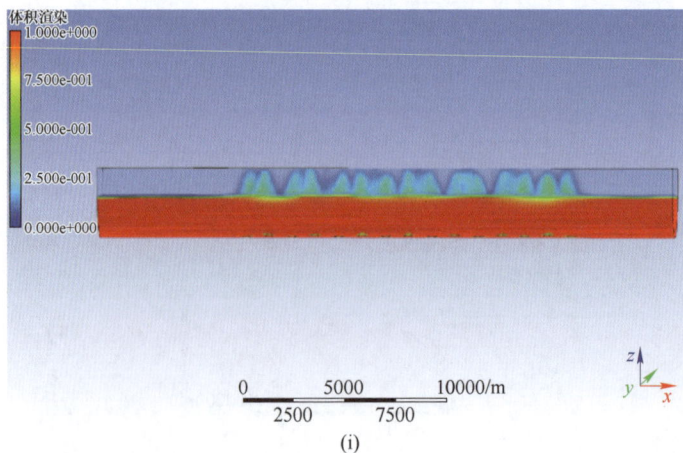

(i)

(j)

(k)

(l)

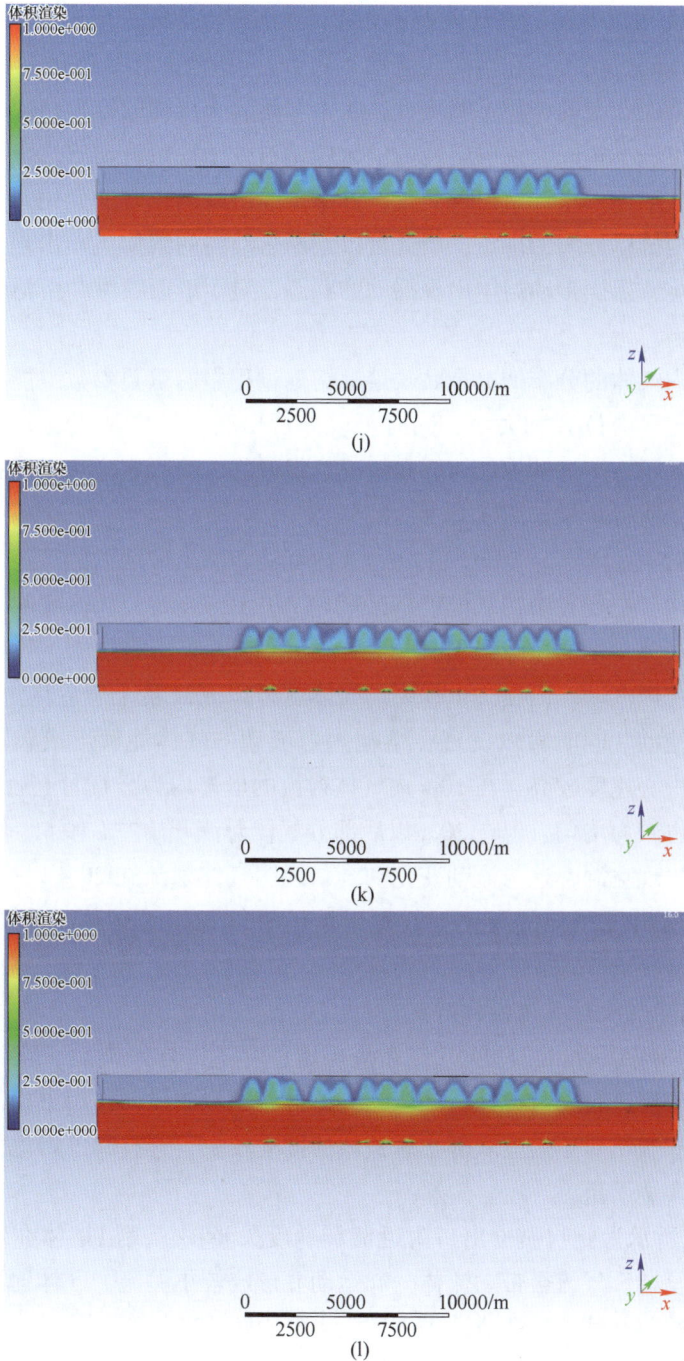

图 3-11 熔体在熔池内不同时刻流动状态

（a）0.125 s；（b）0.1 s；（c）0.5 s；（d）1 s；（e）2 s；（f）5 s；

（g）10 s；（h）20 s；（i）30 s；（j）40 s；（k）50 s；（l）60 s

由图 3-11 可以看出：在气体鼓入 0~0.5 s 内熔池液面无明显变化，说明熔池内流体在气体的带动下还在熔池内流动。从 1 s 开始液面开始凸起，在 1~10 s 时间内，熔池液面凸起的体积不断增大，基本都是大小规则的锥形凸起，凸出熔体之间的距离也基本相同，说明熔池内的流体相对处于稳定流动的状态。在 20 s 以后，凸出的锥形体大小开始出现变化，锥形体间的距离也有所变化，呈现两两靠近融合或两两排斥分离的现象，因此可以判断熔池内的熔体流动出现紊乱，气体射流互相影响，摇摆带动熔体出现摇动的状态，对于液面喷溅和熔池的稳定都具有不利的影响。

熔炼炉内气体的分布情况是底吹熔池熔炼过程中的重要参数，能反映出熔炼过程中强氧化区的位置和大小，同时可以分析出底吹炉内烟气的分布和流动情况。为了深入了解熔炼炉内气体分布情况，提取气体喷吹 60 s 内熔池内氧气流动和分布云图，所得结果如图 3-12 所示。

由图 3-12 可以看出：喷吹气体 0.1 s 内就能充满反应区内的熔池，但是速度较小，强氧化区主要集中在氧枪喷口区域内。在 0.5 s 时，气体喷吹形成的射流只能够到达熔池一半的位置，但气体在 1s 内就能形成稳定射流，气体能够突破液面，在炉腔内流动。而在 2 s 时刻，气体就可以充满整个反应区上部的炉腔，随后向四周流动。同时可以发现在熔池内部流动的气体能够形成较为凝聚的射流，射流的中心速度较高，在 10 s 内气体射流的形态均为竖直向上运动，炉腔内的气体分布也较为均匀，但在 20 s 以后部分气体射流开始左右倾斜，炉腔内的气体分布开始出现空洞，这与流动变化吻合，说明气体射流在 20 s 以后出现摇摆，带动熔体流动出现相应的变化，这对于熔池整体稳定及炉体寿命都有一定的影响。

3.1.3.4　侧吹炉数值模拟研究

由图 3-13 可以看出，侧吹气流在渣层熔体穿透一定距离后，在浮力作用下卷吸熔体对渣层进行充分搅拌，在侧吹气体射流剧烈的搅动作用下出现一定高度的喷溅；侧吹气流对于熔池底部金属锍体的搅动较少，这有利于熔池内的渣金分离，降低渣含金属量。

图 3-14 所示为侧吹喷枪出口附近流场速度矢量图，高温熔体在氧枪出口附近运动较为复杂。气流会带动流体一起运动并形成较小涡流，气体射流和高温熔体会对氧枪端部及喷枪砖造成冲击，实际生产中喷枪砖最容易受损。

侧吹炉数值模拟研究结果表明，侧吹气体射流对渣层熔体进行充分搅拌的同时对熔池底部金属层熔体搅动较少，有利于渣金分离；侧吹气流会带动高温熔体在喷枪端部形成回旋涡流，冲刷喷枪砖和喷枪出口端。

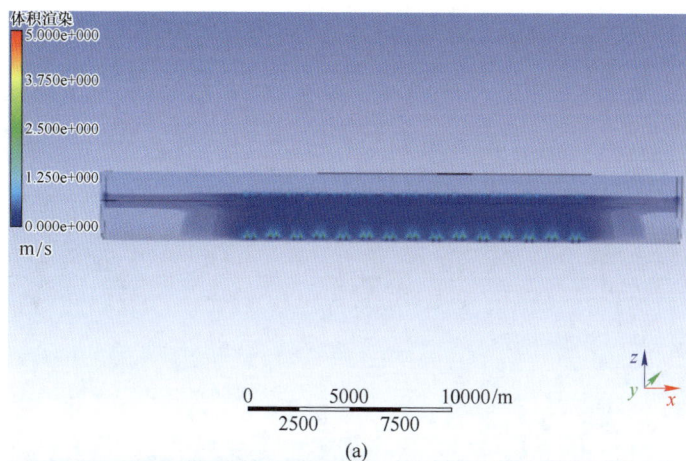

(a)

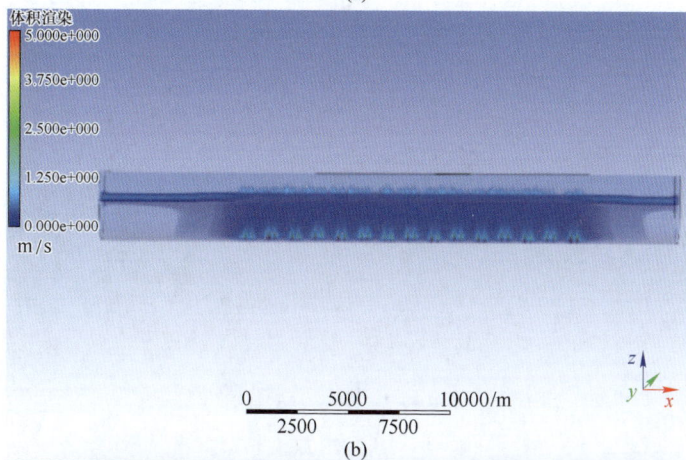

(b)

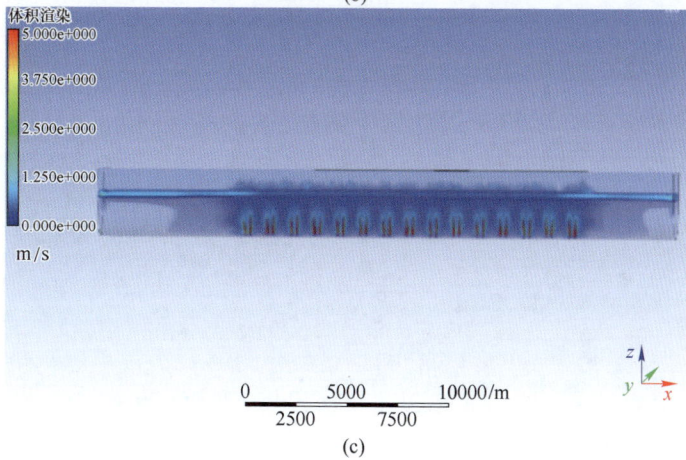

(c)

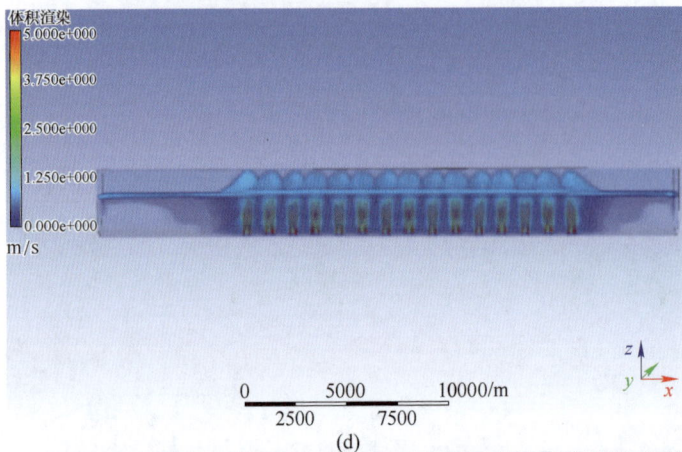

(d)

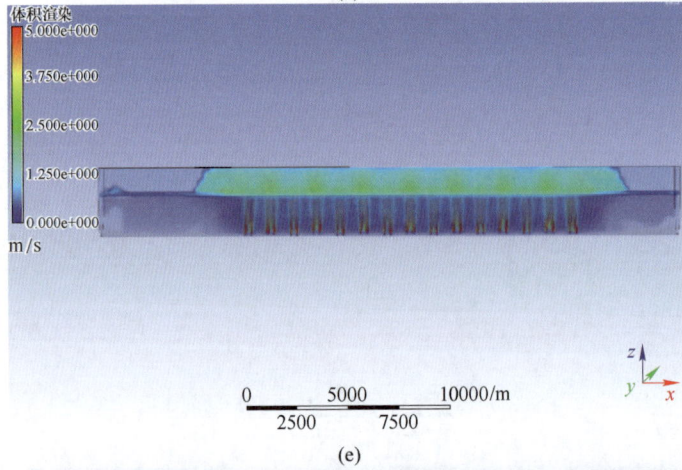

(e)

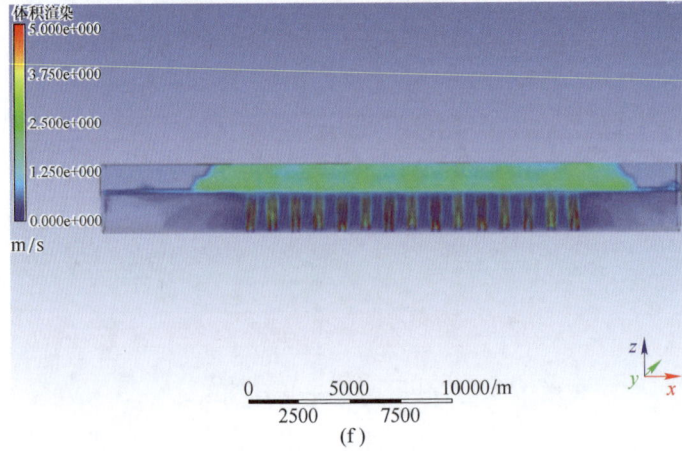

(f)

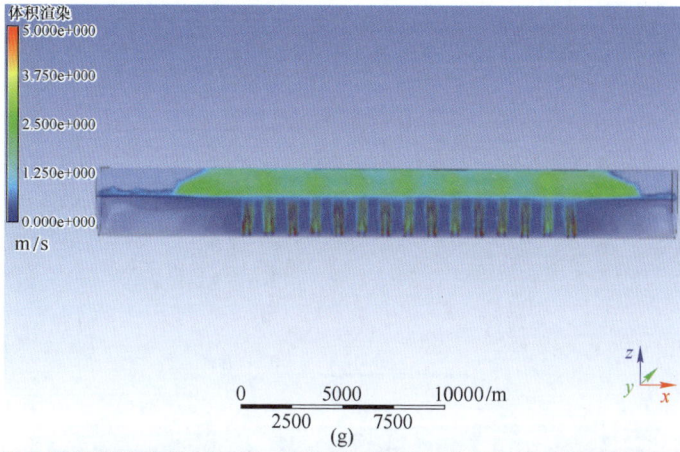

(g)

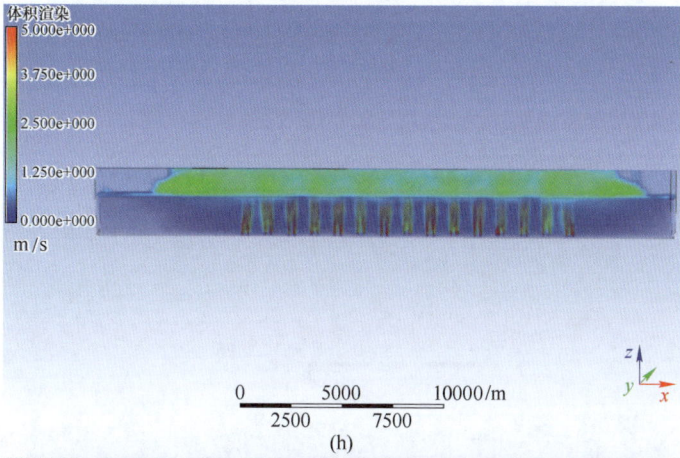

(h)

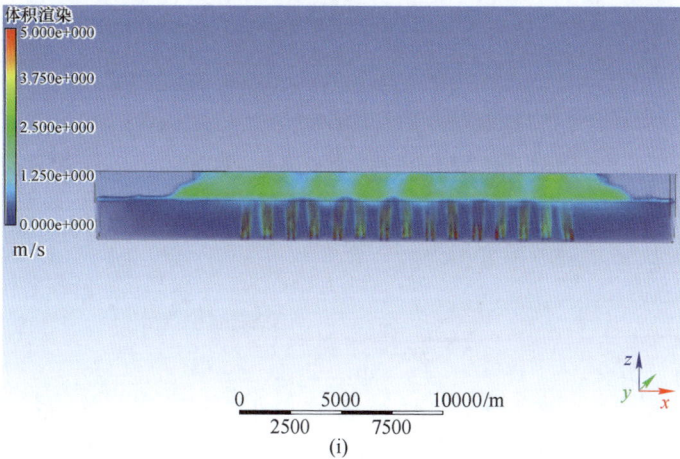

(i)

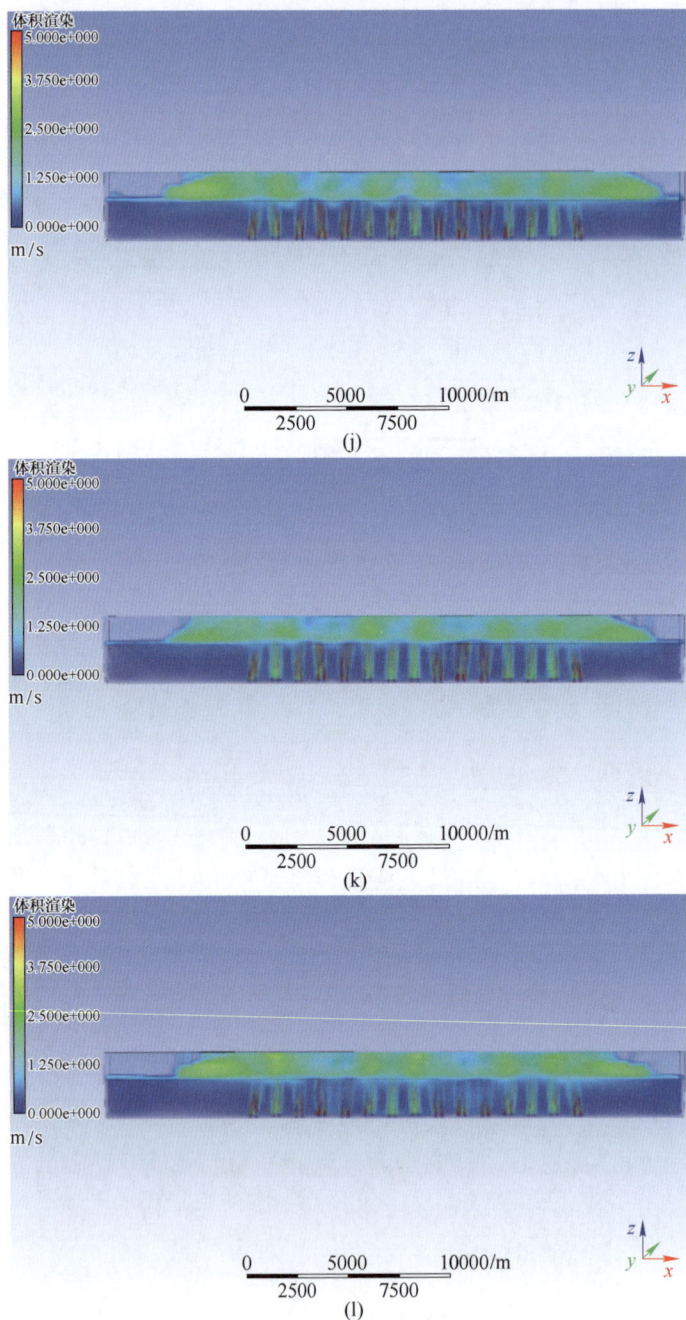

图 3-12 气体在熔池内不同时刻分布云图

(a) 0.125 s; (b) 0.1 s; (c) 0.5 s; (d) 1 s; (e) 2 s; (f) 5 s;

(g) 10 s; (h) 20 s; (i) 30 s; (j) 40 s; (k) 50 s; (l) 60 s

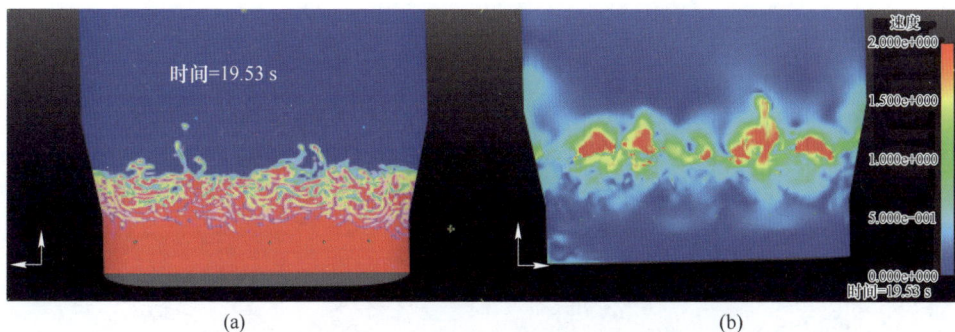

图 3-13 侧吹炉内纵截面气液两相图及速度场分布

（a）体积分布云图；（b）速度分布云图

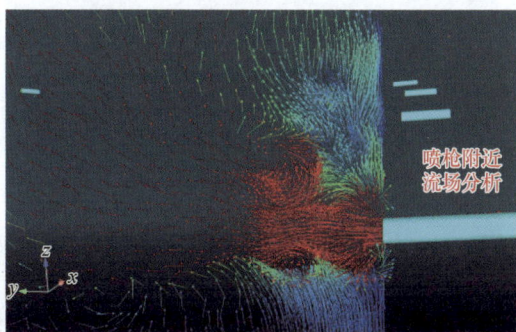

图 3-14 侧吹喷枪附近流场速度矢量图

3.2 强化熔池熔炼长寿命智能诊断喷枪及粉煤喷吹技术

3.2.1 强化熔池熔炼喷枪服役工况特点

喷枪是强化熔池熔炼炉的核心关键部件之一，通过喷枪喷射氧化剂、还原剂、燃料并提供搅拌动力来源。图 3-15 所示为常见喷枪结构。为了保证熔池内有较好的搅拌效果并有一定穿透性，为熔池内反应提供良好的动力学条件，喷枪的气体出口速度一般很高。生产实践中最关注的喷枪参数主要是喷枪寿命、喷枪堵塞烧损情况、喷枪压力和喷枪出口气体速度等，这些参数往往也相互关联。

喷枪通常在高温高压和高冲刷环境中使用，使用条件非常恶劣；喷枪安装在炉墙中，炉墙的枪口砖对其起到保护作用，但枪口砖一旦被烧损侵蚀破坏后，喷枪会直接暴露在高温高冲刷的熔体环境中，喷枪寿命必然会受到较大影响。针对喷枪的烧损侵蚀进一步做出分析，造成喷枪损坏的主要原因包括高温烧损、熔体化学侵蚀和冲刷，喷枪损坏最终结果是需要更换甚至是停产检修，图 3-16 是典型的喷枪堵塞及烧损侵蚀情况实物图片。

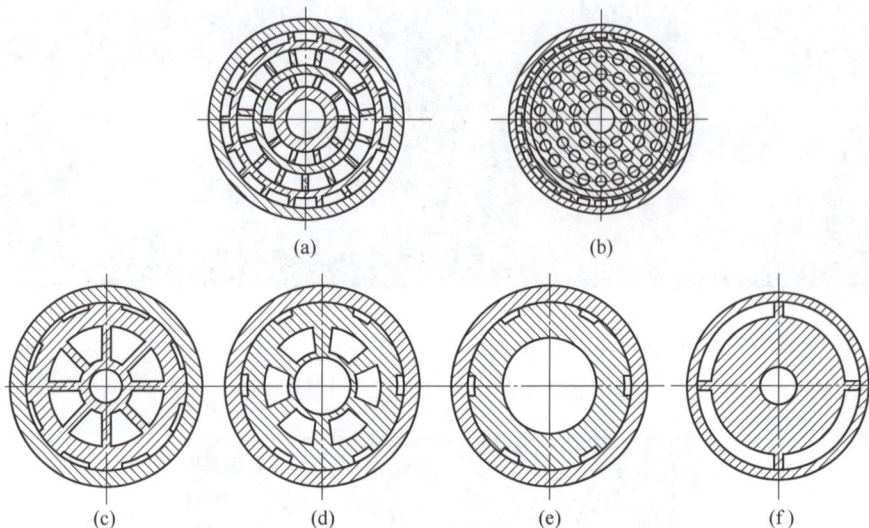

图 3-15 常见喷枪结构

图 3-16 喷枪堵塞及烧损侵蚀情况

(1) 高温烧损。喷枪安装时一般略伸出喷枪砖一段距离,暴露在高温熔体中,高温熔体温度一般大于 1200 ℃,短时间会有 1400~1500 ℃ 的高温,浸没燃烧,局部温度甚至会高达 2000 ℃。长时间的高温环境会造成喷枪前端出现裂纹等高温烧损破坏现象。此外喷枪发生堵塞现象后,喷枪缺失高速气流的冷却作用,也会加剧喷枪的高温烧损破坏。

(2) 化学侵蚀。高温作用下熔体与喷枪基体材质可能会形成低熔点合金,特别是喷枪在高温烧损作用下产生烧损裂纹,熔体渗入喷枪裂纹,此时会加剧喷枪的熔体化学侵蚀和高温烧损侵蚀。

（3）气流回击。高速气体由喷枪出口喷出后，由于高温作用会发生气流膨胀，同时由于熔体静压力的阻碍作用，会有部分气流回向喷枪口端面膨胀，冲刷和拍打喷枪出口面和附件枪口砖。喷枪出口气流回击也会造成对喷枪出口端面的磨损，一般情况下，回击频率越高或者回击环越大，则回击现象对喷枪的寿命影响就越大。根据研究，喷枪结构，特别是出口截面的设计对回击环影响较大。图 3-17 所示为喷枪气流回击环示意图。

（4）喷枪结构设计不合理、安装偏心、材质不均等。喷枪本身结构设计不合理，安装时偏心过大，喷枪选用材质不均匀等也会造成喷枪出现局部损坏进而不断加剧喷枪的烧损侵蚀。

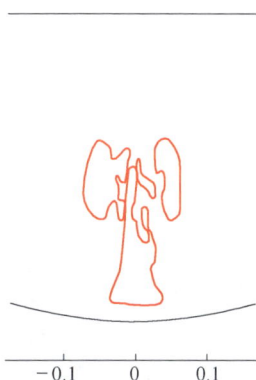

图 3-17 喷枪气流回击环示意图（单位，m）

3.2.2 强化熔池熔炼智能诊断喷枪

3.2.2.1 研究背景

喷枪是强化熔池熔炼炉的核心元件之一，富氧空气和天然气等介质通过喷枪形成高速射流喷入炉内，输送介质并搅动熔池加速传热、传质和化学反应过程。

目前的喷枪仅在气源阀站区有流量、压力和温度测点，在喷枪本体和枪体内部介质通道无温度和压力监测手段，无法获取喷枪出口处的枪体温度、介质温度和介质压力等数据；无法准确计算喷枪出口进入熔池时的介质流速，也无法判断出口处等喷枪易损部位的喷枪烧损情况和工作状态等；在智能化发展的将来也无法通过建立流动和传热模型对喷枪、耐材和水套的运行状态做出诊断。

为了实时监控喷枪临界熔池区域的压力和温度，研制开发了数字化喷枪，供再生铅项目现场侧吹炉试验用。

3.2.2.2 数字化喷枪原理图

数字化喷枪技术原理图如图 3-18 所示，1 为传感器接口、2 为喷枪本体、3 为微型传感器；此外还有防爆接线箱，现场显示变送器。防爆接线箱到现场显示变送器之间为多芯电缆，现场显示变送器上预留将来与 DCS 连接的接口。传感器及引出线仅供参考，实施中引出线通过特殊结构设计内置于喷枪通道内。

数字化喷枪，保证出口截面与现有喷枪一致的前提下，通过全新设计喷枪结构，并在喷枪内部植入微型压力传感器和温度传感器，可以实时采集喷枪前端的枪体温度、介质温度和压力等数据，实现对喷枪易损部位运行状况实时监测，监

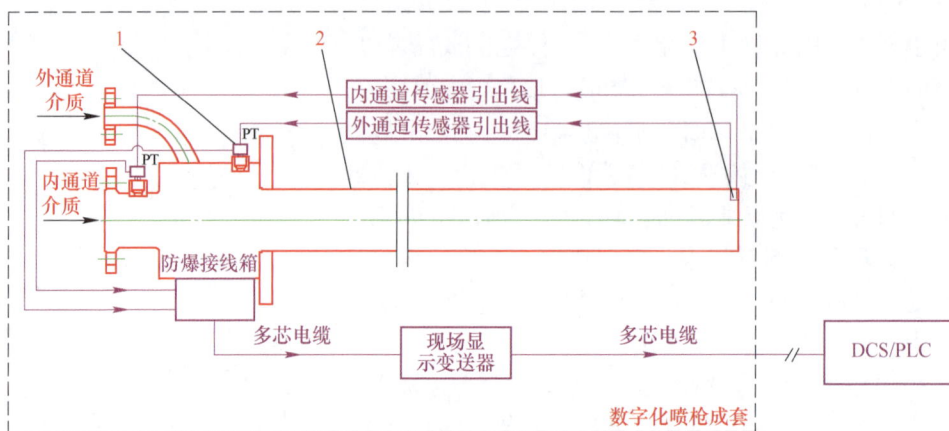

图 3-18　数字化喷枪技术原理图

测喷枪堵塞情况并及时采取措施，还可以准确计算出喷枪出口的介质流速。图 3-19 为数字化喷枪三维模型示意图。

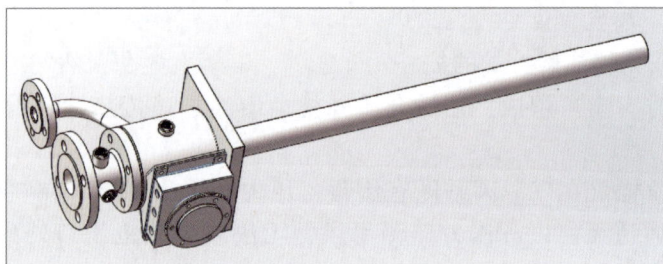

图 3-19　数字化喷枪三维模型示意图

3.2.2.3　数字化喷枪样枪测试与实物

在交付喷枪之前，提前制作了一支样枪，并完成喷枪测试，测试了仪表显示的准确性和喷枪密封性（图 3-20）。

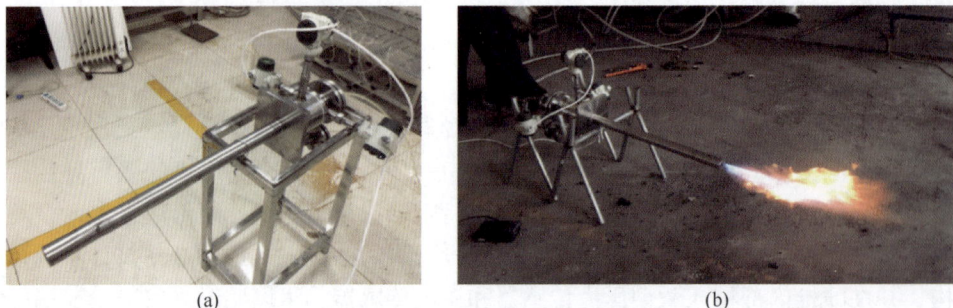

(a)　　　　　　　　　　　　　　　　　(b)

图 3-20　数字化喷枪样枪测试

（a）冷态测试；（b）热态测试

未来数字化喷枪可以基于采集到的压力和温度数据，建立流动和传热模型，将数字化喷枪升级为数字化智能诊断喷枪，实现对喷枪本体、耐材和水套，甚至炉窑装置的运行状态做出智能诊断和精准预判；实现喷枪的计划性更换和炉窑装置的计划性检修，提高作业率，降低设备和操作人员安全风险。数字化喷枪实物图如图 3-21 和图 3-22 所示。

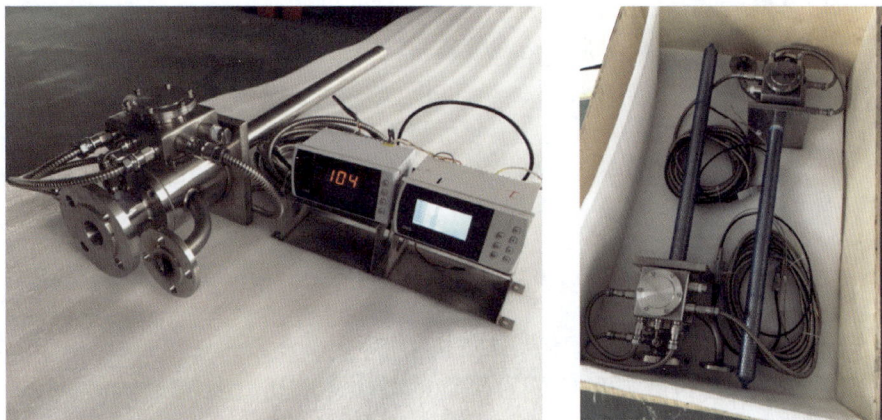

图 3-21　数字化喷枪实物图（一）

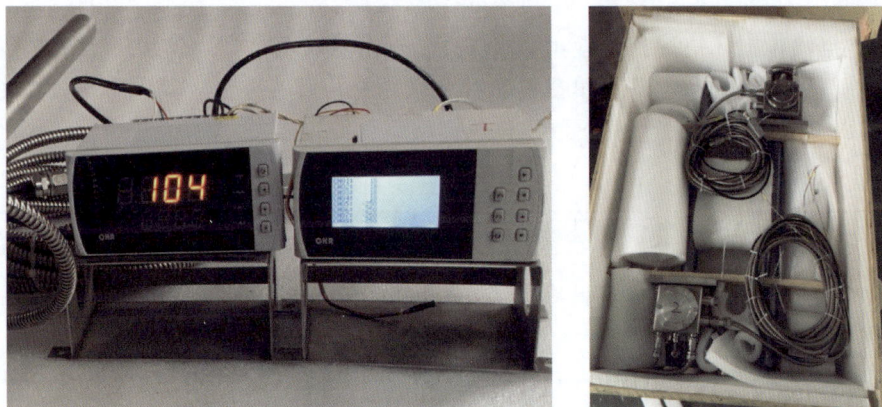

图 3-22　数字化喷枪实物图（二）

3.2.3　强化熔池熔炼粉煤喷枪与应用实践

喷枪是实现强化熔池熔炼的核心关键部件，属于专利技术。中国恩菲强化熔池熔炼技术的一个显著技术特征是"浸没燃烧"，实现浸没燃烧的关键部件除了中国恩菲气体燃料喷枪等专利产品之外，最重要的核心部件是中国恩菲强化熔池熔炼粉煤喷枪。中国恩菲首次提出喷吹粉煤作为浸没燃烧强化熔池熔炼装置的燃料，并公开了粉煤喷吹装置，这使得在燃气缺乏或燃气使用不经济的地区也可以使用浸没燃烧强化熔池熔炼技术，突破了使用浸没燃烧强化熔池熔炼技术在燃料方面的限制。另外，独特的喷吹装置设计，能够使得喷吹装置喷吹高富氧浓度的富氧空气，提高装置床能力和热效率，并有利于实现大规模的工业生产，且具有生产效率高、运行成本低，适用性广等特点。

强化熔池熔炼粉煤喷吹系统主要由立式磨煤机、粉煤储仓、旋转给料系统、送煤管线和粉煤喷枪组成。强化熔池熔炼粉煤喷枪为多层套管形式，包含粉煤及载气通道、冷却保护气体通道等，并有可疏通设计，可以在线清理，提高作业率。同时针对枪口砖组合安装更换不便、使用寿命短、对粉煤喷枪保护效果差等问题，开发设计了粉煤喷枪枪口铜水套与炉体连接，使得喷枪使用寿命长、安装更换方便、喷枪保护效果好。

3.2.4 强化熔池熔炼炉喷枪烧损与侵蚀机理

侧吹喷枪为水平安装，气体从喷枪中喷出后，受浮力作用向上运动。实际生产中发现，喷枪上侧破损现象更为严重。喷枪外壁和内壁都有一定程度挂渣现象。

3.2.4.1 喷枪取样及制样

A　取样位置分布

根据喷枪损坏情况，设置 4 个取样点，每个点取两个样，分别用于观测截面和表面，取样点分布示意图如图 3-23 所示。取样位置为 4 处，其中有一处取了 1 个样，其余 3 处各取 2 个样。取样位置详细信息见表 3-3。

表 3-3　取样点详细信息

样品编号	取样位置	观察面类型
1	喷枪前段突起处	截面
2	喷枪前段凹陷处	截面
3	喷枪前段凹陷处	表面
4	喷枪后段穿孔处	表面
5	喷枪后段穿孔处	截面
6	喷枪后段完好处	截面
7	喷枪后段完好处	表面

B　制样

制样过程委托北京科技大学冶金国家重点实验室完成，后续会重新制作。制样后按观察面类型进行 SEM-EDS 检测，图 3-24 中所涉及样品为 2 号、5 号和 8 号，观察面类型为喷枪截面。

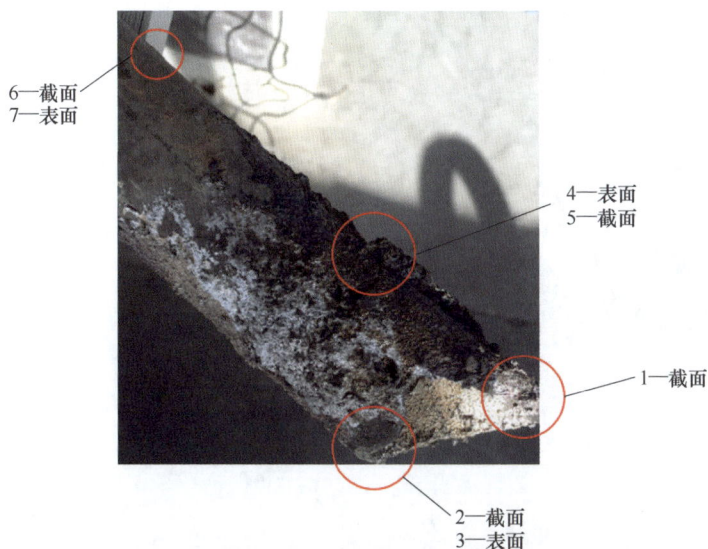

图 3-23 喷枪 SEM-EDS 检测取样位置

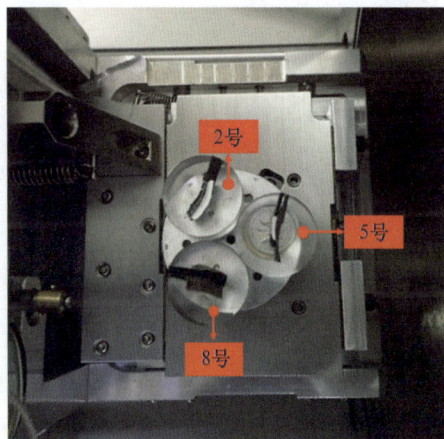

图 3-24 第一批检测样品

3.2.4.2 检测结果

以样品 2 为例，对检测结果进行详细介绍。通过对喷枪壁面进行 SEM 分析，发现喷枪从外至内分为挂渣层、颗粒物层、过渡层和金属基体层四层。

A 检测点 1 检测结果

如图 3-25 所示，1 号检测点检测位置为喷枪壁中间区域，由于放大倍数（215 倍）较小，观测区域大。在此区域内，包含四层物质：挂渣层、颗粒物层、过渡层和金属基体，其中挂渣层和金属基体层没有拍摄到全貌，只拍摄了其中一部分。对图 3-25（b）进行 EDS 面扫描，结果如图 3-26 和图 3-27 所示。

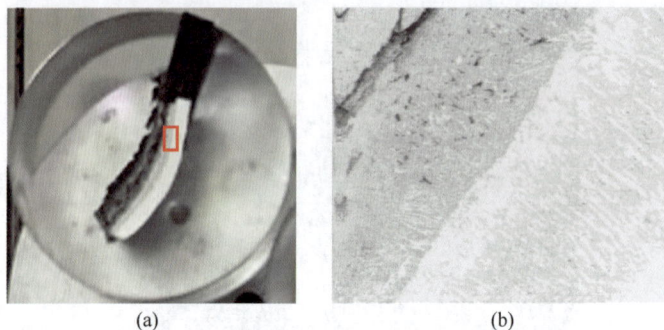

(a)　　　　　　　　　　　　　　　(b)

图 3-25　样品 2 检测点 1 位置示意图
（a）宏观位置示意；（b）微观位置示意

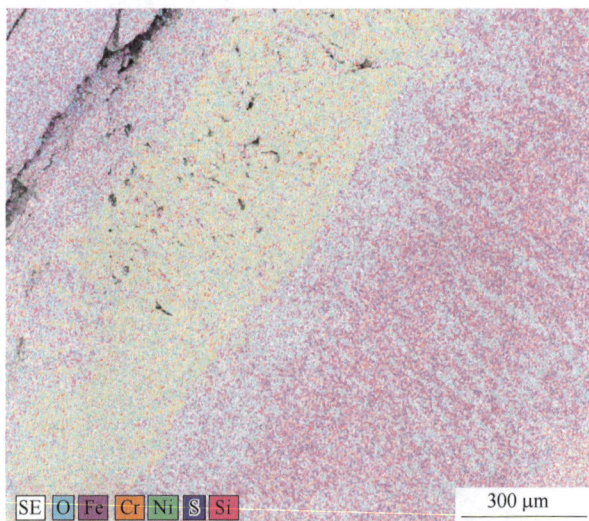

SE O Fe Cr Ni S Si　　　　　　　　300 μm

图 3-26　样品 2 检测点 1 EDS 面扫描结果（综合）

由图 3-25 可以看出，挂渣层和颗粒物层较为疏松，过渡层和金属基体层较为致密。通过对其进行面 EDS 扫描可以发现：

（1）挂渣层以 Fe、O、Si 等元素为主（受拍摄区域影响，挂渣层只拍摄了一部分）；

（2）颗粒物层以 Fe、O、Cr、Ni 等元素为主；

（3）过渡层分为两层，其中外层以 Fe、Ni 元素为主，内层以 Cr、S、Fe、Ni 等元素为主；

（4）金属基体层以 Fe、Ni、Cr 元素为主。

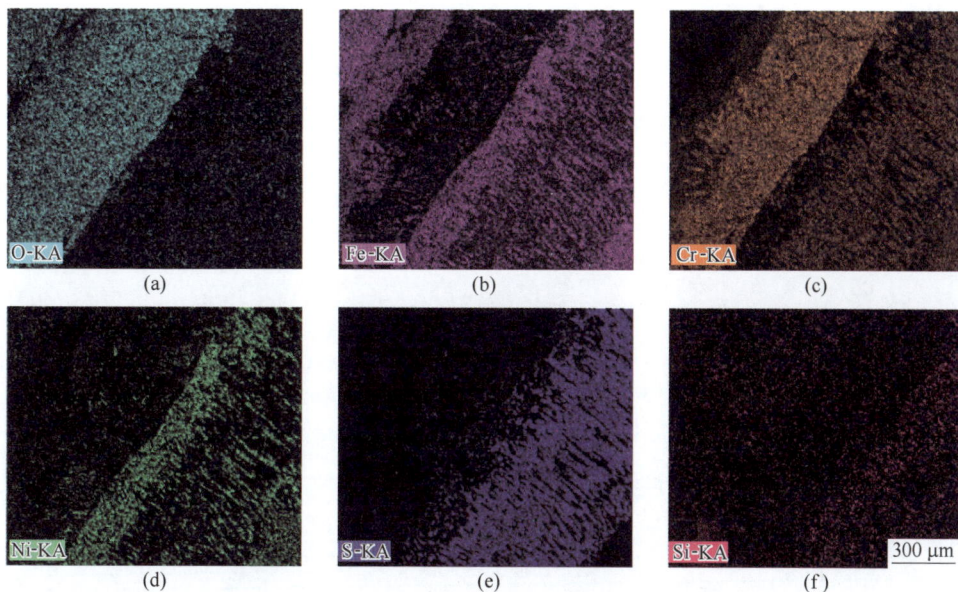

图 3-27　样品 2 检测点 1 EDS 面扫描结果（单元素）

（a）OKA；（b）FeKA；（c）CrKA；（d）NiKA；（e）SKA；（f）SiKA

B　检测点 2 检测结果

如图 3-28 所示，2 号检测点检测位置为喷枪内壁，属于挂渣层，将其放大 387 倍，对其进行面扫描，结果如图 3-29 所示。

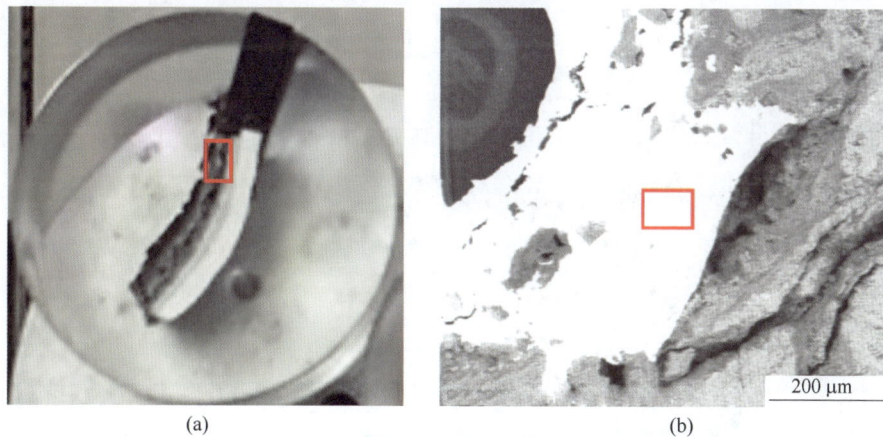

图 3-28　样品 2 检测点 2 位置示意图

（a）宏观位置示意；（b）微观位置示意

对图 3-28（b）进行面扫描，结果显示在样品 2 检测点 2 处，有大块金属 Pb 存在。由于喷枪喷吹过程中会发生回击现象和熔体倒灌现象，导致喷枪内壁也会粘接部分熔体。样品 2 检测点 2 EDS 分析结果见表 3-4。

图 3-29 样品 2 检测点 2 能谱图

表 3-4 样品 2 检测点 2 EDS 分析结果

元素种类	原子序数	特征 X 射线	实测元素质量分数/%	归一化元素质量分数/%	归一化元素原子质量分数/%
C	6	K-系列	4.96	5.91	37.64
Pb	82	M-系列	73.75	87.84	32.45
O	8	K-系列	5.25	6.25	29.91

C 检测点 3 检测结果

如图 3-30 所示，3 号检测点检测位置为喷枪内壁，属于挂渣层，将其放大 548 倍，对其进行点测量，结果如图 3-31 所示。

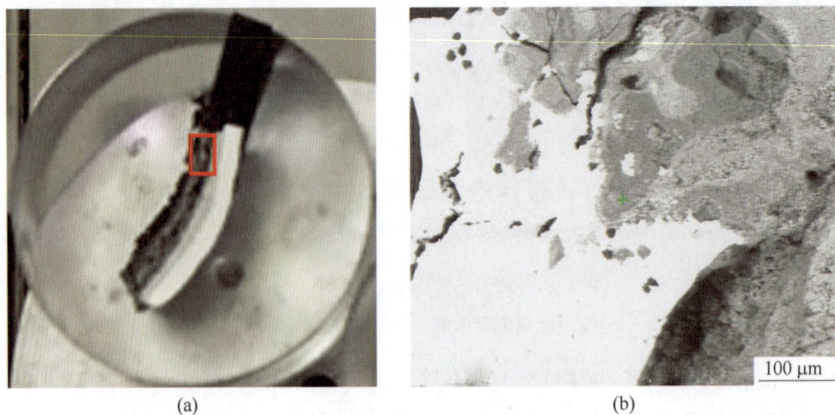

(a)

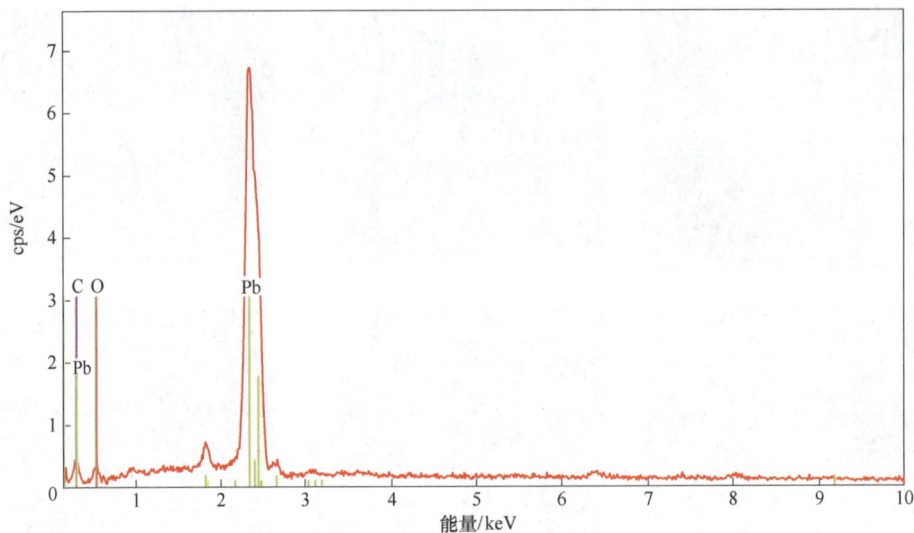

(b)

图 3-30 样品 2 检测点 3 位置示意图

（a）宏观位置示意；（b）微观位置示意

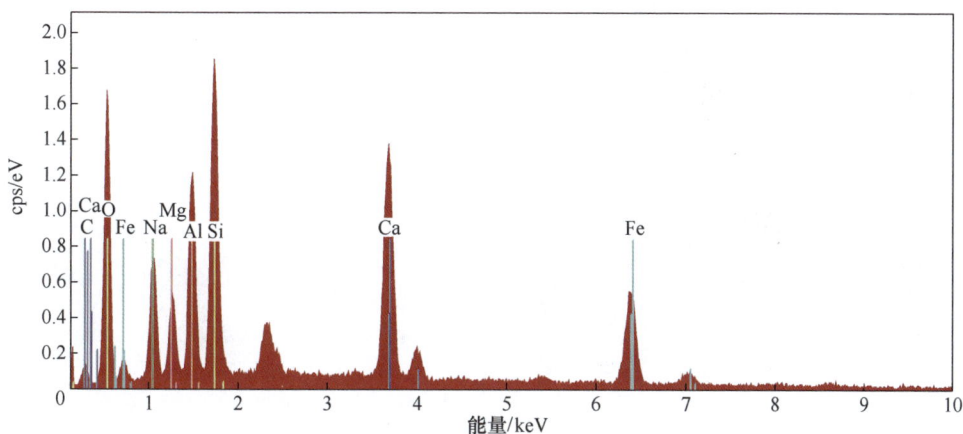

图 3-31　样品 2 检测点 3 能谱图

对图 3-30（b）进行点测量，发现该处主要元素为 Ca、Mg、Al、Fe、O 等，推测其组成为多种金属氧化物。所以，此处发生的现象应该为炉渣在喷枪内壁粘接。样品 2 检测点 3 EDS 分析结果见表 3-5。

表 3-5　样品 2 检测点 3 EDS 分析结果

元素种类	原子序数	特征 X 射线	实测元素质量分数/%	归一化元素质量分数/%	归一化元素原子质量分数/%
O	8	K-系列	28.63	40.56	53.67
C	6	K-系列	4.49	6.36	11.21
Si	14	K-系列	7.2	10.2	7.69
Na	11	K-系列	5.53	7.83	7.21
Ca	20	K-系列	8.93	12.65	6.68
Al	13	K-系列	5.63	7.98	6.26
Fe	26	K-系列	7.6	10.77	4.08
Mg	12	K-系列	2.58	3.66	3.19

D　检测点 4 检测结果

如图 3-32 所示，4 号检测点检测位置为喷枪内壁，属于挂渣层，亮度介于金属 Pb 和复合金属氧化物之间，将其放大 548 倍，对其进行点测量，结果如图 3-33 所示。

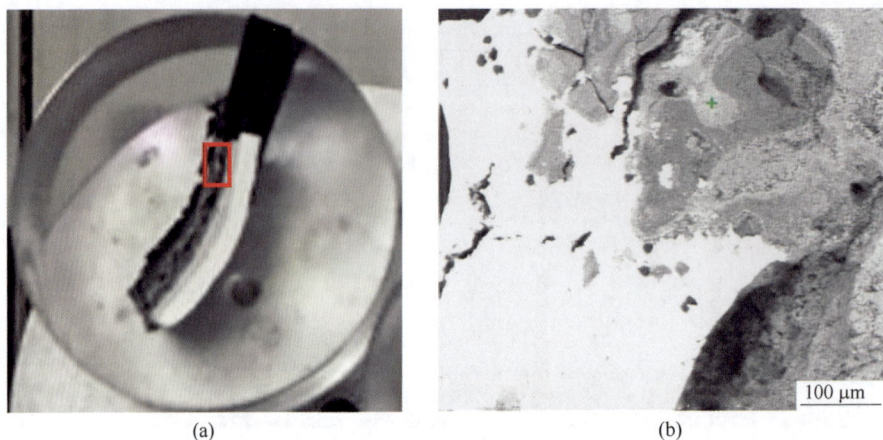

(a)

(b)

图 3-32 样品 2 检测点 4 位置示意图

（a）宏观位置示意；（b）微观位置示意

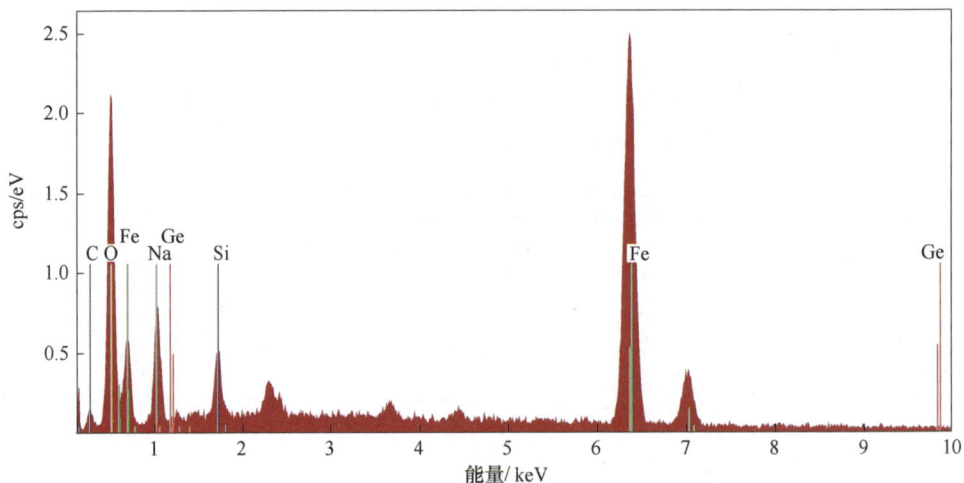

图 3-33 样品 2 检测点 4 能谱图

对图 3-32（b）进行点测量，发现该处主要元素为 Fe、Na（可能是干扰项）、C、Si 等，推测其组成以 Fe 的氧化物为主，可能含有少量 SiO_2。样品 2 检测点 4 EDS 分析结果见表 3-6。

表 3-6 样品 2 检测点 4 EDS 分析结果

元素种类	原子序数	特征 X 射线	实测元素质量分数/%	归一化元素质量分数/%	归一化元素原子质量分数/%
O	8	K-系列	18. 64	27. 81	47. 14
Fe	26	K-系列	35. 88	53. 52	25. 99

续表 3-6

元素种类	原子序数	特征 X 射线	实测元素质量分数/%	归一化元素质量分数/%	归一化元素原子质量分数/%
Na	11	K-系列	7.3	10.9	12.85
C	6	K-系列	3.38	5.04	11.39
Si	14	K-系列	1.83	2.73	2.63

E　检测点 5 检测结果

如图 3-34 所示，5 号检测点检测位置为喷枪内壁，位置介于挂渣层与过渡层之间，属于颗粒物层。对图 3-34（b）中所选区域进行放大和面扫（放大倍数为1548 倍），结果如图 3-35 所示。

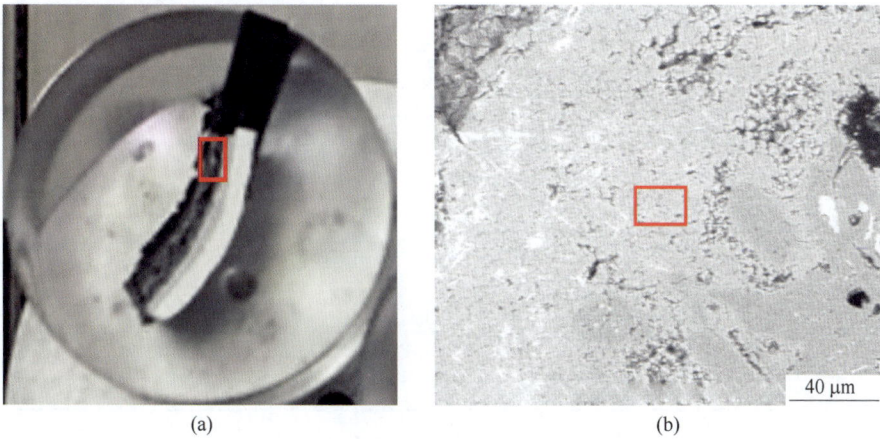

(a)　　　　　　　　　　　　　(b)

图 3-34　样品 2 检测点 5 位置示意图
（a）宏观位置示意；（b）微观位置示意

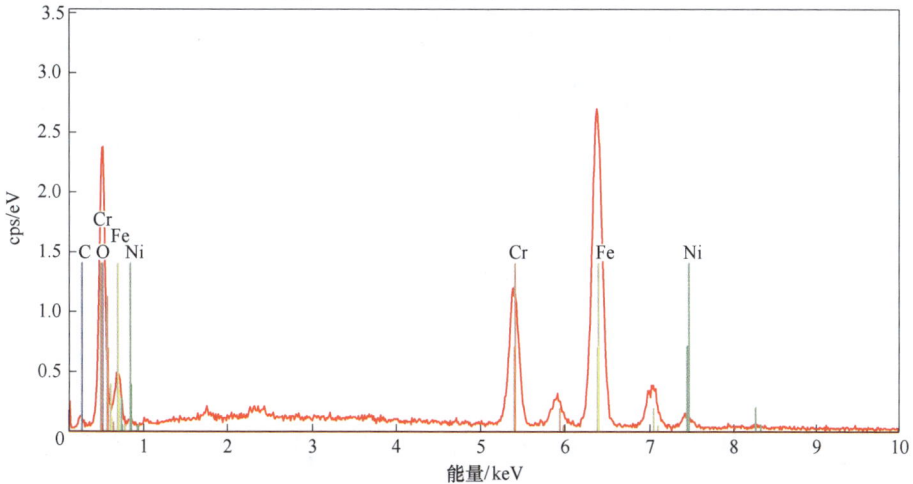

图 3-35　样品 2 检测点 5 能谱图

对图 3-34（b）进行点测量，发现该处主要元素为 O、Fe、C、Cr、Ni 等，推测其组成可能为 Fe、Ni、Cr 的氧化物。若按照元素配比进行计算，可知此处更有可能是生成了 $FeCr_2O_4$ 与（Fe，Ni）O，可以在后期的研究中，对此区域进行 XRD 检测，分析其物相。样品 2 检测点 5 EDS 分析结果见表 3-7。赵金成等人在研究中指出：在强氧化性介质中发生晶间腐蚀的主要原因是金属间化合物（Fe 和 Cr 或 Fe 与 Ni 的金属间化合物）在晶界处的偏析。由于 310 s 不锈钢中的碳含量很低，δ 相不可能全部由 $M_{23}C_6$ 转变而来，也很少从铁素体转变而来。在高温强氧化性的熔融富铅渣环境下，合金元素容易扩散和偏析于缺陷多、能量高的晶界，引起晶界附近贫铬、贫镍，为氧气或 PbO 进入金属内部提供了"宽阔"的通道，所以氧气或 PbO 会与钢中的 Fe 发生如下一系列的反应。

表 3-7　样品 2 检测点 5 EDS 分析结果

元素种类	原子序数	特征 X 射线	实测元素质量分数/%	归一化元素质量分数/%	归一化元素原子质量分数/%
O	8	K-系列	23.77	25.59	50.78
Fe	26	K-系列	50.8	54.69	31.09
Cr	24	K-系列	12.51	13.47	8.22
C	6	K-系列	2.88	3.1	8.2
Ni	28	K-系列	2.93	3.15	1.71

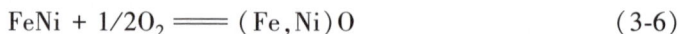

$$Fe + PbO \Longrightarrow Pb + FeO \qquad (3\text{-}2)$$

$$6FeO + O_2 \Longrightarrow 2Fe_3O_4 \qquad (3\text{-}3)$$

$$4Fe_3O_4 + O_2 \Longrightarrow 6Fe_2O_3 \qquad (3\text{-}4)$$

$$FeO + Cr_2O_3 \Longrightarrow FeCr_2O_4 \qquad (3\text{-}5)$$

$$FeNi + 1/2O_2 \Longrightarrow (Fe,Ni)O \qquad (3\text{-}6)$$

$$(Fe,Ni)O + Fe_2O_3 \Longrightarrow (Ni,Fe)Fe_2O_4 \qquad (3\text{-}7)$$

上述高温反应，会消耗区域内部的 Fe、Cr、Ni，生成颗粒状物质 $FeCr_2O_4$ 与 (Fe,Ni)O。

F　检测点 6 检测结果

如图 3-36 所示，6 号检测点检测位置为喷枪壁中间区域，介于挂渣层与过渡层之间，属于颗粒物层。对图 3-36（b）中所标示点进行点测量（放大倍数为 3752 倍），测量结果如图 3-37 所示。

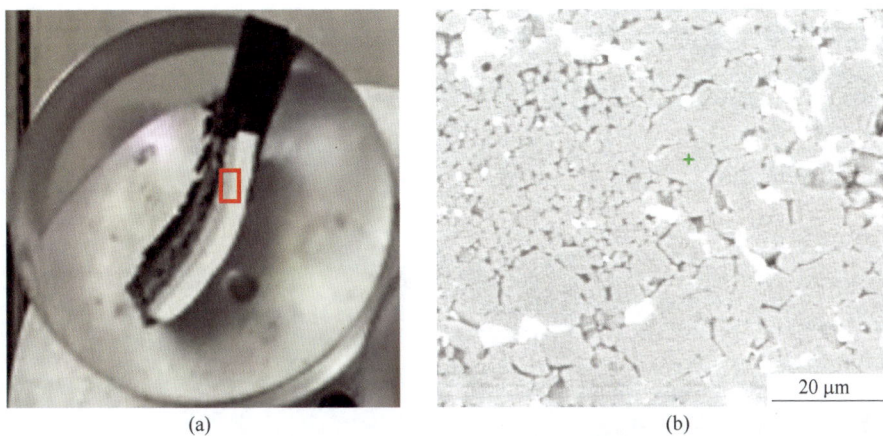

(a)　　　　　　　　　　　(b)

图 3-36　样品 2 检测点 6 位置示意图

（a）宏观位置示意；（b）微观位置示意

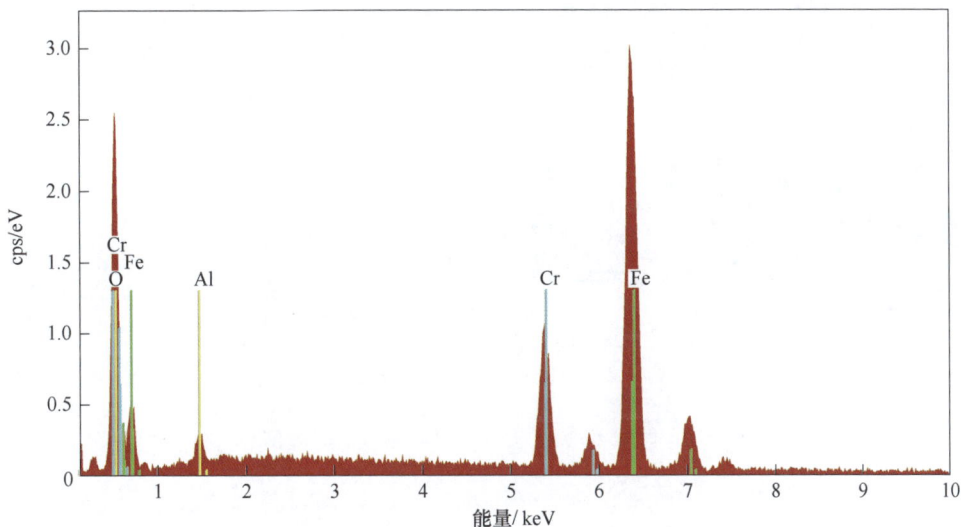

图 3-37　样品 2 检测点 6 能谱图

　　对图 3-36（b）进行点测量，发现该处主要元素为 Fe、O、Cr、Al 等，其组成为 Fe、Cr、Al 的氧化物。样品 2 检测点 6 EDS 分析结果见表 3-8。

表 3-8　样品 2 检测点 6 EDS 分析结果

元素种类	原子序数	特征 X 射线	实测元素质量分数/%	归一化元素质量分数/%	归一化元素原子质量分数/%
O	8	K-系列	20.07	25.15	53.04
Fe	26	K-系列	48.49	60.78	36.72

元素种类	原子序数	特征 X 射线	实测元素质量分数/%	归一化元素质量分数/%	归一化元素原子质量分数/%
Cr	24	K-系列	9.74	12.21	7.92
Al	13	K-系列	1.49	1.86	2.33

G 检测点 7 检测结果

如图 3-38 所示，7 号检测点检测位置为喷枪壁中间区域，属于过渡层与金属基体层连接处，其中左侧区域为内过渡层，右侧区域为金属基体层。对图 3-38（b）中所标示点进行点测量（放大倍数为 256 倍），测量结果如图 3-39 和图 3-40 所示。

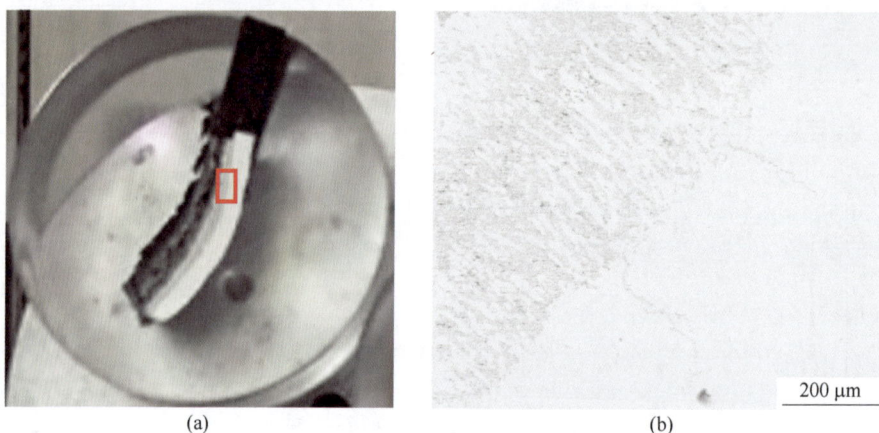

(a) (b)

图 3-38 样品 2 检测点 7 位置示意图

（a）宏观位置示意；（b）微观位置示意

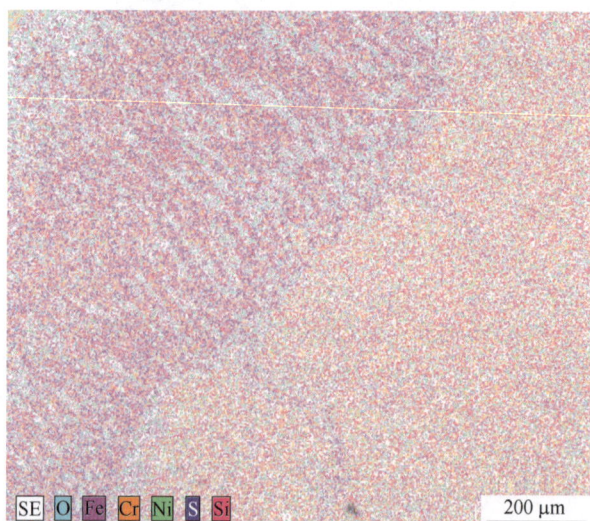

图 3-39 样品 2 检测点 7 EDS 面扫描结果（综合）

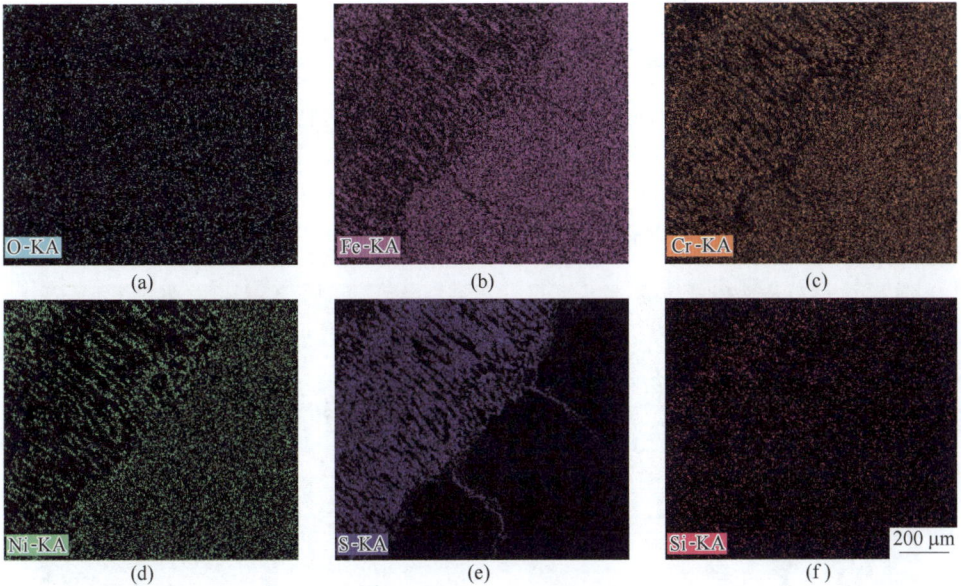

图 3-40　样品 2 检测点 7 EDS 面扫描结果（单元素）

对图 3-38（b）进行点测量，发现该处主要元素为 Fe、S、Cr、Ni、O 等，其中内过渡层以 Fe、Cr、Ni、S 为主，内过渡层以 Fe、Cr、Ni 为主。通过 EDS 分析可以发现（表 3-9），元素 S 的渗透能够到达过渡层，可能会继续向金属基体层渗透。在金属基体层中，能够观察到两条比较明显的裂缝，裂缝中的元素以 S 和 Cr 为主，可以推测元素 S 对基体的腐蚀损坏是首先与金属基体中的 Cr 发生反应。Cr 与 S 结合的产物有很多种（CrS、Cr_9S_6、Cr_7S_8、Cr_2S_3），需要对其进行物相检测，进一步确定所生成的物质类型。在镍基合金中的硫化物之间形成晶体后，其熔点将从 1300 ℃ 左右降低到 600~900 ℃，并且在高温下，很容易变形。

表 3-9　样品 2 检测点 7 EDS 分析结果

元素种类	原子序数	特征 X 射线	实测元素质量分数/%	归一化元素质量分数/%	归一化元素原子质量分数/%
Fe	26	K-系列	39.53	43.26	37.71
S	16	K-系列	13.16	14.4	21.87
Cr	24	K-系列	20.82	22.78	21.33
Ni	28	K-系列	16.28	17.82	14.78
O	8	K-系列	0.92	1.01	3.06
Si	14	K-系列	0.66	0.72	1.26

虽然该材料不属于镍基合金，但是在高温下，晶界处容易发生偏析现象，导致局部 Ni 含量升高，使得局部区域满足硫化物晶体的生成条件。

　　H　检测点 8 检测结果

　　如图 3-41 所示，8 号检测点检测位置为喷枪壁外壁，由于在对喷枪进行线切割时，需要对外壁进行打磨，所以该处的挂渣层、颗粒物层已经被全部磨掉，还剩余部分过渡层和金属基体层。对图 3-41（b）中所标示点进行点测量（放大倍数为 3672 倍），测量结果如图 3-42 和图 3-43 所示。

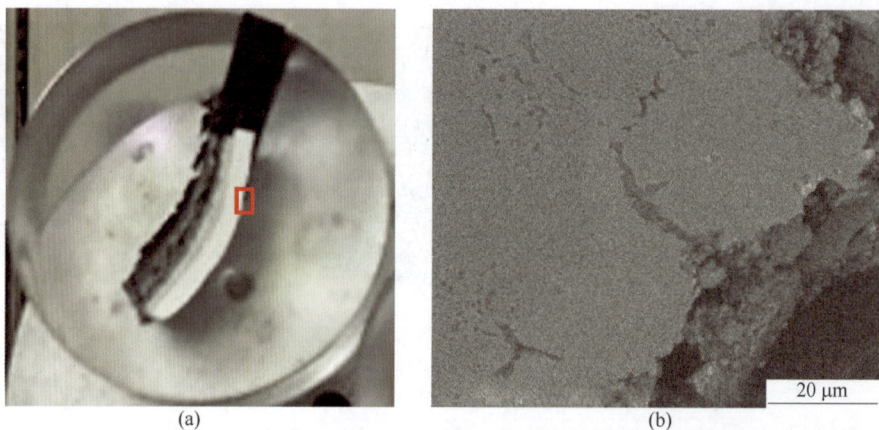

(a)　　　　　　　　　　　　　　　　　　　　(b)

图 3-41　样品 2 检测点 8 位置示意图

（a）宏观位置示意；（b）微观位置示意

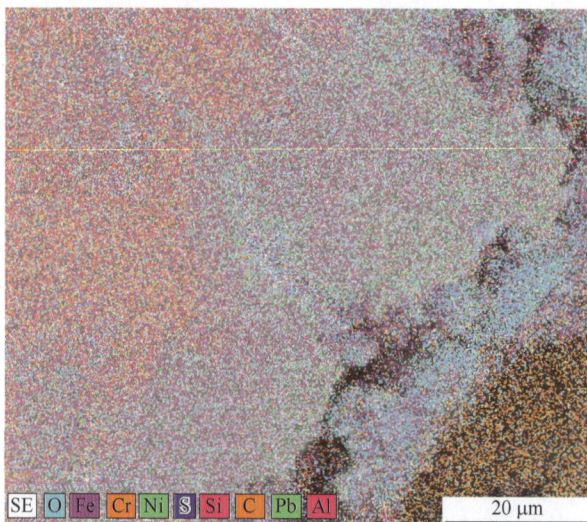

图 3-42　样品 2 检测点 8 EDS 面扫描结果（综合）

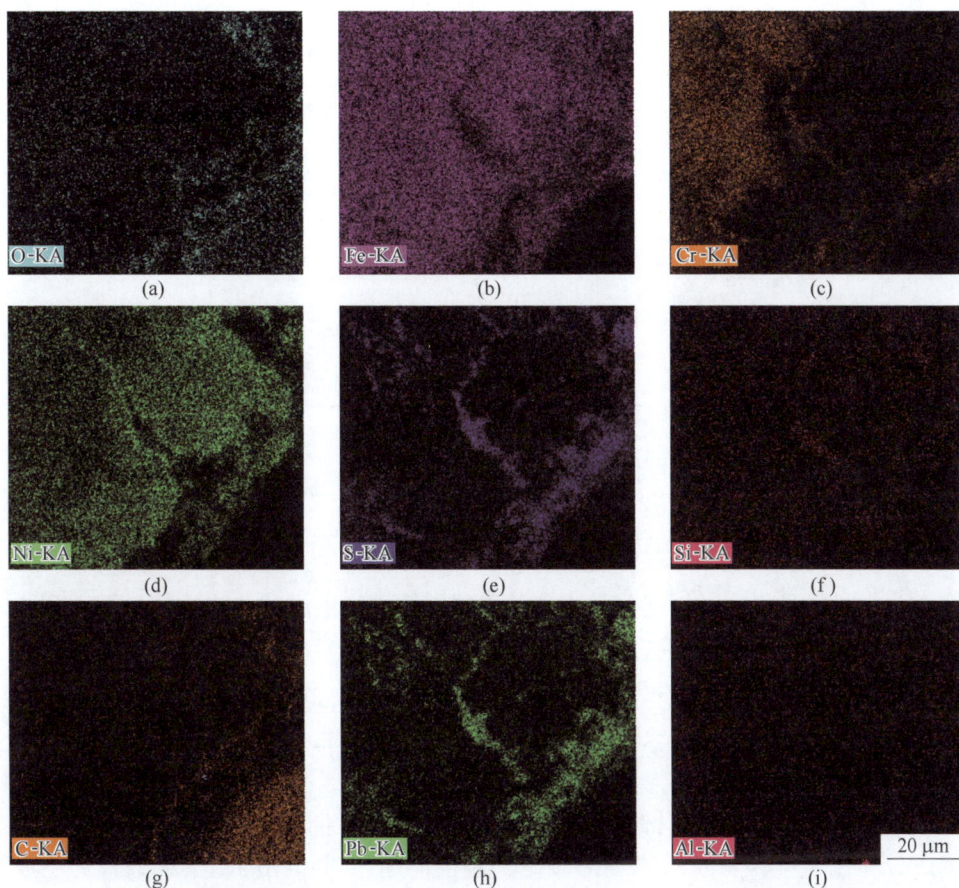

图 3-43 样品 2 检测点 8 EDS 面扫描结果（单元素）

与检测点 7 类似，在金属基体层中，发现了裂纹，并且其裂缝范围和数量都比喷枪内侧更为严重。通过对其进行 EDS 面扫描可以发现金属基体层以 Fe、Ni、Cr 为主，在金属基体层与过渡层的交界处，Ni 有富集的趋势。裂缝中的物质组成元素为 Cr、S、Pb，可以推测该处形成了多种硫化物。样品 2 检测点 8 EDS 分析结果见表 3-10。根据前面的分析，在镍富集区域会形成低熔点硫化物晶体，进而导致喷枪基体材质的损坏加重。

表 3-10 样品 2 检测点 8 EDS 分析结果

元素种类	原子序数	特征 X 射线	实测元素质量分数/%	归一化元素质量分数/%	归一化元素原子质量分数/%
C	6	K-系列	17.6	18.73	48.01
Fe	26	K-系列	35.47	37.75	20.81

元素种类	原子序数	特征 X 射线	实测元素质量分数/%	归一化元素质量分数/%	归一化元素原子质量分数/%
Ni	28	K-系列	26.22	27.9	14.63
O	8	K-系列	4.19	4.46	8.59
Cr	24	K-系列	6.5	6.92	4.1
S	16	K-系列	3.33	3.54	3.4
Si	14	K-系列	0.33	0.35	0.38
Pb	82	M-系列	0.29	0.31	0.05
Al	13	K-系列	0.03	0.03	0.04

3.3　强化熔池熔炼炉用耐火材料特征及侵蚀

3.3.1　耐火材料的分类及特征

耐火材料是由多种不同化学成分及不同结构矿物组成的非均质体。随着耐火材料种类的增加及使用的特定化，耐火材料需要的原料也越来越多，其组成将进一步复杂化。但是总体上可以通过两种方式进行分类：化学组成和矿物组成。耐火材料的性质主要包括耐火材料的结构性能、热学性能及使用性能。

3.3.1.1　化学组成

作为非均质体，耐火材料有主、副成分之别。通常，将耐火材料的化学组成按成分和作用分为：（1）占绝对多量，对性能起绝对作用的基本成分称为主成分；（2）占少量的从属成分称为副成分，其中包括杂质和添加成分。

主成分是耐火材料中构成耐火基体的成分，是耐火材料的特性基础。它的性质和数量对材料的性质起决定作用。其可以是高熔点耐火氧化物、复合矿物、非氧化物的一种或几种，有关物质的熔点见表 3-11。氧化物耐火材料按其主成分氧化物的化学性质可分为酸性、中性和碱性三类。

表 3-11　一些氧化物和非氧化物的熔点

物质	熔点/℃	物质	熔点/℃
SiO_2	1725	Al_2O_3	2050
MgO	2800	CaO	2570
Cr_2O_3	2435	ZrO_2	2690
$3Al_2O_3 \cdot 2SiO_2$	1810	$MgO \cdot Al_2O_3$	2135
$MgO \cdot Cr_2O_3$	2180	$ZrO_2 \cdot SiO_2$	2500

物质	熔点/℃	物质	熔点/℃
$2CaO \cdot SiO_2$	2130	$2MgO \cdot SiO_2$	1890
BN	3000	B_4C	2350
SiC	2700	Si_3N_4	2170
C	3700	TiB_2	3225

杂质成分是指由于原料纯度有限而被带入的对耐火材料性能有害的化学成分。一般来说，K_2O、Na_2O、FeO 及 Fe_2O_3 都是耐火材料中的有害杂质成分。耐火材料中的杂质成分直接影响材料的高温性能，如耐火度、荷重变形温度、抗侵蚀性、高温强度等。其有利的方面是杂质可降低制品的烧成温度，促进制品的烧结等。

添加成分是为了改善主成分在使用性能或生产性能的不足而加入的添加剂。主要分为以下几类：(1)改变流变性能类；(2)调节凝结、硬化速度类；(3)调节内部组织结构类；(4)保持材料施工性能类；(5)改善使用性能类。

3.3.1.2 矿物组成

耐火材料的矿物组成取决于它的化学组成和工艺条件。化学组成相同的材料，由于工艺条件的不同，所形成矿物相的种类、数量、晶粒大小和结合情况会有差异，其性能也可能有较大的差异。耐火材料的矿物组成一般可分为主晶相和次相两大类。主晶相是指构成材料结构的主体且熔点较高的晶相。主晶相的性质、数量和结合状态直接决定着材料的性质。常见耐火制品的主要化学成分及主晶相见表 3-12。

表 3-12 耐火材料的主要化学成分及主晶相

耐火材料	主要化学成分	主晶相
硅砖	SiO_2	鳞石英、方石英
半硅砖	SiO_2、Al_2O_3	莫来石、方石英
黏土砖	SiO_2、Al_2O_3	莫来石、方石英
二等、三等高铝砖	Al_2O_3、SiO_2	莫来石、方石英
一等高铝砖	Al_2O_3、SiO_2	莫来石、刚玉
莫来石砖	Al_2O_3、SiO_2	莫来石
刚玉砖	Al_2O_3、SiO_2	刚玉、莫来石
电熔刚玉砖	Al_2O_3	刚玉
铝镁砖	Al_2O_3、MgO	刚玉、镁铝尖晶石

耐火材料	主要化学成分	主晶相
镁砖	MgO	方镁石
镁硅砖	MgO、SiO_2	方镁石、镁橄榄石
镁铝砖	MgO、Al_2O_3	方镁石、镁铝尖晶石
镁铬砖	MgO、Cr_2O_3	方镁石、镁铬尖晶石
铬镁砖	MgO、Cr_2O_3	镁铬尖晶石、方镁石
镁橄榄石砖	MgO、SiO_2	镁橄榄石、方镁石
镁钙砖	MgO、CaO	方镁石、氧化钙
镁白云石砖	MgO、CaO	方镁石、氧化钙
白云石砖	CaO、MgO	氧化钙、方镁石
锆刚玉砖	Al_2O_3、ZrO_2、SiO_2	刚玉、莫来石、斜锆石
锆莫来石砖	Al_2O_3、SiO_2、ZrO_2	莫来石、锆英石
锆英石砖	ZrO_2、SiO_2	锆英石
镁炭砖	MgO、C	方镁石、石墨
铝炭砖	Al_2O_3、C	刚玉、莫来石、石墨

　　基质是指耐火材料中大晶体或骨料间结合的物质。基质对材料的性能起着很重要的作用。在使用时，往往是基质首先受到破坏，调整和改变材料的基质可以改善材料的使用性能。

3.3.1.3　耐火材料的结构性能

　　耐火材料的宏观组织结构是由固态物质和气孔共同组成的非均质体。其结构性能主要包括气孔率、吸水率、透气度、气孔孔径分布、体积密度、真密度等。它们是评价耐火材料的主要指标。

　　A　气孔率

　　耐火材料的气孔大致可以分为 3 类（图 3-44）：

　　（1）封闭气孔，封闭在制品中不与外界相通；

　　（2）开口气孔，一端封闭，另一端与外界相通，能被流体填充；

　　（3）贯通气孔，贯通材料两面，流体能够通过。

　　目前，由于检测方便，通常以显气孔率来表示气孔率。即开口气孔与

图 3-44　耐火制品中气孔类型
1—封闭气孔；2—开口气孔；3—贯通气孔

贯通气孔的体积之和占制品总体积的百分率。致密定形耐火制品的显气孔率按照国家标准《致密定形耐火制品体积密度、显气孔率和真气孔率试验方法》（GB/T 2997—2000）进行测定，显气孔率计算公式如下：

$$P_a = \frac{m_3 - m_1}{m_3 - m_2} \times 100\% \tag{3-8}$$

式中　P_a——耐火制品的显气孔率，%；

　　　m_1——干燥试样的质量，g；

　　　m_2——饱和试样悬浮在液体中的质量，g；

　　　m_3——饱和试样（在空气中）的质量，g。

致密耐火制品的显气孔率一般为 10%~28%；隔热耐火材料的显气孔率大于 45%。

B　吸水率

吸水率是耐火材料全部开口气孔所吸收水的质量与其干燥试样的质量之比，它实质上反映了材料中的开口气孔量。在耐火原料生产中，习惯上用吸水率来鉴定原料的煅烧质量，原料煅烧得越好，吸水率数值应越低，一般应小于 5%。即

$$W = G_1/G \times 100\% \tag{3-9}$$

式中　G——干燥试样质量，g；

　　　G_1——试样开口气孔中吸满水的质量，g；

　　　W——试样的吸水率，%。

C　体积密度

体积密度是耐火材料的干燥质量与其总体积（固体、开口气孔和闭口气孔的体积总和）的比值，即材料单位体积的质量，单位为 g/cm^3，是表征耐火材料的致密程度。它受所用原料、生产工艺等因素影响。部分耐火材料的体积密度和显气孔率的数值见表 3-13。

致密定形耐火制品的体积密度检测方法如下：

$$\rho_b = \frac{m_1}{m_3 - m_2} \times \rho_{ing} \tag{3-10}$$

式中　ρ_b——试样的体积密度，g/cm^3；

　　　ρ_{ing}——试验温度下，浸渍液体的密度，g/cm^3；

　　　m_1——干燥试样的质量，g；

　　　m_2——饱和试样悬浮在液体中的质量，g；

　　　m_3——饱和试样（在空气中）的质量，g。

D　透气度

透气度是材料在压差下允许气体通过的性能。由于气体是通过材料中贯通气孔透过的，透气度与贯通气孔的大小、数量、结构和状态有关，并随耐火制品成

型时的加压方向而异。它和气孔率有关系，但无规律性，并且又和气孔率不同。其受生产工艺的影响，通过控制颗粒配比、成型压力及烧成制度可控制材料的透气度。

表 3-13　部分耐火材料的体积密度和显气孔率的数值

材料名称	显气孔率/%	体积密度/g·cm^{-3}
致密黏土砖	16.0~20.0	2.05~2.20
硅砖	19.0~22.0	1.80~1.95
镁砖	22.0~24.0	2.60~2.70
镁钙砖	≤8	≥2.95
高铝砖	≤22	
半再结合镁铬砖	18.0	2.10
直接结合镁铬砖	15.0	3.08
熔铸镁铬砖	5.0~15.0	≥3.7
烧结刚玉砖	14.0~16.0	2.95
刚玉再结合砖	≤21	2.95

3.3.1.4　耐火材料的热学性能

耐火材料的热学性能包括热容、热膨胀性、导热性、温度传导性等。它们是衡量制品能否适应具体热过程的依据，是工业窑炉和高温设备进行结构设计时所需要的基本数据。

A　热容

热容是指材料温度升高 1 K 所吸收的热量，比热容是单位质量的材料温度升高 1 K 所吸收的热量，又称质量热容，单位为 J/(g·K)。耐火材料的热容直接影响所砌筑体的加热和冷却速度，常见耐火材料的比热容见表 3-14。

表 3-14　常见耐火材料的比热容　　　　　　　　　[J/(g·K)]

砖种	密度 /g·cm^{-3}	温度/℃						
		200	400	600	800	1000	1200	1400
黏土砖	2.4	0.875	0.946	1.009	1.009	1.110	1.156	1.235
硅砖	1.8	0.913	0.984	1.043	1.097	1.135	1.168	1.193
镁砖	3.0	0.976	1.047	1.086	1.126	1.164	1.210	—
碳化硅砖	2.7	0.795	0.942	1.017	1.026	0.971	0.938	—
硅线石砖	2.7	0.842	0.959	1.030	1.068	1.080	1.101	1.122
刚玉砖	3.1	0.904	0.976	1.026	1.063	1.093	1.118	1.139
炭砖	1.6	0.946	1.172	1.327	1.432	1.516	1.578	1.616

砖种	密度 /g·cm⁻³	温度/℃						
		200	400	600	800	1000	1200	1400
铬砖	3.1	0.745	0.812	0.854	0.883	0.909	0.929	1.365
锆英石砖	3.6	—	0.749	0.682	0.712	0.745	0.775	0.808

比热容一般按下式计算:

$$C_{\mathrm{p}} = \frac{Q}{m(t_1 - t_0)} \tag{3-11}$$

式中　C_{p}——耐火材料的等压比热容,J/(g·K);

　　　Q——加热试样所消耗的热量,kJ;

　　　m——试样的质量,kg;

　　　t_0——试样加热前的温度,℃;

　　　t_1——试样加热后的温度,℃。

B　热膨胀性

耐火材料的热膨胀是指制品在加热过程中的长度或体积的变化。耐火材料使用过程中常伴有极大的温度变化,随之而来的是长度与体积的变化,这会严重影响热工设备砌体的尺寸严密程度及结构,甚至会使新砌体破坏。此外,耐火材料的热膨胀情况还能反映出制品受热后的热应力分布和大小,晶型转变及相变,微细裂纹的产生及抗热震稳定性等。常用耐火制品的平均线膨胀系数见表3-15。

表 3-15　常用耐火制品的平均线膨胀系数

材料	黏土砖	莫来石砖	莫来石刚玉砖	刚玉砖	半硅砖	硅砖	镁砖	锆莫来石熔铸砖	锆英石砖
平均线膨胀系数 (20~1000℃) /℃⁻¹	(4.5~6.0) ×10⁻⁶	(5.5~5.8) ×10⁻⁶	(7.0~7.5) ×10⁻⁶	(8.0~8.5) ×10⁻⁶	(7.0~7.9) ×10⁻⁶	(11.5~13.0)× 10⁻⁶	(14.0~15.0)× 10⁻⁶	6.8×10⁻⁶	4.6×10⁻⁶ (1100℃)

C　热导率

热导率是指单位时间内在单位温度梯度下沿热流方向通过材料单位面积传递的热量。它是表征材料导热特性的一个物理指标,可表示为:

$$\lambda = q/(-\mathrm{d}T/\mathrm{d}x) \tag{3-12}$$

式中　λ——热导率,W/(m·K);

　　　q——单位时间热流密度,W/m²;

　　$\mathrm{d}T/\mathrm{d}x$——温度梯度,K/m。

材料的热导率与其化学组成、矿物(相)组成、致密度(气孔率)、微观组织结构有密切的关系。不同化学组成的材料，其热导率也有差异。耐火材料的化学成分越复杂，其热导率降低越明显。晶体结构复杂的材料，热导率也低。温度是影响耐火材料热导率的外在因素。

3.3.1.5　耐火材料的使用性能

耐火材料的使用性能是指耐火材料在高温下使用时所具有的性能。是否满足使用性能的指标，成为耐火制品质量的主要衡量标准，也是延长其使用寿命、提高使用价值的重要依据。

A　耐火度

耐火材料耐火度是材料在无荷重时抵抗高温作用而不熔化的性能。耐火度的意义与熔点不同。熔点是指纯物质的结晶相与其液相处于平衡状态下的温度，耐火材料是由多种矿物组成的多相固体混合物，没有统一的熔点，其熔融是在一定的温度范围内进行的。

耐火材料的化学成分、矿物组成及其分布状态是影响耐火度的最基本因素。杂质成分特别是具有强熔剂作用的杂质，将严重降低制品的耐火度。耐火材料成分分布不均匀，以致不能形成理想的高熔点矿物，将使耐火度降低。因此，提高原料的纯度、严格控制杂质含量是提高材料耐火度的一项非常重要的工艺措施。几种常见的耐火材料的耐火度见表3-16。

表3-16　几种常见的耐火材料的耐火度

名　　称	耐火度范围/℃
结晶硅石	1730~1770
硅砖	1690~1730
半硅砖	1630~1650
黏土砖	1610~1750
高铝砖	1750~2000
莫来石砖	>1825
镁砖	>2000
白云石砖	>2000
熔铸刚玉砖	>1990

B　荷重软化温度

耐火材料的荷重软化温度是指材料在承受恒定压负荷并以一定升温速率加热条件下产生变形时的温度。它表示了耐火制品同时抵抗高温和载荷两方面作用的能力。决定荷重软化温度的主要因素是制品的化学-矿物组成，首先要有高荷重软化温度的晶相或液相，较少有害杂质。但也与制品的生产工艺直接有关，如提高砖坯成型密度及良好的烧结，从而降低制品的气孔率和使制品内的晶体发育良好等，有利于提高耐火制品的荷重软化温度。

荷重软化温度的测定一般是加压 0.2 MPa，从样品膨胀的最高位置点压缩为原始高度的 0.6% 为软化开始温度，4% 为软化变形温度及 40% 为变形温度。

C　抗热震性

抗热震性是指耐火材料抵抗温度急剧变化而导致损伤的能力。耐火材料在使用过程中，其环境温度的变化是不可避免的，还会遇到温度急剧变化的时候。因此耐火材料在使用过程中会产生裂纹、剥落等现象，影响耐火材料的使用寿命。此种破坏作用限制了制品和窑炉的加热和冷却速度，限制了窑炉操作的强化，是窑炉耐火材料损坏的主要原因之一。

影响耐火材料抗热震性的主要因素包括材料的物理性质，如热膨胀性、热导率等。通常，耐火材料的线膨胀系数小，抗热震性就越好。材料的热导率越高，抗热震性就越好。此外，耐火材料的组织结构、颗粒组成和形状等都会对耐火材料的抗热震性有影响。

3.3.2　强化熔池熔炼炉用耐火材料的特点

强化熔池熔炼冶炼过程中不但伴随着强烈的熔体冲刷、较大温度波动、铁硅渣的高侵蚀性，还有大量酸性腐蚀气体 SO_2 的存在，因而对耐火材料的使用提出了很高的要求。由于耐火材料的使用环境复杂，各种损毁因素又相互交互，耐火材料出厂的各项性能指标并不能全部或真正反映具体耐火材料在使用现场的复杂条件下的使用性能。从目前有色冶炼生产应用和耐火材料研发制造的现状来看，镁铬砖依然是最为重要的耐火材质，尤其是在底吹炉中渣侵蚀严重、熔体冲刷严重的部位，如风口区。而在其他领域表现优异的耐火材料目前尚无法胜任该特殊环境。

3.3.3　镁铬质耐火材料的种类与特征

以方镁石和镁铬尖晶石为主晶相的碱性耐火制品称作镁铬砖，它曾在钢铁冶炼工业、有色冶金行业、水泥行业及玻璃行业被广泛使用，但因为 $MgO\text{-}Cr_2O_3$ 系耐火材料在使用的过程很容易产生对人类健康和环境有巨大危害的 Cr^{6+}，自 20 世纪 80 年代以来，钢铁、水泥等行业已用其他材料代替镁铬质耐火材料，世界上的镁铬质材料使用量下降。然而由于炼铜行业的工艺特点，目前还没有材料能彻底取代镁铬质耐火材料的地位，镁铬质耐火材料的性能也一直在不断的改进。

图 3-45 为 $MgO\text{-}Cr_2O_3$ 平衡相图，由图可知，二元相的最低共熔点为 2245 ℃左右。在方镁石-镁铬尖晶石固相区，随着温度波动，可以看到方镁石-镁铬尖晶石之间的固溶度存在变化，这说明在烧结的过程中，镁铬尖晶石和 Cr_2O_3 将可能存在固溶体成分的析出，说明在镁铬质耐火材料的生产过程中，采用高温烧结或

者高温预烧结有利于镁铬质耐火材料的致密化及镁铬尖晶石的生成，而较高的致密度、较多具有良好抗渣性镁铬尖晶石的生成有利于镁铬质耐火材料抗铜渣侵蚀能力的提升。

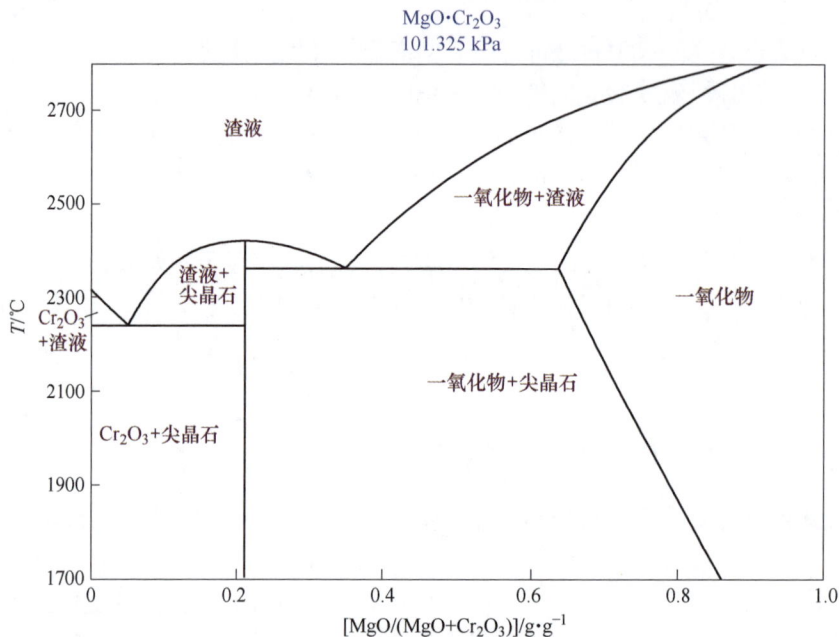

图 3-45　MgO-Cr_2O_3 二元相图

主要应用的有以下几种镁铬质耐火材料：硅酸盐结合镁铬砖、直接结合镁铬砖、再结合镁铬砖、半再结合镁铬砖、熔铸镁铬砖、化学结合镁铬砖。

3.3.3.1　硅酸盐结合镁铬砖

硅酸盐结合镁铬砖又称普通镁铬砖，这种砖是由杂质（SiO_2 和 CaO）含量较多的铬矿和镁砂制成的，烧成温度在 1550 ℃左右。该砖的显微结构特点是耐火矿物晶粒之间有硅酸盐相结合。复杂的硅酸盐基质主要由 SiO_2 及与少量镁橄榄石在一起的杂质所组成，从而使得这种结合相熔点低。因此，其烧结温度相应的较低，导致了其高温强度低和抗渣性差。表 3-17 为青花公司几种普通镁铬砖的理化性能，带 B 的为不烧镁铬砖。

表 3-17　普通镁铬砖的典型性能

牌号	$w(MgO)$ /%	$w(Cr_2O_3)$ /%	$w(CaO)$ /%	$w(SiO_2)$ /%	显气孔率 /%	体积密度 /g·cm^{-3}	耐压强度 /MPa
QMGe6	80	7	1.2	3.8	17	3	55
QMGe8	72	10	1.2	4	18	3	55

牌号	$w(MgO)$ /%	$w(Cr_2O_3)$ /%	$w(CaO)$ /%	$w(SiO_2)$ /%	显气孔率 /%	体积密度 /g·cm^{-3}	耐压强度 /MPa
QMGe12	70	13	1.2	4	18	3.02	55
QMGe16	65	17	1.2	4.2	18	3.05	50
QMGe20	56	22	1.2	3	19	3.07	50
QMGe22	49	24	1.2	4.5	20	3.02	55
QMGe26	45	27	1.2	5	20	3.1	45
QMGeB8	71	9.6	1.5	3.5	12	3.1	80
QMGeB10	67	12	1.5	3.8	12	3.1	80

3.3.3.2 直接结合镁铬砖

直接结合镁铬砖是指由杂质（SiO$_2$和CaO）含量较低的铬精矿和较纯的镁砂采用高温烧成（烧成温度在1700℃以上）。其耐火矿物晶粒之间多呈直接接触，这种结合是把方镁石和铬矿颗粒边界直接连在一起，在高温下形成固态，并在铜熔化温度下仍保持固态。因此直接结合镁铬砖的改进主要包括高温强度和抗渣性能提高、气孔率和透气度降低、抗剥落性能提高。表3-18为部分直接结合镁铬砖的理化性能。

表3-18 直接结合镁铬砖的典型性能

牌号	$w(MgO)$ /%	$w(Cr_2O_3)$ /%	$w(CaO)$ /%	$w(SiO_2)$ /%	显气孔率 /%	体积密度 /g·cm^{-3}	耐压强度 /MPa
QZHGe4	85	5.5	1.1	1.3	18	3.02	50
QZHGe8	77	9.1	1.4	1.2	18	3.04	50
QZHGe10	75.2	11.5	1.2	1.3	18	3.05	55
QZHGe12	74	14	1.2	1.2	18	3.06	55
QZHGe16	69	18	1.2	1.5	18	3.08	55

3.3.3.3 再结合镁铬砖

随着有色金属冶炼技术的不断强化，要求耐火材料的抗侵蚀性更好，高温强度更高，需进一步提高烧结合成高纯镁铬料的密度，降低气孔率，使镁砂与铬矿充分均匀地反应，形成结构更理想的方镁石固溶体和尖晶石固溶体，由此产生了电熔合成镁铬料，用此原料制作的砖称为熔粒再结合镁铬砖。再结合镁铬砖由于制砖原料较纯，都需要在1750℃以上的高温或超高温下烧成。其显微结构特征是尖晶石等组元分布均匀，耐火矿物晶粒之间为直接接触。因此，其抗侵蚀和抗冲刷能力比前两种镁铬砖都好。

3.3.3.4 半再结合镁铬砖

将由电熔镁铬料作颗粒,以共烧结料为细粉或以铬精矿与镁砂为混合细粉制作的镁铬砖都被称为半再结合镁铬砖。为了区分,可以将电熔镁铬料作颗粒,共烧结镁铬料为细粉制成的镁铬砖称为熔粒共烧结镁铬砖。这类砖是在1700 ℃以上高温烧成,砖内耐火矿物晶粒之间也是以直接结合为主,其优点是既有良好的抗渣性,又有较高的热震稳定性。表3-19为再结合(半再结合)镁铬砖典型性能,Q代表国内某公司产品,其他为国外同类产品。

表 3-19 再结合(半再结合)镁铬砖典型性能

牌号	$w(MgO)$ /%	$w(Cr_2O_3)$ /%	$w(CaO)$ /%	$w(SiO_2)$ /%	显气孔率 /%	体积密度 /g·cm^{-3}	耐压强度 /MPa
QBDMGe12	75	15	1.3	1.5	16	3.18	50
QBDMGe18	68	19	1.3	1.5	15	3.23	60
QBDMGe20	65	20.5	1.3	1.7	15	3.26	60
QDMGe20	66	20.5	1.2	1.4	14	3.28	65
QDMGe22	63	22.5	1.2	1.4	14	3.23	65
QDMGe28	53	28	1.2	1.4	14	3.35	65
Radex-DB60	62	21.5	0.5	1	18	3.2	—
Radex-BCF-F-11	57	26	0.6	1.2	<16	3.3	—
ANKROMS52	75.2	11.5	1.2	1.3	17	3.38	—
ANKROMS56	60	18.5	1.3	0.5	12	3.28	—
RS-5	70	20	—	<1	13.5	3.28	—

3.3.3.5 熔铸镁铬砖

用镁砂和铬矿加入一定量的外加剂,经混合、压坯与素烧、破碎成块,进电弧炉熔融,再注入模内、退火、生产成母砖;母砖经切、磨等加工制成所需要的砖型。这种工艺生产的镁铬砖称为熔铸镁铬砖。熔铸镁铬砖在抗炉渣渗透方面,具有独特的优越性。熔铸镁铬砖是经过熔融、浇铸、整体冷却制成的致密熔块,熔渣只可能在砖的表面有熔蚀作用,而不可能出现渗透现象。其结构特点是成分分布均匀,耐火矿物晶粒之间为直接接触,硅酸盐以孤岛状存在。这种砖抗熔体熔蚀、渗透与冲刷特别好。但其自身也有不足,首先熔铸镁铬砖生产难度大,价格昂贵;其次热震稳定性差。目前它在炼铜炉内应用得较少。

3.3.3.6 化学结合镁铬砖

一般采用镁砂和铬矿为制砖原料,以聚磷酸钠或六偏磷酸钠或水玻璃为结合剂压制,不需高温烧成,只经过低温处理的制品,称为化学结合镁铬砖。化学结合镁铬砖在热工窑炉内使用中,逐渐实现烧结,表现出抗渣性和高温性能。由于其所处环境温度不足以恰到好处地保证制品的烧结层厚度，而且有些结合剂含有较多的杂质，不烧镁铬砖的综合性能不如烧成制品。

3.3.4 关键点位镁铬质耐火材料侵蚀机理分析

耐火材料工作衬侵蚀通常被划分为化学侵蚀、热侵蚀和机械侵蚀。这些侵蚀可以以单项形式出现，也可以以多项形式复合出现。耐火材料的损毁可以是连续的（溶蚀和侵蚀）或是不连续的（开裂和剥落）。剥落导致耐火砖不连续的局部分离。严重的渣渗透的最终结果是导致靠近热面的耐火砖的致密化。致密化区域与非渗透区域所形成的热膨胀性能差异产生巨大内部应力，最终导致裂纹的形成和开裂。一般情况下，强热震会导致热剥落。

3.3.4.1 化学侵蚀

A 熔渣侵蚀渗透

以铜冶炼中铁硅渣为例，在高温时炉渣会和镁铬砖中的方镁石反应生成橄榄石相，形成镁橄榄石（Mg_2SiO_4）和钙镁橄榄石（$CaMgSiO_4$）。炉渣可以通过耐火材料内的孔隙与裂纹、基质及晶体之间的界面三种渠道侵蚀耐火材料，耐火材料若仅与腐蚀物质在表面接触，此时侵蚀速率与接触面积成正比，损毁过程是均匀的、轻微的。但是实际上，熔液可侵入耐火材料内部与其内表面接触，从而引起严重的侵蚀。

图 3-46 为某电熔镁铬 20 耐火砖被某铜渣侵蚀后的 EPMA 照片，结合能谱分析的结果可知，图中 1 点为以原料中铬铁矿为基础反应形成二次尖晶石，富含 Cr 及 Fe，并含有扩散的 Mg，有资料表明其化学式为（Mg, Fe）（Cr, Al, Fe）$_2O_4$；2 点主要为铜渣渗透进入砖体内部，与 MgO 生成 $CaMg(SiO_4)$；3 点主要为铁酸镁；4 点主要是 MgO 与 SiO_2 的反应物硅酸镁；5 点为白亮的点，主要为铜锍，其成分主要为 Cu、S、Pb，同时存在少量的 Sb、Zn 及 Fe；6 点所指的白色斑点为方镁石内脱溶析出的二次尖晶石，这是由于镁铬质耐火材料在烧成的过程中存在一个溶解-脱溶的作用，即在烧成的时候，随着温度的升高，Al_2O_3、Cr_2O_3、Fe_2O_3 等三元氧化物在 MgO 中固溶度增大，三元氧化物逐渐向方镁石中固溶，并在烧成温度达到最大固溶量。烧成以后，随着温度的持续降低，三元氧化物 Cr_2O_3、Al_2O_3、Fe_2O_3 在方镁石中的固溶度降低，逐渐从方镁石中脱溶出来，在方镁石表面形成尖晶石保护层。

B SO_2 气体扩散

硫化物由于氧化形成气态 SO_2，并迁移到耐火砖中，随后随着温度降低到 1050 ℃，SO_2 转变为 SO_3 会与镁铬砖中氧化物反应，生成主要由 $MgSO_4$ 和 $CaSO_4$ 组成的碱土金属硫化物。相关反应导致的体积膨胀会起到填充气孔的作用，耐火材料微观结构致密化及耐火砖结合强度的减弱加速了裂纹的形成，导致耐火材料

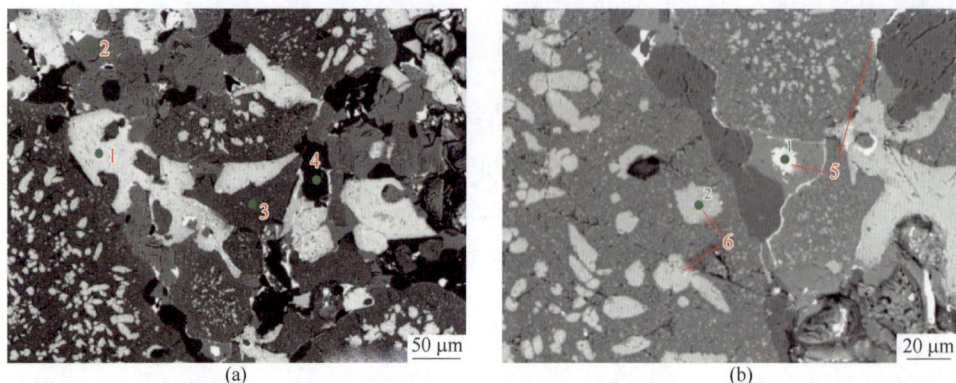

(a)　　　　　　　　　　　　(b)

图 3-46　某镁铬砖侵蚀后显微结构

对熔融侵蚀更加敏感。随着温度的升高，耐火材料与熔渣界面向耐火材料冷面推进，$MgSO_4$ 逐渐分解为氧化镁。

图 3-47 中 1 点为镁铁橄榄石 $(Mg,Fe)_2SiO_4$，主要是铜渣中的铁橄榄石与 MgO 反应生成镁铁橄榄石，从成分看还存在大量的 MgO；2 点为以原料中铬铁矿为基础反应形成二次尖晶石，富含 Cr 及 Fe，并含有扩散的 Mg；3 点主要化合物为镁铁橄榄石 $(Mg,Fe)_2SiO_4$，主要是铜渣中的铁橄榄石与 MgO 反应生成的镁铁橄榄石；4 点主要成分为 Fe 元素和 O 元素，还发现了 C 元素，应是部分还原的渣发生了渗透

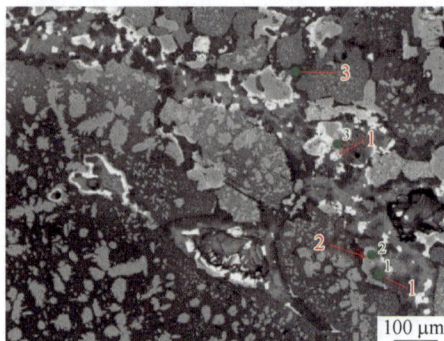

图 3-47　某镁铬砖侵蚀后显微结构

现象，还溶解了少量的 MgO，形成铁酸镁，同时还发现了少量 S 元素，证明确实存在 SO_2 的扩散。

C　水化反应

化学侵蚀机理对于耐火材料运输、储存和窑炉重新上线及绿色环保等特殊情况十分重要。一般情况下，MgO 与水在 40~120 ℃反应生成水镁石 $Mg(OH)_2$。尽管这种反应伴随着高达 115% 的体积膨胀，但这种体积膨胀与晶体微观结构变化无关。因为 $Mg(OH)_2$ 是在 MgO 晶体结构基础上长大的，MgO 晶体沿解理面方向分离形成 $Mg(OH)_2$，致使 $Mg(OH)_2$ 中的 Mg^{2+} 间距比 MgO 中 Mg^{2+} 间距大，产生的微裂纹会在宏观裂纹起始点形成，极端条件下会瓦解成沙粒状结构。

3.3.4.2　热侵蚀

A　温度

尽管耐火材料可使用温度（1600~1700 ℃）远高于熔炼炉实际使用温度，然而熔炼炉温度对于耐火材料的连续性侵蚀起到了重要作用。通过与熔池中物质发生界面反应，耐火砖高温强度显著降低，高温明显导致高热熔渣黏度降低，扩散性增强，侵蚀速度加快。

B　热震

熔炼炉的温度波动会使耐火砖内部产生应力，这种应力一旦超过极限值，会导致耐火砖内部产生裂纹。炉料与耐火砖的界面反应会使结构致密，并对耐火砖吸收应力的能力产生不利影响。耐火材料热震稳定性随着材料韧性和热导率的增大而增强，且随着线膨胀系数和弹性模量的减小而增强。断裂模量与弹性模量的比值大，会减少裂纹的形成，并提高材料的弹性。

当最大温差引起的热应力达到材料断裂强度时，材料就会发生断裂，冶炼过程中高温熔体极易渗透材料内部，加剧材料的损坏。材料线膨胀系数与杨氏模量越小，断裂表面能与导热系数越大，材料热应力稳定参数越大，材料开裂所需温差就越大。结合生产实际可知，炉温波动越大，热应力越强，耐火材料越容易开裂，炉衬损坏越严重。转炉吹炼过程中频繁摇炉或停炉时间过长都将造成炉温波动，加剧炉衬损坏。

C　金属液渗透

由图 3-48 铜锍渗透耐火砖后的线扫描结果可知，其浓度梯度均出现明显阶跃，此现象表明铜锍与其他颗粒直接接触处没有发生以浓度扩散为标志的传质现象，两者之间没有明显的化学反应，铜锍只是单纯地渗透到耐火材料中。

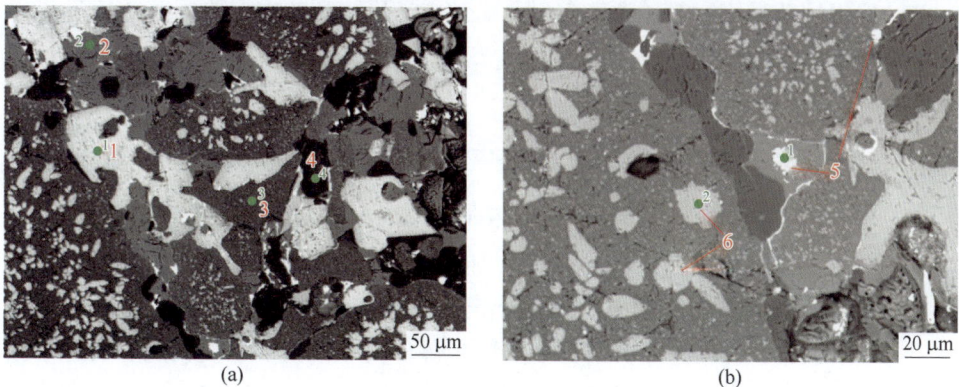

(a)　　　　　　　　　　　　　　(b)

图 3-48　某镁铬砖侵蚀后显微结构

(a) 50 μm 尺度；(b) 20 μm 尺度

此外由于液态金属向耐火砖中渗透，耐火砖热导率的增大会大幅提高耐火砖深度方向上的实际温度，因而影响材料的耐腐蚀性和热反应性。尽管纯的液态金属几乎不向耐火砖中渗透，但液态金属中氧的存在却促进了液态金属向耐火材料中渗入，氧可以影响液态金属与耐火材料氧化物之间接触角。在润湿条件下，耐火材料表面形成了金属的氧化物薄膜，这种薄膜热导率低，因此在有氧条件下，耐火材料的热导率会降低。

3.3.4.3　机械侵蚀

A　炉内熔体冲刷

喷入的气体的冲击力给熔体带来了很大的搅动能量。气体喷射到熔体中时，由于其机械动能的作用与急剧受热膨胀，立即在熔体内形成向上弯曲的锥形流股，受熔体的阻挡而分散成小流股和气泡，并夹带周围的熔体上浮，发生动量交换，同时在流股四周形成逆向压力差，喷枪区形成相对低压区，炉内其他部位为相对高压区，从而造成流体向喷吹区与流股界面成垂直的方向流动。当气液两相混合流体冲击熔体表面时，气泡从两相流体中分离出来，熔体向四周循环运动，喷溅到炉衬上为侵蚀创造了条件。低温气体进入高温熔体时，巨大温差使气体体积膨胀，浮力增加，加强了熔体的搅动。熔体剧烈搅动产生的冲刷力使炉衬不断损耗。

B　清理风口时的机械振动

吹炼过程伴随着摇炉、加冷料、捅风眼等操作，这些操作产生的机械振动会对炉衬造成损坏。摇炉时电机带动炉体转动产生强大的机械振动，使炉衬砖缝松动，导致耐火砖脱落。吹炼一定时间向炉内加块铜、残极等冷料时，冷料瞬间进入熔体并快速沉降，对炉衬产生巨大的冲击力，极易造成耐火砖脱落。捅风眼操作时，由于操作不当等原因，风眼与捅风眼机会存在水平偏差，导致风眼处存在强烈的机械振动，易对风眼砖造成极大损坏。

高温熔体的冲刷和机械振动是对风口炉衬造成损坏的主要原因。吹炼过程中捅风眼产生的机械力可直接导致风眼砖受损，风眼区炉衬开裂渗铜。清理炉口和加冷料时产生的机械力则可导致炉口砖和炉腹内衬受损。

3.3.5　耐火材料对炉寿命的影响及其典型应用实践

3.3.5.1　耐火材料对炉寿命的影响及延长炉寿命的措施

影响炉寿命的因素很多且非常复杂，耐火材料是其中一个重要因素，主要受耐火材料质量、耐火材料砌筑质量、操作工艺控制和关键位置维护等因素影响。

关键位置的镁铬砖要求具有较强的耐高温、耐冲刷、耐化学腐蚀、耐冲击振动等性能。因此，将关键位置区域的耐火砖更换为质量更好的电熔20镁铬砖甚至电熔26镁铬砖。炉衬砌筑过程中要加强监管，确保砌筑质量。同时，耐火砖本身的质量及耐火砖的保存时间也会影响到耐火砖寿命。砌筑完成后，要按照耐火砖的成分设置升温速率、保温时间并设定升温曲线。确保烘干砌筑材料中的水分。烘炉升温过快会导致砖衬之间的膨胀缝无法很好的愈合，达不到进料温度也会导致进料后砖面剥蚀严重，影响炉衬寿命。

以下是针对底吹连吹炉延长炉寿命的一些具体方法和措施。

A 炉体尺寸的合理设计

根据底吹炉的动力学模拟，底吹炉内的熔体搅动十分强烈，因此在设计底吹炉炉体尺寸时即考虑这种熔体对炉衬冲刷带来的重大损坏。

根据模拟，氧枪位置不同、炉壳半径不同导致熔体的搅动性有较大的区别。因此，在进行炉体设计时，第一，根据处理物料的多少确定合理的搅拌动能要求，来制定炉体内径大小；第二，确定氧枪的合理位置，无论模拟和生产实践均表明，氧枪的角度对炉衬寿命影响重大。比如，在某冶炼厂，氧枪的角度为倾斜安装，氧枪对面渣线处的炉衬寿命大大短于其他部位，其原因正是由于氧枪鼓入气体带动熔体冲刷对面炉衬。

B 砌炉和烘炉

底吹炉的砌筑对炉寿命的影响起着承前启后的衔接作用。承前主要是耐火材料的质量和炉体的安装，筑炉前要检查耐火材料的质量，不仅耐火材料的选型要达到要求，其到场后的储存和转运也要保证耐火材料质量未受到破坏；启后主要是对烘炉后的使用效果起着连接作用。

首先进行筒体的砌筑，下半部采用错缝砌筑，氧枪区按照设计要求留置膨胀缝，筒体砌筑一半后，做好拱模，打好支撑，上半部分采用环砌，填好填充料，每一环砌筑至锁口砖时需加工好锁口砖。筒体周围砖采用湿砌，球拱端头采用平砌。

砌筑好的炉子要做好养护，严禁防潮，不能随意转动，并尽快安排烘炉。

烘炉要严格按照耐火材料厂家提供的烘炉曲线进行烘炉，严禁出现烘炉过程中温度剧烈波动，烘炉曲线不稳等情况。

C 操作方式

制定一个良好、稳定的操作制度对底吹吹炼炉寿命至关重要。以下是生产中需要重点控制的参数。

(1) 要控制稳定的温度。温度的剧烈波动会对炉衬造成极大的损害，某个冶炼厂底吹炉在生产初期，由于设备故障较多，使得底吹炉频繁停炉，炉内温度更是上蹿下跳，低至 500 ℃，高至 1300 ℃，最后底吹炉炉衬不足半年就停炉检修。此外，温度不能过高，过高温度使熔体的黏度过低，对炉衬的冲刷极为严重。

(2) 熔池液面的控制。熔池液面包括渣层厚度和粗铜层的厚度，过厚的渣层容易使得炉衬的冲刷情况变得严重，要控制稳定和合适的熔池液面。

D　薄弱部位

在底吹炉小修时，往往是针对底吹炉内的薄弱部位进行更换。这些薄弱部位成了小修周期的关键因素，底吹吹炼炉的薄弱部位主要是氧枪区域砖、粗铜放出口砖。

氧枪输入高压富氧空气，与炉内粗铜反应，产生局部高温同时形成搅拌使炉内熔池翻腾，这样就造成氧枪区的耐火材料受到高温及冲刷，损伤加剧。在氧枪周围由内至外依次为氧枪砖、一层围砖、二层围砖和框架砖，其中氧枪砖及一层围砖可更换，二层围砖及框架砖不能更换。

控制氧枪烧损程度，减缓一层围砖烧损速度。在生产过程中要实时地监测氧枪的烧损程度，比如氧枪烧损一定程度后及时将氧枪更换或清理等，同时合理控制氧枪氮气的流量和压力，确保氮气的压力和流量，有效延长氧枪寿命，避免氮氧流量及压力的频繁波动，氧枪寿命的延长减轻了氧枪区耐材烧损速度。及时更换围砖，避免造成更大面积的损坏。

粗铜放出口是所有连续吹炼工艺的薄弱点，比如闪速吹炼炉，一般设置4个粗铜放出口，就是来避免粗铜放出口快速损坏导致小修的一种措施，底吹吹炼炉也设置了2~3个粗铜放出口。与闪速炉等相比，底吹吹炼炉的粗铜放出口可以转出熔池实现在线修补，这一优点使得粗铜放出口对炉体的影响并不突出。经过对粗铜放出口的材质、结构形式等的不断改进，底吹吹炼炉的粗铜放出口寿命可达到6个月以上。

E　冷却技术的应用

目前底吹炉的炉壳没有水套冷却，但是随着吹炼强度的变大，目前正在研究底吹炉特定区域增设水套的应用方案。如在底吹炉薄弱部位的氧枪区域、渣线区域考虑水套冷却，将能大大延长底吹吹炼炉的炉寿命。

考虑到水套的危险性，目前有两种安全的技术，一种是离子液冷却方案，另一种是负压水套，期待这两种冷却技术尽快应用到底吹炉的炉衬冷却上。

F　其他措施

可以通过增厚炉衬来延长炉寿，但存在成本问题。此外，吹炼炉的富氧浓度对炉寿命的影响较大。如热态吹炼时近似于空气吹炼，炉内搅动强烈，不利于延长炉衬寿命；冷态吹炼采用高的富氧浓度，此时熔池的搅动有限，对延长炉衬寿命有利。

3.3.5.2　镁铬质耐火材料在底吹熔炼炉的应用实践

由于底吹熔炼炉没有冷却水套，因此相对于其他炉窑对耐火材料的考验更为重要，正常情况下底吹炉炉壳温度为200 ℃左右。

底吹熔炼炉和吹炼炉的氧枪区和渣线区是整个炉体工作环境最恶劣的环境，渣线区除了要受大量的铁硅渣的侵蚀及铜锍的渗透，还要经受熔体的不断冲刷。

氧枪区要经受氧枪喷吹过程中液体搅动的冲刷，而且由于操作原因还受到气泡后座力的影响，氧枪砖还肩负着保护氧枪的作用，如果氧枪砖损坏较快，同样氧枪损坏速度也会加快。因此这两个部位要选用性能良好的电熔再结合镁铬砖或者再结合镁铬砖。

实际生产中一般采用奥镁公司生产的奥镁砖及配套耐火泥浆，其使用寿命相对长一些。目前奥镁公司的氧枪砖仍具有无可替代性，虽然也有一些厂家推出了氧枪砖，但在生产实践中并未获得理想的使用效果。

目前小型底吹熔炼炉衬砖的厚度为 380 mm，大中型底吹熔炼炉衬砖厚度为 425~460 mm，氧枪区域砖通常会提高耐火砖的等级以延长其使用寿命，达到与整体炉身砖寿命同步的目的。

底吹熔炼炉新筑炉或重新整体砌筑时，应严格按施工图纸要求，保证砌筑质量；若是小面积局部挖补，考虑到新旧砖的线膨胀系数不同，应适当增加膨胀缝；尽量减小新旧砖之间的高差不超过 40 mm，可用切短新砖的方法呈阶梯过渡砌筑，旧砖厚度亦不宜小于 300 mm，否则应扩大挖补面积，确保氧枪区包括渣线以下部分的砖长满足长周期使用要求。渣放出口、铜锍放出口及出烟口等易损坏部位都设有铜水套冷却，可以保证其使用寿命，提高炉子作业率。

3.3.5.3　镁铬质耐火材料在底吹吹炼炉的应用实践

底吹连续吹炼炉炉衬用耐火材料与底吹熔炼炉用耐火材料相同，均为镁铬质耐火材料。不同之处为在某些位置选用的镁铬耐火砖的种类及型号不同。目前来看，镁铬质耐火材料在火法炼铜行业的地位还无法被取代。

相比底吹熔炼炉，底吹吹炼炉的内衬熔体温度更高，一般为 1200 ℃左右，熔体介质为粗铜和氧化亚铜，其密度高，可渗透性强，冲刷性强。底吹连续吹炼炉采用的渣型多为硅渣，硅渣对炉衬的冲刷相比钙渣要好很多。

底吹连续吹炼炉相比 PS 转炉寿命要长，这主要因为底吹连续吹炼工艺为连续式作业，相比 PS 转炉吹炼的间隙式作业热波动小，对耐火材料的抗热震性要求小，有利于提高炉寿命。

有学者研究表明 PS 转炉用耐火砖的侵蚀主要是由温度变化、渣侵及冲刷造成的。PS 转炉在供风和停风时炉内温度变化剧烈，从而引起耐火材料掉片和剥落。曾有人对直径为 3.05 m、长为 7.98 m 的转炉吹炼品位为 33.5% 的铜锍时炉温的变化情况进行了测定，结果为：每吹风 1 min，造渣期温度升高 2.92 ℃，造铜期温度升高 1.20 ℃；每停风 1 min，造渣期温度降低 1.05 ℃，造铜期温度降低 3.10 ℃。由于温度的剧烈变化，产生很大的热应力。耐火材料尤其是含铬高的耐火材料，抗热震性差。采用底吹连续吹炼能明显降低热应力对耐火材料的损伤。

PS 转炉常常有备用炉体，而底吹连续吹炼炉往往只有一台炉子，这也对底吹连续吹炼炉的炉寿命提出了更高的要求，以满足生产作业率的需求。

3.4　强化熔炼水冷装备安全服役关键技术

　　强化熔炼水冷装备安全服役关键技术，在满足冷却能力要求的同时，跟传统冷却系统相比具有更高的安全系数，能有效降低在恶劣高温冶金环境下发生重大安全生产事故的风险，保障高温强化熔炼炉长寿命安全服役，避免非计划性停产，延长水冷装备寿命，提高企业经营效益。强化熔炼水冷安全服役装备能够在水冷装备出现破损、渗漏时冷却水不会泄漏到高温熔池，避免熔池爆炸等重大安全事故的发生，可广泛应用于高温强化冶炼水冷系统、高风险水冷隔墙系统、浸没式熔炼喷枪系统等，能够极大提升水冷装备的安全性、扩展水冷装备的使用范围，保障强化熔炼冶金生产企业安全生产并为冶金新工艺的开发提供关键技术和装备支撑，对推动行业技术进步具有重要意义。

3.4.1　传统冷却技术、水冷装备及安全风险

　　强化熔池熔炼技术由于炉内反应剧烈、熔炼强度大，对熔炼炉窑装备的长寿命安全服役提出了更高要求。随着冶炼过程的强化，即使大量采用性能优越但昂贵的耐火材料也难以抵挡高强度机械冲刷和高温侵蚀，技术不合理且经济成本巨大，因此冷却技术和水冷元件装备的大量使用对于保障炉窑装备结构安全、适应炉内复杂多变的传热过程和延长耐火材料及炉窑装备的服役寿命具有重要作用。

　　冷却技术根据冷却介质不同，主要分为水冷和空冷，其中水冷技术和水冷装备得到更多关注和使用。常见水冷元件装备包括铜水套、钢水套、铜钢复合水套等，被广泛应用于强化熔池熔炼炉窑装备及闪速炉、电炉等熔炼炉窑装备和炉口、烟罩等关键部位。此外部分顶吹炉采用炉壳外喷淋冷却或炉壳外封闭水路冷却等也是水冷技术的具体应用。

　　水冷技术是利用水的高效换热和大比热容特点，可以使炉衬内表面冷却到渣熔点以下，由此带来的有益效果是可以减轻耐火材料的侵蚀损坏程度或者耐火材料侵蚀后水套等水冷元件能够依靠自身强冷却能力在热面形成一层保护壳，避免高温熔体和烟气的侵蚀冲刷，大幅度延长耐火材料和炉窑装备的服役寿命。

　　大量生产实践已经证明水冷技术和水冷装备是延长强化熔炼装备炉寿命的重要和有效手段。但水冷装备破损泄漏不仅损坏耐火材料，与高温熔体接触还会发生剧烈爆炸，造成装置破坏、系统停产、人员伤亡等重大安全生产事故。安全风险带来的安全顾虑，限制了强化熔炼水冷技术和装备的进一步推广应用，并成为制约冶金新工艺和新装备发展的关键环节。

　　强化熔池熔炼技术广泛应用于金属冶炼生产现场，譬如铅冶炼系统中大量采用铜水套等水冷元件装备，包括侧吹还原炉炉墙水套、喷枪水套、渣口水套、渣

溜槽等。现有铜水套冷却方式采用常规正压冷却系统，存在铜水套泄漏或烧损、冷却水遇见高温熔池发生爆炸的重大安全风险，因此为了降低关键部位的水冷装备使用风险，保障企业安全生产，存在开发实用强化熔炼水冷装备安全服役关键技术的强烈需求。

3.4.2 安全服役技术开发背景与研发历程

3.4.2.1 研发阶段

21世纪以来，随着强化熔池熔炼技术在铜、铅、锡、镍等有色冶炼领域的迅猛发展及大量冷却水套水冷元件的使用，强化熔炼水冷装备安全服役问题越来越受到重视。中国恩菲很早就开始了相关工作布局和技术开发。

2016年，中国恩菲针对强化熔炼水冷装备安全服役关键技术正式进行科研攻关，公司组织专门研发团队立项开展负压水冷系统及装置研究。2016—2018年研发团队完成了项目立项、理论研究、试验装置初步设计、数值仿真研究、小型试验研究、试验装置平台搭建及改造、冷态和热态扩大试验研究等，取得了大量研究数据，掌握了强化熔炼水冷装备安全服役关键技术和工业化装置设计运行的关键参数。

研发阶段扎实的研究工作表明负压水冷系统是一套安全、可靠的系统，在满足冷却能力要求的同时，具有比传统冷却系统更高的安全系数，能有效降低在恶劣冶金环境下发生重大安全生产事故的可能性。当水冷装备出现破损、渗漏时冷却水不会泄漏到高温熔池，避免熔池爆炸等重大安全事故的发生，可广泛应用于高温强化冶炼水冷系统、高风险水冷隔墙系统、浸没式熔炼喷枪系统等，能够极大提升水冷装备安全性、扩展水冷装备使用范围，保障强化熔炼冶金生产企业安全生产并为冶金新工艺的开发提供关键技术和装备支撑，对推动行业技术进步具有重要意义。

3.4.2.2 项目实施阶段

强化熔炼水冷装备安全服役关键技术研发完成之后，进入工业化应用推广阶段，2019年该技术首先应用于中国恩菲工程技术有限公司洛阳偃师研发基地的试验炉项目。

2020年，云南驰宏锌锗股份有限公司决定在会泽冶炼分公司采用强化熔炼水冷装备安全服役关键技术。2021年，云南驰宏锌锗股份有限公司在会泽冶炼分公司完成了装置建设工作，中国恩菲组织科研人员在现场进行半工业生产试验，并取得成功。2022年7月，云南驰宏锌锗股份有限公司的上级单位中国铜业有限公司组织完成了项目验收。

3.4.2.3 项目生产运行阶段

2021年6月建成运行至今，会泽热渣溜槽负压水冷项目各项生产参数稳定，技术稳定性好。强化熔炼水冷装备安全服役关键技术彻底解决了铜冷却水套等水冷装备破损后发生高温熔池爆炸导致重大安全生产事故的风险，保障高温强化熔炼炉长寿命安全服役，减小安全风险，避免非计划性停产，延长水冷装备寿命，提高企业经营效益。

本技术运行的经济和社会效益显著。根据企业运行资料，该项目两年累计实现节约成本带来的直接经济效益 100 万元；此外，由于本技术能够避免强化熔炼水冷装备的巨大安全风险，减轻甚至避免重大安全事故带来的重大财产损失和人员伤亡，按照避免非计划性停产 10 天估算，产生间接经济效益 4380 万 ~ 5480 万元。

3.4.3　强化熔炼水冷装备安全服役技术理论

3.4.3.1　技术原理

强化熔炼水冷装备安全服役负压水冷系统由给水系统、配水槽、虹吸上升给水管路、冷却原件负压水冷管路、虹吸下降管路、回水槽、真空泵组、回水泵组、流量压力温度监控、报警系统等组成。强化熔炼水冷装备安全服役负压水冷系统的工作原理是利用负压虹吸作用实现冷却水从配水槽不断流向标高低于配水槽的回水槽，配水槽到回水槽之间管道均处于负压状态。

强化熔炼水冷装备安全服役负压水冷系统运行时，水套冷却管路处于负压状态，若水套破损出现漏点，大气从漏点处进入，虹吸被破坏，漏点处进水流回配水槽，漏点处出水流入回水管组，冷却水不会外溢泄漏到高温熔池，可有效避免熔池爆炸等重大安全事故发生。此外，负压水冷系统依靠虹吸作用供水套冷却水，一定程度上可以减少动力消耗。

强化熔炼水冷装备安全服役负压水冷系统原理图如图 3-49 所示。

正压冷却循环：当 PV01 和 PV05 阀门打开，其他阀门关闭时，冷却元件（水冷溜槽）冷却循环水系统为常规正压冷却循环方式。

负压冷却循环：关闭 PV01 和 PV05 阀门，打开阀门 PV02，系统循环水泵启动并将循环水送至配水槽供水。打开阀门 PV03、PV04 和 PV06 并启动真空泵组，负压给水管、负压回水管及冷却元件内部管路内空气被排出，配水槽及回水槽内冷却水在大气压力作用下分别进入负压给水管和负压回水管，当负压给水管及负压回水管内液面上升到一定高度，管道内充满水时，虹吸现象形成。配水槽与回水槽之间存在高差，配水槽内的冷却水克服管道及水套阻力后自行进入回水槽。

在配水槽与回水槽之间的虹吸现象未形成前，循环水从配水槽直接溢流至回水槽，再经由回水泵返回回水总管。真空泵组由真空管路上负压表控制，依据设定值自行开启，使系统保持一定真空度。

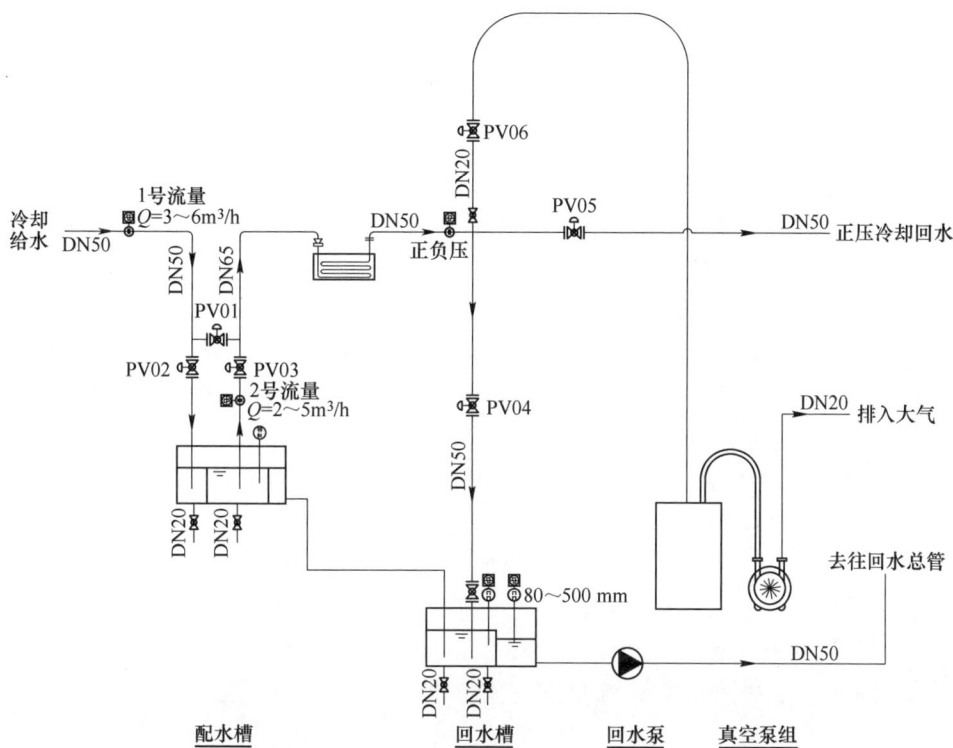

图 3-49 强化熔炼水冷装备安全服役负压水冷系统原理

3.4.3.2 理论分析

本节通过虹吸负压流体静力学和动力学分析，从理论上分析验证强化熔炼水冷装备安全服役负压水冷系统及装置的可行性，并为工程实施提供理论指导。

A 负压系统流体静力学分析

众所周知，标准大气压的测定可以通过托里拆利试验方法测定，1 个标准大气压等于 760 mm 水银柱和 10.336 m 水柱，可以通过流体静力学方程对此现象进行分析。

首先准备一个大约盛满 2/3 水的水槽，水表面所受到的作用力为当地大气压 $p_1 = p_a$；然后将一个试管装满水后再倒置于水槽液面之下，此时试管内顶部为真空 $p_2 = 0$。此时可以发现试管内水液面高度高于水槽液面高度并处于平衡的状态；以水槽液面为 0 基准面，即 $Z_1 = 0$，而试管内水液面高度为 $Z_2 = h$。流体静力学方程如下：

$$Z_1 + \frac{p_1}{\rho g} = Z_2 + \frac{p_2}{\rho g} \tag{3-13}$$

已知水槽液面 $Z_1 = 0$，并规定 $\dfrac{p_1}{\rho g} = h_a$；试管内水液面 $Z_2 = h$，$p_2 = 0$。

代入式（3-13）得 $\qquad\qquad \dfrac{p_1}{\rho g} = h_a = h \qquad\qquad\qquad$ (3-14)

由式（3-14）可知，试管内水液面高度等于当地大气压强水压头。

如果将试管换成倒 U 形管，并将倒 U 形管内抽成真空，只要倒 U 形管最高处距离水槽液面高度小于当地大气压强水压头高度，则倒 U 形管就可以有水连续流出，该现象就是虹吸负压水流现象。

B　负压系统流体动力学分析

通过上一小节的流体静力学分析，可以从理论上揭示负压虹吸现象生成的原因及需要满足的条件（如高差、真空度等）。还需要利用伯努利方程对连续流动的虹吸负压系统进行流体动力学分析。

通过流体静力学分析可知，虹吸负压水流的形成至少需要包含水槽 A、水槽 B 及倒 U 形管（虹吸管）。典型虹吸负压水流系统如图 3-50 所示，水槽 A 液面标高大于水槽 B 内液面标高，水槽 A 与水槽 B 之间为不对称倒 U 形管，虹吸管内充满水，虹吸管最高处标高高于水槽 A 中液面标高。

设虹吸管内径为 d，虹吸管最高处管中心与水槽 A 中的液面标高差为 h_1，高位水槽 A 液面与低位水槽 B 液面之间标高差为 h_2，水槽 A 液面为 1—1 断面，虹吸管最高处切面为 2—2 断面，低位水槽 B 液面为 3—3 断面。

1—1 断面和 2—2 断面的伯努利方程如下：

$$Z_1 + \frac{p_1}{\rho g} + \frac{V_1^2}{2g} = Z_2 + \frac{p_2}{\rho g} + \frac{V_2^2}{2g} + w_{w1-2}$$

(3-15)

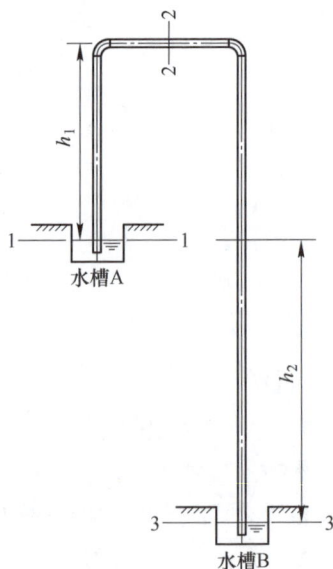

图 3-50　典型虹吸负压水流系统

式中　Z，$\dfrac{p}{\rho g}$，$\dfrac{V^2}{2g}$——断面重力势能水压头、压强水压头和动能水压头；

$\qquad h_{w1-2}$——1—1 断面到 2—2 断面之间水路的阻力损失（能量损失）压头。

设水槽 A 液面为 0 基准面，当虹吸负压水路形成时，虹吸管内流速为 V。

1—1 断面：重力势能水压头，$Z_1 = 0$；压强水压头：$\dfrac{p_1}{\rho g} = h_a$；动能水压头：$\dfrac{V_1^2}{2g} = 0$。

2—2 断面：重力势能水压头，$Z_2 = h_1$；压强水压头：$\dfrac{p_2}{\rho g} = h_z$；动能水压头，$\dfrac{V_2^2}{2g} = \dfrac{V^2}{2g}$。

阻力损失（能量损失）压头 h_{w1-2}，包括沿程阻力损失水压头 h_{f1-2} 和局部阻力损失水压头 h_{j1-2}。

$$h_{w1-2} = h_{f1-2} + h_{j1-2} \qquad (3\text{-}16)$$

其中沿程阻力损失水压头可按达西公式计算：

$$h_{f1-2} = \lambda \frac{L_{1-2}}{d} \frac{V^2}{2g} \qquad (3\text{-}17)$$

式中　λ——沿程阻力系数，与雷诺数和管道相对粗糙度有关，可通过经验公式或查莫迪图得到。

局部阻力损失水压头计算公式如下：

$$h_{j1-2} = \sum \xi_i \frac{V^2}{2g} \qquad (3\text{-}18)$$

将式（3-16）和式（3-17）整合可得阻力损失压头公式如下：

$$h_{w1-2} = h_{f1-2} + h_{j1-2} = \left(\lambda \frac{L_{1-2}}{d} + \sum \xi_i \right) \frac{V^2}{2g} \qquad (3\text{-}19)$$

规定 $K_{12} = \lambda \dfrac{L_{1-2}}{d} + \sum \xi_i$，则

$$h_{w1-2} = K_{12} \frac{V^2}{2g} \qquad (3\text{-}20)$$

通过整合式（3-16）~式（3-20），式（3-15）可简化为：

$$h_a = h_1 + h_z + (1 + K_{12}) \frac{V^2}{2g} \qquad (3\text{-}21)$$

上述式（3-15）和式（3-21）为虹吸负压水流系统数学模型的理论基础。

C　负压系统真空度表示方法

虹吸管内的真空度大小有两种表示方法：

a　真空绝对压力表示法

用 p_z（MPa）值表示，p_z 越小真空度越大，p_a 为当地大气压水压头。

当 $p_z = 0$ 时是绝对真空；管内气压为当地大气压无真空时 $p_z = p_a$；真空绝对压力 p_z 满足 $0 \leqslant p_z \leqslant p_a$。

b　真空表读数表示法

相对真空表示法。设真空表读数为 N（MPa），p_a 为当地大气压（MPa）。

当绝对真空时 $N = -p_a$。管内气压为当地大气压无真空时 $N = 0$；真空表读数 N 满足 $-p_a \leqslant N \leqslant 0$。

二者换算关系如下：

（1）真空表读数：$\qquad N = p_z - p_a$

（2）真空绝对压力值：$\qquad p_z = N + p_a$

举例：已知真空绝对压力值 $p_z = 30\,\mathrm{kPa}$，当地大气压值 $p_a = 78.5\,\mathrm{kPa}$，则真空表读数为 $N = p_z - p_a = 30 - 78.5 = -48.5\,\mathrm{kPa} = -0.0485\,\mathrm{MPa}$。又已知真空表读数 $N = -48.5\,\mathrm{kPa}$，当地大气压值 $p_a = 78.5\,\mathrm{kPa}$ 则真空绝对压力值 $p_z = N + p = -48.5 + 78.5 = 30\,\mathrm{kPa}$。

当有真空度存在时，真空表读数为负值称为负压。本项目研究对象循环水管道中均存在真空度，真空绝对压力小于当地大气压，真空表读数为负值。

3.4.4　强化熔炼安全服役水冷系统装备模拟

3.4.4.1　试验装置

试验装置示意图和实物图分别如图 3-51 和图 3-52 所示。使用 DN32 细管模拟水套中的冷却水盘管。

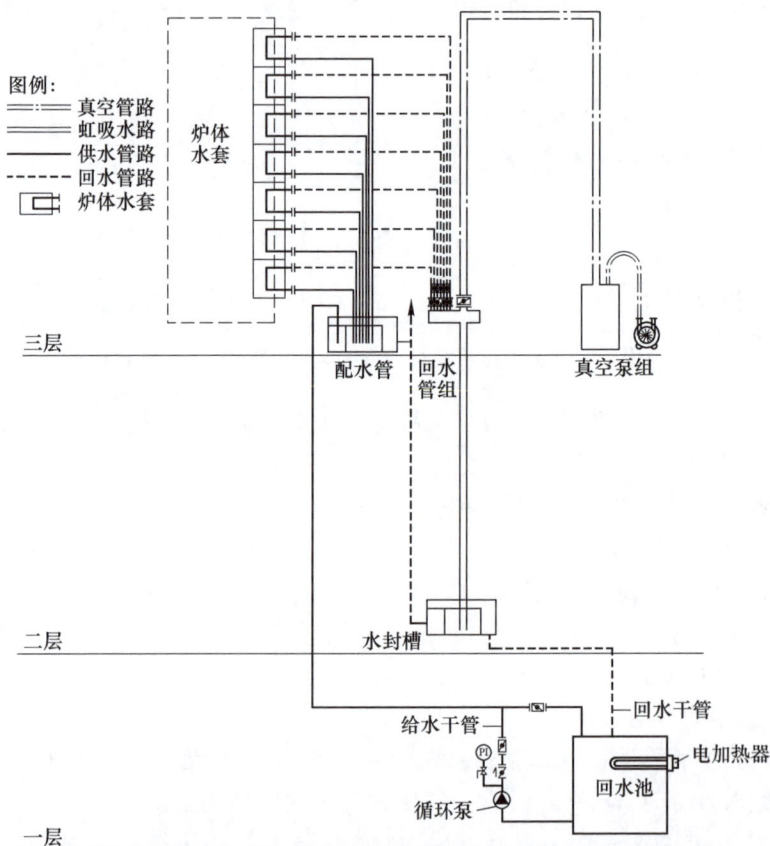

图 3-51　强化熔炼安全服役负压水冷装置

图 3-52 强化熔炼安全服役负压水冷装置
（a）循环水箱；（b）循环泵和水封槽；（c）配水槽和模拟水套冷却水管；（d）真空泵组

3.4.4.2　模拟研究

利用 CFD 数值仿真方法对试验系统负压水冷管路系统进行模拟研究，将试验结果与仿真模拟结果对比，验证计算模型的可靠性，为试验装置设计优化和后续负压水冷系统及装置的开发提供理论指导和优化方向等技术支持。

A　计算模型

为简化模拟计算过程，将试验装置模拟模型进行简化，试验装置管道系统设计图及简化仿真模型如图 3-53 所示。

(a)

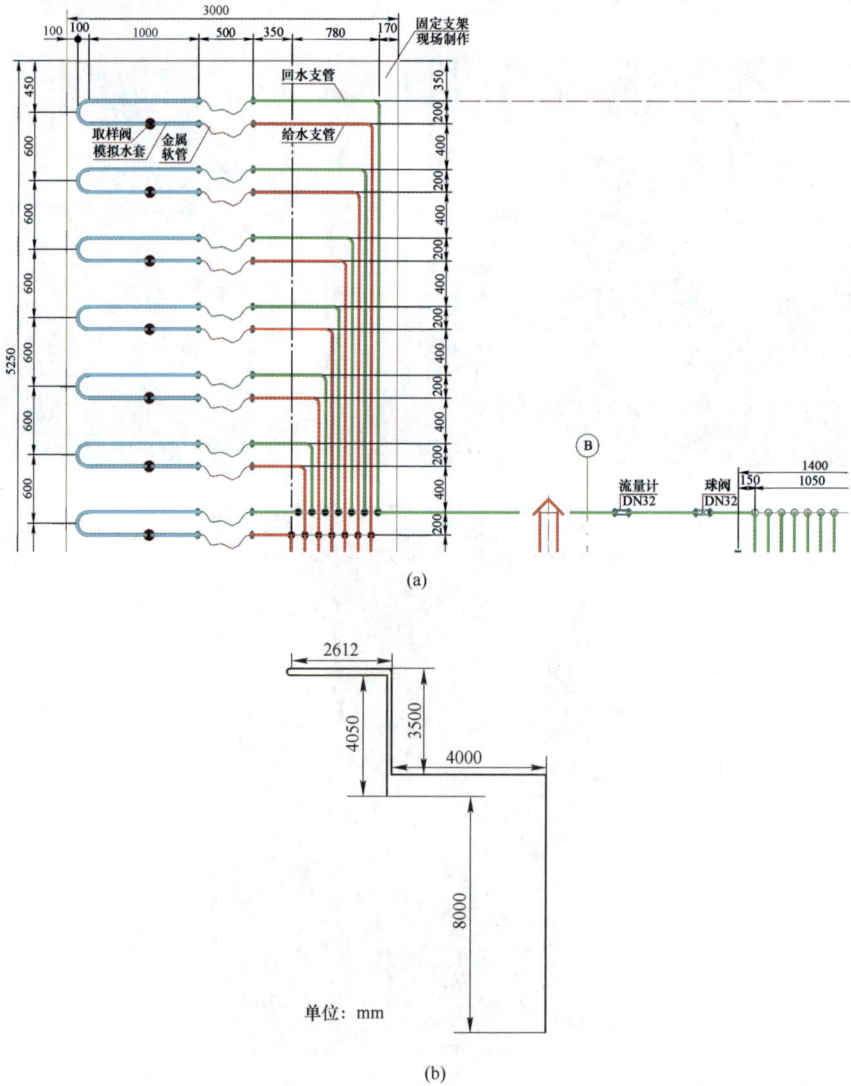

单位：mm

(b)

图 3-53　负压水冷系统管路设计图及简化仿真计算模型图

(a) 负压水冷管路系统设计图；(b) 简化仿真计算模型

对仿真模型采用六面体结构进行网格划分,网格数量约 35 万,网格质量较好。计算模型采用 VOF 多相流模型、控制方程采用 SIMPLE 算法,湍流模型采用标准 k-ε 湍流模型并选择无滑移边界条件。

B 仿真计算结果

由图 3-54 可知,负压水冷系统运行时,管路不同监测点压力变化较大,管路最高处负压值最大;而各点流速变化不大,说明负压循环水路流量稳定,运行

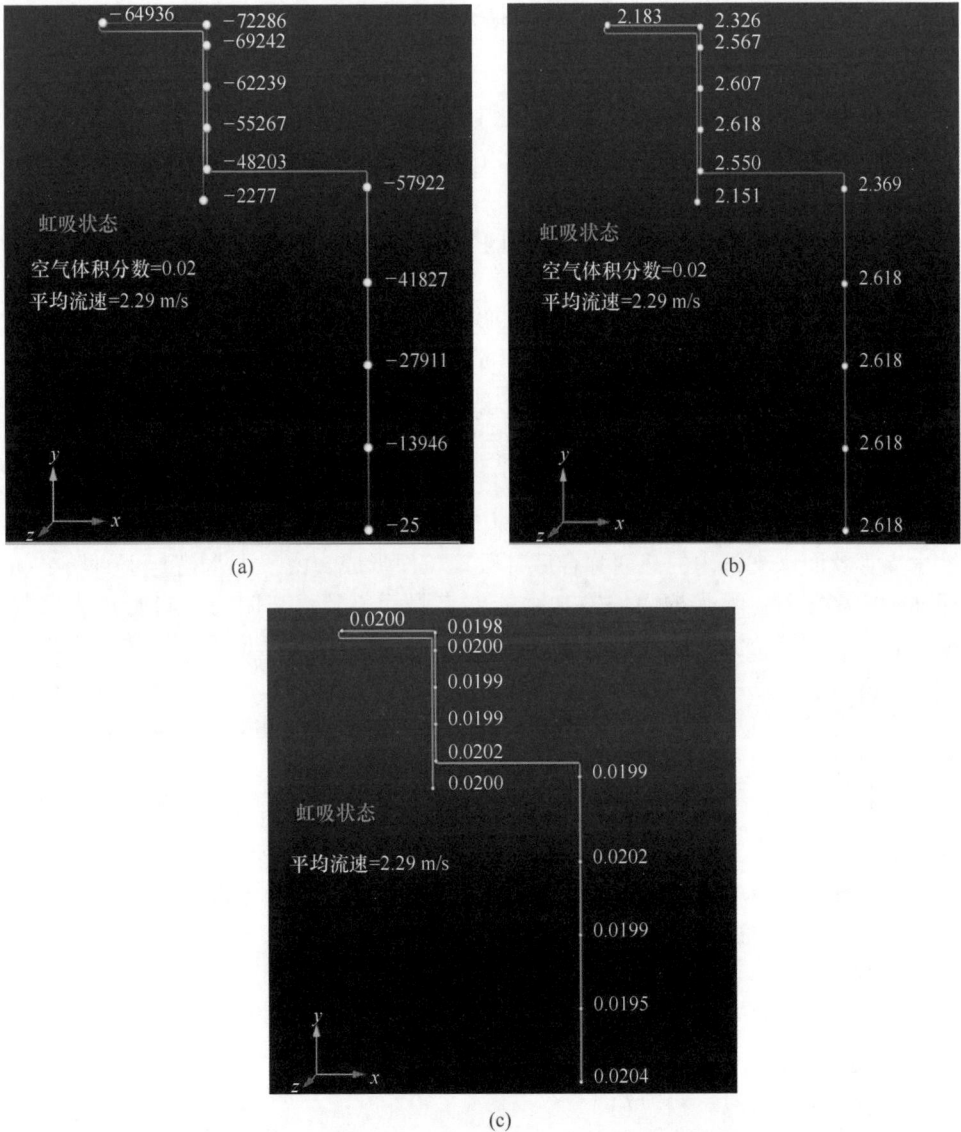

(a)

(b)

(c)

图 3-54 负压水冷系统压力、流速及空气体积分数定点监测

(a) 管路定点压力监测;(b) 管路定点流速监测;(c) 空气体积分数监测

良好；管路系统内不同点气体体积分布变化不大，管路中气体很少，管路中不存在气体阻滞现象，管路运行工况良好。

C　仿真模拟结论

计算模拟研究结果与试验研究结论一致，试验装置设计条件下负压水冷系统管路稳定运行；管道流速和管道最高点负压模拟值与试验值相互吻合。本计算模型可以用于负压水冷系统设计。

3.4.5　强化熔炼安全服役水冷系统工业系统设计

3.4.5.1　术语与定义

(1) 管槽差。是高位虹吸管顶部管中心与中位水槽 A 水面之差，用 h_1 表示。

(2) 虹吸负压水流流速。由于负压有效水头产生的流速，用 V 表示。

(3) 槽位差。中位水槽 A 水面与低位水槽 B 水面之差，用 h_2 表示。

上述 3 个数理概念定义的提出有利于简化公式形式及技术交流。

3.4.5.2　系统设计

工程设计中宜采用真空泵组维持虹吸管真空。

系统描述：当循环水系统运行时，首先启动冷水泵，从冷水池吸水送至保安水箱，在重力作用下保安水箱通过自流型配水槽供水。配水槽与水封槽之间的虹吸现象未形成前，循环水从配水槽直接溢流至水封槽，后经水封槽溢流回热水池。真空泵组启动后，给水支管、回水支管、回水管组及虹吸管内空气被排出。配水槽及水封槽内的冷却水在大气压力作用下分别进入给水支管及回水支管，当给水支管及回水支管内的液面弥合后虹吸现象便形成。由于配水槽与水封槽之间存在一定高度差，配水槽内的冷却水能够克服管道及水套阻力后自行进入水封槽，后经水封槽溢流自流至热水池，再通过热水泵送至冷却塔冷却，热水冷却后进入冷水池。工艺流程图如图 3-55 所示。

为确保强化熔炼工业炉运行安全，冷水泵、热水泵和真空泵需按一级负荷配电，如不能按一级负荷配电需采用柴油泵做备用泵。

保安水箱容积需满足工艺条件要求，并要满足备用泵启泵时间的要求。断电或水泵故障时由保安水箱向水套供水，并及时启动备用泵或柴油泵。

配水槽和水封槽水封深度应以淹没配水支管和回水支管 500~1000 mm 为宜。

回水支管设置调节阀门，用以调整管道损失以减少虹吸管顶部真空度，但严禁误操作。

回水支管设置断流报警设施。

3.4.5.3　设计公式和参数选择

A　虹吸负压水流流速 (V)

为保证充分换热，虹吸负压水流流速 (V) 应大于 1.2 m/s，但流速过大也会造成循环水量过大，加大能量消耗。

图例：
=·=·=·= 真空管路
======= 虹吸水路
——————— 供水管路
------- 回水管路

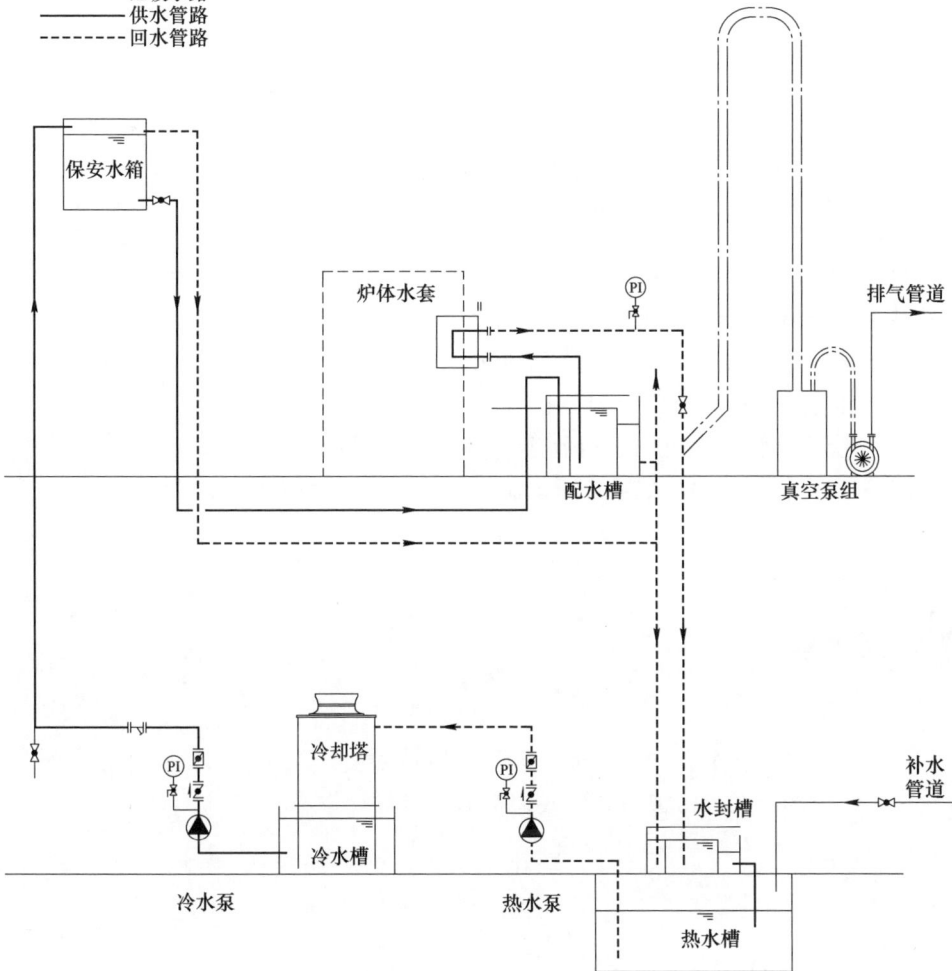

图 3-55 强化熔炼安全服役负压水冷循环水系统工艺流程

支管流量以工业炉条件为准。

有了支管流量（Q）和虹吸负压水流流速（V）就可根据以下公式确定支管管径。

$$Q = \frac{\pi}{4}d^2 V \tag{3-22}$$

B 虹吸管顶部管压头（h_z）

虹吸管中最大真空发生在管子的最高位置，即虹吸管顶部，其压力水头小于汽化压力时，虹吸管顶部发生汽化，虹吸管流量将急剧减少，甚至虹吸终止，水套冷却效果严重下降甚至会酿成事故，因此需高度重视该问题。

汽化压力取决于水温，表 3-20 是不同水温下的饱和蒸汽压力。

表 3-20 饱和蒸汽压力与温度对照表

压力/kPa	温度/℃	压力/kPa	温度/℃
4.24	30	7.38	40
12.33	50	19.99	60
31.16	70	47.36	80

虹吸管顶部管压力需大于对应温度下的饱和蒸汽压力才能避免汽化，出于运行安全的考虑需设安全系数，以 5~10 kPa 为宜。

C 管槽差 (h_1)

已知配水支管虹吸负压水流流速 (V)、支管管径 (d)、管长、管件和虹吸管顶部管压力，即可通过虹吸负压水流流速计算数学模型计算出管槽差 (h)。

$$V = \phi_{12}\sqrt{2g[h_a - (h_z + h_1)]} \tag{3-23}$$

$$\phi_{12} = \frac{1}{\sqrt{k_{12} + 1}} \tag{3-24}$$

$$k_{12} = \lambda\frac{L_{12}}{d} + \Sigma\xi_i \tag{3-25}$$

式中 λ——摩阻系数，舍为列夫公式和海曾威廉公式均可，目前国内推荐采用的公式是海曾威廉公式，本书也推荐此公式。

$$\lambda = \frac{2gd_i}{v^2} \quad (i = 10.64C_h^{-1.85}d^{-4.87}Q^{1.85}) \tag{3-26}$$

$$i = 105\,C_h^{-1.85}d_j^{-4.87}q_g^{1.85} \tag{3-27}$$

式中，C_h 为海曾威廉系数，铜管和不锈钢管道 $C_h = 130$，普通钢管 $C_h = 100$；Q 为流量，m^3/s；d 为直径，m。

局部水头损失系数 ξ_i 详见表 3-21。

表 3-21 管件局部水头损失系数

管件	水头损失系数 ξ_i	管件	水头损失系数 ξ_i
进水口	1.0	截止阀	4.3~6.1
出水口	1.0	90°弯头	1.0

D 槽位差 (h_2)

槽位差用于克服上升管道和下降管道水头损失。

槽位差数学公式如下：

$$h_2 = k_{13} \frac{V^2}{2g} \tag{3-28}$$

$$k_{13} = \lambda \frac{L_{13}}{d} + \Sigma \xi_i \tag{3-29}$$

4 强化熔池熔炼低碳冶金技术体系

4.1 熔池熔炼技术处理钒钛磁铁矿

4.1.1 钒钛磁铁矿现有处理技术概述

4.1.1.1 高炉冶炼技术

高炉法处理钒钛磁铁矿，具有铁回收率高，处理量大的特点，但钛无法回收，如图4-1所示。该法是将钒钛磁铁矿与铁精矿经过烧结或造球工序后送入高炉冶炼，大部分的钒被还原进入铁水，钛则进入炉渣。

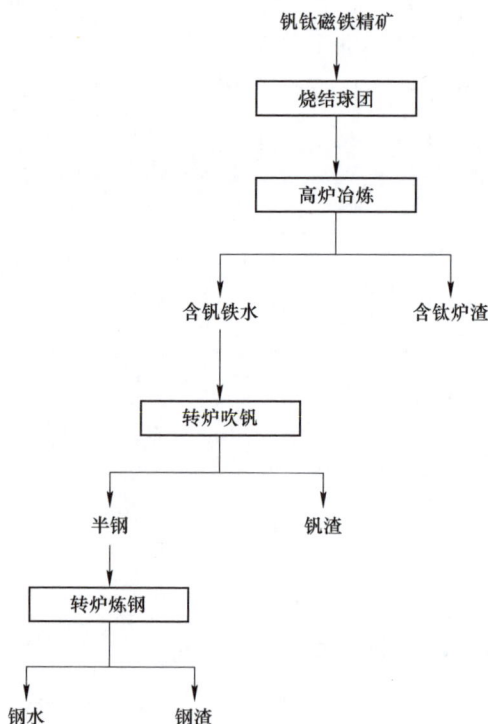

图 4-1 高炉法处理钒钛磁铁矿工艺流程

高炉冶炼所得含钒铁水经过转炉吹炼，大部分钒被氧化进入炉渣，得到生铁（或半钢）和含钒炉渣，所得的含钒炉渣可用于制取 V_2O_5 和生产钒铁合金，生铁

（或半钢）通过转炉再进一步脱碳，得到钢水。

高炉渣根据渣中所含 TiO_2 的含量，可分为低钛型高炉渣 $[w(TiO_2) < 10\%]$、中钛型高炉渣 $[w(TiO_2) = 10\% \sim 20\%]$ 和高钛型高炉渣 $[w(TiO_2) > 20\%]$。一般情况下高炉冶炼的难度随着渣中 TiO_2 含量的提高而加大，当渣中 TiO_2 含量（质量分数）大于 25% 后，高炉渣的黏性会大幅升高，高炉冶炼将难以顺行。

高炉冶炼处理钒钛磁铁矿的主要优点是生产效率高、生产规模大。而渣铁难分、渣黏度大、脱硫能力低、钛渣品位低而难以利用等是钒钛磁铁矿高炉冶炼中的难点问题。

4.1.1.2 回转窑-电炉法

回转窑-电炉法是采用回转窑预还原钒钛磁铁矿，根据钒钛磁铁矿中氧化物还原温度不同，在预还原过程中，可选择性把钒钛磁铁矿中大部分铁氧化物还原成金属铁。预还原产品通过电炉冶炼进行还原及熔化分离，最终得到含钒铁水和钛渣，含钒铁水经过转炉提钒得到半钢及钒渣，半钢继续用于冶炼钢水，钒渣经过加工处理生产钒铁合金。新西兰、南非等国家根据本国资源、能源特点，采用此工艺处理钒钛磁铁矿，已经稳定运行多年。典型工艺流程如图 4-2 所示。

该流程的特点是可直接使用选矿得到的精矿，冶炼流程短，而且预还原物料可直接热装进入电炉冶炼熔分，降低了电炉能耗。

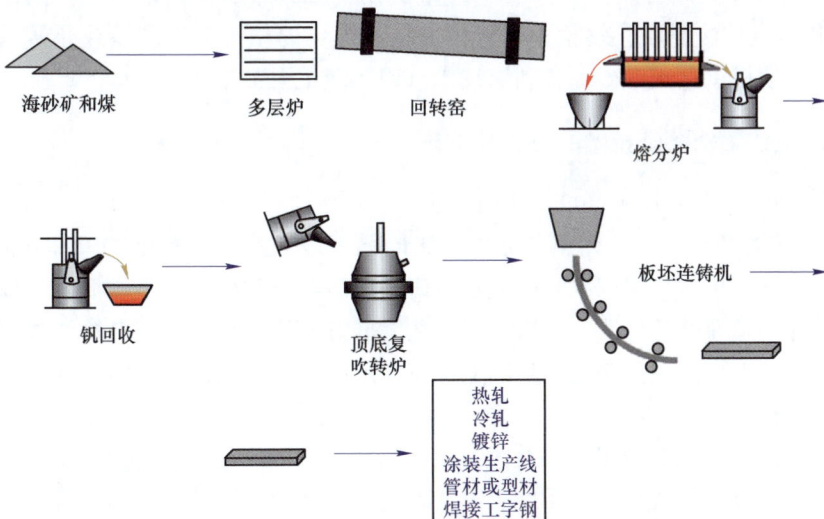

图 4-2 典型回转窑-电炉法处理钒钛磁铁矿工艺流程

4.1.1.3 钒钛磁铁矿冶炼技术难点

现行高炉法和回转窑-电炉法均能回收铁和钒，但却没有解决钛资源提取回收的问题。我国主要以高炉流程为主，此工艺需先进行烧结或者球团才能进入高炉且钛资源无法利用，大量炉渣堆积既浪费了资源，又污染了环境。此外，高炉冶炼过程废水、废气和固体废弃物排放量大，不符合国家可持续发展战略要求。回转窑-电炉法冶炼工艺存在处理工艺流程长、占地面积大、冶炼回收率低、能耗高、效率低等问题。不同工艺技术对比见表 4-1。

表 4-1　不同工艺技术对比

工艺流程	技术特点	存在难点	应用情况
高炉法	（1）w（TFe）> 52%，w(TiO$_2$)<13%； （2）能回收铁、钒（47%）	（1）钛进入高炉渣中无法利用； （2）提钒流程长、经济性差	中国、俄罗斯
回转窑-电炉法	（1）能回收铁、钒； （2）实现短流程冶炼	（1）低温、快速还原； （2）易形成黏度渣、泡沫渣，电炉操作难度大； （3）钛渣利用难度大	南非、新西兰

　　为了实现钒钛磁铁矿资源中铁、钒、钛的高效综合回收利用，亟待寻求钒钛磁铁矿综合利用的新工艺，以获得高品位高活性的钛渣，该技术应具有高效率、短流程、低能耗、低成本、环境友好的特点，进而从根本上实现资源化利用和源头减排。当前，世界范围内的研究学者及生产企业已在钠化提钒、转底炉-电炉、Hismelt 等新工艺新方法方面开展了大量工作，虽然短期仍难以与现行的高炉法和回转窑-电炉法形成有效竞争，但相关技术难点的相继突破与工业化试验的不断验证，使得钒钛磁铁矿综合利用技术有望实现重大突破。

4.1.2　火法熔池熔炼技术的提出及工艺

4.1.2.1　火法熔池熔炼技术的提出

　　"十三五"期间，中国恩菲在钒钛矿冶炼领域开展了莫桑比克矿 RKEF 冶炼工艺的小试、扩试、中试试验研究及可研编制。在此基础上逐步掌握了钒钛磁铁矿的冶炼基础理论及特性、冶炼难点工艺发展方向等。结合在有色冶炼领域熔池熔炼技术的进步，在前期工作基础上针对性地提出了钒钛磁铁矿冶炼新技术：富氧射流熔炼-电热还原熔炼技术（Blowing & Reduction Electric Furnace Smelting）——BREF 技术。该技术结合了熔池熔炼的高效性和电炉深度还原的可靠性。利用廉价的煤炭资源，采取钒钛磁铁精矿直接入炉的短流程，省去回转窑或烧结等预处理工序，采用高效的富氧熔池熔炼技术，在提高钒回收率、降低综合能耗、提升环境排放指标等方面具备优势。

4.1.2.2　基础实验

A　钒钛磁铁矿原料性质

国内外钒钛磁铁矿主要成分见表 4-2。

表4-2 钒钛磁铁矿主要成分

产地	产品	化学成分（质量分数）/%								所属国家或地区
		TFe	TiO_2	V_2O_5	Al_2O_3	SiO_2	CaO	MgO	S	
攀枝花		51.56	12.73	0.564	4.69	4.64	1.57	3.91	0.53	四川攀枝花
太和		53.28	13.75	0.579	3.47	3.52	0.81	2.62	0.05	四川西昌
白马		55.68	11.05	0.74	3.58	3.63	0.1	3.4	0.25	四川攀枝花
红格（南）		53.4	13.6	0.54	3.21	2.95	1.62	3.42	0.25	四川攀枝花
红格（北）		56.7	10.8	0.68	2.45	2.75	1.46	2.74	0.96	四川攀枝花
大庙	精矿	61.25	7.46	0.71	2.16	1.4			0.06	河北承德
黑山		60.09	8.3	0.85	3.59	2.03	0.34	0.66	0.04	河北承德
洋县		60.39	5.19	0.71	3.56	3.79	0.39	0.76	0.04	陕西汉中
兴宁		57.75	12.87	0.92	2.5	2.01	1	0.26	0.01	广东梅州
朝阳		55.74	16.42	2.07						辽宁朝阳
朝阳		43.85	23.11	1.55	2.32	6.65	5.33	0.69	0.001	辽宁朝阳
印尼东爪哇岛	海砂矿	55.63	11.41	0.48	3.38	4.13	0.6	3.74	0.013	印尼东爪哇岛
新西兰	海砂矿	59.94	8.24	0.48	3.89	2.64	0.52	2.92	0.004	新西兰
莫桑比克	原矿	40.67	15.22	0.4	7.5	14.4	1.6	1.6	0.33	莫桑比克
莫桑比克	精矿	53.81	16.64							莫桑比克
南非矿	块矿	53~57	12~15	1.4~1.9	2.5~3.5	1~1.8	0.01	0.4~1		南非

以试验用南非块状钒钛磁铁矿为例，物相分析结果见表 4-3，其中主要物相为钛磁铁矿，铁、钒、钛均主要赋存于钛磁铁矿中。

表 4-3 南非钒钛磁铁矿物相分析

相态	成分	含量（质量分数)/%
钛铁矿中钛	TiO$_2$	0.41
钛磁铁矿中钛	TiO$_2$	12.52
金红石中钛	TiO$_2$	0.01
榍石中钛	TiO$_2$	0.10
总二氧化钛	TiO$_2$	13.04
硫化物中钒	V	0.01
钛磁铁矿中钒	V	0.91
钛铁矿中钒	V	0.005
硅酸盐中钒	V	0.045
总钒	V	0.97
碳酸铁中铁	Fe	0.035
硫化铁中铁	Fe	0.012
赤褐铁矿中铁	Fe	7.81
硅酸铁中铁	Fe	1.32
钛磁铁矿中铁	Fe	45.45
钛铁矿中铁	Fe	0.78
总铁	Fe	55.41

钛磁铁矿分子式为 $Fe^{2+}_{(1+x)} Fe^{3+}_{(2-2x)} Ti_x O_4$，计算所得物相组成见表 4-4。

表 4-4 南非钒钛磁铁矿主要物相组成

物相	钛铁晶石 Fe$_2$TiO$_4$	磁铁矿 Fe$_3$O$_4$	赤褐铁矿 Fe$_2$O$_3$	V$_2$O$_5$	CaO	MgO	SiO$_2$	Al$_2$O$_3$	其他
含量(质量分数)/%	36.51	37.82	13.96	1.74	0.07	1	1.46	3.83	3.61

对南非钒钛磁铁矿的微观组织结构及元素分布状态进行分析。原矿中部分 Fe 和 V、Ti 赋存在一起，较为均匀，另一部分 Fe 则单独以氧化物形式存在。

电镜能谱扫描结果如图 4-3 和图 4-4 所示。钒钛磁铁矿点扫描元素分布见表 4-5。

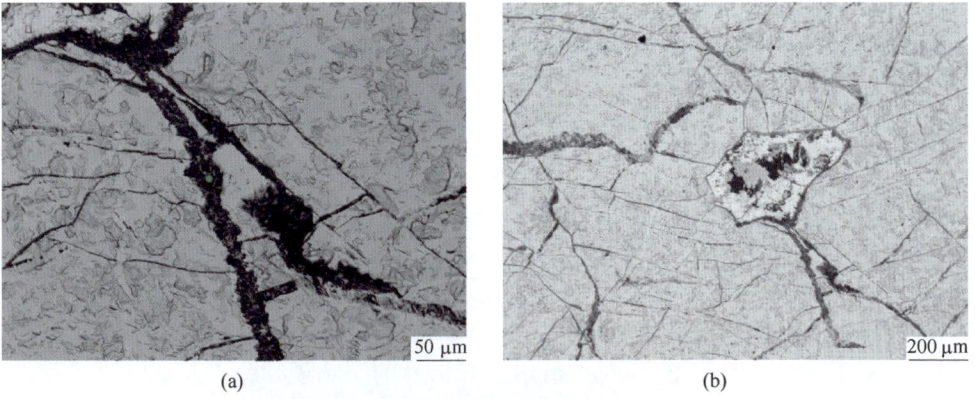

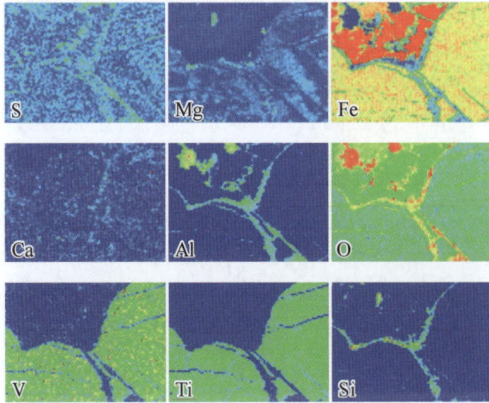

图 4-3 钒钛磁铁矿元素面扫描分布

（a）50 μm 尺度；（b）200 μm 尺度；（c）元素结果

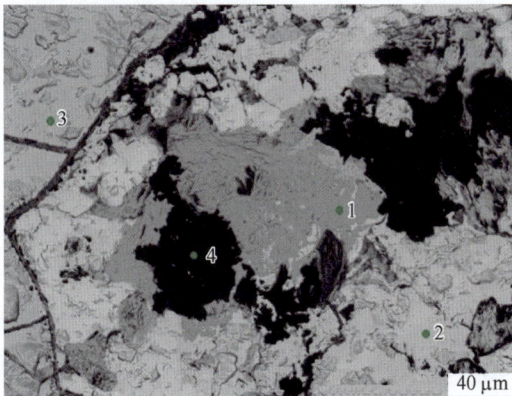

图 4-4 钒钛磁铁矿点扫描图

表 4-5　钒钛磁铁矿点扫描元素分布　　　　　（%）

序号	$w(O)$	$w(Mg)$	$w(Al)$	$w(Ti)$	$w(V)$	$w(Fe)$
1	24.4					75.6
2	18.51		1.34			80.15
3	15.08	0.3	0.58	9.6	1.24	73.21
4	48.37	0.27	46.35			5.01

B　理论分析

利用 FactSage 热力学计算软件，针对还原终点状态（基本无 Fe）的炉渣组成，计算了添加 CaO 和 SiO₂ 对炉渣熔点和黏度的影响规律，以及钒钛磁铁矿被碳还原过程中，随着还原剂用量增加气-渣-金三相成分的变化规律。

a　CaO 的影响

钒钛磁铁矿在还原终点时，渣中 Fe 含量可忽略不计，随着 CaO 的加入（所用钒钛磁铁矿原料中基本不含 CaO），主要炉渣组成见表 4-6。

表 4-6　钒钛磁铁矿中主要成渣组分　　　　　（g）

CaO	MgO	SiO₂	Al₂O₃	TiO₂
A	1	1.5	4	14

在 FactSage 平衡计算模块中研究随着 CaO 含量的增加，炉渣在 1400~1600℃的黏度曲线显示，当 CaO 添加量在 3.5 g 时，炉渣完全熔化温度最低如图 4-5 所示。黏度随着温度升高而降低，随 CaO 增加而缓慢降低，如图 4-6 所示。

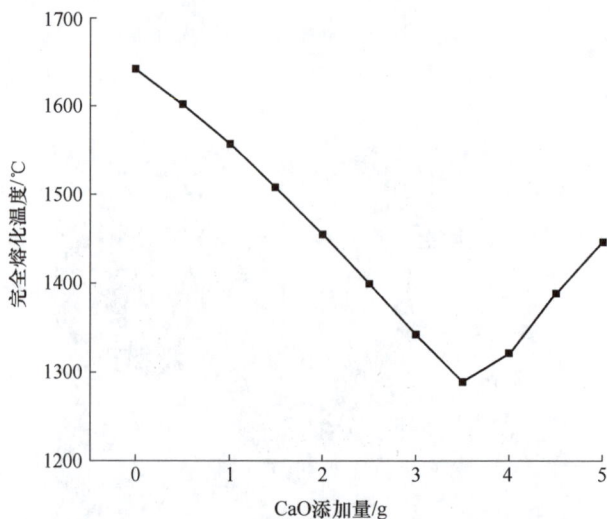

图 4-5　CaO 添加量与完全熔化温度关系

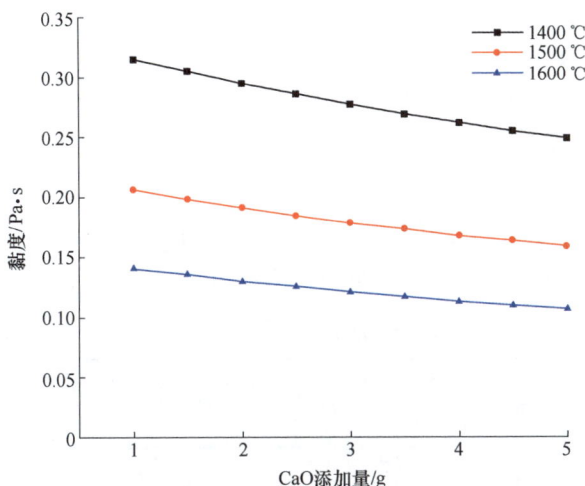

图 4-6　黏度变化曲线

b　SiO_2 的影响

考察 SiO_2 含量变化对炉渣的影响时，设定不同的 CaO 含量，则 FactSage 输入条件见表 4-7。输出炉渣完全熔化温度曲线如图 4-7 所示，当 $A(SiO_2) = 2.5$ g，$B(CaO) = 4$ g 时，对应炉渣的完全熔化温度最低。

表 4-7　考察 SiO_2 时的输入条件　　　　　　　　（g）

CaO	MgO	SiO_2	Al_2O_3	TiO_2
B	1	A	4	14

注：$B = 0 \sim 5(0, 1, 2, 3, 3.5, 4, 5)$；$A = 0 \sim 5(0 \sim 5, 0.5)$。

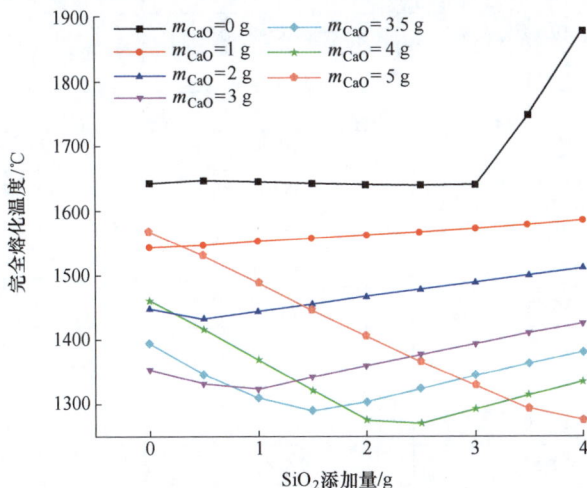

图 4-7　炉渣完全熔化温度曲线

c C 的影响

模拟还原计算时，主要考察还原过程的变化。原料在被碳还原时，主要化学反应步骤为：（1）炉渣还原阶段，铁的高价氧化物（Fe_2O_3）被还原为低价氧化物（FeO）；（2）金属相生成阶段，铁氧化物（FeO_x）被还原为金属；（3）炉渣深度还原阶段，铁的深度还原、铁水渗碳、钛的高价氧化物（TiO_2）被还原为低价氧化物（Ti_2O_3）、硅的还原等多个过程同时发生。

初始计算时，FactSage 的输入成分见表4-8。

表 4-8 还原模拟计算初始组成 （g）

CaO	MgO	SiO_2	Al_2O_3	TiO_2	FeO	Fe_2O_3	C
0	1	1.5	4	14	7	70	A

注：$A = 0 \sim 20$，1；平衡温度为 1600 ℃。

可计算在 1600 ℃ 时平衡状态下气-渣-金三相的组成，见表4-9～表4-12。

表 4-9 平衡后各相质量 （1600 ℃）

C 质量/g	气相质量/g	金属质量/g	炉渣质量/g
0	1.15	0	96.35
1	3.69	0	94.81
2	7.11	0	92.39
3	9.25	0	91.25
4	10.69	0	90.81
5	12.44	1.72	88.34
6	14.91	6.72	81.87
7	17.36	11.69	75.44
8	19.81	16.64	69.06
9	22.24	21.55	62.71
10	24.65	26.41	56.44
11	27.02	31.13	50.36
12	29.32	35.56	44.61
13	31.54	39.66	39.30
14	33.67	43.40	34.42
15	35.73	46.83	29.93
16	37.75	49.96	25.79
17	39.67	52.68	22.15
18	41.39	54.57	19.54
19	42.58	55.87	18.05
20	43.60	57.43	16.47

表 4-10 气相组分含量 （体积分数/%）

C 质量/g	O_2	CO	CO_2	Σ
0	$1.00×10^2$	0.00	0.00	100
1	1.24	0.37	98.40	100
2	$2.25×10^{-3}$	8.05	91.95	100
3	$2.88×10^{-5}$	43.62	56.38	100
4	$2.03×10^{-7}$	74.46	25.54	100
5	$3.02×10^{-7}$	88.32	11.68	100
6	$2.87×10^{-7}$	88.57	11.43	100
7	$2.71×10^{-7}$	88.86	11.14	100
8	$2.54×10^{-7}$	89.18	10.82	100
9	$2.35×10^{-7}$	89.55	10.45	100
10	$2.13×10^{-7}$	90.00	10.00	100
11	$1.84×10^{-7}$	90.64	9.36	100
12	$1.46×10^{-7}$	91.59	8.41	100
13	$1.02×10^{-7}$	92.87	7.13	100
14	$6.07×10^{-8}$	94.40	5.60	100
15	$2.90×10^{-8}$	96.06	3.94	100
16	$9.96×10^{-9}$	97.65	2.35	100
17	$1.47×10^{-9}$	99.09	0.91	100
18	$9.00×10^{-11}$	99.77	0.23	100
19	$8.34×10^{-12}$	99.93	0.07	100
20	$4.33×10^{-12}$	99.95	0.05	100

表 4-11 金属相成分 （质量分数/%）

C 质量/g	金属质量/g	金属相成分					
		Fe	C	O	Si	Ti	Σ
0	0						
1	0						
2	0						
3	0						
4	0						
5	1.72	99.82	0.010	0.17	0.000	0.00	100.00

续表 4-11

C 质量/g	金属质量/g	金属相成分					
		Fe	C	O	Si	Ti	Σ
6	6.72	99.83	0.011	0.16	0.000	0.00	100.00
7	11.69	99.83	0.011	0.16	0.000	0.00	100.00
8	16.64	99.84	0.011	0.15	0.000	0.00	100.00
9	21.55	99.84	0.012	0.15	0.000	0.00	100.00
10	26.41	99.85	0.012	0.14	0.000	0.00	100.00
11	31.13	99.86	0.013	0.13	0.000	0.00	100.00
12	35.56	99.87	0.015	0.11	0.000	0.00	100.00
13	39.66	99.89	0.019	0.10	0.000	0.00	100.00
14	43.40	99.90	0.024	0.07	0.000	0.00	100.00
15	46.83	99.91	0.036	0.05	0.001	0.00	100.00
16	49.96	99.90	0.061	0.03	0.004	0.00	100.00
17	52.68	99.79	0.156	0.01	0.042	0.00	100.00
18	54.57	98.95	0.523	0.00	0.510	0.02	100.00
19	55.87	97.20	1.359	0.00	1.055	0.38	100.00
20	57.43	94.63	2.296	0.00	1.060	2.01	100.00

表 4-12 炉渣成分 （质量分数/%）

C 质量/g	炉渣成分						
	Al_2O_3	SiO_2	FeO	Fe_2O_3	MgO	Ti_2O_3	TiO_2
0	4.15	1.56	18.00	60.73	1.04	0.02	14.50
1	4.22	1.58	32.81	45.57	1.05	0.08	14.68
2	4.33	1.62	56.93	20.92	1.08	0.36	14.75
3	4.38	1.64	68.21	9.43	1.10	0.97	14.26
4	4.40	1.65	72.17	5.45	1.10	1.69	13.53
5	4.53	1.70	73.54	3.53	1.13	2.51	13.06
6	4.89	1.83	71.97	3.29	1.22	2.73	14.06
7	5.30	1.99	70.13	3.03	1.33	2.98	15.24
8	5.79	2.17	67.94	2.73	1.45	3.23	16.68
9	6.38	2.39	65.30	2.40	1.59	3.46	18.48
10	7.09	2.66	62.06	2.03	1.77	3.67	20.73
11	7.94	2.98	58.11	1.63	1.99	3.96	23.40
12	8.97	3.36	53.34	1.22	2.24	4.58	26.29

C 质量/g	炉渣成分						
	Al_2O_3	SiO_2	FeO	Fe_2O_3	MgO	Ti_2O_3	TiO_2
13	10.18	3.82	47.62	0.86	2.54	5.71	29.27
14	11.62	4.36	40.74	0.55	2.91	7.60	32.22
15	13.36	5.01	32.40	0.31	3.34	10.72	34.86
16	15.51	5.80	22.22	0.14	3.88	16.47	35.98
17	18.06	6.54	10.55	0.04	4.51	26.19	34.11
18	20.47	4.53	2.60	0.01	5.12	38.57	28.72
19	22.14	1.21	0.61	0.00	5.53	45.88	24.63
20	24.26	1.08	0.40	0.00	6.06	45.82	22.39

炉渣的组成基本可以反映还原过程中的各阶段情况,可以依据还原剂添加量将整个还原过程划分为三个阶段,并以每个阶段的主要渣相组成绘制对应的炉渣相图。在冶炼过程中,随着还原反应进行,Fe 被还原为低价,再至金属,从渣中分离出来,整个过程炉渣渣系组成逐渐变化。据此,可绘制 3 个三元相图,以表征冶炼过程的炉渣渣型变化,如图 4-8~图 4-10 所示。

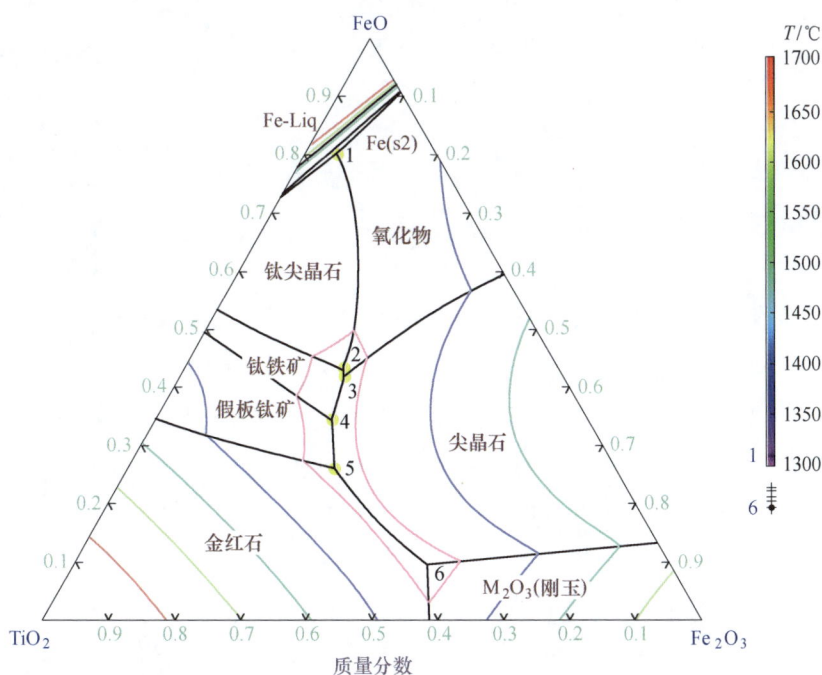

图 4-8　FeO-Fe_2O_3-TiO_2 三元相图

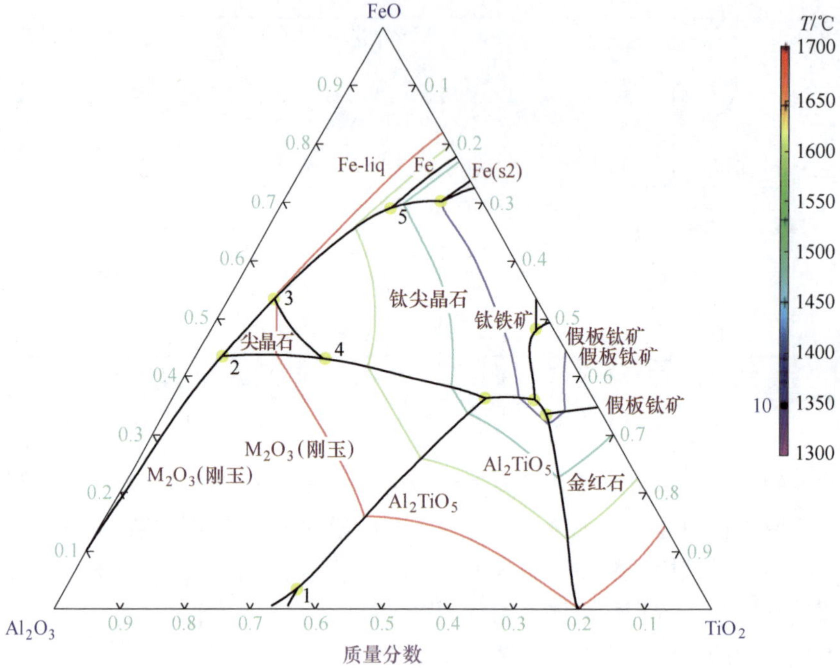

图 4-9　FeO-TiO$_2$-Al$_2$O$_3$三元相图

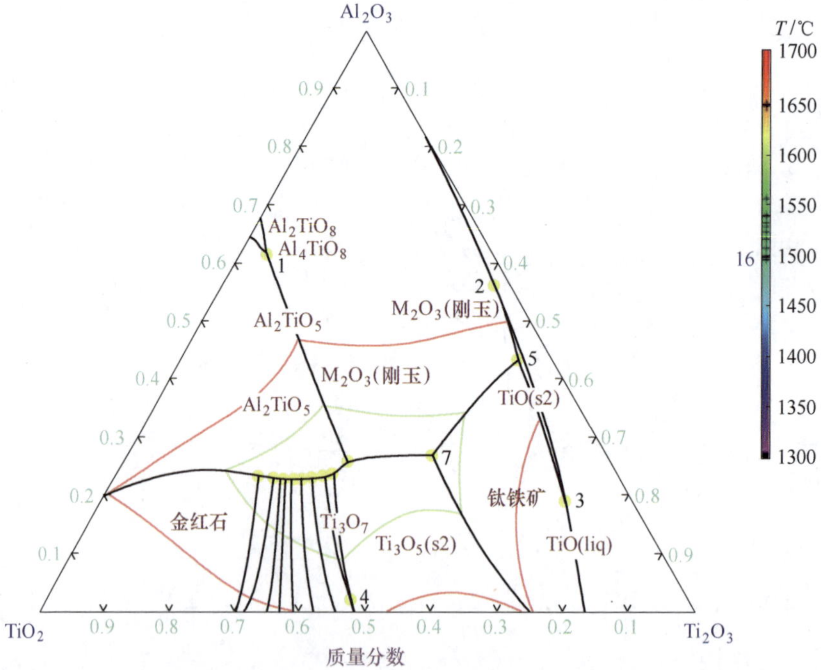

图 4-10　Al$_2$O$_3$-Ti$_2$O$_3$-TiO$_2$ 三元相图

（1）C 为 0 ~ 4 g 时，炉渣以 $FeO-Fe_2O_3-TiO_2$ 为主，并有少量的 Al_2O_3、SiO_2、MgO、Ti_2O_3，该阶段无金属铁出现，仅有渣相和气相，主要还原反应是 Fe_2O_3 转变为 FeO。

（2）C 为 5 ~ 15g 时，炉渣以 $FeO-TiO_2-Al_2O_3$ 为主，渣中的 FeO 逐渐被还原为金属，主要是金属质量增加，炉渣质量减少。

（3）C 质量较高时（大于 15 g），首先是铁进一步降低，同时渣 TiO_2 被还原为 Ti_2O_3，金属开始出现渗碳，当渣中 Fe 降至 1% 以下后，Ti、Si 会显著被还原进入金属，炉渣主要成分为 $Al_2O_3-Ti_2O_3-TiO_2$，并存在一定量的 FeO、SiO_2、MgO。

需要补充说明的是，V_2O_5 无法使用软件计算，其对渣的影响暂时无法模拟计算，需开展试验进行探究。

C 热态实验验证

主要考察还原剂、熔剂、温度等因素对钒钛磁铁矿还原熔炼的影响，探究渣中 Fe、TiO_2 及金属中 C、V 含量的变化规律，并对元素分布规律进行分析。

a 还原剂的影响

在不添加熔剂时，还原初期还原产物为金属铁，此时金属未渗碳，金属熔点较高，金属难以熔化，不利于渣金分离。但该阶段发生还原反应会有显著的失重现象，失重率能客观反映还原状况，失重率大则还原度高。

图 4-11 为无熔剂和熔剂 CaO 添加 4%，1200 ~ 1580 ℃条件下的失重曲线，随着配碳比增加，失重率呈现上升趋势。

当配碳比较高时（C/O = 0.5 ~ 1.0），温度对还原失重影响较明显，无熔剂时，1200 ℃的还原失重曲线明显低于 1550 ℃还原失重曲线；熔剂 CaO 添加 4% 时，1550 ℃时还原失重率也明显低于 1580 ℃还原失重曲线。

分析 1200 ~ 1500 ℃未熔化还原产物中铁的价态，可知钒钛磁铁矿的还原程度，如图 4-12 所示。还原剂较少时，铁主要以 FeO 和 Fe_2O_3 形式存在，还原剂较多时，铁主要以金属铁和 FeO 的形式存在。分别以渣中 Fe^{2+}/Fe 和金属化率衡量还原程度。

1550 ~ 1580 ℃条件下还原剂对金属产出率和渣含铁的影响如图 4-13 所示。配碳比增加会使渣含铁先减后增，对应地金属产率和铁回收率有先增加后降低的趋势，高配碳比时曲线的变化主要是由于渣金分离变差引起的。配碳比在 0.8 ~ 1.2 范围内铁有较高的回收率，钒回收率在 0.8 ~ 1.0 范围快速上升至较高水平，说明此区间范围钒开始被大量还原进入金属相中。添加熔剂 CaO 时会提高金属产率的峰值（最高为 57%），降低渣含铁最低值（最低渣含铁为 0.7%）。

(a)

(b)

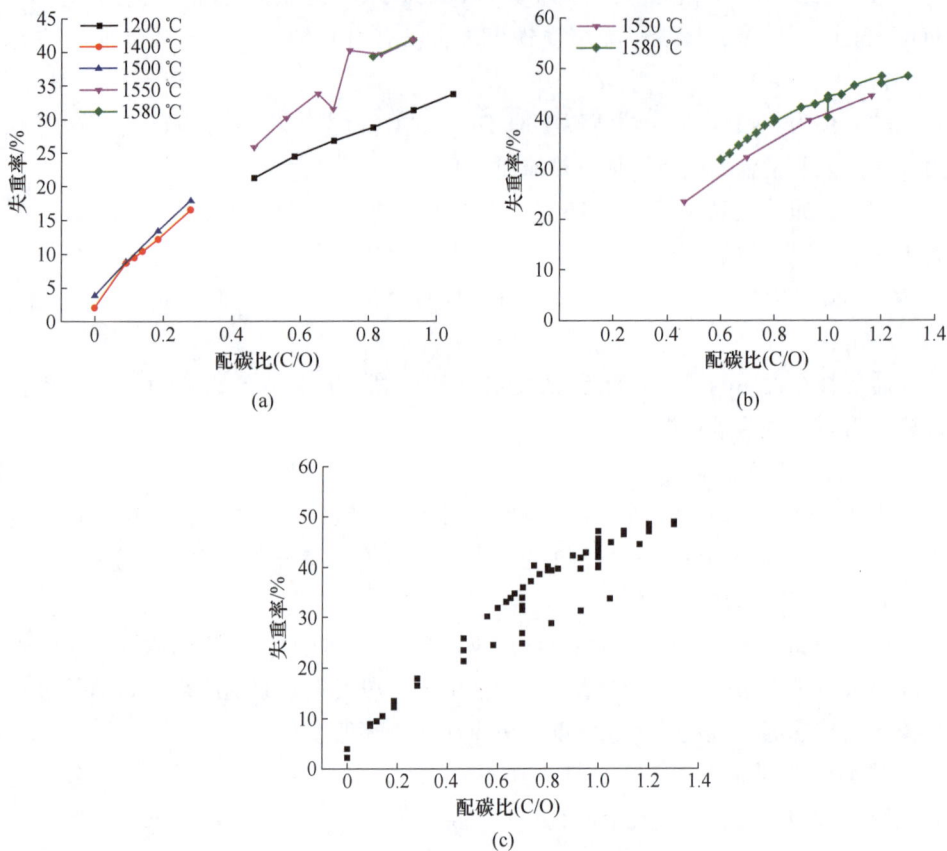

(c)

图 4-11 还原剂与失重率关系曲线

(a) 无熔剂；(b) CaO 配比 4%；(c) 所有试验失重率数据

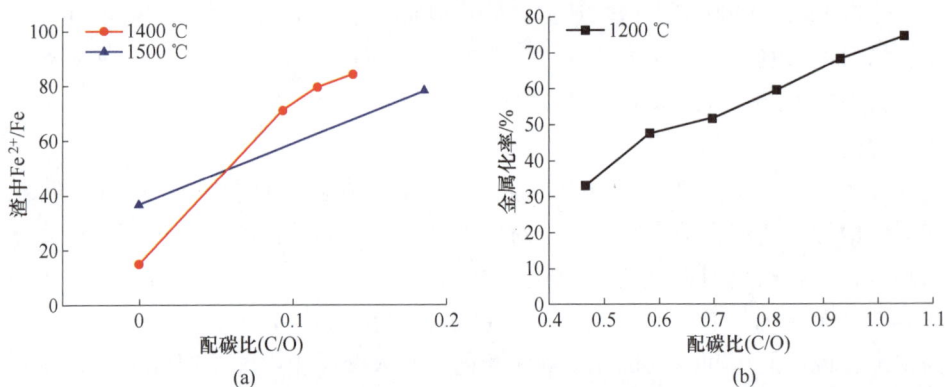

(a)

(b)

图 4-12 无熔剂时配碳比与还原程度关系

(a) 低配碳比时还原后渣中 Fe^{2+}/Fe 比值；(b) 高配碳比时还原后金属化率

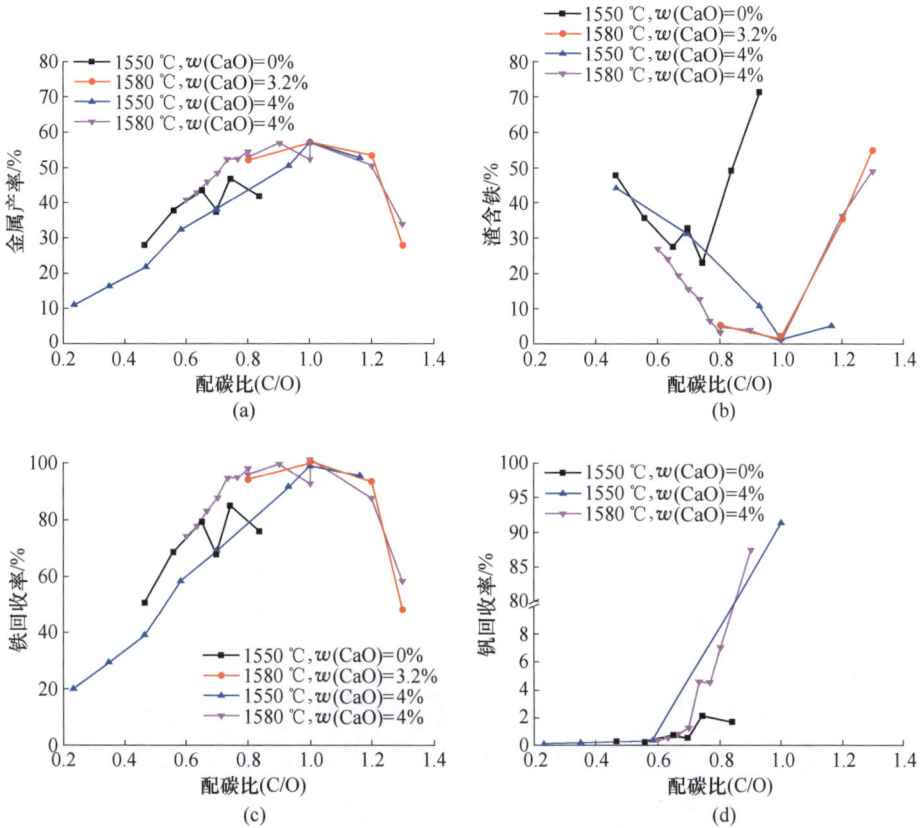

图 4-13　配碳比对熔化分离过程的影响

（a）配碳比与金属产率；（b）配碳比与渣含铁；（c）铁回收率；（d）钒回收率

b　熔剂的影响

还原和熔分过程影响

为验证熔剂配比对失重率影响，对四组实验数据进行统计（C/O = 0.7，1550 ℃；C/O = 1.0，1580 ℃；C/O = 1.0，1610 ℃；C/O = 1.1，1580 ℃），如图 4-14（a）所示，只有配碳比较低时 CaO 对还原过程有较微弱的促进作用，但当配碳比较高时失重率曲线几乎呈现水平状态，即失重率几乎不受熔剂加入量的影响。

金属产率与熔剂配比关系如图 4-14（b）所示，低配碳比时（C/O = 0.7）增加 CaO 对金属产率影响不大，主要是由于此时渣中 FeO 含量较高，渣熔化性较好，不加入 CaO 时渣与金属也可以较好分离。配碳比 1.0、温度 1580 ℃时，熔剂加入对整体金属产率有一定提升作用，但当熔剂配比超过 3% 后，作用效果并不明显；配碳比 1.0、温度 1610℃时，金属产率一直维持在较高水平，温度升高

改善了炉渣性质对分离过程有促进作用，且效果较为稳定；配碳比较高（C/O =
1.1）时，熔剂加入可以显著提升金属产率，熔剂配比至6%仍然有提升效果，
在高配碳比时，渣含铁更少，熔剂加入对于改善渣熔点的作用将更明显。

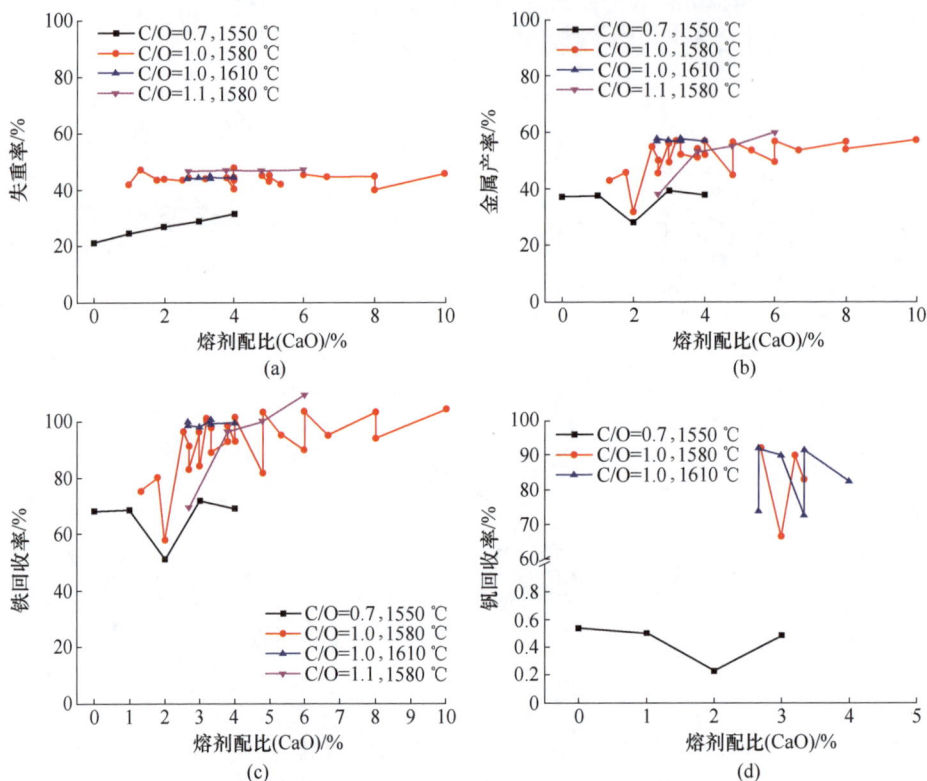

图4-14　失重率和金属产率与熔剂配比关系
（a）失重率；（b）金属产率；（c）铁回收率；（d）钒回收率

渣含铁影响

如图4-15所示，熔剂配比增加对渣含铁的降低有显著的促进作用。在配碳
比C/O = 1.0时，熔剂配比超过3%后渣含铁可降低至较低水平，继续增加配碳比
影响作用并不显著；配碳比C/O = 1.1时，渣含铁会较高，但CaO的作用范围变
宽，CaO对降低渣含铁的作用较为显著，但最低渣含铁仍处于较高水平。

残余碳影响

配碳比、熔剂配比增加后，对于铁还原具有促进作用，但在熔分阶段配碳比
增加会导致炉渣性质变差，分离效果不好，残碳的存在易引起碳化物的形成，残
碳可以在一定程度上反映炉渣的性质。如图4-16所示，随着熔剂的增加渣中残
碳量有下降趋势，CaO可以与TiO_2结合形成$CaTiO_3$，抑制碳化钛的形成。高配

碳比导致渣中残碳量较高，配碳比为 1.0~1.3 时渣中均有显著的残碳，说明还原过程碳处于过剩状态。

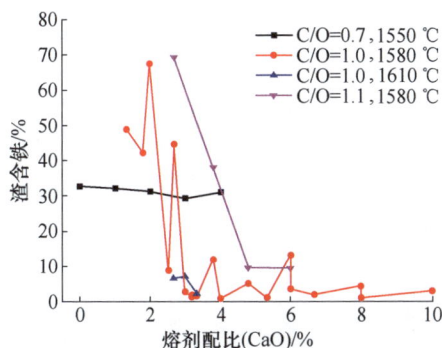

图 4-15 渣含铁与熔剂配比关系

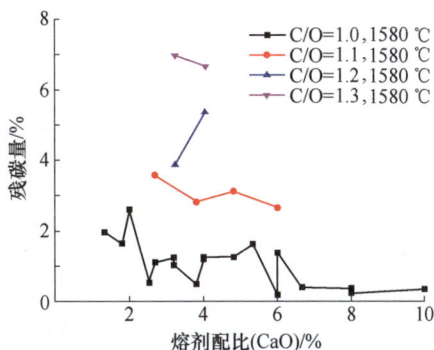

图 4-16 渣中残碳与熔剂配比关系

渣中 TiO$_2$ 含量影响

还原所得钛渣是重要的产品之一，其中 TiO$_2$ 含量是衡量钛渣产品质量的关键参数，熔剂的加入会降低钛渣中 TiO$_2$ 的含量，对提高产品质量不利，但熔剂加入可促进渣中铁的还原分离，渣中铁的减少又可能提高 TiO$_2$ 的含量。如图 4-17（a）所示，为所有试验组的渣中 TiO$_2$ 含量与熔剂配比的关系的散点图，在熔剂配比为 2.5%~4% 的区域渣中 TiO$_2$ 含量较高。对该区域部分数据作图，如图 4-17（b）所示，渣中 TiO$_2$ 含量基本维持在 45% 左右。

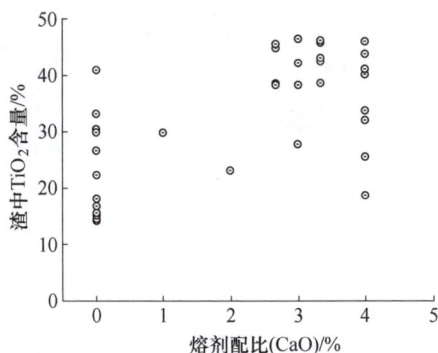

(a)

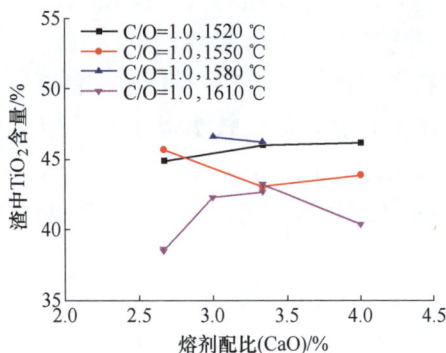

(b)

图 4-17 渣中 TiO$_2$ 与熔剂配比关系

（a）所有试验数据；（b）部分数据关系曲线

c 温度的影响

还原和熔分过程影响

温度作为重要的冶金参数，对还原和分离过程均起到重要的作用，通过失重率和金属产率可以分析温度对还原和熔分过程的影响。还原剂用量相同时，温度增加可以显著促进失重率的增加，即促进了还原反应，而温度较高时（1600 ℃附近），反应热力学及动力学条件良好，温度继续提升对还原失重率的影响并不显著，如图 4-18 所示。

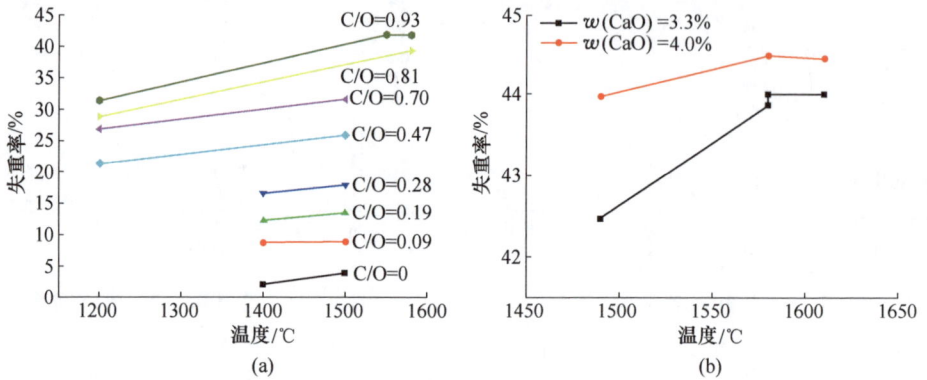

图 4-18　失重率与温度关系

（a）配碳比小于 1.0（无熔剂）；（b）配碳比为 1.0（有熔剂）

为进一步研究熔分效果，研究了配碳比 1.0、熔剂配比 2.7% ~ 4.0%条件下温度与金属产率的关系，如图 4-19 所示。在相同配碳比和熔剂配比条件下，温度的提高可以对金属产率的提高有促进作用，熔剂配比少时提升效果较为显著，而熔剂配比为 4.0%时，在 1550~1610 ℃范围内，金属产率的提升作用较微弱。

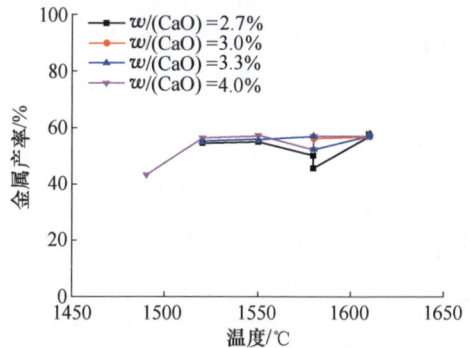

图 4-19　金属产率与温度关系

渣中铁和钒影响

配碳比为 1.0，熔剂添加量 CaO% = 2.7% ~ 3.3%，温度对炉渣含铁和钒的影响如图 4-20 所示，温度提高可以显著降低渣中铁和钒的含量。

Fe、V 在渣和金属中的分配比（渣中元素与金属中元素的百分含量比值）和元素回收率可以反映冶炼终点时渣与金属两相中元素的分布，元素分配比越低，则回收率越高，Fe、V 的提取效果越好，如图 4-21 所示。钒分配比与渣中钒含量变化趋势基本一致，温度升高和熔剂配比增加均可以显著降低钒分配比，对钒进入金属相有显著的促进作用。

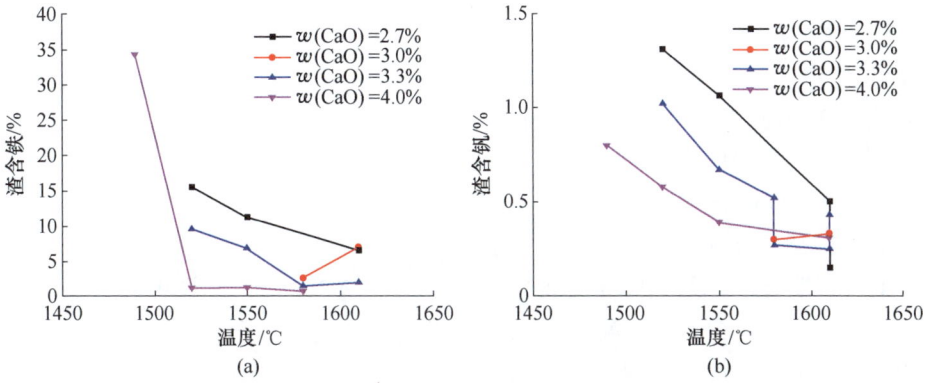

图 4-20　渣含铁和钒与温度关系

（a）渣含铁；（b）渣含钒

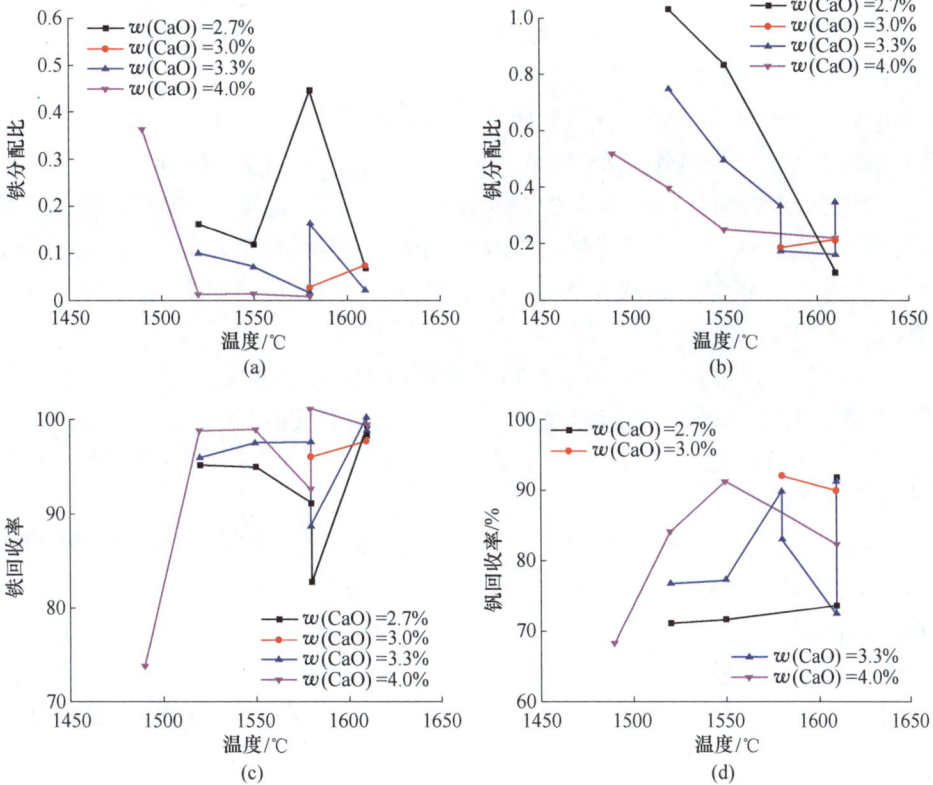

图 4-21　温度与 Fe、V 分布关系

（a）铁分配比；（b）钒分配比；（c）铁回收率；（d）钒回收率

渣中 TiO$_2$ 含量影响

配碳比为 1.0 时，熔剂添加量 CaO% = 2.7%~3.3%时，温度对炉渣 TiO$_2$ 含量的影响如图 4-22 所示，温度对渣含钛的影响作用并不显著，渣中 TiO$_2$ 含量基本维持在 45%左右。

d 典型实验数据分析

通过前期对还原剂配比（配碳比 C/O）、熔剂配比（CaO）、温度等因素的考察，基本掌握了各因素对钒钛磁铁矿还原熔炼的作用规律。铁、钒、钛的回收率可稳定处于较高水平，选

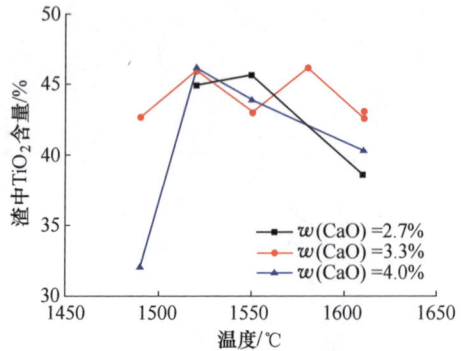

图 4-22 渣中 TiO$_2$ 含量与温度关系

取 10 组钒回收率均超过 80%实验进行分析（表 4-13），金属中 C、V 含量（质量分数）均值分别为 3.02%、1.53%，渣中 Fe、V、TiO$_2$ 含量均值分别为 4.62%、0.35%、42.9%，铁、钒、钛回收率均值分别为 97.45%、88.29%、74.53%。

1 号实验考察熔剂 CaO 加入 2.7%~4%（C/O = 1，温度 1610 ℃）时，随着熔剂增加，渣含钒逐渐降低，钒回收率升高。CaO 加入 4%时，铁水中 C、V 含量分别为 2.41%、1.41%，渣含 V、TiO$_2$ 含量分别为 0.31%、40.4%。

2 号实验考察熔剂 CaO 加入 2.7%~4%（C/O = 1，温度 1550 ℃）时，随着熔剂增加，渣含铁、钒逐渐降低（幅度更显著），钒回收率升高。CaO 加入 4%时，铁水中 C、V 含量分别为 2.82%、1.56%，渣含 Fe、V、TiO$_2$ 含量分别为 1.34%、0.39%、43.9%。

3 号实验考察熔剂 CaO 加入 2.7%~4%（C/O = 1，温度 1520 ℃）时，钒、铁的迁移规律与 1610 ℃和 1550 ℃时相似，但渣含钒更高。CaO 加入 4%时，铁水中 C、V 含量分别为 1.57%、1.46%，渣含 Fe、V、TiO$_2$ 含量分别为 1.24%、0.58%、46.2%。

4~6 号三组实验（CaO 配比 2.7%~3.3%，C/O = 1，温度 1610 ℃）钒回收率均超过 90%，铁水中 C 约 3.5%，V 约 1.5%，渣含 V 为 0.15%~0.33%，渣含 TiO$_2$ 为 40%左右。

7~9 号三组实验（温度 1580 ℃），当 C/O = 1、CaO 配比 3%时效果最好，此条件下铁水中 C、V 含量分别为 3.6%、1.6%，渣中 Fe、V、TiO$_2$ 含量分别为 2.67%、0.3%、46.6%。

10 号实验考察配碳比 C/O = 0.9~1.05（熔剂配比 4%，温度 1580 ℃），当 C/O = 0.9 时效果最好，此条件下铁水中 C、V 含量分别为 1.84%、1.5%，渣中 Fe、V 含量分别为 3.77%、0.44%。

表 4-13 典型实验参数及指标数据

序号	C/O	w(CaO) /%	温度 /℃	金属成分/%		炉渣成分/%			元素回收率/%		
				w(C)	w(V)	w(Fe)	w(V)	w(TiO$_2$)	Fe	V	Ti
1	1	4	1610	2.41	1.41		0.31	40.4	99.4	82.3	76.1
2	1	4	1550	2.82	1.56	1.34	0.39	43.9	99.0	91.2	
3	1	4	1520	1.57	1.46	1.24	0.58	46.2	98.9	84.1	
4	1	2.7	1610	3.33	1.55	6.57	0.15	38.5	98.3	91.8	67.0
5	1	3	1610	3.42	1.54	7.07	0.33	42.3	97.8	90.0	77.6
6	1	3.3	1610	3.62	1.54	2.03	0.25	43.2	99.0	91.2	77.4
7	1	3	1580	3.6	1.6	2.67	0.30	46.6	96.1	92.0	
8	1	3.3	1580	3.59	1.54	1.50	0.27	46.2	97.6	89.9	
9	1.05	3.3	1580	4.01	1.55	15.4	0.52	38.8	88.7	83.0	
10	0.9	4	1580	1.84	1.5	3.77	0.44		99.7	87.4	

注：计算铁回收率时，假设金属中仅含 Fe、C、V、Ti。

4.1.2.3 钒钛磁铁矿熔炼炉水力模型

A 水模试验理论基础

在对冶金炉内的流动状况进行研究的过程中，由于冶金炉内部的流动过程的测量工作十分困难，因此，目前对于其流动过程，一般都是在相似理论的指导下，设计搭建满足一定相似准则的水力模型试验平台并开展冷态水模试验研究。水模试验是以相似原理为依据的，这种方法对于模拟冶金反应器内的液相流动状态效果好、经济性佳，模拟过程容易观察、控制和测量，一直以来被国内外学者广泛应用。

根据流体力学相似原理，为保证模型中的流动与原型中的流动保持相似，必需遵从相似原理，即需要满足几何相似、动力相似、运动相似和热相似等相似条件。显然，完全符合以上条件几乎是不可能的。所以模型试验中必须忽略次要因素，保证主要因素作用下相似。

几何相似是相似原理要求的必须满足的首要条件，它指的是模型与原型具有相似的几何形状，所有对应尺寸成比例，所有对应角相等。长度比例尺或称几何相似比例常数是指模型中物理长度与原型中相应物理长度的比值，数学表达式为：

$$\lambda = \frac{L_m}{L_p} \tag{4-1}$$

式中 λ ——长度比例尺；

L_m ——模型特征几何尺寸，m；

L_p——原型特征几何尺寸，m。

在确定长度比例尺的选取时，需要考虑实验室空间、模型加工条件、经济成本等因素，长度比例尺既不能太大也不能太小。长度比例尺太大，占地面积大，试验投资高，同时相应的配气系统要求提高。长度比例尺太小，原型上比较小的部件（如喷枪）加工难度增加，测量仪表要求更精细，可能会造成试验结果可信度的降低，失去研究价值。

现在常用的模拟手段为水模拟高温熔体，压缩空气模拟气体，有机玻璃制作的模型模拟冶金炉窑。有机玻璃制作的模型方便直接观察和测定炉内流体的特征，将观察到的现象定性、定量地转化为实际流动情况，为实际容器的设计和优化提供依据，也可用其认识一些未知现象。

对于重力场中的不可压缩黏性流体的定常流动而言，有两个常用的定性准则数，即弗劳德数（Fr）和雷诺数（Re）。前人所做的水模试验中，大部分学者选取弗劳德准数，同时进行一定的修正。

本书选用修正的弗劳德准数（Fr'）为相似准数，其表达式如式（4-2）所示：

$$Fr' = \frac{v_g^2}{gd_0} \frac{\rho_g}{\rho_1} \tag{4-2}$$

式中　v_g——气流速度，m/s；

g——重力加速度，m/s^2；

d_0——喷枪直径，m；

ρ_g——气体密度，kg/m^3；

ρ_1——液体密度，kg/m^3。

在建立水力学模型时，根据动力学相似原理，模型中修正的弗劳德准数必须与原型相等，即

$$\left(\frac{v_g^2}{gd_0}\right)_m \left(\frac{\rho_g}{\rho_1}\right)_m = \left(\frac{v_g^2}{gd_0}\right)_p \left(\frac{\rho_g}{\rho_1}\right)_p \tag{4-3}$$

其中，下角标 m 表示模型，p 表示原型。

B　水模试验装置及方案

a　试验装置

试验中选取水来模拟熔池内高温熔体，选取压缩空气来模拟实际喷吹气体。试验装置及不同喷枪种类如图 4-23 所示，试验开始之前将水注入水模型至一定液面高度，空压机提供的压缩空气从 3D 打印的喷枪喷入，喷吹气体的流量和压力通过流量计和压力表调节。1 号模型带电热区，2 号模型不带电热区，2 个模型及喷枪间距尺寸如图 4-24 和图 4-25 所示。1 号和 2 号模型均布置双排喷枪，

每排喷枪布置 5 个喷枪，共 10 个喷枪，如图 4-26 所示。

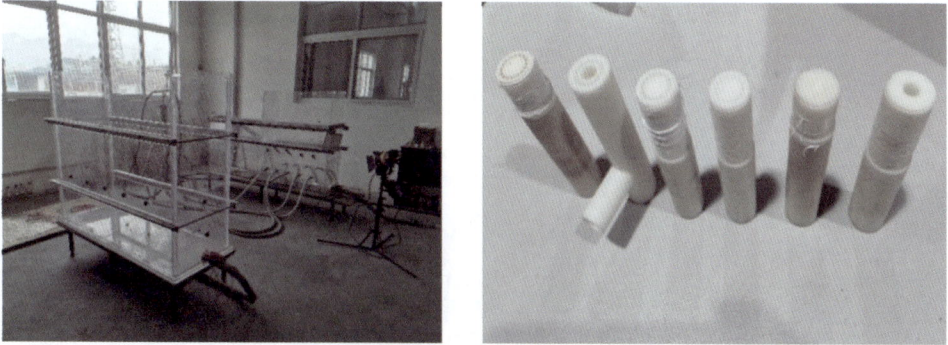

图 4-23　水模装置及不同种类喷枪

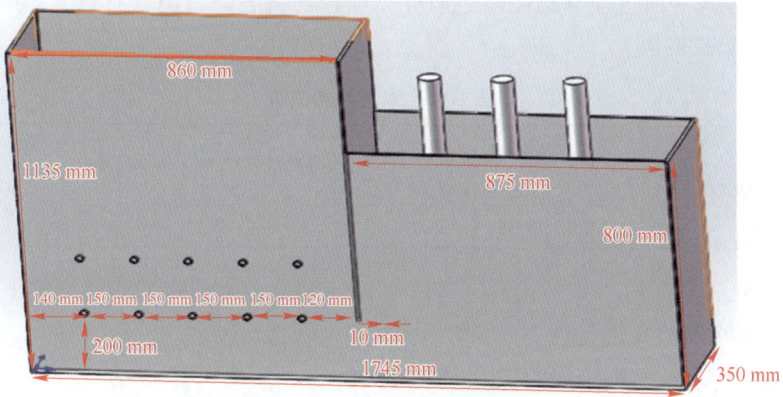

图 4-24　1 号水模装置尺寸

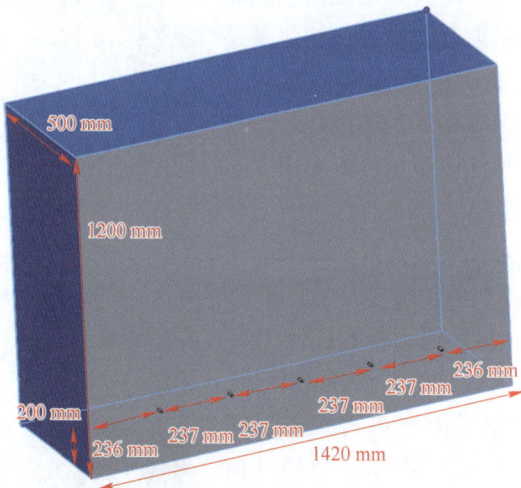

图 4-25　2 号水模装置尺寸

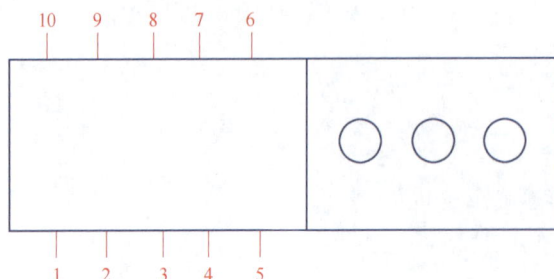

图 4-26　喷枪布置及编号

b　试验方案

不同的液面高度、喷枪结构及截面积（包括单通道和多通道）、喷吹流量、喷枪布置方式等对气流穿透距离、液体晃动、物料运动轨迹等有很大影响。具体试验方案见表 4-14。

表 4-14　渗透距离试验

变量	总气体流量 /$m^3 \cdot h^{-1}$	压强 /MPa	液面高度 /mm	喷枪布置方式	喷枪结构	喷枪截面积 /mm^2
数值	40~100	0.03~0.34	500~700	1-3-5-6-8-10	单/多	30/50

C　结果及分析

a　侧吹气流穿透行为

侧吹炉内气流穿透距离是工业炉炉体及喷枪设计中非常重要的数据指标，直接影响炉内高温熔体的搅动情况，穿透距离小则搅动不充分，造成物料混合不均匀，熔化及还原效率低；穿透距离大则高温熔体剧烈搅动，造成喷溅。水模试验针对喷枪孔径、喷枪结构、液面高度和气体流量等影响因素对侧吹炉内气流穿透距离的影响规律进行了较为充分的研究，并为后续仿真提供参考。本小节主要研究 2 号模型单独侧吹炉型情况下，各因素对侧吹炉内气流穿透距离的影响。

侧吹气体气流由喷枪喷入炉内熔池后，高压高速气体动能提供的冲击力使得气体射流向前穿透一段距离后才开始受到浮力明显上浮，图 4-27 大致反映了侧吹气体射

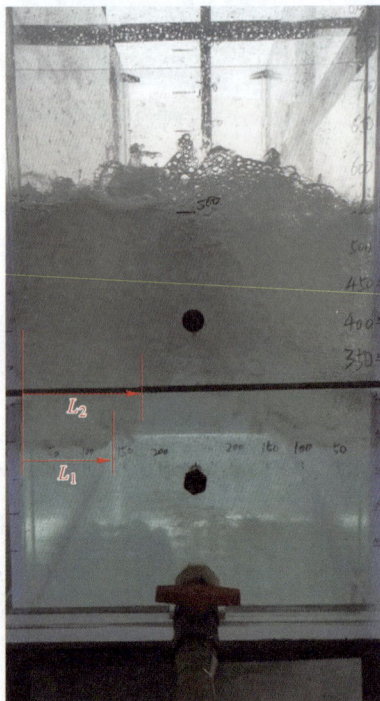

图 4-27　侧吹气体射流穿透行为

流喷入侧吹炉内后的轨迹。如图 4-27 所示，定义 L_1 为侧吹气体射流"水平段"穿透距离，L_2 为"水平段+弯曲段"穿透距离。本书以水平段距离为主要研究对象。

试验考察了在三种不同结构喷枪下（图 4-28），液面高度分别为 500 mm、600 mm 和 700 mm，6 支喷枪（1-3-5-6-8-10 号）总流量（标态）为 $40 \sim 100 \ m^3/h$ 时的气体射流穿透距离，见表 4-15～表 4-17。

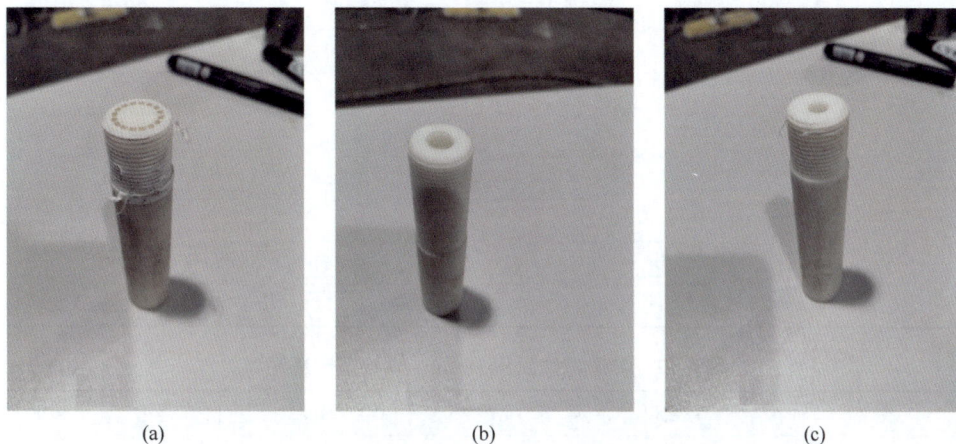

| (a) | (b) | (c) |

图 4-28　侧吹气体射流穿透行为所用三种喷枪

（a）多通道截面积 50 mm^2；（b）单通道截面积 50 mm^2；（c）单通道截面积 30 mm^2

表 4-15　单通道截面积 50 mm^2 喷枪下穿透距离

液面高度/mm	总流量（标态）/m$^3 \cdot h^{-1}$	压强/MPa	气体射流距离/mm
700	40	0.03	35
	60	0.08	65
	80	0.15	90
	100	0.25	135
600	40	0.03	45
	60	0.07	70
	80	0.15	105
	100	0.25	150
500	40	0.03	50
	60	0.07	75
	80	0.15	130
	100	0.26	160

表4-16 多通道截面积50 mm²喷枪下穿透距离

液面高度/mm	总流量（标态）/m³·h⁻¹	压强/MPa	气体射流距离/mm
700	40	0.03	40
	60	0.07	75
	80	0.16	130
	100	0.27	215
600	40	0.03	45
	60	0.07	85
	80	0.16	140
	100	0.27	220
500	40	0.03	50
	60	0.07	90
	80	0.16	150
	100	0.27	230

表4-17 单通道截面积30 mm²喷枪下穿透距离

液面高度/mm	总流量（标态）/m³·h⁻¹	压强/MPa	气体射流距离/mm
700	40	0.04	65
	60	0.10	125
	80	0.21	220
	88	0.25	250
600	40	0.04	60
	60	0.10	130
	80	0.21	225
	88	0.22	250
500	40	0.04	60
	60	0.10	140
	80	0.21	235
	88	0.22	250

根据试验结果可知：侧吹气体射流穿透距离与喷吹流量和喷枪结构有很大关系，随喷吹流量的增大穿透距离增大；在相同气体流量下，截面积越小，穿透距离越大；在相同气体流量和截面积情况下，多通道喷枪比单通道喷枪穿透距离更大。穿透距离随着液面高度的降低略有增加。气体压强和液面高度关系不大。

b 液体晃动行为

液体在炉内大幅度地晃动对炉体耐火材料的寿命有较大影响，应在工业应用中避免产生大幅度的晃动。本次水模试验共发现 3 种晃动方式，且 3 种晃动方式在 1 号和 2 号模型都能发生，如图 4-30~图 4-33 所示。大部分试验条件下发生左右式晃动，其他两种晃动方式在特定条件下才能发生。试验着重考察了液面高度、喷枪布置方式、喷枪结构及气体流量对液体产生宏观不稳定晃动的影响（图 4-29）。

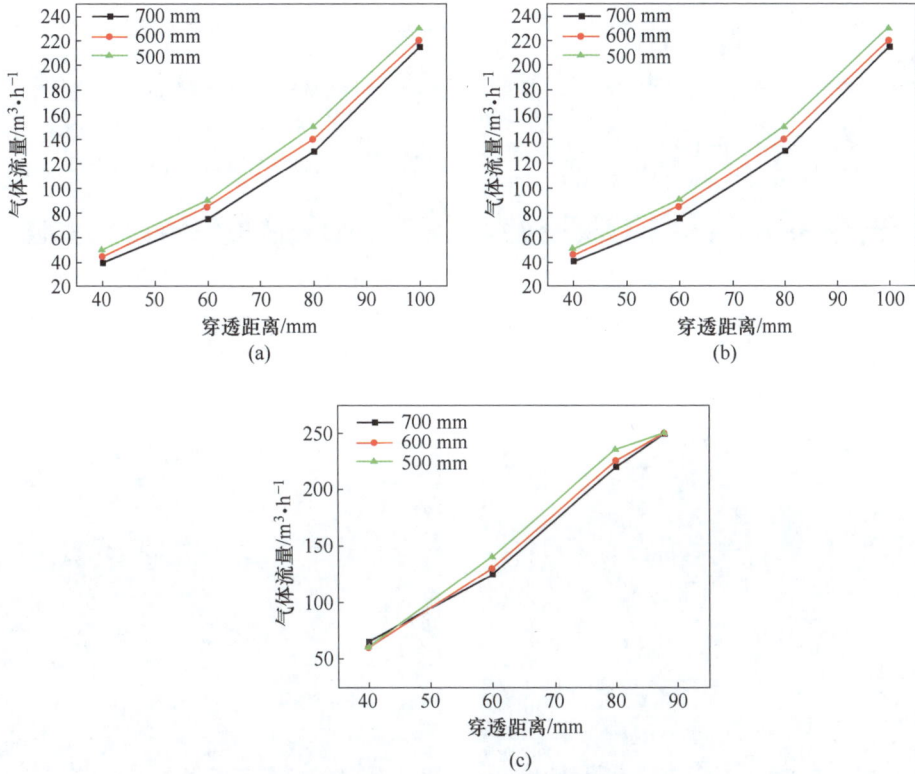

图 4-29 不同喷枪下穿透距离和气体流量的关系

（a）单通道截面积 50 mm² 喷枪；（b）多通道截面积 50 mm² 喷枪；（c）单通道截面积 30mm² 喷枪

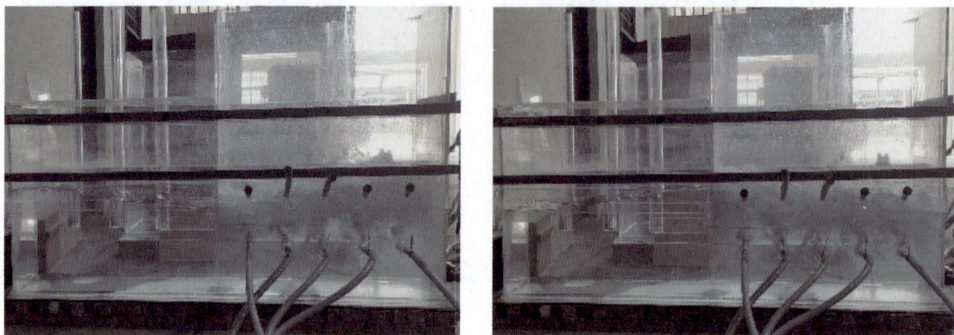

图 4-30　1 号模型左右晃动

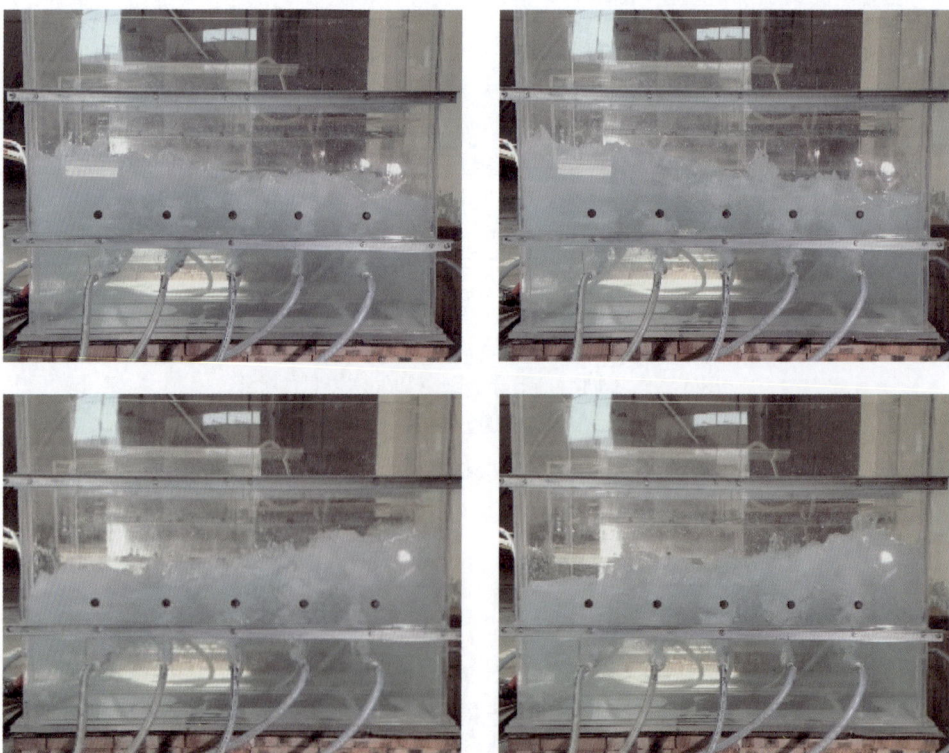

图 4-31　2 号模型左右晃动

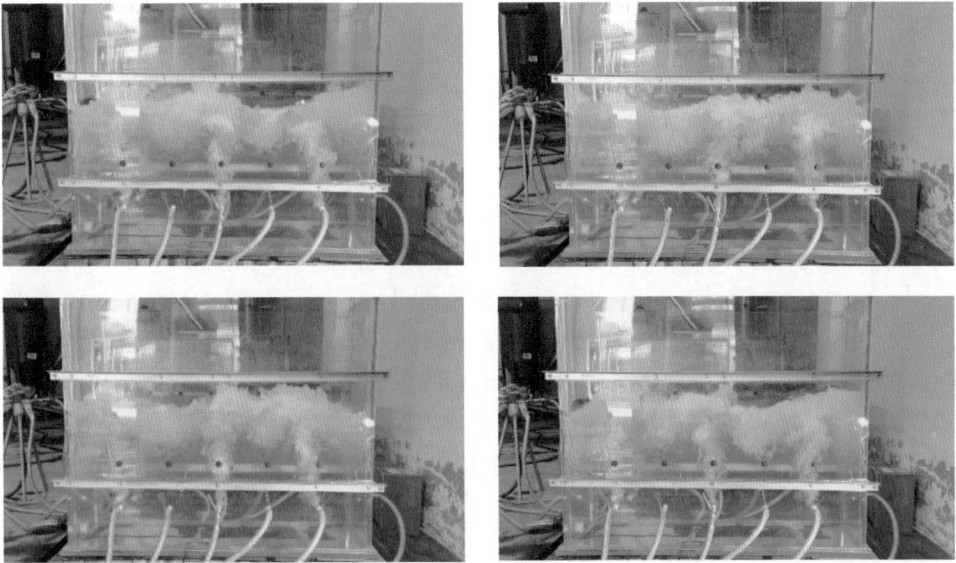

图 4-32 2号模型波浪式晃动

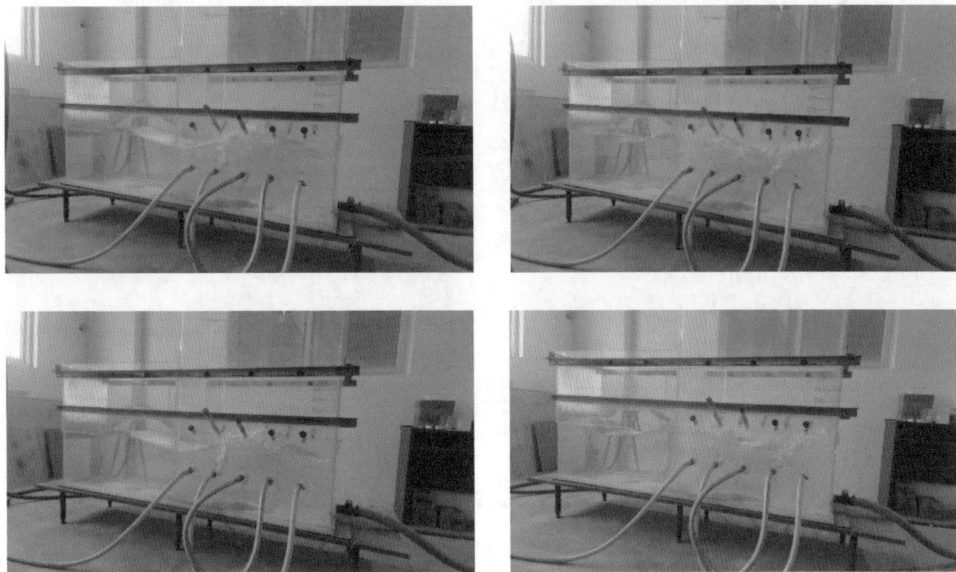

图 4-33 1号模型中间拱起式晃动

c 液面高度的影响

分别测试了2种不同尺寸的水模型液面高度对产生宏观不稳定晃动的影响。结果表明：1号模型在液面高度 450 mm（喷枪高度 200 mm），某种喷枪布置下开始发生左右晃动;2号模型在液面高度630 mm(喷枪高度200 mm),开始发生左右晃动。随着液面升高,两种模型无论喷枪怎样布置,均不再发生晃动,说明液面高度对发生宏观不稳定晃动的影响最大。此外,改变气体流量、喷枪结构、喷枪截面积等手段对发生晃动的临界液面高度影响较小,但改变喷枪布置方式可有效降低发生晃动的临界液面高度。

d 喷枪布置方式

试验考察了多种喷枪布置方式如开1,2,3,4,5,6,7,8,9,10喷枪、1,3,5,6,8,10喷枪、2,4,7,9喷枪和2,3,4,7,8,9喷枪等布置方式在不同液面(350~550 mm)高度下产生的不同液体晃动现象。试验结果发现喷枪的布置方式对产生液体晃动有很大的影响,在同一液面高度下,不同的喷枪布置方式产生不同的晃动现象(3种晃动方式),有的晃动幅度较大,有的晃动幅度较小,有的甚至不发生晃动,如图4-34所示。因此合适的喷枪布置对抑制液体晃动有一定的效果,试验发现1,3,5,6,8,10喷枪布置方式最好。喷枪布置应保持均匀,且有合适的间距。

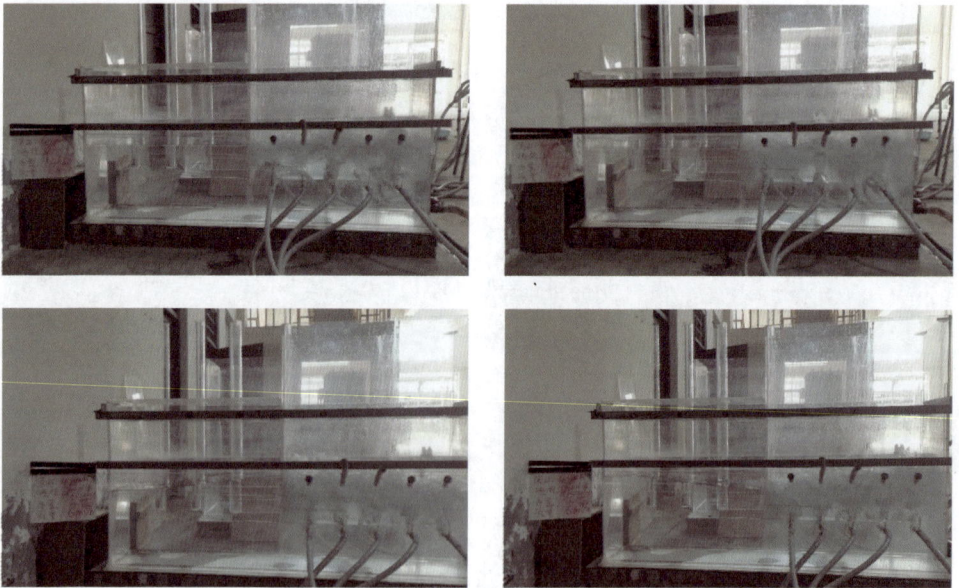

图4-34 喷枪布置方式对晃动的影响

e 喷枪结构

考察了10种不同结构的喷枪(不同截面积,单通道、多通道)在不同液面高度(350~550 mm)、不同喷枪布置方式、不同气体流量(20~68 m³/h)下对产生液体晃动的影响。研究结果发现不同喷枪结构对液体晃动形式有一定的影响,但对是否发生晃动影响较小。

f 气体流量

气体流量对液体晃动的影响主要表现在液体晃动幅度的大小，大部分试验条件下，气体流量较小时，不发生不稳定式晃动，但气体流量增大到一定程度的时候会发生不稳定式晃动。但也有特殊情况，气体流量小时，发生晃动，但气体流量增加到一定程度时反而比较稳定。如在液面高度 450 mm 时开 2，4，7，9 喷枪时，气体流量为 $24\sim52$ m^3/h 时发生左右晃动现象，而气体流量为 56 m^3/h 以上时液面较平静不发生任何晃动。

D 物料卷吸运动轨迹研究

为了模拟矿石、煤粒在炉内运动轨迹，根据相似原理，水的密度为 1.00 cm^3/g，图 4-35 中红色颗粒密度为 0.85 cm^3/g，模拟矿石；白色颗粒密度为 0.35 cm^3/g，模拟煤粒；黑色颗粒为黑芝麻，密度为 1.05 cm^3/g，主要模拟喷枪以下流场。

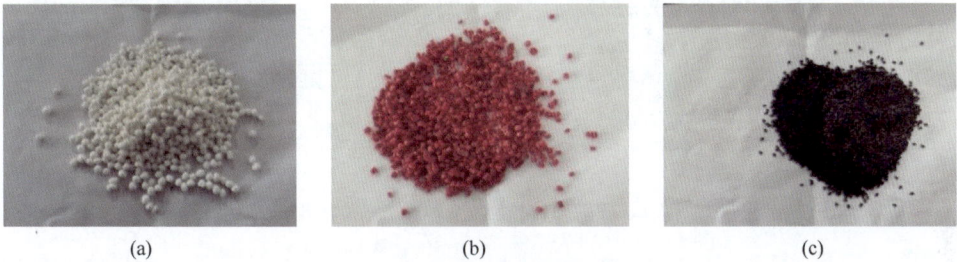

图 4-35 不同密度颗粒

(a) 白色，0.35 cm^3/g；(b) 红色，0.85 cm^3/g；(c) 黑色，1.05 cm^3/g

a 矿石卷吸运动行为

分别在 2 个水模型试验了密度为 0.85 cm^3/g 的红色颗粒的运动行为，研究发现喷枪布置对其运动轨迹有很大的影响，当开 1，2，3，4，5，6，7，8，9，10 号喷枪时，颗粒运动比较分散不均匀，主要集中在两个端墙区域，中间颗粒较少。当开 1，3，5，6，8，10 号喷枪时，颗粒分散较均匀，在水模型内分布均匀，如图 4-36 所示。

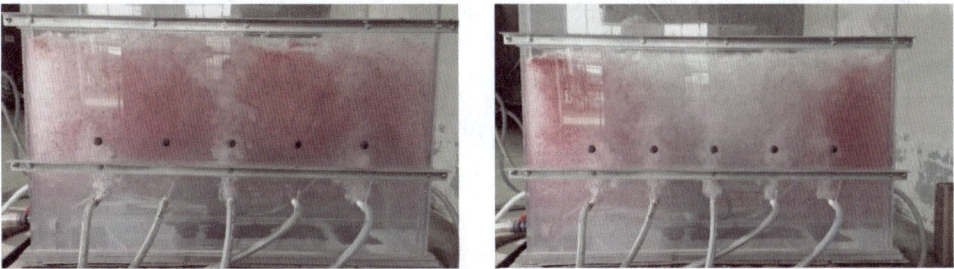

图 4-36 喷枪布置对矿石卷吸的影响

　　b　煤粒卷吸运动行为

　　分别在 2 个水模型试验了密度为 0.35 cm³/g 的白色颗粒的运动行为，研究发现喷枪布置及气体流量对其运动轨迹有很大的影响，当开 1，2，3，4，5，6，7，8，9，10 号喷枪时，气体流量较小时，颗粒均漂浮在表面，很难卷入水中，当气体流量增大后，颗粒均偏聚在两个端墙处，中间没有白色颗粒，如图 4-37 所示。当开 1，3，5，6，8，10 号喷枪时，气体流量较小时，颗粒均漂浮在表面，很难卷入水中，当气体流量增大后，颗粒均匀卷入水中。同时液面高度对白色颗粒的卷吸也有一定的影响，液面高度越高，卷入水中的颗粒量越多。

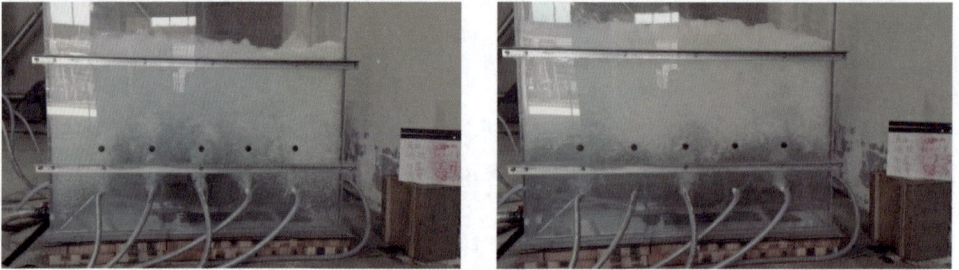

图 4-37　喷枪布置对煤颗粒卷吸的影响

4.1.2.4　扩大试验研究

　　在试验电炉和侧吹炉内开展了数十炉次扩大试验研究，分别从化料、还原熔炼、深度还原、沉降分离等多方面开展了扩大试验验证。

　　A　试验装置

　　试验采用中国恩菲偃师试验基地的小型电炉试验系统和侧吹试验炉系统，小型电炉试验系统包括120 kV·A 电炉系统、供电设备及 PLC 控制系统、排烟除尘、浇铸包子等。

　　侧吹扩大试验系统包括 0.3 m² 小型试验侧吹炉及供电设备、侧吹喷枪、空压机、空气气罐、天然气汽化器、天然气罐、氧气汽化器、氧气罐、3 种气体阀组及 PLC 控制系统、排烟除尘、浇铸包子等。

　　B　侧吹化料试验

　　该阶段主要为侧吹熔炼的初期阶段，主要目的通过炉壁侧枪的射流熔炼，促使入炉矿物原料的熔化，为后期还原过程形成熔池。物料在 1300~1400 ℃时可以形成流动性良好的熔池，验证了前期基础试验的结果。侧吹浸没射流熔炼供热能力强、反应效率高、化料速度快。

　　侧吹化料试验代表性结果见表 4-18~表 4-20，物料熔化良好，温度 1400~1500 ℃。

表 4-18 第一炉侧吹化料试验检测数据 （质量分数/%）

取样点	CaO	FeO	Fe	MgO	SiO$_2$	TiO$_2$	V
100 kg 矿	3.17	48.56	37.77	3.23	12.53	17.08	1.24
200 kg 矿	4.18	46.92	36.49	4.02	20.39	20.55	1.78
300 kg 矿	4.06	54.02	42.02	3.82	19.43	20.18	1.45
补 10 kg 煤	4.46	41.20	32.04	4.07	22.33	22.75	1.80

表 4-19 第二炉侧吹化料试验检测数据 （质量分数/%）

取样点	CaO	FeO	Fe	MgO	SiO$_2$	V
250 kg 矿	6.13	37.92	29.49	5.03	43.52	3.07
300 kg 矿	4.19	53.76	41.81	4.55	19.84	2.67

表 4-20 第三炉侧吹化料试验检测数据 （质量分数/%）

取样点	CaO	FeO	Fe	MgO	SiO$_2$	V
200 kg 矿	2.48	69.54	54.09	1.73	13.83	0.95
250 kg 矿	2.61	61.71	48.00	1.76	14.65	1.05
300 kg 矿	2.74	66.79	51.95	1.90	15.03	1.16
倒出渣	2.77	63.98	49.76	1.79	15.05	1.16

使用侧吹喷枪化料，化料试验炉渣成分均值汇总见表 4-21。化料过程中渣含铁较高，炉渣黏度较小，熔池温度为 1300~1400 ℃。

表 4-21 侧吹化料试验炉渣成分均值 （质量分数/%）

炉次	CaO	FeO	Fe	MgO	SiO$_2$	TiO$_2$	V
第1炉	3.97	47.67	37.08	3.79	18.67	20.14	1.57
第2炉	6.13	37.92	29.49	5.03	43.52		3.07
第3炉	2.65	65.50	50.94	1.79		14.64	1.08

C 还原试验

在化料过程基本稳定可控时，进一步开展了还原扩大试验。此阶段以降低炉渣含铁量为主要目标，最终渣含铁可稳定降至 1%~2%，见表 4-22。试验过程中会有显著的喷溅，因此试验产物与加入量匹配度较低。

表 4-22　还原扩大试验产出炉渣和铁的主要成分　（质量分数/%）

编号	渣成分						铁成分		钒钛矿质量/kg	产出渣质量/kg	产出铁质量/kg
	Fe	TiO$_2$	V	CaO	SiO$_2$	CaO 或 SiO$_2$	C	V			
1	7.85	12.46	1.19	3.49	5.39	0.65	3.91	0.76	100	13.5	33
2	1.92			4.19			3.88	14.00	100	51.8	27
3	24.92	22.67	0.47	8.46	10.44	0.81	0.025	0.007	100	39.12	18.20
4	3.35	37.79	0.4	15.34	16.77	0.91	3.38	0.26	150	41.8	77.18
5	1.27	34.44	0.42	13.89	9.09	1.53	2.32	0.79	100	27.1	40.1
6	1.86	21.15	0.043	11.86	15.46	0.77	2.71	0.38	100	26.25	47

注：编号 1、2、5 原料为南非矿，编号 3、4、6 原料为莫桑比克矿。

4.1.3　火法熔池熔炼技术工艺设计

4.1.3.1　一步还原熔炼工艺方案

在进行马弗炉基础试验、感应炉试验、电炉和侧吹炉扩大试验的系统性研发过程中，整个还原过程是通过碳质还原剂无烟煤（块或粉）将矿物中的铁还原为金属态，还原后的金属和渣再经沉降分离，获得金属和钛渣两种产品。冶炼过程中反应容器不改变，一个反应容器内物料从矿物转变为终态的金属和炉渣，因此整个反应过程可视为一步还原熔炼。

还原过程中需要补充热量，热量供给的方式主要有喷煤燃烧供热（侧吹炉）、辐射供热（马弗炉）、电弧和电阻供热（电炉）、感应和热传导（感应炉）。在生产中供热方式主要有外供电能的电炉还原熔炼与喷煤燃烧供热两种方式，这两种方式会导致还原熔炼的物料平衡和热平衡有较大的差异。

A　电热还原熔炼

电炉还原熔炼过程中煤仅起到还原作用，不提供燃烧热，也无需鼓入富氧，热量主要依靠电能输入。冶金流程如图 4-38 所示。

依据还原熔炼基础试验获得的基本数据及工艺设计经验，计算的条件参数如下：

（1）处理钒钛磁铁矿质量为 1000 kg，初始物料（钒钛磁铁矿、石灰、无烟煤等）温度为 25 ℃；产物炉渣、铁水、烟尘、烟气温度 1600 ℃；冶炼过程中散热占总热量比例为 10%，其他热量依靠外界补充，待求。

（2）无喷吹冶炼过程，烟气量较小，烟尘率较低，进入烟尘中 Ca、Si、Al、Mg 等元素在烟尘中分配为 1%。

（3）其他自定义约束条件参数设置：渣含铁 1%，铁水含碳 2.5%，铁水含钒 1.5%，烟尘含碳 1%，烟气中 $CO/CO_2 = 4$（体积比），渣中 $CaO/SiO_2 = 1$（质量比）。

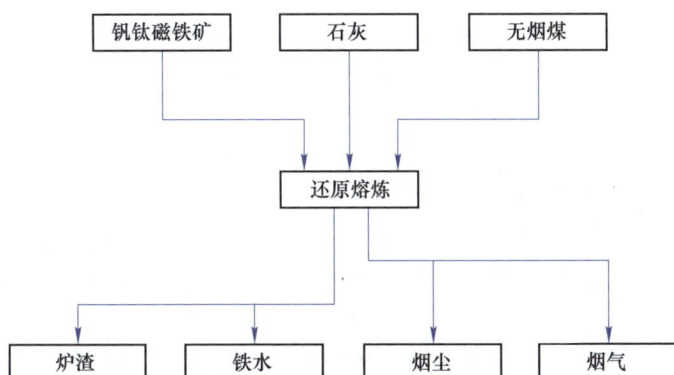

图 4-38 外供热还原熔炼工艺流程

还原熔炼计算所得物料平衡、元素平衡、热平衡，见表 4-23～表 4-25。其中计算所得无烟煤的消耗量仅为 153.86 kg/h，与试验结果及 FactSage 计算数值有较大差距，经分析，主要是由于平衡计算时假设 TiO_2 不参与反应，实际试验及 FactSage 计算过程中，会有大量低价钛出现，甚至有 TiC 生成，且当铁、钒被还原为金属时还原产物基本全部为 CO，还原剂利用率较低，以上多方面因素会导致实际还原剂消耗量将远大于理论计算结果。

理论计算所得炉渣的 TiO_2、V 含量（质量分数）分别为 47.95%、0.42%。假设进入铁水中 Fe、V 认为得到回收，计算可得 Fe、V 收得率分别为 98.59%、87.04%。

热平衡中 44.59% 为还原反应吸热，烟气量较少，烟气带走热量仅占 16.43%，与铁水潜热相当。需输入热量为 4125.32 MJ，相当于 1145.92 kW·h 电耗或 137.51 kg 无烟煤完全燃烧时的放热量（无烟煤热值按 30 MJ/kg 计算）。

表 4-23　还原熔炼物料平衡　　　　　　　　　　（质量分数/%）

收入项											
钒钛磁铁矿消耗量/kg·h^{-1}	Fe_2O_3	Fe_3O_4	Fe_2TiO_4	V_2O_5	CaO	MgO	SiO_2	Al_2O_3	其他		
1000	13.96	37.82	36.51	1.74	0.07	1	1.46	3.83	3.61		
石灰消耗量/kg·h^{-1}	CaO	CO_2	MgO	SiO_2	Al_2O_3	Fe_2O_3	其他				
21.29	92	2	2	1	1	1	1				
无烟煤消耗量/kg·h^{-1}	C	Al_2O_3	CaO	MgO	SiO_2	TiO_2	FeO	CO	CH_4	H_2	H_2O 其他
153.86	78.39	3.57	0.82	0.17	4.38	0.13	0.25	3	3	1.49	3.36 1.44

续表 4-23

支出项									
炉渣生成量 /kg·h⁻¹	FeO	TiO$_2$	V$_2$O$_5$	CaO	SiO$_2$	Al$_2$O$_3$	MgO	其他	
269.79	1.29	47.95	0.74	0.91	7.91	16.15	3.92	14.14	
铁水生成量 /kg·h⁻¹	Fe	C	V						
568.64	96	2.5	1.5						
烟尘生成量 /kg·h⁻¹	FeO	TiO$_2$	V$_2$O$_5$	CaO	SiO$_2$	Al$_2$O$_3$	MgO	C	其他
10.07	70.77	12.97	1.73	2.14	2.14	4.37	1.06	1.00	3.83
烟气生成量(标态) /m³·h⁻¹	CO (体积分数)	CO$_2$ (体积分数)	H$_2$O (体积分数)						
253.53	65.86	16.46	17.68						

表 4-24　还原熔炼元素平衡　　　　（质量分数/%）

项目		O	C	Al	Ca	Mg	Si	Ti	Fe	H	V	其他
投入	钒钛磁铁矿	28.86		2.03	0.05	0.60	0.68	7.82	55.37		0.98	3.61
	石灰	29.80	0.55	0.53	65.75	1.21	0.47		0.70			1.00
	无烟煤	9.12	81.92	1.89	0.59	0.10	2.05	0.08	0.19	2.62		1.44
产出	炉渣	35.44		8.55	5.65	2.37	3.70	28.85	1.00		0.42	14.14
	铁水		2.50						96.00		1.50	
	烟尘	25.94	1.00	2.31	1.53	0.64	1.00	7.78	55.01		0.97	3.83
	烟气	64.53	34.24							1.23		

表 4-25　还原熔炼热平衡

热收入					热支出				
热类型	物料	温度 /℃	热量 /MJ	热量占比 /%	热类型	物料	温度 /℃	热量 /MJ	热量占比 /%
物理热	钒钛磁铁矿	25	0	0	物理热	炉渣	1600	475.01	11.51
	石灰	25	0	0		铁水	1600	703.89	17.06
	无烟煤	25	0	0		烟尘	1600	16.54	0.40
						烟气	1600	677.88	16.43
	小计		0	0		小计		1873.32	45.41

热收入					热支出				
热类型	物料	温度 /℃	热量 /MJ	热量占比 /%	热类型	物料	温度 /℃	热量 /MJ	热量占比 /%
化学热					化学热			1839.47	44.59
供热			4125.32	100	散热			412.53	10.00
合计			4125.32	100	合计			4125.32	100.00

B 侧吹喷煤燃烧还原熔炼

供热方式以侧吹喷煤燃烧或物料中预配块煤燃烧为还原熔炼较为理想的供热方式，使用的燃料煤廉价。采用富氧燃烧的方式在侧吹炉熔池中进行喷吹还原，其冶金工艺流程如图 4-39 所示。

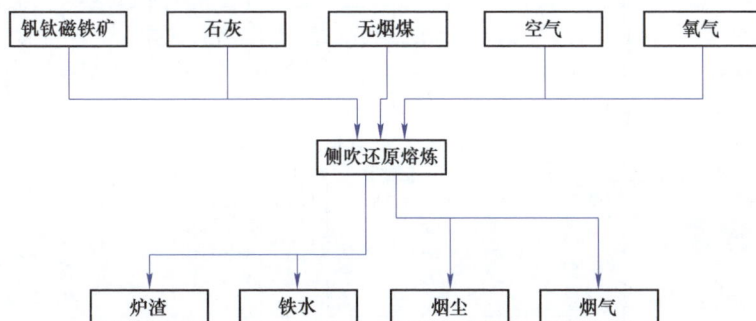

图 4-39 侧吹还原熔炼工艺流程

依据还原熔炼基础试验获得的基本数据及工艺设计经验，计算的条件参数如下：

（1）处理钒钛磁铁矿质量为 1000 kg，初始物料（钒钛磁铁矿、石灰、无烟煤、空气、氧气等）温度为 25 ℃；产物炉渣、铁水、烟尘和烟气温度 1600 ℃；冶炼过程中散热占总热量比例为 10%。

（2）元素分配，侧吹烟尘量较大，Ca、Si、Al、Mg 等元素在烟尘中的分配比为 2%。

（3）其他自定义约束条件设置：渣含铁 1%，铁水含碳 2.5%，铁水含钒 1.5%，烟气中 $CO/CO_2 = 4$（体积比），富氧浓度 90%，烟尘含碳 10%（喷吹过程未燃烧碳较多），无烟煤用量自动调整，渣中 $CaO/SiO_2 = 1$（质量比）。

还原熔炼计算所得物料平衡、元素平衡、热平衡，见表 4-26~表 4-28。

无烟煤消耗量为 666.80 kg/h，考虑到实际还原过程中会有大量低价钛出现，甚至有 TiC 生成，且当铁、钒被还原为金属时还原产物基本全部为 CO，还原剂利用率较低，无烟煤的消耗量可能会更高。

理论计算所得炉渣的 TiO_2、V 含量分别为 37.87%、0.32%，煤的大量加入带来了较多的炉渣成分，使得 TiO_2 含量会有降低。假设进入铁水中 Fe、V 认为得到回收，计算可得 Fe、V 收得率分别为 97.67%、86.66%。

热平衡中无烟煤燃烧供热量 5167.50 MJ（相当于 1435.42 kW·h 电耗或 172.25kg 无烟煤完全燃烧时的放热量），侧吹烟气量较大，烟气带走热量占比高达 63.73%，远大于炉渣和铁水潜热。该烟气中 CO 含量较高，烟气蕴含的化学热和物理热较高，需要考虑其回收利用，可以作为热值较高的煤气利用，也可以直接燃烧后通过余热锅炉回收热量。

表 4-26　还原熔炼物料平衡　　　　　（质量分数/%）

收　入　项											
钒钛磁铁矿消耗量/kg·h^{-1}	Fe_2O_3	Fe_3O_4	Fe_2TiO_4	V_2O_5	CaO	MgO	SiO_2	Al_2O_3	其他		
1000	13.96	37.82	36.51	1.74	0.07	1	1.46	3.83	3.61		
石灰消耗量/kg·h^{-1}	CaO	CO_2	MgO	SiO_2	Al_2O_3	Fe_2O_3	其他				
41.36	92	2	2	1	1	1	1				
无烟煤消耗量/kg·h^{-1}	C	Al_2O_3	CaO	MgO	SiO_2	TiO_2	FeO	CO	CH_4	H_2	H_2O	其他
666.80	78.39	3.57	0.82	0.17	4.38	0.13	0.25	3	3	1.49	3.36	1.44
空气消耗量（标态）/m³·h	O_2（体积分数）	N_2（体积分数）									
70.85	21.00	79.00									
氧气消耗量（标态）/m³·h^{-1}	O_2（体积分数）	N_2（体积分数）									
514.60	99.50	0.50									
支　出　项											
炉子渣生成量/kg·h^{-1}	FeO	TiO_2	V_2O_5	CaO	SiO_2	Al_2O_3	MgO	其他			
339.90	1.29	37.87	0.58	12.75	12.75	18.03	3.45	13.30			
铁水生成量/kg·h^{-1}	Fe	C	V								
563.30	96	2.5	1.5								
烟尘生成量/kg·h^{-1}	FeO	TiO_2	V_2O_5	CaO	SiO_2	Al_2O_3	MgO	C	其他		
23.83	59.97	11.03	1.46	3.71	3.71	5.25	1.00	10.00	3.87		
烟气生成量（标态）/m³·h^{-1}	CO（体积分数）	CO_2（体积分数）	N_2（体积分数）	H_2O（体积分数）							
1241.86	63.72	15.93	4.71	15.64							

表 4-27 还原熔炼元素平衡　　　　　　　　　（质量分数/%）

项　目		O	C	Al	Ca	Mg	Si	Ti	Fe	H	其他	V
投入	钒钛磁铁矿	28.86			2.03	0.05	0.60	0.68	7.82	55.37		3.61
	石灰	29.80		0.55	0.53	65.75	1.21	0.47		0.70		1.00
	无烟煤	9.12		81.92	1.89	0.59	0.10	2.05	0.08	0.19	2.62	1.44
	空气	23.29	76.71									
	氧气	99.56	0.44									
产出	炉渣	35.99			9.54	9.11	2.08	5.96	22.70	1.00		13.30
	铁水			2.50					96.00			
	烟尘	24.32		10.00	2.78	2.65	0.61	1.74	6.61	46.61		3.87
	烟气	61.37	4.56	32.99							1.09	

表 4-28 还原熔炼热平衡

热收入					热支出				
热类型	物料	温度/℃	热量/MJ	热量占比/%	热类型	物料	温度/℃	热量/MJ	热量占比/%
物理热	钒钛磁铁矿	25	0	0	物理热	炉渣	1600	618.76	11.97
	石灰	25	0	0		铁水	1600	697.28	13.49
	无烟煤	25	0	0		烟尘	1600	41.48	0.80
	空气	25	0	0		烟气	1600	3293.24	63.73
	氧气	25	0	0					
	小计		0	0		小计		4650.75	90.00
化学热			5167.50	100.00	化学热				
供热					热损失			516.75	10.00
合计			5167.50	100.00	合计			5167.50	100.00

4.1.3.2　分步还原熔炼工艺方案

还原熔炼过程中物料会经历升温、熔化、还原、渗碳和深还原、沉降分离等过程，在铁还原至一定程度后，碳继续还原铁和钒时会较为困难，进入深度还原阶段继续使用煤燃烧供热也会使燃料利用率较低。因此依据铁的还原程度不同，可以将还原过程划分为两个过程，铁的大部分还原过程和深度还原过程，在第一阶段可采用侧吹煤粉燃烧供热的方式，在第二阶段采用电极供热方式，因此可形成分步还原熔炼，即 BREF 工艺（侧吹+电炉）。

还原第一阶段，采用侧吹煤粉燃烧供热的方式还原，将渣中铁含量降至 10%~30%，此时不需要加入 CaO，炉渣因 FeO 含量较高，具有良好的流动性，产物主要为金属铁，几乎不含碳、钒等其他元素。为保证金属的良好熔化，需保证熔炼温度在 1600 ℃，此时气氛还原性可以稍弱（假设体积比 $CO/CO_2=1$），对于提高供热效率有利。

还原的第二阶段，需将炉渣和铁水排至电炉中进行深度还原（也可仅将炉渣送入电炉深度还原），铁会进一步被还原，为保证炉渣良好熔化性，需添加熔剂 CaO。此时体系还原性较强，烟气为强还原性，烟气仅为还原过程产出的 CO，深度还原时铁、钒被还原，TiO_2 被还原为低价钛，铁水渗碳、碳化反应等过程会同时进行，还原难度大，过程较缓慢，但需要还原的物质总量不大。

分步还原工艺流程如图 4-40 所示。

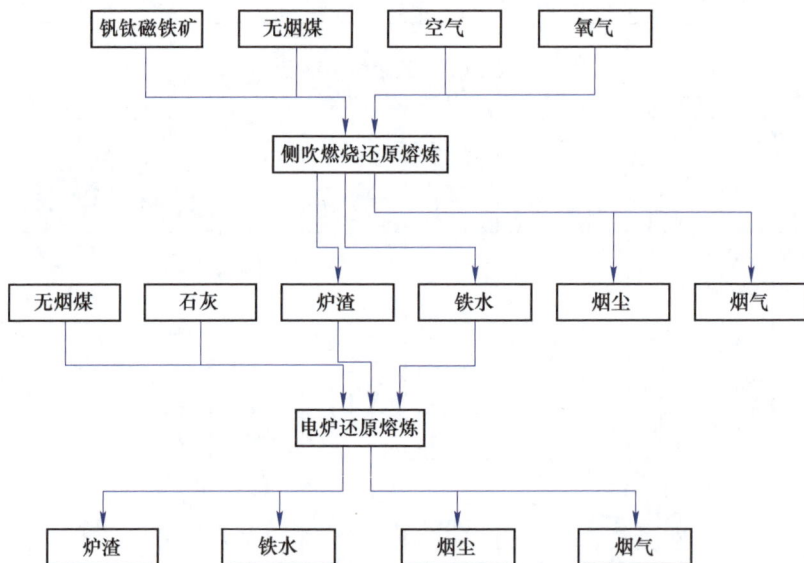

图 4-40 分步还原工艺流程

第一段侧吹燃烧还原熔炼阶段的主要参数条件假设如下：

（1）处理钒钛磁铁矿质量为 1000 kg，初始物料（钒钛磁铁矿、无烟煤、空气、氧气等）温度为 25 ℃；产物炉渣、铁水、烟尘和烟气温度为 1600 ℃；冶炼过程中散热占总热量比例为 10%。

（2）元素分配，此阶段喷吹冶炼，烟气量较大，烟尘率较高，Ca、Si、Al、Mg 等元素在烟尘中的分配比为 2%。

（3）其他自定义约束条件设置：渣含铁 20%，铁水含碳 0.1%，铁水含钒

0.1%，富氧浓度 90%，烟尘含碳 10%，烟气中 CO/CO$_2$ = 1（体积比），无烟煤用量自动调整。

第二阶段电炉深度还原熔炼过程的条件参数假设如下：

（1）进入电炉的物料包括第一阶段产出的炉渣（1600 ℃）、铁水（1600 ℃）、还原剂无烟煤（25 ℃）、熔剂石灰（25 ℃）；产物炉渣、铁水、烟尘和烟气温度 1600 ℃；冶炼过程中散热占总热量比例为 10%，其他热量依靠电能补充，待求。

（2）元素分配，无喷吹冶炼过程，烟气量较小，烟尘率较低，进入烟尘中的主要元素比例均为 1%。

（3）其他自定义约束条件设置：渣含铁 1%，铁水含碳 2.5%，铁水含钒 1.5%，烟尘含碳 1%，烟气中 CO/CO$_2$ = 9（体积比），炉渣中 CaO/SiO$_2$ = 1（质量比）。

第一阶段侧吹燃烧还原熔炼的物料平衡、元素平衡和热平衡见表 4-29 ~ 表 4-31。

无烟煤消耗量为 355.07 kg/h，渣含铁 20% 时，有 469.28 kg 铁水，铁的收得率达到 84.59%，钒此时未被还原，几乎全部留在炉渣中，使得炉渣中钒含量升高至 2.42%。

热平衡中无烟煤燃烧供热量 3648.49 MJ（相当于 1013.47 kW·h 电耗或 121.62 kg 无烟煤完全燃烧时的放热量），侧吹烟气量较大，烟气带走热量占 55.39%，大于炉渣和铁水潜热总和，该烟气物理热可回收利用。

第二阶段电炉深度还原熔炼的物料平衡、元素平衡和热平衡见表 4-32 ~ 表 4-34。

无烟煤消耗量为 33.38 kg/h，石灰消耗 29.89 kg/h，烟气生成量仅有 35.75 m^3/h。经计算，铁、钒收得率分别为 96.65%、85.76%。

热平衡中总热量 1755.91 MJ，其中电能 531.93 MJ（占 30.29%），即 147.76 kW·h，大部分热量来自第一阶段的炉渣和铁水的潜热，且大部分热量也留存于第二阶段产出的铁水和炉渣中。虽然此阶段还原反应较为困难，但还原总量不大，还原反应吸收热量 247.40MJ，仅占总热量 14.09%，即约一半电能用于弥补深度还原吸热。烟气量较少，烟气物理热 93.13MJ（占总热量 5.30%），电炉一般密闭性较差，收集烟气困难，烟气量及潜热较少，有利于减少热损失。

4.1.3.3 不同工艺方案对比

将一步法的两种冶炼方法与分步还原熔炼的冶金计算结果进行对比，可量化对比不同流程的冶金技术数据，见表 4-35。

外供热还原熔炼时，还原剂用量较少，引入杂质少，各项参数均较好，但需要大量的热量输入，一般以电能供热。其本质即电炉还原矿物来炼铁，冶炼不经济。

表 4-29 第一阶段物料平衡

(质量分数/%)

收 入 项

钒钛磁铁矿消耗量 /kg·h⁻¹	Fe_2O_3	Fe_3O_4	Fe_2TiO_4	V_2O_5	CaO	MgO	SiO_2	Al_2O_3	其他
1000	13.96	37.82	36.51	1.74	0.07	1	1.46	3.83	3.61

无烟煤消耗量/kg·h⁻¹	C	Al_2O_3	CaO	MgO	SiO_2	TiO_2	CO	CH_4	H_2	H_2O	其他
355.07	78.39	3.57	0.82	0.17	4.38	0.13	3	3	1.49	3.36	1.44

空气消耗量(标态) /m³·h⁻¹	O_2(体积分数)	N_2(体积分数)
43.17	21.00	79.00

氧气消耗量(标态) /m³·h⁻¹	O_2(体积分数)	N_2(体积分数)
313.54	99.50	0.50

支 出 项

炉渣生成量/kg·h⁻¹	FeO	TiO_2	V_2O_5	CaO	SiO_2	Al_2O_3	MgO	其他
374.78	25.73	34.24	4.33	0.94	7.88	13.33	2.77	10.78

铁水生成量/kg·h⁻¹	Fe	C	V
469.28	99.800	0.100	0.100

烟尘生成量/kg·h⁻¹	FeO	TiO_2	V_2O_5	CaO	SiO_2	Al_2O_3	MgO	C
22.18	64.31	11.81	1.57	0.33	2.72	4.60	0.96	10.00

烟气生成量(标态) /m³·h⁻¹	CO(体积分数)	CO_2(体积分数)	N_2(体积分数)	H_2O(体积分数)	其他
676.90	39.73	39.73	5.27	15.28	3.72

表 4-30 第一阶段元素平衡

（质量分数/%）

项目		O	N	C	Al	Ca	Mg	Si	Ti	Fe	H	其他	V
投入	钒钛磁铁矿	28.86			2.03	0.05	0.6	0.68	7.82	55.34		3.61	0.98
	无烟煤	9.12		81.92	1.89	0.59	0.10	2.05	0.08	0.19	2.62	1.44	
	空气	23.29	76.71										
	氧气	99.56	0.44										
产出	炉渣	33.19			7.06	0.68	1.67	3.69	20.53	20.00		10.78	2.42
	铁水									99.80			0.10
	烟尘	23.82		10.00	2.43	0.23	0.58	1.27	7.08	49.99		3.72	0.88
	烟气	65.51	4.50	29.06							0.94		

表 4-31 第一阶段热平衡

热类型		物料	温度/℃	热量/MJ	热量占比/%
热收入	物理热	钒钛磁铁矿	25	0	0
		无烟煤	25	0	0
		空气	25	0	0
		氧气	25	0	0
		小计		0	0
	化学热			3648.49	100.00
	合计			3648.49	100.00
热支出	物理热	炉渣	1600	658.34	18.04
		铁水	1600	565.65	15.50
		烟尘	1600	38.67	1.06
		烟气	1600	2020.99	55.39
		小计		3283.64	90.00
	热损失			364.85	10.00
	合计			3648.49	100.00

表 4-32　第二阶段物料平衡

(质量分数/%)

收入项												
无烟煤消耗量/kg·h⁻¹	C	Al_2O_3	CaO	MgO	SiO_2	TiO_2	FeO	CO	CH_4	H_2	H_2O	其他
33.38	78.39	3.57	0.82	0.17	4.38	0.13	0.25	3	3	1.49	3.36	1.44
石灰消耗量/kg·h⁻¹	CaO	CO_2	MgO	SiO_2	Al_2O_3	Fe_2O_3	其他					
29.89	92	2	2	1	1	1	1					
炉渣消耗量/kg·h⁻¹	FeO	TiO_2	V_2O_5	CaO	SiO_2	Al_2O_3	MgO	CO				
374.78	25.73	34.24	4.33	0.94	7.88	13.33	2.77	10.78				
铁水消耗量/kg·h⁻¹	Fe	C	V									
469.28	99.80	0.10	0.10									

支出项										
炉渣生成量/kg·h⁻¹	FeO	TiO_2	V_2O_5	CaO	SiO_2	Al_2O_3	MgO	其他		
297.47	1.29	42.72	0.66	10.42	10.42	17.12	3.68	13.70		
铁水生成量/kg·h⁻¹	Fe	C	V							
557.45	96.00	2.50	1.50							
烟尘生成量/kg·h⁻¹	FeO	TiO_2	V_2O_5	CaO	SiO_2	Al_2O_3	MgO	C	其他	
10.21	68.48	12.57	1.67	3.07	3.07	5.04	1.08	1.00	4.03	
烟气生成量(标态)/m³·h⁻¹	CO(体积分数)	CO_2(体积分数)	N_2(体积分数)	H_2O(体积分数)						
35.75	65.51	7.28	27.21	35.75						

表 4-33 第二阶段元素平衡

（质量分数/%）

项目		O	C	Ca	Al	Mg	Si	Ti	Fe	H	其他	V
投入	无烟煤	9.12	81.92	0.59	1.89	0.10	2.05	0.08	0.19	2.62	1.44	
	石灰	29.80	0.55	65.75	0.53	1.21	0.47		0.70		1.00	
	炉渣	33.19		0.68	7.06	1.67	3.69	20.53	20.00		10.78	2.42
	铁水		0.10						99.80			0.10
产出	炉渣	35.73		7.45	9.06	2.22	4.87	25.61	1.00		13.70	0.37
	铁水		2.50						96.00			5.50
	烟尘	26.33	1.00	2.19	2.67	0.65	1.43	7.54	53.23		4.03	0.94
	烟气	64.88	33.05							2.07		

表 4-34 第二阶段热平衡

入（热收入）

热类型	物料	温度/°C	热量/MJ	热量占比/%
物理热	无烟煤	25	0	0
	石灰	25	0	0
	炉渣	1600	658.34	37.49
	铁水	1600	565.65	32.21
	小计		1223.98	69.71
化学热	供热		531.93	30.29
合计			1755.91	100.00

出（热支出）

热类型	物料	温度/°C	热量/MJ	热量占比/%
物理热	炉渣	1600	532.96	30.35
	铁水	1600	690.04	39.30
	烟尘	1600	16.79	0.96
	烟气	1600	93.13	5.30
	小计		1332.92	75.91
化学热			247.40	14.09
热损失			175.59	10.00
合计			1755.91	100.00

喷煤还原熔炼时，需补充大量煤，烟气和炉渣量大，烟气带走大量热，炉渣产品质量不好（引入杂质较多），尤其在实际还原熔炼试验中，在还原末期难以达到终点冶炼成分要求。

两步还原熔炼，充分结合了两者优势，无烟煤消耗和电能输入可以显著减少，各项指标也相对较好。实际冶炼过程中易实现第一阶段渣含铁低于20%，可仅将炉渣放入电炉深度还原，工艺优化空间较大。

表 4-35　不同还原熔炼工艺冶炼参数对比

项　　目		一步还原熔炼		两步还原熔炼		
		外供热还原	喷煤还原	合　计	第一阶段	第二阶段
收入项	钒钛磁铁矿质量/kg	1000.00	1000.00	1000.00	1000.00	
	无烟煤质量/kg	153.86	666.8	388.45	355.07	33.38
	石灰质量/kg	21.29	41.36	29.89		29.89
支出项	炉渣质量/kg	269.79	339.9	297.47	374.78	297.47
	铁水质量/kg	568.64	563.3	557.45	469.28	557.45
	烟尘质量/kg	10.07	23.83	32.39	22.18	10.21
	烟气量/m³	253.53	1241.86	712.65	676.9	35.75
热分布	燃烧热/MJ		5167.5	3648.49	3648.49	
	电能/MJ	4125.32		531.93		531.93
	炉渣热/MJ	475.01	618.76	532.96	658.34	532.96
	铁水热/MJ	703.89	607.28	690.04	565.65	690.04
	烟气热/MJ	677.88	3293.24	2114.12	2020.99	93.13
	散热/MJ	412.53	516.75	540.44	364.85	175.59

注：两步还原熔炼过程中，炉渣、铁水的质量和潜热仅计第二阶段产出量。

4.1.3.4　火法熔池熔炼技术路线

钒钛磁铁矿火法熔池熔炼技术采用两步法工艺技术，冶炼熔池主要可分为侧吹熔池区和电热还原区两部分，如图4-41所示。铁矿、造渣剂、还原剂按一定比例加入侧吹熔池区，在侧吹熔池区发生熔化、造渣、部分还原过程。其中，侧吹熔池区设置多通道喷枪，燃料、助燃气体（富氧空气）通过喷枪喷吹进入，还原剂通过炉顶加料口加入或通过喷枪喷吹进入，在侧吹熔炼区域实现物料的熔化、造渣、部分还原。Fe、V等元素被煤粉还原、聚集、沉淀在炉底，与炉渣分离；TiO_2等难还原成分留在渣相。含钒铁水、钛渣流至电热区，进一步深度还原、澄清分离，并分别通过放铁口、渣口放出。含钒铁水放出温度为1450 ℃，钛渣放出温度为1550 ℃。

炉内产出的高温烟气经余热锅炉回收部分热量、布袋收尘后，并入厂区烟气脱硫系统。余热锅炉、布袋收尘等得到的烟尘返回原料库，制粒后返回冶炼炉。

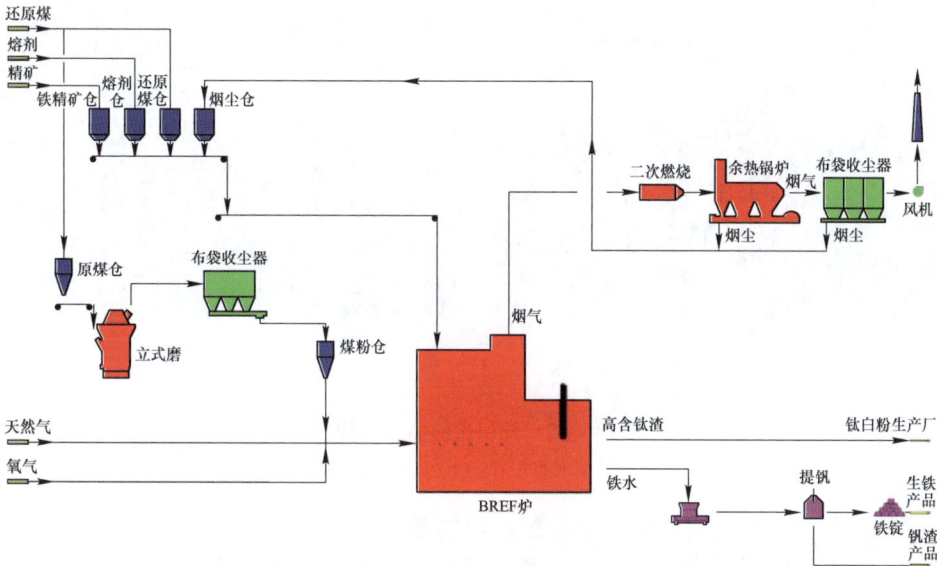

图 4-41　技术路线图

4.2　含锌固废（危废）侧吹熔炼技术的研发应用

4.2.1　锌浸出渣的来源及基本性质

锌浸出渣是湿法炼锌过程中产生的固体危险废物（HW48），成分复杂，含有锌、铅、铜、铟、银等多种有价金属。按照目前国内年产 600 万吨精锌产能，每年产出锌浸出渣超过 500 万吨。根据工业和信息化部 2020 年第 7 号公告《铅锌行业规范条件》：锌湿法冶炼工艺须配套浸出渣无害化处理系统及硫渣处理设施，因此锌浸出渣的高效低成本无害化处置是每个锌冶炼企业面临的头等难题。

锌浸出渣成分复杂，元素挥发性质差异大，其在冶炼过程走向不明，相互间作用复杂，导致某些组元回收率低。为了明晰锌浸出渣的基本性质，对锌浸出渣进行微观形貌、赋存状态、分解热力学进行相关分析。

4.2.1.1　锌浸出渣微观结构分析

采用 SEM-EDS 对锌浸出渣的主要物相的嵌布粒度和嵌布形式特性进行分析检测。如图 4-42 所示，锌浸出渣的粒度非常微小，整体上呈现无规则形状，总体粒度在 10 μm 以下。随着放大倍数的提高，其微观形貌逐渐清晰。锌浸出渣的主要区域有三种衬度，灰色、深灰色、白色。其中，灰色区域最多，少部分的深灰色嵌在灰色区域中，而白色区域有明显的晶体结构，并独立存在。

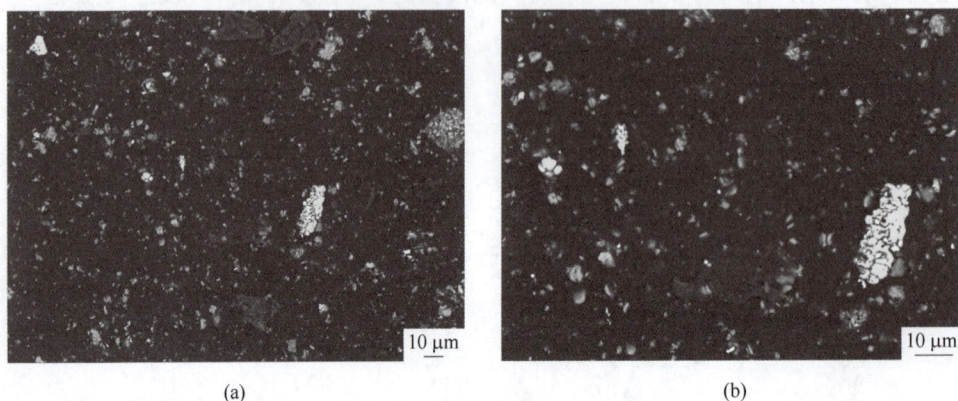

(a)　　　　　　　　　　　　　　　　　　　(b)

图 4-42　锌浸出渣微观结构

(a) 放大 500 倍；(b) 放大 1000 倍

　　为了研究不同衬度区域的化学组成及物相，搜寻 Fe、Pb、Zn、Ag 等有价金属的赋存区域，对锌浸出渣不同衬度区域进行了 EDS 分析。选取有代表性的 A、B 区域放大合适倍数进行 SEM-EDS 分析，如图 4-43 所示。锌浸出渣的 A 区域 SEM-EDS 图如图 4-44 所示。

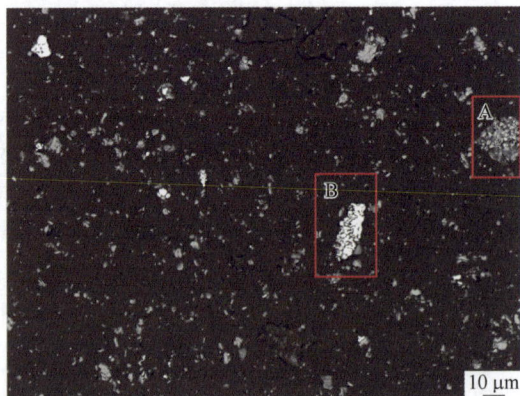

图 4-43　锌浸出渣微观结构（含 A、B 区域，放大 500 倍）

　　由图 4-44 可见，在锌浸出渣 A 区域放大 5000 倍的扫描电镜下，颜色形状差异化比较明显。亮白点 1 主要元素为 Fe、Zn、O，原子比为 1∶2∶4，由此可以判定点 1 为铁酸锌。灰色点 2、3、4 的主要元素为 O、Fe、S、Pb、Zn、Si，可能是复杂的金属硫酸盐和硅酸盐。

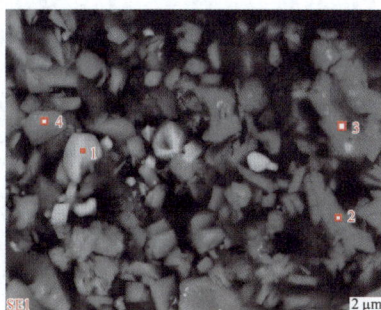

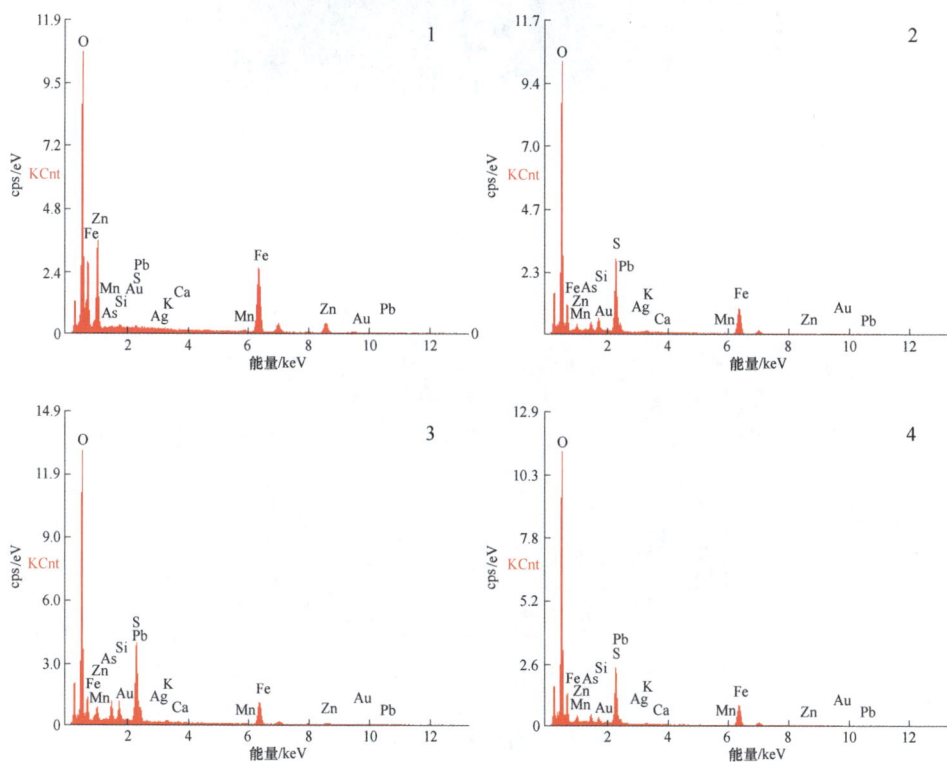

图 4-44 锌浸出渣 A 区域 SEM-EDS 图

锌浸出渣 B 区域 SEM-EDS 图如图 4-45 所示。

由图 4-45 所见，B 区域的白块和 A 区域的白点 1 类似，主要元素为 Fe、Zn、O，根据原子比可以判定是铁酸锌。

4.2.1.2 锌浸出渣的化学物相分析

锌浸出渣中的主要有价元素有：Fe、S、Zn、Pb，同时检测到有微量元素 Ag 和 As，对这些元素进行化学物相分析，结果见表 4-36~表 4-41。

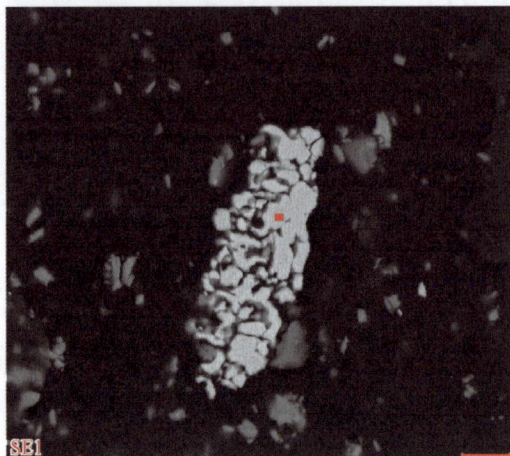

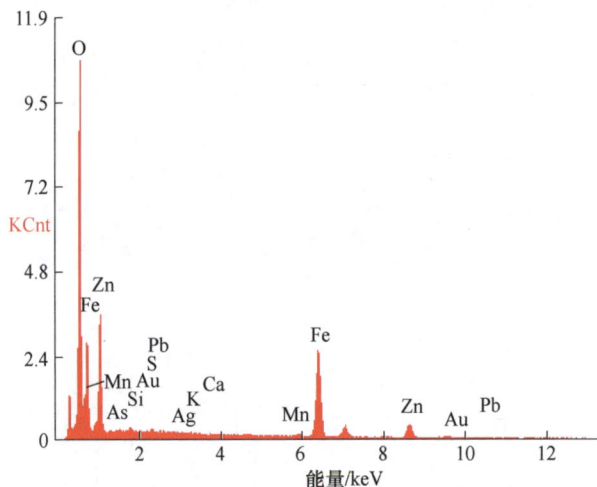

图 4-45　B 区域 SEM-EDS 图

表 4-36　锌浸出渣 Fe 的化学物相分析

相态	三氧化二铁中铁	磁铁矿中铁	硅酸铁中铁	硫酸铁中铁	黄钾铁矾中铁	总铁
含量(质量分数)/%	0.70	痕量	0.69	0.15	21.52	23.06
占比/%	3.04	—	2.99	0.65	93.32	100

表 4-37　锌浸出渣中 S 的化学物相分析

相　态	元素硫	硫酸盐中硫	硫化物中硫	总硫
含量（质量分数）/%	0.01	11.17	0.02	11.20
占比/%	0.09	99.73	0.18	100

表 4-38 锌浸出渣中 Zn 的化学物相分析

相态	硫酸锌中锌	氧化锌中锌	硫化锌中锌	锌铁尖晶石中锌	硅酸锌中锌	总锌
含量(质量分数)/%	2	0.33	0.24	1.94	0.21	4.72
占比/%	42.37	6.99	5.08	41.1	4.45	100

表 4-39 锌浸出渣中 Pb 的化学物相分析

相态	硫酸铅中铅	硫化铅中铅	白铅矿中铅	铅铁矾	总铅
含量(质量分数)/%	0.27	0.32	0.75	0.68	2.02
占比/%	13.37	15.84	37.13	33.66	100

表 4-40 锌浸出渣中 As 的化学物相分析

相态	砷氧化物中砷	砷硫化物中砷	砷酸盐中砷	残渣中砷	总砷
含量(质量分数)/%	0.0010	0.0005	0.20	0.0010	0.2025
占比/%	0.50	0.25	98.75	0.50	100

表 4-41 锌浸出渣中 Ag 的化学物相分析

相态	单质银	氧化银中银	硫化银中银	硫化矿物中银	难溶矿物包裹银	总银
含量(质量分数)/%	2.88	0.10	84.36	5.22	50.72	143.28
占比/%	2.01	0.01	58.88	3.64	35.40	100

由表 4-36 可知，铁在锌浸出渣中主要以黄钾铁矾形式存在，少量以硅酸铁、氧化铁存在。由表 4-37 可知，硫主要以硫酸盐的形式存在，占比 99.73%，只有 0.18% 的硫以硫化物的形式存在。由表 4-38 可知，锌主要以硫酸锌、锌铁尖晶石的形式存在，分别占 42.37%、41.1%，只有少量锌形成氧化锌、硫化锌、硅酸锌。由表 4-39 可知，铅的赋存形式比较分散，白铅矿、铅铁矾、硫化铅、硫酸铅，占比分别为 37.13%、33.66%、15.84%、13.37%。由表 4-40 可知，98.75% 的砷以砷酸盐的形式存在，极少量的砷以砷硫化物形式存在。由表 4-41 可知，银主要赋存在硫化银及难溶矿物中，分别占比 58.88%、35.40%。

4.2.1.3 锌浸出渣的矿物解离度分析仪（MLA）分析

为了更好地研究锌浸出渣中的矿物组成及元素的赋存状态，采用 MLA 对锌浸出渣进行分析，结果如图 4-46 所示。

由图 4-46 可见，锌浸出渣中的主要矿相组成为铁矾、石英、石膏（含铅）、锌尖晶石、软锰矿、玻璃体矿物，占总质量的 95.86%，还有少量的赤褐铁矿、

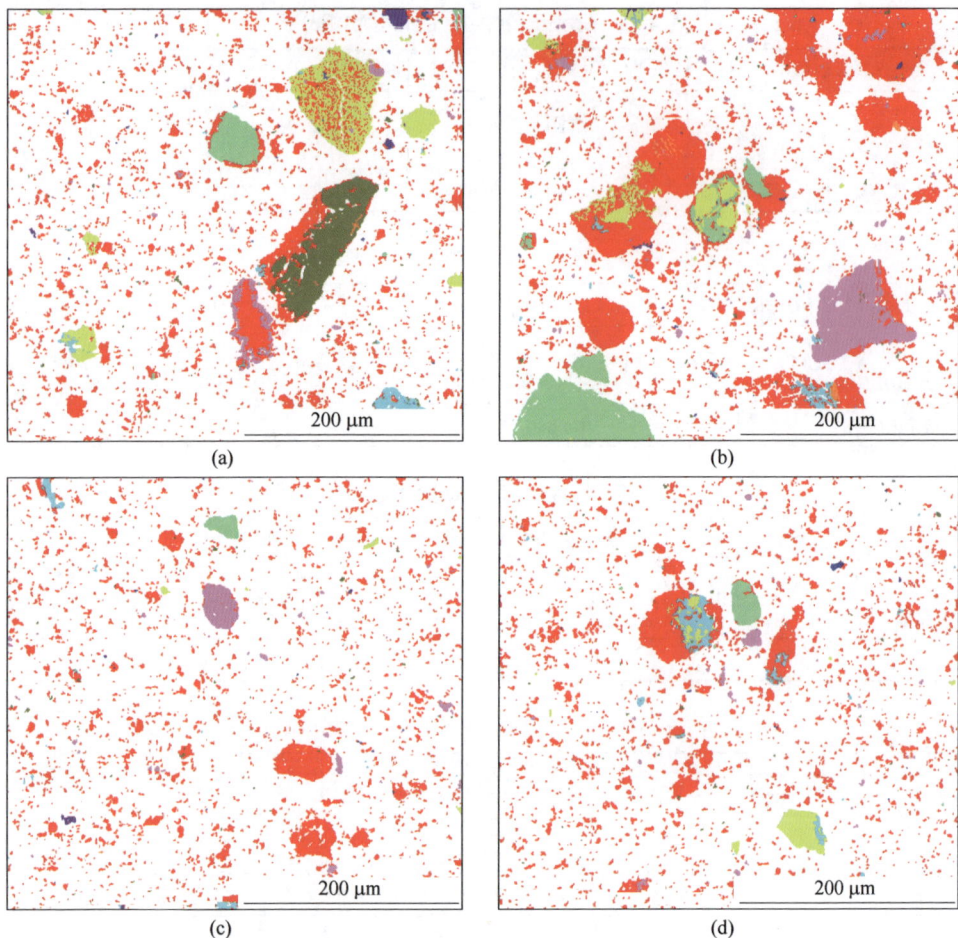

图 4-46 MLA 彩图及成分柱状图

（a）样品 1；（b）样品 2；（c）样品 3；（d）样品 4

铅矾、闪锌矿等。锌浸出渣中的大颗粒铁矾解离较好，绝大多数以小颗粒分散布置，少部分与铅、锌、锰所形成的矿物团聚。

锌浸出渣中主要矿相的元素赋存状态见表 4-42。

表 4-42 锌浸出渣中化学物相分析   （质量分数/%）

矿物	As	Fe	Pb	S	Si	Zn
铁矾	93.51	89.26	44.42	87.65	23.98	50.91
铅矾	0	0	29.63	0.72	0	0
褐赤铁矿	0	4.05	0	0	0.36	0
石膏（含铅）	0	0.1	20.03	9.59	0	0

矿物	As	Fe	Pb	S	Si	Zn
石英	0	0	0	0	60.12	0
锌铁尖晶石	0	5.3	0	0	0	32.63
闪锌矿	0	0.19	0	1.33	0	8.03
其他	6.49	1.1	5.92	0.71	15.6	8.43

由表 4-42 可知，锌浸出渣中赋存了大量的有价金属，其中铁、硫、锌、铅、砷在铁矾中的赋存量分别为 89.26%、87.65%、50.91%、44.42%、93.51%。其余少量铁则赋存于褐赤铁矿、锌铁尖晶石中，锌还有一部分赋存于锌尖晶石、闪锌矿、玻璃体中。除铁矾中的铅之外，铅还赋存于铅矾、石膏（含铅）中。硅主要以石英的形式赋存。

4.2.1.4 锌浸出渣的热分析

黄钾铁矾分解温度低，理论起始分解温度为 379.1 ℃，在没有还原剂的条件下，分解反应如下：

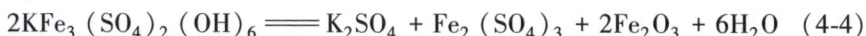

$$2KFe_3(SO_4)_2(OH)_6 = K_2SO_4 + Fe_2(SO_4)_3 + 2Fe_2O_3 + 6H_2O \quad (4-4)$$

根据黄钾铁矾的分解反应式，黄钾铁矾能够在较低温度下分解生成硫酸铁、硫酸钾、氧化铁。渣中还存在硫酸铅、硫酸锌，其热分解方程式见式（4-5）～式（4-9），根据反应过程进行热力学计算，将式（4-6）～式（4-10）分解的标准吉布斯自由能变化随温度的变化规律 $\Delta G^\ominus(kJ/mol)$-$T(K)$ 关系曲线如图 4-47 所示。

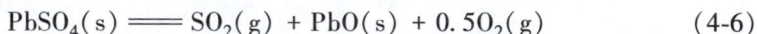

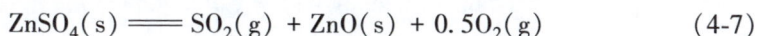

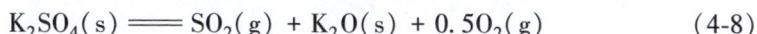

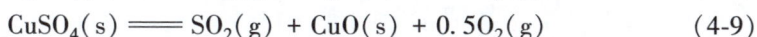

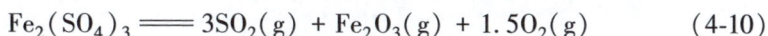

$$ZnFe_2O_4(s) = Fe_2O_3(s) + ZnO(s) \quad (4-5)$$

$$PbSO_4(s) = SO_2(g) + PbO(s) + 0.5O_2(g) \quad (4-6)$$

$$ZnSO_4(s) = SO_2(g) + ZnO(s) + 0.5O_2(g) \quad (4-7)$$

$$K_2SO_4(s) = SO_2(g) + K_2O(s) + 0.5O_2(g) \quad (4-8)$$

$$CuSO_4(s) = SO_2(g) + CuO(s) + 0.5O_2(g) \quad (4-9)$$

$$Fe_2(SO_4)_3 = 3SO_2(g) + Fe_2O_3(g) + 1.5O_2(g) \quad (4-10)$$

由图 4-47 可见，硫酸钾 ΔG 虽然随着温度升高而降低，但是 $\Delta G = \Delta G^\ominus > 0$，不能自发进行。因此，硫酸钾在 300~1800 K 范围内不能发生分解反应。硫酸铁最容易分解，理论上 778.9 ℃ 就能开始分解。硫酸铜的热分解理论温度为 878.7 ℃，其次是硫酸锌容易分解，理论分解温度为 992 ℃。硫酸铅比较难分解，其对应的分解温度为 1319.4 ℃。因此五种金属硫酸盐发生分解反应由易到难的顺序为：硫酸铁、硫酸铜、硫酸锌、硫酸铅、硫酸钾。

对锌浸出渣进行热分析，研究锌浸出渣中金属化合物的相变及热分解过程，与热力学理论计算相结合，为锌浸出渣的有效分解脱硫及相变提供依据。在空气气氛下，将锌浸出渣样品分别以 10 ℃/min 的升温速率由室温加热到 1400 ℃，样

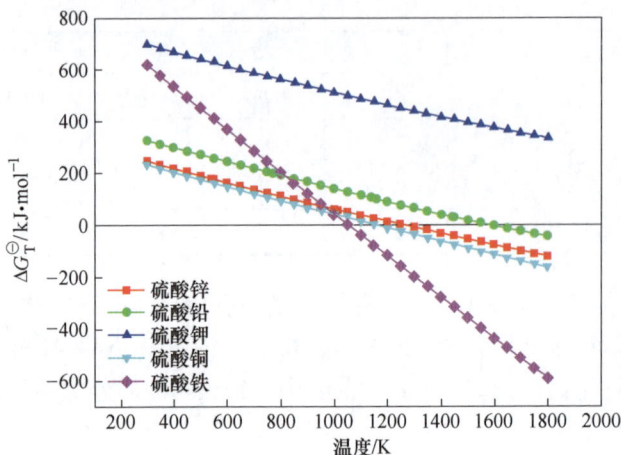

图 4-47 化合物分解 $\Delta G^{\ominus}(\mathrm{kJ/mol})\text{-}T(\mathrm{K})$ 关系曲线

品质量与吸热速率随温度的变化关系如图 4-48 所示。

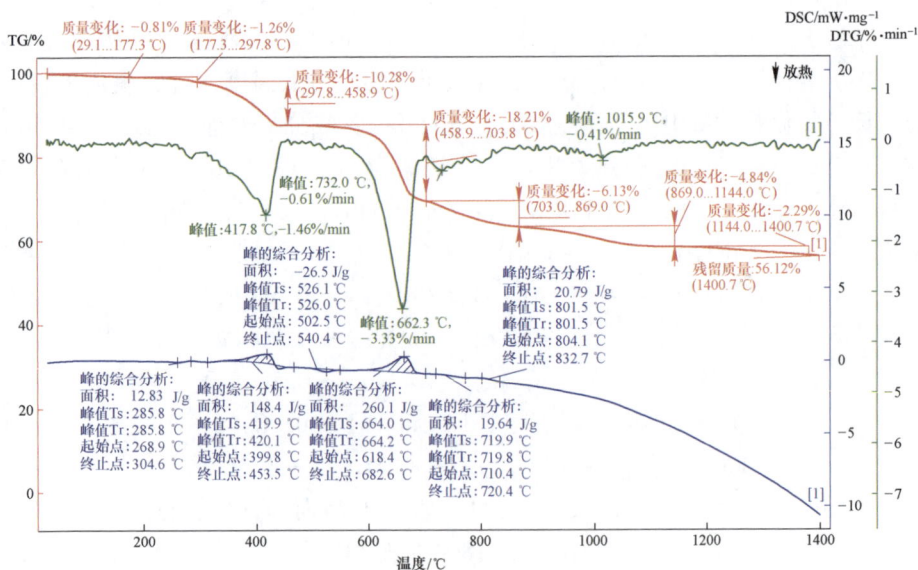

图 4-48 原料 TG-DSC 曲线图

由图 4-48 可见，锌浸出渣的加热失重过程主要分为两个阶段：在 297.8~458.9 ℃，样品失重率达 10.28%，占总失重（43.88%）的 23.4%；在 458.9~703 ℃，样品失重率达 18.21%，占总失重率的 41.49%；分析图中 DSC 随温度变化曲线可知，在 420 ℃、664 ℃出现两个主要的吸热峰，在 285.8 ℃、719.9 ℃、801.5 ℃有三个小的吸热峰。

在 DSC 曲线上，285.8 ℃出现第一个吸热峰，纯的黄钾铁矾没有此吸热峰，这是黄钾铁矾锌浸出渣中硫酸锌结晶水的脱除，反应式为：

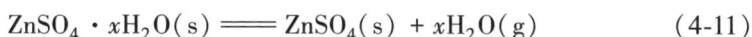

$$ZnSO_4 \cdot xH_2O(s) = ZnSO_4(s) + xH_2O(g) \quad (4-11)$$

根据 TG 曲线上失重（约 1.26%）及渣中的锌物相分析（锌以 $ZnSO_4$ 的形式赋存占总重的 2%），可计算得 100 ℃干燥后黄钾锌浸出渣中硫酸锌为二水合物。

DSC 曲线在 420.1 ℃处出现第二个吸热峰，对应的 TG 曲线上表现出相应的失重，黄钾铁矾的理论分解温度为 379.1 ℃，与 399.8 ℃非常接近，说明锌浸出渣中的黄钾铁矾开始分解，晶格被破坏，结晶水被脱除。

DSC 曲线在 664 ℃处出现强烈的吸热峰，对应的 TG 曲线在 458.9~703 ℃区间出现较大的失重，根据理论计算，硫酸铁的理论分解最低温度为 778.9 ℃，不在分解温度区间内，因此，硫酸铁理论上不能在 458.9~703 ℃区间分解。查阅文献发现，在这个温度区间内，硫酸铁物相消失，而出现铁酸锌新物相。其反应方程式如下：

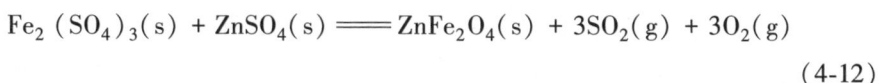

$$Fe_2(SO_4)_3(s) + ZnSO_4(s) = ZnFe_2O_4(s) + 3SO_2(g) + 3O_2(g)$$

$$(4-12)$$

根据式（4-12），硫酸铁和硫酸锌在形成铁酸锌的同时，释放 SO_2 和 O_2，导致锌浸出渣在 458.9~703 ℃区间出现较大的失重。由于硫酸铁量更多，这就导致还有大量的硫酸铁剩余。703~869 ℃区间，对应的 TG 曲线出现了 6.13% 的失重，这个温度区间为硫酸铁的热分解区域，硫酸铁在此温度范围分解。在 869~1144 ℃区间内，铅的碳酸盐开始分解，方程式如下：

$$PbCO_3(s) = PbO(l) + CO_2(g) \quad (4-13)$$

4.2.2 锌浸出渣侧吹熔炼工艺技术路线

目前，世界范围内对于处理复杂低品位氧化矿及锌浸出渣主要采用传统的回转窑工艺，该工艺存在作业率低、能耗及碳耗高、难以实现数字智能化控制等突出缺点；其他工艺诸如顶吹炉或烟化炉直接烟化工艺因存在较大缺陷应用较少，其中，顶吹炉工艺存在能耗高、喷枪的寿命短、作业率低、配套设备复杂、投资高等突出问题；而烟化炉直接烟化工艺全部处理冷料，存在能耗高、床能率低、烟气含硫波动大、金属回收率较低、水套寿命短等突出问题。

高效协同侧吹浸没燃烧熔炼工艺将侧吹熔化炉与烟化炉进行有机结合，实现了复杂低品位氧化矿及锌浸出渣高效协同冶炼。由于侧吹炉采用浸没燃烧技术，煤耗低，产出的烟气量小，湿烟气 SO_2 浓度大于 3%，实现了锌浸出渣处理烟气制酸，最大限度降低了脱硫副产物的产生，大大降低了烟气处理成本。同时实现了复杂低品位氧化矿及锌浸出渣等含锌二次物料的高效协同熔炼，能量利用充分，熔炼过程得到强化。

4.2.3　锌浸出渣侧吹冶炼过程金属迁移分配和逸出规律

采用热力学计算软件 FactSage7.1 结合热重-热差（TG-DSC）实验进行研究，研究内容包括：（1）研究还原反应可能的产物 Pb、Zn、Ag、Fe 的饱和蒸气压随温度的变化规律；（2）研究渣中含有的金属硫酸盐热分解的标准吉布斯自由能随温度的变化规律，结合 TG-DSC 实验定性地推断不同的温度区间所发生的反应；（3）研究渣中含有的金属硫酸盐碳热分解、金属氧化物碳热还原的反应式，结合 TG-DSC 实验定性地推断不同的温度区间可能发生的反应；（4）研究富氧烟化过程中金属的逸出规律。

4.2.3.1　富氧强化侧吹熔炼过程理论分析

由锌浸出渣的物相分析结果可知，硫含量为 11.2%，主要赋存形式为硫酸盐，占总硫的 99.73%。铁、铅、锌主要赋存于铁矾中，还有一部分锌和铁以锌铁尖晶石的形式存在。锌浸出渣经过富氧强化还原挥发熔炼过程包含：（1）锌浸出渣中化合物的热分解过程。（2）化合物与碳的还原反应挥发过程。（3）化合物和元素的富氧烟化挥发过程。各种化合物分解反应的标准吉布斯自由能变化与温度关系，金属氧化物还原反应的标准吉布斯自由能变化与温度关系，均通过热力学计算软件 FactSage7.1 计算得出。锌浸出渣的分解过程及碳热还原过程中化合物的热稳定性则通过 TG-DSC 热分析进行分析。通过对锌浸出渣的热分析，研究其还原挥发的内在规律，为复杂的含锌固废的有效还原挥发提供一定的理论基础。

A　金属的蒸气压

采用富氧强化还原挥发熔炼工艺处理锌浸出渣，能否富集其中的铅、锌、银等有价金属的关键在于有价金属的挥发性，即某一温度下的蒸气压。通过 FactSage7.1 计算出有价金属铅、锌、铁等金属的蒸气压与温度关系，如图 4-49 所示。

由图 4-49 可知，同一温度下，金属挥发先后顺序为：锌>铅>银>铁。727 ℃ 时，锌的饱和蒸气压已高达 1.145×10^4 Pa，说明锌在较低温度就可以挥发。在 1250 ℃时，铅的饱和蒸气压达到 216.48 Pa；1427 ℃时，铅的饱和蒸气压高达 1.286×10^4 Pa，而铁的饱和蒸气压约 1.2 Pa。可见，较高温度下，铅也能够挥发，而铁、银难以挥发进入气相。

B　硫酸盐碳热还原过程热力学

硫酸盐的碳热还原反应具有一定的复杂性，还原产物会根据温度及配碳量发生改变，为了判断可能的产物，采用 FactSage7.1Equilib 计算模块。原理为在元素平衡必须保持不变的约束下，对于固定的温度和压力值，根据吉布斯能量最小化，计算可能产物的量。铅锌渣在 1250 ℃下处理效果最好，因此固定温度为

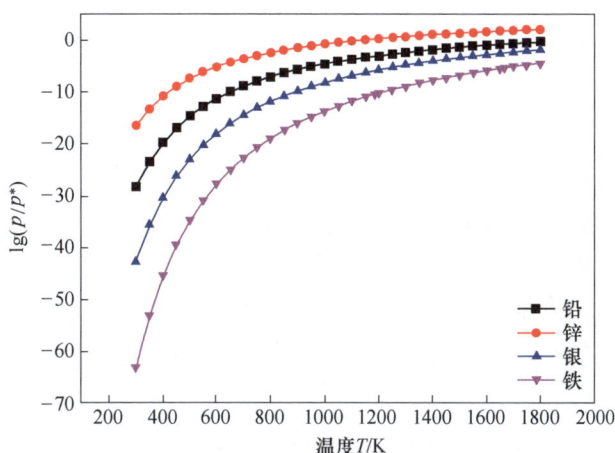

图 4-49 铅、锌、铁、银的蒸气压与温度关系

1250 ℃，计算在不同的实验配碳量下的碳热还原产物。通过 Equilib 模块来计算硫酸锌、硫酸铅、硫酸铁、硫酸铜、硫酸钾在不同配碳量下的可能产物。

a　硫酸锌碳热分解反应

固定硫酸锌的量为 1 mol，计算在 1250 ℃下不同配碳量（从 1 mol 到 5 mol）时硫酸锌碳热还原反应的可能产物的量，其中产物相态包括气相、液相、固相，计算结果见表 4-43。

表 4-43　1250 ℃下不同配碳量时硫酸锌碳热还原反应产物的量

配碳量	气　　相			固　　相			
	CO_2	SO_2	CO	Zn	ZnS	ZnO	C
1	0.96	0.69	0.04	0.04	0.30	0.66	0.00
2	1.81	0.09	0.19	0.10	0.90	0.00	0.00
3	1.00	0.00	1.99	0.05	0.95	0.00	0.00
4	0.01	0.00	3.95	0.08	0.92	0.00	0.00
5	0.00	0.00	3.98	0.11	0.89	0.00	0.96

根据表 4-43 可知，当配碳量为 1 mol，硫酸锌还原产物为硫化锌、氧化锌及 SO_2。随着配碳量的升高，硫酸锌还原产物为硫化锌，配碳量达到 3 mol 时，硫化锌的量达到最大值 0.95 mol，进一步增大配碳量，硫化锌的量减少，而金属 Zn 的量缓慢增加，当配碳量达到 5 mol 时，有 0.11 mol 金属 Zn 产生。同时 CO_2 的量降为 0，不能和固体碳发生布多尔反应，固体碳存在过量情况。因此，进一步增加配碳量，金属 Zn 的量不会进一步增加。因此，当配碳量超过 2 mol 时，反应

的性质不会发生本质变化，多余的碳和 CO_2 发生布多尔反应，直至 CO_2 耗尽。根据以上分析，在本研究条件下，反应主要分为两个主要阶段，反应方程式如下：

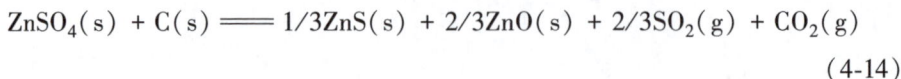

$$ZnSO_4(s) + C(s) = 1/3ZnS(s) + 2/3ZnO(s) + 2/3SO_2(g) + CO_2(g)$$

(4-14)

$$ZnSO_4(s) + 2C(s) = ZnS(s) + 2CO_2(g) \qquad (4-15)$$

    b 硫酸铅碳热分解反应

    固定硫酸铅的量为 1 mol，计算在 1250 ℃下不同配碳量（从 1 mol 到 5 mol）时硫酸铅碳热还原反应的可能产物的量，其中产物相态包括气相、液相、固相，计算结果见表 4-44。

表 4-44   1250 ℃下不同配碳量时硫酸铅碳热还原反应产物的量   (mol)

配碳量	气 相					液相	固相
	CO	CO_2	SO_2	Pb	PbS	Pb(liq)	C
1	0.01	0.99	0.96	0.12	0.02	0.86	0.00
2	0.23	1.77	0.11	0.08	0.88	0.04	0.00
3	1.99	1.00	0.00	0.06	0.94	0.00	0.00
4	3.95	0.01	0.00	0.08	0.92	0.00	0.00
5	3.98	0.00	0.00	0.11	0.89	0.00	0.96

    根据表 4-44 可知，当配碳量为 1 mol，硫酸铅主要还原分解为金属 Pb 及 SO_2，Pb 主要以液态形式存在。随着配碳量的升高，硫酸铅主要还原分解为硫化铅，配碳量达到 3 mol 时，硫化铅的量达到最大值 0.94 mol，其中硫化铅是以气态形式存在。进一步增大配碳量，硫化铅的量缓慢减少，而气态金属 Pb 的量略微增加。当配碳量达到 5 mol 时，有 0.11 mol 气态金属 Pb 产生，与此同时 CO_2 的量降为 0，不能和固体碳发生布多尔反应，固体碳存在过量情况，进一步增加配碳量，金属 Pb 的量不会进一步增加。因此，当配碳量超过 2 mol 时，反应的性质不会发生本质变化，多余的碳和 CO_2 发生布多尔反应，直至 CO_2 耗尽。根据以上分析，在本研究条件下，反应主要分为两个主要阶段，反应方程式如下：

$$PbSO_4(s) + C(s) = Pb(l) + SO_2(g) + CO_2(g) \qquad (4-16)$$

$$PbSO_4(s) + 2C(s) = PbS(s) + 2CO_2(g) \qquad (4-17)$$

    c 硫酸铁碳热分解反应

    固定硫酸铁的量为 1 mol，计算在 1250 ℃下不同配碳量（从 1 mol 到 6 mol）时硫酸铁碳热还原反应的可能产物的量，其中产物相态包括气相、液相、固相，计算结果见表 4-45。

表 4-45 1250 ℃下不同配碳量时硫酸铁碳热还原反应产物的量 （mol）

配碳量	气　相					固　相		
	S_2	SO_2	CO_2	O_2	CO	Fe_2O_3	Fe_3O_4	FeS
1	0.00	2.97	1.00	0.48	0.00	1.00	0.00	0.00
2	0.13	2.72	1.87	0.00	0.13	0.00	0.67	0.00
3	0.18	2.10	1.87	0.00	0.13	0.00	0.13	0.48
4	0.15	1.57	3.62	0.00	0.37	0.00	0.30	1.09
5	0.11	1.06	4.47	0.00	0.52	0.00	0.10	1.70
6	0.22	0.51	4.96	0.00	1.02	0.00	0.00	2.00

根据表 4-45 可知，当配碳量为 1 mol，硫酸铁主要还原分解为 Fe_2O_3 和 SO_2。随着配碳量达到 2 mol，硫酸铁主要还原分解为 Fe_3O_4。配碳量达到 3 mol 时，Fe_3O_4 还原为 FeS，当配碳量达到 5 mol 时，FeS 量达到最大值 2 mol，Fe_3O_4 完全分解。因此，当配碳量进一步增大超过 5 mol 时，反应的性质不会发生本质变化，多余的碳和 CO_2 发生布多尔反应，直至 CO_2 耗尽。根据以上分析，反应主要分为三个主要阶段，反应方程式如下：

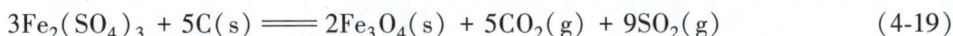

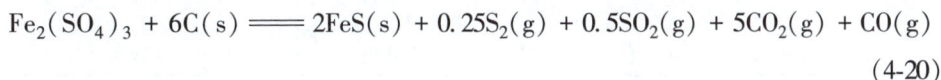

$$Fe_2(SO_4)_3 + C(s) = Fe_2O_3(s) + 3SO_2(g) + CO_2(g) + 0.5O_2(g) \quad (4-18)$$

$$3Fe_2(SO_4)_3 + 5C(s) = 2Fe_3O_4(s) + 5CO_2(g) + 9SO_2(g) \quad (4-19)$$

$$Fe_2(SO_4)_3 + 6C(s) = 2FeS(s) + 0.25S_2(g) + 0.5SO_2(g) + 5CO_2(g) + CO(g)$$
$$(4-20)$$

d 硫酸铜碳热分解反应

固定硫酸铜的量为 1 mol，计算在 1250 ℃下不同配碳量（从 1 mol 到 6 mol）时硫酸铜碳热还原反应的可能产物的量，其中产物相态包括气相、液相、固相，计算结果见表 4-46。

表 4-46 1250 ℃下不同配碳量时硫酸铜碳热还原反应产物的量 （mol）

配碳量	气　相				液相	固　相	
	SO_2	CO_2	CO	S_2	Cu	C	Cu_2S
1	1.00	1.00	0.00	0.00	1.00	0.00	0.00
2	0.19	1.61	0.38	0.14	0.00	0.00	0.50
3	0.00	0.99	1.95	0.22	0.00	0.00	0.50
4	0.00	0.04	3.83	0.16	0.00	0.00	0.50
5	0.00	0.00	3.96	0.03	0.00	0.81	0.50

根据表 4-46 可知，当配碳量为 1 mol，硫酸铜主要还原分解为液态金属 Cu

及 SO_2。当配碳量为 3 mol 时，硫酸铜主要还原分解为硫化亚铜及 S_2。Cu_2S 的生成量达到最大值，进一步增大配碳量，S_2 逐渐减小，硫化铅的量缓慢减少，但是改变不了 Cu_2S 稳定地生成。根据以上分析，反应主要分为两个主要阶段，反应方程式如下：

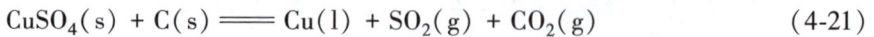

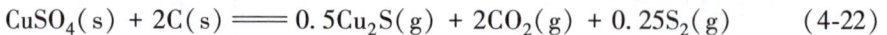

$$CuSO_4(s) + C(s) = Cu(l) + SO_2(g) + CO_2(g) \tag{4-21}$$

$$CuSO_4(s) + 2C(s) = 0.5Cu_2S(g) + 2CO_2(g) + 0.25S_2(g) \tag{4-22}$$

e 硫酸钾碳热分解反应

固定硫酸钾的量为 1 mol，计算在 1250 ℃下不同配碳量（从 1 mol 到 6 mol）时硫酸钾碳热还原反应的可能产物的量，其中产物相态包括气相、液相、固相，计算结果见表 4-47。

表 4-47 1250 ℃下不同配碳量时硫酸钾碳热还原反应产物的量　　　(mol)

配碳量	气　相		液　相		固相
	CO_2	CO	K_2S	K_2SO_4	C
1	0.72	0.28	0.43	0.86	0.00
2	1.44	0.56	0.86	0.14	0.00
3	1.00	2.00	0.99	0.00	0.00
4	0.00	3.99	0.98	0.00	0.00
5	0.00	3.99	0.98	0.00	1.00

根据表 4-47 可知，随着配碳量的增大，K_2S 的量逐渐增加，K_2SO_4 的量逐渐减小，当配碳量达到 3 mol 时，K_2SO_4 反应完全。配碳量进一步增大，多余的 C 和 CO_2 发生布多尔反应，直至 CO_2 消耗完全。根据以上分析，反应只有一个阶段，反应方程式如下：

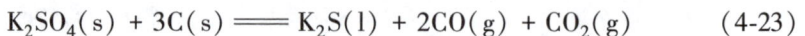

$$K_2SO_4(s) + 3C(s) = K_2S(l) + 2CO(g) + CO_2(g) \tag{4-23}$$

根据以上分析，在 1250 ℃下，锌、铅、铜、铁的硫酸盐的碳热还原分解，硫可以被还原成 SO_2，也可以被还原成负二价硫，取决于配碳量的高低，而硫酸钾中的硫只能被还原成负二价硫，进一步的验算，这个规律也符合 200~1800 ℃ 更大范围的温度区间。

C 氧化物碳热还原过程热力学

金属氧化物的还原产物会根据温度及配碳量发生改变，为了判断可能的产物，采用 FactSage7.1Equilib 计算模块，计算在 1250 ℃下，不同的配碳量下的碳热还原产物。通过 Equilib 模块来计算氧化锌、氧化铅、氧化铁、氧化铜等在不同配碳量下的可能产物。

a 氧化锌碳热分解反应

固定 ZnO 的量为 1 mol，计算在 1250 ℃下不同配碳量（从 1 mol 到 5 mol）时氧化锌碳热还原反应的可能产物的量，其中产物相态包括气相、液相、固相，计算结果见表 4-48。

表 4-48　1250 ℃下不同配碳量时氧化锌碳热还原反应产物的量　（mol）

| 配碳量 | 气　相 | | | 固相 |
	CO_2	CO	Zn	C
1	0.00	1.00	1.00	0.00
2	0.00	1.00	1.00	1.00
3	0.00	1.00	1.00	2.00
4	0.00	1.00	1.00	3.00
5	0.00	1.00	1.00	4.00

根据表 4-48 可知，当配碳量为 1 mol，氧化锌还原成气态金属 Zn，进一步增大配碳量，反应不变。根据以上分析，反应只有一个阶段，反应方程式如下：

$$ZnO(s) + C(s) \Longrightarrow Zn(g) + CO(g) \tag{4-24}$$

b 氧化铅碳热分解反应

固定氧化铅的量为 1 mol，计算在 1250 ℃下不同配碳量（从 1 mol 到 5 mol）时氧化铅碳热还原反应的可能产物的量，其中产物相态包括气相、液相、固相，计算结果见表 4-49。

表 4-49　1250 ℃下不同配碳量时氧化铅碳热还原反应产物的量　（mol）

| 配碳量 | 气　相 | | | 液相 Pb | 固相 C |
	CO_2	CO	Pb		
1	0.00	1.00	0.03	0.97	0.00
2	0.00	1.00	0.03	0.97	1.00
3	1.00	1.00	0.03	0.97	2.00
4	0.00	1.00	0.03	0.97	3.00
5	0.00	1.00	0.03	0.97	4.00

根据表 4-49 可知，当配碳量为 1 mol，氧化铅还原成液态金属 Pb，进一步增大配碳量，反应不变。根据以上分析，反应只有一个阶段，反应方程式如下：

$$PbO(s) + C(s) \Longrightarrow Pb(l) + CO(g) \tag{4-25}$$

c 氧化铜碳热分解反应

固定氧化铜的量为 1 mol，计算在 1250 ℃下不同配碳量（从 1 mol 到 5 mol）

时氧化铜碳热还原反应的可能产物的量, 其中产物相态包括气相、液相、固相, 计算结果见表 4-50。

表 4-50　1250 ℃下不同配碳量时氧化铜碳热还原反应产物的量　　　（mol）

配碳量	气　相		液相	固相
	CO_2	CO	Cu	C
1	0.00	1.00	1.00	0.00
2	0.00	1.00	1.00	1.00
3	0.00	1.00	1.00	2.00
4	0.00	1.00	1.00	3.00
5	0.00	1.00	1.00	4.00

根据表 4-50 可知, 当配碳量为 1 mol, 氧化铜还原成液态金属 Cu, 进一步增大配碳量, 反应不变。根据以上分析, 反应只有一个阶段, 反应方程式如下:

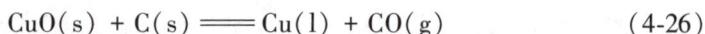

$$CuO(s) + C(s) = Cu(l) + CO(g) \tag{4-26}$$

d　铁酸锌碳热分解反应

固定铁酸锌的量为 1 mol, 计算在 1250 ℃下不同配碳量（从 1 mol 到 5 mol）时铁酸锌碳热还原反应的可能产物的量, 其中产物相态包括气相、液相、固相, 计算结果见表 4-51。

表 4-51　1250 ℃下不同配碳量时铁酸锌碳热还原反应产物的量　　　（mol）

配碳量	气　相			固　相				
	CO_2	CO	Zn	ZnO	FeO	Fe	Fe_3C	C
1	0.58	0.42	0.58	0.42	2.00	0.00	0.00	0.00
2	0.46	1.54	1.00	0.00	1.54	0.46	0.00	0.00
3	0.69	2.31	1.00	0.00	0.31	1.69	0.00	0.00
4	0.00	4.00	1.00	0.00	0.00	1.99	0.00	0.00
5	0.00	4.00	1.00	0.00	0.00	0.00	0.67	0.33

根据表 4-51 可知, 当配碳量为 1 mol, 铁酸锌主要还原分解为 FeO 和 ZnO 及气态金属 Zn。配碳量达到 2 mol, ZnO 完全还原成气态金属 Zn, 部分铁被还原。配碳量达到 4 mol 时, FeO 全部还原为固体金属 Fe。当配碳量达到 5 mol 时, 金属 Fe 全部转变成 Fe_3C, 部分固体 C 剩余。根据以上分析, 反应主要分为三个主要阶段, 反应方程式如下:

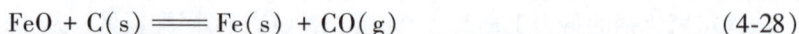

$$ZnFe_2O_4(s) + 1.5C(s) = 2FeO(s) + Zn(g) + 0.5CO_2(g) + CO(g) \tag{4-27}$$

$$FeO + C(s) = Fe(s) + CO(g) \tag{4-28}$$

$$Fe(s) + 1/3C(s) = 1/3Fe_3C(s) \quad (4-29)$$

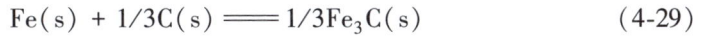

e 氧化铁碳热分解反应

固定氧化铁的量为 1 mol，计算在 1250 ℃下不同配碳量（从 1 mol 到 5 mol）时氧化铁碳热还原反应的可能产物的量，其中产物相态包括气相、液相、固相，计算结果见表 4-52。

表 4-52 1250 ℃下不同配碳量时氧化铁碳热还原反应产物的量 （mol）

配碳量	气 相		固 相			
	CO_2	CO	FeO	Fe	Fe_3C	C
1	0.23	0.77	1.77	0.23	0.00	0.00
2	0.46	1.54	0.54	1.46	0.00	0.00
3	0.00	2.99	0.01	1.99	0.00	0.00
4	0.00	3.00	0.00	0.67	0.67	0.34
5	0.00	3.00	0.00	0.00	0.67	1.33

根据表 4-52 可知，当配碳量为 1 mol，氧化铁主要还原分解为固体 FeO 和 Fe。配碳量达到 3 mol，FeO 完全还原成固体金属 Fe。配碳量达到 4 mol 时，固体金属 Fe 和 C 生成 FeC_3，部分固体 C 剩余。根据以上分析，反应主要分为三个主要阶段，和铁酸锌的反应基本类似，不再赘述。

根据以上分析，在 1250 ℃下，锌、铅、铜、铁的氧化物及铁酸锌，不同的配碳量下均可以被还原成金属单质。氧化铁及铁酸锌，配碳量进一步增大，会出现铁渗碳。

D 锌浸出渣碳热还原 TG-DSC 分析

在空气气氛下，将锌浸出渣样品和质量分数 10% 的碳粉充分混匀，分别以 10 ℃/min 的升温速率由室温加热到 1400 ℃，样品质量与吸热速率随温度的变化关系如图 4-50 所示。

由图 4-50 可见，配料的 TG 曲线和原料的 TG 曲线具有较大的相似之处，而 DSC 曲线有一定区别：相较于原料的 TG-DSC 随温度变化曲线，配料的 TG-DSC 曲线在 618.8 ℃之前，表现出的规律具有相似性；在 618.8 ℃之后，配料的 DSC 曲线少了一个吸热主峰及两个吸热次峰，而增加了一个放热主峰。分析图 4-50 中 TG 随温度变化曲线可知，锌浸出渣的失重过程主要分为四个阶段：在 311.4~459.2 ℃，样品失重率达 8.81%，占总失重（48.02%）的 18.35%；在 459.2~677.3 ℃，样品失重率达 16.86%，占总失重率的 35.11%；在 677.3~741 ℃，样品失重率达 6.5%，占总失重率的 13.54%；在 741~947.7 ℃，样品失重率达 8.25%，占总失重率的 17.18%。

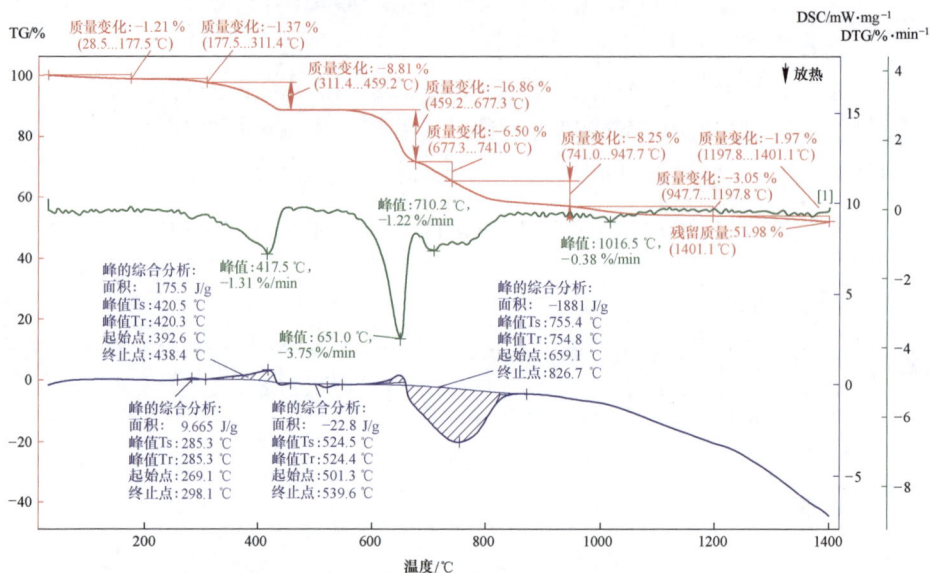

图 4-50　锌浸出渣碳热还原分解过程的 TG-DSC 曲线图

在 311.4~459.2 ℃区间，配料的 DSC 曲线只在 420.4 ℃出现一个主要的吸热峰，峰的起始点为 392.6 ℃，该吸热峰和原料的吸热峰的温度基本一致，因此，可以说明锌浸出渣中的黄钾铁矾开始分解，晶格被破坏，结晶水被脱除。

由图 4-50 的 DSC 曲线可知，在 459.2~677.3 ℃温度区间内，配料开始大量放热，根据之前的理论计算，硫酸铁的碳热分解的理论温度为 567.4 ℃。根据硫酸铁的碳热分解的物料衡算，失重率为 14%，和 TG 曲线变化 16.86% 比较接近，剩余的失重可能是少量的硫酸锌、硫酸铅、硫酸铜发生碳热分解。在 677.3~741 ℃区间，可能是金属氧化物开始反应，消耗了碳，质量减少。741~947.7 ℃区间，TG 曲线变化 8.25%，硫酸钾的理论分解温度为 863 ℃，根据物料衡算，硫酸钾的分解会失重 6.86%，剩余的失重可能是碳和金属氧化物发生了反应，碳及金属的挥发。

4.2.3.2　Me-SO$_2$-O$_2$ 系优势区图

锌浸出渣经过热分解及碳热还原分解过程，释放了全部的结晶水及大量的 SO$_2$。除此之外，还有部分金属挥发，PbSO$_4$ 碳热还原后以 PbS 的形式挥发，ZnO 碳热还原后以气态 Zn 单质挥发。未挥发的 Pb 被还原成液态金属 Pb 单质，而剩余的 Zn 则以固态 ZnS 的形式存在。Cu 在碳热还原过程不能挥发，以液态金属 Cu 及 Cu$_2$S 形式存在。采用 FactSage7.1 中的 Phase Diagram 模块，画出在标准大气压、1250 ℃下，Zn-SO$_2$-O$_2$、Pb-SO$_2$-O$_2$、Cu-SO$_2$-O$_2$ 热力学优势区图，用于判断在相同的硫压、不同的氧压下金属稳定的状况。

A Zn-SO$_2$-O$_2$ 系

Zn-SO$_2$-O$_2$ 系的热力学优势区域图在标准大气压、1250 ℃下的优势区域图如图 4-51 所示。

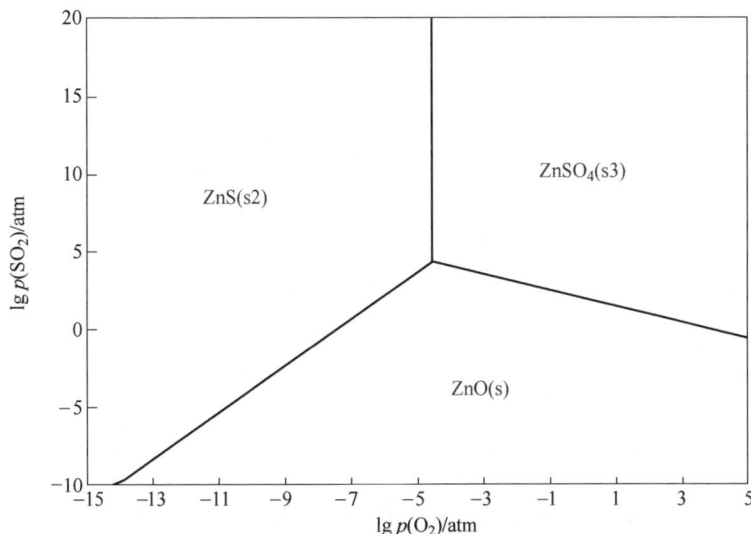

图 4-51 标准大气压、1250 ℃下 Zn-SO$_2$-O$_2$ 优势区域图（1 atm = 101.325 kPa）

由图 4-51 可见，在较低硫压、富氧或空气气氛下，Zn 以固体 ZnO 的形式稳定存在。如果熔体内还存在过量 C，在 1250 ℃下，固体 ZnO 被还原成气态金属锌挥发出去。

B Pb-SO$_2$-O$_2$ 系

Pb-SO$_2$-O$_2$ 系的热力学优势区域图在标准大气压、1250 ℃下的优势区域图如图 4-52 所示。

由图 4-52 可见，在较低硫压、富氧或空气气氛下，Pb 以 PbO 的形式稳定存在。如果熔体内还存在过量 C，在 1250 ℃下，固体 PbO 又被还原成液态金属 Pb。由于金属 Pb 沸点温度高，在 1250 ℃时的饱和蒸气压仅为 216.48 Pa，因此较难挥发，需要烟化使其变成饱和蒸气压低的 PbO 挥发出去。烟化效果和氧浓度有着直接的关系，通过 FactSage7.1Equilib 计算模块计算不同的氧气浓度下 1 mol 液态 Pb 的烟化效果，见表 4-53。

由表 4-53 可知，氧量对 Pb 的烟化效果影响很大。液态金属 Pb 的烟化率随着氧气的浓度升高而升高，当氧气为 1 mol 时，金属 Pb 的烟化率仅为 3.66%，而达到 15 mol 时，金属 Pb 的烟化率几乎达到 100%。因此，要提高 Pb 的烟化率，就必须提高熔体中的氧浓度。实验采用富氧及增大氧枪喷射压力均可有效增加熔体中的氧浓度，喷射出的富氧，自身带有动能，和固体碳氧化成气体 CO，

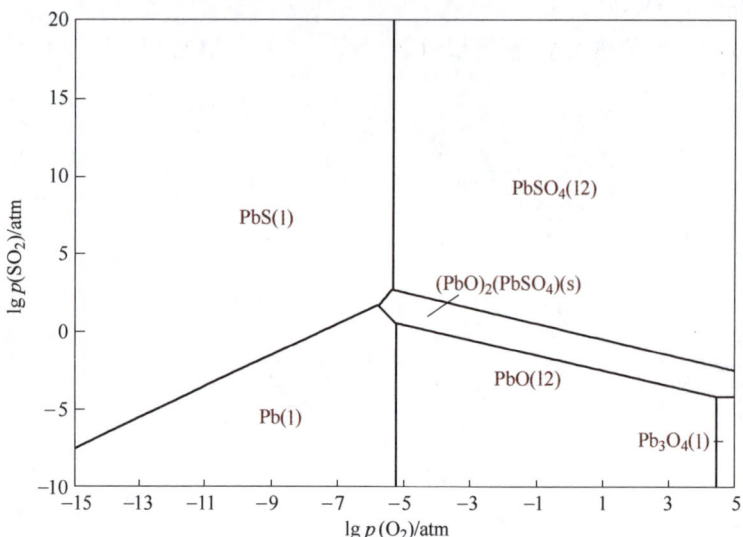

图 4-52   标准大气压、1250 ℃下 Pb-SO$_2$-O$_2$ 优势区域图 （1 atm＝101.325 kPa）

进一步搅动熔体，加快传质速度。熔体中存在大量气体时，气体会在熔体中形成气泡，有利于携带气态 PbO 挥发出来。

表 4-53   1250 ℃下不同的氧气浓度下 Pb 的烟化率

氧量/mol	气相量/mol	液相量/mol		烟化率/%
	O$_2$	PbO	PbO	
1	0.50	0.04	0.96	3.66
5	4.50	0.33	0.67	32.90
10	9.50	0.69	0.30	69.45
15	14.50	1.00	0.00	100.00

C   Cu-SO$_2$-O$_2$ 系

Cu$_2$S 的热力学优势区域图在标准大气压、1250 ℃下的优势区域图如图 4-53 所示。

由图 4-53 可见，在较低硫压、富氧或空气气氛下 Cu 以固体 Cu$_2$O 的形式稳定存在。由于 Cu$_2$O 熔点高，不能挥发，可能再经过碳热还原过程，还原成液态金属 Cu，当碳反应完全时，又以 Cu$_2$O 的形式存在。

4.2.3.3   富氧侧吹还原熔炼多金属迁移机理

经过富氧还原熔炼过程，产生两种产物：熔渣和烟尘。上一节分析了锌浸出渣在富氧强化还原熔炼过程中的逸出机理，原料中大多数物质以烟气的形式逸

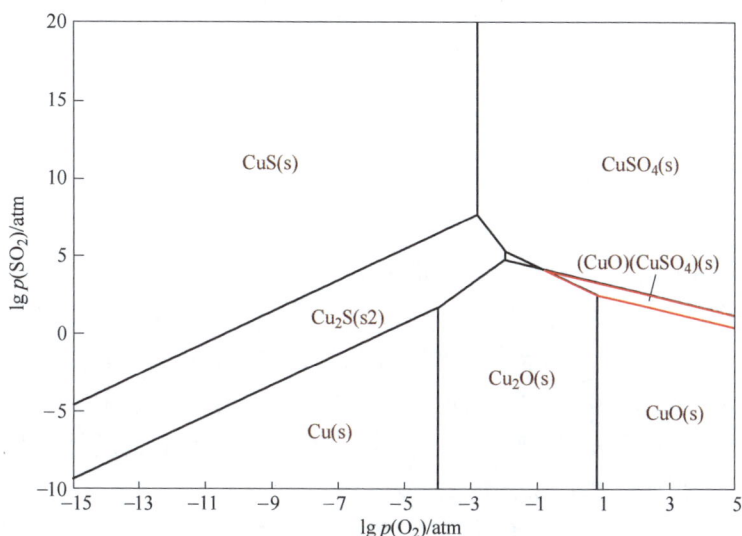

图4-53　标准大气压、1250 ℃下 Cu-SO₂-O₂ 优势区域图 （1 atm＝101.325 kPa）

出，其中铅和锌在最优条件实验下理论上的挥发率接近100%，而银、铜、铁等不易挥发逸出。由于银、铜、铁具有较大的回收价值，少量的砷具有一定的毒性，这一节将对尾渣中的铜、铁、银、砷在熔炼过程的迁移行为进行分析研究，对其迁移机理进行阐明。

烟尘在实验室无法进行收集，主要对熔渣进行处理分析。熔渣如图 4-54 所示，有明显上下分层：下层为整块状，有金属光泽、结构致密有韧性，初步判断为合金；上层为黑亮色尾渣，比较脆。

图4-54　熔炼产物

对自熔渣条件下的上层尾渣及下层合金的成分进行分析，结果见表 4-54。

表 4-54　自熔渣的主要化学成分　　　　　（质量分数/%）

成分	Pb	Zn	Ag/g·t⁻¹	As	S	C	Fe	SiO₂	CaO	Cu
合金	0.04	0.013	488.17	0.39	11.44	0.055	84.19	0.72	0.46	1.06
尾渣	0.019	0.021	32.38	0.014	0.87	0.033	10.93	44.92	14.43	0.043

由表 4-54 可知，铅和锌在合金相及尾渣中含量都非常低，说明铅锌是以烟尘的形式富集。银和铜、砷在尾渣中的含量很低，主要富集在合金相中。尾渣成分主要为 SiO_2、CaO、铁，分别占 44.92%、14.43%、10.93%。合金中的主要成分为铁和硫，分别占 84.19%、11.44%。通过对尾渣及合金中铁、SiO_2，以及 CaO 进行物料衡算，发现与原料中所含铁、SiO_2，以及 CaO 的质量接近，说明在熔炼过程中，熔剂只有非常少量的挥发。

通过以上对自熔渣的分析检测，尾渣中铁含量不高，而合金相中的铁含量很高，构成合金相的主体。金属银和铜、砷在尾渣中的含量很低，主要富集在合金相中。这一现象表明铁合金相能够对铜、银、砷进行富集，对这一现象的阐明还需要进一步研究分析。下面对不同的实验条件下的铜、银、砷分配迁移进行分析，具体实验条件见表 4-55。

表 4-55　实验条件

实验组号	入炉原料熔剂配比	温度/℃	配碳量(质量分数)/%	富氧浓度/%	时间/min
1	铁硅比 2 钙硅比 0.8	1250	2	40	60
J1	铁硅比 2 钙硅比 0.4	1250	10	40	60
2	铁硅比 2 钙硅比 0.4	1250	10	70	60
J2	铁硅比 2.6 钙硅比 0.18	1250	10	40	60

由表 4-55 可知，进行了四组对比实验分析，考察不同配碳量、富氧浓度、入炉原料熔剂配比条件下铜、银、砷在合金相、渣相中的分配迁移规律。

A　合金相中铁的迁移率

表 4-56 为不同的实验条件下合金相中铁的化学物相分析结果及铁在合金相中的迁移率。

表 4-56 铁物相分析及铁的迁移率 （%）

实验组号	金属铁	硫化铁中铁	磁铁矿中铁	赤褐铁矿中铁	硅酸铁中铁	总铁	铁的迁移率
1	66.7	4.19	1.91	3.46	0.37	76.63	29.04
J1	73.99	19.01	—	0.1	0.45	84.57	92.18
2	60.81	4.02	10.2	0.1	0.32	75.45	9.81
J2	67.4	14.69	0.1	0.26	0.42	84.19	87.53

由表 4-56 可知，配碳量高的时候，铁往合金相中的迁移率大幅度提升，碳过量，引起铁的大量还原。通过对比 2、J1 发现，富氧浓度更大的情况下，铁的迁移率大幅度降低，富氧浓度的提高，熔池氧化气氛增强，被还原的铁又被氧化，并且合金相中形成了磁铁矿。通过对比 J2、J1 发现，相比自熔渣，单因素最优工艺条件下铁的迁移率更高，合金相中金属铁及硫化铁的含量也更高，说明单因素最优工艺条件更有利于还原反应的进行。

B 铜、银、砷不同相中迁移规律

铜、银、砷的迁移分配具有一定的复杂性，在合金相、渣相、烟气中都有迁移，表 4-57 为铜、银、砷在合金相的迁移率。

表 4-57 铜、银、砷在合金相的迁移率 （%）

实验组号	铜迁移率	银迁移率	砷迁移率
1	36.28	23.19	43.24
J1	63.99	54.51	54.25
2	12.36	5.67	34.74
J2	77.03	80.79	49.22

由表 4-57 可知，配碳量高的时候，有利于铜、银、砷在合金相中富集。一方面，配碳量高的时候铁合金相质量更大，可能更有利于富集微量元素。另一方面，通过之前的热力学分析，过量的碳可以使 $CuSO_4$ 还原成 Cu_2S，可以与 FeS 形成铜锍富集在合金相中。原料中的银有 35.4% 以难溶矿物中包裹银的形式赋存，可能过量的碳可以更容易使包覆银还原出来。通过对比 2、J1 发现，富氧浓度更大的情况下，铜、铅、砷的在合金相中的迁移率均比较低。可能的原因是高富氧浓度使合金相氧化，只有少量合金相生成，对铜、银、砷的捕集能力有限。另外，在高富氧浓度下，被还原的铜、砷容易被氧化进入到渣中。通过对比 J2、J1 发现，相较于单因素优化工艺条件，采用自熔渣熔炼更容易富集银、铜，而对砷的捕集率稍微弱一点，原因需要进一步探究。

在合金相质量更大的时候，出现了对微量元素铜、银、砷捕集能力提高的情况，分析不同条件下，铜、银、砷在尾渣的残余率，见表 4-58。

表 4-58　铜、银、砷在尾渣的残余率　　　　　　(%)

实验组号	铜残余率	银残余率	砷残余率
1	45.92	23.27	19.09
J1	7.74	1.99	0.71
2	61.97	53.67	7.41
J2	2.33	3.98	1.32

由表 4-58 可知，富氧浓度一定，提高配碳量能有效降低尾渣中铜、银、砷的残余率，尾渣中金属残余率越低，说明尾渣越安全。进一步证明，过量的碳使铜、银、砷充分还原，与渣相分离，降低了渣中的铜、银、砷残余率。通过对比 2、J1 发现，高富氧浓度下，渣中的铜、银、砷残余率很高，可能与合金对铜、银、砷捕集力度不够有关。通过对比 J2、J1 发现，自熔渣与单因素优化工艺熔炼条件下铜、银、砷在尾渣中的残余率均较小。

C　合金相微观分析

由于在自熔渣熔炼条件下，铜和银在合金相中的富集情况最好，为进一步明确铜、银、砷在合金相中的赋存状态，对自熔渣熔炼条件下的合金相进行了微观分析，结果如图 4-55 所示。

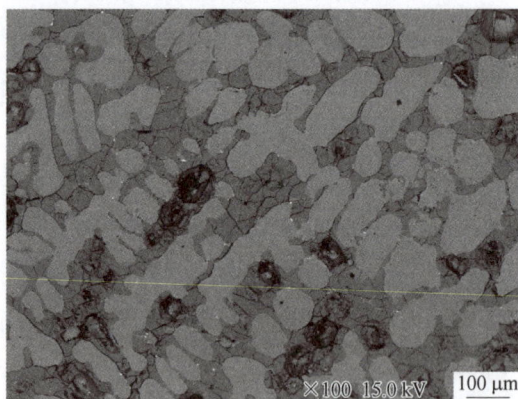

图 4-55　合金相的 SEM 图

由图 4-55 可见，自熔渣条件下的合金相主要有深灰和灰色区域，灰色区域比较平整，而深灰色区域有比较多的裂痕和孔洞。除此之外，还可以看到在灰色区域周边，出现零星的亮白色的区域。

为了进一步研究合金相中不同衬度区域所对应的物相，先选取灰色、深灰色两个主要衬度区域进行 EDS 分析，各位置点如图 4-56 所示。

由图 4-56 中样品表面不同位置点（标记为 1~4）获得的 EDS 分析结果列于表 4-59，主要相的平均组成列于表 4-60。

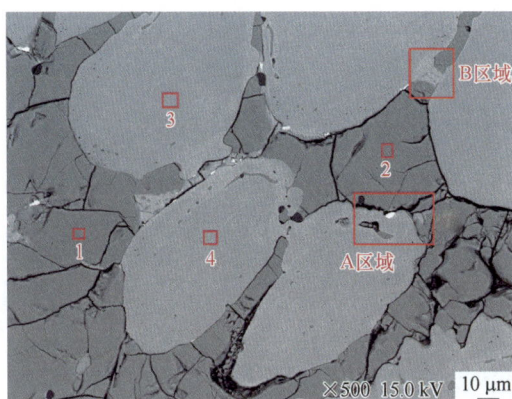

图 4-56 EDS 分析点

表 4-59 合金相 EDS 分析结果 （%）

区域	元素含量（质量分数）								相
	O	As	S	Pb	Ag	Fe	Cu	Zn	
1	1.1	0.07	34.18	3.51	0	57.94	1.72	0.44	Fe-S
2	1.18	0.18	33.69	4.1	0.27	56.52	1.76	0.87	Fe-S
3	0.55	0.34	0.12	0.07	0.17	96.69	0.86	0.47	Fe
4	0.62	0.38	0.08	0.27	0.14	96.81	0.71	0.27	Fe

表 4-60 主要相的平均组成 （%）

相	元素含量（原子数分数）								化学式
	O	As	S	Pb	Ag	Fe	Cu	Zn	
Fe-S	3.175	0.075	47.195	0.82	0.055	45.695	1.22	0.45	$Fe_{0.97}S$
Fe	2.015	0.265	0.175	0.045	0.08	95.37	0.675	0.305	Fe

由表 4-59 和表 4-60 可知，合金相主要为 Fe 相及 Fe-S 相，根据分析结果可推断出深灰色区域为 $Fe_{0.97}S$ 相，而浅灰色区域为金属 Fe 相。和之前的化学物相及化学元素分析结果相吻合。

由于合金相中还夹杂着其他细小相态，需要进一步分析。选取图 4-56 中 A、B 区域进行 EDS 分析，A 区域各分析位置点如图 4-57 所示。

A 区域表面的不同位置点（标记为 1~3）获得的 EDS 分析结果列于表 4-61，主要相的平均组成列于表 4-62。

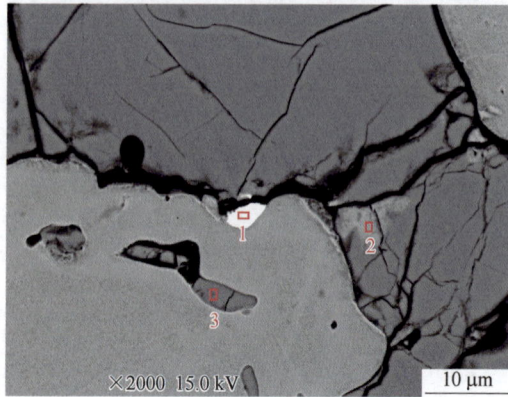

图 4-57　A 区域 EDS 分析位置点

表 4-61　A 区域 EDS 分析结果　　　　　　　　　　（%）

区域	元素含量（质量分数）								相
	O	As	S	Pb	Ag	Fe	Cu	Zn	
1	3.51	0.51	0.32	0.87	79.35	4.95	3.65	0.37	Ag
2	1.82	0	23.97	2.75	0.32	14.6	54.28	0.88	Cu-Fe-S
3	0.93	0.05	33.13	4.27	0	59.13	1.02	0.59	Fe-S

表 4-62　主要相的平均组成　　　　　　　　　　（%）

相	元素含量（原子数分数）								化学式
	O	As	S	Pb	Ag	Fe	Cu	Zn	
Ag	16.55	0.51	0.76	0.32	55.48	6.68	4.34	0.42	Ag
Cu-Fe-S	5.57	0	36.61	0.65	0.14	12.81	41.84	0.66	$Cu_{1.14}Fe_{0.35}S$
Fe-S	2.63	0.03	46.62	0.93	0	47.78	0.72	0.41	Fe-S

　　由表 4-61 和表 4-62 可知，1 点所在白色区域主要相为 Ag，热力学分析表明，熔炼条件下 Ag 以金属状态存在，因此该位置点中氧可能与其他元素相结合；区域 2 为 $Cu_{1.14}Fe_{0.35}S$ 相，镶嵌于深灰色的硫化亚铁相中，硫化亚铜与硫化亚铁形成铜锍相。B 区域的 EDS 分析位置点如图 4-58 所示。

　　由图 4-58 可见，B 区域有四种不同衬度区域，浅灰色区域镶嵌于深灰色区域，亮白色区域嵌于灰色区域边界，B 区域表面的不同位置点（标记为 1~10）获得的 EDS 分析结果列于表 4-63，主要相的平均组成列于表 4-64。

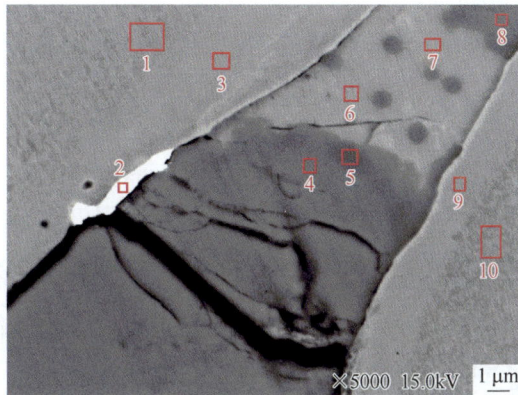

图 4-58 B 区域 EDS 分析位置点

表 4-63 B 区域 EDS 分析结果 （%）

区域	元素含量（质量分数）								相
	O	As	S	Pb	Ag	Fe	Cu	Zn	
1	2.38	0.74	0.11	0.18	0.21	94.87	0.91	0.42	Fe
2	5.07	0.36	0.86	0.93	76.58	5.9	3.64	0.71	Ag
3	0.78	1.28	0.22	0	0.19	94.87	0.94	0.59	Fe
4	2.23	0	32.49	4.7	0	56.62	2.05	1.24	Fe-S
5	19.75	0	4.04	0.59	0.08	67.67	1.65	0.74	Fe-O
6	1.07	0.08	24.24	2.45	0.3	16.37	53.39	0.76	Cu-Fe-S
7	1.25	0	23.03	4.39	0.26	15	54.06	0.81	Cu-Fe-S
8	2.04	0.12	32.55	5.16	0.35	56.86	1.51	0.67	Fe-S
9	1.97	1.25	0.1	0.31	0.16	95.06	0.59	0.51	Fe
10	2.47	0.29	0.13	0.22	0.14	94.42	1.02	1.02	Fe

表 4-64 主要相的平均组成 （%）

相	元素含量（原子数分数）								化学式
	O	As	S	Pb	Ag	Fe	Cu	Zn	
Fe	6.3225	0.6375	0.2375	0.0475	0.0875	90.8425	0.725	0.5175	Fe
Ag	22.32	0.34	1.9	0.32	49.99	7.44	4.03	0.76	Ag
Cu-Fe-S	3.62	0.025	36.84	0.83	0.13	14.035	42.275	0.6	$Cu_{1.15}Fe_{0.38}S$
Fe-S	5.95	0.035	45.175	1.06	0.075	45.245	1.245	0.65	FeS
Fe-O	45.5	0	4.64	0.1	0.03	44.67	0.96	0.42	$Fe_{0.98}O$

　　由表 4-63 可知，B 区域主要有 Fe、Ag、Cu-Fe-S、Fe-S、Fe-O 五种主要相态。合金相中存在少量的铅、锌、砷，EDS 分析未发现其独立富集相态，而是赋

存于其他相态中。其中，铅赋存于 Cu-Fe-S、Fe-S 相中，锌比较分散，没有在固定相态中有效富集，而砷主要赋存于 Fe 相中。由表 4-64 并结合该区域面扫结果，可推断 Ag 主要以单质 Ag 的形态赋存。而 Cu-Fe-S 与 Fe-S 相中，还存在一部分氧，可能是 FeS 部分氧化而成。

　　EDS 分析只分析了合金中不同衬度区域所含的元素及其含量，为了更好地分析合金中不同元素的分布情况，对合金中代表性区域 B 进行面扫描，结果如图 4-59 所示。

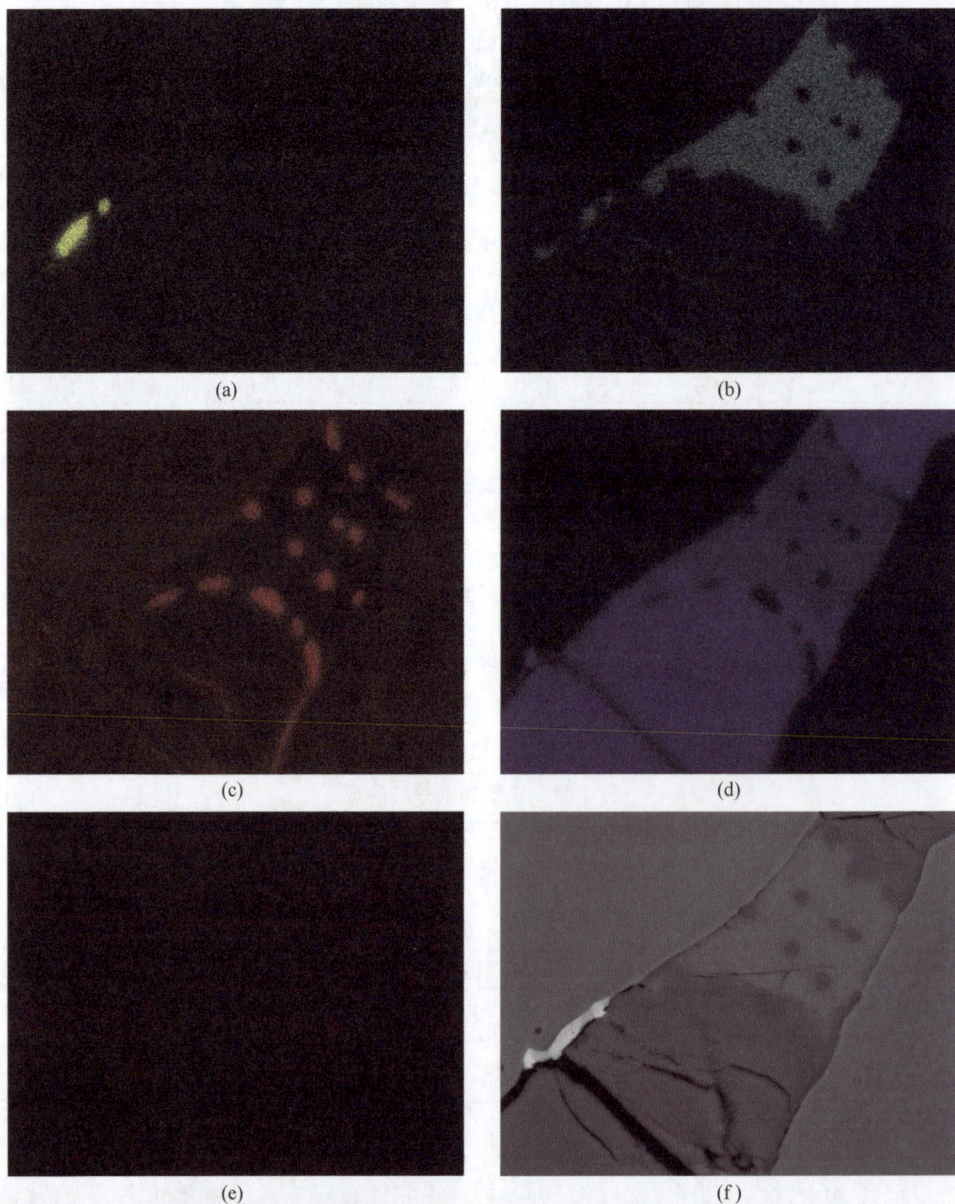

(a)　　　　　　　　(b)

(c)　　　　　　　　(d)

(e)　　　　　　　　(f)

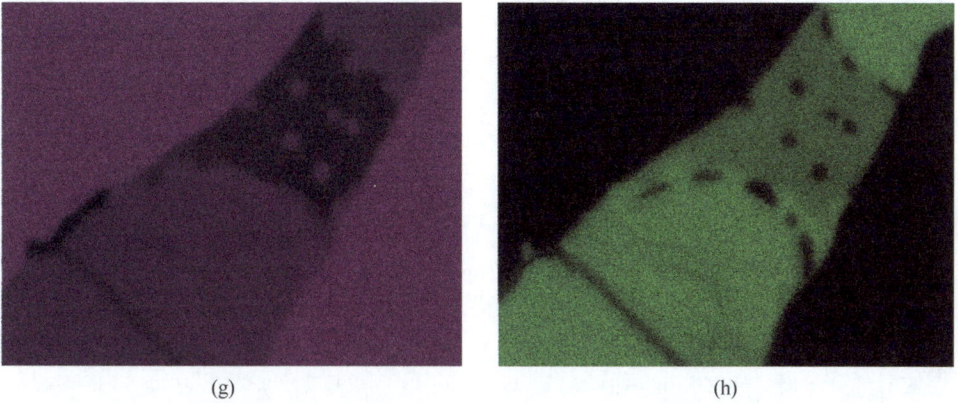

(g)   (h)

图 4-59　B 区域元素面扫描结果

(a) Ag-L；(b) Cu-K；(c) O-K；(d) Pb-M；(e) Zn-K；

(f) 原图；(g) Fe-K；(h) S-K

由图 4-59 可见，在合金相 B 区域中，浅灰色区域主要为金属 Fe。镶嵌于金属 Fe 相中的狭长区域中，Cu、Fe、Pb 与 S 有较大部分的重合，说明该区域包含有铜、铅、铁的金属硫化物。其中，在 Cu 的周围及中心区域存在 O 和 Fe，而不含 S，说明 Cu 的硫化物中夹杂着铁氧化物。Ag 和 O 没有重合区域，说明 Ag 没有形成氧化物，因此亮白色区域为单质 Ag 赋存区，这与之前的分析结果相一致。

锌浸出渣加入到熔渣中会立即熔化并经历分解和还原过程，图 4-60 是部分还原分解的锌浸出渣颗粒的典型反应产物的背散射电子图像。该颗粒截面的不同位置点（标记为 1~9），获得的 EPMA 结果列于表 4-65。

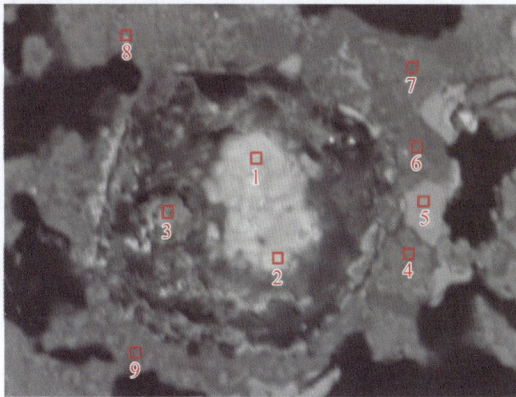

图 4-60　部分还原分解颗粒截面 EPMA 分析位置点

表 4-65　部分还原分解颗粒截面 EPMA 分析结果　　　　　（%）

区域	元素含量（原子数分数）								相
	O	Si	Zn	Fe	Cu	Ca	Pb	S	
1	22.82	0.72	29.23	9.77	0.20	0.48	0.00	35.91	Zn-Fe-S-O
2	30.85	2.63	25.73	10.20	0.27	1.84	0.02	26.42	Zn-Fe-S-O
3	61.47	3.18	2.45	24.81	0.01	3.79	0.03	1.30	Fe-Si-Ca-O
4	62.77	11.65	0.90	17.18	0.02	4.60	0.03	0.09	Fe-Si-Ca-O
5	19.36	0.04	28.83	10.74	0.18	0.10	0.00	40.15	Zn-Fe-S-O
6	62.77	11.65	0.90	17.18	0.02	4.60	0.03	0.09	Fe-Si-Ca-O
7	61.85	9.50	1.04	21.29	0.02	3.15	0.03	0.08	Fe-Si-Ca-O
8	62.82	6.07	0.94	24.69	0.03	2.15	0.07	0.10	Fe-Si-Ca-O
9	59.82	14.48	3.12	8.92	0.00	10.55	0.02	0.07	Fe-Si-Ca-O

由表 4-65 可知，部分还原分解颗粒截面主要有两个相：一个为 Zn-Fe-S-O 相，可能为铁酸锌及 ZnS 的混合相；另一个相为 Fe-Si-Ca-O 相，属于比较典型的渣相，铁、硅、钙造渣比较完全。

点分析只能判断元素大致的分配情况，为了详细地了解各金属的迁移特性，对该区域进行面扫分析，如图 4-61 所示。

由图 4-61 可见，元素铁、硅、钙、氧主要分布在反应核的外部，彼此之间重复区域较多，说明铁元素在反应过程中容易往外部迁移扩散，和硅、钙混合在一起形成渣相。锌和硫元素重复区域较多，主要集中在反应核的中心，形成锌的硫化物，中心区域还有少量的铁、氧，可能中心区域还存在锌铁氧化物。铜元素和铅元素相对比较少，但是存在较多的重叠区，此外，在重叠区发现了少量硫的存在，和热力学计算出来的铅、锌、铜的硫酸盐能被还原成金属硫化物相吻合。铅、铜整体含量偏低，比较大的可能是铜、铅在反应过程中迁移速率较快。砷元素含量较低，和钙元素的重叠区较多。钙可能和砷形成砷酸钙，起到固砷的作用。银元素基本处于完全弥散状态，可能的原因是银元素含量太低，只有极小的区域出现富集，富集的区域正好和铜、铅元素重叠，说明铜、铅具有较好捕集微量元素的作用。

基于富氧强化还原熔炼工艺，对熔炼过程中多金属的逸出迁移机理进行了研究，得到以下结论。

（1）锌浸出渣中矿物组成较为复杂，金属主要以硫酸盐的形式存在，还有少量的金属硫化物及氧化物。主要有价元素 Fe、Zn、Pb 含量较高，分别为 23.06%、4.72%、2.02%，贵金属银的含量为 151.93 g/t，重金属含量超标的同

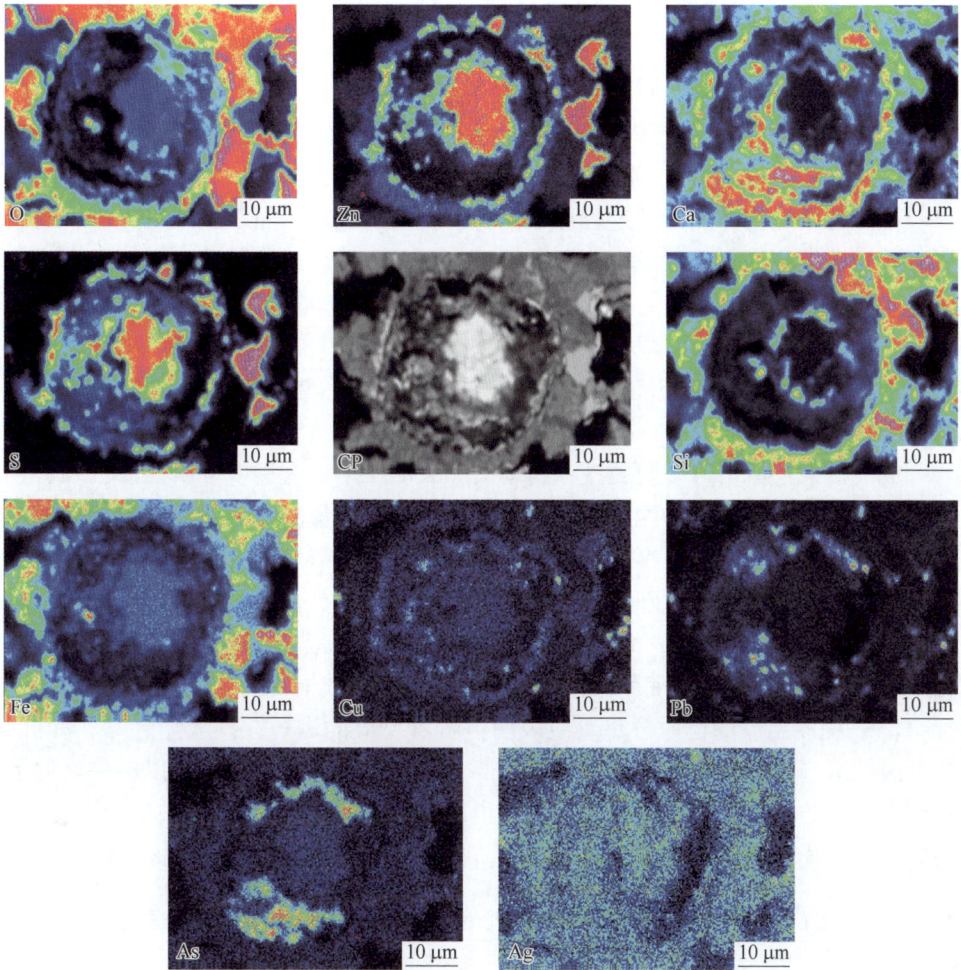

图 4-61　用电子探针微量分析技术进行图谱分析（碳涂层）

时又具备回收价值，是比较典型的含锌铅基固废，采用锌浸出渣作为原料来研究熔炼过程多金属的逸出迁移，具有一定的普适性。

（2）锌浸出渣的富氧强化熔炼取得非常好的效果，回收有价金属的同时，实现渣的减量化。在最优条件下：铁硅比为 2、钙硅比为 0.4，还原温度为 1250 ℃，配碳量（质量分数）为 10%，富氧浓度（体积分数）40%，反应时间为 1 h 时，铅、锌的挥发率分别为 99.34 %、98.77 %，渣的减量化达到 51.65%，尾渣银含量降低为 12.45 g/t。当其他条件不变，改变渣型，采用自熔渣进行实验，可取得相对更良好的指标：铅、锌挥发率达到 99.5%以上，尾渣含银量为 32.38 g/t，渣的减量化达到 58.2%。

（3）富氧还原熔炼多金属迁移机理的研究，对反应过程的机理进行了较为详细的阐明，锌浸出渣的富氧强化还原熔炼包括锌浸出渣的热分解、碳热还原过程及富氧烟化三个过程。锌浸出渣热分解过程为：1）458.9 ℃时结晶水完全脱除，主要成分黄钾铁矾分解为硫酸铁、硫酸钾、氧化铁；2）硫酸铁和硫酸锌生成铁酸锌，释放 SO_2；3）硫酸铁进一步分解成氧化铁。

碳热还原过程和热分解过程存在耦合，锌浸出渣的结晶水脱出后，其中的金属硫酸盐及氧化物会和碳发生还原分解反应。经过碳热还原过程，释放了大量的 SO_2，以及形成了金属硫化物及金属单质。PbS 和单质 Zn 易挥发，而液态 Pb、Cu 及固态 Fe、ZnS 较难挥发。

烟化过程可以使 ZnS 转变成 Zn 单质、液态 Pb 转变成 PbO 挥发出去，而 Ag_2S 以单质 Ag 形式稳定存在。

（4）富氧还原熔炼多金属迁移机理研究表明，熔炼过程多金属在渣相和合金相中受碳量、富氧、渣的配比影响，相互迁移。配碳量高时，会使大量的铁还原形成合金相，有利于富集铜、银、砷等微量元素。高富氧浓度、低配碳量不利于形成合金相，对铜、银、砷等微量元素富集能力较弱。合金相中主要成分为金属铁，其次是 FeS，金属 Ag 以单质的形式分布在金属铁晶体界面，部分和铜形成合金。铜以 Cu_2S 的形式赋存，夹杂在 FeS 相中，形成铜锍。

（5）锌浸出渣的还原分解反应表明，随着反应的进行，铁大量迁移，和硅、钙形成熔渣，铜、铅迁移速度较快，大部分脱离反应界面。锌主要以硫化物的形式存在，部分和铁形成锌铁氧化物，聚集在反应核中心。砷含量少，迁移受到钙的影响，可能和钙形成化合物固定下来。银含量少，迁移过程中被铜、铅捕集。

4.2.4　锌浸出渣还原熔炼-连续烟化核心装备

4.2.4.1　氧煤喷枪对煤粉燃烧影响的机理研究

目前，制约氧煤喷枪使用寿命的关键因素主要集中在其极端的工作环境及自身材质：

（1）氧煤喷枪前端受到高温热辐射作用；

（2）氧煤喷枪喷煤管受到高速煤粉流的冲刷作用；

（3）氧煤喷枪在风口内受其高速气流作用，很难保证氧煤燃烧的充分与稳定；

（4）受炉型结构及风口尺寸的限制，要求氧煤喷枪体积更小，功率更大，寿命更长，效率更高；

（5）氧煤喷枪本体结构及材质的影响，包括氧煤喷枪是否采用水冷结构、氧煤喷枪中粉煤喷管的结构形式（直管式、单线引流式、多线引流式、多孔式等）、氧煤喷枪采用新型陶瓷等。

煤粉进入直吹管后，随着一次风高速进入风口前燃烧区，由于受到炉内熔池的阻碍作用，煤粉以一定的扩张角沿水平轴线方向分散开，在氧气的作用下，极短的时间内完成燃烧反应。喷吹的煤粉量越大，煤粉离开氧煤喷枪后与一次风完全混合发生燃烧反应的时间会越长，延伸进入炉内的距离也会越大。氧煤喷枪的二次风喷入起到助燃作用，煤粉离开氧煤喷枪时，二次风中氧气与煤粉混合，从而在有限的时间内起到更好的助燃效果，缩短燃烧反应延伸长度，起到减少未燃煤粉作用，进而改善冶炼过程，如图4-62所示，采用氧煤喷枪喷吹时，氧浓度和煤粉浓度在直吹管横截面上类似高斯分布，沿轴线方向按指数规律衰减，并可分别形成局部富氧区域和煤粉富集区域。

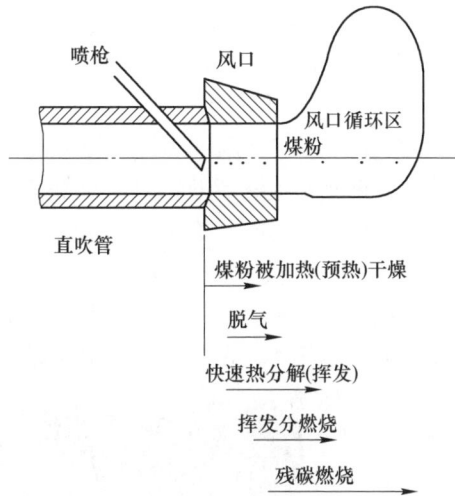

图 4-62　氧煤喷枪助燃机理示意图

4.2.4.2　氧煤喷枪模拟计算

通过文献调研，确立了氧煤喷枪研究的主要方向集中在不同条件下氧煤喷枪对粉煤燃烧效果的研究，进一步地，通过研究氧煤喷枪结构及材质，在保证粉煤燃烧效果的前提下，提高氧煤喷枪使用寿命及效率。

在上述文献调研确定研究问题的基础上，中国恩菲针对不同条件下氧煤喷枪对粉煤燃烧效果进行了研究。重点研究了采用富氧空气代替空气（一次风）运送粉煤对风口燃烧区氧浓度的模拟研究。采用数值模拟分析的方法对氧煤喷枪风口区内部气体流动情况进行三维建模（图4-63），通过计算和查阅相关文献得到并确定风口内的气体流动情况属于湍流，因此使用标准 k-epsilon 模型对风口内流场进行模拟，应用 Fluent 计算得到以下结果。

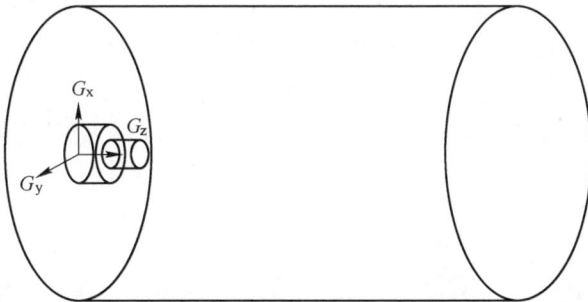

图 4-63　风口内部三维建模模型

（1）随着富氧空气中氧浓度的增加，氧煤喷枪沿中心线氧浓度增加；

（2）随着富氧空气中氧浓度的增加，氧煤喷枪温度场中高温区域增大。

图 4-64 所示为侧吹氧煤喷枪喷枪口附近流场速度矢量图，其中颜色的冷暖代表速度大小，速度越大迹线颜色越暖，箭头方向代表流体的运动方向。从图 4-64 中可以看出，氧煤喷枪出口处的中心流体速度较大，在氧煤喷枪出口处附近中心气体射流大量向熔池内流动，运动方向较为一致，但是在气体射流流动一段距离后，遇到炉内熔体的阻力作用导致气体射流被大量阻碍，被迫形成大涡流，由于浮力的作用气体开始向上运动。而气体射流边界层气体在氧煤喷枪出口处就开始向周围扩散，气体带动流体一起运动形成较小的涡流，因此高温熔体在氧煤喷枪根部运动较为复杂，气体射流和高温熔体会对氧煤喷枪根部枪体及炉衬造成冲击，这也就解释了在实际生产中氧煤喷枪根部炉衬位置容易受损的成因。

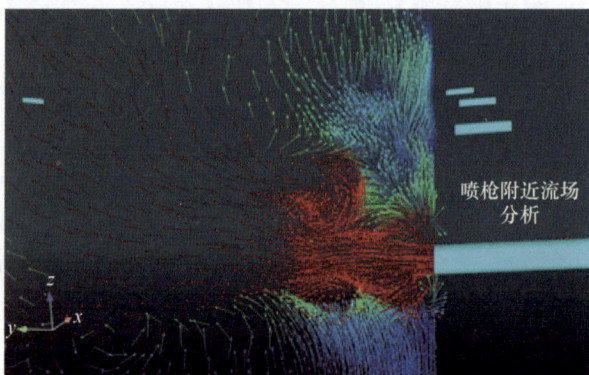

图 4-64　氧煤喷枪附近流场速度矢量图

4.2.4.3　侧吹炉新型氧煤喷枪的设计

通过文献调研，由于氧煤喷枪前端温度较高，因此需要选择较好的材质，一般选用 1Cr18Ni9Ti 不锈钢。该材质开始氧化温度为 850~900 ℃，当处于水蒸气等强氧化性气氛时，氧化速度加快；当超过该材质的开始氧化温度时，将产生异常氧化，使原来表面形成的 Cr_2O_3 氧化膜破裂。由于贫铬的原因，在次层发生 Fe_2O_3 的氧化，原来的 Cr_2O_3 氧化膜向尖晶型的 Cr_2O_3 氧化皮转化，促使表面氧化速度急剧加速，部分 Cr 氧化形成 Cr_2O_3 氧化膜。当氧化膜形成时，氧化物界面上的金属中铬贫化而铁或铁镍富集，防止形成 Cr_2O_3 的必要条件是铬贫化到不低于抗氧化的需要值。因此，人们主张当温度达到 1000 ℃ 以上时，不锈钢中的 Cr 含量应该控制在 20% 以上，而在工业环境中，高温不锈钢中的 Cr 含量应该大于 25%。

新型氧煤喷枪喷枪压力最高可达 0.8 MPa，气体流速大于 300 m/s，以亚音速喷入熔池中，使熔池产生剧烈的搅拌效果，达到增强熔池传质和传热的目的，如图 4-65 所示。

侧吹熔化炉喷枪采用富氧空气，需要 0.4 MPa 的压缩空气 (标态) 约 101 m^3/min，富氧空气由鼓风机房的空压机提供。

侧吹熔化炉设一套粉煤喷吹系统，需要 0.8 MPa 的压缩空气 (标态) 约 20 m^3/min，考虑从厂内现有的压缩空气供气系统引来。

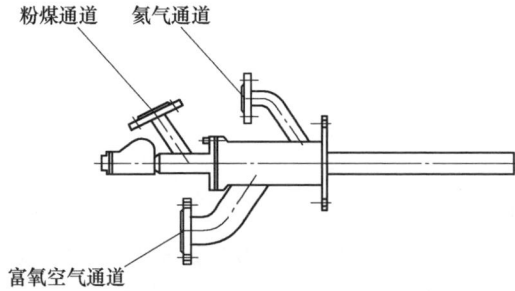

图 4-65 侧吹炉新型氧煤喷枪示意图

4.2.4.4 核心装备设计

通过熔池熔炼炉的数值模拟，设计了含锌铅基固废还原熔炼-连续烟化技术的核心装备侧吹熔化炉与烟化炉。

侧吹熔化炉日处理铅银渣量 (干基) 为 452 t，床面积 13 m^2，床能力为 35 t/(m^2·d)，侧吹熔化炉示意图如图 4-66 所示。铅银渣、熔剂从配料仓通过胶带输送机转运到移动皮带，通过该皮带机均匀加到侧吹熔化炉内，熔化炉规格为 13 m^2。采用 50% 富氧空气，喷入的粉煤补热，控制炉内温度约 1200 ℃，同时控制空气过剩系数约 0.9，炉内为弱还原性气氛，尽量让煤充分燃烧，提高燃料热利用率。铅银渣高温环境下熔化分解，硫进入烟气，少量锌、铅及铅的化合物挥发进入烟气，Fe、SiO_2、CaO 等杂质进行造渣。随着物料的加入，炉内渣层厚

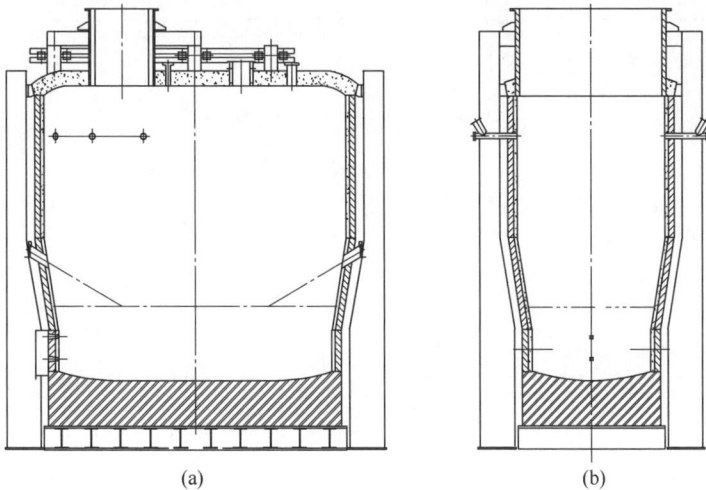

图 4-66 侧吹熔化炉示意图

(a) 主视图；(b) 侧视图

度不断升高。待炉内熔渣到一定厚度，再通过流槽自流进入烟化炉进行烟化。侧吹熔化炉约 2 h 放一次渣。

烟化炉喷嘴采用普通空气，需要 0.1 MPa 的压缩空气（标态）约 291 m^3/min，由鼓风机房的鼓风机提供。

烟化炉设一套粉煤喷吹系统，需要 0.8 MPa 的压缩空气（标态）约 20 m^3/min，考虑从厂内现有的压缩空气供气系统引来。

烟化炉日处理侧吹熔化炉熔融渣量 359 t，床面积 10 m^2，床能力为 36 $t/(m^2 \cdot d)$，烟化炉示意图如图 4-67 所示。烟化炉周期操作，2 h 一炉。烟化炉仅喷入粉煤及空气，控制空气过剩系数为 0.6~0.7，保持炉内较强的还原性气氛，同时控制炉内温度约 1250 ℃，充分保证铅锌的还原挥发。最终控制弃渣含锌小于 2%，含铅小于 0.3%。弃渣水碎后通过胶带输送机转运至铅银渣配料仓储存外卖。

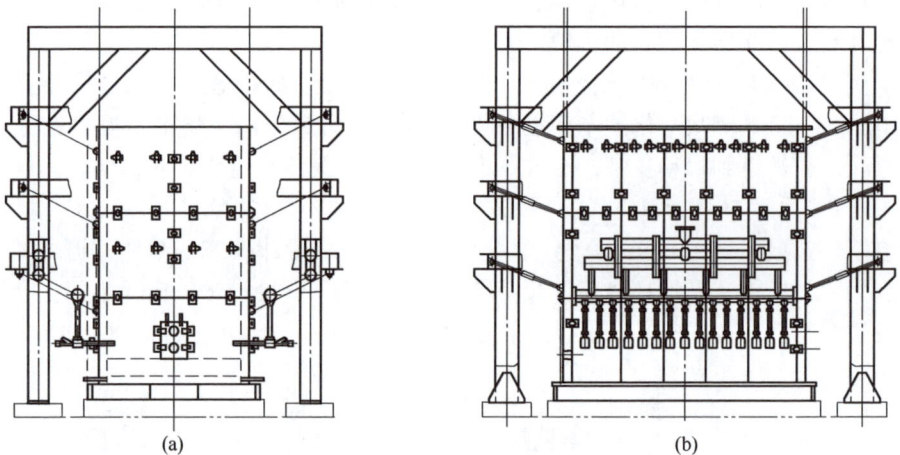

图 4-67 烟化炉示意图
(a) 侧视图；(b) 主视图

4.2.5 示范工程

云南驰宏锌锗股份有限公司会泽冶炼分公司采用复杂低品位氧化矿及锌浸出渣高效协同低碳无害化综合回收关键技术，依托"云南驰宏锌锗股份有限公司会泽冶炼分公司锌浸出渣处理环保节能技改工程"项目建设了我国首条工业化示范生产线。该示范生产线在原有铅冶炼系统的基础上，将原有的电热前床进行替代，建设 1 套 16 m^2 侧吹浸没燃烧熔化炉系统，并有机嵌入原有的烟化炉系统进行高效协同冶炼，用于处理复杂低品位氧化矿及锌浸出渣。年处理复杂低品位氧化矿 7 万吨、锌浸出渣 13 万吨和铅还原炉渣 8 万吨。该工程厂房和设备投资16900 余万元。2019 年 6 月完成工厂产业化生产线建设，2019 年 7 月完成工业化试生产。

本技术与当前国内外技术比较见表 4-66，示范厂主要技术经济指标见表 4-67。

表 4-66　国内外复杂低品位氧化矿及锌浸出渣处理技术水平比较

项　　目	世界先进	国内先进	本技术水平
锌铅金属直收率/%	>90	85~90	>90
银、锗等有色金属回收率/%	>90	>90	>95
吨渣标煤率/%	<50	<50	<35
吨渣 CO_2 排放量/t	<1.2	<1.2	<0.8

表 4-67　示范厂生产主要技术经济指标

序号	指标名称	指标	备注
1	年工作时间/d	320~330	
2	熔化炉规格/m^2	16	新建
3	熔化炉数量/台	1	
4	烟化炉规格/m^2	13.4	利旧
5	烟化炉数量/台	2	
6	年处理酸浸渣量/t	约 130000	
7	年处理氧化矿量/t	约 70000	
8	年处理还原炉渣量/t	约 80000	
9	年烟煤消耗量/t	约 85000	
10	年石英消耗量/t	约 9000	
11	年天然气消耗量/m^3	约 12000×10³	
12	年产氧化锌烟尘量/t	约 90000	
13	含 Zn/%	约 55	
14	含 Pb/%	约 10	

云南驰宏锌锗股份有限公司会泽冶炼分公司复杂低品位氧化矿及锌浸出渣高效协同低碳无害化综合回收关键技术及产业化项目投产并正常运行，彻底改变了目前国内现有的复杂低品位氧化矿及锌浸出渣处理工艺。完全达到国家《铅锌行业规范条件》要求及相关环境排放标准，首次实现含锌二次物料处理综合能耗小于 320 kgce/tPb，锌回收率大于 90%，铅回收率大于 98%，银、锗回收率大于 95%。弃渣含锌量小于 1.5%、含铅量小于 0.1%。侧吹炉烟气中二氧化硫浓度为 3%~4%，各项污染物排放浓度均低于现行国家特别排放限值要求。

与传统工艺相比，本技术体现出以下优势：

（1）处理每吨含锌渣节约能耗 25% 以上。

（2）碳排放减少 40% 以上。

（3）弃渣含锌量（质量分数）由 2% 降到 1.5% 以下；弃渣含铅量由 0.2% 降到 0.1% 以下；锌回收率由 85% 提高到 90% 以上，铅回收率由 94% 提高到 98% 以上；银、锗等有色金属回收率由 90% 提高到 95% 以上。

（4）吨渣工艺尾气排放量减少 20% 以上。

（5）针对锌浸出渣处理，首次实现了烟气制酸，实现了硫的资源化。

4.3　铌铁矿侧吹熔融-电热法提取有价元素工艺

4.3.1　铌及铌资源

4.3.1.1　铌的性质及用途

铌（Niobium），化学符号 Nb，原子序数为 41，是一种过渡金属元素。铌单质是一种带光泽的灰色金属。铌能吸收气体，用作除气剂，也是一种良好的超导体。高纯度铌金属的延展性较高，但会随杂质含量的增加而变硬。铌在低温状态下会呈现超导体性质。在标准大气压力下，铌的超导临界转变温度为 9.25 K，是所有具有超电导性质的金属中最高的。其磁穿透深度也是所有元素中最高的。在已发现的超导元素中，只有铌、钒和钽属于第二类超导体。铌金属的纯度会大大影响其超导性质。铌对于热中子的捕获截面很低，因此在核工业上用处重要。铌既是重要的结构材料，又是性能优异的特殊功能材料。铌属于稀有高熔点金属，它和钽、钨、钼一起被称为四大空间金属。铌广泛应用于飞机和火箭发动机、油气输送管道、汽车工业、高层建筑、电子工业器件、超导技术、化学工业和医疗设备等。目前世界铌年产量和消费量已达到 5 万~6 万吨水平（按氧化物计）。

中国铌工业于 20 世纪 50 年代中期开始起步，铌工业不仅实现了"从无到有，从小到大，从军到民，从内到外"的全部工业化转变，而且形成了世界唯一的从采矿、选矿、冶炼、加工到应用的较完整的工业体系，铌产品除满足国内经济发展的需要外，高、中、低端产品已全方位批量地进入国际市场。我国铌冶金技术和工艺水平已逐步赶超世界水平，中国已成为世界铌冶炼加工的三大强国之一。

铌的主要消费用于微合金化钢、电容器、高温合金（航天航空工业）、硬质合金、光电元器件、石油化工型材和催化剂、超导体、原子能材料等。

钢铁工业是铌的最大消费领域，它反映一个国家钢铁工业现代化程度，工业发达国家吨钢平均消费铌约 50 g。铌是钢的微合金化元素中的佼佼者，在钢的各种合金化元素中，铌是首选。例如，当加入 0.1% 的合金化元素时，提高钢的屈服强度为：铌 118 MPa、钒 71.5 MPa、钼 40 MPa、锰 17.6 MPa、钛为零。实际上钢中只需加入 0.03% ~0.05% Nb 钢的屈服强度便可提高 30% 以上，而钢的成本仅增 1 美元/t。

航天航空工业是铌的第二大用户。除了前面介绍的铌钢、电容器等大量用于航天航空工业外，还有铌的合金，特别是铌的高温合金和耐热合金。它们和飞机喷气发动机、火箭、飞船等运载工具密切相关，是其热部件中不可或缺的支柱性材料。在被称为空间金属的钨、钼、钽、铌四大难熔金属中，铌合金最具出色的综合性能，投产的牌号最多，是航天航空工业最优先选用的结构材料和热防护材。

铌在石油化学工业中的应用包括铌加工材和催化剂两方面。铌及它的合金具有优良的耐腐蚀性。铌的催化特性主要表现在促进剂作用和载体作用两方面。促进剂作用是指添加少量铌化合物便可显著提高催化活性和寿命；而铌化合物作为载体在承载其他化合物时也显示出良好的催化性能。

铌电子和光电元器件早先主要用于军事设备，现在更多地向集成光路、声学等方面迅速发展。铌及其化合物是目前电子工业中制造各种电子、光电和声电元器件的重要材料。

4.3.1.2 铌矿资源及分布

地球铌资源丰富，铌在地壳中的含量为 0.002%，铌在地壳中的自然储量为 520 万吨，可开采储量 440 万吨，铌的主要矿物有铌铁矿、烧绿石、黑稀金矿、褐钇铌矿、钽铁矿、钛铌钙铈矿。自然界中铌和钽密切共存，但没有以游离态或天然态存在的铌和钽。

铌铁矿是最重要的铌矿物，主产于花岗伟晶岩、花岗岩及蚀变花岗岩、层铁岩（铌稀土矿床）和砂矿中。矿物呈黑色、棕黑色或褐黑色，条痕从棕红色到红褐色，具有金属至半金属光泽，性脆，莫氏硬度为 4.3~6.5，密度为 5.2~6.25 g/cm^3，具有弱磁性，磁化率为 $(22.1~37.2)\times10^{-6}$，相对介电常数为 10~12。

烧绿石是铌最主要的工业原料来源，主产于碱性正长岩、碱性伟晶岩、碱性花岗岩，以及与碱性超基性杂岩有关的碳酸岩、云英岩和花岗伟晶岩中。烧绿石的化学成分波动较大，$w(Nb_2O_5)$ 波动在 50.0% ~71.5%，典型的化学成分（质量分数）为：Nb_2O_5，37.5% ~ 65.6%；Na_2O，4.29%；MnO_2，0.08%；CaO，18.06%；MgO，0.32%；Al_2O_3，0.48%；Fe_2O_3，0.70%；TR_2O_3，3.62%；ThO_2，0.36%；SnO_2，0.57%；$(Zr,Hf)O_2$，0.08%；UO_2，0.02%；F，9.32%。存在多种类型的烧绿石矿物，包括铀钽铌矿、铌钛铀矿、铅烧绿石、稀土钽烧绿石、水钡锶烧绿石等。烧绿石颜色有暗褐色、红褐色、暗红色至黑色、黄绿色、极少数为灰黑色。断口呈贝壳状，在新鲜断口处几乎呈黑色，条痕为淡褐色或淡黄色，有树脂光泽或油脂光泽。性脆，莫氏硬度为 5~6，密度为 4.12~5.35 g/cm^3，矿物为非磁性物质，磁化率为（4.67~5.07）×10^{-6}。

黑稀金矿是铌、钽、钛生成广泛的类质同象置换系列矿物，黑稀金矿主产于花岗伟晶岩（与烧绿石共生）、蚀变花岗岩（与锆石共生）、碱性正长岩及其伟晶岩（与钛铁矿共生）和砂石（与独居石共生）中。为斜方晶系，晶形呈柱状、板柱状和板状。颜色为浅绿、黄褐、红褐或黑色。条痕为浅黄或浅红褐色，矿物表面有一层黄色薄膜，有半金属和油脂光泽，无解理。断面呈贝壳状。莫氏硬度为5.5~6.5。密度为4.3~5.9 g/cm^3。有中等电磁性，磁化率为（27.38~12.24）×10^{-6}，相对介电常数为3.74~4.66。

世界铌储量3245.9万吨，铌资源主要集中在巴西、加拿大、澳大利亚等国，我国铌资源储量仅为45.40万吨，主要分布于内蒙古、江西等地，我国铌资源对外依存度极高。

4.3.1.3　铌的提取及技术难题

由于铌矿物都是复杂的氧化矿，原矿品位低，并且在同一矿床中伴生有很多种有价金属矿物成分，选矿流程长而复杂，需要采用多种选矿方法联合处理。原生矿的选矿很多要经过粗选和精选两个阶段才能获得提取冶金工艺要求的品位水平，选矿回收率很低（低于50%）。大多数矿物密度大，选矿方法中最多使用的是重选，其次为浮选或重力浮选、磁选、电选，此外还有离心选矿、扇形溜槽选，以及化学处理等。对于含有放射性矿物的矿石还采用块状物料辐射分选机。

铌矿一般都伴生有钽，铌钽性质相近，且熔点很高，很难被还原，原则上不能由精矿直接还原成金属。冶炼必须分两步走，先进行铌和钽的分离制取中间化合物，然后将中间化合物还原成金属。铌的提取和分离冶金分湿法和火法两种方法，湿法有溶剂萃取、离子交换分步结晶等方法，火法主要是氯化法。但目前世界范围内主要以湿法萃取为主。

现有选矿与湿法方式工艺流程长、用水量大、设备较多，尤其不适合缺水区域和水处理环保要求高的区域，且选矿方法一般元素回收率较低。而还原焙烧-磁选、还原焙烧-电炉熔分、高炉还原等方式均存在磷、铁、铌及稀土等元素分离不彻底的问题，尤其是磷难以分离出去，导致后续处理工序脱磷难度大，所得铌铁产品价值不高。还原焙烧-磁选、还原焙烧-电炉熔分、高炉还原等工艺还存在预处理流程长，需要球团或烧结工序，且高炉还原的方法还存在大量消耗焦炭的问题。还原焙烧-电炉熔分工艺需要额外消耗电能，能耗成本高，尤其对于缺电或用电成本较高区域更不适合。

4.3.2　铌铁矿侧吹熔融-电热法工艺特点

4.3.2.1　技术开发背景

目前我国铌资源高度依赖巴西、加拿大、澳大利亚等少数国家的进口，对外依存度高且来源单一，不利于我国战略性铌资源的安全。而积极开拓非洲、俄罗斯等地区的铌铁矿资源，对保障我国铌资源安全意义重大。但这些地区铌资源选冶提取较为困难，且常伴生铁、磷及稀土等多种元素，常规采用选矿、还原焙烧-磁选、还原焙烧-电炉熔分、高炉还原等方式对有价元素进行分离和富集，但仍存在流程长、成本高等问题，难以实现大规模的经济利用，亟待新的工艺技术探索研究。

铌铁矿简单重选或直接投入侧吹炉进行熔炼，减少了选矿流程，用水少，避免了多种有价金属的损失，物料预处理简单；采用侧吹还原熔炼方式，可促进物料中磷的挥发，有效实现磷的分离，降低铁水磷含量；低磷、低铁炉渣在电炉中添加含铁物料，并加入还原剂和熔剂，含铌铁水量增加，促进了金属对铌的捕集，提高了铌的收得率，且所得铌铁中磷含量较低；采用侧吹浸没熔池熔炼方法，燃料供热成本低，余热可回收发电，电能可用于后续电炉深度还原，能量利用合理；所得的含磷烟尘、铁水、铌铁、富稀土渣等均为有价值产品，无废物产出，经济环保。据此，提出了铌铁矿侧吹熔融-电热法工艺技术。

4.3.2.2 工艺原理和技术路线

该工艺使用铌铁矿为原料，使用重选的方式去除其中大部分的石英及有价元素含量低的硅酸盐组分，所得粗选铌铁矿（或铌铁矿不经选矿）放入储料仓中，储料仓中铌铁矿与还原剂（烟煤、无烟煤、褐煤、焦炭等块状或粒状还原剂）按比例使用皮带机定量配料。

铌铁矿和还原剂混合料从皮带直接投入至侧吹炉，熔池温度为 1250 ~ 1450 ℃，侧吹喷入燃料和富氧，其中燃料为煤粉、天然气、煤气、重油等，富氧浓度 40% ~ 99%，喷枪位于炉渣层中，下部为金属熔池。渣中 Fe 含量（质量分数）为 1% ~ 5%，金属中 P、Nb 含量（质量分数）分别小于 5%、小于 0.05%，大量磷挥发进入烟尘。

热态炉渣直接进入电炉中进行深度还原，配加一定量含铁物料、还原剂和熔剂，或加入复合球团。使得富稀土炉渣中 Fe、Nb、REO 含量（质量分数）分别小于 0.5%、小于 0.1%、大于 0.8%，可作为稀土冶炼的原料；铌铁水中 C、Nb、P 含量分别为 2% ~ 4.5%、0.5% ~ 4%、小于 0.1%，可作进一步提铌原料。

侧吹炉和电炉产出的高温烟气经余热锅炉，回收余热发电，烟气再经净化处理后排放，回收所得电能除了用于后续电炉深度还原外，其他用于厂区日常用电或对外输送。

工艺流程如图 4-68 所示。

4.3.2.3 技术优势

铌铁矿经重选或直接投入到侧吹熔炼炉内还原，磷大量挥发进入烟尘，铁被还原为铁水，炉渣进入电炉，并配加含铁物料、还原剂和熔剂进行深度还原，产

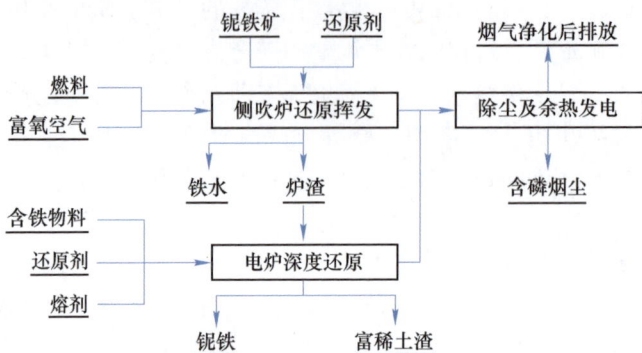

图 4-68　工艺流程图

出低磷铌铁和富稀土炉渣，分别实现铌铁矿中磷、铁、铌及稀土等元素的分步分离和富集；高温烟气经余热锅炉回收余热发电，所回收电能用于电炉深度还原和厂区日常使用。工艺整体物质流和能量流分布合理，具有以下技术优势。

（1）简化或省略了选矿流程，有价元素损失小、流程短、用水省、投资少。

（2）铌铁矿直接入炉，省去了干燥、造球、预还原等原料预处理工序，冶炼系统配套设施少。

（3）物料直接进入高温熔池中，物料的升温、熔化和还原等多个过程可快速实现，冶炼效率高。

（4）通过侧吹还原挥发方式实现磷的挥发脱除，可实现铌铁矿中磷的分离和富集，获得了含磷烟尘产品，以及含磷较低的铁水和炉渣，减轻了后续提取铌和稀土过程中原料中磷含量高的问题。

（5）使用侧吹燃料方式供热，供热成本较低。

（6）侧吹过程仅有少量磷进入炉渣中，后续提铌脱磷压力小，铌铁价值高。

（7）电炉深度还原过程加入含铁物料，便于对炉渣中铌的捕集，可提高铌的回收率。

（8）电炉深度还原阶段，铁水或生铁块的加入，同时具有增加铁源和还原剂的作用，减少了深度还原阶段杂质的引入，提高了深度还原效率和还原效果，有利于降低电耗、提高产品质量。

（9）整个工艺实现了磷、铁、铌和稀土的分步提取分离，对应产品分别为含磷烟尘、铁水、铌铁和富稀土渣，基本无废物产出，该工艺环境友好。

（10）侧吹炉高温烟气可回收余热发电，所得电能可用于电炉深度还原及厂区日常用电，也可对外输送，减少了对外电能依赖程度。

（11）可以通过调整侧吹还原程度和深度还原阶段所配物料类型，灵活调整侧吹烟气余热发电量和深度还原段电能消耗，可以实现厂区内电能产销平衡，不依赖外界电能，也不使电能过剩。可独立建厂，不依赖外界社会基础建设条件，特别适合电力系统基础设施不发达区域，该工艺建厂条件要求低，选址灵活。

4.3.3 铌铁矿侧吹熔融-电热法工艺技术

4.3.3.1 基础试验

以安哥拉地区铌铁矿为原料开展铌铁矿侧吹熔融-电热法工艺技术研发，铌铁矿中有价值元素包括铁、磷、铌、稀土等，铌铁矿原料成分见表4-68。

表 4-68　铌铁矿成分　　　　　　（质量分数/%）

CaO	SiO$_2$	MgO	Al$_2$O$_3$	K$_2$O	TFe	FeO	P$_2$O$_5$	S	Nb$_2$O$_5$
7.11	40.29	0.38	12.47	2.76	13.03	—	6.48	0.06	0.72

铌铁矿还原过程中主要的还原反应为 Fe$_2$O$_3$、P$_2$O$_5$、Nb$_2$O$_5$ 被 C 还原的过程，主要反应方程式为：

$$Fe_2O_3 + 3C \xrightarrow{\hspace{1cm}} 2Fe + 3CO \tag{4-30}$$

$$Nb_2O_5 + 5C \xrightarrow{\hspace{1cm}} 2Nb + 5CO \tag{4-31}$$

$$P_2O_5 + 5C \xrightarrow{\hspace{1cm}} 2P + 5CO \tag{4-32}$$

添加 CaO 可以调整炉渣碱度，基础研究试验分别考察不同配碳比（C/O）、碱度（R）和温度（T）条件下铁、磷、铌的元素分布情况，如图4-69所示。试

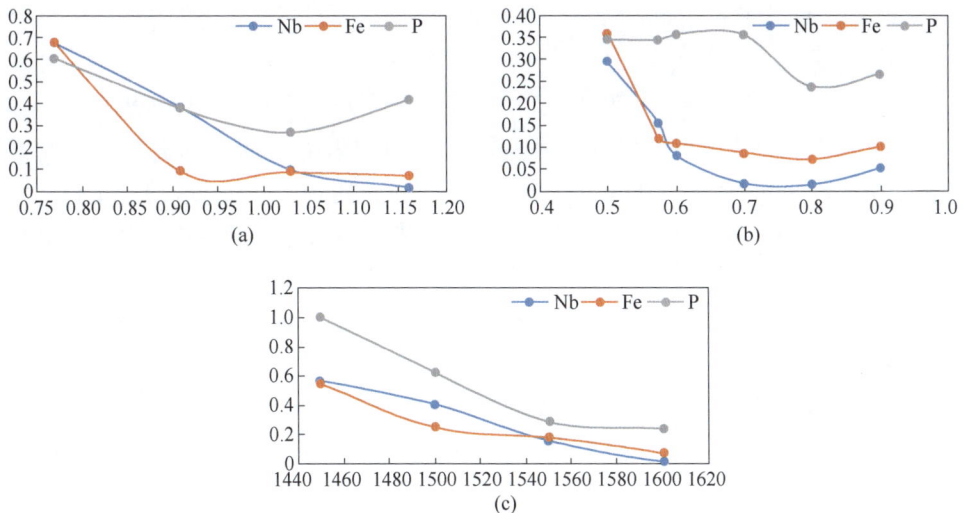

图 4-69　不同条件下渣中 Nb、Fe、P 含量
（a）不同配碳比；（b）不同碱度；（c）不同温度

验原料中 Nb、Fe、P 初始含量分别为 0.503%、13.03%、2.83%，当配碳比较低时（C/O=0.77），渣中 Nb、Fe、P 含量分别为 0.678%、0.677%、0.608%，渣中铌略有富集，而 Fe、P 含量均有大幅度降低，这为初期铁、磷的还原分离提供了试验基础。配碳比 C/O=1.1，碱度 $R=0.8$，温度为 1600 ℃时渣中 Nb 含量处于较低水平，此时 Nb、Fe、P 含量分别可降至 0.015%、0.072%、0.237%，这为电炉深度还原实现铌的回收提供了数据支撑。基础试验研究证明了铌铁矿分步提取分离的可行性。

4.3.3.2　扩大试验

A　侧吹还原提铁试验

为侧吹还原过程中磷的挥发和铁的还原效果，开展了侧吹炉还原扩大试验。以高炉渣为底料，底料熔化后向炉内持续加入预混合后的物料（铌铁矿、碎煤按 100∶13.5 比例混匀），随着化料和加料过程进行，铌铁矿中的铁、磷、铌等元素被还原进入金属相中，部分磷被挥发脱除，待物料完全熔化后加煤继续还原，冶炼结束后出料，使铁与炉渣分离，考察磷挥发和铁的还原效果。

试验所得炉内终渣中 Nb、Fe、P 分别为 0.206%、1.78%、0.34%（渣中 Nb 因高炉渣造渣而稀释），初还原阶段 Fe、P 脱除效果显著，此时金属含铌仅 0.02%，铌也基本全部残留在炉渣中。

以炉渣试样进行还原试验，直接加入还原剂不能得到金属，因为难以形成足够金属量，需加入生铁捕集铌，可以使炉渣中 Fe、Nb 含量分别降至 0.075%、0.022%，所得铌铁中磷含量为 0.6%，大幅降低了铌铁金属中磷的含量，有助于解决物料中磷含量较高的问题。

B　电炉深度还原试验

为进一步验证电炉还原过程中铌的还原效果，开展了电炉还原扩大试验，如图 4-70 所示。以高炉渣为底料，底料熔化后向炉内持续加入预混合后的物料（铌铁矿、碎煤和石灰按 100∶10∶25 比例混匀），随着化料和加料过程进行，铌铁矿中的铁、磷、铌等元素被还原进入金属相中，待物料完全熔化后，继续维持熔池较高温度，确保还原反应进行较彻底，并保持一定沉降分离时间，使炉渣与金属良好分离，使有价值的铁、磷、铌等元素进入金属相得到回收利用。铌铁试验产物如图 4-71 所示。

还原初期随着铁的还原，渣中铁含量快速下降至 1%~2%，此时渣中铌含量基本保持不变（0.5%~0.6%），当铁含量降至 2% 以下，继续还原时渣中铌和铁开始同步降低，直至试验反应终点，渣中铁、铌最低可分别降至 0.142%、0.01%，即几乎所有铌都被还原进入金属中，如图 4-72 所示。

4.3.3.3　冶金工艺计算

以扩大试验数据为主要参考，开展铌铁矿综合利用的冶金工艺计算，可以较

图 4-70 电炉还原扩大试验

（a）炉体；（b）操作

图 4-71 铌铁试验产物

（a）分层；（b）产物

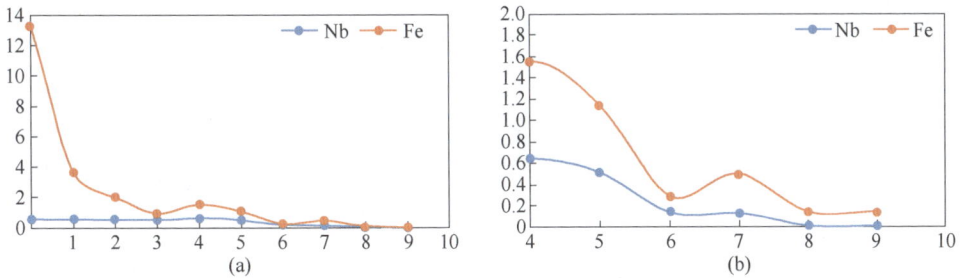

图 4-72 冶炼过程中渣含 Nb、Fe 的变化曲线

（a）还原初期；（b）深度还原

为全面地对该工艺整体物料消耗和能量消耗进行初步评估，为后续该工艺的经济性价值提供基础。此处以 5000 t/d 铌铁矿处理量进行冶金工艺计算。

每天铌铁矿处理量 5000 t，即每小时处理量约为 208 t。整体工艺流程为：含磷铌铁矿在侧吹炉内还原挥发熔炼，大部分磷进入铁水和气相，铌则主要残留在渣中；含铌渣在电炉内深度还原，并配加石灰调整碱度，并配加部分铁水，电炉内深度还原，使铁水捕集渣中铌，获得高碳的含铌铁水；电炉烟气与侧吹烟气混合，进入余热锅炉换热，并兑入冷空气燃烧其中残余的 CO，回收烟气中热量产生蒸气或用于发电。冶金计算工艺流程如图 4-73 所示。

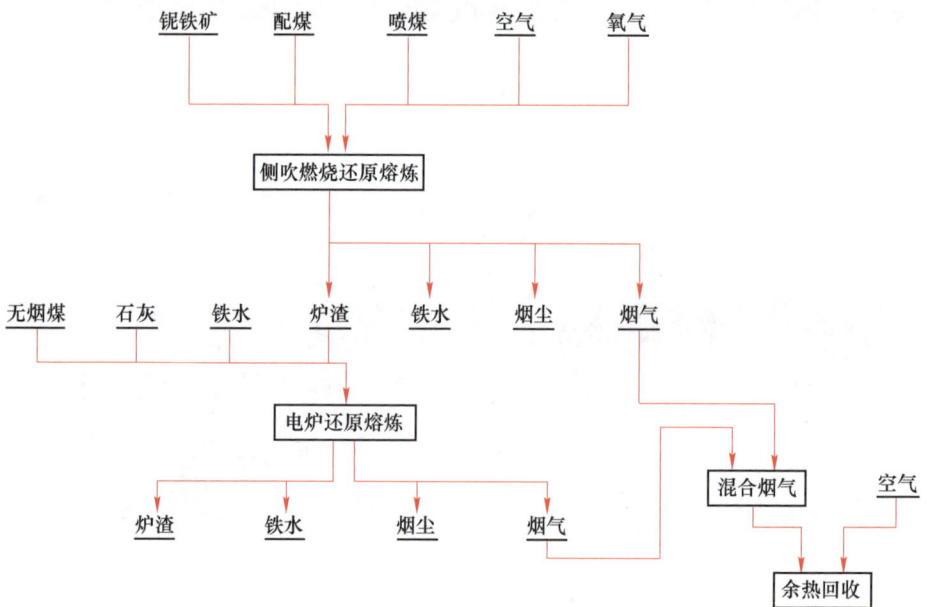

图 4-73　冶金计算工艺流程

A　侧吹还原阶段

以侧吹燃烧为主要供热方式，侧吹还原阶段计算所得物料平衡和热平衡见表 4-69 和表 4-70。

B　电炉深度还原阶段

深度还原在电炉内进行，该阶段计算所得物料平衡和热平衡见表 4-71 和表 4-72。

C　消耗与产出概算

每小时消耗铌铁矿 208 t，每天可处理 4992 t 铌铁矿，对应无烟煤、压缩空气、氧气、石灰、铁水等消耗和产出见表 4-73。

表 4-69　侧吹还原阶段物料平衡

类别	物料	数量	分数类型	成分及含量 /%
投入	铌铁矿	208.000 t/h	质量分数/%	Fe_2O_3 16.666，FeO 0.310，K_2O 2.538，P_2O_5 6.279，CaO 7.567，MgO 0.367，SiO_2 37.393，Al_2O_3 10.387，MnO 1.344，Nb_2O_5 0.686，TiO_2 0.733，H_2O 13.520，其他 2.209
投入	配煤	58.951 t/h	质量分数/%	C 78.390，Al_2O_3 3.570，CaO 0.820，MgO 0.170，SiO_2 4.380，TiO_2 0.130，FeO 0.250，CO 3.000，CH_4 3.000，H_2 1.490，H_2O 3.360，其他 1.440
投入	喷煤	0.000 t/h	质量分数/%	C 78.390，Al_2O_3 3.570，CaO 0.820，MgO 0.170，SiO_2 4.380，TiO_2 0.130，FeO 0.250，CO 3.000，CH_4 3.000，H_2 1.490，H_2O 3.360，其他 1.440
投入	空气	13936.996 Nm³/h	体积分数/%	O_2 21.000，N_2 79.000
投入	氧气	61515.017 Nm³/h	体积分数/%	O_2 99.500，N_2 0.500
产出	炉渣	140.738 t/h	质量分数/%	FeO 3.859，K_2O 3.676，P_2O_5 0.464，CaO 11.296，MgO 0.601，SiO_2 55.957，Al_2O_3 16.510，MnO 1.748，Nb_2O_5 0.982，TiO_2 1.115，其他 3.791
产出	铁水	22.388 t/h	质量分数/%	Fe 89.972，C 0.100，P 8.911，Nb 0.050，Mn 0.967
产出	烟尘	12.478 t/h	质量分数/%	FeO 0.846，K_2O 62.802，P_2O_5 2.600，CaO 0.138，MgO 12.880，SiO_2 3.800，Al_2O_3 0.448，MnO 0.229，Nb_2O_5 0.257，TiO_2 5.127，C 10.000，其他 0.873
产出	烟气（标态）	151231.709 m³/h	体积分数/%	CO 29.013，CO_2 29.013，N_2 7.484，H_2O 34.491

表 4-70　侧吹还原阶段热平衡

热收入 热类型	物料	温度/℃	热量/MJ	热量占比/%	热支出 热类型	物料	温度/℃	热量/MJ	热量占比/%
物理热	铌…	25	0.00	0.00	物理热	炉渣	1500	27688…	33.61
	配煤	25	0.00	0.00		铁水	1500	25565.44	3.10
	喷煤	25	0.00	0.00		烟尘	1500	23987.91	2.91
	空气	25	0.00	0.00		烟气	1500	41504…	50.38
	氧气	25	0.00	0.00					
	小计	25	0.00	0.00		小计		74149…	90.00
化学热			82387…	100.00	化学热				
					自然散热			0.00	0.00
					热损失			82387.83	10.00
合计			82387…	100.00	合计			82387…	100.00

表4-71　电炉深度还原阶段物料平衡

（质量分数/%）

	物料	单位	数量												
投入	无烟煤	t/h	2.391	C 78.390	Al_2O_3 3.570	CaO 0.820	MgO 0.170	SiO_2 4.380	TiO_2 0.130	FeO 0.250	CO 3.000	CH_4 3.000	H_2 1.490	H_2O 3.360	其他 1.440
投入	石灰	t/h	51.660	CaO 92.000	CO_2 2.000	MgO 2.000	SiO_2 1.000	Fe_2O_3 1.000	其他 1.000						
投入	铁水	t/h	2.774	Fe 94.770	C 4.200	Si 0.350	Mn 0.500	P 0.150	S 0.030	其他 1.000					
投入	炉渣	t/h	140.738	FeO 3.859	K_2O 3.676	P_2O_5 0.464	CaO 11.296	MgO 0.601	SiO_2 55.957	Al_2O_3 16.510	MnO 1.748	Nb_2O_5 0.982	TiO_2 1.115	其他 3.791	
产出	炉渣	t/h	182.416	Al_2O_3 12.937	CaO 34.433	MgO 1.022	SiO_2 43.041	TiO_2 0.854	FeO 0.129	P 0.149	S 0.000	K_2O 2.808	MnO 1.328	Nb_2O_5 0.107	其他 3.194
产出	铁水	t/h	8.209	Fe 84.823	C 4.200	Si 0.500	Mn 0.300	P 0.176	S 0.001	Nb 10.000					
产出	烟尘	t/h	2.167	FeO 4.285	K_2O 2.388	P_2O_5 0.300	CaO 29.282	MgO 0.869	SiO_2 36.644	Al_2O_3 11.002	MnO 1.144	Nb_2O_5 0.038	TiO_2 0.726	其他 2.717	C 10.000
产出	烟气（标态）	m^3/h	4047.849	CO（体积分数） 81.965	CO_2（体积分数） 0.828	H_2O（体积分数） 17.207									

表 4-72　电炉深度还原阶段热平衡

热收入					热支出				
热类型	物料	温度/℃	热量/MJ	热量占比/%	热类型	物料	温度/℃	热量/MJ	热量占比/%
物理热	无…	25	0.00	0.00	物理热	炉渣	1500	34782	69.73
	石灰	25	0.00	0.00		铁水	1500	9244.71	1.85
	铁水	1500	3305.23	0.66		烟尘	1500	3600.63	0.72
	炉渣	1500	27688	55.51		烟气	1500	9218.49	1.85
	小计		28019	56.17		小计		36988	74.15
化学热					化学热		25	79072.69	15.85
电能			21865	43.83	自然散热			0	0
					热损失			49884.71	10.00
合计			49884	100.00	合计			49884	100.00

表 4-73　冶炼过程消耗和产出概算

序号	项目	每小时	每天	吨矿消耗
1	铌铁矿量/t	208	4992	1.00
2	侧吹用煤量/t	58.95	1414.80	0.2834
3	侧吹压缩空气量（标态）/m³	13936.996	334488	67.00
4	侧吹氧气量（标态）/m³	61515.017	1476360	295.75
5	电炉用煤量/t	2.391	57.38	0.0115
6	石灰量/t	51.66	1239.84	0.2484
7	铁水量/t	2.774	66.58	0.0133
8	电耗（功率因数0.7）/kW·h	86766.72	2082401	417.15
9	余热锅炉鼓风量（标态）/m³	188632.647	4527184	906.89
10	含磷铁水量/t	22.388	537.31	0.1076
11	磷酸量/t	9.31	223.42	0.0448
12	稀土炉渣量/t	182.416	4377.98	0.8770
13	含铌铁水量/t	8.209	197.02	0.0395
14	电炉烟尘量/t	2.167	52.01	0.0104
15	尾气量（标态）/m³	320315.105	7687563	1539.98
16	蒸气产量/t	303.609	7286.62	1.4597

4.4　全热态底吹三连炉铜金连续冶炼

4.4.1　技术背景

硫化铜精矿火法冶炼主要分为铜精矿熔炼、铜锍吹炼和粗铜精炼三个过程。将三个过程连接起来形成全热态连续炼铜技术是铜冶炼行业科技前沿课题，是行业始终追求的目标之一，另外提高冶炼效率、降低劳动强度、提升冶金炉寿命、提高生产作业率是铜金冶炼科技主战场。全热态连续炼铜技术有着诸多优势：从精矿到粗铜全部热态冶炼，最大限度利用了过程化学反应热，因而可以利用富裕热量搭配处理废杂料，实现热效率最大化；其次，连续炼铜能够保证熔炼、吹炼过程冶炼生产状态的稳定，烟气波动小，有利于后续烟气处理系统作业。另外，全热态连续炼铜由于采用流槽连接各个工序，整个冶炼系统上下游关系更为密切，更加有助于智能控制系统对整个铜冶炼系统采用整体分析控制，实现火法冶炼系统的生产参数的最优配置。

4.4.1.1　铜熔炼

近十几年来铜的熔炼技术得到快速发展和进步，国内外广泛应用的现代熔炼技术有：闪速熔炼、顶吹熔炼、侧吹熔炼和底吹熔炼。闪速熔炼和顶吹熔炼为引进国外专利技术，闪速熔炼存在工艺及闪速炉炉体结构相对复杂、投资大、烟尘率高（6%~8%）、直升烟道易黏结等不足；顶吹熔炼存在喷枪结构复杂、喷枪寿命短、作业率低和厂房比较高等不足。氧气底吹熔炼是我国拥有自主知识产权的最新炼铜技术，尽管工业化开发与应用时间不长，但机理独特，采用氧枪将氧气直接鼓入铜锍层，具有炉子结构简单、熔炼过程完全自热、能耗低、操作简单、安全、投资省等优势。

4.4.1.2　铜锍吹炼

铜锍吹炼方面，已有百年历史的 PS 转炉吹炼工艺，由于技术成熟，截至2019 年仍占据着国内 55%以上的铜冶炼产能。PS 转炉工艺熔融态铜锍需用冶金包转运，且需多次转动炉体，造成大量 SO_2 烟气逸散、低空污染等严重的环保和安全问题，存在送风时率低、耐火材料寿命短、单耗高造成生产成本高，以及烟气量大、SO_2 浓度低、烟气波动大、烟气不连续造成后续烟气处理费用高等问题。

为了解决 PS 转炉存在的问题，几十年来各国冶金工作者一直不遗余力地开发连续吹炼工艺。先后开发了三菱连续吹炼工艺、闪速连续吹炼工艺、诺兰达连续吹炼工艺、顶吹浸没吹炼工艺和氧气底吹连续吹炼工艺，并逐渐取得工业化应用。

三菱连续炼铜工艺由日本三菱材料公司开发，1974 年在日本直岛冶炼厂第一次试运行，随后经过 20 年持续开发提升获得成功，先后在加拿大、韩国、印尼等地应用。三菱工艺包括熔炼炉（S 炉）、渣贫化炉（CL 炉）和吹炼炉（C 炉）三台炉子，可以从精矿连续熔炼产出粗铜。S 炉产出的熔体经过 CL 炉沉清分离后，铜锍通过流槽连续流入 C 炉内进行吹炼，热能利用合理，且 C 炉可处理电解返回的残极。三菱工艺要满足热态熔体连续流动，生产规模在（20~30）万吨/a 较为合适，由于炉子采用流槽连接，连贯性很强，因此对原料及控制操作要求很高。目前世界上仅有日本 Furakawa 矿业公司控股的澳大利亚的 Port Kembla 的吹炼炉是脱离三菱连续炼铜工艺单独配置使用的，但已停产多年。

闪速连续吹炼工艺由美国肯尼柯特犹他（Kennecott Utah）冶炼厂与芬兰奥托昆普公司从 1992 年 6 月起共同研究开发，以取代 PS 转炉吹炼工艺，并于 1995 年完成工业化改造投入试运行。闪速连续吹炼工艺烟气量只有 PS 转炉的 1/10~1/6，因此烟气处理及硫酸设备规格均小得多，烟气量稳定。我国阳谷祥光铜业 2006 年第一次引进该工艺，后在中国的金冠铜业、金川防城港和东南铜业铜冶炼项目中得到应用。

但该工艺铜锍需水碎、干燥、风干磨碎后再吹炼，从热能利用角度看，不甚合理，粗铜放出口和粗铜长流槽仍是薄弱环节，特别是闪速吹炼炉不能处理残极，需要单独建竖炉或倾动炉等炉型化残极，增加能耗，因此能耗和成本偏高。

诺兰达连续吹炼工艺于 1997 年 11 月在加拿大魁北克的霍恩冶炼厂试车投产，其送风时率达到 90%，与 PS 转炉相比，诺兰达吹炼炉送风较连续，烟气量小且较稳定，但存在铜锍需要吊包子间断加入、粗铜含硫高，需在精炼前进一步处理等问题，一直没有得到推广使用。

顶吹浸没吹炼是在顶吹熔炼基础上发展而成，二者的原理和炉型均相似。我国中条山侯马冶炼厂于 1995 年引进顶吹浸没熔炼和吹炼，设计规模年产粗铜 3.5 万吨。云锡铜业为我国第二家引进双顶吹技术的公司，阴极铜规模为 10 万吨/a。该工艺的特点是取消了吊铜锍包，减少了低空污染。由于炉内熔体对炉衬冲刷剧烈，吹炼渣采用硅铁渣型以减轻炉渣对内衬材料的侵蚀；由于顶吹渣层氧势很高，易导致炉渣过氧化产生泡沫化喷炉事故等，生产中需要添加一定量的还原剂。目前该吹炼工艺仍按照一炉一炉处理，周期性作业，尚未实现真正的连续送风吹炼。此外，与熔炼相比，顶吹浸没吹炼过程喷枪寿命短的问题更为突出。

氧气底吹连续吹炼技术是基于底吹冶炼特点，在氧气底吹熔炼技术取得成功的基础上开发而来。在国家"863"课题的支持下，中国恩菲联合河南豫光金铅股份有限公司（简称河南豫光）和东营方圆有色金属有限公司（即山东中金岭南铜业有限公司，简称东营方圆）等多家单位，先后进行了半工业化试验和工业试验，并取得了巨大成功。2014 年在河南豫光建成投产了首条工业化生产线，2015 年东营方圆二期 200 kt/a 阴极铜项目顺利投产。2016 年 6 月，包头华鼎铜业公司采用氧气底吹连续吹炼炉取代传统的 PS 转炉改造工程投产，随后，氧气底吹连续吹炼炉又先后在国投金城、青海铜业及黑龙江紫金铜业项目顺利投产。

氧气底吹连续吹炼炉为圆筒形回转卧式炉型。富氧空气从炉子底部的氧枪连续鼓入熔池，使熔池形成剧烈搅拌，铜锍、熔剂和吹炼风快速反应，完成造渣、造铜等过程，炉内熔体形成粗铜层、铜锍层和渣层，经沉降分离，粗铜和吹炼渣分别从排放口放出。

氧气底吹连续吹炼渣型采用硅铁渣，获得较长的炉衬寿命。炉内熔池保持粗铜、白铜锍和吹炼渣三相，维持少量的白铜锍层，过程安全稳定。该吹炼工艺已经过多年工业化运行检验，炉寿命、氧枪寿命等均超过了预期，目前各项指标正在持续提升中。氧气底吹连续吹炼工艺具有以下优点：

（1）环保条件好。克服了转炉周期作业过程中铜锍包倒运、加料与排渣等环节产生的 SO_2 烟气无组织逸散，全系统硫的捕集率>99.8%，实现冶炼系统清洁生产。

（2）吹炼送风过程连续，烟气量稳定，降低了烟气处理系统生产成本。

（3）氧气底吹连续吹炼可以实现加料、供风、排渣、放铜全过程连续化，操作稳定，自动化程度高。

（4）底吹吹炼炉炉体可不设冷却元件，具有更高的吹炼热利用潜能，能够处理本系统的残极，还可以通过提高吹炼富氧浓度，在不增加设施的条件下，利用余热处理外购冷料。

（5）炉型结构简单，氧气从炉子底侧部吹入粗铜层，造渣氧势低。

（6）氧气底吹连续吹炼炉炉温稳定，能克服转炉周期作业温度波动过大的缺点，有利于大幅度提高吹炼炉的寿命，降低耐火材料消耗和维修工作量，从而降低炼铜成本。

（7）氧气底吹连续吹炼炉炉体无需大量铜水套冷却，设备投资及动力消耗小。

但是，由于氧气底吹连续吹炼工业化应用时间较短，发展中也面临以下方面的技术挑战：

（1）底吹吹炼氧枪寿命较底吹熔炼要短，换枪频率过高导致作业率偏低，劳动强度较大。

（2）由于吹炼阶段炉内大部分是粗铜，粗铜对耐火砖的渗透侵蚀较为严重，亟待进行长寿命耐火材料的研发。

4.4.1.3 粗铜精炼

铜火法精炼中阳极炉是核心设备，处理热态粗铜的阳极炉在炉型结构上主要有固定式反射炉和回转式阳极炉两种。固定式反射炉由于作业环境等原因已基本被淘汰。回转式阳极炉于 20 世纪 50 年代后期开发应用，80 年代末引进到国内，现在已经成为我国铜阳极火法精炼使用最多的阳极炉炉型。

回转式阳极炉优点是机械化程度高，操作可控性好，劳动生产率高，出铜操作安全。但回转式阳极炉精炼也存在以下不足。

（1）通常设多个透气砖和多个氧化还原装置，炉体结构复杂，每个氧化还原枪是一个单管结构，单个氧化还原口进气量小，氧化还原时间相对较长。

（2）在氧化还原位时，氧化还原口一般在熔体下较浅位置，熔体喷溅，氧化还原利用率低。

（3）为了熔体搅动均匀，一般炉体底部配置透气砖，透气砖内通氮气对粗铜进行搅拌。

（4）粗铜氧化时一般通压缩空气，若用富氧空气，氧化枪和氧化砖寿命均较短。

底吹精炼技术是基于底吹冶炼特点开发出来的，包头华鼎建成投产了首条工业化生产线。

底吹精炼炉为圆筒形回转卧式炉型，底部设置射流喷枪，单个底吹氧枪通气量大，熔体搅动效果好，氧化还原效率高，脱杂效果好；总气量大，氧化还原时间大大缩短，特别对连续吹炼含 S 较高的粗铜，精炼氧化效果更为明显，阳极精炼周期缩短；取消透气砖，炉体结构简化；底吹枪氧化时可鼓入富氧空气，氧化时间可以更短。

4.4.1.4　造锍捕金

近年来，为提高综合回收效益，部分黄金冶炼企业开始采用造锍捕金技术处理复杂金精矿，利用铜作为金银等贵金属的良好捕集剂，在熔炼过程将金精矿中的 99% 以上的金富集到铜锍，在铜锍吹炼过程中贵金属进入粗铜，在粗铜精炼中贵金属进入铜阳极板，在电解精炼中进入阳极泥中进一步富集，最终加以高效提纯。

“造锍捕金”过程是在 1150~1250 ℃ 的高温下，基于 MeS 能与 FeS 形成低熔点的共晶熔体（熔锍），这种共晶熔体在液态时能完全互溶，与熔渣基本互不相溶，且炉渣的密度比锍的密度小，于是在熔炼过程中主体金属硫化物被有效富集在熔锍中，而杂质氧化物则与 SiO_2 结合形成液态熔渣而被很好地分离除去。造锍熔炼过程中，锍是多种组分的共熔体，它以 Cu_2S、FeS 为主要成分，并熔有贵金属（Au、Ag）、铂族金属及少量其他金属硫化物（如 Ni_3S_2、Co_3S_2、PbS、ZnS 等）、氧化铁（Fe_2O_3、Fe_3O_4）及微量脉石成分的多元系混合物。其中原料中贵金属最终几乎都富集在锍中，再经过吹炼、火法精炼、电解精炼从阳极泥中加以回收。被氧化的铁和脉石（SiO_2、CaO）等结合形成炉渣（铁橄榄石），从而使富集贵金属的熔锍与部分铁及其他脉石杂质得到较好的分离。

目前被业界认为贵金属捕集率最高的冶炼技术当属富氧底吹造锍捕金技术，

即富氧底吹炼铜法，该方法是由水口山炼铅法扩展而来的，最初试验时处理的是含砷的硫化矿，将含金和含砷的硫化矿在水口山炉中进行造锍熔炼，使金富集于锍中，形成了"造锍捕金"工艺，该工艺取得成功以后，受到了国内外有色冶金界的高度关注，目前已成功应用于越南生权老街冶炼厂、山东方圆有色金属有限公司"氧气底吹造锍捕金项目"、山东恒邦股份有限公司"复杂金精矿综合回收技术改造工程"和内蒙古包头铜业发展有限公司"富氧熔池熔炼技术改造工程"，以及中条山垣曲冶炼厂、青海铜业、河南豫光金铅股份有限公司、中原黄金冶炼厂、国投金城冶金有限责任公司等十几家企业。

4.4.1.5 全热态底吹三连炉铜金冶炼

全热态底吹三连炉连续炼铜工艺流程，如图4-74所示。其中，阳极炉可以采用配置底吹射流氧化还原枪的底吹精炼炉，也可以采用配置常规氧化还原枪和透气砖的回转式精炼炉。

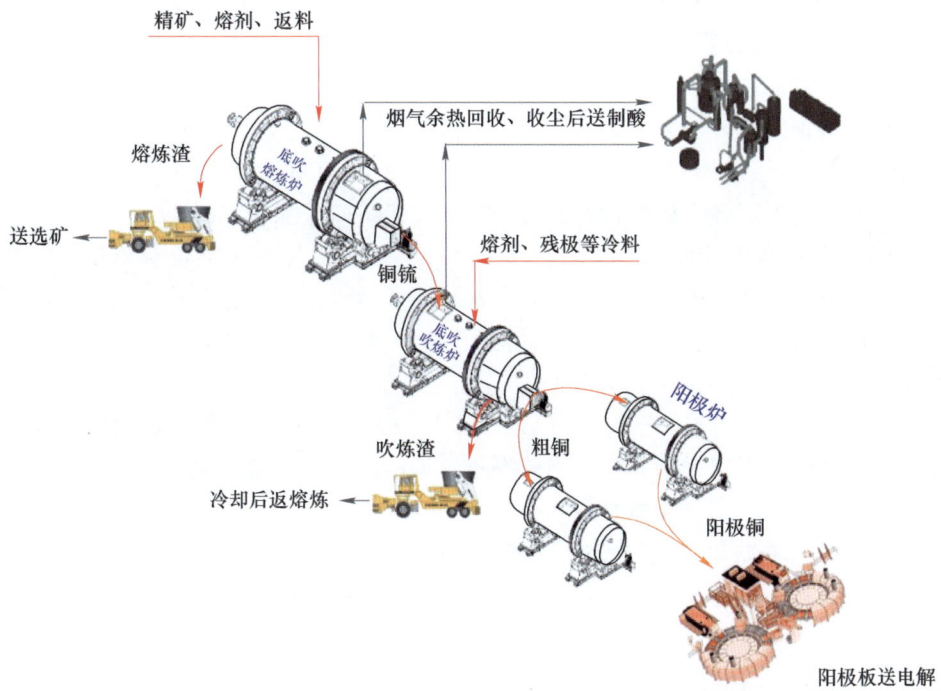

图4-74 全热态底吹三连炉连续炼铜工艺流程

全热态底吹三连炉铜金冶炼技术是中国恩菲联合包头华鼎铜业发展有限公司、国投金城冶金有限责任公司，在国家"863"课题"氧气底吹连续炼铜清洁冶炼关键技术与装备"所形成的"双底吹连续炼铜"和在传统熔池熔炼造锍捕金技术的基础上，产学研联合攻关，技术再升级再突破而开发出的具有自主知识产权的先进铜金连续冶炼技术。将先后发明的氧气底吹熔炼炉、氧气底吹连续吹炼炉和粗铜底吹精炼炉采用流槽连接，熔体通过流槽转运，实现全热态底吹三连炉连续作业，该技术具有原料适应性强、环保效果高、自动化程度高、综合能耗低等优点，成为引领铜金冶炼技术重要发展方向的主要支撑技术之一。

全热态底吹三连炉铜金冶炼技术具有以下特征。

（1）工艺流程简单。精矿等物料无需经干燥、制粒等处理直接入炉，氧气底吹熔炼炉、氧气底吹连续吹炼炉和粗铜精炼炉呈阶梯状配置，热态熔体通过流槽流入下游装置。

（2）投资省，安全环保条件好。相对于传统转炉吹炼，采用1台氧气底吹连续吹炼炉可以替代传统3台PS转炉，设备减少、人员减少，可降低项目的投资和运行成本；与传统的PS转炉工艺采用包子和吊车转运方式相比成功地解决了低空污染，消除了熔体吊运的安全隐患。

（3）节能减排效果显著。制酸尾气与环保烟气量和SO_2含量远低于同类吹炼工艺，尾气排放达到国际领先水平。

（4）运行成本低。综合处理铜精矿、金精矿、浸出渣、铜锍、二次铜物料等物料，以铜为载体，回收金、银、铅、锑等有价金属；氧气底吹熔炼炉富氧浓度73%，底吹连续吹炼的富氧浓度20%~70%，熔炼和吹炼烟气稳定且烟气量小，有利于降低制酸系统的投资和运行成本，经济效益显著。

（5）作业率高。通过计算机模拟研究，不断优化与改进喷枪及枪口砖结构及材质，氧气底吹熔炼炉喷枪使用寿命延长至180天，氧气底吹连续吹炼炉喷枪使用寿命延长至45天，氧气底吹熔炼炉作业率达到96%，氧气底吹连续吹炼炉作业率达到95%，作业率指标先进。

（6）底吹精炼采用底吹送风模式，送气量大，缩短了氧化还原时间，进而缩短了每炉精炼周期，提高了精炼效率；气流压力高，搅动效果好，可以显著提高粗铜的精炼效果，脱杂能力强。

（7）通过底吹氧化还原枪搅拌熔体的形式代替透气砖搅拌装置，炉体结构简单，投资省，同时能有效避免由于通过透气砖向粗铜熔体内鼓入氮气而导致的能耗损失。

4.4.2　工业生产技术及装置

全热态底吹三连炉铜金冶炼技术在基础理论研究、半工业试验和工业试验取得成功的基础上，通过工程技术开发和工艺参数优化、生产技术开发与改进实现了产业化稳定运行，其中主要的研究内容有：（1）利用物理实验模拟和计算机仿真模拟，优化底吹熔炼、吹炼和精炼三种冶金炉炉体结构、耐火材料内衬结构、出烟口、下料口、放铜口及放渣口的位置，优化喷枪结构、个数及布置；

（2）通过 Metsim、FactSage 等先进热力学软件，研究优化渣型及氧气鼓入粗铜层时粗铜、吹炼渣等热力学参数；（3）通过理论研究、小试试验对吹炼炉关键位点耐火材料进行了系统研究，有效延长了吹炼炉寿命；（4）采用先进过程控制软件建立冶炼过程全流程智能控制模型，实现了全热态底吹三连炉生产操作的自动化和智能化，解决了熔体流槽倒运无法计量导致生产稳定控制难的问题；（5）通过底吹精炼炉热态流动过程研究，实现了大流量底吹氧化还原枪的开发和氧化还原过程的高效及喷溅的合理控制；（6）全热态底吹三连炉铜金连续冶炼工艺及装备工程化研究。工程建设中对基础理论研究、小试试验、中试试验成果进行了集成工程化研究，试生产中对铜锍连续吹炼的工业化生产技术进行创新改进和提高，提高作业率、提高产量、提高粗铜质量和降低生产成本。

4.4.2.1　全热态底吹三连炉铜金冶炼工艺智能控制系统开发

全热态底吹三连炉铜金冶炼工艺过程中，底吹熔炼产出的热态铜锍经过流槽直接流入底吹连续吹炼炉内，吹炼炉产出的粗铜通过流槽直接流入阳极炉内，整个冶炼生产过程具有连续性、瞬时性的特点，熔体无法计量，生产稳定控制难度大，本项目建立了冶炼过程全流程智能控制模型，将熔炼和吹炼有机结合为一体，通过反馈和前馈计算，确保产品质量稳定、炉况处于优化状态。

A　控制系统结构体系

智能优化控制系统以智能优化控制计算机、实时监控操作计算机和现场可编程控制器 DCS 系统形成两级控制结构，通过内部网络与企业内部数据库服务器相连。系统总体结构如图 4-75 所示。

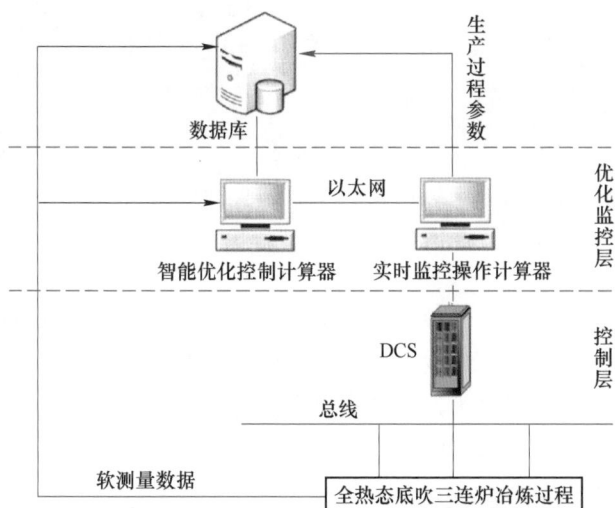

图 4-75　全热态底吹三连炉铜金冶炼工艺智能优化控制结构

B　控制思路及控制系统反馈策略

对于底吹炉熔炼而言，原料波动对铜锍品位、渣型、铜锍温度具有显著影响，因此需通过智能控制系统，采取配料制度优化减少原料波动及采取操作制度优化减少原料波动对熔炼的影响。对于底吹熔炼，重点针对铜锍品位、熔炼渣铁硅比及渣温度三个重要参数，分别建立了底吹熔炼炉机理模型和数据驱动模型，分别对三个重要参数进行预测，在此基础上设计了智能协调器，提高熔炼炉三大参数的预测精度。将底吹熔炼炉前馈计算模型得到的铜锍品位、渣铁硅比及渣温度等重要参数的目标值和通过仪器测量的实际值进行对比，判定两者之间是否存在偏差。若存在偏差，根据模型机理，分析原因，并相应调整机理模型中的设定参数，提出相应调整措施；若不存在偏差，则保持机理模型中参数不变，并维持相应措施。主要控制策略如图 4-76 所示。

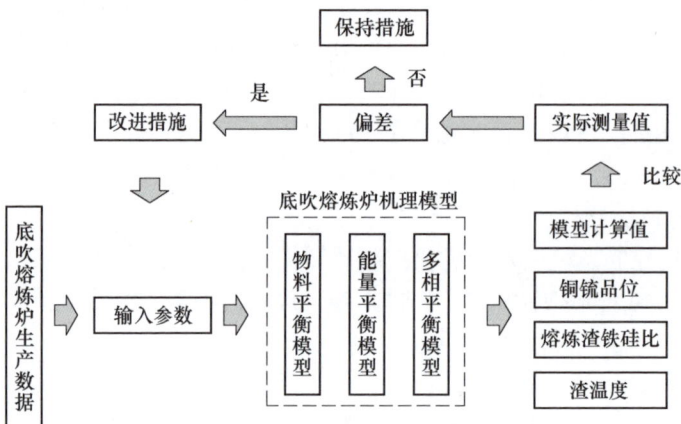

图 4-76　底吹熔炼智能反馈控制策略

对于底吹连续吹炼工艺而言，针对粗铜品位、吹炼渣铁硅比及渣温度三个重要参数，分别建立底吹吹炼炉机理模型和数据驱动模型，分别对三个重要参数进行预测，在此基础上设计智能协调器，提高吹炼炉三大参数的预测精度。对于反馈控制策略而言，通过相应仪器对粗铜品位、吹炼渣铁硅比及渣温度进行测量，与前馈模型计算值进行对比，根据对比结果，利用专业知识分析原因，然后针对性地调节输入参数，得到富氧空气量及熔剂量的修正值，使得前馈模型计算得到的预测值与仪器的测量值更为接近，从而降低前馈模型的误差。然后将数据反馈至输入参数。主要控制策略如图 4-77 所示。

C　系统反馈控制实施步骤

对于全热态底吹三连炉铜金冶炼工艺而言，采用传统冶炼机理模型仅能得到生产参数的理论值，通过智能反馈控制策略可以将控制参数无限接近实际生产

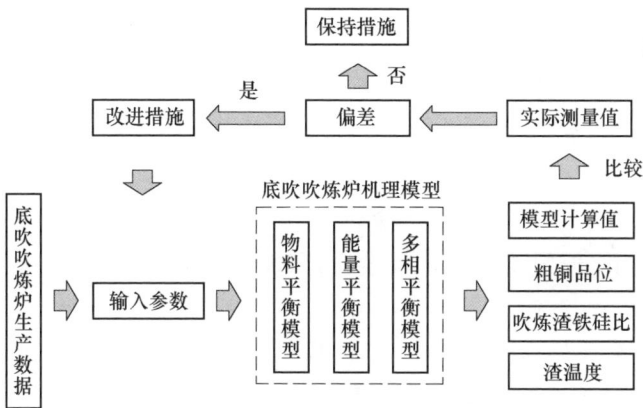

图 4-77　底吹连续吹炼智能控制策略

值，但是所需操作周期长、反馈效率低，得到的数据难以及时准确地作用于反馈控制过程，影响了控制系统的精度，无法满足智能控制实时性的要求。对于单一利用机理模型存在的缺陷，本系统采用 BP 神经网络模型预测数据代替实测值作为反馈参数，作用于反馈控制模块，从而建立了机理模型和数据驱动模型相结合的混合控制模型，如图 4-78 所示。

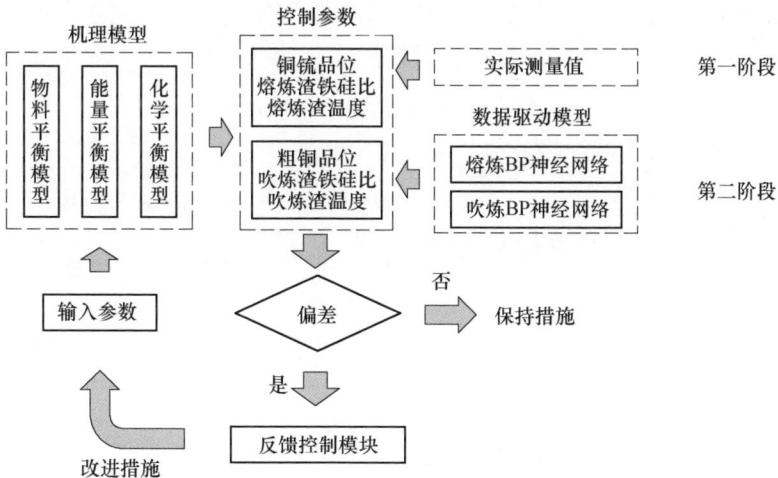

图 4-78　系统反馈控制流程

该系统的实施分为两个阶段，第一阶段，投产初期，由于实际生产数据较少，支撑不起数据驱动模型的建立，此时采用单一机理模型进行，通过实际生产数据的检测，作为反馈变量进行反馈控制，同时将生产过程中的各种参数存入数据库。当生产一定时间，积累了大量实际生产数据后，建立底吹熔炼和吹炼的

BP 神经网络模型，对底吹熔炼和底吹吹炼三大参数进行预测，并与实际测量值进行对比，当满足控制系统精度要求后，切换到系统的第二阶段，即神经网络预测值作为反馈变量进行反馈控制。控制系统采用了机理模型和数据驱动模型相结合的控制策略，通过 BP 神经网络模型预测值代替实际测量值，可以减小由于实际检测值测量延后及不规律性产生的误差。同时，在切换到第二阶段后，神经网络模型并不是一成不变的，在此过程继续收集存储在数据库中的实际生产数据，并定期对神经网络模型进行修正，提高模型预测精度，继而提高整个智能控制系统的精度。

4.4.2.2 氧气底吹连续吹炼炉技术提升

A 底吹炉热态流动过程的数值模拟

通过引入相应的多相流模型，研究底吹炉内复杂的多相流动过程。采用的 VOF 模型及湍流模型可以很好地描述底吹炉内的流动过程，为底吹炉内热态流动过程的模拟研究提供了理论基础。

a 模拟方案确定

影响底吹炉内流动过程的因素很多，包括氧枪角度、底吹气体流量及熔池深度等。本研究以实际大小的底吹炉作为研究对象，分析上述三个因素对底吹炉内流动过程的影响规律。

本研究中熔体从上至下依次为渣层、铜锍层和粗铜层。因此在模拟中，也把熔体分为三层，每一层的厚度和材料属性见表 4-74。

表 4-74 物性参数及操作参数设置

项目	密度 /kg·m^{-3}	动力黏度 /Pa·s	表面张力 /N·m^{-1}	温度 /K	厚度 /m
渣层	3500	0.46288	0.42	1473	0.2
铜锍层	4800	0.01	0.45	1473	0.2
粗铜层	7800	0.00209	1.34	1473	1.145

b 氧枪角度对流动过程的影响

为了研究氧枪角度对吹炼过程的影响规律，本研究中设计了三种不同的氧枪角度布置方案，其中方案 A 的氧枪与竖直方向的夹角均为 10°；方案 B 的奇数编号的氧枪与竖直方向夹角为 10°，偶数编号的氧枪与竖直方向的夹角为 20°；方案 C 的氧枪与竖直方向的夹角全部为 20°。

图 4-79 为方案 A 喷吹时间为 0.35 s 时刻的气泡形貌图，从图中可以看到，尽管每支氧枪的出口条件完全一样，但是每支氧枪所对应的气泡的上升高度各不相同。这是因为气泡的上升过程要受到周围熔体的影响，而氧枪在炉子中所处的

位置不一样，所以每个氧枪喷出的气泡的运动轨迹也会受到一定的影响。

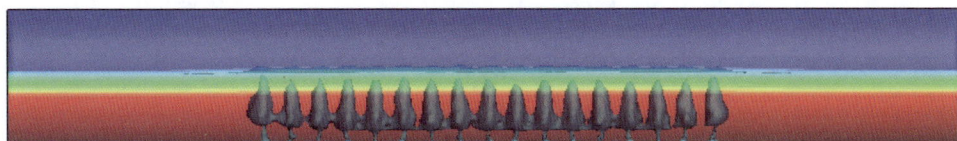

图 4-79　A 方案氧枪喷吹 0.35 s 时的气泡形貌

图 4-80 为方案 A 不同时刻的气泡轮廓线图，从图中可以看到每一个气泡冲破熔体层的具体时间。按照方案 A 的方法，还统计了方案 B 和方案 C 的每一支氧枪的气泡冲破熔体层所需要的时间，见表 4-75。从表 4-75 中可以清楚地看到：三种氧枪的平均气泡冲破熔体的时间分别为 0.441 s、0.4375 s 和 0.4377 s，氧枪交替排列的方案的气泡上升时间最短。

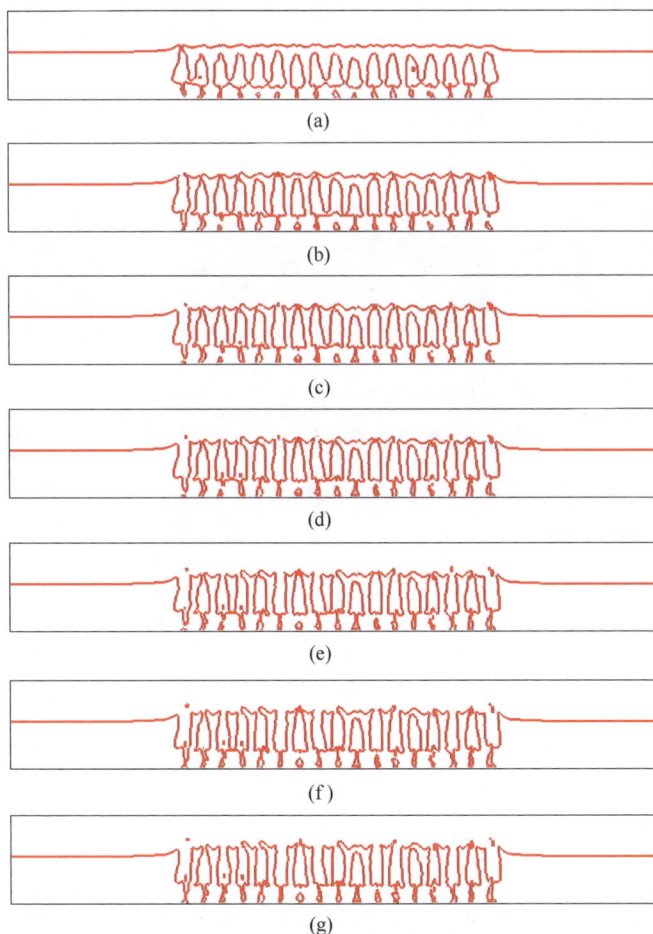

(a)

(b)

(c)

(d)

(e)

(f)

(g)

(h)

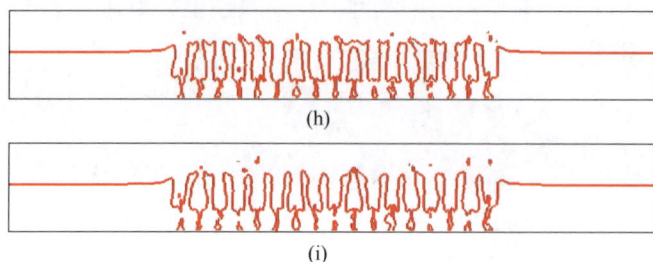

(i)

图 4-80 方案 A 不同时刻的气泡轮廓

(a) 0.3815 s；(b) 0.424 s；(c) 0.4329 s；(d) 0.4374 s；(e) 0.4424 s；
(f) 0.4478 s；(g) 0.4527 s；(h) 0.462 s；(i) 0.4996 s

表 4-75 三种方案的气泡冲破熔体层的时间　　　　　　　　(s)

编号	方案 A	方案 B	方案 C
1	0.3815	0.4161	0.4258
2	0.4424	0.4669	0.4373
3	0.4329	0.4542	0.485
4	0.4424	0.4669	0.4411
5	0.4424	0.4361	0.4814
6	0.424	0.4463	0.4258
7	0.4527	0.4161	0.4176
8	0.4424	0.4427	0.4455
9	0.4424	0.4161	0.4214
10	0.4996	0.45	0.4214
11	0.4478	0.4161	0.4258
12	0.4374	0.4397	0.4496
13	0.462	0.4161	0.4496
14	0.4478	0.4463	0.4411
15	0.4329	0.4283	0.4299
16	0.4424	0.4303	0.4176
17	0.424	0.45	0.4258
平均时间	0.441	0.437541	0.437747

图 4-81 是三个方案的熔池平均速度随着喷吹时间的变化关系，从图中可以看到，三种方案的熔池平均速度的变化规律一致。0.4 s 之前，熔池平均速度快速上升；0.4~0.65 s，上升速率会降低；超过 0.65 s 之后，会经历一个平均速度下降的过程。从图 4-81 中可以看到速度曲线产生这样变化规律的原因。当喷吹

时间小于 0.4 s 的时候，第一个气泡还没有到达熔体表面处，所以这个时间段内的气体与熔体的动量交换充分，熔池平均速度上升快。在 0.4~0.65 s，会有一部分气体从熔池表面逃逸，使得熔池平均速度上升有所减缓。0.6~0.75 s，有大量的气体从熔体表面处逃逸，气体传递给熔体的动能大量减少，由于熔体的黏性作用，会使得部分动能耗散掉，从而使得这个时间段内的熔池平均速度会呈现降低的趋势。

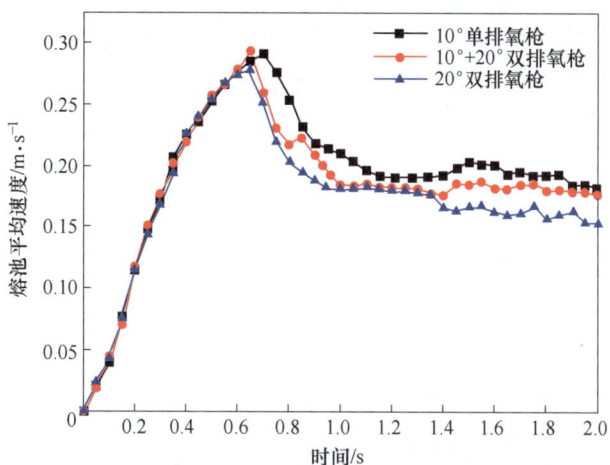

图 4-81　熔池平均速度变化曲线

方案 A 不同时刻气泡形貌图如图 4-82 所示。

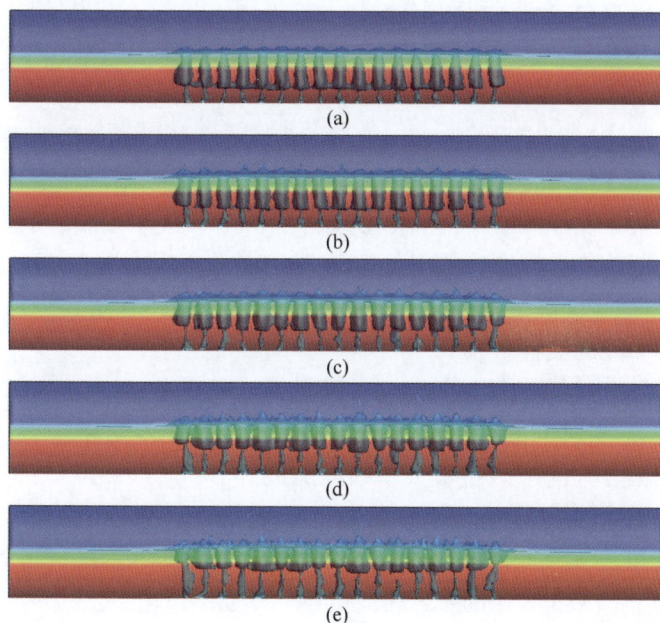

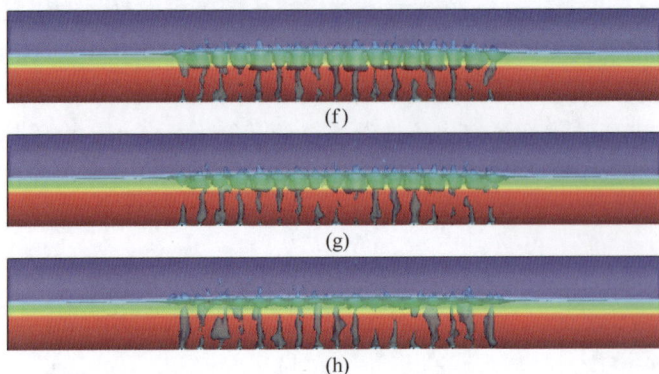

图 4-82　方案 A 不同时刻气泡形貌

(a) 0.4 s；(b) 0.45 s；(c) 0.5 s；(d) 0.55 s；(e) 0.6 s；(f) 0.65 s；(g) 0.7 s；(h) 0.75 s

图 4-83 是三种方案的熔池内平均湍动能变化曲线，从图中可以看到，在喷吹时间为 0~0.2 s 的时候，平均湍动能上升缓慢，这是因为这个时间段内的气泡位于熔池的底部位置，熔池的底部熔体密度大，惯性也比较大，所以气体造成的平均湍动能上升较小。当喷吹时间为 0.2~0.4 s 时，气体离液面顶部距离较近，一方面由于深度浅，造成的熔体静压力小，另一方面由于顶

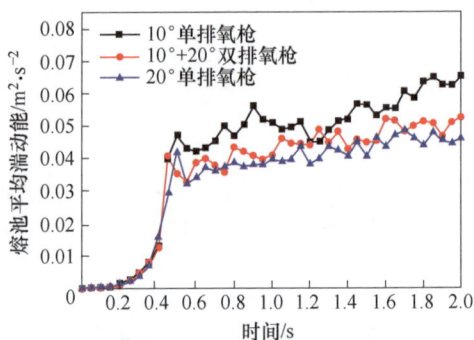

图 4-83　熔池平均湍动能变化曲线

部是密度较小的渣层，使得熔体静压力进一步减小，所以气体射流造成的熔池平均湍动能的上升会剧增。当喷吹时间大于 0.4 s 之后，平均湍动能依然呈上升趋势，但是上升趋势明显减缓。当氧枪形式为全部 10° 的单排氧枪时，平均湍动能上升最快，全部为 20° 单排氧枪时，平均湍动能的上升最慢。这是因为氧枪为 10° 时，氧枪喷嘴平面离熔池表面的距离最远，所以气体在熔体中所经历的路径最长，造成的动能的交换最大。

图 4-84 是三种方案的熔池喷溅量变化曲线。从图 4-84 中得知，喷溅发生的时间均为 0.5 s。当氧枪角度全部为 10° 时，由于底吹气体的竖直方向上的速度分量较大，所以该方案的喷溅量最大，喷吹时间为 2 s 时的喷溅量为 2273. 92 kg；当氧枪角度全部为 20° 时，由于底吹气体的竖直方向上的速度分量较小，所以该方案的喷溅量最小，喷吹时间为 2 s 时的喷溅量为 1204. 87 kg；当氧枪为 10° 和 20° 叉排的时候，喷溅量介于两者之间，喷吹时间为 2 s 时的喷溅量为 1765. 42 kg。

c 气体流量对流动过程的影响

为了研究气体流量对流动过程的影响规律，本研究中设计了三种不同气体流量(标态)的方案：A 1600 m³/h，B 2400 m³/h，C 3000 m³/h。在进行全炉热态模拟的过程中，为了简化计算，把原来复杂的氧枪结构简化成了一根直管，所以这里取两个通道的压力的面积加权平均值作为热态模拟过程的边界条件。三种方案的进口边界条件设置值见表4-76。

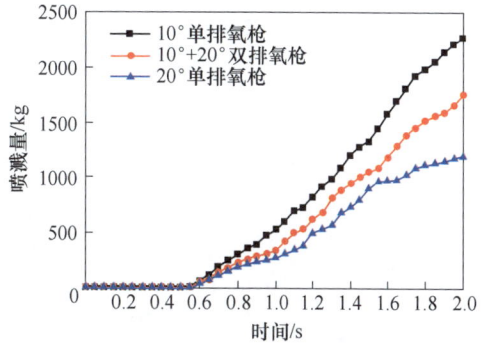

图 4-84　熔池喷溅量变化曲线

表 4-76　三种方案的边界条件

项目	方案 A	方案 B	方案 C
静压/Pa	517933	517933	517933
总压/Pa	538014	582888	611246

与上述采用相同的方法分析气体流量对气泡上升时间的影响规律，得到的各个气体流量的气泡上升时间值，列举在表4-77中。从表4-77中可以看到，三种方案的气泡平均上升时间分别为 0.459 s、0.438 s 和 0.432 s。气体流量越大，气泡的上升时间越短。

表 4-77　三种方案的气泡冲破熔体层的时间　　　　(s)

编号	方案 A	方案 B	方案 C
1	0.4012	0.4161	0.4034
2	0.4921	0.4669	0.4431
3	0.4503	0.4542	0.4483
4	0.4541	0.4669	0.4442
5	0.4669	0.4361	0.4205
6	0.4921	0.4463	0.4652
7	0.4712	0.4161	0.4403
8	0.4541	0.4427	0.4611
9	0.4626	0.4161	0.4245
10	0.4626	0.45	0.4216
11	0.4585	0.4161	0.4205

编号	方案 A	方案 B	方案 C
12	0.443	0.4397	0.4165
13	0.4626	0.4161	0.4205
14	0.4796	0.4463	0.4442
15	0.5005	0.4283	0.4205
16	0.4212	0.4303	0.4065
17	0.4385	0.45	0.4403
平均时间	0.459476	0.437541176	0.431835

图 4-85 为三种不同气体流量下的熔池平均速度变化曲线,从图中可以看出,气体流量越大的方案熔池平均速度越大。方案 A 在气体喷吹时间为 0.7 s 时出现速度拐点;方案 B 和方案 C 在喷吹时间为 0.65 s 时出现速度拐点。这是因为方案 A 的速度较低,气泡冲破熔体层的时间较晚,所以气体从熔池表面逃逸的时间也较晚,需要到达 0.7 s 以后才有大量的气体从液面逃逸,导致熔体的平均速度降低。

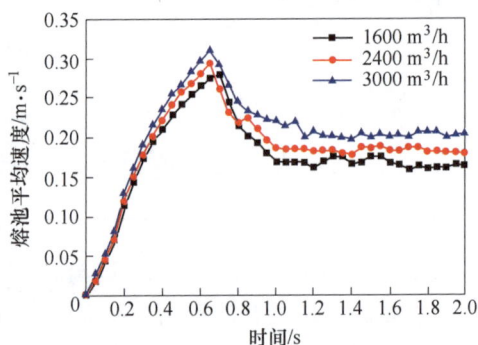

图 4-85　熔池平均速度变化曲线

图 4-86 为三种不同流量下的熔池平均湍动能变化曲线,从图中可以发现,不同流量下的平均湍动能变化趋势一致。在喷吹时间为 0~0.2 s 的时候,平均湍动能上升缓慢,这是因为这个时间段内的气泡位于熔池的底部位置,熔池底部熔体的密度大,惯性也比较大,所以气体造成的平均湍动能上升较小。当喷吹时间为 0.2~0.4 s 时,气体离液面顶部距离较近,一方面由于深度浅,造成的熔体静压力小,另一方面由于顶部是密度较小的渣层,使得熔体静压力进一步减小,所以气体射流造成的熔池平均湍动能的上升会剧增。当喷吹时间大于 0.4 s 的时候,有气泡会逐渐冲破熔体层,部分气体逃逸,使得气体与熔体之间的动能交换减弱,从而会有一个短暂的平均湍动能下降的过程。最后,熔池平均湍动能逐渐趋于平稳。

图 4-87 为三种不同流量下的熔池喷溅(标态)量随时间的变化曲线,从图中可以得知,气体流量越大,熔池喷溅量就越大。当气体流量(标态)为 1600 m³/h 和 2000 m³/h 时,喷溅现象从 0.55 s 开始发生,而当气体流量(标

态）增大到 2400 m³/h 时，喷溅现象从 0.5 s 就开始发生。喷吹时间为 2 s 时，三种方案的熔池喷溅量分别为 1354.36 kg、1765.42 kg 和 2468.3 kg。

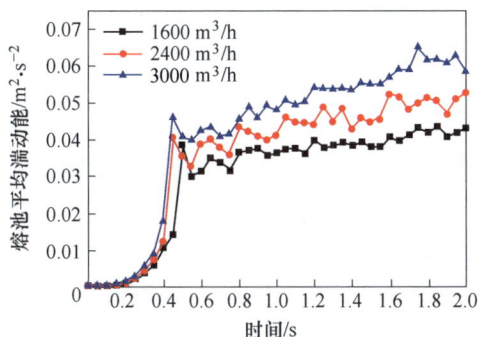

图 4-86　熔池平均湍动能变化曲线

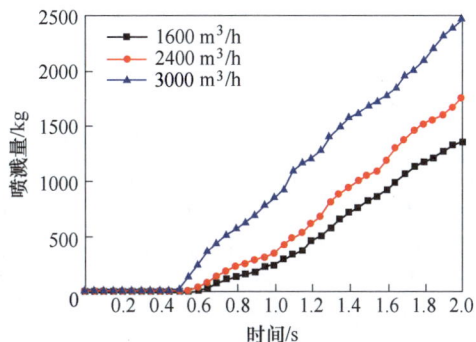

图 4-87　熔池喷溅量变化曲线

d　熔池深度对流动过程的影响

本研究中还探讨了熔池深度对流动过程的影响规律，设计了三种不同的熔池深度，每一种方案的详细设置方式见表 4-78。

表 4-78　熔池深度设置

项　　目	方案 A	方案 B	方案 C
渣层厚度/mm	160	200	240
铜锍层厚度/mm	160	200	240
粗铜层厚度/mm	916	1145	1374
熔体总厚度/mm	1236	1545	1854

与 B 中采用相同的方法分析熔池深度对气泡上升时间的影响规律，得到的各个熔池深度的气泡上升时间值列举在表 4-79 中。从表 4-79 中可以看到，三种方案的气泡平均上升时间分别为 0.328 s、0.438 s 和 0.538 s。熔池深度越深，气泡的上升时间越长。

表 4-79　三种方案的气泡冲破熔体层的时间　　　　　　　　（s）

编号	方案 A	方案 B	方案 C
1	0.3247	0.4161	0.5285
2	0.3066	0.4669	0.5487
3	0.3161	0.4542	0.5391
4	0.3161	0.4669	0.4648
5	0.3325	0.4361	0.6243
6	0.3247	0.4463	0.4743

编号	方案 A	方案 B	方案 C
7	0.3325	0.4161	0.6046
8	0.3325	0.4427	0.4835
9	0.3325	0.4161	0.6667
10	0.3247	0.45	0.4555
11	0.3325	0.4161	0.6146
12	0.3247	0.4397	0.4648
13	0.3325	0.4161	0.6346
14	0.3247	0.4463	0.4462
15	0.3325	0.4283	0.6346
16	0.3404	0.4303	0.4555
17	0.3477	0.45	0.5078
平均时间	0.328112	0.437541176	0.538124

图 4-88 为三种熔池深度下的熔池平均速度变化曲线,从图中可以看出,当喷吹时间小于 0.328 s 时,深度越浅的方案中的熔池平均速度越高。这是因为三种方案的氧枪个数和气体流量相同,熔池深度越浅,受气体射流影响的熔体体积占总的熔体体积的百分比越大,所以熔池平均速度较高。而当深度为 1.236 m 的方案喷吹时间超过表 4-79 中所统计的平均气泡上升时间以后,熔体的平均速度上升趋势减缓,超过 0.5 s 之后,熔池平均速度会呈现下降趋势,最后,熔池平均速度趋于平稳。另外两种深度下的熔池平均速度变化趋势与之类似,只是由于气泡上升时间增加,导致速度拐点出现的时间也相对延后。当三种方案的熔池平均速度都趋于稳定之后,熔池深度越深的方案的熔池平均速度越高,这是因为熔池深度越深,气体射流与熔体之间的动量交换越充分,所以熔池平均速度高。

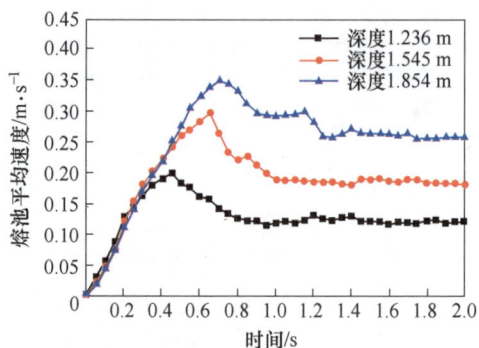

图 4-88　熔池平均速度变化曲线

图 4-89 为三种深度下的熔池平均湍动能变化曲线,从图中可以看出,三种熔池深度下的熔池平均湍动能变化趋势一致。在第一个气泡到达液面之前大概

0.1 s 范围内，熔池平均湍动能会急剧上升，之后呈缓慢上升趋势。当喷吹时间超过第一个气泡的上升时间之后，熔池深度越深的方案熔池平均湍动能上升幅度越大。其原因也是因为深度越深的方案，气体射流与熔体之间的动量交换越充分。

图 4-90 为三种不同熔池深度下的喷溅量变化曲线。从图 4-90 中可以看到，由于深度为 1.236 m 的方案的第一个气泡上升时间为 0.328 s，所以该方案在 0.4 s 的时候就开始有喷溅现象发生。而对于另外两种方案，喷溅发生的时间相对较晚。熔池深度越浅，喷溅量上升的斜率越小。这是因为熔池深度较浅的方案，熔池表面与计算区域的出口的距离越远。由于重力的作用，对于一些飞溅速度不高的熔体，它们不能够飞溅到计算区域的顶部位置，进而不会对喷溅量的总量产生影响。

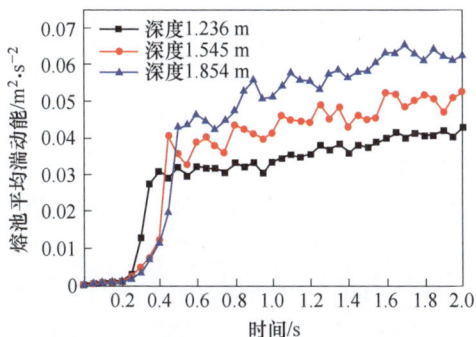

图 4-89　熔池平均湍动能变化曲线　　　　图 4-90　熔池喷溅量变化曲线

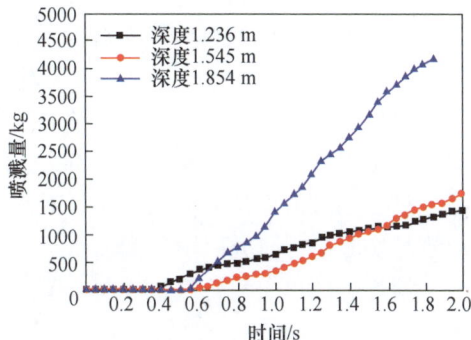

通过氧枪角度、气体流量和熔池深度等参数对底吹炉内流动过程的影响规律的研究，得到以下结论：

（1）氧枪布置角度对于气泡上升时间的影响较小，三种排布方式下的气泡平均上升时间分别为 0.441 s、0.4375 s 和 0.4377 s。但是由于氧枪按照 10° 排布的时候，氧枪平面离熔池表面的距离较远，气泡上升过程中所经历的路径较长，气泡与熔体之间动量的交换较为充分，所以 10° 单排氧枪对应的方案的熔池平均速度和熔池平均湍动能较高。喷吹时间为 2 s 时，三种方案的熔池喷溅量分别为 2273.92 kg、1765.42 kg 和 1204.87 kg。

（2）随着气体流量的增大，气泡平均上升时间减小，并且熔池的平均速度、平均湍动能和喷溅量增大；当气体流量（标态）为 1600 m³/h、2400 m³/h 和 3000 m³/h 时，气泡平均上升时间分别为 0.459 s、0.438 s 和 0.432 s；气体流量（标态）为 1600 m³/h 的方案对应的熔池平均速度拐点在 0.6 s 时出现，而另外两个方案的拐点出现时刻为 0.7 s；气体流量（标态）为 1600 m³/h 的方案的熔池平均湍动能在 0.45~0.5 s 会激增，而另外两个方案的熔池湍动能激增发生在0.4~0.45 s；三种气体流量下的熔池喷溅量分别为 1354.36 kg、1765.42 kg 和 2468.3 kg。

（3）当熔池深度分别为 1.236 m、1.545 m 和 1.854 m 时的气泡平均上升时间分别为 0.328 s、0.438 s 和0.538 s；熔池深度越大，熔池平均速度拐点出现的时间越靠前，并且当速度趋于稳定之后的稳定值越大；熔池深度为 1.236 m 的方案中，熔池平均湍动能在 0.25 s~0.35 s 会激增，之后熔池平均湍动能会在震荡过程中缓慢上升，另外两个方案的熔池平均湍动能变化趋势与之相近，只是激增时间段相对靠后；熔池深度为 1.236 m 的方案的喷溅现象在 0.4 s 时就开始出现，另外两个方案的出现时间为 0.55 s，熔池深度越深，喷溅量曲线的斜率越大。

通过数值模拟研究分析，结合工程实际，底吹炉熔池深度为 1200 mm，氧枪角度单排或双排布置对实际生产影响较小，氧枪送气量较大时，熔体喷溅量较大，故需要通过把加料口移除氧枪区域的方案来减少熔体的喷溅。

B　大气量氧枪底吹送风的技术创新

氧枪是底吹熔池熔炼工艺的核心装备，氧枪的直径大小、结构形式和氧枪的寿命直接关系到冶炼效率、炉衬寿命、生产作业率及粗铜品质，根据底吹炉热态流动过程的数值模拟研究结果，针对氧枪的直径、通道面积和结构形式等方面结合现场实际进行研究。

熔炼炉的单支氧枪气量（标态）约为 2500 m³/h，而吹炼炉的单支氧枪送风量最大约为 4000 m³/h，氧枪的送风量达传统氧枪的 3~4 倍。连吹炉大气量氧枪如图 4-91 所示。

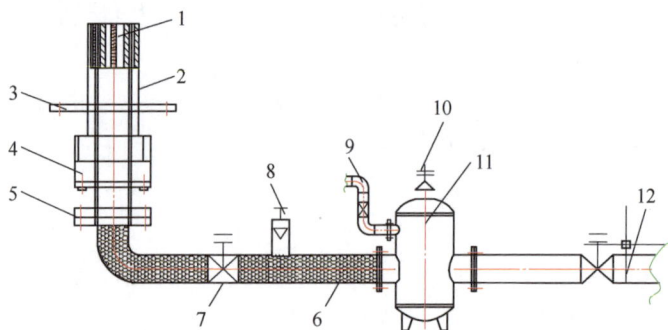

图 4-91　氧气底吹连续吹炼炉大气量氧枪

1—喷头；2—外壳；3—连接到连吹炉法兰；4—氧枪外壳与喷头固定座；
5—氧枪与混合气进口钢丝管联接法兰；6—软联接钢丝管；7—全自动调节阀门；
8—流量计；9—氧气进口；10—安全阀；11—氧气与压缩空气混合罐；12—压缩空气进口

冶炼过程中在相同处理量的条件下，鼓入炉内的总气量基本不变，采用大氧枪进行底吹送风，冶金炉所设置的氧枪数量相对减少。本项目熔炼炉需要鼓入的总气量（标态）约为 15000 m^3/h，大氧枪的实际使用数量为 6 支，若采用传统氧枪，则氧枪的使用数量约为 10 支，采用大氧枪进行底吹送风氧枪的数量减少 40% 左右。本项目吹炼炉需要鼓入的总气量约为 13000 m^3/h，大氧枪的实际使用数量为 3 支，若采用传统氧枪，则氧枪的使用数量约为 9 支，采用大氧枪进行底吹送风氧枪的数量减少 60% 左右。

氧枪数量的减少大大减少了氧枪的维护工作量。同时，氧枪使用数量的减少，可以在工业炉设计过程中适当增加备用氧枪的数量，便于冶炼过程中不同枪位氧枪的灵活切换。

C　关键位点长寿命耐火材料内衬的研究

关键位点耐火材料的寿命关系整个工艺系统的稳定运行，是工艺正常生产的直接保障。通过对全热态底吹三连炉工艺炉体关键位点耐火材料侵蚀机理的研究，可以更好地采取相应措施，提升炉体寿命，提升系统作业效率。

a　渣线区长寿命耐火材料研究

图 4-92 为底吹炉水力模拟状态图。从图 4-92 中可以看出，在渣线区域，熔体在气体的搅动之下对侧壁耐火材料产生剧烈的冲刷剪切，此处耐火材料寿命受到严峻的考验。

图 4-92　水力模型实验照片

针对底吹连续吹炼过程耐火材料侵蚀情况做了大量研究分析，发现氧枪区渣线处耐火材料内衬受到的侵蚀最大，耐火砖之间最大缝隙达到了 30 mm，砖缝深达到了 50 mm。氧枪区对应渣线处耐火材料的寿命将是影响连续吹炼炉寿命的重要因素之一。

从渣线处取样的耐火砖断面可以看出，耐火砖内部有丝状和点状的金属铜样物质，很明显，金属铜已经渗透到耐火砖内部，耐火砖断面存在明显的热裂现象（图4-93），且耐火砖组织疏松，孔隙率较高，在孔隙处有金属铜样渗透当中。从图4-94中可以看出，耐火砖内组织极不均匀，且不同组织间出现较大的裂缝，裂缝处金属铜样连成丝状。

图 4-93　耐火砖热裂显微照片

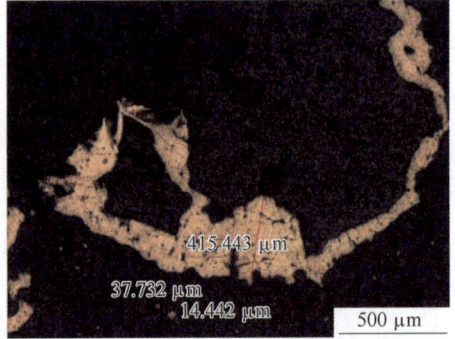

图 4-94　铜液对耐火材料侵蚀的金相照片

图4-95为耐火砖断面SEM照片，图4-96为耐火砖不同组织间铜液渗透SEM照片。从图4-95和图4-96中可以看出，耐火材料内不同组织之间出现较大的裂缝，铜液通过裂缝进行了渗透。

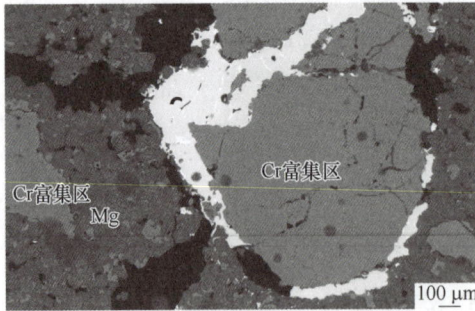

图 4-95　耐火砖断面 SEM 照片

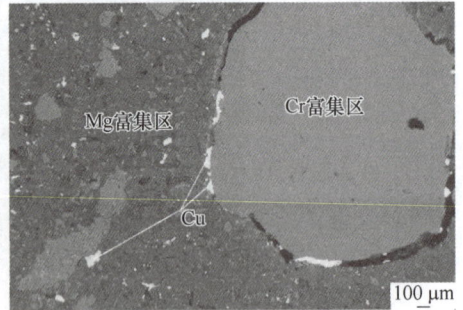

图 4-96　耐火砖不同组织间铜液渗透 SEM 照片

图4-97和图4-98分别为耐火材料中较大孔隙处熔体的侵蚀情况。从图4-97中可以看出，Ca-Si渣和铜液一起渗透在耐火材料孔隙处，渣处于铜液和耐火材料界面处；从图4-98中可以看出，Ca-Fe渣和铜液一起渗透进耐火材料孔隙中后，Fe_2O_3和耐火砖基体形成了FeO_n-MgO固溶体。

熔体向耐火材料内渗透可由下式表示：

$$X = \sqrt{\frac{r\sigma\cos\theta}{\eta}\tau} \tag{4-33}$$

式中　X——渗透深度；

　　　r——耐火材料孔隙的半径；

　　　σ——熔体的表面张力；

　　　η——熔体的黏度；

　　　τ——时间；

　　　θ——熔体在耐火材料上的接触角。

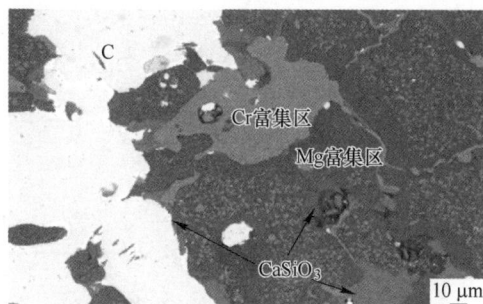

图 4-97　Ca-Si 渣和铜液侵蚀 SEM 照片

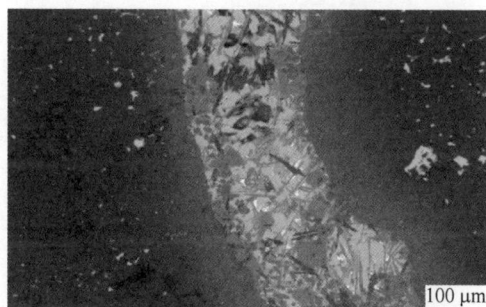

图 4-98　Ca-Fe 渣和铜液浸蚀 SEM 照片

　　铜液和渣相比，铜液的表面张力是渣的 10 倍左右，而黏度则是渣的 1/4~1/5，所以铜的渗透浸蚀比渣要严重得多。

　　渣线采用直接结合镁铬砖，其内部组织结构很不均匀，且孔隙率较大，吹炼过程中，在熔体的冲刷及受热膨胀下，镁铬砖内部不同组织间孔隙增大，黏度很小的铜液通过孔隙通道渗透到耐火砖的内部，并在缝隙处连成丝状，在组织内部孔隙处，金属铜液大部分呈点状渗入。在熔体不断冲刷和耐火砖内部组织热膨胀下，耐火砖开始脱落。

　　通过 FactSage 软件耐火材料材质分别与 Cu_2O 和 CuO 形成的二元相图进行了模拟。

　　图 4-99 和图 4-102 为常用耐火材料材质与 Cu_2O 或 CuO 的二元相图。由

图 4-99~图 4-102 可知, 在 1000~1400 ℃范围内, CuO 比较稳定均不与所测耐火材料成分反应。而 Cu_2O 在一定温度下与所测成分反应产生液相, 与 ZrO_2、Al_2O_3 和 MgO 在 1250 ℃以上产生液相。因此, 考虑生产运行成本和经济性, 液相区附近应以刚玉质和镁质耐火材料为主。

Al_2O_3-CuO
1 atm

Al_2O_3(s4)+CuO(s)

Al_2O_3(s4)+CuO(s)

Al_2O_3(s4)+CuO(s)

Al_2O_3(s4)+CuO(s) Al_2O_3(s4)+CuO(s)

$Al_2O_3/(Al_2O_3+CuO)$(mol/mol)

(a)

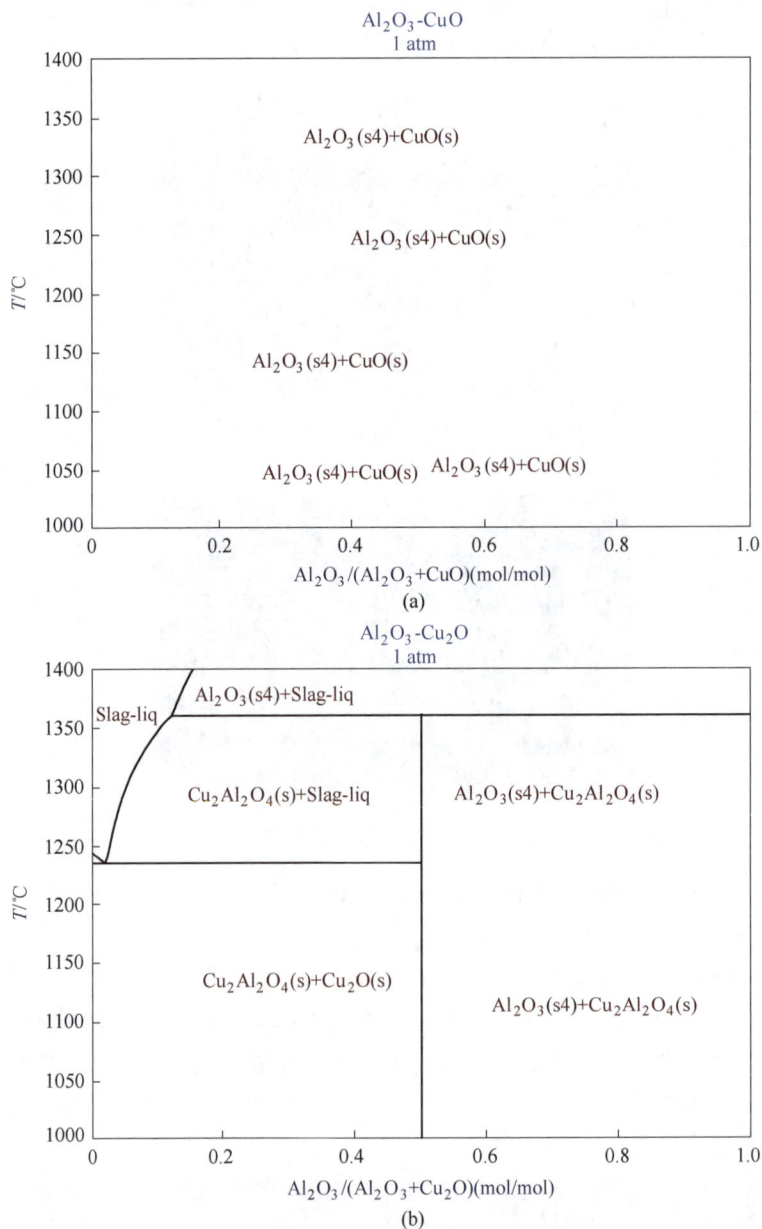

Al_2O_3-Cu_2O
1 atm

Al_2O_3(s4)+Slag-liq

Slag-liq

$Cu_2Al_2O_4$(s)+Slag-liq

Al_2O_3(s4)+$Cu_2Al_2O_4$(s)

$Cu_2Al_2O_4$(s)+Cu_2O(s)

Al_2O_3(s4)+$Cu_2Al_2O_4$(s)

$Al_2O_3/(Al_2O_3+Cu_2O)$(mol/mol)

(b)

图 4-99 Al_2O_3 与 Cu_2O 或 CuO 的二元相图

(a) Al_2O_3-CuO; (b) Al_2O_3-Cu_2O

MgO-CuO
1 atm

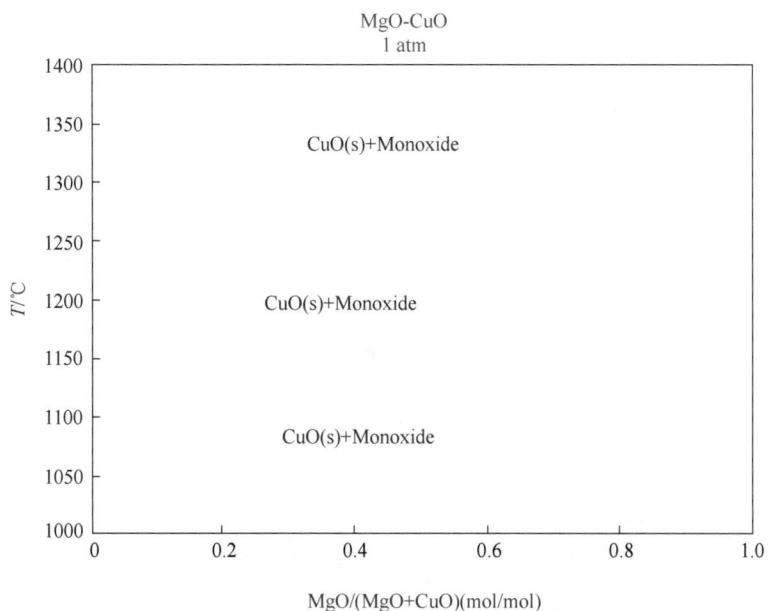

(a)

MgO-Cu$_2$O
1 atm

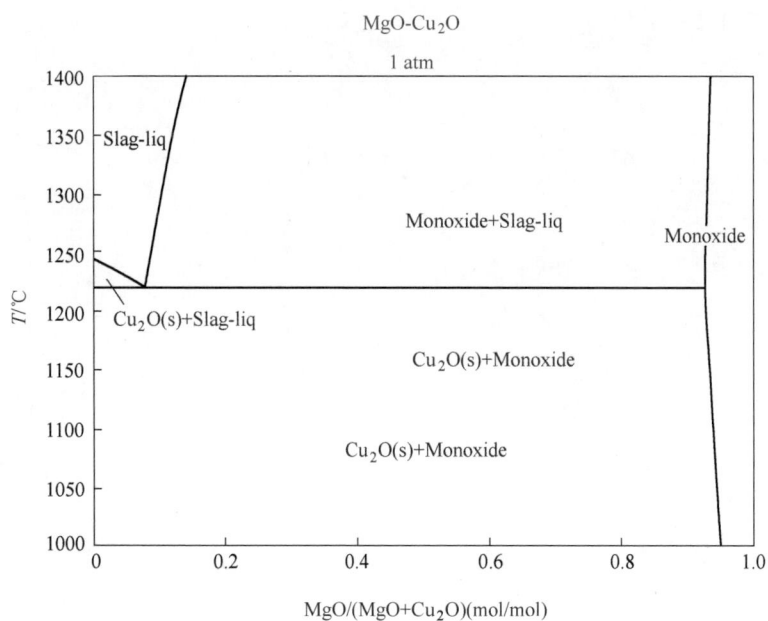

(b)

图 4-100　MgO 与 Cu$_2$O 或 CuO 的二元相图

（a）MgO-CuO；（b）MgO-Cu$_2$O

Cr₂O₃-Cu₂O
1 atm

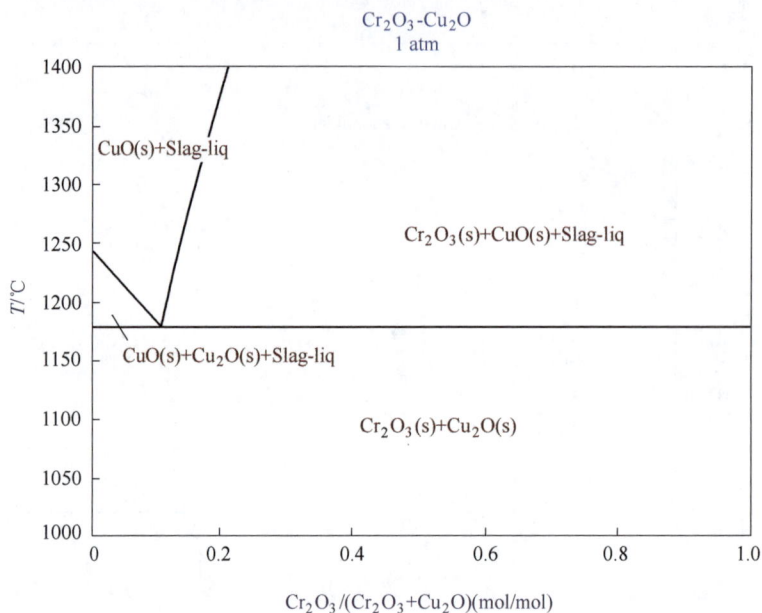

(a)

Cr₂O₃-CuO
1 atm

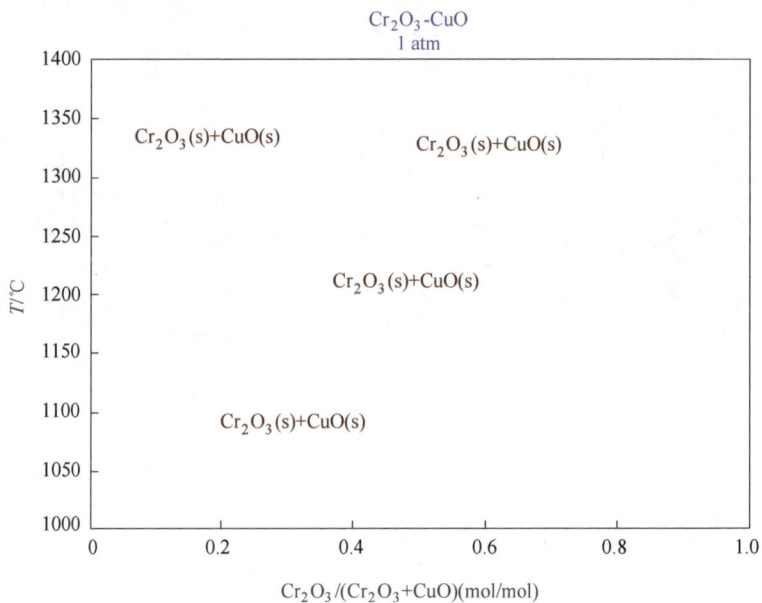

(b)

图 4-101　Cr₂O₃ 与 Cu₂O 或 CuO 的二元相图

(a) Cr₂O₃-Cu₂O；(b) Cr₂O₃-CuO

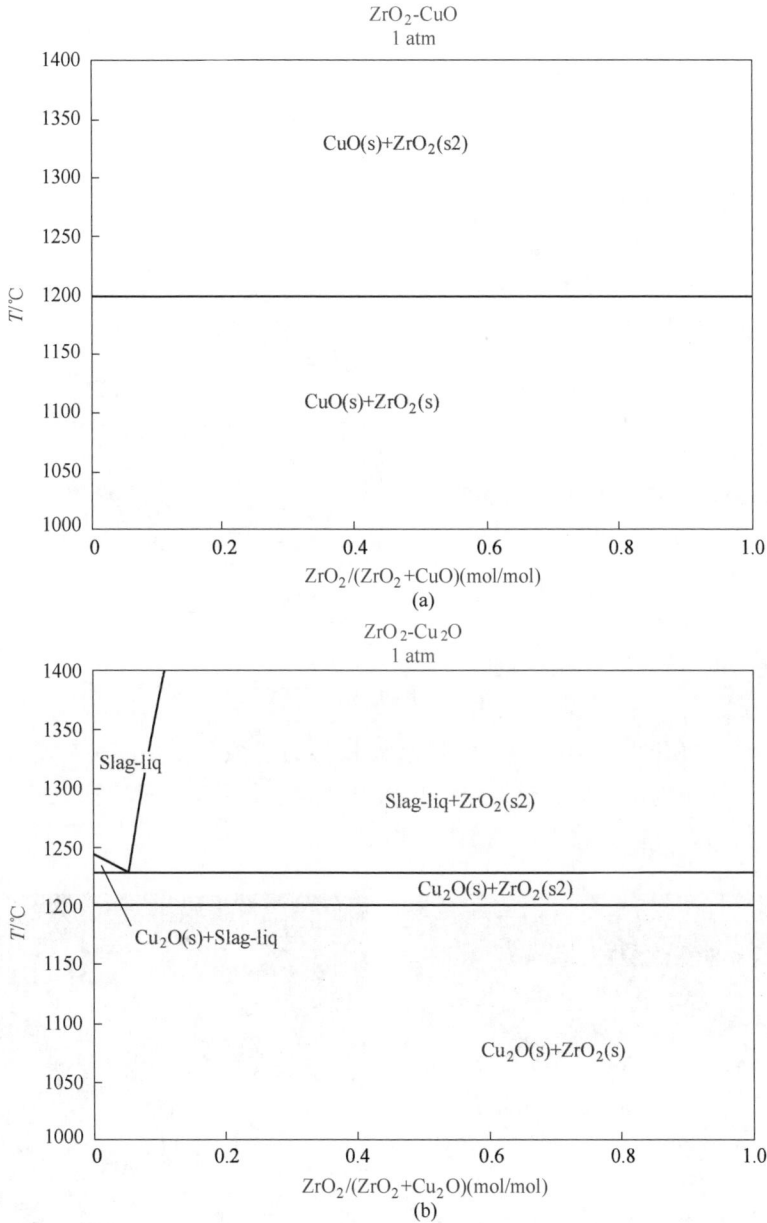

图 4-102 ZrO_2 与 Cu_2O 或 CuO 的二元相图

(a) ZrO_2-CuO；(b) ZrO_2-Cu_2O

通过对多种耐火材料进行研究，氧气底吹连续吹炼炉渣线区耐火材料方案如下：

（1）渣线处是受冲刷最严重的区域，此区域应采用较致密、Cr_2O_3含量较高的耐火砖。闪速吹炼和三菱吹炼渣线处采用的是具有较高致密度和很高强度的熔铸镁铬耐火材料，起到了很好的效果。

（2）优化氧枪结构与氧枪布置，寻求最佳氧枪枪径与炉内径比，以减少熔体对渣线处耐火材料内衬的冲刷侵蚀。

图4-103为合理的氧气底吹连续吹炼炉耐火材料内衬。

氧气底吹连续吹炼炉渣线耐火材料进行优化后，吹炼炉寿命由16个月提升至24个月，吹炼炉寿命提升50%，效果显著。

b 放铜口长寿命耐火材料研究

图4-104为某企业氧气底吹连续吹炼炉放铜口，采用碳化硅捣打料倒打而成，每台吹炼炉设有两个出铜口，随着炉龄的递增，频繁出现出铜口跑眼、堵眼困难，严重时发红、烧穿，被迫停炉进

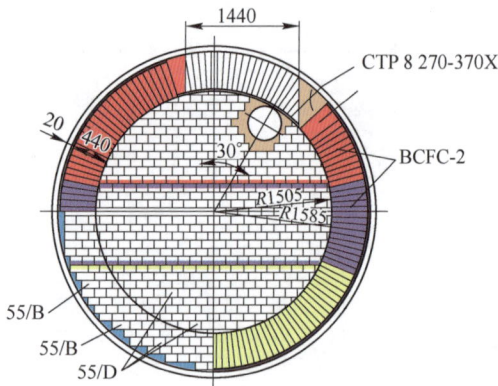

图4-103 氧气底吹连续吹炼炉耐火材料结构

行抢修。每次打开出铜口发现，炉口耐火材料的侵蚀是以炉眼为中心向周围扩散，放铜口面积越来越大，有的企业吹炼炉放铜口采用镁铬材质耐火砖，效果要好于捣打料材质，但仍然未达到预期目标。

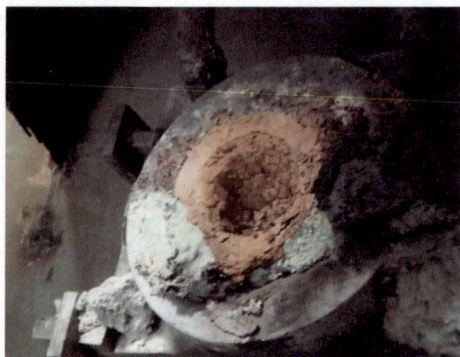

(a)   (b)

图4-104 某企业氧气底吹连续吹炼炉放铜口

（a）放铜口；（b）放大后

放铜口一旦损坏则会影响放铜作业，严重时导致停炉作业，研究发现放铜口

损坏主要有粗铜渗透、热震、机械冲刷等几个方面的原因。

（1）粗铜渗透侵蚀。液态金属铜中氧的存在促进了液态金属铜向耐火材料中渗入，氧可以影响液态金属铜与耐火材料氧化物之间接触角。在放铜过程中金属铜会直接渗透到耐火材料中，金属铜能够转化为赤铜矿 Cu_2O，随后转化为黑铜矿 CuO。如果是铜转变成氧化铜，会伴随有 75% 的体积膨胀，从而耐火砖会产生 5%~8% 的线膨胀。这种膨胀的后果会使耐火砖结构松弛和瓦解，降低耐火砖的强度并减少裂纹形成量，甚至使耐火砖发生结构剥落。此外，CuO 会与 MgO 反应形成 Cu_2MgO_3，对耐火材料的组成进行破坏。在润湿条件下，耐火材料表面形成了铜的氧化物薄膜，这种薄膜热导率低，因此在有氧甚至缺氧条件下，耐火材料的热导率会降低。

（2）热震。吹炼炉放铜过程为间断操作，温度波动会使耐火砖内部产生应力，这种应力一旦超过极限值，会导致耐火砖内部产生裂纹。炉料与耐火砖的界面反应会使结构致密，并对耐火砖吸收应力的能力产生不利影响。耐火材料热震稳定性随着材料韧性和热导率的增大而增强，且随着线膨胀系数和弹性模量的减小而增强。

（3）机械冲刷。磨蚀是由于粗铜的喷射所导致的，在出铜过程中，粗铜不断对放铜口造成机械损伤，加上施工应力（源于不当的炉衬砌筑方式），会造成炉衬的变形和开裂。

研制一种耐火材料——复合多尖晶石材料，材料主要成分是由共熔体氧化物与预合成复合尖晶石和原位生成复合尖晶石结合而成。预合成复合尖晶石包括镁铝、铁铬尖晶石（$FeO \cdot Cr_2O_3$，熔点为 2100 ℃）和铁铝尖晶石（$FeO \cdot Al_2O_3$，熔点为 1780 ℃）和铝铬共熔体。原位生成复合尖晶石包括镁铝、铁铬、铁铝尖晶石及大量的铝铬共熔体。材料在应用过程中，在材料表面生成尖晶石保护层，提高材料整体寿命。由于材料的提前"均质化"大大提升材料的抗渗透侵蚀性和材料的热震稳定性能，提升了材料的高温应用效果。因此，该材料密度大，气孔率低，结合强度高，硬度高，耐磨性好，抗冲刷，耐热震性好，抗金属熔体与熔渣腐蚀性强。

现场采用新型复合多尖晶石材料进行了工业试验，放铜口寿命可达到 12~20 天，比之前铬镁砖寿命延长 5~13 天，寿命得到大幅延长。

4.4.2.3 底吹高效精炼技术研究

A 底吹精炼炉热态流动过程研究

精炼过程中，影响底吹精炼炉内流动过程的因素很多，主要包括底吹氧化还原枪的流量和底吹氧化还原枪的布置情况，以上两个因素对底吹精炼炉内流动过程的影响规律如下：

（1）提高单个底吹氧化还原枪的通气量可以提高对熔体的搅动效果，进而可以提高对粗铜进行氧化还原的效率，但熔体搅动效果过于显著时又容易造成熔体喷溅。研究中，通过控制底吹氧化还原枪的直径为 38~75 cm，可以使单个底吹氧化还原枪的通气量达到 500~4500 m^3/h，不仅可以显著提高底吹氧化还原枪对熔体的搅动效果，还可以显著改善熔体喷溅的问题。研究进一步表明，底吹氧化还原枪的直径为 48~65 mm 时，单个底吹氧化还原枪的通气量为 1000~3000 m^3/h，此时可以进一步提高对粗铜进行精炼的效率并改善熔体喷溅的问题，同时可以控制合理的氧化还原时间，优化富氧空气和天然气的利用效率。

(2) 底吹氧化还原枪沿精炼炉长度方向均匀布置，可以显著提高底吹氧化还原枪向熔体内通气的均匀度，并进一步提高粗铜进行氧化、还原时对熔体的搅动效果和对回转炉内供热的效果，进而进一步提高粗铜的精炼效率。

B　底吹精炼炉炉体结构布置的研究

底吹精炼炉结构布置包括底吹氧化还原枪口、出烟口、炉口、放铜口和进铜口等结构在精炼炉各部位的布置，为了满足底吹精炼的生产要求，精炼炉结构布置需要满足以下要求：(1) 加料过程中，进料口位于精炼炉中心线正上方，出烟口在水冷烟罩集烟范围内，且炉口和氧化还原口在熔体液面上方；(2) 氧化过程中，氧化还原枪需浸没在熔体内深处，向熔体鼓入压缩空气或富氧空气，进行氧化除杂作业，同时，炉口距离液面不低于 300 mm，避免熔体从炉口溅出；(3) 扒渣过程中，氧化还原枪停止送风，氧化还原口在熔体液面上方，将炉渣排出，可以有效避免由底吹氧化还原枪向熔体内鼓入压缩空气而导致炉体两端的精炼渣难以排干净的问题；(4) 还原过程中，氧化还原枪浸没在熔体内深处，向熔体鼓入还原剂、氮气或富氧空气等进行还原作业，同时，炉口距离液面不低于 300 mm，避免熔体从炉口溅出；(5) 出铜过程中，炉口始终在熔体液面上方，避免熔体从炉口倒出。以氧化还原枪角度为 30°的底吹精炼炉为例，各操作期精炼炉工作状态如图 4-105 所示。

C　底吹精炼生产操作控制

底吹精炼生产操作如下。

(1) 加料和预氧化操作。底吹精炼炉单炉处理粗铜量 160~170 t，由于连续吹炼炉的特点，精炼炉加料过程需阶段性加入，共分 2~3 次，单次加入粗铜量为 40~50 t。为了减少氧化时间，第二次加料完成后，即将炉体转到生产位，利用待料时间进行预氧化。

(2) 氧化操作。粗铜氧化过程是通过底吹枪从精炼炉底部鼓入空气和氧气的混合气体进行氧化，氧化的作用主要有：氧化脱杂、脱硫且将熔铜中的硫和氧含量控制在适当的水平，氧化终点通过人工观察和化验结果进行综合比对来判定。氧化操作送气量（标态）为 2500~3000 m^3/h，氧浓度为 23%~25%，处理的粗铜含硫约 0.7%。

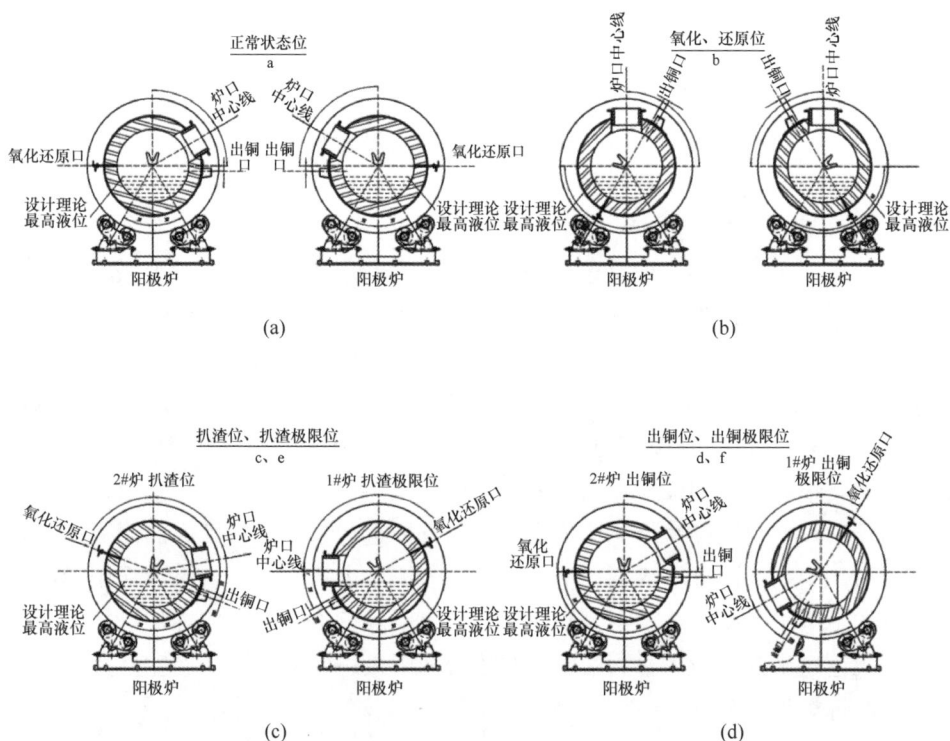

图 4-105 底吹精炼炉工作状态图

（a）正常状态位；（b）氧化、还原位；（c）扒渣位、扒渣极限位；（d）出铜位、出铜极限位

（3）排渣操作。排渣时需将底吹精炼炉转至排渣位，使得底吹氧化还原枪位于熔体液面上方，出铜口由黄泥封闭，此时熔体处于静置状态，有利于将炉渣通过炉口顺利排出。

（4）还原操作。粗铜还原过程是通过底吹枪从炉子底部鼓入天然气和氮气混合气，进行还原作业，生产过程中还原终点通过人工观察和化验结果进行综合比对来判定。一般还原后的阳极铜含氧量控制在 0.1% 左右，还原期送气量（标态）为 350~400 m^3/h。

（5）浇铸操作。浇铸期先打开出铜口，出铜过程中底吹氧化还原枪始终位于精炼铜熔体的上方，有利于精炼铜熔体平稳排出。排铜过程中炉体不断缓慢转动，控制出铜口阳极铜的液面压力，使得阳极铜以一定的流股均匀排出，利于阳极板的浇铸。排铜结束后利用黄泥对出铜口进行密封，并对底吹精炼炉进行保温，以准备进入下一个周期的粗铜精炼作业。

底吹精炼各阶段周期时间排布：待料 4~8 h、预氧化 1 h、氧化 1 h、扒渣 1 h、还原 1 h、浇铸 3 h、预留 1 h，总周期 12~16 h，两台精炼炉每天产 3~4 炉阳极铜。

4.4.3   全热态底吹三连炉铜金冶炼技术产业化应用

4.4.3.1   项目概况

全热态底吹三连炉铜金冶炼技术产业化应用目前有两种模式。第一种为"底吹熔炼+底吹连续吹炼+底吹精炼",又称"三底吹连续炼铜三连炉"工艺;第二种为"底吹熔炼+底吹连续吹炼+回转式阳极炉精炼",又称"双底吹连续炼铜三连炉"工艺。前者应用企业有包头华鼎铜业,后者应用企业有国投金城等。

某公司处理复杂难处理金精矿综合回收项目采用中国恩菲设计的底吹"三连炉"冶炼工艺,以复杂难处理金精矿为主要原料,铜锍作为金、银等稀贵金属的捕集剂,采用"造锍捕金"和"三连炉"先进工艺生产金和银,并综合回收铜、硫、硒等元素,如图4-106所示。项目首先采用富氧底吹熔炼炉产出铜锍,金、银被富集在铜锍中,铜锍经密闭流槽进入底吹吹炼炉产出粗铜,金、银以单质形态与粗铜共存,粗铜经密闭流槽进入阳极精炼炉进行精炼,精炼后的阳极铜进行电解,生产出高纯阴极电解铜,金、银在阳极泥中富集。含金、银的铜阳极泥采用湿法精炼等工艺生产金、银,同时综合回收硒等有价元素;熔炼炉渣经缓冷后送选矿工艺选出铁精粉和含铜精粉;吹炼渣和阳极炉精炼渣返回底吹熔炼炉;熔炼炉及吹炼炉烟气分别经余热回收、收尘后送制酸工段生产硫酸。

混合精矿经配料后进入氧气底吹熔炼炉进行熔炼,熔炼产生的铜锍通过溜槽流入氧气底吹连续吹炼炉进行吹炼,吹炼产生的粗铜通过溜槽流入至回转式阳极炉进行精炼,精炼产生的阳极板送电解车间。

4.4.3.2   工艺布置方案

双底吹连续炼铜"三连炉"工艺在设计上采用了1台$\phi4.8$ m×28 m的富氧底吹熔炼炉、1台$\phi4.4$ m×20 m的底吹连续吹炼炉及2台$\phi4.2$ m×12 m的回转式阳极炉分别实现铜火法冶炼过程的熔炼、吹炼、精炼过程。三个阶段的冶炼炉窑利用地形呈阶梯布置(图4-107和图4-108),炉窑之间采用溜槽连接,热态熔体全部通过溜槽进入下一阶段冶炼过程。

4.4.3.3   生产主要技术经济指标

全热态底吹三连炉炼铜工艺主要生产指标见表4-80。

4.4.4   与国内外同类技术的比较

全热态底吹三连炉铜金冶炼技术作为连续炼铜技术的重要发展方向,相比传统炼铜工艺,主要区别在于采用底吹连续吹炼工艺替代了PS转炉吹炼工艺,且实现了三连炉连续生产。以年处理60万吨精矿规模的冶炼厂为例,两种工艺的主要技术参数对比见表4-81。

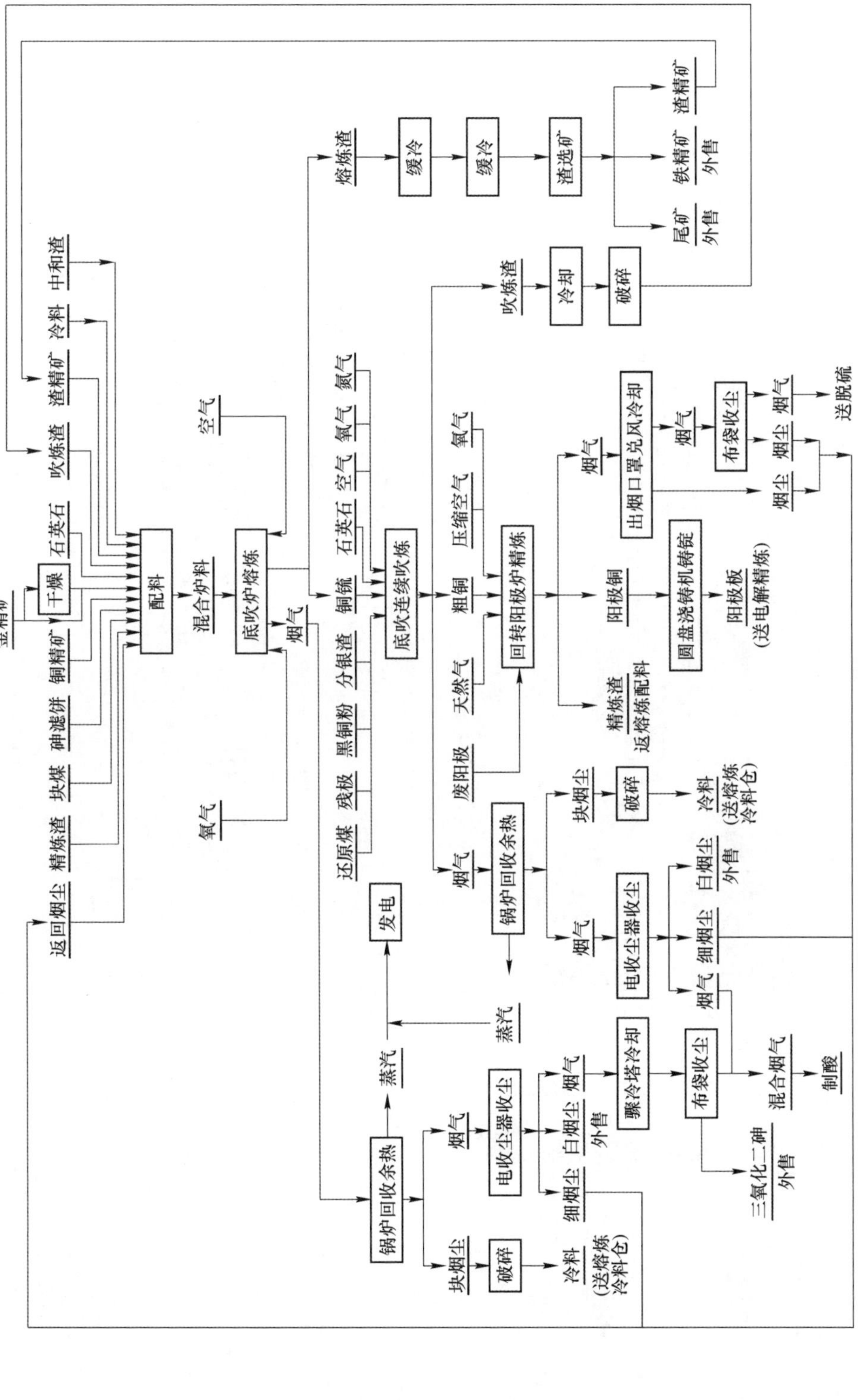

图 4-106 项目工艺流程

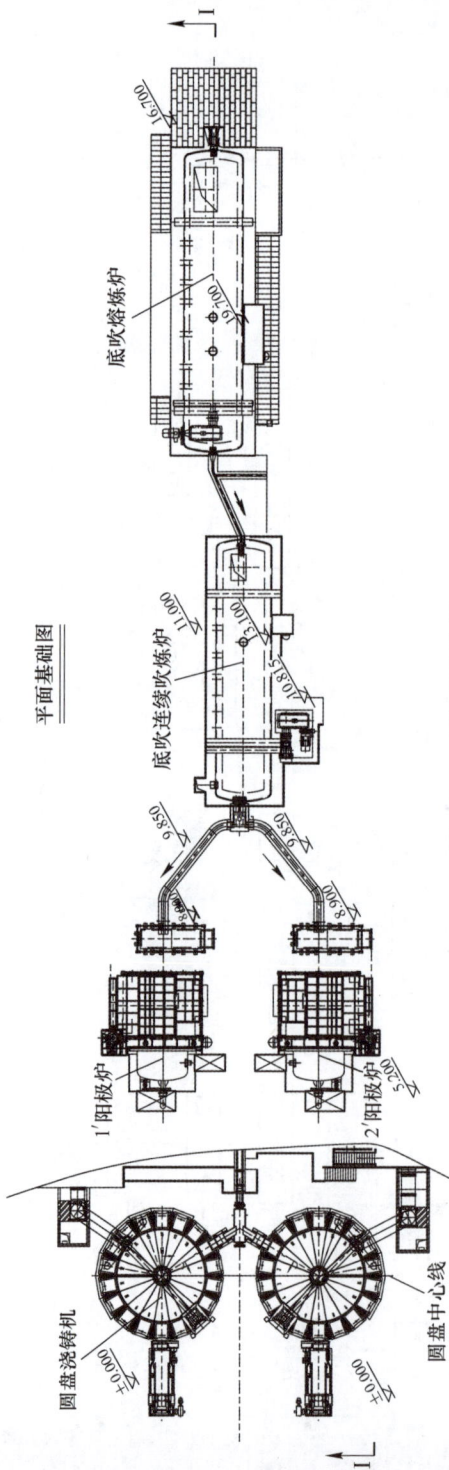

平面基础图

底吹熔炼炉

底吹连续吹炼炉

1'阳极炉

2'阳极炉

圆盘浇铸机

圆盘中心线

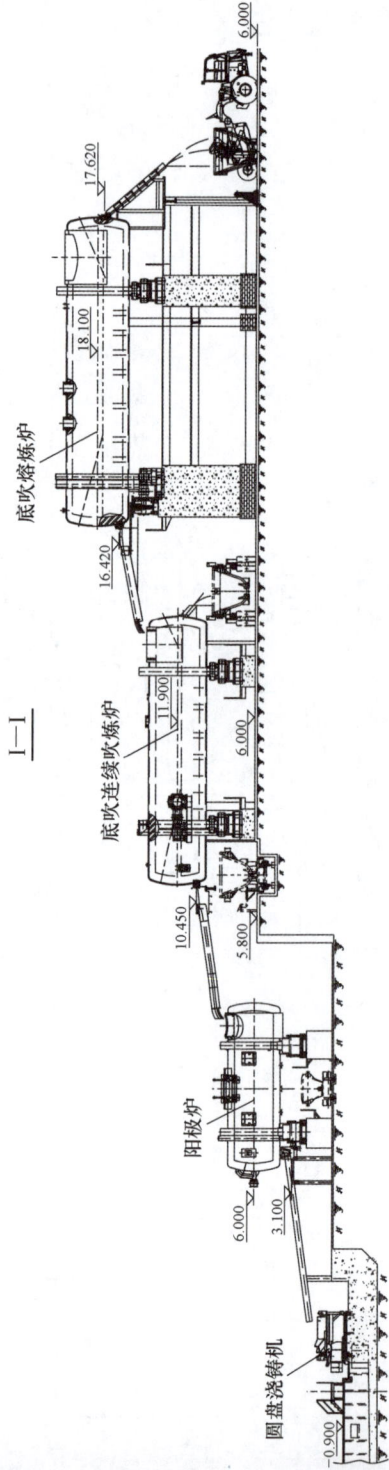

图 4-107 项目平面配置

图 4-108 项目剖面配置

底吹熔炼炉

底吹连续吹炼炉

阳极炉

圆盘浇铸机

表 4-80 主要生产指标

序号	指标名称	单位	数量	备注
一	综合			
1	混合精矿投料量	t/a	646769.3	
2	回收率：Au	%	98.36	至铜阳极板（含白烟尘）
	回收率：Ag	%	96.08	
	回收率：Cu	%	98.34	
3	主要燃料、辅料消耗			
	石英石量	t/a	9195	
	耐火砖量	t/a	1120	
	天然气量（标态）	m^3/a	4727456	
二	熔炼			
1	底吹熔炼炉规格	m×m	φ4.8×23	
2	底吹熔炼炉数量	台	1	
3	混合原料量	t/h	110~130	
4	氧气量（标态）	m^3/h	15000~16500	
5	压缩空气量（标态）	m^3/h	7000~8000	
6	富氧浓度	%	70~73	
7	熔炼炉渣含铜	%	1.5~2.5	
8	炉渣中 Fe/SiO_2		1.7~1.8	
9	铜锍品位	%	70~72	
10	熔炼渣含 Cu	%	3~4	
11	烟尘率	%	2	对精矿
三	吹炼			
1	连续吹炼炉规格	m×m	φ4.4×20	
2	连续吹炼炉数量	台	1	
3	铜锍加入量	t/h	20~25	热态
4	块煤量	t/h	0.5~1	
5	石英石量	t/h	0.8~1.5	
6	富氧浓度	%	22~45	
7	总压缩空气量（标态）	m^3/h	9000~12000	
8	总氧气量（标态）	m^3/h	2800~3500	
9	吹炼渣含铜	%	12~14	

续表 4-80

序号	指标名称	单位	数 量	备 注
10	炉渣中 Fe/SiO$_2$		1.1~1.3	
11	粗铜产量	t/d	292.56	
12	粗铜含 Cu	%	97~98.5	
13	粗铜温度	℃	1220	
14	烟尘率	%	0.88	相对铜锍
四	精　炼			
1	阳极精炼炉规格	m×m	φ4.0×12.5	
2	阳极精炼炉数量	台	2	
3	阳极铜含铜	%	98.88	
4	精炼渣含铜	%	29.72	
5	阳极板天然气消耗量（标态）	m^3/t	22	
	还原用气单耗量（标态）	m^3/t	4.5	
五	渣　选			
1	渣尾矿含铜	%	0.26	
	渣尾矿含金	%	0.3	
	渣尾矿含银	%	8	
2	精矿含铜	%	25~28	

表 4-81　全热态底吹三连炉与传统转炉工艺主要技术参数对比

名　称		单位	全热态底吹三连炉	PS 转炉吹炼
年处理铜精矿		kt/a	600	600
吹炼炉规格		m×m	φ4.1×18	φ4×11
吹炼炉台数		台	1	3
石英石	单位消耗量	t/t 粗铜	0.076	0.0288
耐火砖	单位消耗量	t/t 粗铜	0.0021	0.003
天然气	单位消耗量	t/t 粗铜	1.35	1.35
耗电	单位消耗量	t/t 粗铜	113.47	218.78
吹炼环保烟气量（标态）		m^3/h	10000~20000	100000
SO$_2$ 捕集率		%	>99.8	约 99
残极返回率		%	100	100
粗铜含 S		%	0.3~0.8	0.01
吹炼渣含铜		%	12~14	3~5

目前国内外实现全热态三连炉生产的铜冶炼技术主要有三菱法、侧吹+多枪顶吹三连炉连续冶炼、侧吹+底吹三连炉连续冶炼及全热态底吹三连炉连续冶炼技术。几种技术均有产业化应用实例，实现了全热态全连续冶炼作业，在环保方面大大提高了 SO_2 的捕集率和回收率，具有很高的热效率和低能耗，降低了生产成本，是目前铜金冶炼技术的主要发展方向。

全热态底吹三连炉相比其他三连炉连续炼铜工艺，主要技术参数对比见表4-82。

表4-82 全热态底吹三连炉与其他三连炉连续炼铜工艺主要技术参数对比

序号	名　称	单位	全热态底吹三连炉	侧吹+多枪顶吹三连炉	侧吹+底吹三连炉	三菱法
1	处理原料品位（Cu）	%	12~25	20~25	20~25	20~25
2	铜锍品位	%	70~75	70~75	70~75	70~75
3	残极处理能力		全部处理	全部处理	全部处理	全部处理
4	熔炼煤率	%	0	1~1.5	1~1.5	—
5	吹炼渣型		硅渣	钙渣	硅渣	钙渣
6	吹炼富氧浓度	%	21~60	21~40	21~40	21~40
7	熔炼渣含铜	%	约3	约2.0	约2.0	约1
8	吹炼渣含铜	%	8~12	14~35	12~14	14
9	粗铜含硫	%	0.3~0.8	0.03~0.3	0.3~0.8	0.5~0.7
10	粗铜综合能耗	kgce/t	≤110	≤130	—	≤148

4.5 "富氧侧吹熔炼+多枪顶吹连续吹炼+阳极精炼" 热态三连炉连续炼铜技术

4.5.1 技术背景

当前世界炼铜工艺中，粗铜吹炼80%以上采用已有百年历史的PS转炉，这种工艺存在液态铜锍渣包倒运过程中二氧化硫低空污染难以治理、间断作业、炉衬寿命短、送风时率低、耐火材料单耗高、烟气二氧化硫波动大、时断时续不利于制酸等严重缺点。

中国恩菲联合烟台国润铜业有限公司共同开发的"富氧侧吹熔炼+多枪顶吹连续吹炼+火法阳极精炼"热态三连炉连续炼铜技术，实现了取代传统吊车包子吊运铜锍和粗铜作业，避免了吊运过程中 SO_2 烟气逸散，降低了劳动强度，改善了操作环境。该技术不仅比传统的PS转炉优势明显，和国外同类的连续吹炼技术相比，也具有规模灵活、流程简短、投资省和更环保等优点，属于当今世界上最先进的铜冶炼技术之一。

"富氧侧吹熔炼+多枪顶吹连续吹炼+火法阳极精炼"热态三连炉连续炼铜属重大技术创新，如图 4-109 所示。开发过程中，中国恩菲根据多年来对引进浸没式顶吹喷枪吹炼、自热炉吹炼、旋浮（闪速）吹炼等连续吹炼技术的设计经验，以及自主开发的氧气底吹连续吹炼技术的成功生产实践，同时也借鉴了三菱法 C 炉的生产实践，开发了拥有自主知识产权的多枪顶吹连续吹炼技术，实现了热态三连炉连续炼铜。该项目于 2017 年 7 月建成投产，年产粗铜 12 万吨，超过设计产能。目前，该技术已推广应用于中条山侯马铜冶炼厂改造项目、广西金川二期 30 万吨铜冶炼等项目，推广项目中粗铜火法精炼炉均采用回转式阳极炉。

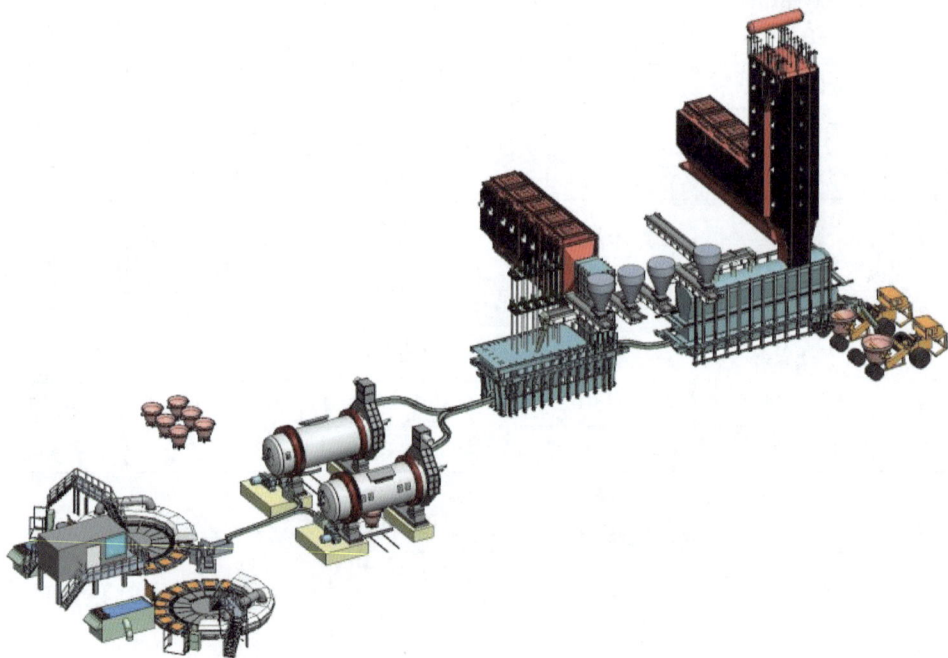

图 4-109　"富氧侧吹熔炼+多枪顶吹连续吹炼+火法阳极精炼"热态三连炉连续炼铜技术

4.5.2　富氧侧吹热态三连炉连续炼铜技术产业化开发

4.5.2.1　富氧侧吹熔炼炉内热态流动过程的数值模拟

在高温状态下，要对富氧侧吹熔炼炉炉内熔体流动过程进行检测和测量十分困难，所以目前国内外的研究者主要依赖数值模拟的方法进行研究。通过引入相应的多相流模型，研究富氧侧吹熔炼炉内复杂的多相流动过程。采用 VOF 模型及湍流模型可以很好地描述富氧侧吹熔炼炉内熔体流动过程，为富氧侧吹熔炼炉内热态流动过程的模拟研究提供理论基础。

A 数值模拟方案

影响富氧侧吹熔炼炉炉内热态流动过程的因素很多,包括喷枪角度、气体量及熔池深度等。本研究以实际富氧侧吹熔炼炉尺寸作为研究对象,熔体从上至下依次为渣层、铜锍层。富氧侧吹熔炼炉炉内流体的主要物性参数见表4-83。

表 4-83 富氧侧吹熔炼炉炉内流体的主要物性参数

名称	密度 /kg·m^{-3}	黏度 /kg·m^{-1}·s^{-1}	比热容 /kJ·kg^{-1}·K^{-1}	导热系数 /W·m^{-1}·K^{-1}
炉渣	3000	0.0012	1.05	0.4
铜锍	4500	0.004	1.24	8.9
富氧空气	1.375	1.79×10^{-5}	1.46	0.0242

喷吹速度,120 m/s、150 m/s。

气体进口压力,0.12 MPa。

烟道出口压力,−30 Pa。

B 三维模型

图4-110所示为富氧双侧吹熔炼炉三维模型,炉内28根喷枪分布于熔池两侧。

C 数值模拟结果对比

本次开发过程中选用VOF模

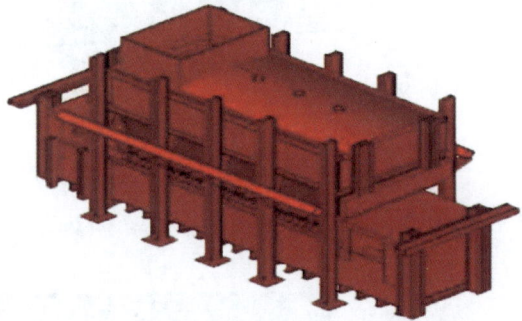

图 4-110 富氧双侧吹熔炼炉三维模型示意图

型及湍流模型描述侧吹炉内流动过程,通过对炉内介质物性参数的设定将炉内熔体分为渣层和铜锍层,最大限度地还原实际生产中的实际情况,模拟炉内多相流动过程。为了明确氧枪角度对熔炼过程的影响,设计了两种不同氧枪角度的布置方案。一是侧吹熔炼炉的28支喷枪与水平方向均成0°,二是28支喷枪与水平方向均成6°。

对以上两种方案熔池内湍动能变化按时间计算,对熔池喷溅量按时间计算进行模拟计算,如图4-111~图4-114所示。

从上述结果可以看出,喷枪角度为0°时,速度150 m/s比120 m/s喷吹下熔体喷溅现象更易发生,熔渣被完全搅动,气流动能足,整体熔池搅动偏强。

喷枪角度为6°时,在120 m/s喷吹下熔体喷溅较大,熔渣被完全搅动,气流湍动能较大,整体熔池搅动偏强。喷吹速度为150 m/s时的湍动能更大,喷溅更强。

在动力学方面,较大的湍动能可以给熔池提供更加充分的搅拌,具有更为优越的传质、传热功能,可以提升氧气的利用率,加速反应速度,从这个角度讲湍

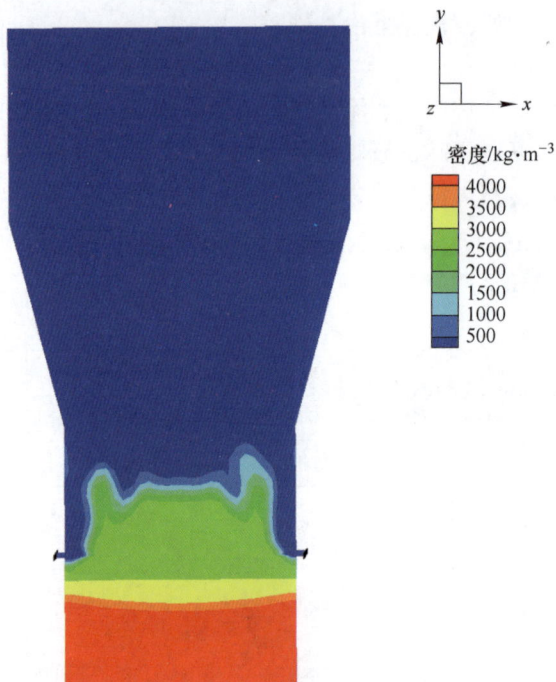

图 4-111 $\alpha = 0°$，$V = 120$ m/s 时喷吹效果

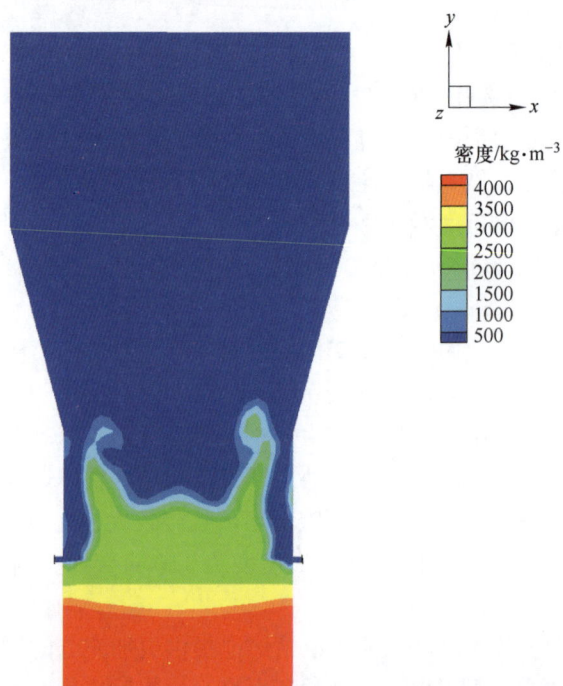

图 4-112 $\alpha = 0°$，$V = 150$ m/s 时喷吹效果

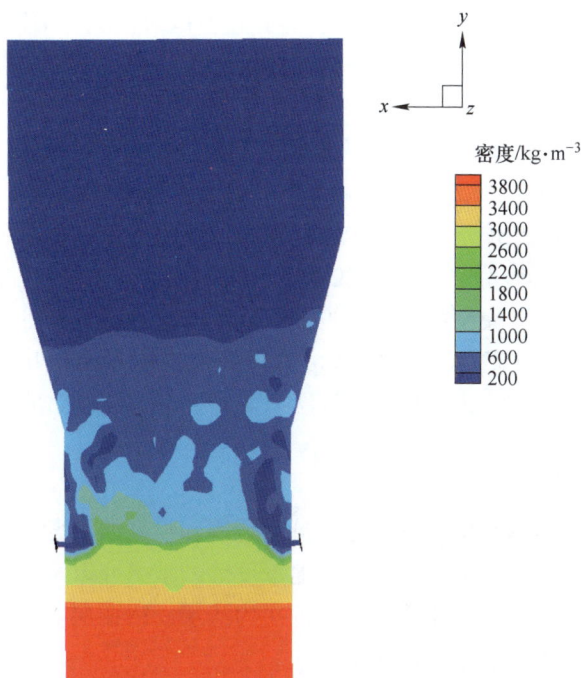

图 4-113 $\alpha = 6°$，$V = 120$ m/s 时喷吹效果

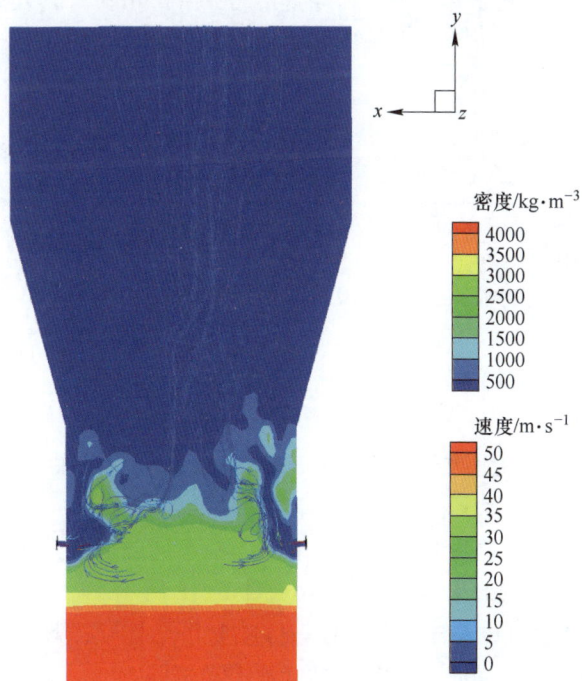

图 4-114 $\alpha = 6°$，$V = 150$ m/s 时喷吹效果

动能越大越好。但较大的湍动能会使熔体对炉衬冲刷加剧，加速炉衬损耗。同时较大的喷溅会带来下料口粘接等一系列问题。综上考虑，喷枪角度6°，喷吹速度120 m/s时的喷溅量相对较小。

实际生产中，可以此为指导，根据实际工况，尝试确定最佳的控制参数。

4.5.2.2　多枪顶吹连续吹炼炉内热态流动过程的数值模拟

多枪顶吹连续吹炼炉是一个新炉型，其喷枪又是一个新型喷枪，为研究高速富氧空气在炉内喷吹行为，了解喷吹速度、喷吹高度对熔体的搅动和喷溅的影响，引入相应的多相流模型，研究多枪顶吹连续吹炼炉内复杂的多相流动过程和熔体喷溅。采用VOF模型及湍流模型可以很好地描述多枪顶吹连续吹炼炉内熔体流动过程和熔体喷溅，为多枪顶吹连续吹炼炉内热态流动过程和熔体喷溅的模拟研究提供理论基础。

A　数值模拟方案

影响多枪顶吹连续吹炼炉炉内熔体流动过程和喷溅的因素很多，包括顶吹喷枪枪位、喷吹速度、气体进口压力及熔池深度等。本研究以实际多枪顶吹连续吹炼炉尺寸作为研究对象，熔体从上至下依次为渣层、粗铜层。多枪顶吹连续吹炼炉炉内流体的主要物性参数见表4-84。

表4-84　多枪顶吹连续吹炼炉炉内流体的主要物性参数

名称	密度 /kg·m⁻³	黏度 /kg·m⁻¹·s⁻¹	比热容 /kJ·kg⁻¹·K⁻¹	导热系数 /W·m⁻¹·K⁻¹
炉渣	3000	0.008	1.05	0.4
粗铜	8000	0.004	1.24	8.9
富氧空气	1.375	1.79×10^{-5}	1.46	0.0242

喷枪口距离熔池面距离，300 mm、500 mm。

喷枪口富氧空气的喷吹速度，100 m/s、150 m/s、250 m/s。

气体进口压力，0.1 MPa。

烟道出口压力，-10 Pa。

B　三维模型

图4-115所示为多枪顶吹连续吹炼炉三维模型，炉内6根顶吹枪位于熔池上方。

C　数值模拟结果对比

首先模拟的是喷枪高度H为300 mm时，在不同的喷吹速度V的情况下，气流对熔池的穿透及喷溅效果，如图4-116~图4-118所示。

从图4-116结果可以看出，在100 m/s喷吹下熔体喷溅现象很少发生，熔渣没有被完全搅动，气流动能不足，整体熔池搅动偏弱。

图 4-115 多枪顶吹连续吹炼炉三维模型

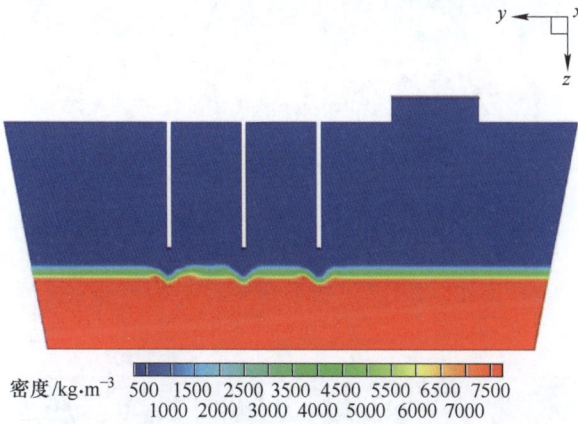

图 4-116 $H=300$ mm, $V=100$ m/s 时喷吹效果

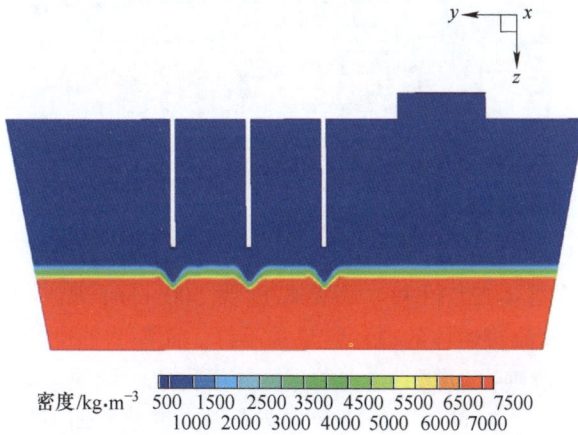

图 4-117 $H=300$ mm, $V=150$ m/s 时喷吹效果

从图 4-117 模拟结果可以看出，在喷吹速度为 150 m/s，喷吹高度为 300 mm 条件下，渣层搅动充分，喷溅较少，有利于熔池稳定，有效保护了炉体及提高了氧枪关键部位的寿命。

在图 4-118 条件下，可以看出喷吹气体对熔池渣层搅动效果较好，但熔体喷溅较为严重，熔体溅射到枪管、炉壁产生黏结，影响生产操作。

然后模拟的是喷枪高度 H 为 500 mm 时，在不同的喷吹速度 V 的情况下，气流对熔池的穿透及喷溅效果，如图 4-119~图 4-121 所示。

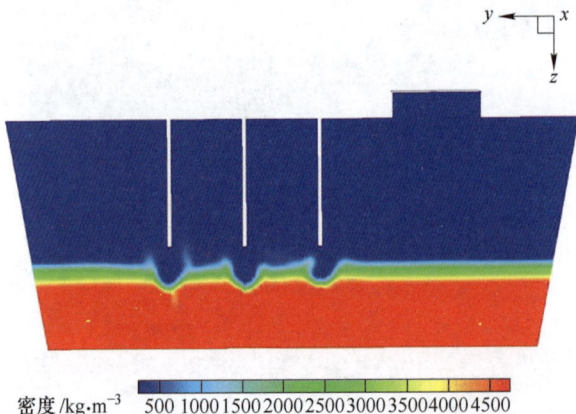

图 4-118　$H=300$ mm，$V=250$ m/s 时喷吹效果

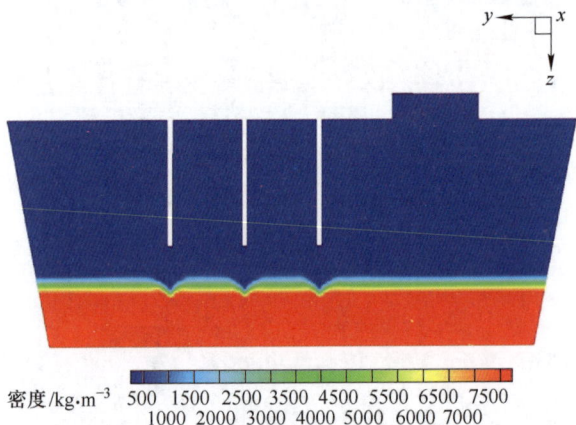

图 4-119　$H=500$ mm，$V=100$ m/s 时喷吹效果

由图 4-119~图 4-121 可知，喷枪高度为 500 mm，喷吹速度为 100 m/s、150 m/s 时，喷吹气流对熔体的搅动效果都不好。而喷吹速度增大到 250 m/s 时，虽然喷吹搅动有所改善，但整个喷吹的深度并不稳定，熔池液面会产生大的周期性的波动，喷溅严重。而且更高的喷吹速度会损失更多的动力。

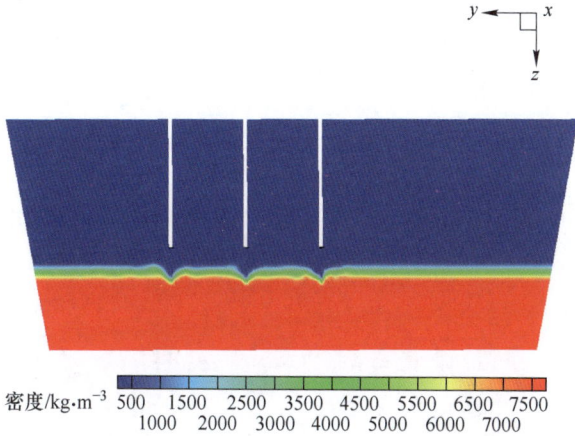

图 4-120 $H=500$ mm，$V=150$ m/s 时喷吹效果

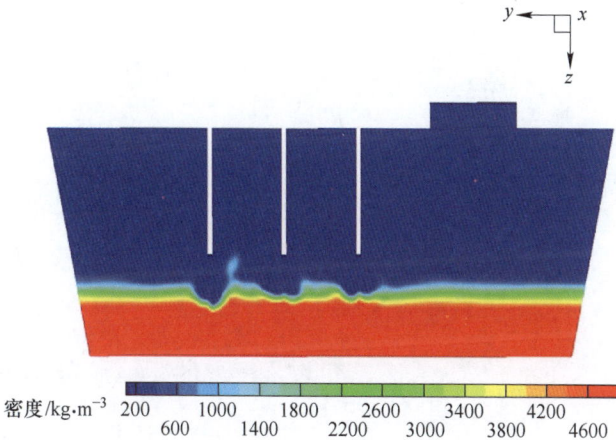

图 4-121 $H=500$ mm，$V=250$ m/s 时喷吹效果

综合上述两种情况，喷枪高度 500 mm 过高，不宜采用。喷枪高度为 300 mm 的情况下，喷吹速度达 150 m/s 时，搅动效果好，并且喷溅程度可以接受。

4.5.2.3 选择钙渣和控制吹炼渣含铜

A 选择钙渣

目前连续吹炼的渣型有两种，分别为铁钙渣和铁硅渣。铁钙渣能大量溶解磁性铁保证流动性，如图 4-122 所示，在冶炼温度 1200~1300 ℃ 存在均匀且范围较大的液相区，可以避免固态 Fe_3O_4 的析出，但该渣系对炉衬的腐蚀较强，采用铁钙渣的炉体必须衬铜水套。铁钙渣溶解磁性铁的特征使得其安全性大大增加，因此闪速吹炼、三菱吹炼采用的均为铁钙渣。另一种是铁硅渣，脱杂质能力强，对耐材侵蚀轻，但易产生磁性铁，导致渣流动性差，易产生泡沫渣，如图 4-123 所示，在冶炼温度 1200~1300 ℃存在的液相区较小。最终确定采用钙渣作为多枪顶吹连续吹炼的渣型，多枪顶吹连续吹炼炉炉体内衬水套。

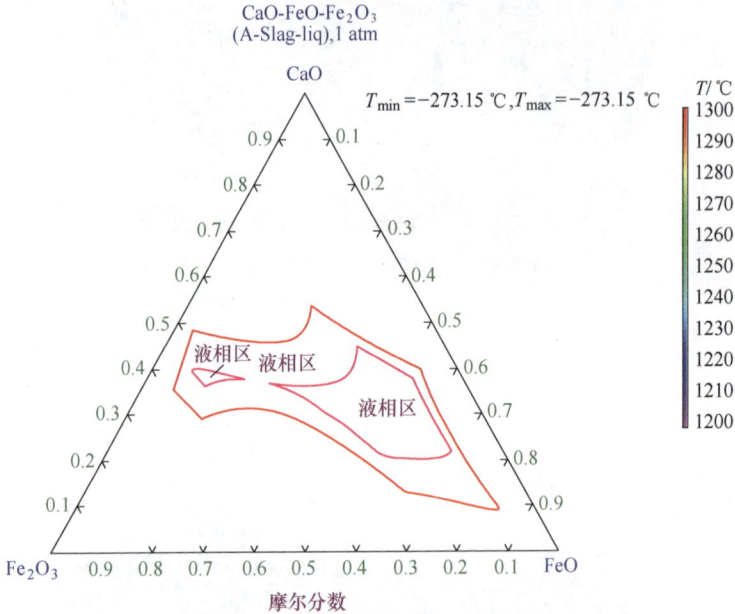

图 4-122　CaO-FeO-Fe$_2$O$_3$ 系相图

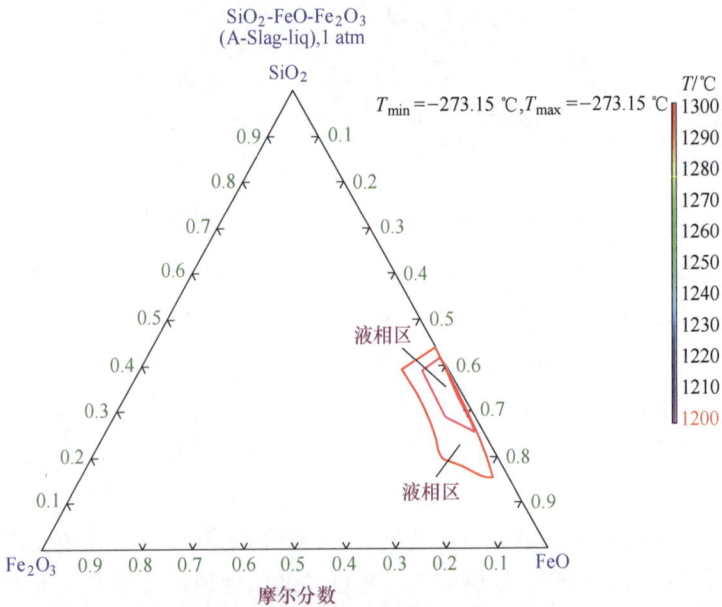

图 4-123　SiO$_2$-FeO-Fe$_2$O$_3$ 系相图

使用铁酸钙渣时，对于 SiO_2 的含量要求很严格，如图 4-124 所示。当 SiO_2 含量达到3%时，液相区开始明显减小，闪速吹炼将渣含 SiO_2 控制在5%以内。

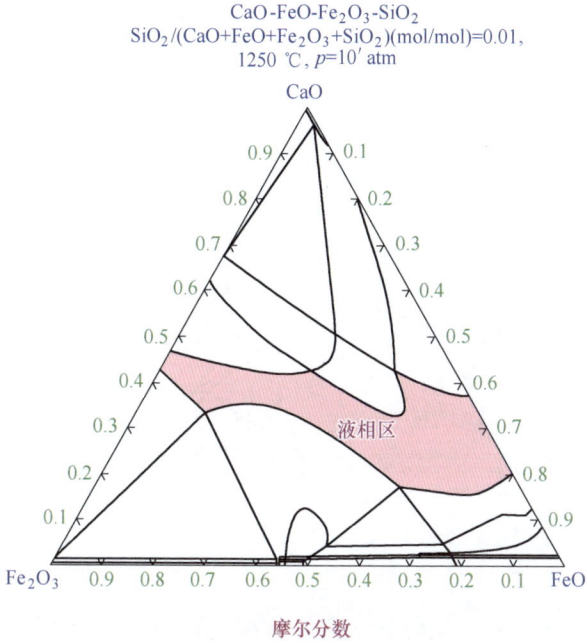

(a)

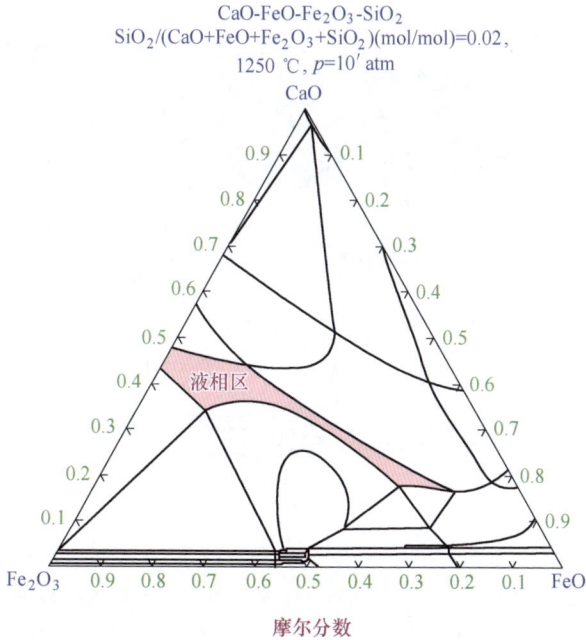

(b)

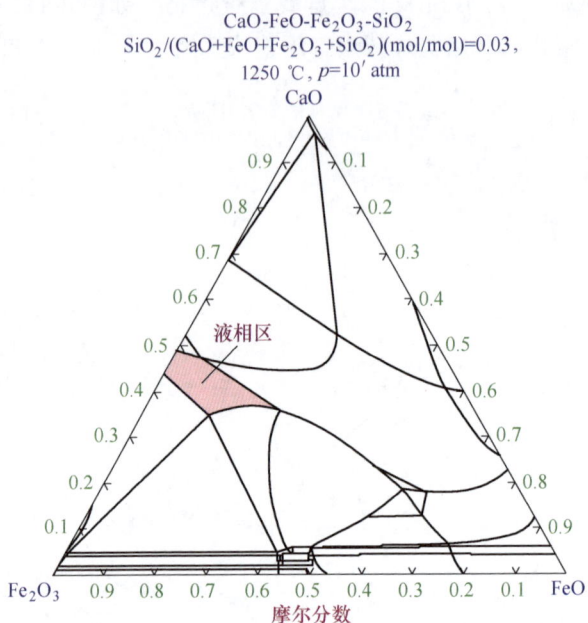

(c)

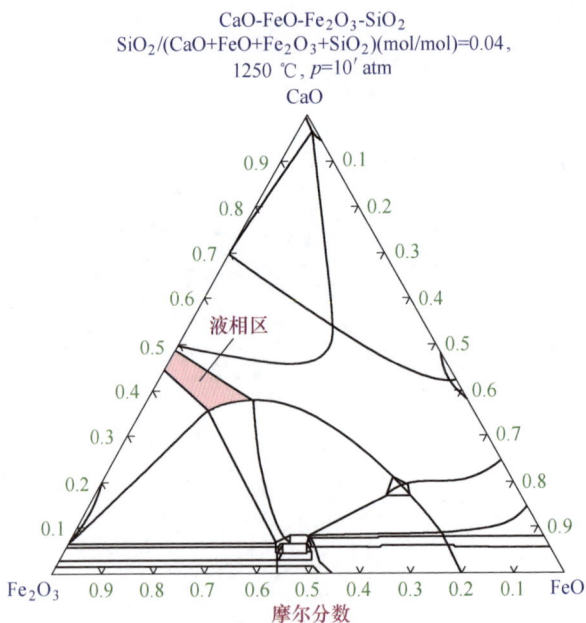

(d)

图 4-124　在 1250 ℃下 CaO-FeO-Fe$_2$O$_3$-SiO$_2$ 体系中含不同 SiO$_2$ 时的液相区

（a）1% SiO$_2$；（b）2% SiO$_2$；（c）3% SiO$_2$；（d）4% SiO$_2$

吹炼过程所需氧势比熔炼过程高，所以在吹炼过程中生成 Fe_3O_4 的量要比熔炼过程多。可通过在吹炼配料系统中配入一定比例的焦粒，焦粒在进入炉内时与分压很低的氧反应，部分生成 CO，造成弱还原性气氛，同时未反应的焦粒被卷入熔池后直接还原从而使吹炼渣中的 Fe_3O_4 减少。此外，一定量的焦粒还可起到改善渣型、提高吹炼渣的过热度、降低吹炼渣的黏度等作用。目前焦粒配入量为铜锍量的 0.77%。

另外，吹炼炉还应采取"薄渣层"操作，尽量将炉内的吹炼渣放到最低位，以减少 Fe_3O_4 在炉内的存量。

B　降低吹炼渣含铜

在粗铜、铜锍、炉渣三相共存情况下连续吹炼，氧通过粗铜传递，粗铜的氧势最高，有利于脱杂，可产出含硫和杂质低的粗铜。粗铜温度要求稳定，提高炉渣的过热度，降低渣的黏度，以减少机械夹杂。生产实践表明，粗铜温度控制为1210~1260 ℃时便可保证吹炼渣有良好的流动性。

吹炼渣采取铁钙渣型，因为连续吹炼过程中始终有铜锍存在，吹炼渣中的 Fe_3O_4 能够得到有效还原，从而降低 Fe_3O_4 在炉内的存量。由于目前吹炼渣全部返回熔炼炉，减少吹炼渣产出量，可减少随吹炼渣返回熔炼炉的 Fe_3O_4 量。

吹炼过程中，采用薄渣层操作，氧气易穿过渣层与粗铜反应，生成的 $[Cu_2O]$ 再与铜锍氧化造渣并生成粗铜。若渣层太厚时，渣层氧势升高，造成渣中的 FeO 生成 Fe_3O_4 量增加，导致吹炼渣黏度、密度和熔点增加，渣和粗铜分离效果不佳；而粗铜层太厚时，放渣时粗铜易从渣口溢出。因此，粗铜层厚度控制在 700~900 mm。

对于吹炼炉中的铜锍层，生产中还应做到放渣时每班至少看到一次渣中夹带铜锍，以避免因炉内缺少铜锍而引起渣过吹。

经过研究分析，闪速吹炼渣含铜 20%~22%，三菱吹炼渣含铜 14%左右，顶吹吹炼炉渣含铜 20%左右，吹炼渣含铜均偏高。为了减少吹炼渣量，多枪顶吹连续吹炼炉处理热铜锍含 Cu72%~75%，在减少吹炼渣量的同时，有利于吹炼过程控制。多枪顶吹连续吹炼的渣型采用钙渣，铁钙比控制在 2.3~2.5，薄渣层操作。在实际操作中，连续吹炼炉炉渣含铜低至 12%~15%，低于其他连续吹炼工艺。

从表 4-85 可知多枪顶吹炉吹炼渣两段时期内含铜分别为 13.94%和 10.9%，相对于其他吹炼工艺渣含铜明显偏低。吹炼渣渣型为铁钙渣，在吹炼过程中，析出磁性铁相比其他工艺较少，见表 4-86。因此渣的黏度较低、流动性较好，导致渣含铜较低。

表 4-85　吹炼渣组成　　　　　（质量分数/%）

日期	Cu	Fe	SiO₂	CaO	MgO	Zn
2019/3/25	13.94	45.63	0.56	13.36	1.15	0.73
2019/5/27	10.90	39.30	1.99	13.86	0.52	2.59

表 4-86　铁的物相分配　　　　　（质量分数/%）

总铁	金属铁	氧化亚铁	三氧化二铁	磁性铁
43.65	2.51	6.16	20.51	14.47

图 4-125 为多枪顶吹炉吹炼渣电子探针分析图，图 4-125（d）中 1 号分析点呈亮白色，主要成分是 Cu、Fe，分别占 98.61% 和 1.39%，为粗铜相，其中夹杂了少量铁；2 号分析点呈现深灰色，主要成分是 FeO、CaO，分别占 54.33%、40.86%，主要是铁酸钙相；3 号分析点呈现浅灰色，主要成分是 Fe 和 O，占比高达 86.68%，为磁铁矿，并含有 CaO、Al₂O₃、ZnO、NiO 及 CoO 等成分；4 号

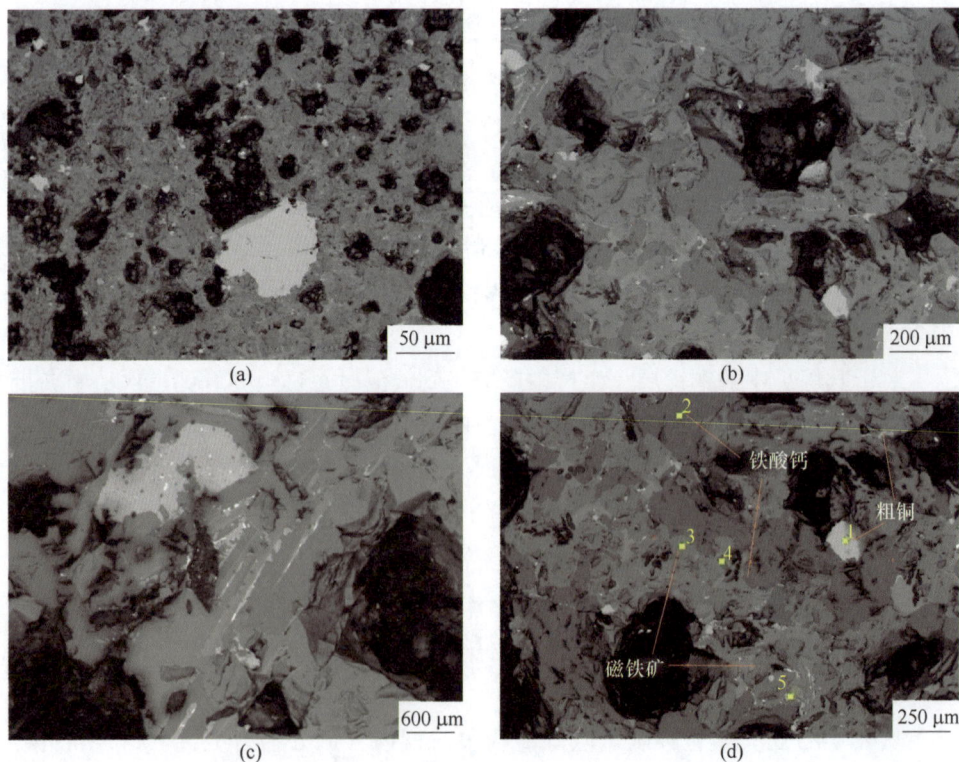

图 4-125　吹炼渣矿相特征

（a）50 μm 尺度；（b）200 μm 尺度；（c）600 μm 尺度；（d）250 μm 尺度

分析点与 2 号分析点相似在图中呈现深灰色，主要成分是 Fe_2O_3、CaO，分别占 54.77%、40.86%，主要是铁酸钙相；5 号分析点主要成分为 Cu、Fe_2O_3 及 CaO，分别占 51.57%、34.78% 及 12.00%，主要是粗铜相和铁酸钙相结合产物。

由图 4-125 分析可知，铜吹炼渣主要由三种物相组成，包括铁酸钙相、磁铁矿相和粗铜相（铜的主要载体相）。吹炼渣采用铁钙渣，铁酸钙相是主要基底物相，并含有 Al_2O_3、SiO_2，形成吹炼渣的主要形态；铁酸盐相是溶解在铁酸钙相中磁铁矿冷却析出的产物，与铁酸钙相紧密相连，其主要成分为磁铁矿，并含有 MgO、ZnO、NiO、CoO 等金属氧化物；粗铜颗粒在吹炼渣中的大小并不相同，较大颗粒的粗铜相主要分布在磁铁矿相和铁酸钙相之间，而磁铁矿相中的粗铜颗粒较小。

图 4-126 所示为吹炼渣中 Cu、Fe、S、O、Ca、Al 和 Mg 的面扫描图。由图 4-126 可见，Fe 与 O 的面分布保持着较高的一致性，这是由于 Fe 元素是渣中主要元素，且其主要赋存在铁酸钙与磁铁矿这 2 种矿相中，即 Fe 主要与 O 化合而赋存在一起；Cu 和 S 元素重合度比较低，说明铜主要以粗铜形式存在；Ca 主要分布在铁酸钙相中，而在磁铁矿中含量较低；Mg 主要富集在磁铁矿相中；Al 的分布较为均匀，分散在磁铁矿相和铁酸钙相中。

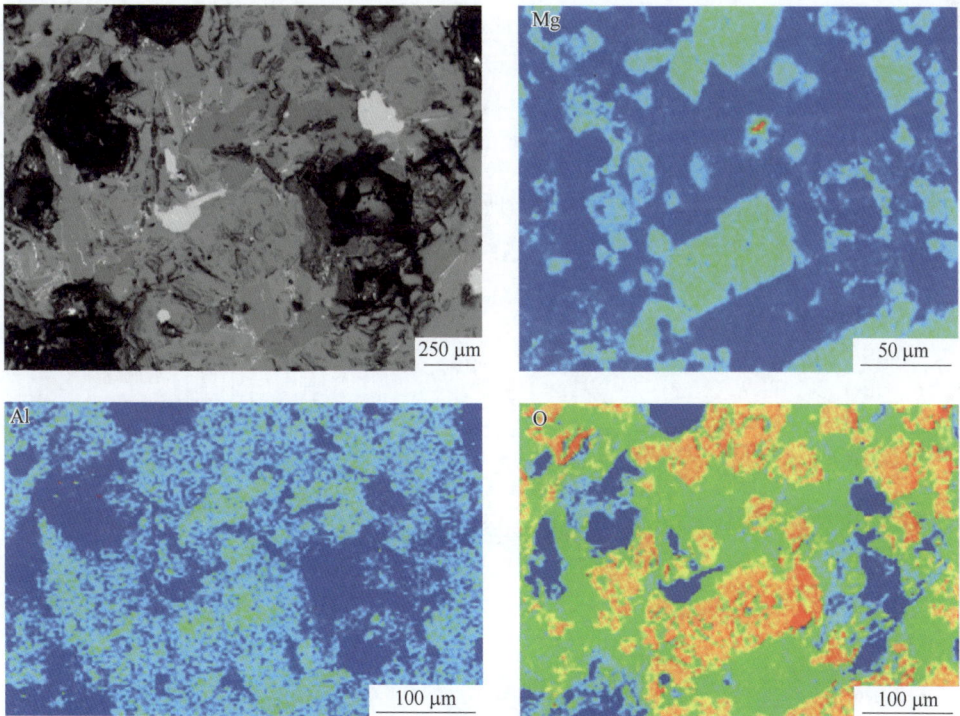

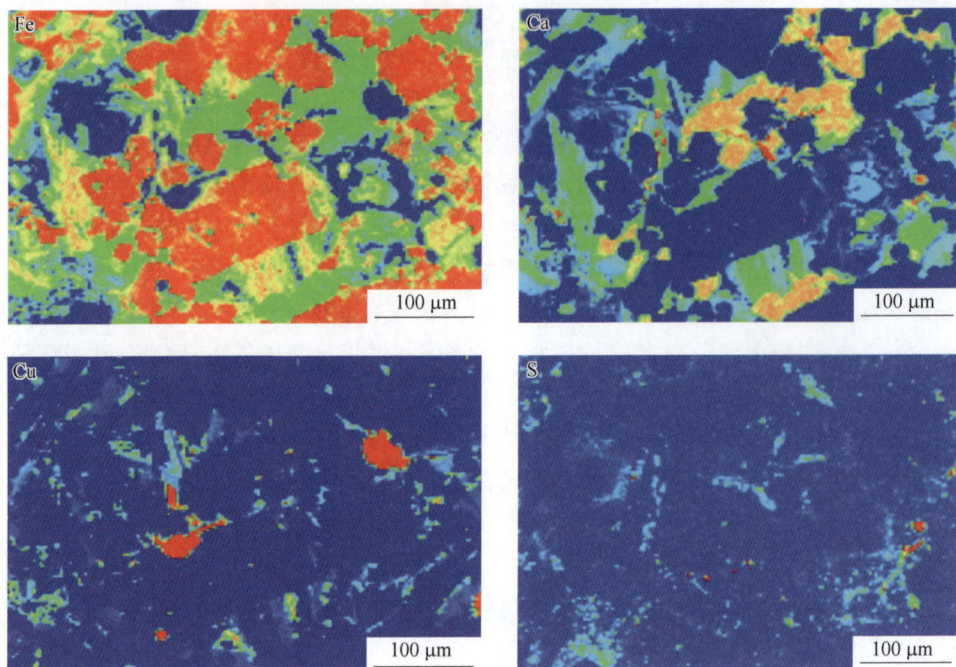

图 4-126　吹炼渣面扫分析

4.5.3　产业化实施方案

4.5.3.1　阶梯配置热态三连炉连续炼铜

热态三连炉呈阶梯状配置的示意图如图 4-127 所示，采用该配置时厂房更为紧凑。上料、供气和烟气系统均实现连续作业，厂房占地面积小。

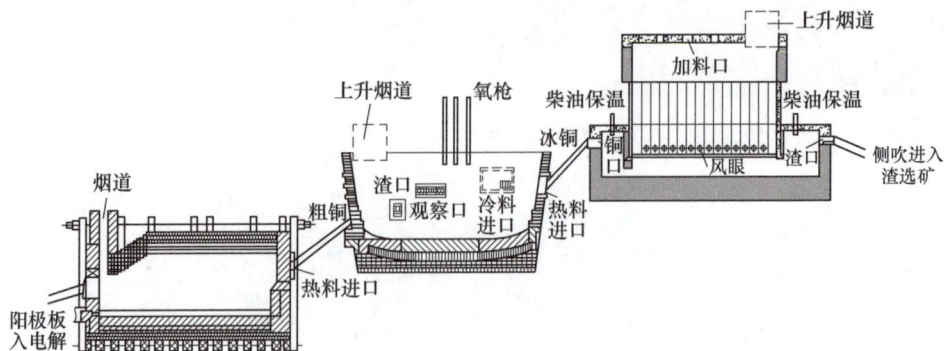

图 4-127　热态三连炉呈阶梯状配置示意图

铜锍经过溜槽流入多枪顶吹连续吹炼炉，粗铜经过溜槽流入阳极精炼炉，改变了传统的吊车和包子倒运铜锍和粗铜过程，包子倒运铜锍和粗铜不仅造成低空污染，而且产生大量冷料。从图 4-128 中可以看出，本项目设计采用液态铜锍连续流入多枪顶吹连续吹炼炉，铜锍溜槽设有密封盖，溜槽周围几乎没有 SO_2 溢出，放铜锍操作平台几乎闻不到 SO_2 刺鼻的味道。从图 4-129 中可以看出，液态粗铜连续流入阳极精炼炉，粗铜溜槽设有密封盖，放粗铜操作平台几乎闻不到 SO_2 刺鼻的味道。

图 4-128   多枪顶吹连续吹炼炉进热铜锍

图 4-129   多枪顶吹连续吹炼炉放粗铜

4.5.3.2 生产过程

该技术的关键设备为富氧侧吹熔炼炉、多枪顶吹连续吹炼炉、火法精炼炉，富氧侧吹熔炼炉、多枪顶吹连续吹炼炉和火法精炼炉通过溜槽连接，工艺流程如图 4-130 所示。

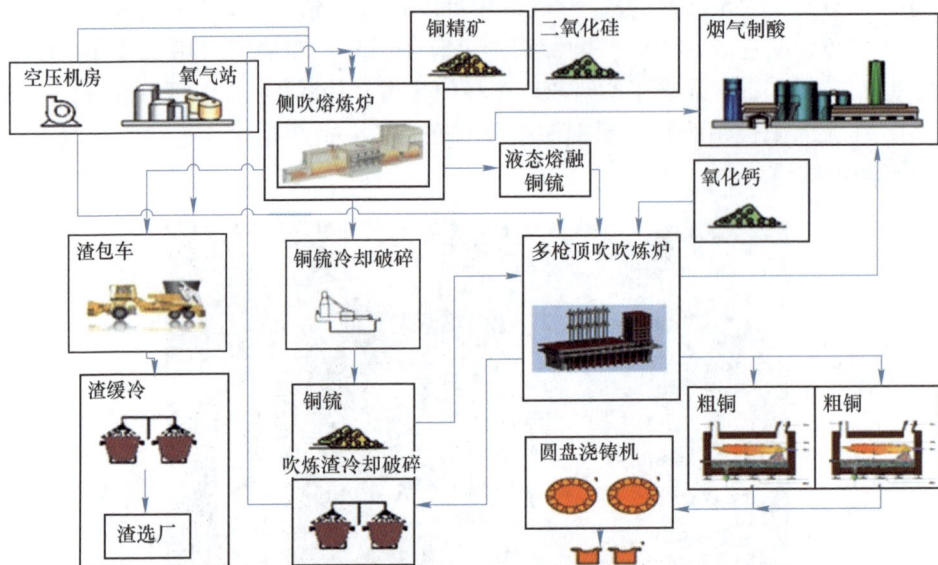

图 4-130　热态三连炉连续炼铜工艺流程

　　烟台某企业富氧侧吹熔炼炉自 2017 年 7 月投产后，3 个月内达产达标，生产非常稳定，其主要技术经济指标见表 4-87。

表 4-87　富氧侧吹熔炼炉技术经济指标

序号	名　　称	单位	数据	备　　注
1	处理铜精矿量	t/h	60~63	铜精矿品位 24%~25%
2	处理渣精矿量	t/h	3~4	
3	处理吹炼渣量	t/h	4~5	
4	配入石英石量	t/h	4~7	
5	配入煤量	t/h	1.2~1.5	防过泡沫渣加煤
6	一次风风量（标态）	m^3/h	14000~15000	氧浓度 85%
7	一次风压	kPa	120	
8	二次风量（标态）	m^3/h	6000~7000	空气
9	富氧浓度	%	83~85	
10	铜锍量	t/h	19~20	
11	铜锍品位	%	72~75	

序号	名　　称	单位	数据	备　　注
12	渣铁硅比		1.6~1.8	
13	熔炼渣量	t/h	800~900	
14	熔炼渣含 Cu	%	1.0~1.6	
15	熔炼炉寿命	a	≥3.0	
16	烟尘率	%	0.8~1.2	

　　多枪顶吹连续吹炼炉由于首次工业化，前两个月处于磨合期，作业率偏低，扣除前两个月后，其平均作业率为93%，实际处理量达到并超过设计能力。其主要技术经济指标见表4-88。

表 4-88　多枪顶吹连续吹炼炉技术经济指标

序号	名　　称	单位	数据	备　　注
1	吹炼炉处理铜锍量	t/h	19~20	铜锍品位73%~75%
2	吹炼炉处理铜米量	t/h	0~1	
3	吹炼炉加石灰石量	t/h	0.4~0.8	随品位变化
4	配入焦粒	%	<0.5	视过吹与否加入
5	喷枪供纯氧量（标态）	m³/h	2400	氧浓度85%
6	喷枪供压缩空气量（标态）	m³/h	8600	
7	富氧浓度	%	30~35	
8	喷枪供风压力	kPa	90~100	
9	粗铜产量	t/d	330~340	矿产粗铜
10	粗铜含铜	%	98.5~99.2	粗铜含硫不超过0.4%
11	铁钙比		2.3~2.5	
12	吹炼渣含 Cu	%	12~15	
13	烟尘率	%	2.0	
14	总液面高度	mm	1100~1200	
15	吹炼炉寿命	a	≥3.0	
16	粗铜综合能耗	kgce/t	100.33	

序号	名　称	单位	数据	备　注
17	铜回收率	%	99.0	从铜精矿至阳极板
18	硫回收率	%	98.5	从铜精矿至阳极板
19	硫捕集率	%	99.6	
20	水循环利用率	%	97.9	全厂

4.5.3.3　富氧侧吹熔炼炉

A　炉体

为满足铜精矿熔炼的技术要求及生产特点，围绕炉型、加料口、熔体排放口结构、一次风口位置、二次风口位置、炉体砌筑等难点和重点进行了创新研究，如图 4-131 所示。

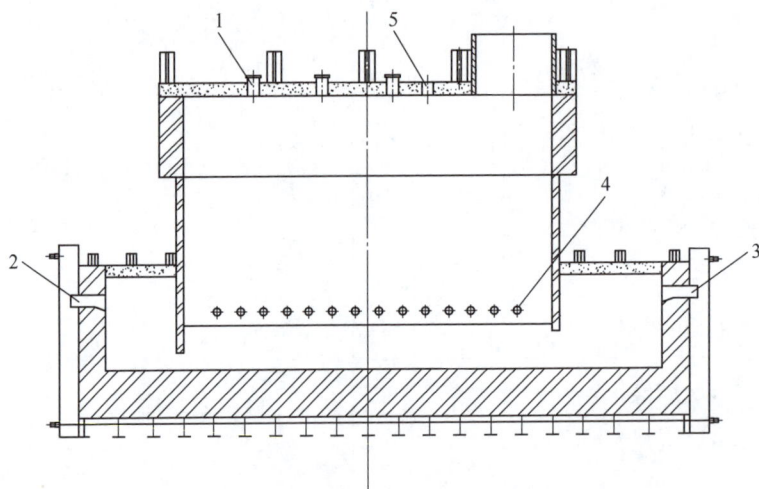

图 4-131　富氧侧吹熔炼炉

1—加料口；2—铜锍口；3—渣口；4——次风口；5—二次风口

24 m² 侧吹熔炼炉的主要参数：

（1）炉膛宽度，2500 mm；

（2）反应区长度，9600 mm；

（3）炉缸深度，1050 mm；

（4）风口距炉底高度，1500 mm；

（5）风口间距，600 mm；

（6）炉膛总高度，7000 mm。

该炉型采用弹性、刚性相结合的炉体支撑结构，保证炉体的整体性、稳定性和防震动性能。

B 加料口

加料口是在借鉴氧气底吹熔炼炉加料口的基础上进行的优化设计。如图 4-131 中 1 所示，24 m² 侧吹熔炼炉加料口外径尺寸为 φ325 mm。该加料口由 4 块铜水套组成，对炉口砖具有很好的冷却保护作用，在铜水套的强冷却作用下，炉口黏结物较脆，易于清理，大大降低了工人的劳动强度。同时工艺操作所需煤也从加料口加入。

C 铜锍和炉渣排放口

侧吹炉炉身下部的熔炼区前端和后端各设有铜锍池和渣池，铜锍池和渣池通过炉底通道与熔炼区相连通，但铜锍侧通道要低于渣池侧通道。如图 4-131 中 2 和 3 所示，在铜锍池和渣池高度的中上部设有铜锍口和渣口，反应生成的铜锍通过铜锍虹吸口溢流经溜槽流入多枪顶吹连续吹炼炉，渣口同熔炼渣溜槽相通，反应生成的熔炼渣从渣口溢流排放至渣包。

铜锍虹吸口和渣口内衬铜水套，保护铜锍虹吸口和渣口周围砖体。根据炉内铜锍层高度及渣层厚度，可通过调整排放开孔内衬砖砌筑厚度对排放口高度进行灵活调整，保证铜锍和炉渣顺利排出。

D 一次风口

如图 4-131 中 4 所示，该风口采用铜水套结构形式，对风口具有较好的冷却保护作用，大大延长了风口的使用寿命，提高了作业率。

从反应原理来看，侧吹炉熔炼是以渣作为氧传递的载体，在熔池内首先发生以下反应：

$$6(FeO) + O_2 === 2(Fe_3O_4) \qquad (4-34)$$

生成的 Fe_3O_4 作为载体传递氧来氧化熔体中的 FeS 造渣：

$$FeS + 3Fe_3O_4 + SiO_2 === 10FeO \cdot SiO_2 + SO_2 \uparrow \qquad (4-35)$$

目前已建成投产的侧吹炉的风眼送风角度大都为 0°，富氧空气完全送入渣层，脱硫率越高，铜锍品位越高，渣氧化的程度越大。要获得高品位铜锍，必须提高脱硫率，相对应渣氧化程度加大，而要抑制渣的过氧化，又必须提高煤率，但煤率越高，铜锍品位的提高难度越大。所以，目前行业内侧吹炉大都在铜锍品位和煤率间寻找平衡，铜锍品位很难达到 70% 以上。

该侧吹熔炼炉经过充分论证，设计时对风眼角度进行调整，通过摸索风压，使富氧空气能够部分送入铜锍层，降低渣的氧化程度，为提高铜锍品位、降低煤率和渣含铜创造条件。从实际生产运行来看，铜锍品位能够稳定在 72%～75%。

E 二次风口

受炉型结构影响，为抑制单体硫，侧吹熔炼炉需要补入二次风，如图 4-131

中 5 所示。目前大多数二次风口都设置在两侧炉墙上，存在以下问题：

（1）熔融或半熔融颗粒在炉内上升和下落过程中容易在端墙二次风口处形成黏结，二次风送风强度无法保证，部分单体硫进入制酸系统堵塞间冷器。

（2）二次风口炉结掉落炉内，会降低熔池温度，带来堆料风险；而炉结过大，下落炉内会堵塞熔体通道，严重时无法进行生产。

（3）人工清理二次风口频率高，劳动强度大。

考虑以上因素，同时由于侧吹炉熔炼炉膛相对较高，熔融或半熔融颗粒很难到达炉顶附近，所以设计时将二次风口位置由端墙改为炉顶加料口和上升烟道之间，并设置观察口和清理口。实际运行情况良好，二次风口基本不用清理，送风稳定，制酸系统无波动。

F　炉衬设计

熔炼过程中熔炼炉的炉衬需经受高温熔体剧烈的机械冲刷、炉渣和熔剂的严重侵蚀，侧吹熔炼炉在开发过程中，加强了对炉衬寿命的研究。侧吹熔炼炉砌筑分为四大部分：炉底、炉缸、炉身和炉顶，在工程设计中，针对不同的区域选用了不同类别的镁铬砖。同时为延长砖体寿命，侧吹熔炼炉采用了大量的铜水套，在冷却砖体同时必然会带走大量的热，为减小热损失，采用水套内衬不定型浇注料，其优势在于：

（1）相比传统侧吹炉，开炉方式多样化，既可选择烧油热开，也可选择固态冷启。同时对突发事故的处理更加简便，可以直接烧油提温；

（2）铜水套内始终有一层稳定的衬体层，相比于传统铜水套的直接挂渣形式，该设计保温更好，炉子热损失更低，水套更安全；

（3）因为有内衬存在，对铜水套冷却强度要求小，因而铜水套循环水量小，进出水温度差小，冷却水带走热量小，炉子热利用率高；

（4）由于铜水套的冷却作用，不定型浇注料表面也能形成挂渣，对提高炉龄起到积极作用。

4.5.3.4　多枪顶吹连续吹炼炉

A　炉体

依托多年来各种铜锍连续吹炼炉的设计经验及对各种吹炼炉的不断探索研究，由中国恩菲所开发的多枪顶吹连续吹炼炉采用斜竖式炉型，炉子主体结构由基础、炉底、炉墙、炉顶及外围钢结构等部分组成。炉顶由不定型浇注料整体浇注而成，设探料口、加料口及顶吹喷枪系统；炉顶设置残极加入系统。根据工艺条件初步确定多枪顶吹连续吹炼炉的炉体规格约为 40 m²，详见图 4-132。

多枪顶吹连续吹炼炉的主要尺寸参数如下：

（1）渣线面积，40 m²；

（2）渣线宽度，5000 mm；

（3）渣线长度，8000 mm；

（4）渣线高度，1100 mm；

（5）炉膛上部空间，2500 mm；

（6）炉膛总高，3600 mm。

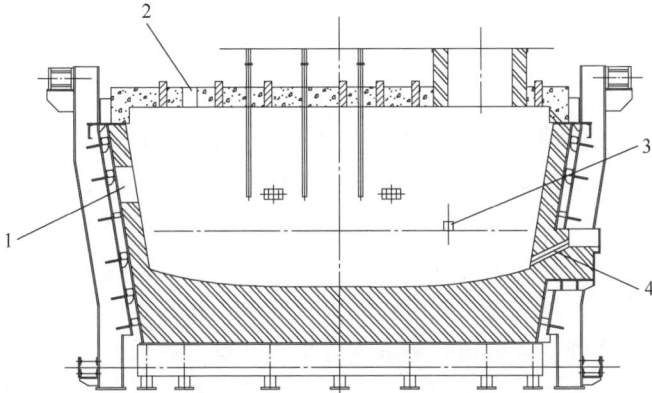

图 4-132　多枪顶吹连续吹炼炉示意图

1—热料加入口；2—冷料加入口；3—出渣口；4—出铜口

该炉体采用上大下小的斜炉墙，用整体弹性骨架夹紧，保证炉体所需要的夹紧力和均匀膨胀。同时也保证炉体的整体性、稳定性和防震动性能。

B　加料口

侧吹熔炼炉产出的热铜锍通过溜槽连续流入多枪顶吹连续吹炼炉，鉴于采用一个加料口处理热料、冷料和残极所带来的种种弊端，多枪顶吹连续吹炼炉的加料口分为热料口、冷料口和残极加料口，可灵活处理热态、冷态铜锍及残极等二次铜原料，如图 4-132 中 1 所示。热料加入口尺寸为 500 mm×712 mm，该炉口上下为铸造铜水套层。铜水套对炉口砖具有较好的冷却保护作用，在铜水套强冷却作用下，炉口黏结物较脆，易于清理，大大降低了劳动强度。

当多枪顶吹连续吹炼炉与前段的侧吹熔炼炉一字型串联联接时，热料加料口设置在端墙，产自侧吹熔炼炉的液态高温铜锍，经密闭溜槽直接流入多枪顶吹连续吹炼炉，密封效果好，可减少 SO_2 烟气逸散。

全部热锍吹炼易造成反应热过剩，为此需加入一定量的冷态铜锍和残极，以维持热平衡。加入口如图 4-132 中 2 所示，冷料加入口尺寸为 700 mm×1400 mm，四周为铸造铜水套，对加料口附近的砖体有很好的保护作用。

多枪顶吹连续吹炼炉设有单独的残极加料装置，残极片经残极口加入，工作效率高，且操作过程密封性好，可大大改善操作环境。

吹炼所需熔剂通过溜管经由炉顶冷料加入口连续加入炉内造渣，吹炼烟气稳定且烟气量小，有利于烟气制酸。

C　粗铜和炉渣排放口

多枪顶吹连续吹炼炉设置了单独的出渣口和虹吸放粗铜口，如图 4-132 中 3 和 4 所示。

出铜口根据工艺配置设置于端部，采用虹吸放粗铜，钢壳内砌筑砖体，粗铜通过溜槽连续地流入阳极炉。虹吸放铜液面稳定，操作简单便捷，不会因出铜口局部寿命影响整炉寿命。

出渣口设置在侧墙，出渣口尺寸为 380 mm×450 mm。出渣口为铸造铜水套，保护渣口周围砖体。根据炉内渣面高度及渣层厚度，可通过改变渣口开孔内衬砖厚度，对出渣口高度进行灵活调整，保证吹炼渣顺利排出。

D　炉衬

吹炼过程中多枪顶吹连续吹炼炉的炉衬需经受高温熔体剧烈的机械冲刷、炉渣和熔剂的严重侵蚀，多枪顶吹连续吹炼炉在开发过程中，加强了对炉衬寿命的研究，同时对类似吹炼过程中侵蚀的砖体进行了化验分析，研究其侵蚀机理。

在工程设计中，针对不同的区域选用了不同类别的镁铬砖，熔池和渣线部分受到熔体的冲刷更为严重，为延长该区域砖体寿命，选用等级更高的优质镁铬砖，同时增加不同形式和不同强度的铜水套，在保证强化冷却的同时也兼顾了经济性；其中，在粗铜熔池段设置铜钢复合水套来保护纯铜水套不被粗铜侵蚀。

炉顶为水套梁支撑的吊挂砖结构，密封好、留设孔洞容易；炉底及炉墙均采用优质镁铬砖，渣线区域和炉底喷枪区采用特级优质镁铬砖；炉底设计了风道，采用强制通风冷却，有效控制炉底温度。

烟道采用条形水套与衬砖配合使用，能够有效应对高炉温、高烟气温度对烟道的腐蚀。

冶炼炉上大量冷却水套的应用，既对关键部位的砖体起到了保护作用，延长砖体寿命，同时又提升了吹炼炉的作业率。

4.5.3.5　富氧侧吹多枪顶吹热态三连炉连续炼铜产业化技术的创新点

（1）研发了适用于生产含铜 72%~75% 的高品位铜锍富氧侧吹熔炼技术，保证了在实现高品位铜锍生产安全平稳运行的同时，降低了熔炼渣含铜量（1.0%~1.6%），提高了直收率，同时为富氧侧吹熔炼炉长寿命运行创造了良好的工艺条件。

（2）研发了适用于热态铜锍多枪顶吹连续吹炼工艺条件的吹炼装置，开发了多枪顶吹连续吹炼炉体技术、长寿命耐火材料内衬和铜水套冷却技术、自耗式旋转顶吹喷枪和快速更换顶吹喷枪技术，实现了多枪顶吹连续吹炼炉长炉期、高作业率运行。多枪顶吹连续吹炼炉首炉炉期 15 个月，后续炉期超过 2 年，年均作业率达到 93%。

（3）研发了"富氧侧吹熔炼+多枪顶吹连续吹炼+火法阳极精炼"热态三连

炉连续炼铜技术，取代传统吊车包子吊运铜锍和粗铜作业工序，避免了吊运过程中 SO_2 烟气逸散，降低了劳动强度，改善了操作环境。

（4）开发了智能控制系统。本项目为解决热态连续炼铜工艺控制的难题，开发了冶金智能优化控制平台，使冶金过程由传统的人工判断、手动调节变为自动反馈调节控制，提高了控制精度，减少了劳动定员，实现了冶炼全流程的智能化控制和信息化管理。

4.6　侧吹-底吹连续熔炼技术处理含铜污泥及其他含铜物料

4.6.1　概况

含铜镍污泥（HW17）、含铜废物（HW22）、有色冶炼废物（HW48）是典型的三类含铜危废，目前通过火法工艺处理含铜危废的主要工艺是鼓风炉还原熔炼工艺，该工艺需要将污泥进行焙烧或制砖后加入炉内，工序多、能耗高、环保差，CO 和氮氧化物排放超标。随着国家对环保的日益重视，鼓风炉工艺越来越难满足当地的环保要求，鼓风炉在很多地方已被列入淘汰设备，禁止用于处置含铜危废及其他固废。富氧侧吹和富氧顶吹这两种在铜冶炼领域取得成功的工艺被争相应用到危废处置行业的生产实践中，但是由于原料和工况的特殊性，以上两种工艺均未能取得理想的效果，存在金属熔体易冻结、漏炉、烟气系统故障率高等问题。危废处置火法新工艺未有成功的先例，工艺选择难度大。

2021 年，中国恩菲依托江西兴南含铜危废项目的实施，围绕富氧侧吹处理含铜危废面临的主要技术问题进行研究，提出解决思路与方案。

（1）富氧侧吹还原熔炼反应过程不放热，需要通过喷枪向炉内喷入燃料以维持炉内的热平衡。同时，炉内反应需要搅拌动能以提高其床能率，这也需要通过喷枪向炉内喷入气体。因此，喷枪系统的设计十分关键。

（2）富氧侧吹还原熔炼生产过程中侧吹炉内作业温度高，产生的黑铜金属化程度高，侧吹炉要充分考虑炉体结构高温膨胀、炉衬和喷枪区被冲刷烧蚀的风险。炉体装置开发难度大。

（3）本项目处理的含铜危废物相主要是以氧化物为主，MgO、Al_2O_3 含量高，炉渣熔点高达 1400 ℃以上，需要配制合理的渣型降低熔点，从而降低能耗，延长炉子寿命。

（4）项目处理的原料包括含铜危废、含铜固废、冰铜、紫杂铜和高品位杂铜等五大类，若干小类。原料种类众多，成分复杂。由于以上各种物料的处理量及含铜品位相差较大，针对不同的物料需要采用不同的处理工艺合并冶炼流程。同时对各冶炼系统的烟气要进行针对性的处置，在满足排放达标要求的前提下，要考虑投资省、运行成本低的工艺方案。

（5）富氧侧吹还原熔炼工程实际运行中烟气波动比较大，为保证骤冷塔出口烟气温度，骤冷塔喷水量的变化较大，如何在此种情况下保证骤冷塔的雾化效果是烟气收尘系统得以正常运行的关键因素之一。

（6）富氧侧吹还原熔炼产生的烟气含水高，且含有酸性气体（如二氧化硫、氟、氯等），导致烟气露点高，喷雾降温后容易糊袋，影响收尘系统正常运行。需要采取措施防止烟气结露。

2021 年，中国恩菲江西兴南项目年处理 10 万吨含铜镍污泥（湿基）、15 万吨含铜固废（湿基）、5.4 万吨外购冰铜、2.2 万吨紫杂铜、2 万吨高品位杂铜，年产阳极板 10 万吨，采用了全球首创的"富氧侧吹浸没燃烧炉熔炼-氧气底吹连续吹炼炉吹炼"组合技术，成功应用于含铜危废及含铜二次资源的综合回收领域，如图 4-133 和图 4-134 所示。该项目的成功投产，标志着采用富氧侧吹浸没燃烧熔池熔炼技术具备了对传统危废处置技术替代和超越的能力，危废处置及资源回收技术取得重大突破，已达到行业领先水平。

图 4-133 　江西兴南 10 万吨/a 含铜二次资源综合利用项目鸟瞰

4.6.2　工艺流程及主要设备

江西兴南项目生产系统的主工艺路线为：圆筒干燥机干燥-富氧侧吹浸没燃烧炉熔炼-氧气底吹连续吹炼炉吹炼——回转式阳极炉火法精炼，如图 4-135 所示。生产过程中，湿污泥由抓斗加入到污泥干燥机内进行预干燥，将污泥含水从 70%~75% 脱除至 40%~45%。然后与含铜固废、石英石、石灰石、粒煤等配料后加入到一台富氧侧吹浸没燃烧炉内进行还原熔炼处理，通过位于炉两侧交错分布的单通道喷枪和双通道喷枪向炉内鼓入富氧空气与还原剂，得到黑铜-铜锍混合熔体和贫化炉渣。黑铜-铜锍混合熔体通过溜槽流入氧气底吹连续吹炼炉，固

图 4-134 江西兴南 10 万吨/a 含铜二次资源综合利用项目厂区全面貌

态黑铜、铜锍、紫杂铜等物料，通过炉顶加料口加入连吹炉，通过吹炼炉底部的氧枪鼓入熔池富氧空气，使熔池形成剧烈搅拌，铜锍、熔剂和吹炼风快速反应，完成造渣、造铜等过程。粗铜流入包子，通过平车与冶金吊倒运至回转式阳极炉进行精炼作业，产出的阳极铜通过阳极板浇铸机产出合格阳极板。熔炼渣、吹炼渣排入渣包后输送至渣缓冷场进行缓冷和破碎，破碎后的熔炼渣送渣选矿，破碎后的吹炼渣外售。精炼渣排入渣包后经起重机吊运至主厂房冷料堆场与包子壳等冷料进行粗碎。侧吹熔炼烟气经余热锅炉冷却和骤冷降温后，送布袋收尘器收尘，然后送脱硫；吹炼烟气经余热锅炉冷却和电收尘器收尘后送制酸；阳极炉烟气兑风降温后经过表面冷却器冷却，然后送脱硫系统。干燥返尘、熔炼返尘和吹炼返尘通过灰罐盛装并由汽车运输至原料仓内存储，配料后返熔炼。江西兴南 10 万吨/a 含铜二次资源综合利用主厂房配置图如图 4-136 所示。

生产系统主要设备参数见表 4-89。

该工艺路线由中国恩菲自主研发，并首次在国内实现工程化应用。富氧侧吹浸没燃烧技术是中国恩菲的专利技术，已经在再生铅和锌烟灰处理等方面有过成功应用，这是首次应用于含铜危废及含铜二次资源综合回收领域。该技术的成功应用有效解决了鼓风炉工艺存在的环保问题及瓦纽科夫富氧侧吹熔炼工艺存在的合金易冻结和容易死炉的问题，对推进危废处置技术变革具有重大的示范意义。

4.6.3 生产运行指标

生产系统主要参数指标见表 4-90。

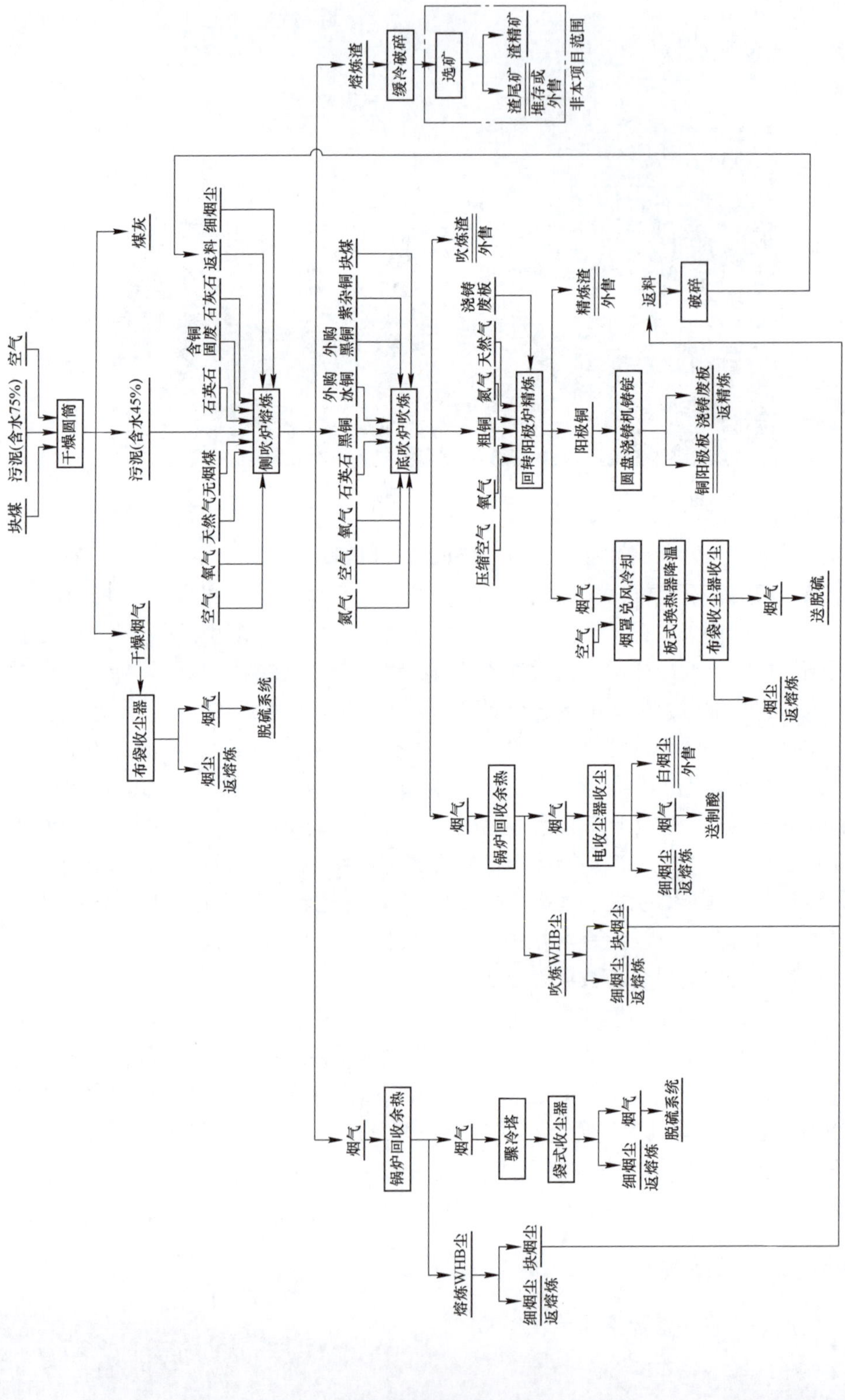

图 4-135　江西兴南 10 万吨/a 含铜二次资源综合利用工艺流程

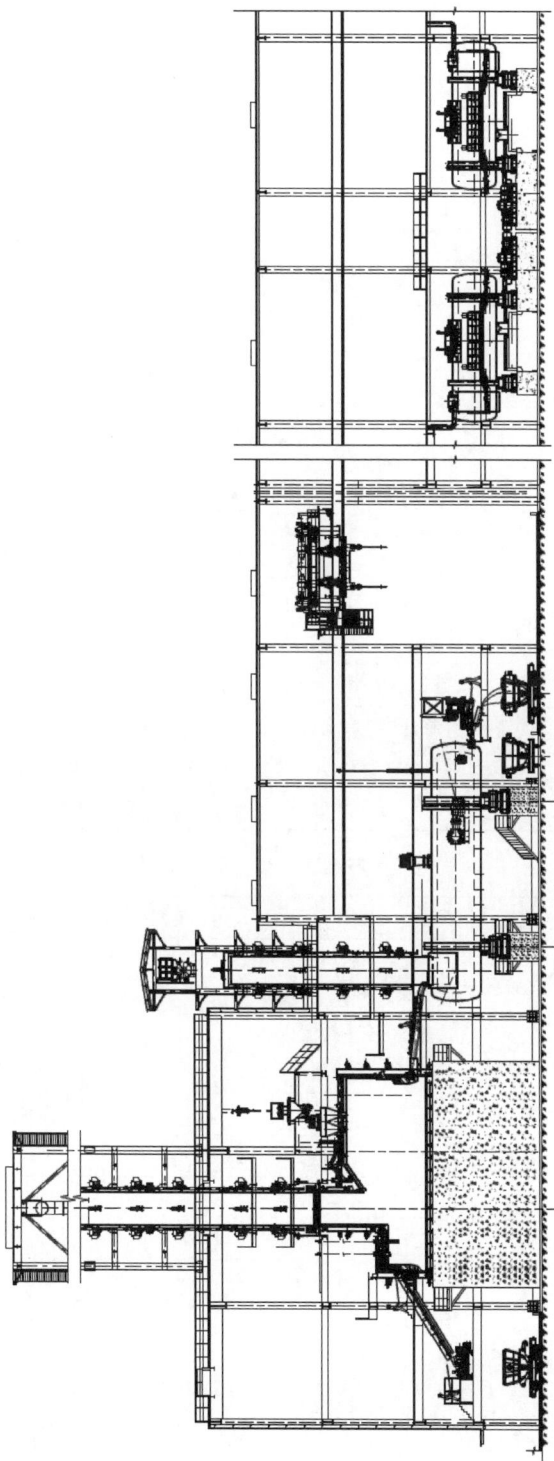

图 4-136 江西兴南 10 万吨/a 含铜二次资源综合利用主厂房配置

表 4-89　生产系统主要设备参数

序号	工序	设备	数量	参　数
1	干燥	污泥干燥机	3	200 t/d（湿基）
		带式收尘器	3	2000 m²
		引风机	3	$Q=95000$ m³/h，$p=4000$ Pa
2	侧吹还原熔炼	浸没侧吹还原炉	1	20 m²
		熔炼余热锅炉	1	$Q=27$ t/h，$p=4.0$ MPa
		骤冷塔	1	$\phi4.5$ m×15 m
		袋式收尘器	1	2800 m²
		引风机		$Q=120000$ m³/h，$p=5600$ Pa
3	氧气底吹连续吹炼	氧气底吹连续吹炼炉	1	$\phi4.1$ m×18 m
		吹炼余热锅炉	1	$Q=4.5$ t/h，$p=4.0$ MPa
		电收尘器	1	20 m²
		高温风机	1	$Q=40000$ m³/h，$p=3500$ Pa
4	阳极精炼	回转式阳极精炼炉	1	$\phi3.6$ m×11.5 m
		双圆盘定量浇铸机	1	100 t/h
		板式烟气冷却器	2	300 m²
		袋式除尘器	2	1200 m²
		风机	2	$Q=40000$ m³/h，$p=5600$ Pa

表 4-90　生产系统主要参数指标

序号	工序	名　称	参　数
1	干燥	入炉污泥含水	70%~75%
		热风炉温度	600~800 ℃
		出炉污泥含水	40%~45%
2	侧吹还原熔炼	投料量	20~30 t/h
		富氧浓度	40%~90%
		煤率	15%~25%
		炉温	1250~1350 ℃
		锅炉入口温度	1150~1200 ℃
3	氧气底吹连续吹炼	投料量	15~25 t/h
		富氧浓度	35%~50%
		煤率	1%~5%
		炉温	1200~1300 ℃
		锅炉入口温度	1050~1150 ℃

4.6.4 处理含铜污泥及其他含铜物料生产系统特点

(1) 侧吹炉对原料适应性强,备料环节简单,可直接处理含水 40%～50%的湿料。采用污泥预干燥+侧吹炉还原熔炼的工艺路线处理含铜污泥,不需要焙烧或制砖,比传统的污泥火法处置工艺流程短。

(2) 由于侧吹炉采用了富氧熔炼技术,工艺风富氧浓度可达到 65%～80%,外排废气量只占鼓风炉工艺的 1/3～1/2。比鼓风炉工艺更节能、环保,自动化程度更高。

(3) 侧吹炉采用两侧交错分布的单通道和双通道喷枪系统,向炉内鼓入富氧空气与还原剂,通过浸没燃烧,向炉内直接补热,炉内反应充分,燃料热效率与传质效率更高。同时由于布置方式为对吹形式,能有效减缓喷枪对侧墙的冲刷,喷枪寿命可达半年以上。

(4) "富氧侧吹浸没燃烧炉熔炼-氧气底吹连续吹炼炉吹炼"为集成创新型工艺,尽管富氧侧吹浸没燃烧炉熔炼和氧气底吹连续吹炼炉吹炼在其他领域有过成功应用,但二者在危废处置领域还没有过生产实践,该组合工艺分别发挥了两种工艺的优点。可以协同处理危废、固废、冰铜、黑铜和紫杂铜等五大类和若干小类物料,原料适应性广。同时,工艺各工段间多为溜槽或包子倒运,冶炼过程连续,流程热效率高。各冶炼系统的烟气进行了针对性的处置,在满足排放达标要求的前提下,有较低的投资和运行成本。

(5) 底吹连续吹炼技术是目前先进的连续吹炼技术之一,由于其采用纯砖砌结构形式,炉体散热小,尤为适合吹炼过程搭配处理废杂铜或冷料的场景,基本可以实现自热,不需要补充额外的燃料。该工艺在铜冶炼行业拥有从 5 万吨到 30 万吨级的工业化应用实践,成熟可靠。

4.6.5 实施效果及成果指标

(1) 冶炼生产系统连续无故障作业达到 4 个月,达到国内领先水平。侧吹炉底无冻结,未发生死炉情况。

(2) 喷枪使用寿命长。

(3) 富氧侧吹熔炼炉处理物料能力达到 30 t/h(干基),达到设计能力(28.93 t/h)的要求,且运行状况稳定。

(4) 富氧侧吹熔炼工序吨矿处理成本 965 元,处于行业先进水平。

(5) 富氧侧吹熔炼炉产出的黑铜含 Cu 78.67%～80.25%,达到设计要求。

(6) 阳极铜含 Cu 99.20%～99.30%,达到行业先进水平。

(7) 工艺烟气经收尘净化后废气含尘浓度 22～26 mg/m³,外排废气 SO_2 浓度（标态）76~82 mg/m³，废气 NO$_x$ 浓度（标态）80 mg/m³，符合《再生铜、铝、铅、锌工业污染物排放标准》（GB 31574—2015）中颗粒物浓度 30 mg/m³，SO$_2$ 浓度（标态）100mg/m³，废气 NO$_x$ 浓度（标态）100 mg/m³ 的限值要求。

（8）二噁英排放指标达到欧盟标准，TEQ≤0.1 ng/m³。

（9）有价金属回收率高，弃渣含铜≤0.25%，稀贵金属回收率≥95%。

4.7　赤泥火法熔炼综合回收技术

4.7.1　赤泥简介

赤泥是制铝工业提炼氧化铝时排放出的一种固体废渣，属于碱性大宗工业固体废物。赤泥的大量堆存给生态环境带来巨大环境污染问题和安全隐患，同时，赤泥也是一种极具价值的资源。赤泥有价金属回收是解决赤泥污染问题、安全隐患和实现赤泥减量化、资源化、无害化的重要方法。据统计，2022 年我国氧化铝年产量已达 8186 万吨，赤泥年产量达 10500 多万吨，我国赤泥累计堆存量约 11 亿吨。据报道，我国赤泥利用量已达 800 万吨，利用率不足 10%，远远低于我国大宗工业固废综合利用平均水平，赤泥资源化利用任重道远。

赤泥综合利用依旧是铝行业发展面临的紧迫问题，综合利用技术需要改进、创新。目前赤泥综合利用研究主要集中于建筑材料、环境治理、有价金属回收等方面。利用赤泥制备建筑材料虽然性能较好，但存在利用率较低、成本高，以及碱性与放射性较高的弊端；赤泥中含有丰富的有价金属，如铁、铝、钛、稀土金属等，但目前从赤泥中提取有价金属元素工艺复杂，成本较高，大多停留在实验室阶段，因此，赤泥的综合利用技术受到越来越多的关注。

赤泥资源化利用的主要趋势为：高铁赤泥用于回收铁、铝等金属，低铁赤泥用于建材。目前，赤泥作为掺加料在低附加值的建筑材料领域中的应用相对成熟，已有工业化成果，但仍然存在含碱高、放射性等许多问题。从赤泥中回收高附加值有价金属的研究大多仍处于实验室研究阶段。

随着国家对环境问题的不断重视，赤泥的无害化处理和大宗消纳利用，对氧化铝生产企业而言已刻不容缓。未来对赤泥综合利用的研究工作，应该以赤泥的减量化、高值化、无害化、全组分利用为目标，主要围绕大量消耗赤泥为主，以开发赤泥的高附加值产品为辅多途径综合开发，提高其综合利用率。

4.7.2　赤泥国内外利用现状

目前，赤泥综合利用研究主要有以下几种途径：有价金属回收利用、用作吸附材料、用作催化剂、生产水泥和其他建筑材料、生产陶瓷、制备新型功能材料、土壤修复和废水净化等。近年来由于高铁铝土矿进口、市场对高品位铁矿石需求的升温、进口铁矿石对国内市场空间的挤压、国家严控铁产能等因素影响，我国赤泥提铁项目逐渐备受关注。2018 年只有广西的部分赤泥选铁项目在运行，同时有部分企业利用赤泥制备路基，生产无机纤维、陶瓷透水砖等。

4.7.2.1 生产水泥、建筑材料

2005 年中铝公司修建了一条 4 km 赤泥路基示范性路段，达到高速路的强度要求，已经连续多年正常使用。以赤泥、粉煤灰、煤矸石为原料制成的烧结砖，实现了制砖不用土，烧砖不用煤，节约了煤炭资源和土地资源，符合优等品指标要求；利用烧结法，赤泥、粉煤灰、矿山排放废石硝或建筑用砂为主要原料，在石灰、石膏等胶结作用配合下，生产出了赤泥粉煤灰免烧砖，性能达到 MU15 级优等品。由于赤泥拥有细密的结构，添加其他辅料经过烧结后会更容易产生位错等晶格缺陷，增强材料的强度，这也是赤泥能作为一种潜在建材使用的基础。因此，赤泥还可以用于制作微孔硅酸钙保温材料、硅酸钙绝热制品、微晶玻璃等。

4.7.2.2 提取有价金属元素

A 磁选工艺

2011 年 6 月广西平铝铝土矿氧化铝厂建成年处理赤泥 220 万吨的赤泥回收铁精矿生产线，将含铁 26% 的赤泥，经圆筒隔渣筛、筒式中磁机、高梯度磁选机粗选、精洗后浓缩处理，实现铁回收率 22%，精矿铁品位 $\geq 55\%$，年产精铁矿 22 万吨。

管建红针对广西平铝拜耳法赤泥组分复杂、粒度细的特点，采用了立环脉动高梯度磁选机回收赤泥中的铁，经小型试验和半工业性试验，获得了含 TFe 54.70% 的铁精矿，回收率为 35.36%。所得合格铁精矿可作高炉炼铁原料，为赤泥中铁的回收寻找到了一条可工业实施的途径。

陈志友、胡伟等人对某三水铝石型铝土矿生产氧化铝产生的高铁赤泥进行了磁选研究，细粒级赤泥预先分级脱除，对分级的粗粒磨细进行强磁选别。对该赤泥采用的分级粒度为 0.044 mm，粗粒级产率为 50%，对粗粒级产品细磨后进行强磁选别，经过 6 个月试生产试验，铁精矿品位基本稳定在 48.00% 以上，最高可提高到 52.00%。

B 还原工艺

日本提出利用还原烧结处理赤泥，将氧化铁转化为磁铁矿，其余部分用于回收氧化铝。首先将赤泥烘干至含水率 30% 后放在干燥器中进行自然蒸发，然后放在流化床中进行烧结。在流化床中利用还原气体还原赤泥，使氧化铁变成磁化铁；磁性物质经磁选分离后，再浓缩制成高纯冶金团块。研究表明，如果对试验条件严格控制，焙烧赤泥的还原反应可使赤泥中的赤铁矿完全转化为海绵铁，而后进行磁选分离；获得海绵铁制团后，可以直接用于电炉炼钢，这比使用磁铁矿更为简便经济。

德国的格布尔·基里尼公司曾进行了两段熔炼法处理赤泥生产炼钢生铁的半工业化试验。第一段将赤泥与煤粉（或泥煤）、碎石灰石混合，送入长100m的回转窑中在1000℃下进行还原烧结，使80%以上的氧化铁还原成金属铁；第二段采用特殊结构的油作加热介质的竖式熔炼炉进行熔炼，进一步还原物料使还原效率达到95%以上。熔融体中的铁和渣自行分离，残渣连续流出，在水中粒化。液态铁从炉中放出，经适当处理后，铸成生铁锭。

匈牙利采用改良的串联法将阿尔马什菲济特氧化铝厂的拜尔法赤泥，配加无烟煤（作还原剂）在捷克的耶依保维查厂60m长的回转窑中还原焙烧，再磁选分离，得到的铁精矿含Fe 77%，铁回收率达81.5%~83.0%，这种铁精矿可以直接用于电炉炼钢。

Mishra等人对赤泥还原炼铁-炉渣浸出工艺作了进一步研究：赤泥中的铁采用碳热还原，铁的金属化率超过94%，进一步熔化可制得生铁。神雾节能公司对赤泥采用蓄热式转底炉直接还原+磨矿磁选或熔分的工艺进行提取金属铁试验，磁选工艺能够得到全铁品位为89.12%的金属铁，回收率为85%；熔分得到全铁品位为96.15%的铁，回收率为95%，同时对选铁后的渣进行矿棉生产，实现资源的循环利用。

C　浸出工艺

赤泥用盐酸在60~80℃条件下浸出，经过滤，在滤液中加入氢氟酸使硅以硅酸沉淀，过滤出硅酸，向滤液中加入NaCl，经蒸发后结晶生成冰晶石，结晶母液为含硅氟酸和盐酸溶液，将此蒸发母液与预先分离的硅酸一同加入到前面盐酸浸出渣中，使Fe、Al进一步溶解，以回收溶液中的铁、铝。于先进等人以盐酸为浸出剂，对赤泥中的铁采用酸浸工艺浸出，再用碱液沉淀铁离子，500℃下烧结、水洗后得到了几乎纯净的Fe_2O_3。

D　提取其他有价金属

张淳进行了提取镓、钪、锂、铌的研究，提出以烧结法处理铝土矿，烧结块碱浸提铝，碱浸渣酸浸的工艺。采用螯合树脂选择性吸附法提取镓，碱浸渣中富集了钪与铌，用浓盐酸可将钪溶出，而铌难于溶出，锂分布于碱浸液及酸浸液中。王鸿振针对山西铝厂赤泥的特点，提出了先焙烧后盐酸浸出钪及镧系稀土金属，再在浸出液中加碱得钪及镧系稀土金属氧化物沉淀并将其分离的新工艺。试验表明，此工艺能有效地分离钪及镧系稀土金属，且废水处理量少，不产生新的污染。王洋、王克勤、郭晖、张江娟等人分别采用酸浸法对赤泥中钪的回收进行了实验研究，主要采用盐酸浸出，考察了不同因素对钪浸出的影响，在合适工艺条件下，钪的回收率可达到85%以上。朱晓波等人采用酸浸的方法从赤泥中提取钛，分别采用硫酸、盐酸和硝酸三种浸出剂，考察了浸出剂的种类与浓度、液固比、浸出温度及浸出时间等因素对钛的浸出率的影响。结果表明，硫酸作为浸出剂提钛效果最好，主要原因是钙钛矿和板钛矿与硫酸发生的溶解反应，使得钛得以浸出。在硫酸浓度为 40%、浸出温度为 100 ℃、液固比为 6∶1 的条件下浸出 1 h，钛的浸出率可达 90%。

4.7.2.3 脱碱处理

因工艺原因，赤泥中含有一定量的苛性碱，其不仅对环境造成严重污染，而且制约着赤泥的再利用，所以对赤泥进行脱碱处理很有意义。梅贤功等人采用石灰烧结法对拜耳法赤泥进行脱碱处理，其焙烧温度为 1290 ℃，处理时间为 90 min，碱度为 0.42，脱碱率可达 67.46%。张金平等人在 160 ℃温度下采用氯化铵对赤泥进行浸出处理，反应时间 4 h，赤泥中 Na_2O 含量可以降到 1%以下，氯化铵经过处理可循环利用。Tyagi 等人采用新陈代谢变质菌酶处理赤泥中的碱，脱碱率达 95%以上。Paradis 等人利用工业含酸尾矿对赤泥进行脱碱处理，处理后，其中钠碱物质含量可降至 0.5%以下。Johnston 等人利用 CO_2 中和赤泥中的钠碱，将赤泥 pH 值由 13.14 降至 8，利用赤泥对 CO_2 进行吸收储存。Kir 和 Akay 等人使用半透膜将赤泥浆和纯分散剂隔开，使赤泥中的 Na^+、K^+ 渗透半透膜，进入分散剂中而被脱除。

4.7.2.4 烟气脱硫应用

赤泥是碱性固体废渣，同时含有 CaO 和 Na_2O，烟气中的 SO_2 溶解在水中形成酸性溶液与碱性赤泥浆发生中和反应及氧化还原反应，将 SO_2 中的硫转入硫酸盐中，最终达到赤泥脱硫固硫的作用。

位朋等人用赤泥作为脱硫剂的试验表明赤泥具有较好的烟气净化效果，能够保持较高吸收率（不低于 80%），100 min 后丧失吸收能力。贾帅动等人采用赤泥湿法烟气脱硫试验，赤泥浆液的原始 pH 值为 10.3，在反应开始 20 min 之内碱性浆液迅速变为 pH 值为 7.0 的中性浆液，之后稳定下降，pH>5 时脱硫效率能够一直保持高达 93%。

沈芳等人使用赤泥作为脱硫剂原料，添加不同硅铝比的层状化合物作为黏结剂制备高温煤气脱硫剂，经过 10 次循环使用后硫容量能保持在 20%左右，具有较好的稳定性和硫去除率。姜怡娇将 80%赤泥与其他添加剂混合后，以赤泥附液作为润滑剂（挤压成条形），在 350 ℃下焙烧 4 h 后制成脱硫剂，在 U 形脱硫柱中进行脱硫实验，脱硫精度可达 $0.477×10^{-9}$ ~ $6.36×10^{-9}$，有较好的脱硫效果。经脱硫反应后的改良赤泥呈中性，易于实现工业废弃物赤泥的资源化利用，既减少了烟气中的 SO_2 排放，同时又解决了赤泥堆积的难题，减少了赤泥堆放过程中的碱污染。

4.7.2.5 水处理应用

赤泥的化学成分相对稳定、粒度小，具有胶结的孔架状结构；主要由凝聚体、集粒体、团聚体三级结构组成，形成了凝聚体空隙、集粒体空隙、团聚体空隙，使得赤泥的比表面积高达 $40 \sim 70$ m²/g，在水介质中具有较好的稳定性，是一种很有前途的低成本吸附剂。

王斌等人以广西拜耳法赤泥为主要原料，添加木粉、石灰石制备烧胀陶粒。研究了陶粒对 Pb^{2+} 的吸附作用及影响吸附的因素。结果表明，取该陶粒 4 g 加入 25 mL 浓度为 50 μg/mL 的含铅废液进行吸附试验，陶粒对溶液中 Pb^{2+} 的吸附率为 97.8%，溶液中剩余 Pb^{2+} 浓度为 1 μg/mL，达到国家污水排放标准。

曾佳佳等人以某赤泥为原料，通过焙烧的方法将其改性，并应用于含铬废水中 Cr^{6+} 的吸附，考察了不同因素对改性赤泥去除 Cr^{6+} 的影响。试验结果表明，在最佳的条件下，Cr^{6+} 去除率可达到 97.63%。

赤泥能够吸附阴离子、重金属和有毒非金属离子、吸附染料、制备聚硅酸铝铁絮凝剂等，一定程度上可去除废水中的 Ni^{2+}、Cu^{2+}、Zn^{2+}、Pb^{2+}、Cr^{3+}、Cr^{6+}、Cd^{2+} 及 As、F、P、N 和 COD 等。

4.7.2.6　土壤修复应用

由于赤泥粒度较小，使得赤泥具有巨大的比表面积，分别从剩余价力、分子力及氢键作用力等方面体现出来，也就是赤泥具有较好吸附力的原因，可以对水体或其他污染体系的污染物进行吸附，应用前景广阔。Garau 等人通过赤泥固定被污染的亚酸性土壤中的砷，对砷的流动性起到抑制作用，降低了对土壤中微生物的毒性，同时水溶性碳、氮、磷、酚和碳水化合物显著增加。利用赤泥的高碱性，可以作为酸性土壤的改良剂，除了生态环境的其他微生物参数，异养细菌细胞数量、微生物数量、酶的活性（脱氢酶、脲酶）在赤泥处理后都得到了改善，基于 AWCD 结果显示，以 20%赤泥混合底土的土壤改良剂，能够有效刺激污染土壤中微生物丰度和活性的恢复，并有着长期稳定的效果。垃圾填埋场产生的渗滤液主要由垃圾自身水分、微生物发酵、降水三部分产生，其中降水是垃圾渗滤液的主要来源。Eva 等人使用赤泥混合成的底土，作为垃圾填埋场的表层覆盖系统，通过蒸渗研究和填埋场田间研究，底土添加使表层土壤的含水量比地基土壤更高，水的可用性由渗透模式和生根深度来决定。实验结束时，填埋场表面覆盖层中 5% ~ 20%赤泥底土混合物中微生物都表现出来较高的活性，研究指出赤泥底土混合物作为添加剂对填埋层持水量和微生物活性有显著的影响，可以避免渗滤液大量渗入底层土壤。

4.7.3　赤泥火法回收技术

针对赤泥全组分高值化资源回收利用方面的行业需求，围绕固废处置的绿色发展方向，开发高效、清洁、经济、节能的处置工艺技术，通过赤泥选矿富集提升铁品位，"熔融还原提铁+尾渣建材化"，尾渣活性建筑材料安全性使用评估等技术思路，实现赤泥减量化、无害化、资源化的工业化处置工艺方案，如图 4-137 所示。

赤泥减量化、无害化、资源化处置

耦合反应试验	热力学计算	渣型优化

原料分析	溶剂配比	反应条件		脱硫热力学	还原热力学	反应可能性		低熔点渣型	渣铁的熔分	元素的配分

金属回收率、元素迁移规律、铁合金品位、适宜渣型

(a)

赤泥协同固废渣处置
全组分高值资源化技术

研究内容	快速分解技术	梯次还原技术	改性激发技术
关键设备	干燥窑侧吹炉	侧吹炉电炉	电炉粉磨机

构建工艺路线

(b)

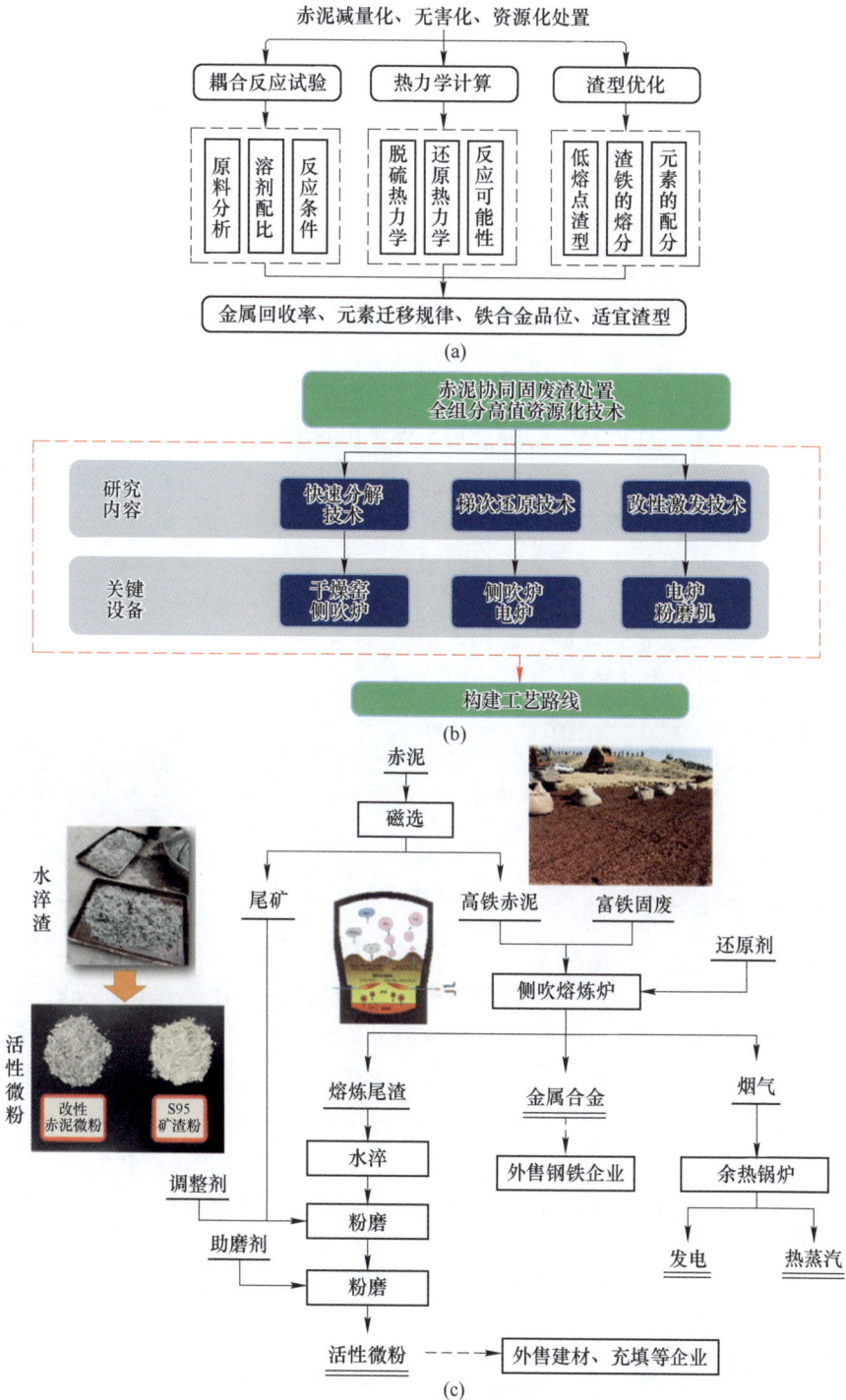

图 4-137 赤泥火法回收技术开发技术路线与工艺流程

(a) 技术路线；(b) 研究内容；(c) 工艺流程

　　经过赤泥熔融提铁过程，可产出金属生铁产品，其成分符合相关要求。提铁后尾渣进行建材化，明确高温熔融无害化处置后熔渣固化碱金属的含量对建材性能、环境安全性等的影响，掌握建材的性能参数，此外，在赤泥提铁过程中，还可协同利用其他工业固废资源，通过"以废治废"方式，达到降低成本，提高产量等目的。

　　现阶段高铁型赤泥提铁技术主要围绕磁选铁精矿粉和转底炉熔炼生铁工艺。磁选铁精粉主要依靠回转窑或悬浮炉完成煅烧预还原，在此基础上开展选矿工艺，但各地产出赤泥成分较为复杂，颗粒细小，在磁选工艺阶段，存在铁回收率较低，经济性较差等问题。转底炉熔炼生铁工艺相对比较成熟，但存在物料需预处理等工序。

　　针对以上技术存在的局限，陈学刚等人提出富氧侧吹熔池熔炼处理赤泥生产铁水技术，通过侧吹强化熔池熔炼方式达到赤泥快速分解、熔融、还原提取金属铁的目的，可有效降低铁水硫、磷、氟等有害杂质元素含量，此外提铁后尾渣达到无害化目的，可直接水淬生产建材微粉。

4.7.3.1　渣型研究

试验中原料成分见表 4-91，利用干燥箱处理，测算赤泥含水为 20%。

表 4-91　赤泥成分 （干基）

成分	Fe_2O_3	Al_2O_3	SiO_2	CaO	MgO	K_2O
含量(质量分数)/%	70.160	10.070	3.450	0.630	0.060	0.040
成分	Na_2O	TiO_2	P	S	其他	
含量(质量分数)/%	1.310	4.080	0.083	0.081	10.036	

　　赤泥中 Fe_2O_3 的含量高达 70.16%，Al_2O_3 含量为 10.07%，TiO_2 含量为 4.08%，SiO_2 含量为 3.45%，Na_2O 含量为 1.31%，CaO 含量为 0.63%，MgO 含量为 0.06%。结合赤泥成分和现有炼铁工艺渣型，选择 $CaO\text{-}SiO_2\text{-}MgO\text{-}Al_2O_3$-$TiO_2$ 渣型进行电炉冶炼实验。利用 FactSage 软件进行计算，表 4-92 中 $CaO\text{-}SiO_2$-$MgO\text{-}Al_2O_3\text{-}TiO_2$ 渣型的熔点为 1375.16 ℃，如图 4-138 所示。

4.7.3.2　侧吹熔炼实验

　　侧吹炉以喷吹燃烧天然气作为加热方式，炉膛横截面积 0.27 m^2。侧吹喷枪距离炉膛底部高度 200 mm，喷枪结构采用内外双通道设计。实验时，内通道通入天然气，外通道通入氧气。为调整富氧浓度，在内外通道均可混入一定量氮气。

　　侧吹喷枪气体控制采用 DCS 自动化系统，可对喷入的气体流量、压力等进行调整。

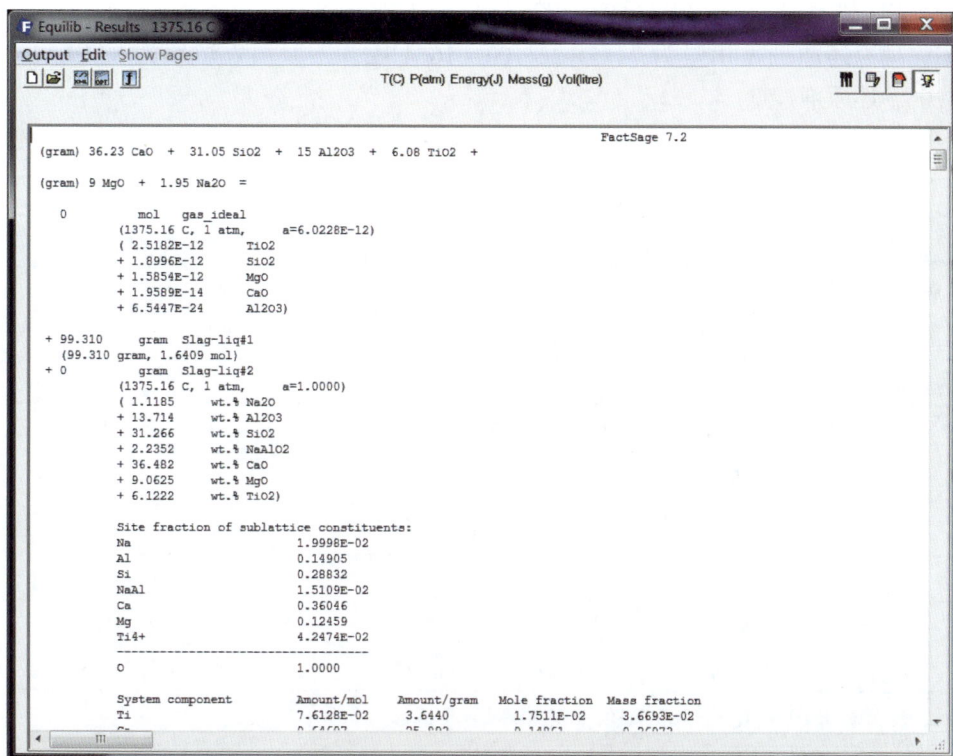

图 4-138 CaO-SiO$_2$-MgO-Al$_2$O$_3$-TiO$_2$ 渣型熔点计算

表 4-92 CaO-SiO$_2$-MgO-Al$_2$O$_3$-TiO$_2$ 渣型及二元碱度

成分	CaO	SiO$_2$	Al$_2$O$_3$	TiO$_2$	MgO	Na$_2$O	S	P	二元碱度
质量分数/%	36.23	31.50	15	6.08	9	1.95	0.12	0.12	1.15

根据预实验情况,虽然氧气用量比天然气理论完全燃烧所用量(标态)低 2~4 m³/h,同时不断向炉内熔池中加入块煤,但仍发现熔渣中 Fe 含量未出现降低现象,块煤在刚加入炉内后剧烈燃烧,不能进入熔池参与还原反应。为此,控制氧气/天然气=1.3~1.5,使天然气不完全燃烧,形成还原性气氛,防止熔体过氧化。同时,在入炉的混合料中,加入大量还原剂无烟碎煤,加入量是理论需要量的约 4.5 倍。待所有原料加入结束后,保温一段时间后取样。而后,再进行第二阶段实验,即向炉内继续加入还原剂,进行深度还原。

实验配料见表 4-93。本实验同样使用水淬高炉渣造熔池,入炉高炉渣 312 kg,含自由水 15%,约 265 kg 干基高炉渣。在配料中,仅使用生石灰和石英砂作为熔剂,熔剂率占赤泥量的 35%左右。同时配入过量无烟煤作为还原剂,给料在炉内制造强还原气氛，并对熔渣深度还原。固体还原剂入炉总量为 75+8＝83 kg，赤泥理论还原剂需用量为 74.5×22/100＝16.4 kg，还原剂入炉率为 83/16.4＝5.06，还原剂过量。

表 4-93　赤泥侧吹实验配料

项目	入炉原料质量/kg						Al_2O_3 含量/%	组分比	
	高炉渣	赤泥	生石灰	石英砂	无烟煤	合计		C/S	A/S
底部熔池	312						16%		
实验配料		75	19	7.5	75	183.5	25%	1.6	1.2
还原终渣							16%	1.5	0.6

注：高炉渣含水 15%，故高炉渣实际质量约 265 kg。

实验固体产物情况见表 4-94。

表 4-94　实验固体收得产物

渣			金　属		
理论质量/kg	实际质量/kg	收得率/%	理论质量/kg	实际质量/kg	收得率/%
321.55	241	74.9	39.1	37.05	95

注：金属块中夹杂有渣，假定夹杂渣量按总量的 5% 计算。

实验所得渣约 241 kg，固体渣收得率约 75%，金属质量 37.05 kg，收得率为 95%。金属铁收得率高，说明采用熔池侧吹冶炼赤泥铁，方式可行，金属还原率和收得率高。侧吹炉富氧系数计算见表 4-95。

表 4-95　侧吹炉富氧系数计算

气体（标态）	天然气	氧气	氮气	理论需氧	富氧系数
m^3/h	30	50	5	57.72	0.87
固体量	赤泥	生石灰	石英砂	53.79	0
kg/h	42.33	10.80	4.26		
按 100 kg/h 入炉给料量计算				111.51	0.45

实验实际入炉氧气量为全部还原剂和天然气完全燃烧所需理论氧气量的 45%，故整个熔炼过程都处于欠氧还原状态，这有利于铁氧化物还原和防止泡沫渣出现。

实验相关照片如图 4-139 所示。实验喷枪仅外管头部有 1~2 cm 的缺口烧损，内置螺旋枪管则完好无损。由于炉底耐材侵蚀，炉膛深度增加，部分金属铁随渣排出不净，直接倾炉倒在铺满石英砂地面。金属铁块断面呈银白色，在空气中氧化后颜色发灰。对于固体渣，渣包中心部分固渣气孔小，质地坚硬，靠近底部固渣含有较大气泡，固渣整体密度较轻。取样中心固渣破碎粉磨后，颜色呈灰白色，颜色较某钢铁公司高炉渣白，说明固渣 Fe 含量低，水淬后渣粉可作为高炉渣粉用于建材生产。

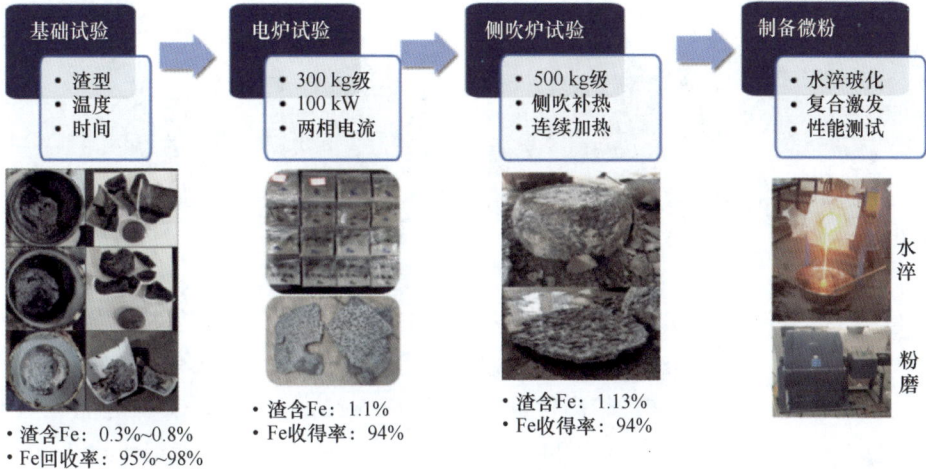

基础试验
- 渣型
- 温度
- 时间

电炉试验
- 300 kg级
- 100 kW
- 两相电流

侧吹炉试验
- 500 kg级
- 侧吹补热
- 连续加热

制备微粉
- 水淬玻化
- 复合激发
- 性能测试

水淬　粉磨

- 渣含Fe：0.3%~0.8%
- Fe回收率：95%~98%

- 渣含Fe：1.1%
- Fe收得率：94%

- 渣含Fe：1.13%
- Fe收得率：94%

水淬渣

活性微粉

改性赤泥微粉　　S95矿渣粉

项目	标准要求*	微粉性能
密度/g·cm^{-3}	≥2.8	2.9~3.0
比表面积/m^2·kg^{-1}	≥300	443~501
7 d活性指数/%	≥55	58~70
28 d活性指数/%	≥75	85~108
初凝时间比/%	≤200	115
80 ℃蒸养12 h		活性指数达127%~135%

*参考标准：《用于水泥、砂浆和混凝土中的粒化高炉矿渣粉》(GB/T 18046—2017)

➤ 活性微粉性能满足标准要求
➤ 常温养护后期强度上升快，蒸养条件早期活性很高
➤ 非常适合热蒸汽养护条件水泥制品生产，缩短养护龄期

图 4-139　赤泥侧吹实验照片

　　　熔渣在渣盆内冷却后，于第二天破碎取金属样，其铁含量达 90% 左右，金属铁中 C 含量在 2.32%~3.24%，S 低于 0.09%，Si 低于 0.04%，基本符合相关生铁技术标准。而金属中较高含量的 Ni 和 Cu，是由于侧吹炉内其他实验后挂在炉壁的残余渣料影响。最终冶炼还原渣中，Fe 含量低于 1.3%，其他成分也基本保持稳定。

4.7.3.3　实验结论

　　采用侧吹熔池熔炼还原炼铁，炉内熔池温度能够达到 1400~1500 ℃。无论采用高熔剂率下的常规高炉炼铁渣型，还是低熔剂率下的高铝高硅渣型，由赤泥、熔剂、还原剂构成的混合料加入侧吹熔池后，能够快速实现还原出铁，还原速率高。

　　赤泥侧吹熔炼还原提铁后，终渣中 Fe 含量均可降低至 2% 以下，还原效率高。且还原出的金属铁液，通过沉降于熔池底部同还原熔渣分离，金属铁回收率可达 90% 以上，且铁液和熔渣也能从侧吹炉顺利排出，流动性较好。

　　还原出的粗铁合金，C 含量可达 3% 以上，S、P、Mn、Si 元素含量低，完全可满足生铁使用相关技术标准。

4.7.4　技术经济性测算

　　某公司高铁赤泥主要化学成分见表 4-96。湿基赤泥按照自由水含量 38% 计算，10 万吨/a 干基赤泥处理量折合湿基赤泥约 24 万吨/a。生产制度为 330 d/a，24 h/d。处置方式采用侧吹熔融冶炼工艺路线（图 4-140），工艺主要产品为生铁和水淬活性渣粉，最终实现赤泥中铁元素和尾渣全组分综合利用。

表 4-96　赤泥成分（干基）　　　　　　　　　（质量分数/%）

成分	Al_2O_3	SiO_2	Fe_2O_3	TiO_2	CaO	Na_2O	H_2O 结晶	其他
含量	17.19	6.24	51.70	6.49	1.09	2.49	3	11.8

侧吹炉加热方式为侧吹氧气同入炉块煤燃烧供热。冶炼工序中，主体设备为侧吹炉，其中侧吹炉配套有余热发电锅炉等辅助设备。全工艺主要设备参数见表4-97。

侧吹炉内产生的烟气，在余热锅炉上升烟道二次燃烧，所产蒸气余热发电。二次燃烧后烟气成分见表4-98。烟气经余热发电后，再经过表冷系统和除尘系统后，送入尾气脱硫塔，脱硫尾气排空。

4.7.4.1 技术经济指标

按照图4-140工艺流程，折合每吨干基赤泥的原材料消耗和加工费初步估算，见表4-99。10万吨/a处置规模，全工艺流程每吨干基赤泥生产加工处置费约463元/t。

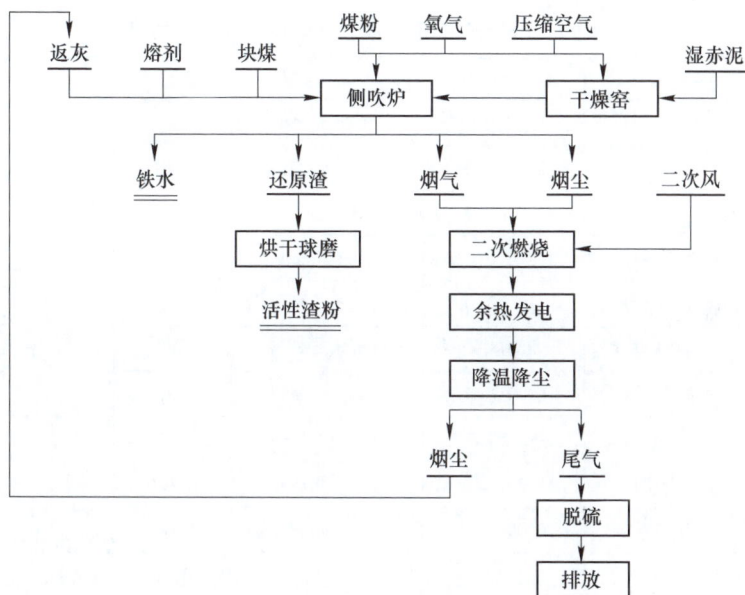

图4-140 赤泥处理工艺流程

表 4-97 全工艺主要设备参数

侧吹炉	单 位	参 数
干基赤泥	t/d	324
石灰石	t/d	51
块煤	t/d	88
煤粉	t/d	49
侧吹炉床能率	t/(m² · d)	40
侧吹炉面积	m²	8

续表 4-97

余热锅炉	单 位	参 数
烟气量（标态）	m^3/h	约 26000
蒸发量	t/h	约 22
发电量	$kW \cdot h$	约 3112

表 4-98　二次燃烧后烟气成分　　　（体积分数/%）

成分	CO_2	SO_2	H_2O	N_2	O_2	SO_3
含量	30	0.07	16	49	5	0.01

表 4-99　10 万吨/a 干基赤泥处理技术经济性估算

项　目		年消耗/单位	单价/单位	金额/万元	合计/万元	百分比/%
支出项	石灰石	1.67 万吨	100 元/吨	167	6945	2.4
	煤粉	2.59 万吨	650 元/吨	1681		24.2
	块煤	2.92 万吨	550 元/吨	1606		23.1
	空气(标态)	3338 万立方米	0.05 元/m^3	167		2.4
	氧气(标态)	6113 万立方米	0.25 元/m^3	1528		22.0
	其他电耗	4046 kW	0.5 元/$(kW \cdot h)$	1602		23.1
	水渣粉磨费	6.09 万吨	40 元/吨	193		2.8
收入项	余热发电	3112 kW	0.5 元/$(kW \cdot h)$	1232	14455	8.5
	金属铁	3.79 万吨	3200 元/吨	12126		83.9
	渣粉	6.09 万吨	180 元/吨	1097		7.6
				产值利润	7510	
处置费/$t_{赤泥}$	463	元/t	=总支出/总干基赤泥量	利润率/%	52	
收益/$t_{赤泥}$	964	元/t	=总收入/总干基赤泥量			
利润/$t_{赤泥}$	501	元/t	=（总收入-总支出）/总干基赤泥量			

　　10 万吨/a 加工产品销售额和利润见表 4-99。铁水和渣粉两种产品总销售额达 1.3 亿元/a，生产运行加工费约 7000 万元/a，年利润约 7500 万元（不含折旧、管理、维护等费用），利润率约 52%，折合吨渣利润 501 元，经济效益非常可观。

4.7.4.2　投资回报

　　10 万吨/a 干基赤泥冶炼工艺投资清单见表 4-100，在不计土地等投资情况下，设备投资大约为 5450 万元，项目总投资大约为 1.2 亿元。

表 4-100 项目设备投资估算（10 万吨/a_{干基赤泥}）

序号	车间子项	金额/万元
1	原料车间	500
2	干燥车间	550
3	侧吹熔炼系统	1000
4	余热锅炉	950
5	收尘系统	600
6	球磨机	350
7	铸造机	300
8	环保通风	400
9	其他	800
总　计		5450

加上设备折旧（10%）、设备维护（8%）、人员管理（5%）、企业税费（25%）等，整个项目投资回收期估算见表 4-101，项目投产 2 年即可收回总投资。

表 4-101 项目投资回收期估算　　　　　　　　　　　　（万元）

项目	第1年	第2年	第3年	第4年	第5年	第6年	第7年	第8年
设备折旧	535	535	535	535	535	535	535	535
人员管理	661	661	661	661	661	661	661	661
设备维护	428	428	428	428	428	428	428	428
企业所得税/%	0	0	0	12.5	12.5	12.5	25	0
税费	0	0	0	939	939	939	1878	0
年利润	5886	5886	5886	4947	4947	4947	4008	5886
项目累计利润	5886	11771	17657	22604	27551	32498	36506	5886
投资回收期	2 年							

注：根据财税〔2009〕166 号规定，符合工业固体废物处理项目和危险废物处理项目的所得，自项目取得第一笔生产经营收入所属纳税年度起，第一年至第三年免征企业所得税，第四年至第六年减半征收企业所得税。

4.8　侧吹一步炼镍

4.8.1　概述

随着世界各国逐渐加大对新能源汽车产业的政策支持力度，以镍、钴为基础金属的新能源动力电池材料产业得到蓬勃发展。除传统不锈钢相关的镍需求外，新能源动力电池材料相关的镍需求，有望从目前镍金属消费总量的 3% 提高到 37%。镍资源供应主要有两大来源，分别是硫化镍矿和红土镍矿。我国红土镍矿储量少，镍资源储量以硫化镍矿为主，主要分布在甘肃（占 57.8%）、内蒙古（占 19.4%）和新疆（占 7.6%）等地。

我国在镍产业链的上游领域，特别是镍冶炼具有很强的影响力，全面掌握了镍矿火法冶炼和湿法冶金工艺技术，拥有全球最大的不锈钢生产能力和三元动力电池生产能力。镍火法冶炼工艺，向短流程、高强度、高效率、低能耗、低成本、低污染方向发展。侧吹熔池熔炼短流程一步炼镍工艺的开发和应用，将进一步推动镍熔池熔炼技术进步，完善镍火法冶炼工艺。

侧吹熔池熔炼短流程一步炼镍工艺，是硫化镍精矿采用侧吹熔池熔炼工艺，将原有的熔炼、吹炼工序合为一步，镍精矿直接生产高镍锍，高镍锍的主要成分为 $w(\mathrm{Ni})+w(\mathrm{Cu}) \geqslant 70\%$，$w(\mathrm{Fe}) \leqslant 4\%$，$w(\mathrm{S})=21\% \sim 23\%$，熔炼渣含 Ni 控制在 3% 左右，熔炼渣经硫化还原后渣含 Ni 小于 0.5%。

4.8.2　侧吹短流程炼镍工艺现状

"一步炼镍"工艺是将硫化镍精矿在熔炼的同时完成吹炼过程，一步产出高冰镍。"一步炼镍"工艺在全球范围内仅在芬兰哈贾伐尔塔冶炼厂的镍闪速炉有应用，1995 年芬兰的 Harjavalta 厂在现有奥托昆普闪速熔炼工艺的基础上开发了闪速炉一步炼镍工艺（Direct Outokumpu Nickel，DON），用于处理含镍较高的硫化镍精矿，可将精矿直接熔炼至高镍锍。采用该工艺，物料需经干燥后入炉，且闪速熔炼氧势高，熔炼渣含 Ni 高，需在后续渣贫化电炉中进行硫化还原，电炉处理负荷大、能耗高。采用高富氧浓度、高氧单耗的工艺参数，产出高镍锍，产出的炉渣有价金属含量较高，炉渣需在电炉中进行硫化还原，贫化产生的镍锍金属相成分高，含硫 8% 左右，需要进行加压氧浸出处理。

侧吹"一步炼镍"工艺流程如图 4-141 所示，通过调整侧吹工艺参数和采用配套冶炼设备，实现短流程炼镍。其技术特点为：（1）流程短、能耗低；（2）原料来源广，可利用低品位镍矿；（3）作业率高、安全性好；（4）氧气浓度高、热利用率高。

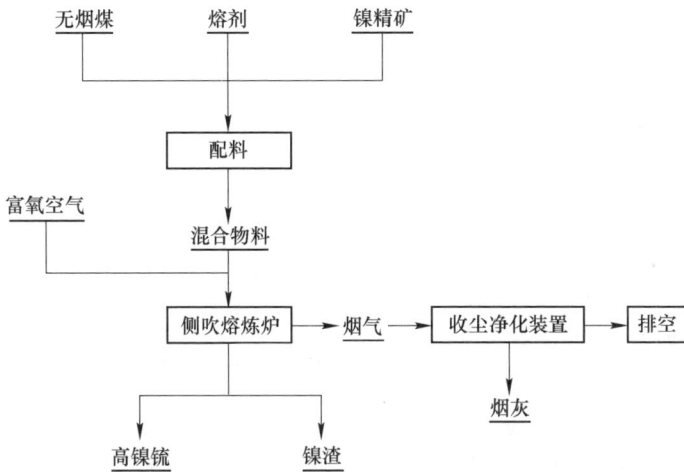

图 4-141　硫化镍矿侧吹短流程冶炼工艺

4.8.3　侧吹炼镍基础研究

目前的硫化镍矿火法冶炼工艺路线主要是闪速炼镍、顶吹炉炼镍及高冰镍吹炼。

4.8.3.1　镍火法冶炼工艺

镍火法冶炼工艺分为硫化镍矿冶炼和氧化镍矿冶炼。氧化镍矿主要用于生产镍铁、镍锍或湿法生产氢氧化镍，典型工艺有回转窑-矿热炉联合法、回转窑直接还原法、竖炉-电炉法、直流电炉法、高炉冶炼法等。硫化镍矿选矿后主要用于生产金属镍，典型工艺主要有闪速炉法及富氧顶吹法等。硫化镍矿经采、选作业产生镍精矿，利用造锍熔炼和吹炼成高镍锍。目前硫化镍矿火法冶炼工艺方法如图 4-142 所示，硫化镍矿冶炼流程如图 4-143 所示。镍火法冶炼工艺分为硫化镍矿冶炼和氧化镍矿冶炼。

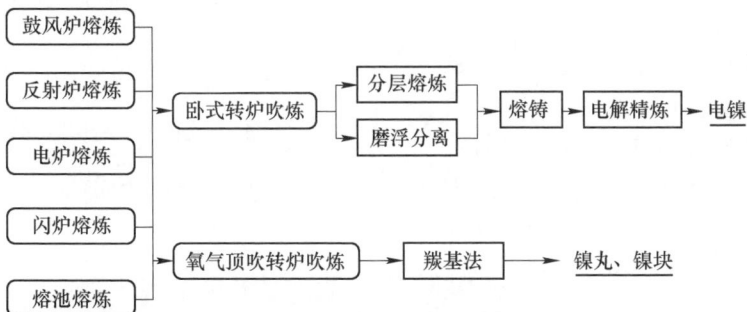

图 4-142　硫化镍矿火法生产方法

造锍熔炼是一种常用的镍冶炼方法，其原理是利用金属镍对硫的亲和力接近于铁而对氧的亲和力远小于铁的性质，在氧化程度不同的造锍熔炼过程中，分阶段使铁的硫化物不断氧化成氧化物，随后与脉石造渣而除去。镍熔炼的主要工艺有闪速熔炼、氧气顶吹炉熔炼、电炉熔炼、反射炉熔炼和熔池熔炼等。镍闪速熔炼技术，克服了传统熔炼方法未能充分利用粉状精矿的巨大表面积和矿物燃料的缺点，大大减少了能源消耗，提高了硫的利用率，改善了环境。闪速熔炼有奥托昆普闪速炉和因科纯氧闪速炉两种形式。进行造锍熔炼时，硫化镍矿和熔剂等物料在熔炼炉中发生一系列物理化学反应，最终形成互不相溶的镍锍或铜镍锍和炉渣。

镍锍吹炼的主要工艺有卧式转炉吹炼和氧气顶吹转炉吹炼。低镍硫吹炼的任务是向低镍锍熔体中鼓入空气和加入适量的石英熔剂，将低镍锍中的铁和其他杂质氧化后与石英造渣，部分硫和其他一些挥发性杂质氧化后随烟气排出，从而得到含有价金属（Ni、Cu、Co 等）较高的高镍硫和含有价金属较低的吹炼渣。低镍硫的主要成分是 FeS、Fe_3O_4、Ni_3S_2、Cu_2S、PbS、ZnS 等，在 1250 ℃左右的高温吹炼下，硫化物一般按下列反应进行氧化：

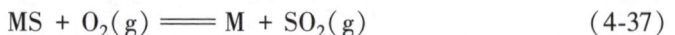

图 4-143 硫化镍矿冶炼流程

$$MS + 3/2O_2(g) == MO + SO_2(g) \tag{4-36}$$
$$MS + O_2(g) == M + SO_2(g) \tag{4-37}$$

式中 M——金属；

MS——金属硫化物；

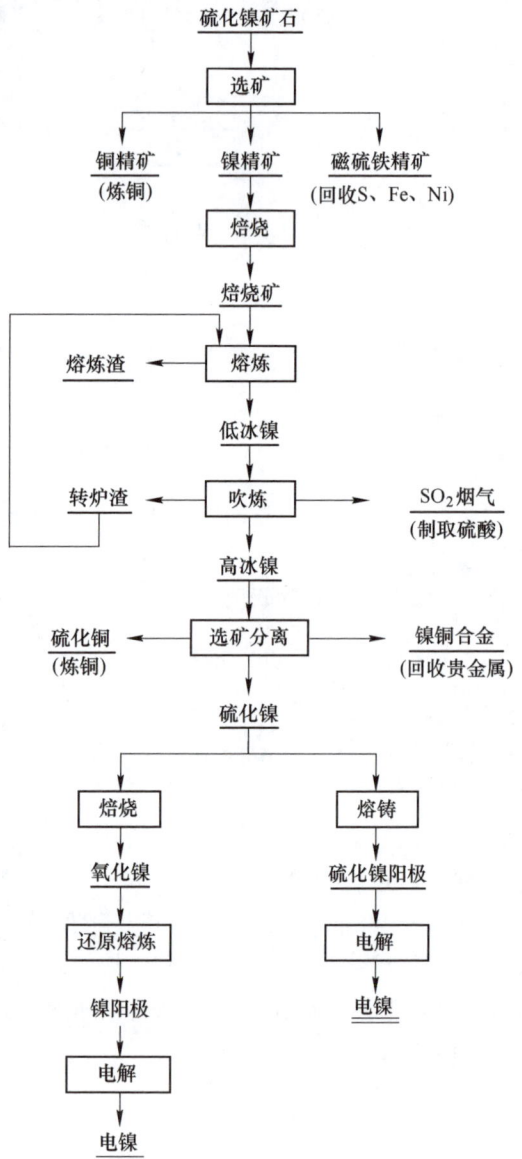

MO——金属氧化物。

高镍锍中 Ni、Cu 大部分仍然以金属硫化物状态存在，少部分以合金状态存在，低镍锍中的贵金属和部分钴也进入高镍锍中。

4.8.3.2 侧吹一步炼镍工艺理念和优势

侧吹一步炼镍产出高镍锍，主要成分为 $w(Ni)+w(Cu) \geqslant 70\%$，$w(Fe) \leqslant 4\%$，$w(S)=21\% \sim 23\%$。侧吹一步炼镍生产高镍锍，其技术理念来自连续炼铜，连续铜冶炼熔炼炉直接产出 $70\% \sim 75\%$ 的铜锍，Fe、S 含量与高镍锍接近。硫化镍矿一步炼镍特点主要有：

（1）借鉴连续炼铜工艺理念，侧吹一步炼镍将传统冶炼过程镍锍中 $20\% \sim 45\%$ 的 Fe 大部分氧化进入炉渣，稀释了渣中 MgO，降低冶炼温度，减少能源消耗和冶炼风险；

（2）将 PS 转炉吹炼低镍锍过程的 FeS 氧化释放的热量，转移释放到熔炼炉，增加了熔炼化学反应热量，降低了熔炼过程的能耗；

（3）借鉴铜冶炼行业连续炼铜技术，淘汰低镍锍 PS 转炉吹炼和低镍锍及吹炼渣倒运环节，实现短流程冶炼，解决硫化镍精矿冶炼行业 PS 转炉吹炼带来低空污染的问题；

（4）低镍锍 PS 转炉吹炼工序的取消，大大减小了冶炼工艺烟气和环境集烟处理系统，使得进入制酸系统的烟气量和成分比较稳定，制酸系统可实现高浓度转化或搭配处理部分环集烟气；

（5）冶炼流程的缩短、烟气处理系统的减小，节约了项目占地面积、大幅度减少了系统的基建投资；

（6）原料化学能量的转移、渣型的优化、工序的缩减或减小等，大幅度降低了单位能耗和加工成本。

上述诸多优点可以说明，侧吹一步炼镍的工程化应用，如同连续炼铜技术等，将会为硫化镍精矿冶炼技术带来质的飞跃和进步。

4.8.3.3 侧吹一步炼镍反应

侧吹一步炼镍工艺反应过程的氧势更高，氧化氛围更强，渣中镍等有价金属含量更高，须进行渣硫化还原，回收渣中有价金属。侧吹一步炼镍产物高镍锍中，Ni、Cu 大部分仍然以金属硫化物状态存在，少部分以合金状态存在，原料镍精矿中的贵金属和部分钴也进入高镍锍中。

侧吹一步炼镍发生的主要化学反应。

（1）高价硫化物分解：尚未与氧气充分接触时，高价硫化物发生分解，生成在熔炼高温下最稳定的低价硫化物，这些低价硫化物是金属原子与硫原子以共价键结合的化合物，在熔融状态下互熔形成了镍锍、铜锍、铜镍锍。锍相与氧化物炉渣相分离开，完成造锍熔炼。

$$Fe_7S_8 === 7FeS + 1/2S_2(g) \tag{4-38}$$

$$2CuFeS_2 + 5/2O_2 === Cu_2S + 2FeS + 1/2S_2(g) \tag{4-39}$$

$$3NiS \cdot FeS_2 === Ni_3S_2 + 2FeS + 1/2S_2(g) \tag{4-40}$$

$$(Ni, Fe)_9S_8 === 2Ni_3S_2 + 3FeS + 1/2S_2(g) \tag{4-41}$$

$$3NiS === Ni_3S_2 + 1/2S_2(g) \tag{4-42}$$

$$FeS_2 === FeS + 1/2S_2(g) \tag{4-43}$$

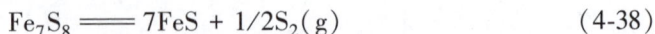

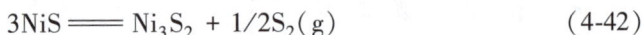

（2）硫化物的氧化：在现代强化熔炼炉中，炉料很快进入高温氧化气氛中，高价硫化物除发生分解反应外，还会被直接氧化。

$$2CuFeS_2 + 5/2O_2(g) === Cu_2S \cdot FeS + FeO + 2SO_2(g) \tag{4-44}$$

$$3FeS_2 + 8O_2(g) === Fe_3O_4 + 6SO_2(g) \tag{4-45}$$

$$2Fe_7S_8 + 53/2O_2(g) === 7Fe_2O_3 + 16SO_2(g) \tag{4-46}$$

$$2Cu_2S + 3O_2(g) === 2Cu_2O + 2SO_2(g) \tag{4-47}$$

$$Ni_3S_2 + 7/2O_2(g) === 3NiO + 2SO_2(g) \tag{4-48}$$

$$2FeS + 3O_2(g) === 2FeO + 2SO_2(g) \tag{4-49}$$

（3）造渣反应：氧化反应产生的 FeO 在 SiO_2 存在的条件下，将按下列反应形成炉渣。

$$2FeO + SiO_2 === 2FeO \cdot SiO_2 \tag{4-50}$$

侧吹熔池熔炼工艺采用多通道侧吹喷枪以亚声速向熔池内喷入富氧空气和燃料（天然气、发生炉煤气、粉煤），燃料直接在熔体内燃烧，激烈搅动熔体，放出的热量全部被熔体吸收，加热速度快，热量利用率高。通过气体燃烧系数调整可控制熔化氧势，满足硫化物料、氧化物料熔炼的不同需求。

4.8.3.4 侧吹一步炼镍硫化还原反应

侧吹一步炼镍工艺，由于冶炼工艺氧势高，导致渣中 Ni 含量高达 3% 以上。由于渣中金属镍的存在，金属镍熔点高，渣中 Fe_3O_4 高熔点物质导致渣黏度高，不易沉降分离。为使物相转变（由于硫化镍熔点低于金属镍），采取措施对渣中金属镍进行硫化，将渣中金属镍硫化为低熔点的硫化镍物相，有助于回收渣中有价金属。镍熔炼渣经硫化还原后，渣含 Ni 降至 0.5% 以下。

在镍熔炼渣贫化工艺中，增加一项工艺手段——喷吹硫化剂，硫化剂可根据实际成本，选择镍精矿、黄铁矿等含硫高的物料，喷吹手段可选择侧吹、顶吹、炉顶加入、渣溜槽中加入等方式。

冶炼渣的硫化还原过程，发生的主要化学反应如下：

$$FeS_2 === FeS + S \tag{4-51}$$

$$3Fe_3O_4 + FeS \xlongequal{\quad} 10FeO + SO_2(g) \quad\quad (4-52)$$

$$Fe_3O_4 + C \xlongequal{\quad} 3FeO + CO \quad\quad (4-53)$$

$$FeO + C \xlongequal{\quad} Fe + CO \quad\quad (4-54)$$

$$CoO + Fe \xlongequal{\quad} Co + FeO \quad\quad (4-55)$$

$$CoO + FeS \xlongequal{\quad} CoS + FeO \quad\quad (4-56)$$

$$NiO + Fe \xlongequal{\quad} Ni + FeO \quad\quad (4-57)$$

$$9NiO + 7FeS \xlongequal{\quad} 3Ni_3S_2 + 7FeO + SO_2(g) \quad\quad (4-58)$$

4.8.4 侧吹一步炼镍扩大试验研究

2019 年 10 月，中国恩菲与金川集团股份有限公司双方达成合作意向，联合开展侧吹熔池熔炼一步炼镍技术。

在中国恩菲偃师试验基地共进行扩大试验十余炉次，试验结论和数据对金川集团镍冶炼厂沉降电炉加侧吹改造、顶吹炉提升改造、闪速炉提升改造、羰基镍及铂族金属原料制备技术改造（二期）等工程项目形成了有力支撑。2020 年 4 ～ 10 月，在小型侧吹试验炉开展熔炼及"一步炼镍"研究，考察技术可行性及工艺参数。通过对"一步炼镍"渣工艺矿物学研究，定性定量分析渣中有价金属的赋存形态及含量，在此基础上进行冶炼渣强化硫化还原试验。

4.8.4.1 试验原料

小试试验原料硫化镍精矿，以及辅料块煤、黄铁矿（3～8 mm）、石英石的成分见表 4-102～表 4-105，其他原辅料还有氧气、天然气、氮气等。

表 4-102 硫化镍精矿成分 （质量分数/%）

元素	Ni	Cu	Fe	Co	S	CaO	MgO	SiO_2
含量(质量分数)/%	7.88	6.24	31.41	0.17	26.7	0.66	5.53	7.85

表 4-103 块煤主要成分 （干基，质量分数/%）

物质	固定碳	挥发分	灰分	水分
含量	81.12	7.75	11.13	3.36

表 4-104 石英石成分表 （质量分数/%）

物质	Al_2O_3	CaO	Fe	MgO	SiO_2
石英石	2.25	0.19	0.59	0.16	93.40

表 4-105　黄铁矿成分表　　　　　　　　　　（质量分数/%）

元　素	S	Fe
黄铁矿	51.86	46.63

4.8.4.2　试验流程

小试试验共分为两部分：第一部分为侧吹一步炼镍试验；第二部分为熔炼渣强化硫化还原试验。

A　硫化镍精矿"一步炼镍"试验

使用顶吹炉渣与转炉渣的混合炉熔池，待熔池形成后将硫化镍精矿、石英石、块煤等混合物料通过炉顶定量给料机加入到炉内，向炉内送入富氧空气和天然气并开始连续加料。熔炼过程中产生的炉渣通过上渣口排放至渣包内，镍锍通过下锍口排放至锍包内，烟气通过排烟系统处理，并在烟气净化装置收集烟灰。试验流程如图 4-144 所示。

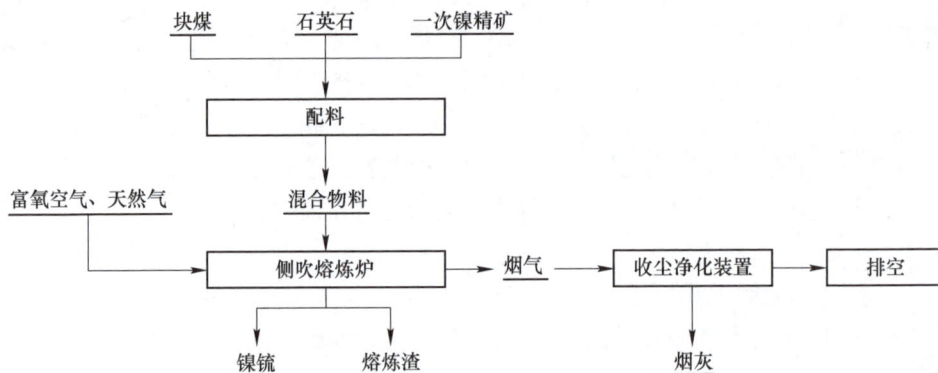

图 4-144　侧吹熔炼试验工艺流程

B　熔炼渣强化硫化还原试验

熔炼结束后停止加料，进入渣硫化还原阶段。通过定量给料机向炉内加入硫化剂和块煤，侧枪向炉内鼓入富氧空气和天然气，形成还原性气氛，并提供热量，搅动熔池。炉渣经过一定时间硫化还原后，从渣口排出。试验流程如图 4-145 所示。

4.8.4.3　试验设备

中国恩菲偃师试验基地的小型侧吹试验炉系统，包括 0.28 m² 小型侧吹试验炉及供电设备、侧吹喷枪、天然气汽化器、氧气汽化器 3 种气体阀组及 PLC 控制系统等，其中气体阀组包括气体流量计、流量调节阀、压力传感器、电动切断阀、手动截止阀等。试验用侧吹炉工艺参数见表 4-106。

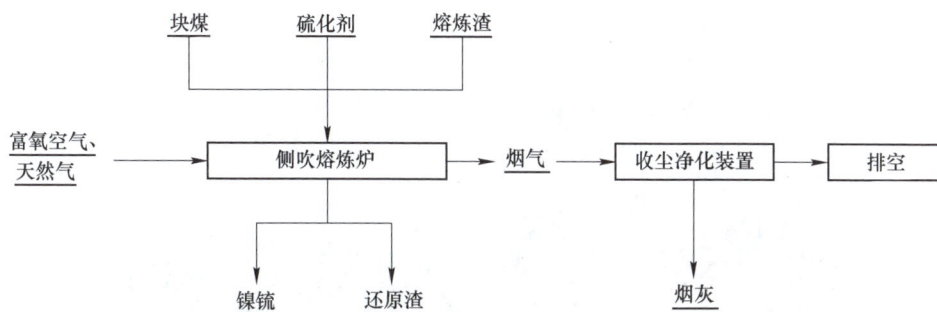

图 4-145 侧吹熔炼渣硫化还原试验流程

表 4-106 试验用侧吹炉工艺参数

设备名称	介质	流量（标态）/m³·h⁻¹		压力/MPa	
		测量范围	正常值	测量范围	正常值
侧吹炉	氧气	0~100	10~60	0~1.0	0.15~0.2
	氮气	0~100	10~40	0~1.0	0.15~0.2
	天然气	0~50	5~20	0~1.0	0.1~0.15

侧吹炉及烟气处理系统如图 4-146 所示。

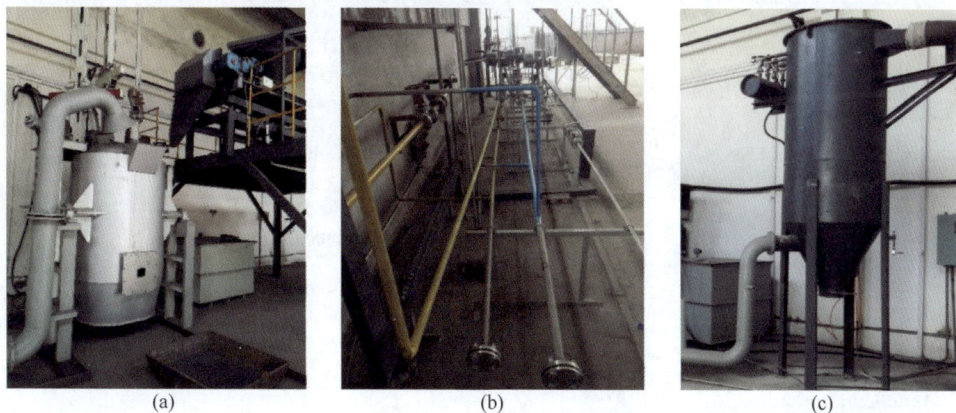

图 4-146 侧吹炉及烟气处理系统
(a) 炉体；(b) 阀站；(c) 收尘

小型试验炉面积 0.28 m²，左右侧为直径 480 mm 的半圆，中间为长 480 mm、宽 200 mm 的矩形，侧吹喷枪口距炉底 200 mm，如图 4-147 所示。试验侧吹喷枪，选用单通道φ8 mm的单管喷枪。

图 4-147　侧吹熔炼试验炉

（a）放渣；（b）熔炼

4.8.4.4　试验物料平衡和热平衡

侧吹一步炼镍扩大试验的物料平衡和热量平衡见表 4-107 和表 4-108。

表 4-107　硫化镍精矿侧吹高镍锍投入产出-物料平衡

投　　入				产　　出				
名称	温度/℃	kg/h	m³/h	m³/h(标态)	名称	温度/℃	kg/h	m³/h	m³/h(标态)
硫化镍精矿	25	100.00			镍锍	1200	31.63		
石英石	25	24.00			渣	1450	558.92		
块煤	25	2.60			烟尘	1300	18.84		
氧气	25	74.24	56.76	52.00	烟气	1300	123.50	519.37	90.18
氮气	25	22.50	19.65	18.00					
天然气	25	9.55	14.19	13.00					
混合炉渣	1450	500.00							
合计		732.89	90.60	83.00	合计		732.89	519.37	90.18

4.8.4.5　试验步骤及结果

试验分 4 个阶段进行，分别为熔化造熔池阶段、喷枪浸没阶段、连续进料侧吹熔炼阶段、炉渣强化硫化还原阶段。

表 4-108 硫化镍精矿侧吹高镍锍投入产出-热量平衡

热收入					热支出				
热类型	物料	温度/℃	热量/MJ	质量分数/%	热类型	物料	温度/℃	热量/MJ	质量分数/%
物理热	硫化镍精矿	25			物理热	镍锍	1200	28.22	1.93
	石英石	25				渣	1450	939.91	64.40
	块煤	25				烟尘	1300	23.57	1.61
	氧气	25				烟气	1300	212.84	14.58
	氮气	25							
	天然气	25							
	混合炉渣	1450	760.99	57.19					
	小计		760.99	57.19		小计		1204.53	82.53
化学热		25	569.67	42.81	化学热		25		
						自然散热	100	254.89	17.47
合计			1330.66	100.00	合计			1459.43	100.00

A 熔化造熔池阶段

混合炉渣（转炉渣和顶吹炉渣 1∶1 混合）作为造熔池底料，电极熔化底料造熔池。试验前先安装侧吹喷枪，采用间断进料、电极连续送电、侧枪喷吹氮气保护的化料方式，共加入混合炉渣 200 kg、块煤 2 kg。步骤 1 和步骤 2 完成后进行温度、熔体面、冻结层测量，试验条件及样品分析见表 4-109。

表 4-109 造熔池阶段试验条件及样品分析

步骤	料速/kg·h⁻¹	累计进料量/kg	侧枪	电极	块煤质量/kg	硫化剂质量/kg	天然气量（标态）/m³·h⁻¹	氧气量（标态）/m³·h⁻¹	氮气量（标态）/m³·h⁻¹	熔体温度/℃	取样编号	化学成分/%			备注
												w(Ni)	w(Cu)	w(Co)	
1	铺底	100	不用	用					12/12						焦炭 5 kg
2	100	200	不用	用	2				12/12						电极化料

B 侧枪浸没阶段

侧枪浸没阶段分 3 步进行，采用侧枪喷吹天然气燃烧供热，电极化料，并在步骤 5 完成后在炉口取渣样，手持 XRF 快速分析渣含 Ni 为 1.66%，试验条件及样品分析见表 4-110。

表 4-110　侧枪浸没阶段试验条件及样品分析

步骤	料速/kg·h⁻¹	累计进料量/kg	侧枪	电极	块煤质量/kg	天然气量(标态)/m³·h⁻¹	氧气量(标态)/m³·h⁻¹	氮气量(标态)/m³·h⁻¹	硫化剂质量/kg	熔体温度/℃	取样编号	化学成分/%			备注
												w(Ni)	w(Cu)	w(Co)	
3	100	300	用	用	2	12	20		25						
4	100	400	用	用		12	22		25						
5	100	500	用	用		12	21			1530	YD-1渣	1.66	0.96	0.14	

C　侧吹熔炼阶段

硫化镍精矿侧吹熔炼阶段,采用侧吹富氧空气、天然气进行连续熔炼,停用电极,该阶段熔体温度基本控制在 1450~1500 ℃,物料熔炼效果较好,无明显冻层,分 4 次累计进料 400 kg 硫化镍精矿。其中第 1 次进料有泡沫渣产生,喷枪氧气外通道背压较高,遂降低氧气流量,氧料比(标态)由 270 m³/t 降至 230 m³/t,第 2、第 3、第 4 次进料喷枪背压正常,无泡沫渣现象。该阶段每 100 kg 硫化镍精矿进料完成后,进行炉口取渣样,玻璃管抽取熔池底部取锍样。经手持荧光快速分析,4 次进料后分别对应的镍锍品位 [w(Ni)+w(Cu)] 为(未取到镍锍样)、70.06%、69.53%、67.43%,熔炼渣含 Ni 分别为 2.42%、2.27%、1.65%、1.76%,试验条件及样品分析见表 4-111。

表 4-111　侧吹熔炼阶段试验条件及样品分析

步骤	进料量/kg	累计精矿进料量/kg	侧枪	电极	块煤质量/kg	天然气量(标态)/m³·h⁻¹	氧气量(标态)/m³·h⁻¹	氮气量(标态)/m³·h⁻¹	熔体温度/℃	氧料比(标态)/m³·t⁻¹	取样编号	化学成分/%				备注
												w(Ni)	w(Cu)	w(Co)	w(Fe)	
6	100	100	用	停用	2.6	13	55	19	1467	270	YD-2锍	—	—	—		冒炉
											YD-2渣	2.42	1.67	0.14	36.00	
7	100	200	用	停用	2.6	13	52	i9	1464	230	YD-3锍	34.97	35.09	0.18	5.40	
											YD-3渣	2.27	1.28	0.14	35.78	
8	100	300	用	停用	2.6	13	52	19	1501	230	YD-4锍	35.47	34.06	0.20	5.11	
											YD-4渣	1.65	0.94	0.13	35.17	
9	100	400	用	停用	2.6	13	52	19	1502	230	YD-5锍	36.58	30.85	0.25	6.39	
											YD-5渣	1.76	1.04	0.13	35.66	

D "一步炼镍"渣强化硫化还原阶段

该阶段采用还原性气体喷吹燃烧供热，熔体温度基本控制在 1250~1400 ℃，还原剂率 3%（420 kg 渣）、硫化剂率 20%（420 kg 渣），通过定料给料机分 4 次共 2 h 连续加入 13 kg 块煤、84 kg 黄铁矿进行硫化还原，沉降分离 0.5 h，其间每 0.5 h 炉口取渣样一次。经手持荧光快速分析，渣含 Ni 逐渐降低，最低降为 0.098%，渣含 Co 降至 0.049%，试验条件及样品分析见表 4-112。

表 4-112 渣硫化还原阶段试验条件及样品分析

步骤	侧枪	电极	煤质量 /kg	硫化剂质量 /kg	天然气量（标态） /m³·h⁻¹	氧气量（标态） /m³·h⁻¹	氮气量（标态） /m³·h⁻¹	熔体温度 /℃	取样编号	化学成分/%			备注
										$w(Ni)$	$w(Cu)$	$w(Co)$	
10	用	停用	3.25	21	12	22	19	1420	YD-6 渣	1.031	0.636	0.119	还原 26 min 取样
11	用	停用	3.25	21	13	24	19	1380	YD-7 渣	0.392	0.241	0.103	还原 52 min 取样
12	用	停用	3.25	21	15	28	19	1250	YD-8 渣	0.224	0.145	0.085	还原 76 min 取样
13	用	停用	3.25	21	19	39	19	1191	YD-9 渣	0.098	0.057	0.057	还原 102 min 取样
14	用	停用			25	49	19	1235	YD-10 渣	0.191	0.139	0.049	还原 134 min 取样

4.8.4.6 熔炼渣工艺矿物学

通过开展工艺矿物学研究，详细考察熔炼渣、"一步炼镍"渣的特性，具体包括化学组成、矿物组成、有价组分在矿物相中的分布、主要矿物的产出形式、主要矿物的成分特征、主要矿物的嵌布粒度、不同磨矿细度下主要矿物的解离度及矿物间的嵌连关系，为侧吹熔炼渣、"一步炼镍"渣强化硫化还原及渣选研究奠定基础。

采用 X 荧光光谱半定量分析和化学多元素分析对熔炼渣、"一步炼镍"渣进行化学成分分析；通过 X 射线衍射分析、光学显微镜分析、扫描电镜分析和矿物解离分析，查明渣的矿物组成及含量、有价组分在各矿物相中的分布、主要矿物的产出形式和嵌布粒度。

A 熔炼渣的主要化学成分分析

熔炼渣的主要化学成分分析结果见表 4-113。由表 4-113 可知，熔炼渣含 Ni 2.22%，含 Cu 1.27%。Co 含量为 0.14%，为熔炼渣主要回收元素。

表 4-113 熔炼渣主要成分分析　　　　　　　（质量分数/%）

组分	Ni	Cu	Co	Fe	S	Cr	Ti
物质	2.22	1.27	0.14	42.24	0.13	0.89	0.08
组分	SiO₂	Al₂O₃	CaO	MgO	K₂O	Na₂O	Mn
物质	31.75	2.46	2.66	11.54	0.32	0.22	0.09

　　B　熔炼渣的矿物组成及其含量

　　熔炼渣中存在的主要矿物类型和各矿物含量见表 4-114。图 4-148 为熔炼渣的 X 射线衍射分析结果，X 射线衍射图谱显示，结晶物相主要为磁铁矿（1），镁铁橄榄石（2）及铬铁尖晶石（3），另外，图谱背景值显示渣中含有较多非晶玻璃相。

　　熔炼渣中的独立镍物相主要为六方硫镍矿（Ni_3S_2），其次为少量针镍矿（NiS）、镍铁硫化相[（Ni,Fe）S] 和镍铁合金相（Ni_3Fe）；铜物相主要为金属铜，其次为斑铜矿（Cu_5FeS_4）、辉铜矿（Cu_2S）及成分不定的铜铁硫化相；其他硫化相为硫化亚铁相。渣相主要由磁铁矿、铬铁尖晶石、镁铁橄榄石及玻璃相组成，另含有少量氧化亚铁相等。

表 4-114　熔炼渣中主要矿物（相）组成及其含量

矿物（相）名称	含量/%	矿物（相）名称	含量/%
金属铜	0.98	铬铁尖晶石	7.88
斑铜矿、辉铜矿及铜铁硫化相	0.22	镁铁橄榄石	35.50
六方硫镍矿、针镍矿及镍铁硫化相	0.33	玻璃相	25.21
镍铁合金	0.08	其他	1.60
磁铁矿	28.20	合计	100.00

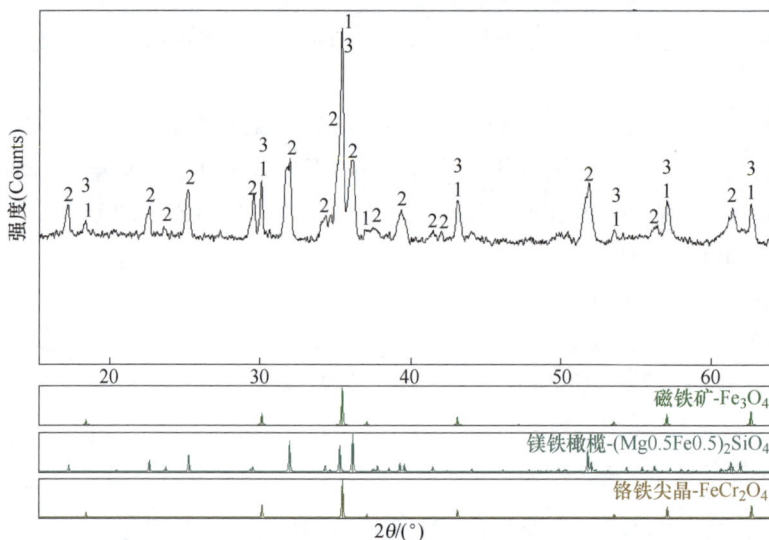

图 4-148　熔炼渣的 XRD 图谱

C 熔炼渣中主要矿相的产出特征

a 六方硫镍矿、针镍矿、镍铁硫化相

熔炼渣中硫化镍主要以六方硫镍矿形式存在，少量以针镍矿及镍铁硫化相形式存在。X 射线能谱分析结果表明，六方硫镍矿平均含 Ni 68.30%，大部分含有少量 Fe，有时含有少量 Cu 和 Co，几种典型硫化镍相的 X 射线能谱如图 4-149 和图 4-150 所示。

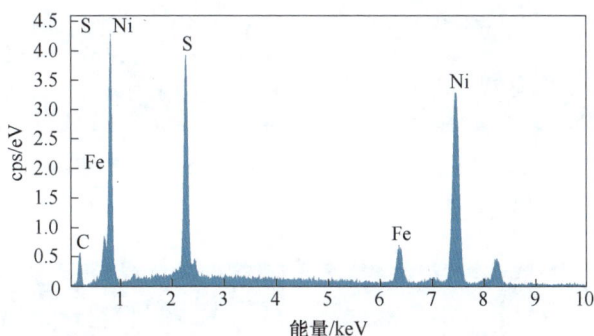

图 4-149 典型六方硫镍矿的 X 射线能谱图

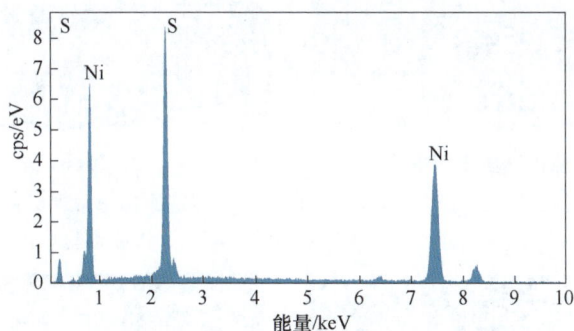

图 4-150 针镍矿的 X 射线能谱图

六方硫镍矿主要呈不规则状单体，或与铜铁硫化相连生以集合体产出，有时呈微细粒包裹于玻璃相或橄榄石中产出。高倍扫描电镜下观察，六方硫镍矿中可见针镍矿、镍铁硫化相及镍铁合金呈固溶体分离结构析出，部分镍铁合金析出粒度稍粗。六方硫镍矿及其他硫化镍相集合体的产出粒度主要分布于 0.03~0.3 mm。六方硫镍矿及针镍矿、镍铁硫化相的产出特征如图 4-151~图 4-157 所示。

b 镍铁合金

熔炼渣中镍铁合金是镍的次要物相，多呈固溶体出溶结构分布于六方硫镍矿或其他镍铁硫化相中，析出粒度通常很细，小于 0.010 mm，有时稍粗，在 2 mm

以下综合样中可解离为单体。镍铁合金产出特征如图4-158~图4-163所示。

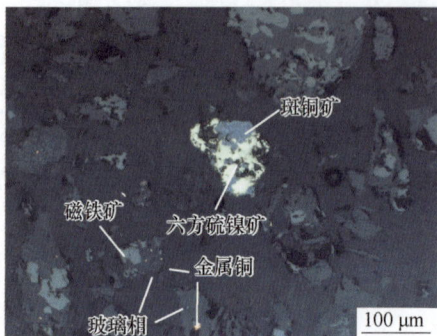

图4-151　六方硫镍矿与
斑铜矿紧密连生以集合体产出

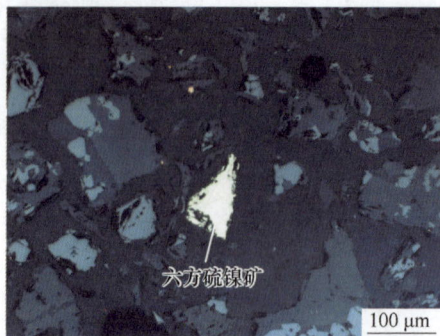

图4-152　六方硫镍矿呈细粒单体产出

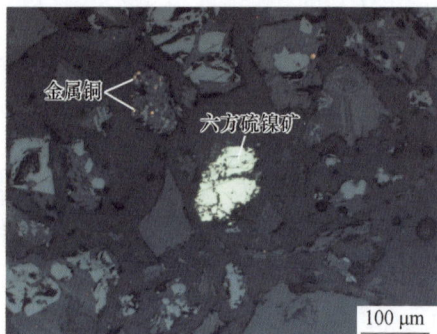

图4-153　六方硫镍矿呈中粒单体产出

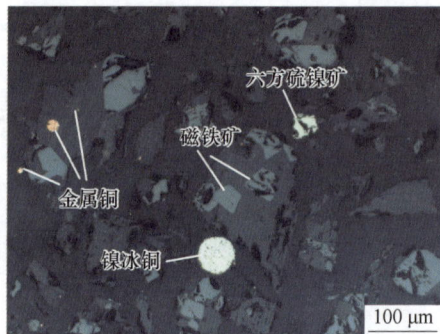

图4-154　六方硫镍矿呈细粒单体产出，
镍铁硫化相与镍铁合金形成的
镍冰铜呈单体产出

图4-155　六方硫镍矿与斑铜矿紧密连生，
同时镍铁合金析出于六方硫镍矿中

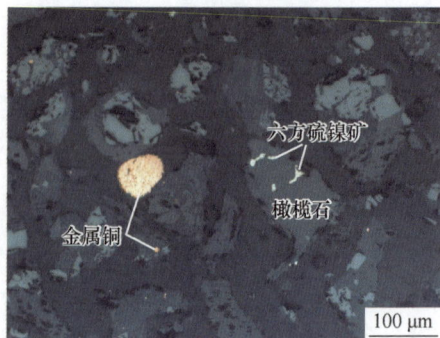

图4-156　六方硫镍矿呈
微粒包裹于橄榄石中

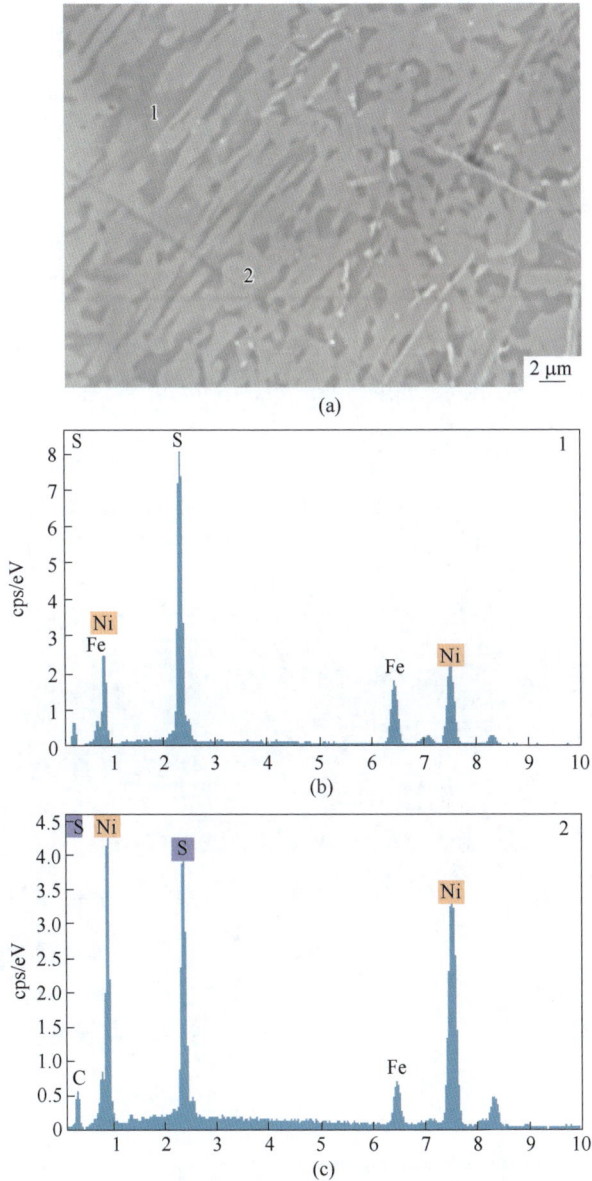

图 4-157 镍铁硫化相与六方硫镍矿相呈固溶体分离结构产出
（a）背散射电子图；（b）镍铁硫化相 X 射线能谱图；（c）六方硫镍矿相 X 射线能谱图
1—镍铁硫化钼；2—六方硫镍矿相

X 射线能谱分析结果表明，镍铁合金成分接近 Ni_3Fe。

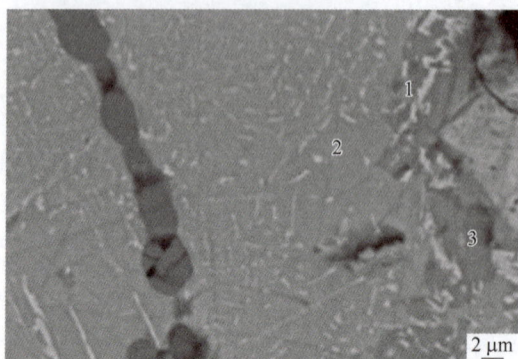

图 4-158 镍铁合金 (1) 呈微晶析出于六方硫镍矿 (2)
及镍铁硫化相 (3) 中背散射电子图

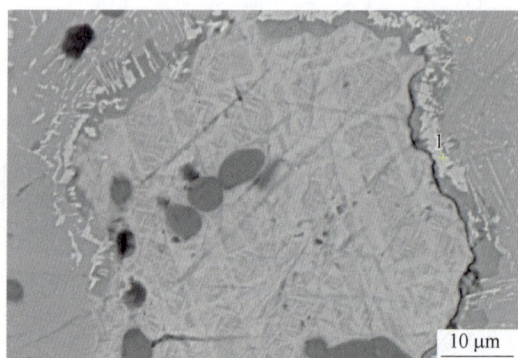

(a)

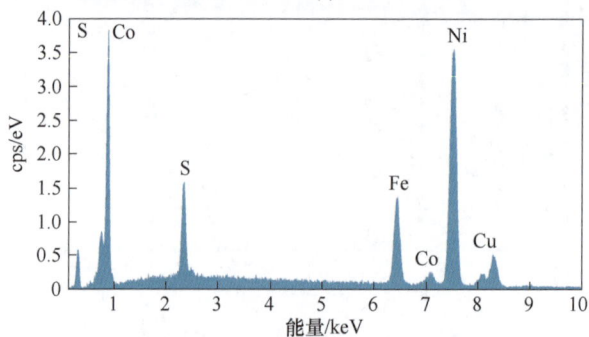

(b)

图 4-159 镍铁合金呈微晶集合体析出于硫化镍相 (一)
(a) 背散射电子图; (b) X 射线能谱图

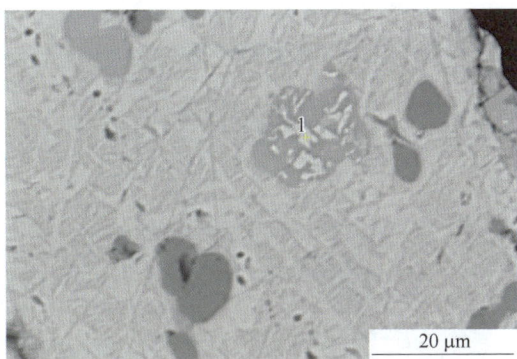

(a)

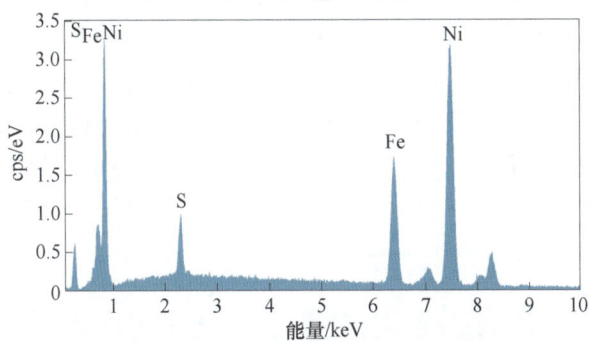

(b)

图 4-160　镍铁合金呈微晶集合体析出于硫化镍相（二）

（a）背散射电子图；（b）X 射线能谱图

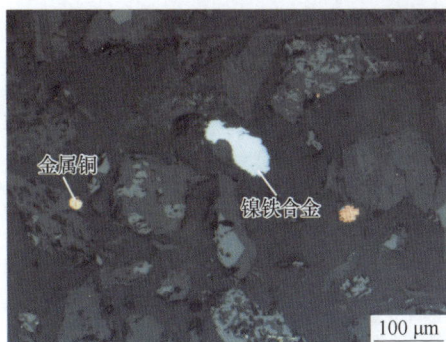

图 4-161　镍铁合金呈中粒单体产出

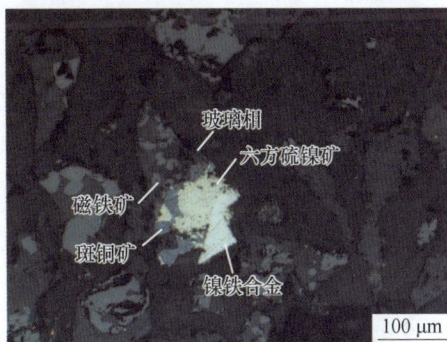

图 4-162　镍铁合金与六方硫镍矿、
斑铜矿及渣相连生产出

c　金属铜

熔炼渣综合样中金属铜多呈粗细不均的圆粒状产出，粒度较粗的金属铜多为单体，粒度较细的金属铜常包裹于玻璃相或嵌布于橄榄石与玻璃相之间，少量包裹于尖晶石中。金属铜与硫化铜相及硫化镍相的共生关系均不密切。

图 4-163　镍铁合金呈微细粒包裹于玻璃相中

金属铜粒度通常小于 0.2 mm，分散于玻璃相中的金属铜粒度通常较细，高倍扫描电镜下观察发现，玻璃相中常可见粒度小于 1 μm 的金属铜。

X 射线能谱分析表明（图 4-164），金属铜中常含量少量铁，铜平均含量为 98.61%，铁平均含量为 1.39%。金属铜的产出特征如图 4-165~图 4-168 所示。

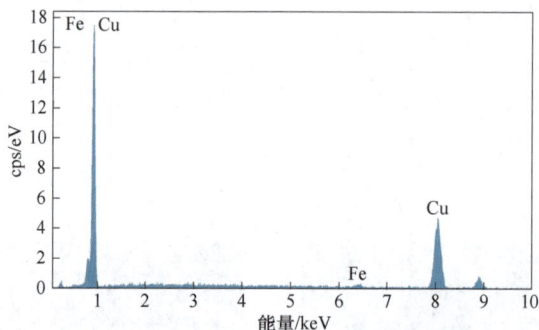

图 4-164　金属铜的 X 射线能谱图

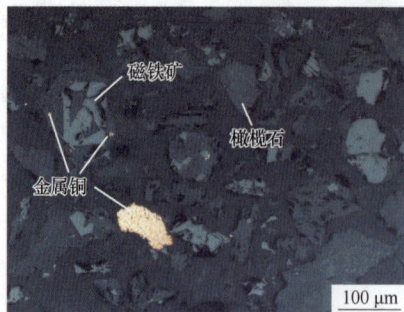

图 4-165　金属铜呈粗粒单体
或微粒包裹于硅酸盐相中

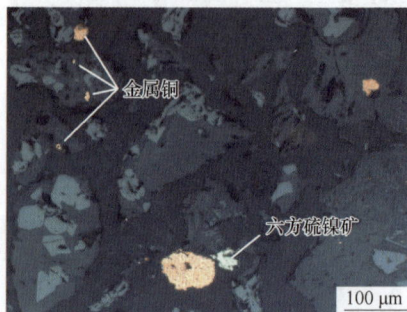

图 4-166　金属铜呈粗粒单体
或细粒、微粒包裹于硅酸盐相中

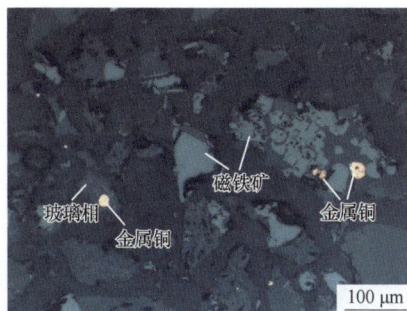

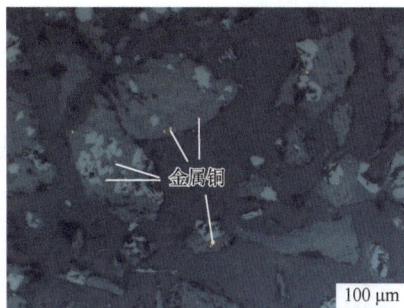

图 4-167 金属铜呈细粒、微粒包裹于硅酸盐相中　图 4-168 金属铜呈微粒包裹于硅酸盐相中

d 斑铜矿、辉铜矿、铜铁硫化相

熔炼渣综合样中铜的硫化相以斑铜矿为主，其次为辉铜矿，以及斑铜矿、辉铜矿及成分不定的铜铁硫化相组成的集合体，也可称为冰铜。斑铜矿、辉铜矿、铜铁硫化相及其集合体主要呈不规则状单体，或与镍铁硫化相共生在一起产出，粒度相对较粗，一般为 0.015~0.3 mm。部分冰铜呈细圆粒状包裹于硅酸盐相中，粒度多小于 0.038 mm，最小可小于 1 μm。斑铜矿、辉铜矿、铜铁硫化相及其集合体的产出特征如图 4-169~图 4-172 所示。

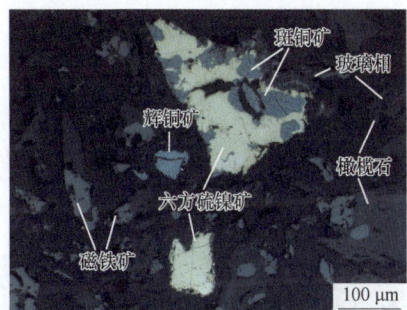

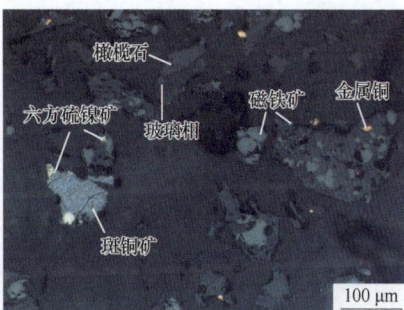

图 4-169 斑铜矿与六方硫镍矿紧密共生以粗粒集合体形式产出，辉铜矿呈细粒单体产出　图 4-170 斑铜矿与六方硫镍矿紧密共生以中粒集合体形式产出

图 4-171 辉铜矿呈中粒单体产出　图 4-172 铜铁硫化相集合体（冰铜）呈微细粒包裹于磁铁矿或玻璃相中

X 射线能谱分析表明，铜铁硫化相中有时含 Ni，为冰铜固溶体分离不彻底所致。

e 尖晶石相

熔炼渣中尖晶石以磁铁矿为主，其次为铬铁尖晶石，X 射线能谱分析结果表明，磁铁矿及铬铁尖晶石均为镍的主要载体，含 Ni 一般为 1% ~ 4%，有时含量低于 0.3%时 X 射线能谱检测不出，平均含 Ni 2.07%。X 射线能谱分析结果如图 4-173 所示。

磁铁矿、铬铁尖晶石多呈自形晶粒状分布于玻璃相或橄榄石中，粒度呈中、细及微粒不均匀分布。尖晶石中有时可见金属铜或铜、镍硫化相包裹体。尖晶石的产出状态如图 4-174 和图 4-175 所示。

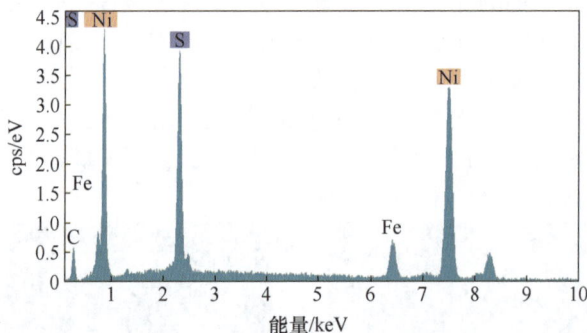

图 4-173 磁铁矿的 X 射线能谱图

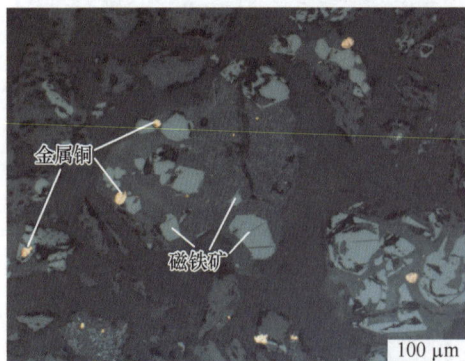

图 4-174 磁铁矿呈细粒、微粒
包裹于玻璃相或橄榄石中

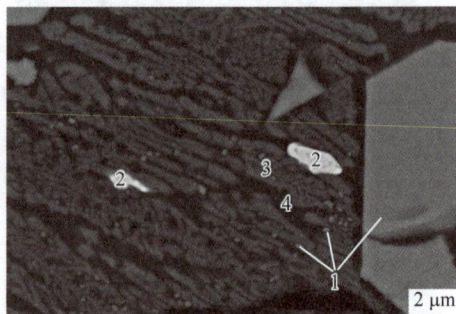

图 4-175 磁铁矿（1）、铜铁硫化相（2）呈细
晶、微晶包裹于橄榄石（3）或玻璃相（4）中

f 橄榄石

熔炼渣中橄榄石也是镍的主要载体矿相，X 射线能谱分析结果表明，橄榄石含 Ni 一般为 2% ~ 5%，有时含量低于 1%，平均含 Ni 3.04%。另外，橄榄石中

镁铁比变化大，可见到镁橄榄石至铁橄榄石的单元及中间系列矿相，以镁铁橄榄石为主。几种典型橄榄石的 X 射线能谱图，以及富镁和富铁橄榄石间的结构关系如图 4-176~图 4-179 所示。

　　g　玻璃相

　　熔炼渣中玻璃相为含钙、铁的铝硅酸盐，X 射线能谱分析结果表明（图 4-180），玻璃相普遍不含镍或含镍低于 0.3%。玻璃相或玻璃相与橄榄石粒间常分布微细颗粒金属铜（图 4-181）。

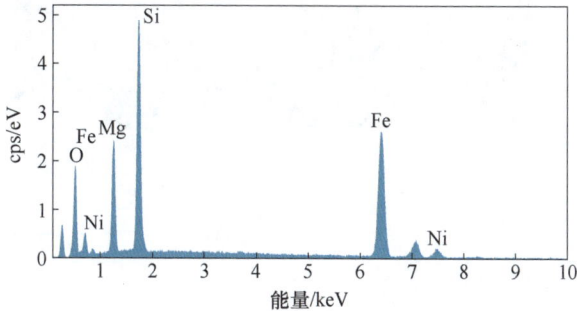

图 4-176　橄榄石（镁铁比接近 1∶1）的 X 射线能谱

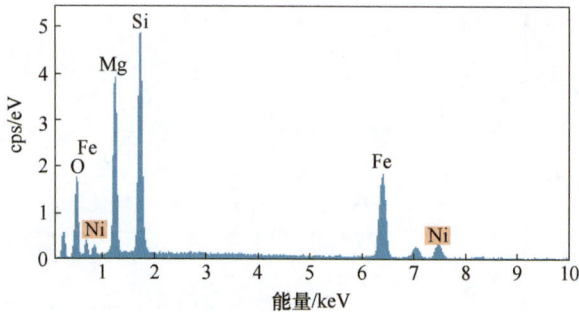

图 4-177　橄榄石（镁铁比为 3∶2）的 X 射线能谱

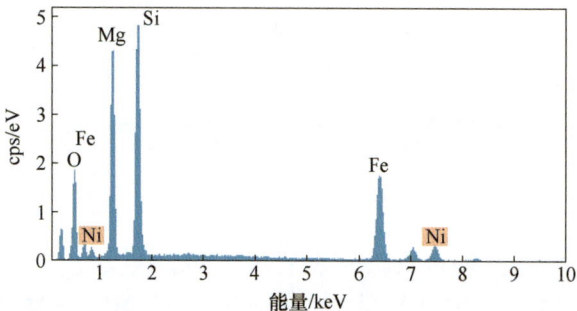

图 4-178　橄榄石（镁铁比为 2∶1）的 X 射线能谱

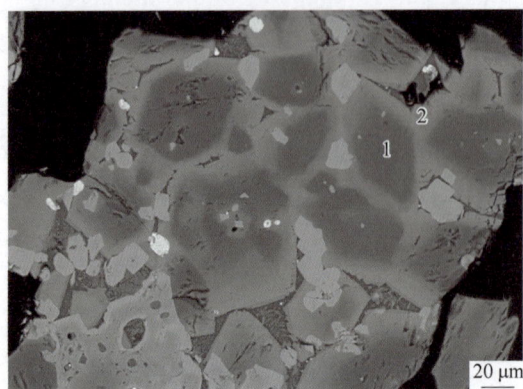

(a)

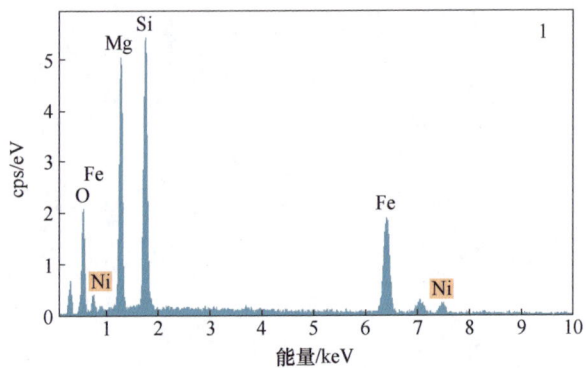

(b)

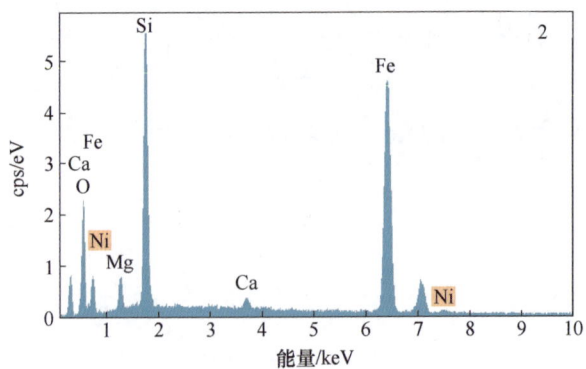

(c)

图 4-179　镁橄榄石与铁橄榄石的共生关系

(a) 背散射电子；(b) 镁橄榄石 X 射线能谱；(c) 铁橄榄石 X 射线能谱

1—镁橄榄石；2—铁橄榄石

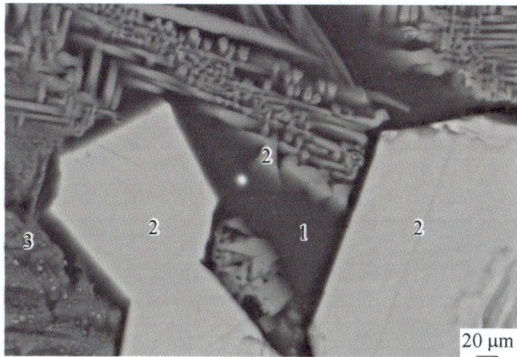

(a)

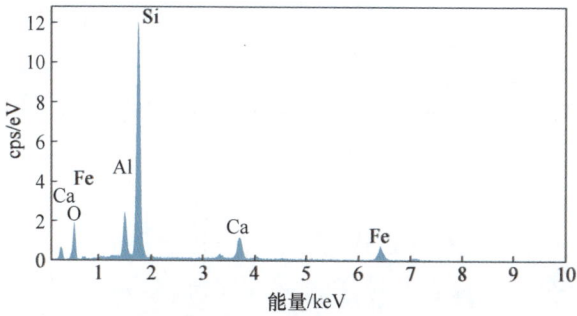

(b)

图 4-180 （不含 Ni）玻璃相的 X 射线能谱图

（a）背散射电子图；（b）X 射线能谱

1—玻璃相；2—磁铁矿；3—橄榄石

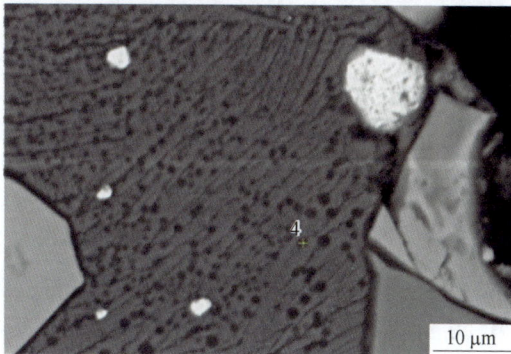

图 4-181 玻璃相或玻璃相与橄榄石粒间分布微晶（小于 1 μm）的金属铜

D 熔炼渣中镍、铜钴元素的化学物相分析

镍、铜、钴进行化学物相分析，结果分别见表 4-115~表 4-117。

表 4-115　熔炼渣中镍的化学物相分析结果

相别	硫化镍	金属镍	尖晶石中镍	硅酸盐中镍	合计
镍含量/%	0.24	0.03	0.85	1.10	2.22
镍分布率/%	10.81	1.35	38.29	49.55	100.00

表 4-116　熔炼渣中铜的化学物相分析结果

相别	金属铜	硫化铜	硅酸盐中铜	尖晶石中铜	合计
铜含量/%	0.96	0.15	0.13	0.03	1.27
铜分布率/%	75.59	11.81	10.24	2.36	100.00

表 4-117　熔炼渣中钴的化学物相分析结果

相别	硫化钴	金属钴	尖晶石中钴	硅酸盐中钴	合计
钴含量/%	0.012	0.003	0.057	0.067	0.139
钴分布率/%	8.63	2.16	41.01	48.20	100.00

从表 4-115 得知，熔炼渣中镍主要以氧化镍形式存在于尖晶石和硅酸盐中，镍分布率分别为 38.29% 和 49.55%，合计为 87.84%，少量镍以硫化镍形式存在，镍分布率为 10.81%，微量以金属镍形式存在，镍分布率为 1.35%。

从表 4-116 得知，熔炼渣中铜主要以金属铜形式存在，铜分布率为 75.59%，其次以硫化物形式存在，铜分布率为 11.81%，其余部分主要以微细粒或微晶金属铜形式分散包裹于硅酸盐相中，少量包裹于尖晶石中，铜分布率合计为 12.60%。

从表 4-117 得知，熔炼渣中钴主要以氧化钴形式存在于尖晶石和硅酸盐中，钴分布率分别为 41.01% 和 48.20%，合计为 89.21%，少量钴以硫化钴形式存在，钴分布率为 8.63%，微量以金属钴形式存在，钴分布率为 2.16%。

E　熔炼渣中镍、铜、钴的赋存状态

结合显微镜观察、扫描电镜能谱分析及化学物相分析，熔炼渣中镍、铜、钴的赋存状态如下：

（1）镍主要以氧化镍形式分布于橄榄石和尖晶石中，也可认为呈类质同象取代橄榄石和尖晶石中铁的位置，其次以六方硫镍矿和少量针镍矿、镍铁硫化相形式存在，还有少量以镍铁合金或铜镍铁合金形式存在。根据化学物相分析，将样品粒度加工为 -0.074 mm 占 94.88% 时，镍在橄榄石等硅酸盐相和尖晶石中的镍分布率分别为 49.55% 和 38.29%，合计为 87.84%，少量镍以硫化镍形式存在，镍分布率为 10.81%，微量以金属镍形式存在，镍分布率为 1.35%。

（2）铜主要以金属铜形式存在，其次以斑铜矿、辉铜矿及铜铁硫化相等硫化铜形式存在。根据化学物相分析，当样品粒度为 -0.074 mm 占 94.88% 时，铜在金属铜中的分布率为 75.57%，硫化铜中的铜分布率为 11.81%，其余部分主要以微细粒金属铜或硫化铜形式分散包裹于以玻璃相为主的硅酸盐相中，少量包裹于尖晶石中，铜分布率合计为 12.60%。

（3）钴均以类质同象形式存在，主要以氧化钴形式分布于橄榄石和尖晶石中，其次分布于六方硫镍矿、针镍矿或镍铁硫化相中，还有微量分布于镍铁合金或铜镍铁合金中。根据化学物相分析，当样品粒度为 −0.074 mm 占 94.88% 时，钴在橄榄石等硅酸盐及尖晶石中的钴分布率分别为 48.20% 和 41.01%，合计为 89.21%，少量以硫化钴形式存在，钴分布率为 8.63%，微量以金属钴形式存在，钴分布率为 2.16%。

4.8.4.7 还原渣工艺矿物学研究

A 还原渣的主要化学成分分析

还原渣的主要化学成分分析结果见表 4-118。

表 4-118 还原渣主要成分分析

组分	$w(Ni)$	$w(Cu)$	$w(Co)$	$w(Fe)$	$w(S)$	$w(Cr)$	$w(Ti)$
含量/%	0.40	0.28	0.060	36.05	2.11	1.30	0.11
组分	$w(SiO_2)$	$w(Al_2O_3)$	$w(CaO)$	$w(MgO)$	$w(K_2O)$	$w(Na_2O)$	$w(Mn)$
含量/%	32.29	3.98	1.74	10.71	0.51	0.22	0.11

从表 4-118 得知，还原渣含 Ni 0.40%，含 Cu 0.28%，它们为还原渣主要回收的有价金属。

B 还原渣的矿物组成及其相对含量

还原渣中存在的主要矿物类型和各矿物相对含量见表 4-119。图 4-182 为还原渣的 X 射线衍射分析结果。

表 4-119 还原渣中主要矿物（相）组成及其含量

矿物名称	含量/%	矿物名称	含量/%
镍铁硫化相 1 [$w(Ni)>3\%$]	1.83	磁铁矿	0.99
镍铁硫化相 2 [$w(Ni)<3\%$]	2.03	氧化亚铁	0.18
铜镍铁硫化相	0.09	铬（铁）尖晶石	2.38
硫化镍相	0.01	铁橄榄石	63.72
镍铁合金	0.01	玻璃相	22.58
铜铁硫化相	0.59	镁橄榄石	0.32
硫化亚铁	4.73	其他	0.40
金属铁	0.14	合计	100.00

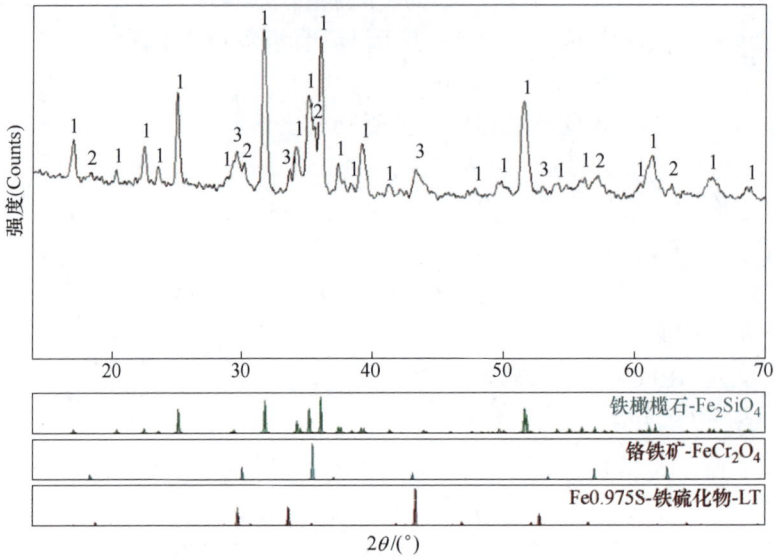

图 4-182　还原渣的 XRD 分析结果

　　还原渣中的含镍物相主要为镍铁硫化相，其中镍含量变化大，分为高镍铁硫化相 [w(Ni)>3%] 和低镍铁硫化相 [w(Ni)<3%]；另有少量的铜镍铁硫化相、硫化镍相（成分接近天然矿物针镍矿）和镍铁合金相。还原渣中的含铜物相主要为铜铁硫化相（冰铜），偶见金属铜。其他硫化相主要为硫化亚铁相。还原渣中的其他矿物主要为铁橄榄石、玻璃相，另有少量的铬（铁）尖晶石、磁铁矿、氧化亚铁、金属铁和镁橄榄石等。

　　衍射图谱显示，结晶物相主要为铁橄榄石（1），其次为铬尖晶石（2）和硫化亚铁（3），另外，图谱背景值显示渣中含有较多非晶玻璃相。

　　C　还原渣中镍、铜元素的化学物相分析

　　还原渣中镍、铜的化学物相分析结果分别见表 4-120 和表 4-121。

表 4-120　还原渣中镍的化学物相分析结果

相别	硫化镍中镍	金属镍中镍	硅酸盐结合镍中镍	合计
镍含量/%	0.33	0.030	0.060	0.42
镍分布率/%	78.57	7.14	14.29	100.00

表 4-121　还原渣中铜的化学物相分析结果

相别	硫化铜中铜	金属铜中铜	硅酸盐结合铜中铜	合计
铜含量/%	0.24	0.020	0.030	0.29
铜分布率/%	82.76	6.90	10.34	100.00

从表 4-120 结果得知，还原渣中镍主要以硫化物形式存在，镍分布率为
78.57%，少量以金属镍形式存在，镍分布率为 7.14%，其余部分以硅酸盐和尖
晶石等结合态形式存在，这部分包括以氧化态形式化学溶解于硅酸盐中的镍，以
及以微粒镍铁硫化相形式物理包裹于硅酸盐中的镍，镍分布率合计为 14.29%，
以物理包裹形式为主。

从表 4-121 可知，还原渣中铜也主要以硫化物形式存在，铜分布率为
82.76%，少量以金属铜形式存在，铜分布率为 6.90%，其余部分以硅酸盐结合
态形式存在，这部分包括以氧化态形式化学溶解于硅酸盐中的铜，含量极微，以
及以微粒铜铁硫化相形式物理包裹于硅酸盐中的铜，铜分布率合计为 10.34%，
同样以物理包裹形式为主。

D 还原渣中镍、铜的赋存状态

结合显微镜观察、扫描电镜能谱分析及化学物相分析，还原渣中镍主要以镍
铁硫化相（镍冰铜）形式存在，其次以针镍矿和铜镍铁硫化相形式存在，还有
部分以类质同象分散于硫化亚铁中，根据化学物相分析，镍在硫化相中的总分布
率为 78.57%；少量镍以镍铁合金、铜镍铁合金形式存在，镍在合金相中的总分
布率为 7.14%；其余镍以硅酸盐结合镍形式存在，包括以氧化态形式化学溶解于
硅酸盐和氧化铁中的镍，以及以微粒镍铁硫化相形式物理包裹于硅酸盐中的镍，
结合镍整体以物理包裹形式为主，镍在其中的总分布率为 14.29%。

铜主要以铜铁硫化相（冰铜）形式存在，根据化学物相分析，铜在硫化相
中的总分布率为 82.76%；少量铜以铜镍铁合金、金属铜形式存在，铜在金属铜
和合金相中的总分布率为 6.90%；其余铜以硅酸盐结合铜形式存在，这部分包括
以氧化态形式化学溶解于硅酸盐中的铜，含量极微，以及以微粒铜铁硫化相形式
物理包裹于硅酸盐中的铜，铜分布率合计为 10.34%。

4.8.4.8 试验结论

（1）500 kg 级扩大试验，结果表明镍精矿采用侧吹熔炼，氧料比（标态）
为 230 m^3/t、富氧浓度为 75% 时，可产出品位 $[w(Ni)+w(Cu)]$ 为 70% 的高
镍锍。

（2）500 kg 级扩大试验，结果表明镍精矿采用侧吹强化熔炼，熔炼渣含 Ni
在 1.6%~2.5%，渣含 Co 在 0.15%~0.23%，经强化硫化还原，渣含 Ni 最低降
至 0.098%，渣含 Co 最低降至 0.049%。与金川集团镍冶炼厂现有冶炼工艺相比，
熔炼渣含 Ni 降低幅度较大、渣含 Co 基本持平。

（3）熔炼渣经过硫化还原处理，可有效将渣中硅酸镍硫化还原为硫化镍，
并与熔炼渣中弥散分布的细小镍锍颗粒聚集长大，形成大颗粒镍锍，有利于渣锍
分离，进一步降低渣中镍含量。

4.8.5 侧吹一步炼镍应用实践

侧吹熔池熔炼短流程一步炼镍工艺，应用于盛屯能源金属化学（贵州）有限公司新能源材料项目。盛屯能源金属化学（贵州）有限公司是盛屯矿业集团有限公司的子公司，盛屯矿业集团（以下简称盛屯）主营业务为有色金属矿山采选、金属冶炼及综合回收。

盛屯侧吹炼镍项目以镍精矿为主要原料，分别生产高冰镍、电池级硫酸镍，并副产硫酸钴、阴极铜、贵金属、硫酸等。年处理混合镍精矿 23 万吨，电池级硫酸镍设计年生产规模为 15.9 万吨。火法冶炼采用的主工艺流程为：富氧侧吹熔炼→产出高镍锍和熔炼渣，熔炼渣→渣贫化炉处理产出低镍锍和贫化渣。熔炼产出的高镍锍经溜槽加入调质炉后定期粒化送湿法磨矿车间处理。渣贫化炉产出的低镍锍与高镍锍浸出渣一起进入还原炉处理，产出的还原渣返回渣贫化炉处理，产出的二次中镍锍送湿法贵金属提取系统。富氧侧吹熔炼炉、调质炉、渣贫化炉和还原炉的内衬均为耐火材料砌筑。

火法冶炼主工艺等设计方案为：

（1）镍精矿熔炼采用富氧侧吹熔池熔炼直接生产高镍锍工艺；

（2）熔炼渣加入渣贫化炉处理，降低渣中有价金属含量；

（3）渣贫化炉产出的低镍锍与湿法系统的高镍锍浸出渣一起采用还原炉处理。

图 4-183 所示为盛屯"侧吹一步炼镍"采用的配置方案。

4.8.5.1 侧吹一步炼镍方案

本项目熔炼采用侧吹一步炼镍方案，硫化镍精矿经过侧吹熔炼后直接产出高镍锍。

4.8.5.2 渣贫化方案

由于侧吹熔炼直接产出高镍锍，因此熔炼渣中有价金属镍钴的含量均高于常规生产低镍锍的熔炼渣中的金属含量，因此必须对一步炼镍的熔炼渣进行贫化处理，降低最终贫化渣中的有价金属含量，保证金属回收率。

富氧侧吹熔池熔炼采用富氧空气熔炼，熔炼炉、还原炉需要加石英石熔剂造渣，渣贫化炉也需要加入少量石英石调节渣型。本项目富氧侧吹熔炼炉需加入碳质物料进行补热和控制 Fe_3O_4 的含量；渣贫化炉需要加入碳质物料还原渣中有价金属。为降低燃料率、避免煤中挥发分二次燃烧不充分对后续系统（收尘、制酸等）的影响，加入到侧吹熔炼炉中的碳质物料宜选用焦炭、焦粒，或挥发分低的无烟煤等。考虑到采购的便利性及降低生产成本，现阶段选择无烟煤，生产中可以根据碳质物料市场价格进行调整或替代。侧吹熔炼炉、调质炉、还原炉的烘炉、炉体和流槽的保温，以及渣贫化炉、还原炉的生产均采用天然气作燃料。

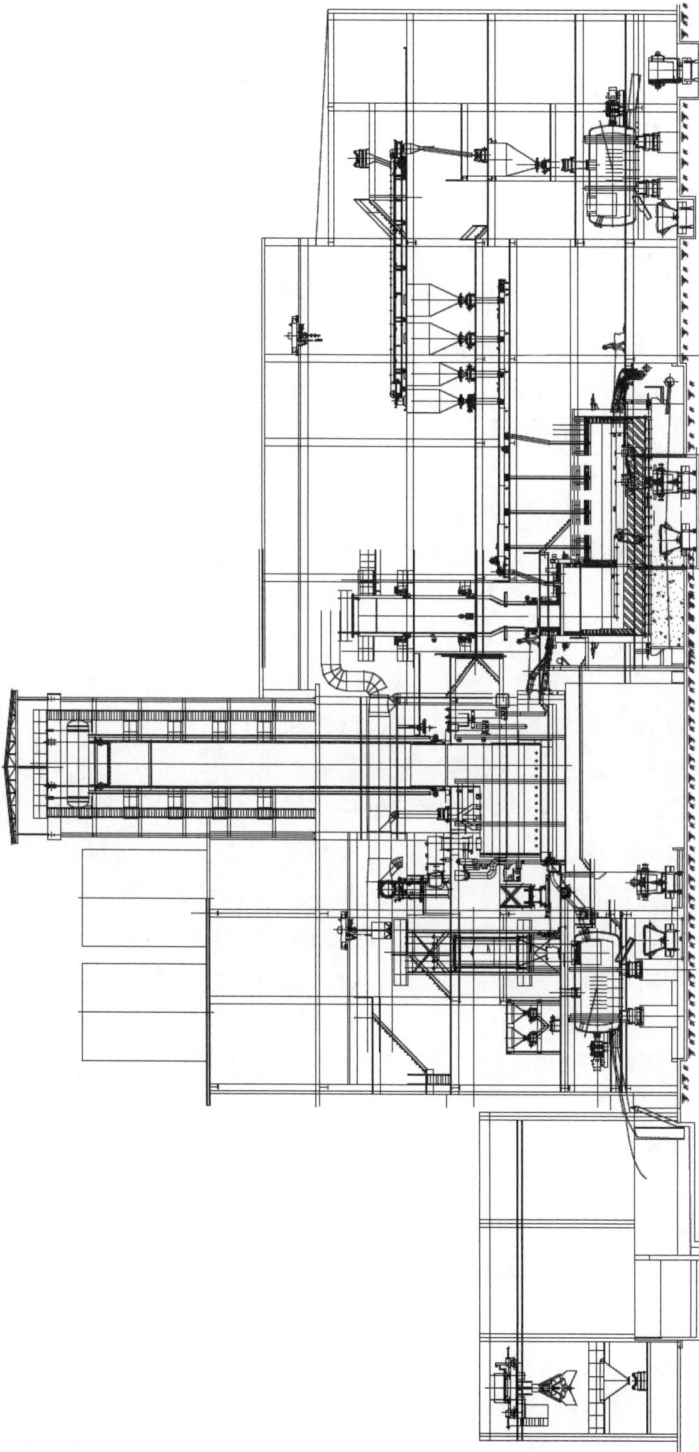

图 4-183 盛屯"侧吹一步炼镍"配置方案

4.8.5.3 高镍锍/炉渣粒化方案

本项目吹炼产出的高镍锍粒化后送湿法磨矿处理。目前高镍锍粒化最常见的方式是直冲式粒化，即大量的水直冲高温熔体，将高温熔体打散，同时降温。考虑镍锍和铜锍性能相似，因此借鉴铜冶炼行业铜锍粒化方式，镍锍粒化也可采用无水粒化方式，即采用氮气将热熔体打散，同时喷雾降温。

4.8.5.4 工艺流程简述

A　原料卸料、储存及配料

镍精矿、石英石、无烟煤等原料通过汽车运输到镍精矿仓，直接卸料至各自矿坑内堆存，也可以在原料仓北侧临时堆场卸料并短暂堆存，然后通过装载机分别倒运至原料仓半地下矿坑堆存；冷料在厂区内用汽车运至原料仓，经颚式破碎机破碎后入矿坑堆存。原料仓矿坑深 3.5 m，挡墙高 10.5 m。物料储存时间约 30 d。

原料仓内设 2 台 16 t 抓斗桥式起重机，用于各种物料的倒运和上料。镍精矿、石英石、无烟煤等熔炼用原料经各自料仓底部配置的定量给料机计量配料后送熔炼主厂房侧吹熔炼工段；冷料、石英石、无烟煤、硫化剂等其他工段原料通过胶带输送机送主厂房各工段相对应的料仓。

B　富氧侧吹熔炼一步炼镍

精矿仓内配料后的混合炉料通过胶带运输机卸到炉顶中间料仓中，再经移动定量给料机连续地从炉顶加入到双侧吹富氧熔炼炉内。

熔炼所需的富氧空气从分布在侧吹熔炼炉两侧的风眼鼓入，使熔体和加入的物料形成强烈的搅拌和混合，物料在炉内充分完成脱水、分解、氧化、造锍、造渣、沉降等一系列物理和化学过程，产出的熔炼渣和高镍锍澄清沉降进入炉缸，高镍锍经流槽排入调质炉，熔炼渣经流槽排入渣贫化炉处理。

侧吹熔炼采用富氧熔炼，其中空气由风机房的离心空压机提供，氧气来自制氧站；侧吹炉喷枪入口处富氧空气压力约为 0.12 MPa。当生产过程中出现意外状况时，应快速拴死所有风眼，然后将熔炼富氧空气总管上的快速切断阀关闭，与此同时，氧气支路和空气支路的调节阀联锁快速打开，将氧气和压缩空气放空。

侧吹熔炼供风系统考虑了系统出现故障时，满足拴风眼所需的应急风源。设置一台 $V=40\ m^3$，$p=0.8\ MPa$ 的杂用压缩空气储气罐，与熔炼供风管道连接，并在连接管道上安装调节阀，与熔炼供风系统的压力值进行联锁。当系统供风管道压力低于 120 kPa 时，储气罐出风阀打开，储罐内气体压力由 0.8 MPa 逐步降低至 120 kPa，并不断释放出气体，满足拴风眼所需的时间。

熔炼炉产出的烟气经余热锅炉降温、电收尘器除尘后送制酸系统。熔炼余热锅炉收集下来的烟尘经灰罐盛装后送精矿仓配料，电收尘器收集下来的烟尘经气力输送精矿仓配料。侧吹熔炼炉开炉、保温时的烟气经喷雾降温、脱硫后排放。

C 调质炉粒化

熔炼炉产出的高镍锍经流槽排入调质炉。调质炉进料口和出烟口为同一个口,高镍锍排放口设在炉体中部,采用打眼排放。产出的高镍锍经流槽流入镍锍粒化系统进行粒化,粒化后镍锍送湿法处理。

调质炉产出的烟气经兑风冷却收尘净化后送去脱硫系统。

D 渣贫化炉

熔炼炉渣通过流槽加入渣贫化炉。贫化过程中加入无烟煤还原炉渣中的金属氧化物,同时加入硫化剂使渣中还原出来的镍、钴、铜等有价金属进入锍相富集回收。渣贫化炉产生的贫化渣进渣粒化系统粒化后外售;渣贫化炉产生的低镍锍定期跟高镍锍浸出渣一起进还原炉处理。

渣贫化炉烟气经水冷烟道及收尘器净化后送制酸系统。

E 低镍锍和浸出渣处理

渣贫化炉产生的低镍锍定期排放至镍锍包中经冶金铸造起重机吊运入还原炉,同时干燥后的高镍锍浸出渣和石英从炉顶的加料口加入炉内。工艺风和补热用的天然气从侧部底部喷枪鼓入。炉内低镍锍中的 FeS 跟浸出渣中的 Fe_2O_3 交互反应后生成的 FeO 与加入的石英造渣,同时低镍锍中的 FeS 和浸出渣中的锍相物质和贵金属互熔后形成二次中镍锍。还原炉产出的二次中镍锍排放至镍锍包中送至镍锍粒化系统粒化后送湿法贵金属提取系统。还原炉产出的炉渣返回渣贫化炉处理。还原炉产出的烟气经除尘器除尘后送脱硫系统。

4.9 高磷铁矿侧吹还原熔炼技术

4.9.1 高磷铁矿资源利用概述

4.9.1.1 高磷铁矿资源分布及特征

我国高磷铁矿资源广泛分布于湖南、湖北等地,已探明储量约 37 亿吨,远景预测储量近 100 亿吨,铁品位 34% ~ 55%、磷含量 0.4% ~ 1.8%。典型的高磷铁矿床主要有与陆相或部分海陆交替相富钠质中偏基性火山侵入活动有关的铁矿床、海相中泥盆世沉积型铁矿和海相二叠纪沉积型铁矿床。这三种类型高磷铁矿石的矿物组成复杂,磷矿物嵌布粒度细小,磷矿物与铁矿物之间关系密切,联结力大,属于难选矿石。根据高磷铁矿石是否为鲕状构造,对其进行分类和比较。

A 高磷鲕状铁矿石

我国鄂西高磷鲕状赤铁矿石:铁品位约为 42%,磷含量 0.8% ~ 1.4%。铁矿物主要为赤铁矿,磷主要以磷灰石或氟磷灰石形态与其他矿物共生,浸染于氧化铁矿物的颗粒边缘。赤铁矿嵌布粒度通常约为 20 μm,并常与石英、鲕绿泥石、磷灰石形成同心层状相间的鲕粒式结构,如图 4-184 所示。鲕粒粒度主要为 0.1 ~ 0.5 mm,鲕粒环带数不一。

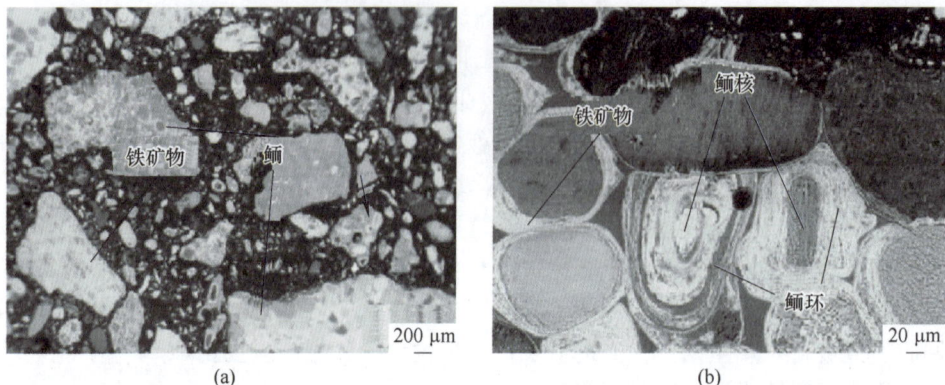

图 4-184　高磷铁矿石的鲕状结构

(a) 视图 1；(b) 视图 2

B　其他高磷铁矿石

除了高磷鲕状铁矿石外，有一部分高磷铁矿石不含鲕状结构，主要分布在西澳大利亚皮尔巴哈地区、我国云南地区及白云鄂博地区。

云南某高磷赤褐铁矿石：铁品位 35.25%，磷含量 0.88%，矿石中的铁主要是以褐铁矿的形式产出，脉石矿物主要为石英。其中 85.9% 的磷以类质同象的形式分布于褐铁矿中，另有 14.1% 的磷是以胶磷矿的形式产出，胶磷矿以浸染状或极细的机械混入物的形式分布于褐铁矿中。

含稀土型高磷铁矿石：这类矿石以我国白云鄂博地区铁矿为代表，铁品位 31.70%，磷含量 0.91%，铁主要以磁铁矿的形式存在，脉石矿物为钙和镁的碳酸盐、铝硅酸盐和硅酸盐磷，磷存在于磷灰石和独居石中。细粒磁铁矿、磷灰石和独居石被脉石紧密包裹。

4.9.1.2　高磷铁矿的冶炼工艺

在激烈的国际铁矿石竞争环境下，充分利用好国内储量较大的高磷铁矿石资源在当前形势下是非常必要的。但由于高磷赤铁矿铁磷难以分离，在烧结和冶炼过程中，磷元素将会全部进入烧结矿和铁水中，铁水中磷含量较高将极大影响钢材性能。所以到目前为止，高磷鲕状赤铁矿的应用基本没有落实到生产实践中，仅有国内部分钢铁企业将鄂西赤铁矿作为钢铁生产冶炼中的配矿部分来使用。

A　高磷铁矿高炉冶炼工艺

传统高炉炼铁工艺中，烧结和高炉工艺都不能脱磷，铁矿石中磷将完全被碳还原进入铁水，只能通过冶炼前对矿石脱磷及冶炼后对铁水进行脱磷。

a　高磷铁矿石脱磷

在高磷赤铁矿冶炼过程中，控制磷进入金属铁相中成为高磷铁矿有效利用的关键。目前高磷铁矿石脱磷处理工艺有物理选矿脱磷、化学选矿脱磷和微生物脱磷等方法。

目前常规的物理选矿法首先将高磷鲕状赤铁矿进行细磨，接着采用强磁、弱磁等磁选法分选，这种方法工序简单。但研究发现，采用物理选矿法得到的铁精矿品位较低，对于磷元素是以胶磷矿的形式存在于嵌布粒度细小的鲕状铁矿石中的情况时，选矿指标通常会很低，不能达到理想的结果。

化学处理工艺法主要是利用硝酸、盐酸或者硫酸对高磷鲕状赤铁矿进行酸浸降磷，不用将矿石中的磷与矿物单体解离，在处理的时候和浸出液接触就达到脱磷的目的，如图 4-185 所示。通过对酸浸工艺的研究，发现该工艺的主要问题在于会有相当一部分铁会溶解，极易导致铁的流失，降低了铁品位，浸矿后的产品中的 MgO、CaO 等存余量也会降低，进而导致浸矿后的产物的碱度快速降低，造成铁精矿产物的自熔性能力受到严重损坏，使得冶炼成本大大增加。此外，在浸出过程中，无机酸和有机酸的大批量使用导致浸出成本高、环境污染大。

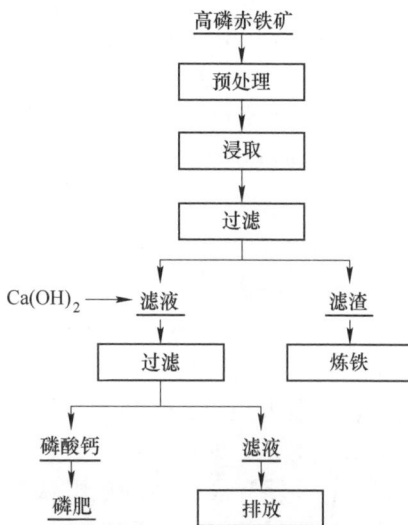

图 4-185 化学处理工艺示意图

微生物浸出工艺主要是利用微生物中的细菌、放线菌、真菌等通过自身的代谢功能产生酸性物质，进而调节 pH 值，将矿石中的磷溶解，如图 4-186 所示。研究表明，虽然微生物能够脱去矿石中的磷，对环境没有污染并且消耗的资源较少，但工艺时间太久，且对容器的里面环境不能很好的控制，在实际生产中得不到大规模的应用。

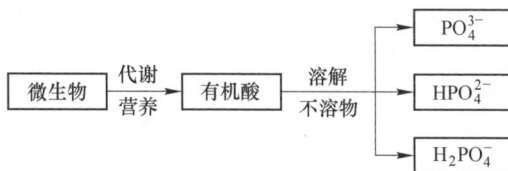

图 4-186 微生物浸出处理示意图

b 高磷铁水脱磷

由于高磷铁矿石中磷的赋存状态非常复杂，使用目前常用的矿石脱磷技术处理后达不到工业应用的要求，导致冶炼后的铁水磷含量依然较高。高磷铁水脱磷主要集中在铁水预处理脱磷和转炉炼钢脱磷，但其工艺成本高，铁水温降大。

　　铁水预处理脱磷就是炼钢铁水在入转炉或电炉前，以高氧化性的碱性渣与铁水中的磷发生反应对铁水进行预处理脱磷。这种方法处理低磷（小于 0.15%）铁水效果颇佳，脱磷率可达 90% ~ 95%，但处理时间长、铁水温降（100 ~ 170 ℃）大，且需要扒渣。

　　转炉炼钢脱磷是在吹氧的同时将一根副枪插入熔池，喷入脱磷剂以达到脱磷的目的，脱磷后的铁水兑入另一转炉炼钢。这种工艺具有处理时间短（2.5 ~ 10 min）、铁水温降小、反应空间大、脱磷剂消耗少、不扒渣、金属回收率高等优点。

　　B　高磷铁矿非高炉冶炼工艺

　　由于目前的高磷铁矿脱磷技术及高磷铁水脱磷技术达到工业应用的要求，传统高炉-转炉炼铁工艺不适宜处理高磷铁矿，为充分利用该矿资源，采用国内非高炉炼铁工艺处理高磷铁矿的技术逐渐发展起来，主要分为磁化焙烧法、直接还原法、HIsmelt 工艺。

　　a　磁化焙烧法

　　高磷鲕状赤铁矿通过磁化焙烧—磁选工艺，铁矿石在较低的温度（500 ~ 800 ℃）下发生弱还原反应，使赤铁矿的物相发生改变，转化成强磁性的 Fe_3O_4，再通过磁选回收，如图 4-187 所示。由于磁化焙烧旨在把铁氧化物还原到磁铁矿，难以控制焙烧温度。温度过高将导致弱磁性的富氏体（FeO 溶于 Fe_3O_4 中的低熔点混合物）和弱磁性的硅酸铁的生成，导致焙烧矿的磁性降低。温度过低时，还原速率很慢，影响焙烧炉的生产能力。因此，目前的工业生产中高磷赤铁矿的磁化焙烧应用不是很成熟。

$$3Fe_2O_3 + CO \longrightarrow 2Fe_3O_4 + CO_2 \qquad (4-59)$$

　　b　直接还原法

　　直接还原法是在低于熔化温度，不炼化、不造渣的条件下，将铁矿石先还原成固态金属 Fe，然后通过磁选工艺，使铁和磷分离。应用直接还原—磁选技术（图 4-188）处理鲕状赤铁矿制备海绵铁，对鲕状赤铁矿的合理开发利用具有一

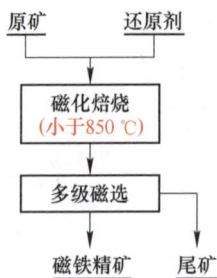

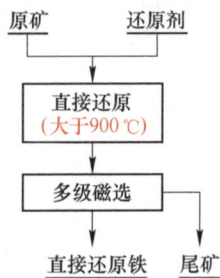

图 4-187　磁化焙烧—　　　　　　　　图 4-188　直接还原—
磁选工艺示意图　　　　　　　　　　磁选工艺示意图

定的实际指导意义，但需要解决高温设备能耗大的问题，同时生产出来的海绵铁含磷量需符合高炉要求。

　　c　HIsmelt 工艺

　　HIsmelt 工艺是一种直接使用铁矿粉、煤粉和热风的铁浴熔融还原炼铁。HIsmelt 熔融还原炉的工艺原理是用喷枪向铁浴熔融还原炉熔渣层内喷吹铁矿粉、熔剂和煤粉；富氧的高温热风从炉顶喷入，与熔池里逸出的 CO、H_2 进行二次燃烧，释放出的热能在强烈的渣铁喷溅搅动中完成热传递，熔化喷入的固体原料，如图 4-189 所示。HIsmelt 熔融还原炉内有很强的氧化性气氛，因而炉渣有良好的脱磷效果，非常适合于冶炼高磷铁矿。这是区别于高炉和其他熔池熔炼工艺的特点。

　　由于其炉渣中的 FeO 含量较高，即使有硅被还原，最终还是被氧化成 SiO_2，所以铁水里没有硅。同样，渣中的 FeO 高，降低了炉渣的脱硫能力，所以铁水含硫高，必须要进行炉外脱硫，才能供炼钢使用。反之，本来在高炉里进入铁水的磷，在氧化性气氛下磷被氧化进入炉渣和煤气，使铁水含磷量大幅度降低。

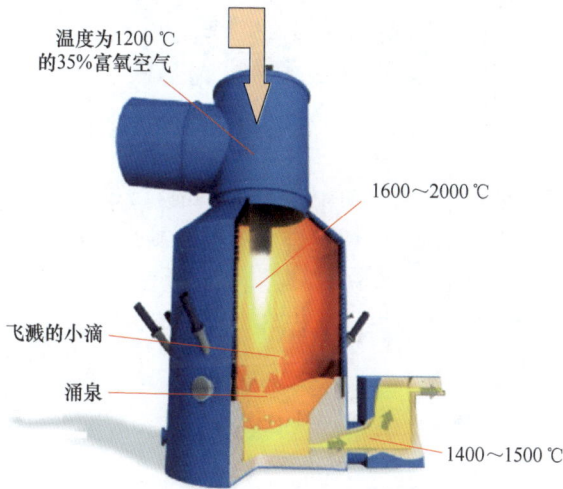

　　温度为1200 ℃
的35%富氧空气

　　1600~2000 ℃

　　飞溅的小滴

　　涌泉

　　1400~1500 ℃

图 4-189　HIsmelt 炉熔融还原过程

4.9.1.3　高磷铁矿侧吹还原熔炼技术

　　富氧侧吹还原熔炼技术是依托中国恩菲在有色和工业固废处置领域成功实践的富氧侧吹浸没燃烧熔炼技术开发的一种处理含铁物料的新技术，该技术于 2019 年 1 月提出并立项开展试验研究。该技术是以多通道侧吹喷枪以亚音速向熔池内喷入富氧空气和燃料（天然气、发生炉煤气、煤粉）以激烈搅动熔体和直接燃烧向熔体补热为特征，如图 4-190 所示。

　　冶炼高磷铁矿时，常规高炉炼铁采用料柱熔炼，还原得到的单质 P_4 蒸气在上升过程中被海绵铁吸收，最后又进入生铁中，磷几乎 100% 进入生铁中。而铁

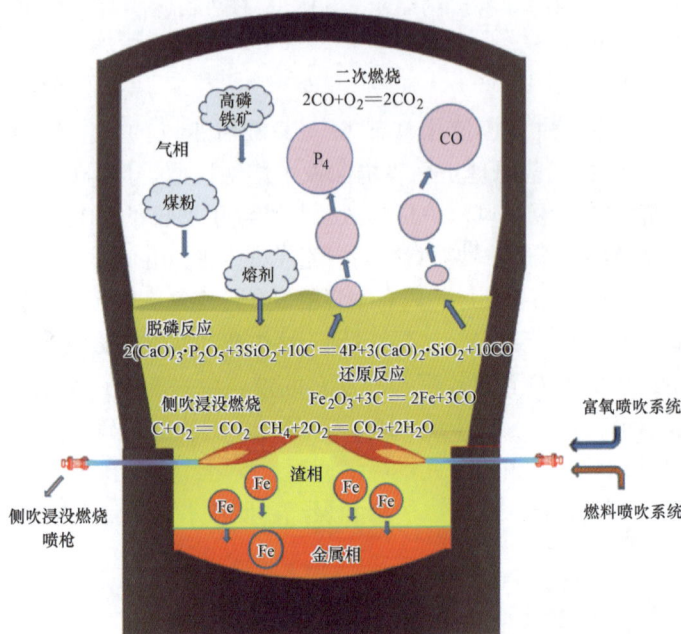

图 4-190   铁基多金属矿富氧侧吹射流熔炼过程示意图

矿石在富氧侧吹还原熔炼过程中，炉内为液态熔池状态，上部空间为气相，原料中的磷氧化物被碳还原成单质 P_4 挥发进入烟气，剩余磷进入渣中，铁合金中含磷较低。同时通过向渣层中喷吹氧化性气氛（天然气燃烧后产物为 CO_2 及 H_2O）对渣层进行扰动，加快 P_4 的逸出，工艺路线如图 4-191 所示。

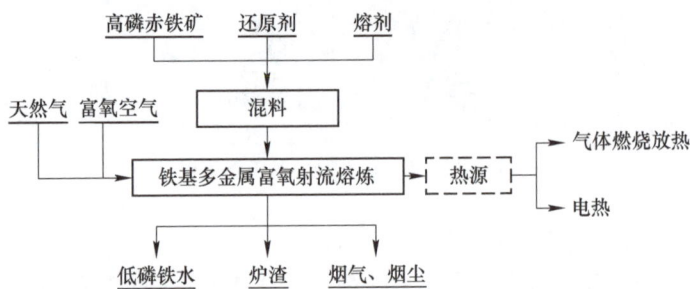

图 4-191   工艺路线示意图

针对我国优质铁资源逐渐匮乏的发展趋势、高磷铁矿储量巨大和现有冶炼工艺处理高磷铁矿的工艺局限性（电力配套设施要求、投资费用、生产能耗和环保等方面），本项目采用侧吹还原熔炼技术处理高磷鲕状赤铁矿冶炼低磷铁水，基于侧吹熔炼较强的熔池搅拌、氧势调节、温度控制等性能，有利于磷留在渣中或挥发进入烟气，实现含磷铁基矿物的高效、短流程处理产出低磷铁水，以缓解我国铁矿石供应紧张的局面，保证铁矿资源的战略供给，促进我国钢铁工业长期稳定发展。

4.9.2 高磷铁矿还原热力学分析

对高磷鲕状赤铁矿富氧还原熔炼过程进行热力学分析，探究熔池内气-液-固的物理化学反应过程，揭示反应机理；并对高磷铁矿还原平衡组成计算，探究配煤比、温度、碱度及渣系对高磷铁矿还原过程中磷的分布影响，为试验开展提供理论基础。

4.9.2.1 天然气燃烧反应

富氧侧吹还原熔炼过程中，矿石熔化及还原所需热量由天然气燃烧提供。天然气与氧气的比例将影响燃烧气体组成及燃烧贡献热。为确定合理的天然气与氧气比例范围，采用 FactSage 软件计算 CH_4 与 O_2 不同比例下燃烧产物气体组成及燃烧贡献热，温度为 1550 ℃时，结果如图 4-192 所示。由图 4-192 可知，当 $O_2/CH_4 = 0.738$ 时，燃烧贡献热为 0，通入该比值下的甲烷及氧气无法对熔池进行供热。当 $O_2/CH_4 > 0.738$ 时，甲烷燃烧开始放热，且燃烧贡献热随着 O_2/CH_4 的增加而增加。当 $O_2/CH_4 < 0.5$ 时，气氛中仅存在 H_2、CO 及 C。当 $0.5 < O_2/CH_4 < 2.0$ 时，气氛由 H_2、CO、H_2O 及 CO_2 组成，且随着 O_2/CH_4 的提高，H_2O 及 CO_2 分压增加，燃烧气氛的氧化性逐渐增强。当 $CH_4/O_2 = 2.0$ 时，CH_4 充分燃烧，气氛中仅存在 H_2O 及 CO_2。

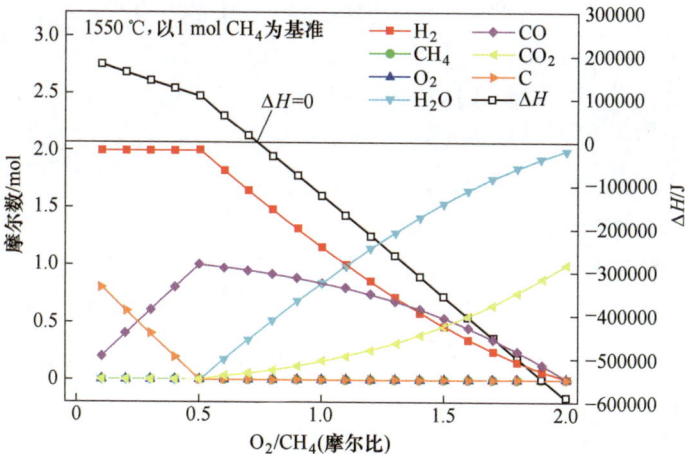

图 4-192　CH_4 与 O_2 不同比例下燃烧产物气体组成及燃烧贡献热

4.9.2.2 富氧侧吹还原熔炼反应

A　铁矿富氧侧吹还原熔炼过程

在富氧侧吹还原熔炼过程中，采用煤作为还原剂，通过喷吹天然气及氧气对铁氧化物熔融还原过程进行供热。还原熔炼过程中可能发生的反应包括甲烷燃烧反应、碳的消耗反应及铁氧化物的还原反应。需要说明的是，铁矿还原过程中 FeO 为限制性环节，因此在计算铁氧化物还原反应时，仅考虑 FeO 还原。

碳的消耗反应：

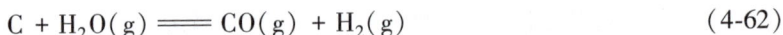

$$C + O_2(g) = CO_2(g) \tag{4-60}$$

$$C + CO_2(g) = 2CO(g) \tag{4-61}$$

$$C + H_2O(g) = CO(g) + H_2(g) \tag{4-62}$$

甲烷燃烧反应：

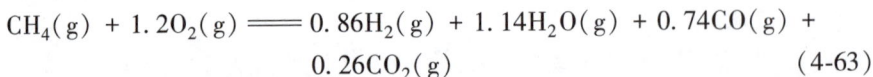

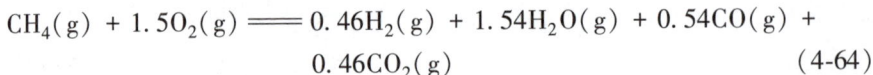

$$CH_4(g) + 1.2O_2(g) = 0.86H_2(g) + 1.14H_2O(g) + 0.74CO(g) + 0.26CO_2(g) \tag{4-63}$$

$$CH_4(g) + 1.5O_2(g) = 0.46H_2(g) + 1.54H_2O(g) + 0.54CO(g) + 0.46CO_2(g) \tag{4-64}$$

$$CH_4(g) + 2O_2(g) = CO_2(g) + 2H_2O(g) \tag{4-65}$$

铁氧化物还原反应：

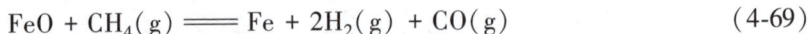

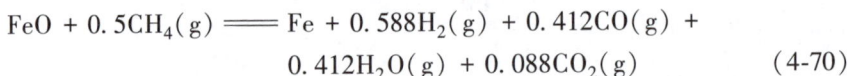

$$FeO + H_2(g) = Fe + H_2O(g) \tag{4-66}$$

$$FeO + CO(g) = Fe + CO_2(g) \tag{4-67}$$

$$FeO + C = Fe + CO(g) \tag{4-68}$$

$$FeO + CH_4(g) = Fe + 2H_2(g) + CO(g) \tag{4-69}$$

$$FeO + 0.5CH_4(g) = Fe + 0.588H_2(g) + 0.412CO(g) + 0.412H_2O(g) + 0.088CO_2(g) \tag{4-70}$$

利用 HSC 软件计算上述反应的吉布斯自由能，如图 4-193 所示。根据反应吉布斯自由能可知，在富氧侧吹还原熔炼过程中，反应体系中 CH_4 的燃烧反应优先进行，其次分别是 C 的燃烧反应，甲烷还原 FeO，C 与 CO_2 及 H_2O 反应，最后是 FeO 与 C、H_2 及 CO 反应。

B　高磷铁矿富氧侧吹还原熔炼过程

在富氧侧吹还原熔炼中，高磷铁矿中的氟磷灰石 $Ca_{10}(PO_4)_6F_2$ 也将与碳发生反应，可能的反应为：

$$Ca_{10}(PO_4)_6F_2 + 15C = CaF_2 + 15CO(g) + 3P_2(g) + 9CaO \tag{4-71}$$

$$Ca_{10}(PO_4)_6F_2 + 15C = CaF_2 + 15CO(g) + 1.5P_4(g) + 9CaO \tag{4-72}$$

$$Ca_{10}(PO_4)_6F_2 + 9C = CaF_2 + 9CO(g) + 6PO(g) + 9CaO \tag{4-73}$$

$$Ca_{10}(PO_4)_6F_2 + 3C = CaF_2 + 3CO(g) + 6PO_2(g) + 9CaO \tag{4-74}$$

利用 HSC 软件计算碳还原磷灰石反应吉布斯自由能，如图 4-194 所示。在 1400~1600 ℃ 温度范围内，氟磷灰石还原生成 $P_2(g)$ 和 $P_4(g)$，而生成含磷氧化物所需温度范围在 1800 ℃ 以上。考虑到现有铁矿冶炼温度，高磷铁矿在冶炼过程中，磷主要以单质磷形式挥发，而不能以氧化物形式挥发。

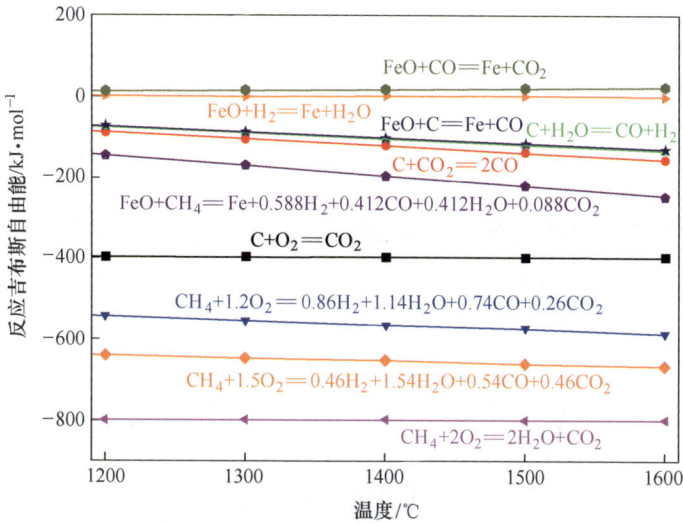

图 4-193 铁矿富氧侧吹还原熔炼中反应的吉布斯自由能

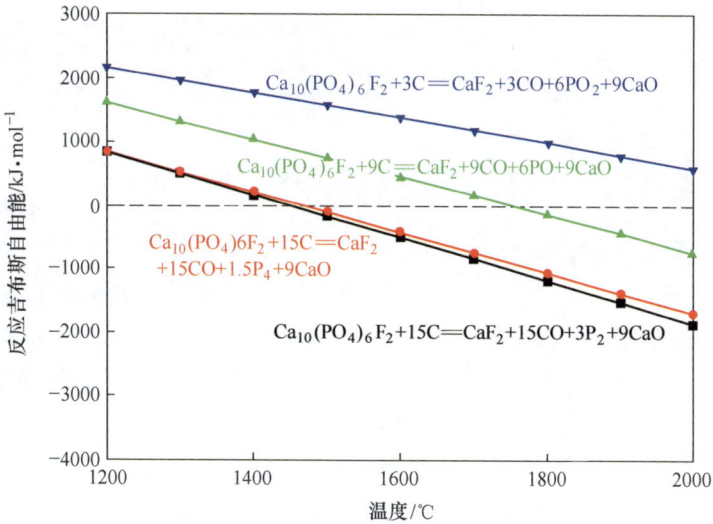

图 4-194 C 还原氟磷灰石反应的吉布斯自由能

Fe_2O_3 和 $Ca_{10}(PO_4)_6F_2$ 同时与碳反应时，可能的反应为：

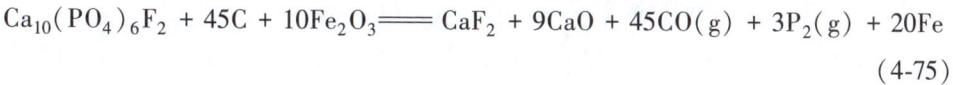

$$Ca_{10}(PO_4)_6F_2 + 45C + 10Fe_2O_3 \!=\!=\!= CaF_2 + 9CaO + 45CO(g) + 3P_2(g) + 20Fe$$

$$(4-75)$$

$$Ca_{10}(PO_4)_6F_2 + 45C + 10Fe_2O_3 = CaF_2 + 9CaO + 45CO(g) + 2P_2(g) +$$
$$2Fe_3P + 14Fe \tag{4-76}$$

$$Ca_{10}(PO_4)_6F_2 + 45C + 10Fe_2O_3 = CaF_2 + 9CaO + 45CO(g) + 6Fe_3P + 2Fe \tag{4-77}$$

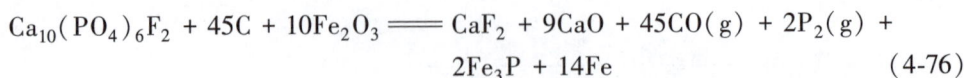

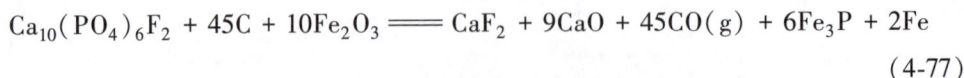

利用 HSC 软件计算碳同时还原氟磷灰石与赤铁矿反应的吉布斯自由能，如图 4-195 所示。由图 4-195 可知，还原生成的铁对磷有很强的吸收能力并反应生成 Fe_3P，导致铁磷分离困难。若在还原过程中吹入气体，加快磷蒸气的挥发，有望抑制磷元素进入铁相。

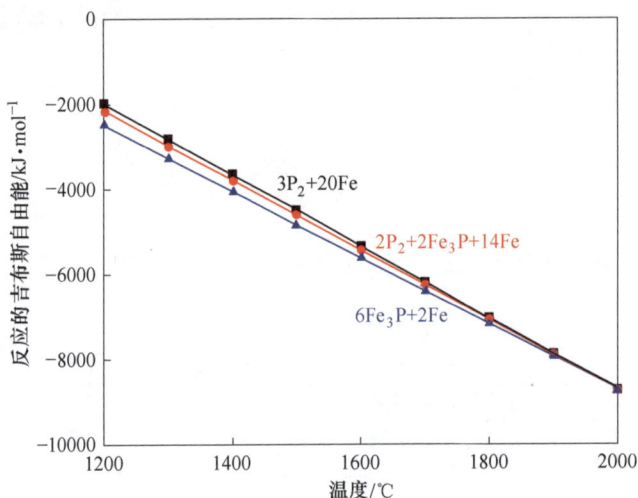

图 4-195 C 同时还原氟磷灰石与赤铁矿反应的吉布斯自由能

此外，天然气燃烧供热过程中，产生的 H_2O 及 CO_2 氧化性气体与 Fe_3P、Fe_3C 发生反应，各反应吉布斯自由能与温度的关系如图 4-196 所示。由图 4-196 可知，无 CaO 时，H_2O 及 CO_2 不与 Fe_3P 发生反应。而在 CaO 的存在条件下，H_2O 及 CO_2 将与 Fe_3P 反应，使磷以 $Ca_3(PO_4)_2$ 形式进入渣中，促使铁水进一步脱磷。但铁水的脱碳反应优先于脱磷反应进行。

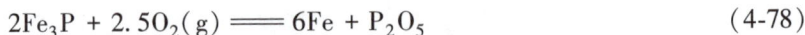

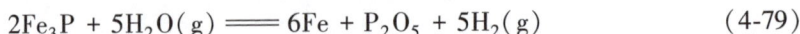

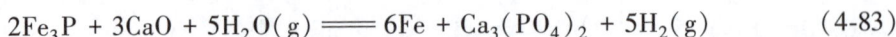

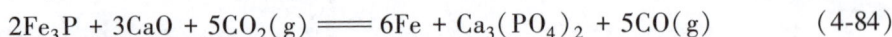

$$2Fe_3P + 2.5O_2(g) = 6Fe + P_2O_5 \tag{4-78}$$

$$2Fe_3P + 5H_2O(g) = 6Fe + P_2O_5 + 5H_2(g) \tag{4-79}$$

$$2Fe_3P + 5CO_2(g) = 6Fe + P_2O_5 + 5CO(g) \tag{4-80}$$

$$5Fe_3C + 5H_2O(g) = 15Fe + 5CO(g) + 5H_2(g) \tag{4-81}$$

$$5Fe_3C + 5CO_2(g) = 15Fe + 10CO(g) \tag{4-82}$$

$$2Fe_3P + 3CaO + 5H_2O(g) = 6Fe + Ca_3(PO_4)_2 + 5H_2(g) \tag{4-83}$$

$$2Fe_3P + 3CaO + 5CO_2(g) = 6Fe + Ca_3(PO_4)_2 + 5CO(g) \tag{4-84}$$

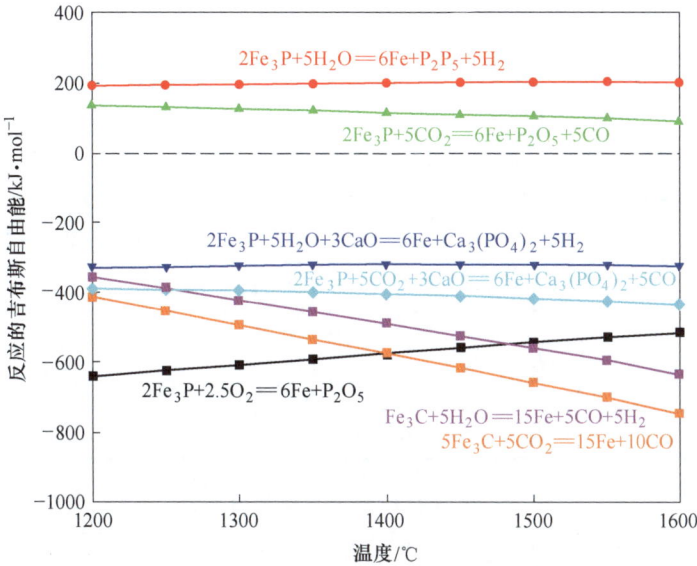

图 4-196 脱磷反应的吉布斯自由能

由以上分析可知，侧吹熔炼具有较强的熔池搅拌能力、灵活的氧势调节和温度控制优势，有利于磷挥发进入烟气和渣相，进而实现含磷铁基矿物的高效、短流程处理，产出低磷铁水。

4.9.2.3 还原平衡组成

对封闭条件下高磷铁矿还原平衡组成进行计算，探究配煤比、温度、碱度及渣系对高磷铁矿还原过程中磷的分布影响，以确定合理的试验条件。探究配煤比及温度的影响时，利用 FactSage 平衡模块计算不同条件下高磷赤铁矿还原平衡时的气-渣-金三相组成。探究碱度及渣系的影响时，首先采用 Viscosity 模块计算不同条件下还原终点炉渣熔点的变化规律；然后利用平衡模块计算不同条件下 P 在气-渣-金三相中的分布规律。计算过程中，氧化物和气体分别选用 FToxid 和 FactPS 数据库。假设反应发生在封闭系统中，压力为 1 atm（1 atm=101.325 kPa）。

A 配煤比的影响

根据高磷赤铁矿成分组成，初始计算时 FactSage 输入成分见表 4-122。

表 4-122 还原模拟计算初始组成 （g）

组成	Fe_2O_3	FeO	P_2O_5	CaO	SiO_2	MgO	Al_2O_3	添加 C
质量	65.34	1.26	1.90	5.12	11.02	0.86	5.77	x

注：x 根据配煤比确定。

温度为 1550 ℃时，配煤比对平衡后各相质量、气相组成、金属相组成及渣相组成的影响见表 4-123～表 4-126。

表 4-123　平衡后各相质量 （1550 ℃）

C/O	C 质量/g	气相质量/g	炉渣质量/g	金属质量/g
0.60	9.429	23.47	51.73	25.50
0.70	11.000	27.20	42.77	32.31
0.80	12.571	30.70	34.88	38.26
0.90	14.143	33.83	28.45	43.13
1.00	15.714	36.44	23.42	47.12
1.10	17.286	38.61	20.79	49.16
1.20	18.857	40.87	18.35	50.91

表 4-124　气相组分含量　　　　　（体积分数/%）

C/O	C 质量/g	气相质量/g	CO	CO_2	P	Σ
0.60	9.429	23.47	88.15	11.85	0.00	100.00
0.70	11.000	27.20	89.41	10.59	0.00	100.00
0.80	12.571	30.70	91.66	8.34	0.00	100.00
0.90	14.143	33.83	95.34	4.66	0.00	100.00
1.00	15.714	36.44	99.49	0.51	0.00	100.00
1.10	17.286	38.61	99.95	0.05	0.00	100.00
1.20	18.857	40.87	99.98	0.02	0.00	100.00

表 4-125　金属相成分　　　　　（质量分数/%）

C/O	C 质量/g	金属质量/g	金属相成分					
			Fe	C	O	P	Si	Σ
0.60	9.429	25.50	98.69	0.01	0.11	1.19	0.00	100.00
0.70	11.000	32.31	98.45	0.01	0.09	1.45	0.00	100.00
0.80	12.571	38.26	98.17	0.02	1550.07	1.74	0.00	100.00
0.90	14.143	43.13	98.04	0.03	0.03	1.89	0.00	100.00
1.00	15.714	47.12	97.90	0.28	0.00	1.76	0.06	100.00
1.10	17.286	49.16	94.89	1.50	0.00	1.69	1.92	100.00
1.20	18.857	50.91	91.69	2.62	0.00	1.63	4.06	100.00

表 4-126 炉渣成分 （质量分数/%）

C/O	C 质量 /g	炉渣 质量/g	炉渣成分							
			Al_2O_3	SiO_2	CaO	FeO	Fe_2O_3	MgO	P_2O_5	Σ
0.60	9.429	51.73	11.15	21.30	9.90	52.16	1.49	1.66	2.33	100.00
0.70	11.000	42.77	13.49	25.77	11.97	43.99	0.83	2.01	1.94	100.00
0.80	12.571	34.88	16.54	31.60	14.68	33.32	0.34	2.47	1.06	100.00
0.90	14.143	28.45	20.28	38.73	17.99	19.80	0.08	3.02	0.10	100.00
1.00	15.714	23.42	24.64	46.81	21.86	3.02	0.00	3.67	0.00	100.00
1.10	17.286	20.79	27.74	43.28	24.62	0.22	0.00	4.14	0.00	100.00
1.20	18.857	18.35	31.41	35.97	27.90	0.04	0.00	4.69	0.00	100.00

对计算结果进行分析：

（1）铁的行为：随着配煤比的增加，铁氧化物逐渐还原成金属铁，金属相质量增加，当配煤比为 1.0 时，铁氧化物基本还原完全。此外，增加配煤比导致金属相中的杂质含量增加。当配煤比从 1.0 增加到 1.2 的过程中，碳及硅进入到生铁中，导致铁的质量分数从 97.9% 降低到 91.69%，同时生铁中的磷含量降低。因此试验过程中为提高金属铁的纯度，须合理控制配煤比。

（2）磷的行为：高磷铁矿被碳还原过程中，磷仅分布于生铁及熔渣中。这是由于还原过程中，磷氧化物被碳还原成磷单质，在金属铁存在的条件下，磷进入金属铁中。当 C/O = 1.0、渣中 FeO 含量为 3.02% 时，磷全部进入金属铁中。当配煤比从 1.0 增加到 1.2，碳及硅进入到生铁中，导致生铁中的磷含量降低。

（3）渣系组成：C/O<0.9 时，渣中（FeO）含量大于 20%，此时渣系中少量的 Fe_2O_3、MgO、P_2O_5 可以忽略，渣系组成为 CaO-SiO_2-Al_2O_3-FeO；C/O 大于 1.0 时，铁氧化物被充分还原，炉渣主要成分为 CaO-SiO_2-Al_2O_3，并存在少量 MgO。

（4）碳的行为：根据金属相成分可知，磷优先于碳渗入生铁中。当 C/O 达到 1.0 时，生铁开始渗碳，此时生铁中 ［C］ 含量为 0.28%，［P］ 含量为 1.76%。

B 温度的影响

根据高磷赤铁矿成分组成，计算时输入 FactSage 的初始成分，见表 4-127。不同温度对平衡后各相质量、气相组成、金属相组成及渣相组成的影响见表 4-128~表 4-131 所示。

表 4-127 还原模拟计算初始组成

组成	Fe_2O_3	FeO	P_2O_5	CaO	SiO_2	MgO	Al_2O_3	添加 C
质量/g	65.34	1.26	1.90	5.12	11.02	0.86	5.77	x

表 4-128 温度对平衡后各相质量的影响

温度/℃	C/O	气相质量/g	炉渣质量/g	金属质量/g	铁质量/g
1450	0.70	27.25	41.18	1.55	32.29
1500	0.70	27.26	42.30	32.71	0.00
1550	0.70	27.20	42.77	32.31	0.00
1610	0.70	27.12	43.29	31.86	0.00
1450	1.00	36.36	23.54	47.09	0.00
1500	1.00	36.40	23.48	47.11	0.00
1550	1.00	36.44	23.42	47.12	0.00
1610	1.00	36.50	23.36	47.13	0.00

表 4-129 气相组分含量   （体积分数/%）

温度/℃	C/O	气相质量/g	CO	CO_2	P	Σ
1450	0.70	27.25	89.08	10.92	0.00	100.00
1500	0.70	27.26	88.95	11.05	0.00	100.00
1550	0.70	27.20	89.41	10.59	0.00	100.00
1610	0.70	27.12	89.93	10.07	0.00	100.00
1450	1.00	36.36	99.38	0.62	0.00	100.00
1500	1.00	36.40	99.44	0.56	0.00	100.00
1550	1.00	36.44	99.49	0.51	0.00	100.00
1610	1.00	36.50	99.51	0.49	0.00	100.00

表 4-130 金属相成分   （质量分数/%）

温度/℃	C/O	金属质量/g	金属相成分					
			Fe	C	O	P	Si	Σ
1450	0.70	1.55	97.86	0.02	0.05	2.07	0.00	100.00
1500	0.70	32.71	98.67	0.02	0.07	1.25	0.00	100.00
1550	0.70	32.31	98.45	0.01	0.09	1.45	0.00	100.00
1610	0.70	31.86	98.20	0.01	0.11	1.68	0.00	100.00
1450	1.00	47.09	97.83	0.38	0.03	1.76	0.00	100.00
1500	1.00	47.11	97.88	0.33	0.00	1.76	0.03	100.00
1550	1.00	47.12	97.90	0.28	0.00	1.76	0.06	100.00
1610	1.00	47.13	97.90	0.22	0.00	1.76	0.11	100.0

表 4-131 炉渣成分 （质量分数/%）

温度/℃	C/O	炉渣质量/g	炉渣成分							
			Al_2O_3	SiO_2	CaO	FeO	Fe_2O_3	MgO	P_2O_5	Σ
1450	0.70	41.18	14.01	26.76	12.43	39.78	0.49	2.09	4.43	100.00
1500	0.70	42.30	13.64	26.05	12.11	43.13	0.76	2.03	2.28	100.00
1550	0.70	42.77	13.49	25.77	11.97	43.99	0.83	2.01	1.94	100.00
1610	0.70	43.29	13.33	25.46	11.83	44.94	0.91	1.99	1.56	100.00
1450	1.00	23.54	24.51	46.76	21.75	3.33	0.00	3.65	0.00	100.00
1500	1.00	23.48	24.58	46.82	21.81	3.13	0.00	3.66	0.00	100.00
1550	1.00	23.42	24.64	46.81	21.86	3.02	0.00	3.67	0.00	100.00
1610	1.00	23.36	24.70	46.69	21.92	3.00	0.00	3.68	0.00	100.00

对计算结果进行分析：

（1）在配煤比小于 1.0 （C/O=0.7）的条件下。

1）磷的行为：磷以生铁中 [P] 和渣中（P_2O_5）形式存在。随着温度的升高，渣中磷的含量逐渐降低，这是由于高温促进了磷灰石的还原，进而提高进入生铁中的磷含量。相对应的，渣中（P_2O_5）随着温度的升高而降低。

2）铁的行为：当温度高于 1500 ℃时，铁以生铁和渣中（FeO）形式存在。

（2）在配煤比等于 1.0 的条件下。

1）磷的行为：矿石中的磷灰石充分还原，磷仅以 [P] 形式存在生铁中；此时升高温度对渣中（P_2O_5）和生铁中 [P] 的含量没有影响。

2）铁的行为：在配煤量充足的条件下，金属铁可以发生渗碳过程，因此在 1450 ℃时无单质铁的生成，铁以生铁和渣中（FeO）形式存在。

C 碱度的影响

a CaO-SiO_2-Al_2O_3 渣系

当高磷赤铁矿中铁氧化物及磷氧化物完全被还原时，渣中仅含有 CaO、SiO_2、Al_2O_3 及少量 MgO，此时渣系为 CaO-SiO_2-Al_2O_3。

首先计算 CaO-SiO_2-Al_2O_3 渣系下碱度对炉渣熔点的影响。通过添加 CaO 改变碱度，输入的炉渣组成见表 4-132。渣中成分及熔点随碱度的变化见表 4-133。在不添加 CaO 时，炉渣碱度为 0.47，熔点为 1468.05 ℃。调整炉渣碱度为 1.0 时，炉渣熔点最低，为 1341.84 ℃。随着碱度的增加炉渣的完全熔化温度逐渐升高。根据不同碱度下的炉渣熔点可知，试验合适的碱度范围为 1.0~1.5。

表 4-132　CaO-SiO$_2$-Al$_2$O$_3$ 渣系下渣相成分

组成	CaO	SiO$_2$	MgO	Al$_2$O$_3$	FeO	P$_2$O$_5$	添加 CaO
质量/g	5.12	11.02	0.86	5.77	0	0	x

表 4-133　碱度对炉渣熔点的影响

碱度	炉渣成分（质量分数）/%				完全熔化温度/℃
	Al$_2$O$_3$	SiO$_2$	CaO	MgO	
0.47	25.34	48.39	22.50	3.78	1468.05
1.0	20.13	38.44	38.44	3.00	1341.84
1.3	18.04	34.46	44.80	2.69	1447.70
1.5	16.88	32.24	48.36	2.52	1569.91
1.7	15.86	30.29	51.49	2.36	1736.76
2.0	14.54	27.77	55.53	2.17	1841.01
2.5	12.77	24.38	60.95	1.90	1858.07
3.0	11.38	21.73	65.19	1.70	1920.52

　　其次，采用平衡模块计算在 CaO-SiO$_2$-Al$_2$O$_3$ 渣系下，碱度对 P 在铁-渣-气三相中分布规律的影响。通过添加不同量的 CaO 改变碱度，输入的物质成分见表 4-134。当高磷铁矿在温度为 1550 ℃、配煤比为 1.0 的条件下进行还原时，碱度对磷的分配比的影响见表 4-135。由表 4-135 可知，在 CaO-SiO$_2$-Al$_2$O$_3$ 渣系下，虽然增加碱度可提高磷在渣相中分布，但影响微弱。

表 4-134　还原模拟计算初始组成

组成	Fe$_2$O$_3$	FeO	P$_2$O$_5$	CaO	SiO$_2$	MgO	Al$_2$O$_3$	C	添加 CaO
质量/g	65.34	1.26	1.90	5.12	11.02	0.86	5.77	15.71	x

注：x 根据碱度确定。

表 4-135　碱度对 P 在铁-渣-气三相中分布规律的影响

温度	碱度	C/O	炉渣相成分(质量分数)/%						磷的分布/%		
			Al$_2$O$_3$	SiO$_2$	CaO	FeO	MgO	P$_2$O$_5$	气相	金属相	渣相
1550	0.47	1.0	24.64	46.81	21.86	3.02	3.67	0.00	0.00	100.00	0.00
1550	1.00	1.0	19.80	37.78	37.81	1.66	2.95	0.00	0.00	99.95	0.05
1550	1.30	1.0	17.80	33.99	44.22	1.25	2.65	0.07	0.00	98.74	1.26
1550	1.50	1.0	16.67	31.82	47.74	1.03	2.48	0.25	0.00	95.41	4.59

　　b　CaO-SiO$_2$-Al$_2$O$_3$-FeO 渣系

　　渣中（FeO）可氧化进入生铁中的 [P]，使其以氧化物形式进入渣中，有利于脱磷过程的进行。因此可通过控制还原剂含量，使部分 FeO 未还原而留在渣中，进而提高 P 在渣铁中的分配比，此时渣系组成为 $CaO-SiO_2-Al_2O_3-FeO$。考虑到渣中（FeO）含量过高易腐蚀炉衬，因此将渣中（FeO）控制在 10% 以内。

首先计算不同（FeO）含量时碱度对 $CaO-SiO_2-Al_2O_3-FeO$ 渣系熔点的影响，输入的炉渣组成见表 4-136。渣中成分及熔点随碱度的变化见表 4-137。由表 4-137 可知，渣中的（FeO）显著降低了炉渣熔点。碱度为 1.5 时，FeO 含量对熔点的温度的影响较碱度为 1.0 时更为明显。

表 4-136　$CaO-SiO_2-Al_2O_3-FeO$ 渣系下渣相成分

组成	CaO	SiO$_2$	MgO	Al$_2$O$_3$	FeO	P$_2$O$_5$	添加 CaO
质量/g	5.12	11.02	0.86	5.77	x	0	y

表 4-137　碱度对炉渣熔点的影响

碱度	炉渣成分（质量分数）/%					熔化温度/℃
	Al$_2$O$_3$	SiO$_2$	CaO	MgO	FeO	
1	19.62	37.48	37.48	2.92	2.50	1339.57
1	19.12	36.52	36.52	2.85	5.00	1335.04
1	18.62	35.56	35.56	2.77	7.50	1328.57
1	18.11	34.59	34.59	2.70	10.00	1320.51
1.5	16.46	31.43	47.15	2.45	2.50	1508.21
1.5	16.04	30.63	45.94	2.39	5.00	1444.86
1.5	15.62	29.82	44.74	2.33	7.50	1419.80
1.5	15.19	29.02	43.52	2.26	10.00	1401.12

其次，采用平衡模块计算在 $CaO-SiO_2-Al_2O_3-FeO$ 渣系下，碱度对磷在铁-渣-气三相中分布规律的影响。分别通过添加不同量的 C 和 CaO 改变渣中 FeO 含量及碱度，输入的物质成分见表 4-138。当高磷铁矿在温度为 1550 ℃ 的条件下进行还原时，碱度对磷的分配比的影响见表 3-139。由表 3-139 可知，适当提高渣的碱度及渣中（FeO）含量可降低铁中磷含量。

表 4-138　还原模拟计算初始组成

组成	Fe$_2$O$_3$	FeO	P$_2$O$_5$	CaO	SiO$_2$	MgO	Al$_2$O$_3$	C	添加 CaO
质量/g	65.34	1.26	1.90	5.12	11.02	0.86	5.77	x	y

注：x、y 分别根据配碳比及碱度确定。

表 4-139　碱度对 P 在铁-渣-气三相中分布规律的影响

温度/℃	碱度	C/O	炉渣相成分（质量分数）/%						磷的分布/%		
			Al$_2$O$_3$	SiO$_2$	CaO	FeO	MgO	P$_2$O$_5$	气相	金属相	渣相
1550	1.00	0.93	17.88	34.16	34.16	9.52	2.67	1.54	0.01	73.88	26.11
1550	1.00	0.95	18.54	35.41	35.42	6.94	2.76	0.88	0.01	85.59	14.40
1550	1.00	0.98	19.21	36.67	36.68	4.32	2.86	0.24	0.01	96.23	3.76
1550	1.00	1.00	19.80	37.78	37.81	1.66	2.95	0.00	0.00	99.95	0.05
1550	1.50	0.93	15.43	29.46	44.19	5.32	2.30	3.22	0.00	36.66	63.34
1550	1.50	0.95	15.86	30.30	45.44	3.57	2.36	2.42	0.00	53.75	46.25
1550	1.50	0.98	16.28	31.10	46.65	2.16	2.43	1.36	0.00	74.70	25.30
1550	1.50	1.00	16.67	31.82	47.74	1.03	2.48	0.25	0.00	95.41	4.59

4.9.3　高磷鲕状赤铁矿熔融还原试验

4.9.3.1　试验原料

本试验所用的原料为高磷鲕状赤铁矿，其主要化学元素分析结果见表 4-140，其中 Fe$_2$O$_3$ 含量 65.34%、P$_2$O$_5$ 含量 1.9%。对原矿样品进行了磷、铁的化学物相分析，其结果见表 4-141 和表 4-142。矿石中，磷的化学物相主要是磷灰石，占磷物相总量的 91.36%；铁的化学物相主要是赤褐铁矿，占铁物相总量的 97.59%。

表 4-140　高磷赤铁矿（干基）化学成分

组分	Fe$_2$O$_3$	FeO	P$_2$O$_5$	CaO	SiO$_2$	MgO	Al$_2$O$_3$	其他
质量分数/%	65.34	1.26	1.90	5.12	11.02	0.86	5.77	8

表 4-141　矿石中磷的化学物相分析

相态	磷灰石	含磷褐铁矿	残渣中磷	总磷
磷含量（质量分数）/%	0.74	0.03	0.04	0.81
磷占有率/%	91.36	3.70	4.94	100.00

表 4-142　矿石中铁的化学物相分析

相态	碳酸铁	硫化铁	磁铁矿	赤褐铁矿	硅酸铁	总铁
铁含量（质量分数）/%	0.11	0.02	—	44.99	0.98	46.10
铁占有率/%	0.24	0.04	—	97.59	2.13	100.00

对原矿进行 X 射线衍射分析（XRD），其结果如图 4-197 所示。原矿中 Fe 以赤铁矿形式存在，P 以磷灰石形式存在，Ca 以方解石形式存在，Al、Si 以绿泥石、叶蜡石形式存在，部分 Si 以石英形式存在。

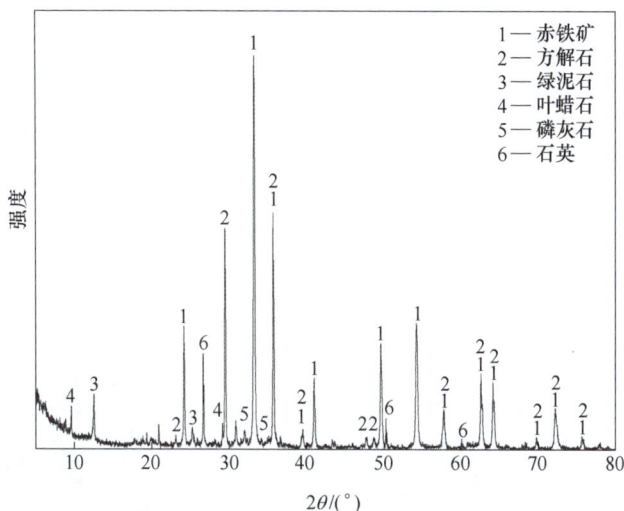

图 4-197 高磷铁矿 XRD 分析

采用扫描电镜对高磷鲕状赤铁矿微观组织结构及元素分布进行分析，如图 4-198 所示，鲕粒中赤铁矿主要分布在与脉石矿物形成的同心环状包裹构造的壳层中，铁磷难以进行物理分离。

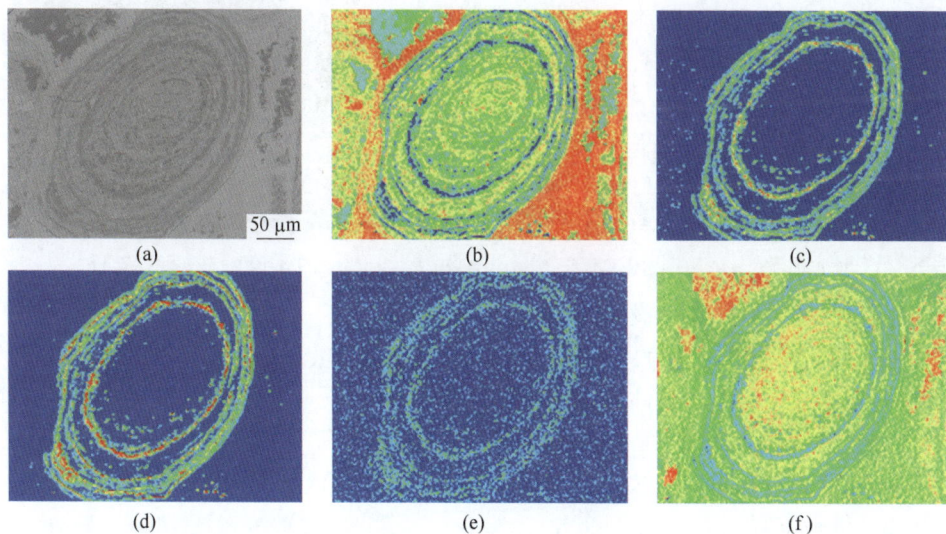

图 4-198 高磷铁矿微观形貌及元素分布
（a）微观形貌；（b）Fe；（c）P；（d）Ca；（e）F；（f）O

试验过程中利用无烟煤作为还原剂，成分见表 4-143，其中固定碳含量为 79.32%。

表 4-143　无烟煤化学成分　　　　　（质量分数/%）

成分	H$_2$O	固定碳	挥发分	普通灰分			
含量/%	1.39	79.32	8.87	11.81			
灰分中成分	CaO	SiO$_2$	MgO	Al$_2$O$_3$	Fe	P	其他
含量/%	7.16	42.35	1.59	35.35	3.30	0.62	9.63

4.9.3.2　高磷鲕状赤铁矿熔融还原小型试验

A　试验方案

a　试验步骤

采用马弗炉开展高磷赤铁矿熔融还原小型探索试验，研究无气体扰动条件下的高磷赤铁矿煤基熔融还原过程，明确磷、铁等组元分布规律，揭示反应机理。试验设备如图 4-199 所示。

试验具体步骤如下：

（1）将高磷赤铁矿、无烟煤破碎至 0.15 mm 以下备用，通过添加 CaO 分析纯化学试剂对炉渣碱度进行调节；

（2）按照预定比例配料，将三种物料称重、混匀，装入锆刚玉坩埚中，并将锆刚玉坩埚放入石墨托盘中；

（3）将盛有物料的石墨坩埚置于马弗炉中，用坩埚盖盖住锆刚玉坩埚口部 4/5；

（4）马弗炉从室温开始加热，升温过程中 1300 ℃以下升温速度为 10 ℃/min，1300 ℃以上升温速度为 5 ℃/min；设置升温曲线：室温

图 4-199　试验用马弗炉

100 min 升至 1000 ℃，1000 ℃保温 30 min，30 min 升至 1300 ℃后改 5 ℃/min 升至保温温度，保温温度条件下设定保温时间；

（5）达到设定保温时间后随炉降温，室温取出；

（6）将试样破碎，分离生铁与炉渣，将生铁和炉渣分别制样并分析检测。

b　试验方案

试验过程分别考察配煤比、保温温度、碱度（CaO/SiO$_2$）及保温时间对还原过程的影响。假设还原过程中全部的 Fe$_2$O$_3$ 及 P$_2$O$_5$ 被还原时所用煤粉量作为配碳量标准（C/O=1.0）进行试验设计和考察研究。

c　考核指标

通过生铁形貌，渣铁中铁、磷质量分数、金属收得率、脱磷率、磷在渣铁中

分配比等结果进行分析。需要说明的是，渣和铁中的磷含量及渣中铁含量通过化学分析获得，生铁中的铁含量通过 XRF 分析获得。

$$金属收得率 = \frac{生铁中铁的质量}{矿石中铁的质量} \tag{4-85}$$

$$脱磷率 = \frac{矿石中磷的质量 - 生铁中磷的质量}{矿石中磷的质量} \tag{4-86}$$

B 温度及配煤比的影响

还原温度及配煤比是还原工艺中至关重要的工艺参数，在实验室条件下，设定还原时间为 60 min，碱度为 1.07，考察还原温度为 1450~1550 ℃ 及配煤比在 0.64~1.4 范围内对还原指标变化的影响。

a 温度及配煤比对渣铁分离行为的影响

温度及配煤比对生铁质量的影响如图 4-200 所示。由图 4-200 可知，随着配煤比的增加，生铁的质量先增加后降低。当温度低于 1500 ℃ 时，配煤比高于 0.93 时，生铁的质量随着配煤比的增加而降低，当温度为 1550 ℃ 时，配煤比高于 1.2 时，进一步增加配煤比将导致生铁的质量降低。

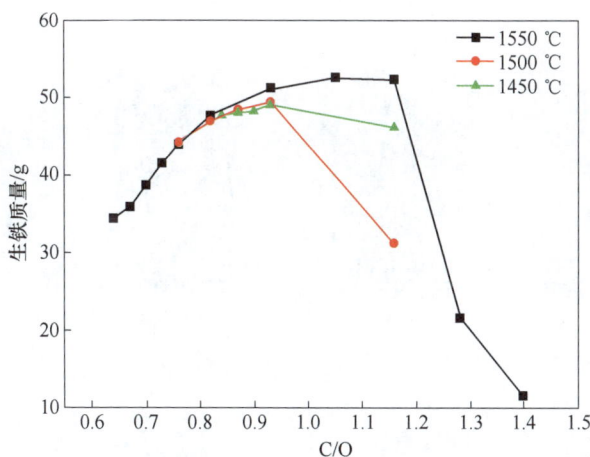

图 4-200 温度及配煤比对生铁质量的影响

温度及配煤比对生铁形貌的影响如图 4-201 所示。由图 4-201 可知，当配煤比小于 1.0 时，随着配煤比的增加，生铁熔化效果显著改善。这是由于煤粉中的碳不仅起到还原氧化物的作用，同时部分碳将渗入到金属铁中，降低金属铁的熔点，改善金属铁的熔化行为。当温度升高到 1500 ℃ 及 1550 ℃ 时，金属铁充分熔化，但在 1500 ℃ 温度下还原生成的金属铁表面凹凸不平，并有少量渣相附着，而温度升高到 1550 ℃ 时，金属铁表面光滑，且无渣相附着。因此升高温度可有效促进渣铁分离。当配煤比高于 1.0 时，过度增加配煤比将恶化渣铁分离效果，降低生铁质量。这是由于过高的配煤比阻碍了金属铁相的凝聚，部分还原出的金属铁小颗粒留在渣中。

配煤比0.84　　　配煤比0.87　　　配煤比0.90　　　配煤比0.93

(a)

配煤比0.76　　　配煤比0.82　　　配煤比0.87　　　配煤比0.93

(b)

配煤比0.64　　　配煤比0.67　　　配煤比0.70　　　配煤比0.73

(c)

配煤比1.05　　　配煤比1.16　　　配煤比1.28　　　配煤比1.40

(d)

图 4-201　温度及配煤比对渣铁分离后生铁形貌的影响

(a) 温度 1450 ℃，时间 60 min，碱度 1.07；(b) 温度 1500 ℃，时间 60 min，碱度 1.07；
(c) (d) 温度 1550 ℃，时间 60 min，碱度 1.07

对不同配煤比条件下的渣相进行 XRD 分析，结果如图 4-202 所示。配煤比为 0.70 时，渣中主要物相为钙铝黄长石（$2CaO \cdot Al_2O_3 \cdot SiO_2$）及铁铝尖晶石（$FeO \cdot Al_2O_3$）；配煤比增加到 0.93 时，铁铝尖晶石被还原，渣中以钙铝黄长石为主；配煤比为 1.16 时，渣中仍以钙铝黄长石为主，并存在少量氧化铝（Al_2O_3）；配煤比为 1.40 时，渣中主要物相为钙铝黄长石，同时存在赤铁矿、碳及少量金属铁。结合图 4-201 可知，过度增加配煤比，将造成铁相难以聚集。其原因为煤粉中的杂质随着煤粉的增加而增多，造成炉渣黏度增大，阻碍铁相凝聚，导致部分铁留在渣中。

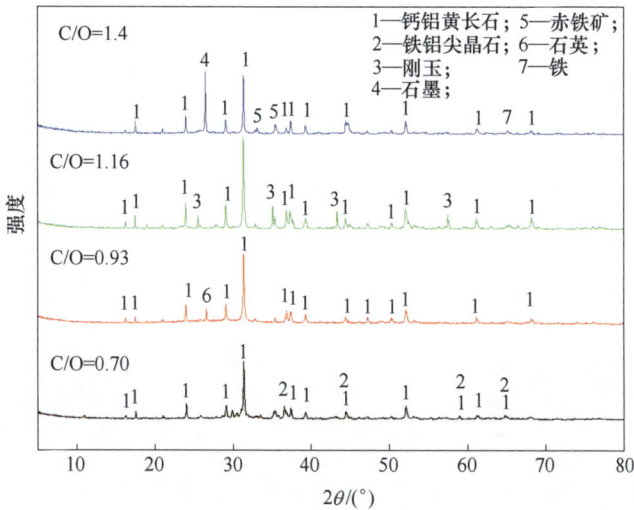

图 4-202　不同配煤比条件下渣相 XRD 分析结果

b　温度及配煤比对渣铁成分的影响

温度及配煤比对生铁及尾渣中铁、磷含量的影响如图 4-203 所示。由图 4-203 可知，随着配煤比的增加，生铁中铁含量逐渐降低、磷含量逐渐增加。温度的升高导致生铁中磷含量增加。这是由于随着温度及配煤比的提高，矿石中的磷氧化物反应加剧，生成的磷进入金属铁中。

渣中 Fe 含量与渣中 P 含量具有相同的变化趋势。当配煤比<1.0 时，随着配煤比的增加，渣中铁及磷的含量降低。而当配煤比为 1.18 时，渣中 Fe、P 含量增加，这是由于煤粉过多导致渣铁分离效果恶化，渣中存在少量未分离的金属铁。

c　温度及配煤比对金属回收率、脱磷率影响

温度及配煤比对金属回收率的影响如图 4-204 所示。由图 4-204 可知，当配煤比小于 0.95 时，随着配煤比的增加，金属回收率逐渐提高。在 1550 ℃温度

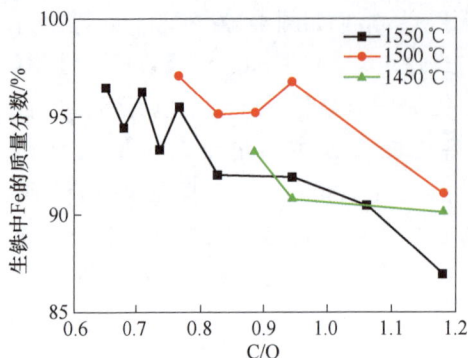

(a)

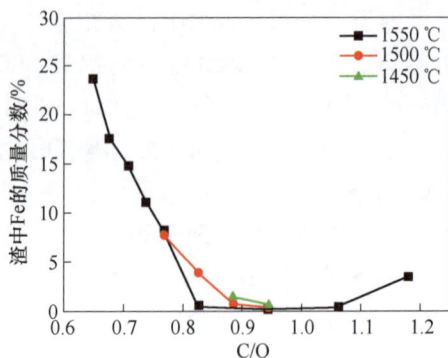

(b)

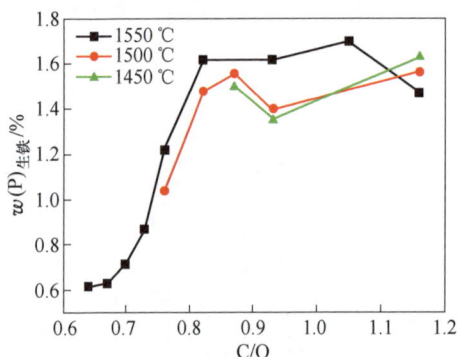

(c)

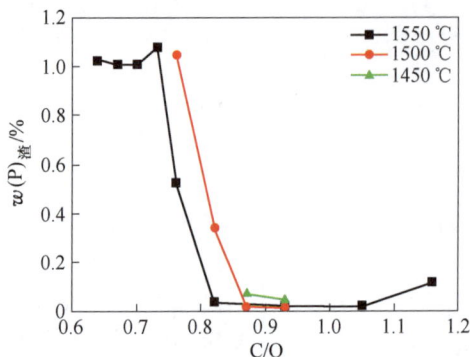

(d)

图 4-203 温度及配煤比对渣铁中铁、磷含量的影响

（a）生铁中铁；（b）渣中铁；（c）生铁中磷；（d）渣中磷

下，配煤比大于 1.06 时，随着配煤比的增加，金属回收率逐渐降低。

图 4-205 为温度及配煤比对脱磷率的影响。由图 4-205 可知，温度及配煤比

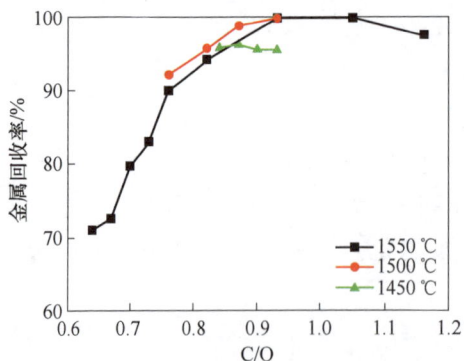

图 4-204 温度及配煤比对金属回收率的影响

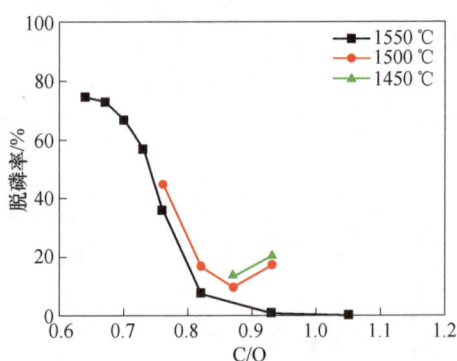

图 4-205 温度及配煤比对脱磷率的影响

的提高，将导致矿石中磷氧化物反应加剧，生成的磷进入金属铁中，降低脱磷率。

C 碱度及时间的影响

在实验室条件下，设定还原温度为 1550 ℃，配煤比为 0.76，考察碱度为 0.47~1.41 及还原时间为 30~60 min 范围内对还原指标变化的影响。

a 碱度及时间对渣铁分离行为的影响

碱度及时间对生铁质量的影响如图 4-206 所示。由图 4-206 可知，高磷铁矿在还原 30 min、45 min 及 60 min时，对生铁质量的影响微弱，这意味着高磷铁矿在 30 min 内完成还原过程。由热力学分析可知，增加熔渣碱度将提高熔渣的熔点，但碱度小于 1.5 时，熔渣的熔点均小于 1500 ℃。而该组试验在 1550 ℃ 温度下进行，熔渣碱度小于 1.5，因此熔渣均能熔化，渣铁分离效果良好，所以碱度对生铁质量的影响较为微弱。

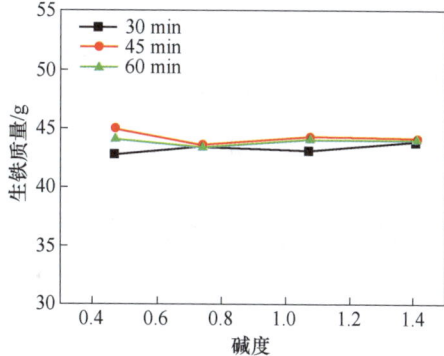

图 4-206 碱度及时间对生铁质量的影响

b 碱度及时间对渣铁成分的影响

碱度及时间对渣铁中铁、磷含量的影响如图 4-207 所示。由图 4-207 可知，碱度的增加对生铁中铁含量影响并不显著，但导致渣中铁含量降低。这是由于试验过程中为提高渣相碱度，向渣相中加入石灰，导致渣中 Fe 被稀释降低。根据铁水脱磷的热力学条件，高碱度有利于脱磷过程的进行，因此随着碱度的增加，生铁中磷含量降低，渣中磷含量增加。时间从 30 min 延长至 60 min 时，对渣中铁含量的影响较弱，但显著降低渣中磷含量。延长时间将导致渣中的磷发生还原，进而导致生铁中磷含量增加。

c 碱度及时间对金属回收率、脱磷率的影响

碱度及时间对金属回收率及脱磷率的影响如图 4-208 和图 4-209 所示。由于碱度对生铁质量及生铁中铁含量无显著影响，故在碱度为 0.465~1.41、时间为 30~60 min 范围内，金属回收率不随碱度及时间变化，金属回收率维持在 90% 左右。但增加碱度、缩短保温时间可提高高磷铁矿在熔融还原过程中的脱磷率。

D 优化试验

根据前期试验结果，调整试验参数对试验结果进行优化。优化试验方案见表 4-144，试验结果见表 4-145。

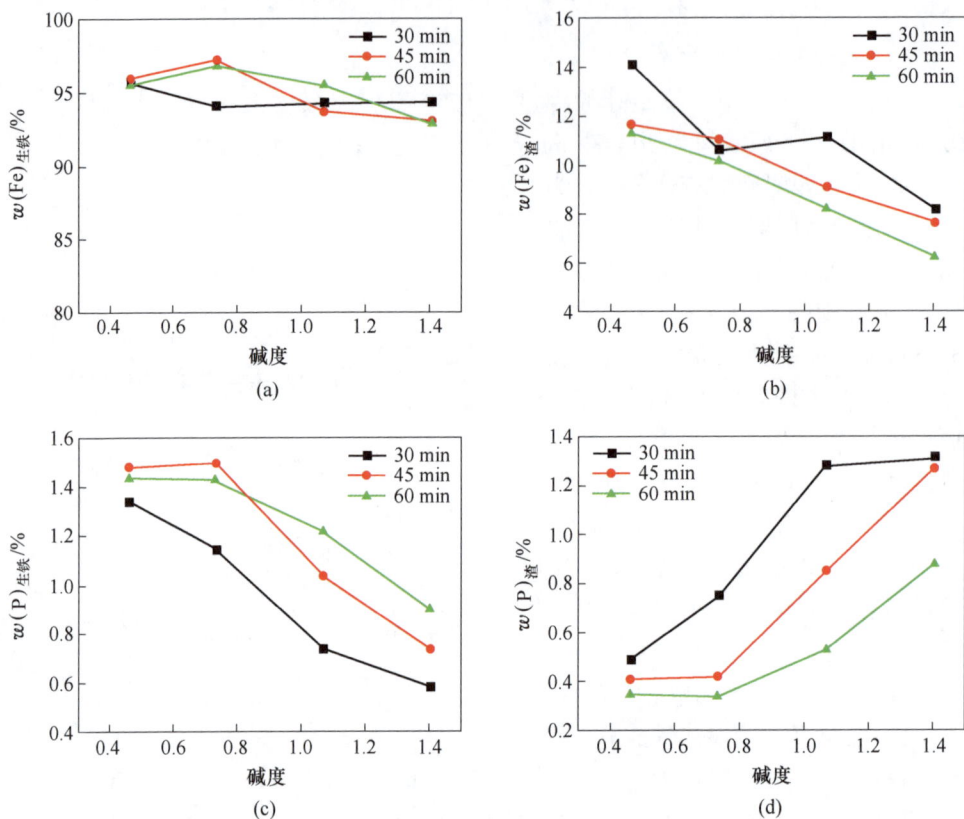

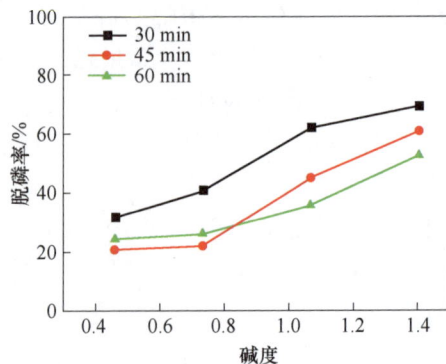

图 4-207　碱度及时间对渣铁中铁、磷含量的影响
（a）生铁中铁；（b）渣中铁；（c）生铁中磷；（d）渣中磷

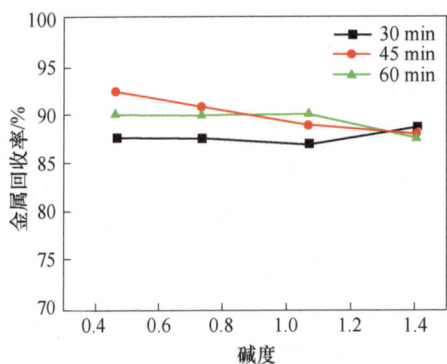

图 4-208　碱度及时间对金属回收率的影响　　　　图 4-209　碱度及时间对脱磷率的影响

表 4-144 优化试验方案

考察因素	条件参数					配料质量		
	温度/℃	配煤比	碱度	MgO 质量/g	时间/min	矿石/g	煤粉/g	CaO/g
碱度	1550	0.75	1.00	0	30	100	14.86	5.9
	1550	0.75	1.25	0	30	100	14.86	8.66
	1550	0.75	1.50	0	30	100	14.86	11.41
	1550	0.75	1.75	0	30	100	14.86	14.71
	1550	0.75	2.00	0	30	100	14.86	16.92
配煤比	1550	0.8	1.50	0	30	100	15.85	11.41
	1550	0.775	1.50	0	30	100	15.35	11.41
	1550	0.75	1.50	0	30	100	14.86	11.41
	1550	0.725	1.50	0	30	100	14.36	11.41
MgO	1550	0.75	1.25	0	30	100	14.86	8.66
	1550	0.75	1.25	2	30	100	14.86	8.66
	1550	0.75	1.25	4	30	100	14.86	8.66
	1550	0.75	1.25	6	30	100	14.86	8.66

表 4-145 优化试验方案结果

考察因素	条件参数			产物成分			结果分析		
	C/O	碱度	MgO 质量/g	$w(P)_{生铁}$/%	$w(P)_{渣}$/%	$w(Fe)_{渣}$/%	铁回收率/%	磷分配比	脱磷率/%
碱度	0.75	1.00	0	0.96	1.05	9.21	90.60	1.09	50.11
		1.25		0.66	1.27	6.77	90.89	1.92	65.55
		1.50		0.61	1.22	5.69	88.82	2.00	67.87
		1.75		0.46	1.27	4.70	90.29	2.76	75.93
		2.00		0.31	1.33	5.68	87.49	4.29	83.47
配煤比	0.8	1.50	0	0.90	0.85	4.68	91.11	0.94	51.89
	0.775			0.78	0.92	4.38	90.22	1.18	57.98
	0.75			0.61	1.22	5.69	88.82	2.00	67.87
	0.725			0.43	1.32	7.24	89.60	3.07	77.86
MgO 加入量	0.75	1.25	0	0.66	1.27	6.77	90.89	1.92	65.55
			2	0.62	1.29	5.82	91.52	2.08	67.08
			4	0.33	1.57	6.52	89.43	4.76	82.87
			6	0.25	1.52	5.97	91.72	6.08	86.82

由表4-145可知，当配煤比为0.75时，碱度从1.0增加到2.0时，生铁中磷含量从0.96%降低到0.31%，脱磷率从50.11%提高到83.47%。当碱度为1.50时，配煤比从0.725增加到0.8时，生铁中的磷含量从0.43%增加到0.9%，脱磷率从77.86%降低到51.89%。当配煤比为0.75、碱度为1.25时，MgO加入量从0g增加到6g，生铁中磷含量从0.66%降低到0.25%，脱磷率从65.55%提高到86.82%。

E   渣中铁与生铁中磷的关系

渣中FeO含量与生铁中磷含量的关系如图4-210所示。可知，随着渣中FeO含量的增加，生铁中磷含量逐渐降低。温度为1550℃、碱度为1.5时，渣中FeO含量为10%时，生铁中的磷含量最低可降至0.6%。在温度为1550℃时、碱度为1.07时，渣中FeO含量大于13%时，生铁中的磷含量可降低到1.0%以下。

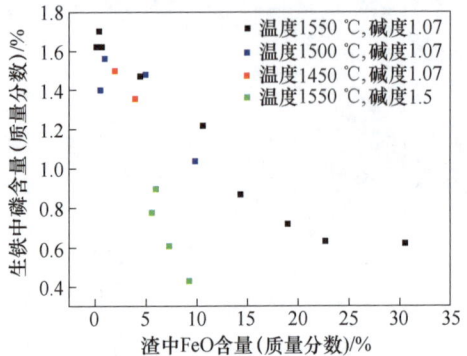

图4-210   渣中FeO含量与生铁中磷含量的关系

4.9.3.3   高磷鲕状赤铁矿熔融还原扩大试验

A   试验步骤

利用中国恩菲偃师研发基地中频炉、电炉、侧吹炉装置开展高磷铁矿熔融还原试验研究。通过中频炉试验考察通入氮气对熔池进行扰动条件下磷的挥发影响。而后通过对比电炉及侧吹炉试验结果，分析高磷铁矿在富氧侧吹还原熔炼条件下磷的分布走向。

设高磷铁矿中全部 Fe_2O_3、FeO及 P_2O_5 被还原时所用煤量作为配碳量标准（C/O=1.0）进行试验设计。试验前，将高磷铁矿、无烟煤及石灰石按照试验方案中的配煤比、碱度（ CaO/SiO_2 ）进行混料后，加入试验装置中，在1450～1600℃条件下进行保温，达到设定时间后放出磷铁及尾渣。

采用化学分析方法对产出磷铁及尾渣中的Fe、P元素进行分析，并根据分析结果计算得到磷在渣铁中的分配比（ L_P ）。

B   试验结果

表4-146为试验方案及试验所得磷铁及尾渣成分分析结果。由试验结果可知，在电炉试验中，高磷铁矿中的磷主要进入生铁中，生铁中磷含量大于1.0%，磷在渣铁中的分配比小于0.05。而在侧吹炉试验中，磷将向渣中迁移，有效降低铁水中的磷含量，其中第2次侧吹炉试验中的生铁中磷含量降低到0.45%。而高炉冶炼磷含量为0.8%的高磷铁矿时，产生的铁水的磷含量为1.68%。与高炉冶

炼相比，侧吹还原熔炼高磷铁矿，生铁中的磷含量可降低 73.21%。这表明采用富氧侧吹还原熔炼技术可有效处理高磷铁矿产出低磷铁水。

表 4-146 高磷铁矿扩大试验结果

试验	试验条件			磷铁成分/%		尾渣成分/%		$L_P = w(P)_{渣} / w[P]_{生铁}$
	喷吹气体	C/O	二元碱度	$w[P]$	$w[C]$	$w(Fe)$	$w(P)$	
第 1 次中频炉	无	1.0	1.35	1.028	—	0.304	—	—
第 2 次中频炉	N_2	1.0	1.35	1.326		0.857	0.011	0.008
第 1 次电炉	无	1.0	0.7	1.18	2.18	3.43	0.03	0.025
第 2 次电炉	无	0.8	0.6	1.66	0.61	3.61	0.08	0.048
第 1 次侧吹炉	$CH_4 : O_2 = 1 : 1.5$	1.85	1.13	0.73	3.46	1.30	0.13	0.178
第 2 次侧吹炉	$CH_4 : O_2 = 1 : 1.4$	1.5	1.16	0.45	0.028	3.57	0.26	0.578

由表 4-146 可知，第 1 次侧吹炉试验配煤比为 1.85，产出生铁中磷含量为 0.73%、碳含量为 3.46%，而第 2 次侧吹炉试验配煤比为 1.5 时，产出生铁中磷含量为 0.45%、碳含量为 0.028%。可以看出，增加配煤比可促进铁水渗碳，但导致渣中磷被还原进入铁水中，造成生铁中磷含量增加。

对比第 2 次中频炉试验与侧吹炉试验，试验中都通入气体对熔池进行扰动，但中频炉试验中磷在渣铁中的分配比仅为 0.008，而侧吹炉试验中磷的分配比大于 0.1。对侧吹炉试验尾渣中的磷元素进行物相分析，见表 4-147。由表 4-147 可知，侧吹炉试验尾渣中磷主要以磷灰石形式存在。这说明富氧侧吹还原熔炼过程中，促进磷向渣中迁移的主要原因主要是由燃烧产生的氧化性气氛造成，在 CaO 存在条件下，铁中的磷与 H_2O 及 CO_2 发生反应，生成磷灰石进入渣中。

表 4-147 侧吹炉试验尾渣中磷的物相分析 （质量分数/%）

试验	磷灰石中磷	含磷铁矿中磷	残渣中磷	总磷	C	S
第 1 次侧吹炉	0.11	0.006	0.014	0.13	0.21	0.0036
第 2 次侧吹炉	0.26	0.001	0.001	0.26	0.17	0.0044

C 富氧侧吹还原熔炼平衡计算

富氧侧吹熔炼过程中，天然气与氧气的比例将影响燃烧气体组成及燃烧贡献热，进而影响高磷铁矿的熔融还原过程。因此需探究不同 O_2/CH_4 及配煤比对高磷铁矿还原过程中铁磷氧化物的还原行为及铁磷元素走向影响，为此采用 FactSage 软件 Equilib 模块进行理论计算高磷铁矿-无烟煤-CH_4-O_2 体系在绝热条件下的平衡组成，见表 4-148~表 4-151。

表 4-148　高磷铁矿-无烟煤-CH_4-O_2 平衡组成 （1550 ℃）

反应条件		反应物质量/g					平衡组成质量/g		
配煤比	O_2/CH_4	高磷铁矿	无烟煤	生石灰	CH_4	O_2	渣相	铁水	气相
1.0	0	100.00	19.8	15	0	0	44.62	50.60	39.58
1.0	1.5	100.00	19.8	15	19.15	57.45	110.61	0.00	100.79
1.5	1.5	100.00	29.7	15	22.15	66.44	92.12	15.09	126.08
2.0	1.5	100.00	39.6	15	23.49	70.48	65.43	36.57	146.58
2.5	1.5	100.00	49.5	15	24.84	74.51	55.40	45.16	163.32
3.0	1.5	100.00	59.4	15	26.18	78.54	51.25	49.08	178.79
2.0	1.2	100.00	39.6	15	38.93	93.44	61.71	39.42	185.84
2.0	1.7	100.00	39.6	15	18.53	62.99	67.19	35.21	133.72
2.0	2.0	100.00	39.6	15	14.14	56.56	69.71	33.27	122.32

表 4-149　气相组分含量

配煤比	O_2/CH_4	气相质量/g	气相成分（体积分数）/%				
			CO	CO_2	H_2	H_2O	Σ
1.0	0	39.58	96	2	3	0	100.00
1.0	1.5	100.79	43	8	28	21	100.00
1.5	1.5	126.08	48	7	29	16	100.00
2.0	1.5	146.58	53	6	29	12	100.00
2.5	1.5	163.32	57	4	31	8	100.00
3.0	1.5	178.79	61	2	33	4	100.00
2.0	1.2	185.84	47	5	35	14	100.00
2.0	1.7	133.72	56	6	26	12	100.00
2.0	2.0	122.32	60	7	23	11	100.00

表 4-150　金属相成分

配煤比	O_2/CH_4	金属质量/g	铁回收率/%	金属相成分（质量分数）/%					
				Fe	C	O	P	Si	Σ
1.0	0	50.60	97.84	98.98	0.10	0.01	0.91	0.00	100.00
1.0	1.5	0.00	0.00	0.00	0.00	0.00	0.00	0.00	0.00
1.5	1.5	15.09	29.42	99.80	0.01	0.14	0.06	0.00	100.00
2.0	1.5	36.57	71.30	99.82	0.01	0.11	0.06	0.00	100.00

配煤比	O_2/CH_4	金属质量 /g	铁回收率 /%	金属相成分（质量分数）/%					
				Fe	C	O	P	Si	Σ
2.5	1.5	45.16	88.00	99.75	0.02	0.06	0.17	0.00	100.00
3.0	1.5	49.08	95.24	99.34	0.04	0.03	0.59	0.00	100.00
2.0	1.2	39.42	76.87	99.82	0.01	0.10	0.07	0.00	100.00
2.0	1.7	35.21	68.65	99.82	0.01	0.11	0.06	0.00	100.00
2.0	2.0	33.27	64.88	99.82	0.01	0.11	0.06	0.00	100.00

表 4-151 炉渣成分

配煤比	O_2/CH_4	炉渣质量/g	炉渣成分（质量分数）/%							
			Al_2O_3	SiO_2	CaO	FeO	Fe_2O_3	MgO	P_2O_5	Σ
1.0	0（电热）	44.62	16.03	29.93	44.90	3.14	0.04	3.59	2.31	99.94
1.0	1.5	110.61	6.47	12.08	18.11	55.17	4.82	1.45	1.88	99.98
1.5	1.5	92.12	8.18	15.00	21.84	47.52	3.25	1.92	2.24	99.96
2.0	1.5	65.43	12.09	21.82	30.89	27.74	1.29	2.97	3.10	99.91
2.5	1.5	55.40	14.97	26.62	36.64	14.00	0.39	3.81	3.45	99.88
3.0	1.5	51.25	16.91	29.68	39.77	6.17	0.10	4.45	2.76	99.84
2.0	1.2	61.71	12.82	23.15	32.75	23.79	1.00	3.15	3.27	99.92
2.0	1.7	67.19	11.77	21.26	30.08	29.46	1.43	2.89	3.03	99.92
2.0	2.0	69.71	11.35	20.49	28.99	31.76	1.62	2.79	2.92	99.92

由表 4-149 可知，在富氧侧吹还原熔炼过程，产生的烟气中以 CO 及 H_2 为主。当铁的回收率超过 70% 时，CO 含量为 47%~61%，H_2 含量为 29%~35%，CO_2 含量为 2%~6%，H_2O 含量为 4%~14%。

由表 4-150 可知，配煤比为 1.0 时，电热还原时高磷铁矿将充分被还原，而在富氧侧吹熔炼过程中，燃烧产生的氧化性气氛将消耗部分碳量，导致铁氧化物不能充分还原。为提高矿石的还原程度，需提高配煤比。配煤比从 1.0 提高至 2.0 时，铁的回收率从 0 提高至 71.30%。配煤比 = 2.0 时，O_2/CH_4 从 1.2 提高至 2.0 时，铁的回收率从 76.87% 降低至 64.88%。这是由于随着 O_2/CH_4 增加，天然气能够充分燃烧，燃烧产物氧化性气氛增强，因而阻碍了铁氧化物的还原过程。但相对于配煤比来说，O_2/CH_4 比例对铁矿还原的影响较弱。

由表 4-150 中金属相成分可知，C/O 为 2.5~3.0 时生铁中 $w_{[C]}$ 为 0.02~0.04%、$w_{[P]}$ 为 0.17%~0.59%，且该成分区间符合第二次侧吹炉试验出磷铁成分（$w_{[C]}=0.028\%$，$w_{[P]}=0.045\%$），该结果验证了计算结果的可靠性。从表 4-150 中可以看出，生铁中 $w_{[C]}$ 随着生铁中 $w_{[P]}$ 降低而降低，且生铁中 $w_{[C]}$ 小于

生铁中 $w_{[P]}$。由此可见，产出低磷铁水的同时，铁水中的 $w_{[C]}$ 将维持在较低水平，可能导致炼钢脱磷过程自热条件不足。因此需对铁水采取适当的补碳措施，或者寻找对低碳含磷铁水合适的脱磷方式。

需要说明的是，该体系组成为平衡状态下计算组成，但在实际冶炼中，由于燃烧产物快速逸出熔池，冶炼过程未能达到平衡状态，故碳不会完全被氧化性气氛（H_2O、CO_2）所消耗，因此实际冶炼过程中的耗煤量小于平衡计算的耗煤量。

4.9.4　高磷铁矿富氧侧吹还原熔炼冶金计算

根据基础试验及扩大试验研究结果，本章以富氧侧吹还原熔炼高磷铁矿-含磷铁水预脱磷冶炼低磷铁水为技术方案，进行冶金计算，并进行设备选型及经济性分析。

4.9.4.1　主要工艺流程

本技术工艺流程如图 4-211 所示，工艺流程简述如下：

（1）原料车间备料：高磷铁矿与粒煤等还原剂及石灰石等熔剂经过破碎后，通过上料皮带送入侧吹炉炉顶料仓。

（2）富氧侧吹还原熔炼：炉顶料仓中原料经定量给料机进行配料，配料后的物料通过移动输送机连续加入侧吹炉中。混合物料还原熔炼所需的天然气和富氧空气通过侧吹喷枪喷入熔池渣层。混合物料在侧吹炉内进行还原熔炼，熔炼过程中作业温度 1450~1600 ℃。并根据冶炼情况，采用密闭螺旋给料机将额外的还原煤加入侧吹炉内。还原熔炼过程中熔池剧烈搅动，铁氧化物的还原过程和脱磷过程进行相当迅速，最终产出含磷铁水（$w_{[P]} = 0.2\% \sim 0.35\%$）和还原炉渣，分别通过放铁口和放渣口放出，还原炉渣送临时渣场堆存。

（3）余热回收、收尘及烟气处理：侧吹炉内高温烟气经过二次燃烧后进入余热锅炉，回收烟气余热，再进入收尘系统收尘，随后送入烟气处理系统处理后外排。烟尘返原料车间配料。

（4）铁水预脱磷处理：采用专用铁水罐/鱼雷罐，将已称量的铁水运至脱磷铁水倾翻车上，脱磷铁水倾翻车开至不锈钢车间内的脱磷位进行处理。根据铁水罐/鱼雷罐中渣量情况，决定是否对铁水进行预扒渣处理或直接进行脱硅、脱磷处理（脱硅、脱磷共用一套处理设施）。根据来自混铁炉的铁水成分、温度数据，设定喷吹的相关参数。喷吹结束后，对铁水进行扒渣处理。扒渣完成后，铁水车运行到合金熔化炉跨的吊包位，由天车将合格铁水兑入炉内。剩余铁水放置在等待位，天车再将另一空罐吊运到铁水车上返回炼钢车间接铁。

4.9.4.2　侧吹还原熔炼阶段

A　原料、燃料和辅助材料

侧吹炉入炉原料为块状高磷铁矿、粒煤、石灰石等组成的混合料。

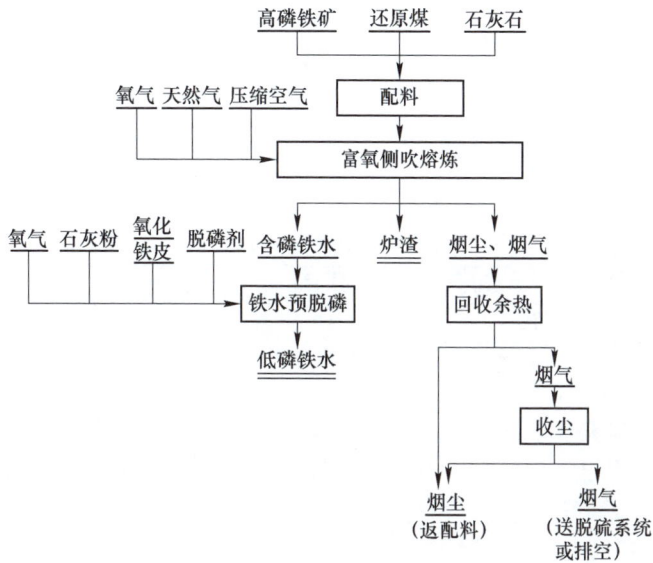

图 4-211 工艺流程图

a 高磷铁矿

年处理高磷铁矿（干基）100 万吨，矿石粒度要求 3~10 mm，其化学成分见表 4-152。

表 4-152 高磷铁矿主要化学成分（干基）

组分	TFe	P	S	CaO	SiO$_2$	MgO
质量分数/%	46.68	0.81	0.023	5.12	11.02	0.86
组分	Al$_2$O$_3$	Fe$_2$O$_3$	P$_2$O$_5$	FeO	其他	
质量分数/%	5.77	65.34	1.90	1.26	8.73	

b 熔剂

高磷铁矿进行还原熔炼过程中需配入石灰石（粒度<5 mm）调整渣型碱度，其化学成分见表 4-153。

表 4-153 石灰石化学成分（干基）

组分	SiO$_2$	CaO	MgO	Al$_2$O$_3$
质量分数/%	1.67	67.24	1.5	0.36

c 燃料及还原剂

侧吹熔炼炉采用天然气及富氧空气燃烧供热。天然气的主要化学成分见表 4-154。冶炼过程使用氧气和压缩风作为天然气燃烧的助燃剂。

表 4-154　天然气的主要化学成分

组分	CH_4	C_2H_6	H_2	H_2S	N_2	CO_2
质量分数/%	95.80	0.40	1.70	0.10	1.50	0.50

侧吹熔炼炉采用粒煤作还原剂，粒煤粒度要求 3~10 mm。粒煤工业分析值见表 4-155。

表 4-155　粒煤工业分析值

项目	固定碳 Cad	灰分 Aad	挥发分 Vad	水分 Mad
含量/%	72.0	16.0	8.5	3.5

B　冶金计算

a　计算基础条件

年处理高磷铁矿（干基）：100 万吨/a，含铁品位 48.00%。

工作时间：7200 h/a。

含磷铁水含 P：0.3%。

还原炉渣含 Fe：3.0%。

还原炉渣 CaO/SiO_2：1.25。

侧吹熔炼炉富氧浓度：80%。

b　冶金计算结果

高磷铁矿富氧侧吹还原熔炼采用 1 台侧吹炉，年工作时间 7200 h，年处理高磷铁矿 100 万吨，消耗还原煤 54.15 万吨/a、石灰石 19.46 万吨/a。消耗天然气（标态）2200 m^3/h，富氧空气（标态）80533 m^3/h，其中氧气量（标态）为 60528 m^3/h（O_2：99.5%，体积分数），压缩空气量（标态）为 20005 m^3/h。冷却水量 2000 t。侧吹炉上部鼓入二次风，用于炉内 CO 燃烧，同时产生热量为熔池补热。侧吹炉还原熔炼热平衡见表 4-156，物料平衡见表 4-157。

表 4-156　侧吹熔炼炉热平衡表

热收入					热支出				
热类型	物料	温度/℃	热量/MJ	占比/%	热类型	物料	温度/℃	热量/MJ	占比/%
物理热	高磷铁矿	25			物理热	含磷生铁	1500	97159.05	14.22
	石灰石	25				炉渣	1500	145780.89	21.34
	块煤	25				炉气	1500	393380.56	57.58
	熔炼一次风	25				炉气中尘	1500	5000.97	0.73
	熔炼氧气	25							
	天然气	25							
	小计					小计		641321.47	93.87
化学热		25	683215.14	100.00	交换热	循环水	30	41773.53	6.11
合计			683215.14	100.00	合计			683215.14	100.00

表 4-157　侧吹熔炼炉物料平衡表

物料名称	处理量/万吨·a⁻¹	处理量/t·d⁻¹	处理量/t·h⁻¹	Fe		P		C		S		CaO		SiO₂		MgO		Al₂O₃	
				质量分数/%	处理量/万吨·a⁻¹	质量分数/%	处理量/万吨·a⁻¹	质量分数/%	处理量/万吨·a⁻¹	质量分数/%	处理量/万吨·a⁻¹	质量分数/%	处理量/万吨·a⁻¹	质量分数/%	处理量/万吨·a⁻¹	质量分数/%	处理量/万吨·a⁻¹	质量分数/%	处理量/万吨·a⁻¹
投入																			
高磷铁矿	100.0	3333.3	138.9	46.68	46.68	0.83	0.83					5.12	5.12	11.04	11.04	0.87	0.87	5.77	5.77
石灰石	19.5	648.5	27.0					6.82	1.33			67.28	13.09	1.67	0.33	1.51	0.29	0.36	0.07
块煤	54.1	1804.8	75.2	0.54	0.29			76.43	41.38	1.27	0.69	1.24	0.67	6.96	3.77	0.47	0.25	5.40	2.93
熔炼一次风	18.6	621.6	25.9																
熔炼氧气	62.3	2075.2	86.5																
天然气	1.1	37.7	1.6					72.00	0.81	0.20	0.00								
产出																			
含磷生铁	46.1	1537.9	64.1	96.09	44.33	0.30	0.14	3.50	1.61	0.10	0.05								
炉渣	56.7	1889.2	78.7	3.00	1.70	1.19	0.67					32.65	18.50	26.15	14.82	2.44	1.38	15.15	8.59
炉气	150.5	5015.6	209.0					27.89	41.97	0.43	0.65								
炉尘	2.3	77.6	3.2	40.37	0.94	0.71	0.02					16.23	0.38	13.01	0.30	1.21	0.03	7.53	0.18

C 主要设备计算与选型

根据冶金计算，侧吹炉日处理炉料量（干基）为 3333.3 t，选择熔炼强度为 60 t/（m² · d），则侧吹熔炼炉的炉床面积为：

$$S = \frac{3333.3}{60} = 55.56(\text{m}^2) \tag{4-87}$$

考虑生产波动，熔炼炉的炉床面积选择 56.0 m²。

D 主要技术经济指标

按年工作时间 300 d，日工作时间 24 h 计算，侧吹熔炼炉的主要技术经济指标见表 4-158。

表 4-158 侧吹炉还原熔炼主要技术经济指标

序号	项 目	单位	数值	备注
1	处理量	t/a	1000000	干基
2	侧吹炉规格	m²	56	
3	侧吹炉台数	台	1	
4	侧吹炉床能力	t/（m² · d）	60	
5	富氧浓度	%	80	
6	CaO/SiO₂	—	1.25	
7	熔剂率	%	19.46	
8	煤率	%	54.15	
9	炉渣含 Fe	%	3.0	
10	含磷铁水含 P	%	0.3	
11	金属回收率	%	94.97	
12	脱磷率	%	83.31	
13	含磷铁水产量	t/a	46.14	
14	炉渣产量	t/a	56.68	
15	吨铁石灰石消耗量	kg	422	
16	吨铁粒煤消耗量	kg	1174	
17	吨铁天然气消耗量（标态）	m³	34	
18	吨铁压缩空气消耗量（标态）	m³	312.19	
19	吨铁氧气消耗量（标态）	m³	944.58	
20	蒸汽量	t/h	393.24	4.0 MPa

E 吨铁冶炼成本估算

侧吹熔炼阶段吨铁冶炼成本见表 4-159，吨铁生产成本 2221.4 元。

表 4-159　吨铁冶炼成本估算

种类	名称	吨铁消耗量		单价	吨铁费用/元
		数值	量纲		
消耗项	粒煤	1174	kg	1000 元/t	1174
	天然气（标态）	34	m³	3.8 元/m³	129.2
	压缩空气（标态）	312.19	m³	0.182 元/m³	58.8
	氧气（标态）	944.58	m³	0.814 元/m³	768.9
	综合电耗	480	kW·h	0.71 元/(kW·h)	340.8
	石灰石	422	kg	300 元/t	126.6
	小计				2596.3
产出项	蒸汽	−6.047	t	62 元/t	−374.9
	小计				−374.9
合计	吨铁生产成本/元				2221.4

表 4-159 中吨铁冶炼成本未考虑高磷铁矿原料、环保和财务成本，为粗略估算成本。

4.9.4.3　铁水预处理脱磷处理阶段

除易切削钢和炮弹钢外，磷是绝大多数钢种的有害元素，它显著降低钢的低温冲击韧性。因此，一般钢铁冶炼过程需对铁水进行脱磷处理，炼钢转炉具有脱磷功能，但目前转炉炼钢工艺所用铁水的磷含量一般在 0.25%（质量分数）以下，因此本项目的高磷铁水需进行预处理脱磷，这样可以大幅降低转炉炼钢产渣量，提高生产效率，降低生产成本。

A　铁水及脱磷剂物料参数

a　含磷铁水

铁水温度（处理前）：1330~1360 ℃；

铁水初始成分中磷含量为 0.3%。

b　脱磷剂

选用石灰、氧化铁皮、脱磷剂对含磷铁水进行脱磷处理，其性能参数见表 4-160 和表 4-161。

表 4-160　石灰粉和脱磷剂的理化性能指标

脱磷剂	成分（质量分数）/%						粒度/mm	体积密度/kg·m⁻³
	CaO	MgO	SiO₂	P	S	CaF₂		
石灰粉	>85	<2.5	<2.0	<0.0025	<0.05	—	<1 mm	900
脱磷剂	—	—	<4.5	<0.01	<0.013	>85	5~30	1000

表 4-161　氧化铁皮的理化性能指标

成分（质量分数）/%							粒度	体积密度
TFe	FeO	Fe$_2$O$_3$	SiO$_2$	P	S	H$_2$O	/mm	/kg·m^{-3}
>65	约57	约40	<0.82	<0.0029	<0.056	<5.0	5~10	2500

B　高磷铁水预处理脱磷工艺流程

含磷铁水喷吹脱磷工艺流程（图 4-212）主要操作为：

(1) 采用专用铁水罐/鱼雷罐，将已称量的铁水运至脱磷铁水倾翻车上，脱磷铁水倾翻车开至不锈钢车间内的脱磷位进行处理。

(2) 根据铁水罐/鱼雷罐中含高炉渣渣量情况，决定是否对铁水进行预扒渣处理或直接进行脱硅、脱磷处理（脱硅、脱磷共用一套处理设施）。

(3) 根据来自混铁炉的铁水成分、温度数据，设定喷吹的相关参数。喷吹处理前期主要任务是脱硅，设定的脱硅时间结束后，扒渣机扒除脱硅渣，随后，喷吹参数自动调整，进行脱磷处理，喷吹的同时氧枪进行面吹氧，防止铁水温降过大和保证铁渣中高 FeO 含量。

(4) 喷吹结束后，对铁水进行扒渣处理。

(5) 扒渣完成后，铁水车运行到合金熔化炉跨的吊包位，由天车将合格铁水兑入炉内。剩余铁水放置在等待位，天车再将另一空罐吊运到铁水车上返回炼钢车间接铁。

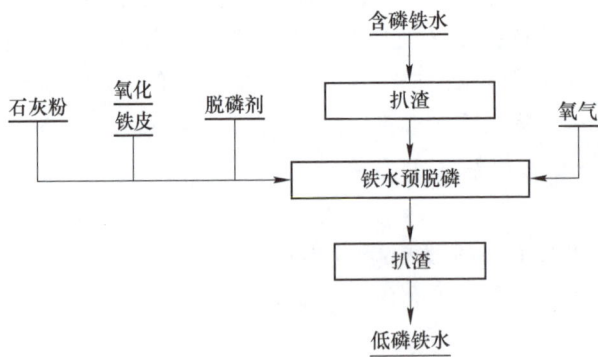

图 4-212　含磷铁水预处理脱磷工艺流程

C　冶金计算

a　计算基础条件

铁水温度（处理前）：1350 ℃。

铁水初始成分中磷含量为 0.3%。

脱磷处理后铁水中磷含量为 0.1%。

b 冶金计算

铁水预处理脱磷，消耗石灰粉 14756 t/a、脱磷剂 2185 t/a、氧化铁皮 14803 t/a,消耗氧气（标态）616 m³/h。

铁水预处理脱磷热平衡见表 4-162。铁水预处理脱磷物料平衡见表 4-163。

表 4-162 铁水预处理脱磷热平衡表

热类型	物料	温度/℃	热量/MJ	占比/%	热类型	物料	温度/℃	热量/MJ	占比/%
物理热	含磷生铁	1350	89208.91	95.51	物理热	铁水	1340	84277.37	90.23
	石灰粉	25	0.00	0.00		炉渣	1340	6034.71	6.46
	脱磷剂	25	0.00	0.00		烟气	1340	1925.59	2.06
	氧化铁皮	25	0.00	0.00					
	氧气	25	0.00	0.00					
	小计		89208.91	95.51		小计		92237.67	98.75
化学热		25	4196.48	4.49	散热			1167.71	1.25
合计			93405.39	100.00	合计			93405.39	100.00

D 主要设备计算与选型

高磷铁水预处理脱磷工艺采用喷吹脱磷法，喷吹脱磷设备主要包括铁水罐/鱼雷罐、粉料储存及喷吹系统、顶部料仓及下料系统、喷枪及喷枪升降横移系统、氧枪及氧枪升降系统、测温取样系统、防溅罩及提升系统、喷吹除尘罩、扒渣机及渣罐等主要设备。

主要设备规格见表 4-164。喷吹和顶部加料参数见表 4-165。

铁水预处理脱磷站生产能力取决于铁水预处理脱磷站作业时间，其作业周期构成见表 4-166。

铁水预处理脱磷站的年处理能力按下式计算：

$$Q = (M/m) \times D \times n \times V \times \eta = (1440/47) \times 300 \times 60 \times 1 \times 0.85 = 46.9 \text{ 万吨}$$

(4-88)

式中 Q ——年处理能力，t/a；

M ——每天分钟数，min/d，$M = 1440$；

m ——平均处理周期，$m = 47$；

D ——年有效作业天数，d，$D = 300$；

V ——平均处理钢水量，t，$V = 60$；

n ——处理罐位，$n = 1$；

η ——操作系数，$\eta = 0.85$。

表 4-163　铁水预处理脱磷物料平衡表

	物料名称 /t·a⁻¹	处理量 /t·a⁻¹	处理量 /t·d⁻¹	处理量 /t·h⁻¹	Fe		C		P		CaO		SiO₂		MgO		F	
					质量分数/%	处理量/t·a⁻¹	质量分数/%	处理量/t·a⁻¹	质量分数/%	处理量/t·a⁻¹	质量分数/%	处理量/t·a⁻¹	质量分数/%	处理量/t·a⁻¹	质量分数/%	处理量/t·a⁻¹	质量分数/%	处理量/t·a⁻¹
投入	含磷生铁	461370.0	1537.9	64.1	96.09	443330.4	3.50	16147.9	0.30	1384.1			0.02	98.9				
	石灰粉	13586.0	45.3	1.9			3.55	482.0			85.97	11679.9	0.10	13.7	0.80	109.1		
	脱磷剂	2011.8	6.7	0.3					0.06	1.2	66.12	1330.2	7.33	147.5			44.77	900.8
	氧化铁皮	13629.3	45.4	1.9	73.12	9965.3	0.70	95.4			0.36	49.0	0.30	40.9				
	氧气	6335.8	21.1	0.9														
产出	铁水	456684.7	1522.3	63.4	96.86	442344.8	3.00	13700.5	0.10	456.7			0.02	97.9				
	炉渣	30847.9	102.8	4.3	35.50	10951.0	3.01	928.5	3.01	928.5	42.33	13059.3	0.66	202.9	0.35	109.1	2.92	900.8
	烟气	9394.9	31.3	1.3			32.21	3025.7					0.02	98.9				

表 4-164 铁水脱磷装置的规格

铁水罐			60 t/罐×1			
喷吹熔剂设备	储存罐	138 m³×1	顶加熔剂的设备	储料仓	25 m³×2	
					30 m³×1	
	提升罐	2.6 m³×1		称量仓	1.25 m³×4	
					1.5 m³×2	
	喷吹罐	3.7 m³×2	顶吹氧枪的装置	800 m³/h（标态）		

表 4-165 高磷铁水喷吹脱磷工艺喷吹和顶部加料参数

项目	喷吹气体（标态）速度/m³·h⁻¹	喷吹速度/kg·min⁻¹	加料速度/kg·min⁻¹	吹氧速度（标态）/m³·min⁻¹
石灰粉	200（N_2）	100	—	—
氧化铁皮	—	—	100	—
脱磷剂	—	—	15	—
氧气	—	—	—	30

表 4-166 铁水预处理脱磷站作业时间及作业周期构成

序 号	项 目	时间/min
1	吊铁水罐至铁水罐支座上	2
2	活动烟罩运行至喷吹位	1
3	测温取样	2
4	计算给料量	1
5	喷吹	20
6	提枪、清渣	3
7	倾动铁水罐、扒渣	10
8	铁水罐复位	1
9	测温取样	2
10	活动烟罩开出	1
11	等待吊运	4
合 计		47

由式（4-88）可知，铁水预处理脱硫站可完成年处理 46.9 万吨铁水的任务，满足年产 46.14 万吨含磷铁水的脱磷要求。

E　主要技术经济指标

铁水预处理脱磷站主要技术经济指标见表 4-167。

表 4-167 铁水预处理脱磷站主要技术经济指标

序号	项　目	单位	数值
1	含磷铁水处理量	t/a	461370
2	铁水罐数量	台	1
3	铁水罐数量容量	t	60
4	终点含 P	%	0.1
5	终点含碳	%	3.0
6	吨铁新生渣带走铁量	kg	2.16
7	吨铁罐内新生渣量	kg	67.55
8	吨铁石灰粉消耗量	kg	29.75
9	吨铁脱磷剂消耗量	kg	4.41
10	吨铁氧化铁皮消耗量	kg	29.85
11	吨铁氧气消耗量（标态）	m³	9.71

F　铁水预处理脱磷站主要材料及费用估算

铁水预处理脱磷站主要材料及费用见表 4-168，吨铁脱磷成本为 46.89 元。

表 4-168 铁水预处理脱磷站主要材料及成本估算

种类	名称	吨铁消耗量		单价/元	吨铁费用/元
		数值	量纲		
消耗项	石灰	29.75	kg	300 元/t	8.93
	氧化铁皮	29.85	kg	500 元/t	14.93
	脱磷剂	4.41	kg	2700 元/t	11.91
	氧气（标态）	9.71	m³	0.814 元/m³	7.90
	电耗	1.5	kW	0.71 元/(kW·h)	1.07
	新生渣带走铁损	2.16	kg	1000 元/t	2.15
合计：吨铁脱磷成本/元					46.89

4.9.5　结论

开展高磷铁矿富氧侧吹还原熔炼研究，为采用富氧侧吹还原熔炼技术处理高磷铁矿冶炼低磷铁水的技术路线提供理论依据与数据支撑。通过研究获得以下结论：

（1）高磷鲕状赤铁矿矿物分析表明，矿石中，磷的主要化学物相是磷灰石，占磷物相总量的 91.36%；铁的主要化学物相是赤褐铁矿，占铁物相总量的

97.59%。矿石具有典型的鲕状结构，赤褐铁矿主要分布在与脉石矿物形成的同心环状包裹构造的壳层中，不利于铁氧化物与脉石的分离。

（2）热力学分析表明，在高磷铁矿熔融还原过程中，磷不能以磷氧化物形式挥发，而是分布在渣相及铁相中，且磷优先于碳进入生铁中；在 CaO 的参与下，H_2O 及 CO_2 氧化性气体将与 Fe_3P 反应，使磷以 $Ca_3(PO_4)_2$ 形式向渣中迁移。升高温度将促进磷灰石的还原，导致生铁中磷的含量增加。提高渣的碱度及渣中（FeO）含量可降低铁中磷含量。

（3）基础试验表明，高磷铁矿煤基熔融还原过程中，降低温度和配煤比、提高碱度、缩短还原时间有利于降低生铁中的磷含量；温度为 1550 ℃、碱度为 1.4 时，渣中 FeO 含量为 10% 时，生铁中的磷含量最低可降至 0.6%。

（4）扩大试验表明，电炉试验中，高磷铁矿中的磷在还原过程中主要进入生铁中，铁水中的磷含量在 1.0% 以上。侧吹炉试验中，H_2O 及 CO_2 将促进磷向渣中迁移，使磷以 $Ca_3(PO_4)_2$ 形式固定在渣中，生铁中磷含量可降低到 0.45%。侧吹还原熔炼平衡计算组成表明，随着 O_2/CH_4 的增加和配煤比的降低，Fe 的回收率减少。由于生铁中 $w_{[C]}$ 随着生铁中 $w_{[P]}$ 降低而降低，且生铁中 $w_{[C]}$ 小于生铁中 $w_{[P]}$，产出低磷铁水的同时，铁水中的 $w_{[C]}$ 将维持在较低水平。

4.10 红土镍矿石膏硫化还原造锍技术

镍是国民经济发展的重要战略物资，是生产不锈钢、合金和新能源电池的关键原料。近年来，世界各国政府不断强调清洁能源的开发和使用，并出台各种扶持鼓励政策，大力推行新能源汽车的使用，并颁布了一系列严格的碳排放标准。在政策的推动下，新能源汽车产业得到快速发展，同时三元动力电池呈现出高镍化发展趋势。由于长期过度开发使得硫化镍矿储量减少、品位降低、开采难度加大，选、冶难度不断增长，已经不能满足世界各国对镍的需求。随着不锈钢冶炼技术的不断进步，以及镍铁硫化生产高镍锍技术的不断成熟，导致镍矿资源的开发利用逐渐由硫化镍矿转变为红土镍矿，使储量丰富的红土镍矿资源成为世界镍资源开发的重点发展对象。然而，红土镍矿含水率高，品位低等成分特征，导致现有冶炼工艺存在能耗高、污染大、经济效益低等问题。因此，如何高效、经济、绿色地开发和利用红土镍矿资源，对镍冶金工业的发展具有重要的意义。

目前，红土镍矿的火法处理工艺主要为还原熔炼生产镍铁和还原硫化熔炼生产镍锍两种。比较成熟的冶炼方法包括回转窑干燥预还原-电炉熔炼法（RKEF）、鼓风炉硫化熔炼法、红土镍矿回转窑硫化生产镍锍法、镍铁硫化生产镍锍法、熔池熔炼生产镍锍法等。

21 世纪初，为满足不锈钢产业发展对镍的需求，中国镍铁行业加速发展，但由于 RKEF 技术无法自主、受制于人，国内企业只能选择小高炉、烧结机等落后工艺生产低品位镍铁，也为此付出了高能耗、高污染的沉重代价。2004 年，中国有色矿业集团拟投资建设缅甸达贡山红土镍矿项目，中国恩菲作为设计单位，从小型试验开始研发探索。2008 年，青山集团拟在印尼建设采用 RKEF 技术的镍铁合金厂，并请中国恩菲提供技术支持，为确保境外建设的可靠性，决定先在国内建设生产线。中国恩菲在缅甸达贡山红土镍矿项目的研究基础上，成功开发了镍铁电炉、热料输送等核心技术，于 2010 年在福安镍铁项目建成中国首条 RKEF 生产线。2012 年，缅甸达贡山红土镍矿项目正式投产，标志着具有我国自主知识产权的红土镍矿冶炼镍铁的 RKEF 技术及装备达到世界领先水平。由此，采用此技术的镍铁冶炼厂如雨后春笋般涌现，从技术研发前的全球仅 13 家、年产量总计 30 多万吨，跃升至目前的上百条生产线、近 150 万吨的年产量。

值得一提的是，在新能源汽车行业蓬勃发展的大背景下，三元电池成为未来动力电池发展的主要方向，这无疑对电池级硫酸镍提出更多需求。近年来，中国恩菲依托侧吹浸没燃烧熔池熔炼技术（SSC 技术），在国内率先于 2018 年提出并开展红土镍矿侧吹造锍熔炼镍锍技术试验研究，并成功打通了将红土镍矿直接冶炼硫化为高镍锍、以高镍锍生产硫酸镍的工艺路线。该工艺主要采用中国恩菲自主研发的侧吹冶炼技术生产高镍锍，能够极大地规避现有工艺路线的环境影响，必将在推广应用中对拓展三元电池原料来源、促进红土镍矿火法冶炼企业转型、推动产业变革产生新的深远影响。

本书提出以石膏渣作为硫化剂，重点开展了富氧侧吹选择性还原硫化红土镍矿制备低镍锍基础理论研究和扩大验证试验，掌握了适用于不同类型红土镍矿选择性还原硫化制备低镍锍的冶炼工艺条件，如冶炼渣型选择、高温熔融多相化学反应机制、硫化剂的选择及硫的利用率、有价金属回收率等工艺参数。该工艺充分利用石膏渣中 Ca、S 组分，达到工业固废渣的全组分综合利用，实现固废渣"变废为宝"的绿色循环利用目的。

4.10.1 红土镍矿资源分布及造锍熔炼

4.10.1.1 红土镍矿资源分布及特征

根据美国地质调查局 USGS 的统计，截至 2021 年全球已探明镍品位高于 0.5% 的陆基镍资源总量（金属量）约 3 亿吨，其中硫化镍矿占 40%，红土镍矿占 60%。其中，红土镍矿主要分布在赤道附近的古巴、新喀里多尼亚、印尼、菲律宾、缅甸、越南、巴西等国，如图 4-213 所示。

我国是红土镍矿资源比较缺乏的国家之一，目前全国红土镍矿保有量仅占全部镍矿资源的 9.6%，不仅储量比较少，而且国内红土镍矿品位比较低，开采成本比较高，这就意味着我国在红土镍矿方面并没有竞争力。全球原生镍消耗量大且持续增长，我国是世界原生镍消费量最大的国家，红土镍矿冶炼的镍铁是不锈钢的主要原料，因此我国每年都需大量进口红土镍矿来发展不锈钢工业。此外，国家"十四五"规划聚焦新能源汽车、绿色环保等战略性新兴产业发展，镍作为新能源汽车动力电池的关键金属，加之"高镍"正极材料的发展趋势，其需求量日益攀升。

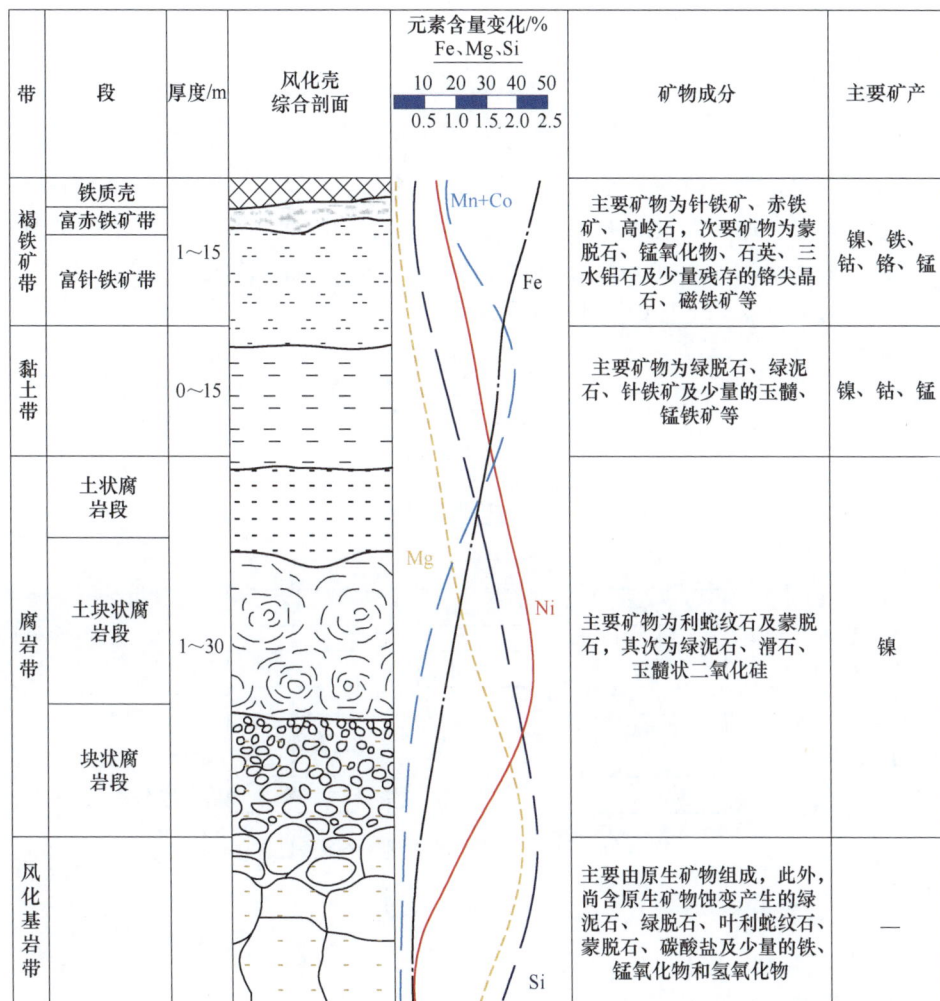

带	段	厚度/m	风化壳综合剖面	元素含量变化/% Fe、Mg、Si	矿物成分	主要矿产
褐铁矿带	铁质壳 富赤铁矿带 富针铁矿带	1~15			主要矿物为针铁矿、赤铁矿、高岭石，次要矿物为蒙脱石、锰氧化物、石英、三水铝石及少量残存的铬尖晶石、磁铁矿等	镍、铁、钴、铬、锰
黏土带		0~15			主要矿物为绿脱石、绿泥石、针铁矿及少量的玉髓、锰铁矿等	镍、钴、锰
腐岩带	土状腐岩段 土块状腐岩段 块状腐岩段	1~30			主要矿物为利蛇纹石及蒙脱石，其次为绿泥石、滑石、玉髓状二氧化硅	镍
风化基岩带					主要由原生矿物组成，此外，尚含原生矿物蚀变产生的绿泥石、绿脱石、叶利蛇纹石、蒙脱石、碳酸盐及少量的铁、锰氧化物和氢氧化物	—

图 4-213　世界主要红土镍矿床和硫化镍矿床的分布情况

氧化镍矿石被称为红土镍矿，这是由于矿石中铁的氧化使得矿石呈红色，因此而得名。红土镍矿通常分为两类，一种是褐铁矿，另一种为硅镁镍矿。褐铁矿主要特点是：高铁，低镍，较低硅和镁，并且含有较高的钴，通常采用湿法工艺处理。硅镁镍矿的主要特点是：高硅，高镁，低铁，低钴，高镍，通常采用火法冶金工艺处理。介于褐铁矿和硅镁镍矿之间的是过渡层的矿石，可根据具体矿石选用火法或湿法工艺处理,见表 4-169。

表 4-169 不同类型的红土镍矿成分及冶炼工艺 (质量分数/%)

红土镍矿类型		Ni	Co	Fe	MgO	SiO$_2$	提取工艺
褐铁矿型		1.8~1.5	0.1~0.2	40~50	0.5~5.0	10~30	湿法冶金
硅镁镍矿型	低镁	1.5~2.0	0.02~0.1	25~40	5~15	10~30	湿法或火法冶金
	高镁	1.5~3.0	0.02~0.1	15~25	15~35	30~50	火法冶金

4.10.1.2 红土镍矿的火法冶炼工艺

据不完全统计,目前全球镍生产量中的 80%以上由火法冶金提供,国内外围绕红土镍矿已开展了大量的研究,主要包括生产镍铁的回转窑粒铁工艺、高炉熔炼工艺、回转窑预还原-电炉熔炼工艺(RKEF)和生产镍锍的造锍熔炼工艺。红土镍矿火法处理工艺流程如图 4-214 所示。

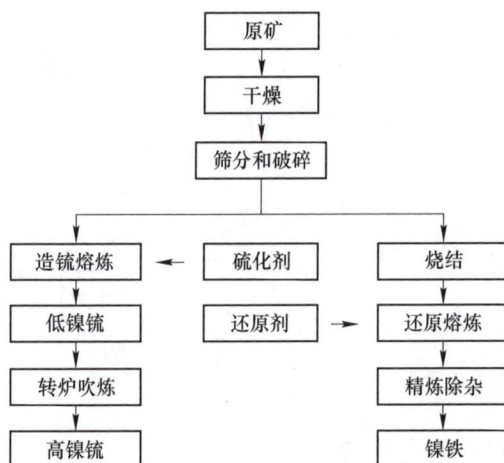

图 4-214 红土镍矿火法处理工艺流程

A 镍铁工艺

a 回转窑粒铁法

回转窑粒铁法是基于德国 "Krupp-Renn" 直接还原炼铁工艺发展而来。红土镍矿在 1400 ℃下以半熔融状态熔炼生产镍铁颗粒,随后从回转窑中排出熟料进行水淬,然后破碎和磁选,磁选后镍铁含铁 75%~80%、含镍 20%~25%、粒度≥0.1 mm。回转窑粒铁法具有流程短、能耗低、镍回收率高、原料适应强等优点。日本冶金公司大江山冶炼厂最早将回转窑粒铁法实现工业化。该工艺因熟料中机械夹杂大量细小镍铁颗粒,不易被磁选回收,需通过工艺调控使细小镍铁颗粒在回转窑中充分聚集并长大,以提高镍、铁的回收率。在工业应用中发现回转窑粒铁法存在结圈现象严重、设备作业率低等问题。回转窑粒铁法工艺流程图如图 4-215 所示。

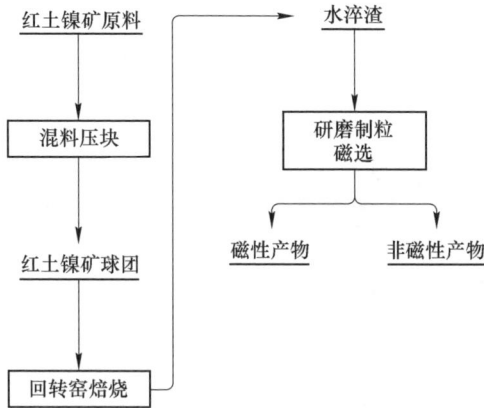

图 4-215　回转窑粒铁法流程

b　高炉熔炼镍铁法

高炉冶炼红土镍矿制备含镍生铁工艺流程与现代高炉炼铁流程基本一致，主要将红土镍矿干燥破碎后与熔剂和燃料配料混合制球团，经烧结后加入高炉内产出镍生铁。该工艺主要适用于高铁低镁型红土镍矿，产品镍品位质量分数一般为 3%~6%。经实践验证后，该工艺具有产品质量不稳定、镍铁中 S、P 含量高、运营成本高、焦炭消耗量大、污染严重等问题，此外还存在红土镍矿软熔区间宽、渣量大，导致高炉透气性差的问题。

c　回转窑预还原-电炉熔炼工艺（RKEF）镍铁法

20 世纪 50 年代回转窑预还原-电炉熔炼工艺在新喀里多尼亚安博厂开发并应用，目前已经发展为世界范围内利用红土镍矿生产镍铁的主流工艺。中国恩菲通过对 RKEF 工艺进行优化升级，在世界范围内进行推广与应用。目前采用 RKEF 工艺的公司已有几十家，遍布于东南亚、欧洲、美洲等地区。RKEF 工艺流程为：红土镍矿在干燥窑内脱除游离水，然后在回转窑内完成焙烧预还原（温度 850~1000 ℃），并脱除结晶水，最后将焙砂直接送入电炉熔分（温度 1500~1600 ℃）完成镍铁与熔渣的分离，如图 4-216 所示。

2011 年，缅甸达贡山镍矿项目建成投产，它是迄今为止中缅两国矿业领域最大的合作项目之一。缅甸达贡山镍矿拥有镍资源量（金属量）70 万吨，基础储量 46.74 万吨，镍平均品位在 1.9% 左右，镍铁中镍稳定在 35% 左右，年产量稳定在 2.2 万吨镍金属量。

B　镍锍工艺

还原硫化熔炼处理红土镍矿生产镍锍的工艺是最早用来处理红土镍矿的工

红土镍矿原料

↓

破碎筛分
干燥

细粒　　　　　　　　　　　　　　粗粒（弃）

↓

回转窑煅烧

↓

焙砂

↓

电炉还原
熔分

炉渣　　　　　　　　　镍铁合金

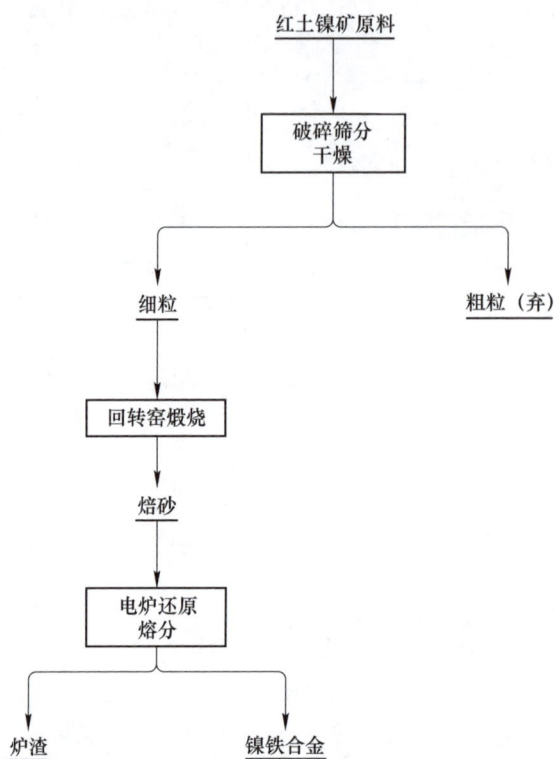

图 4-216　RKEF 工艺流程

艺，在 20 世纪 20~30 年代就得到了应用，当时采用的是鼓风炉熔炼。该工艺与鼓风炉还原熔炼生产镍铁的工艺存在相同的缺点。20 世纪 70 年代以后建设的大型工厂均采用电炉熔炼的技术处理红土镍矿生产镍锍。

红土镍矿火法工艺生产镍锍是指将矿石中的镍、钴和部分铁硫化，形成金属硫化物共熔体。常用硫化剂为硫黄、黄铁矿、石膏、含硫矿物等物质，熔炼产物为低镍锍、炉渣和烟气，低镍锍经过吹炼可生产高镍锍。C. T. Harris 等人通过对红土镍矿的选择性硫化，形成镍铁硫化物，将金属镍以镍铁硫化物的形式分离出来，进而实现缩短后续提取工艺流程，降低了工艺能耗。中国恩菲尉克俭等人发明了一种新型熔炼生产镍锍的工艺。该工艺步骤主要为，先将红土镍矿、煤、硫化剂和不同的造渣剂混合得到混合物料，然后置于熔池在 1300~1550 ℃反应温度下进行熔炼制备低镍锍。

　　a　回转窑硫黄硫化工艺

采用硫黄作为硫化剂的优点是简单易行，而且对熔炼过程不会产生负面影响。但是硫黄价格较贵，硫的有效利用不高，而且要有一套硫黄熔化和输送喷洒的设备。

印度尼西亚的国际镍公司（PT Inco）现平均每年生产镍锍可达80000 t，这些镍锍的生产工艺流程主要为：将硫黄熔化后有控制地喷洒在回转窑焙烧出来的具有一定温度的焙砂上，使镍、铁转化为硫化物，而后加入电炉熔炼生产低镍锍，其流程图如图4-217所示。

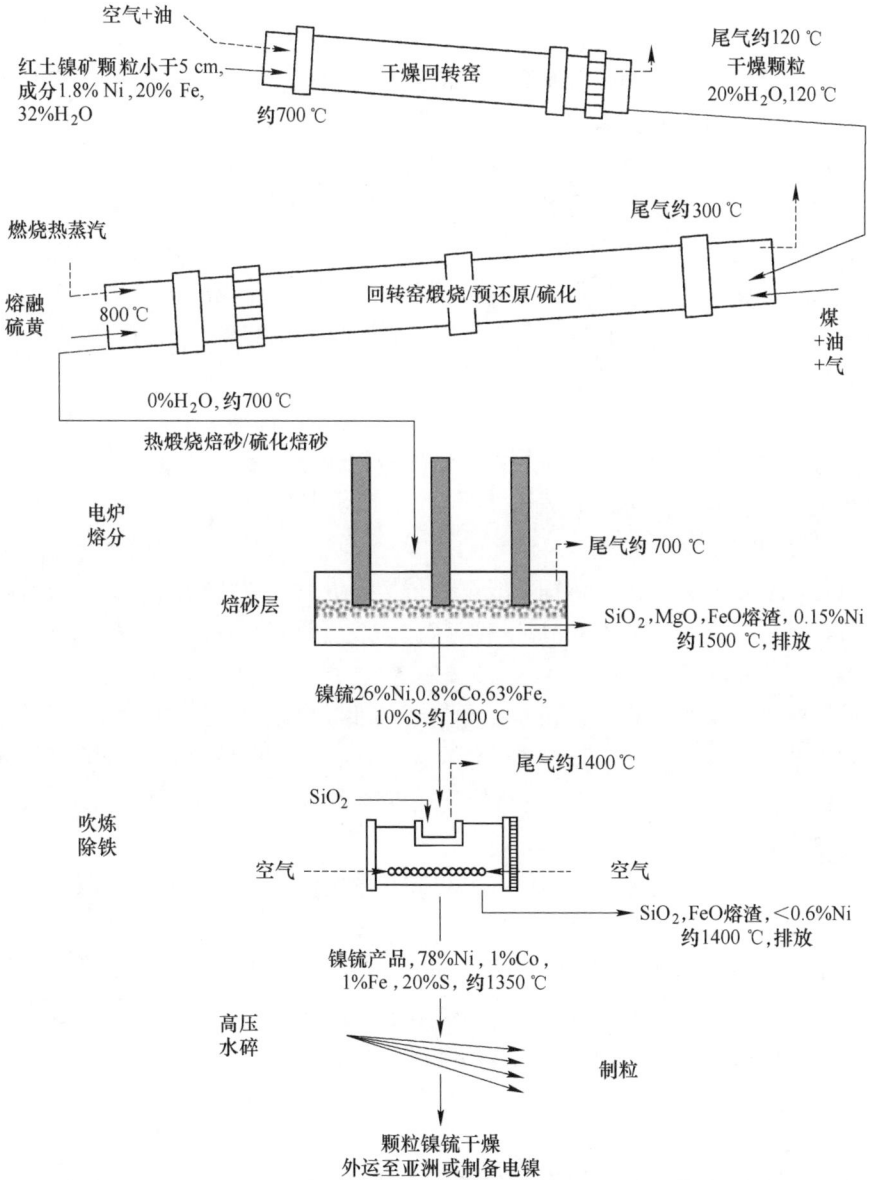

图4-217 印度尼西亚（PT Inco）公司红土镍矿硫化制备低镍锍工艺流程

　　b　转炉硫黄硫化工艺

　　在煅烧过程中，添加充足的还原剂，使红土镍矿中赋存的 NiO 还原为金属镍，同时，保证一定含量的铁的金属化率，以能形成低镍锍成分所需。金属化的镍和铁很容易被炉窑尾部喷入的液态硫黄硫化，然后进入电炉进行熔分。煅烧过程中发生的硫化反应如下：

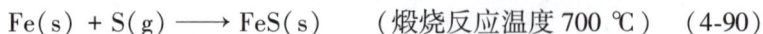

$$3Ni(s) + 2S(g) \longrightarrow Ni_3S_2(s) \qquad (煅烧反应温度 700\ ℃) \qquad (4-89)$$

$$Fe(s) + S(g) \longrightarrow FeS(s) \qquad (煅烧反应温度 700\ ℃) \qquad (4-90)$$

　　电炉熔炼红土镍矿制备低镍锍时，渣处理量较大，相当于镍锍生产中每吨镍产生 40 t 的渣。在电炉熔分过程中，渣含镍高会造成有价金属的损失，因此，为在电炉熔分过程中减少渣中镍的含量，PT Inco 公司主要通过以下措施：（1）确保煅烧过程中具有充足的还原剂碳使 NiO 被还原为金属镍；（2）保持锍中镍含量处于适当水平，大约为 26%；（3）保证渣型稳定且具有良好的流动性，使生成的镍锍熔滴快速、有效地沉降；（4）尽量避免渣中镍锍的机械夹杂现象。通过以上措施，PT Inco 公司可以控制渣中镍含量低于 0.15%，相当于镍锍中镍的回收率达到 93% 以上。

　　新喀里多尼亚的工厂（Le Nickel）每年平均生产镍锍 15000 t，镍锍的生产工艺主要为将熔化的硫黄熔液喷射进入熔融镍铁合金熔液中进行硫化，从而制备出低镍锍成品，其主要工艺流程图如图 4-218 所示。

　　c　鼓风炉石膏硫化工艺

　　氧化镍矿还原、硫化、熔炼一般在鼓风炉中进行。氧化镍矿由于疏松易碎且含水量较高，不宜直接装入鼓风炉中熔炼，一般需要先经制团或烧结成块料后才入炉熔炼。

　　鼓风炉硫化熔炼具有工艺设备简单、投资低、操作简便、用电量低等优点。但此种工艺能耗较大，特别是对煤的消耗较大，并且环保压力较大，镍回收率比较低（85% 左右），倘若当地有充沛的硫化铁矿、石膏矿及煤的供应，鼓风炉硫化熔炼也是一个经济可行的选择。

　　氧化镍矿鼓风炉熔炼的基本任务是将矿石中的镍、钴和部分铁还原出来使之硫化，形成金属硫化物的共熔体与炉渣分离，故称还原硫化熔炼。进炉炉料由团矿或烧结块、硫化剂和熔剂组成。此外加入 20%~30% 焦炭作为燃料与还原剂。大量焦炭在风口区燃烧，使风口附近的炉温升到 1700 ℃ 以上。结果使固体炉料熔化，成为镍锍和炉渣两种熔体流入熔池区。高温炉气向上流动，使向下运动的炉料经加热并进行脱水、离解、还原、硫化、熔化等过程。

　　离解反应

　　除了石灰石在 908 ℃ 离解外，黄铁矿超过 600 ℃ 离解为 FeS，黄铁矿的离解是不希望的，因为这在炉子上部发生，硫含量已有半数没有参与硫化反应，而以

熔融镍铁熔液, 1500 ℃, 成分25% Ni
来源于红土镍矿冶炼/精炼

尾气

P-S转炉

熔融硫喷入
Fe氧化造渣

熔融硫黄

空气

SiO_2, FeO熔渣, 0.6%Ni
约1400 ℃, 排放

高镍锍, 约1350 ℃
75%Ni, 1%CO, 1%Fe, 22%S

连续铸锭

75%Ni铸锭外运至法国进行湿法冶金
制备高纯镍、钴产品

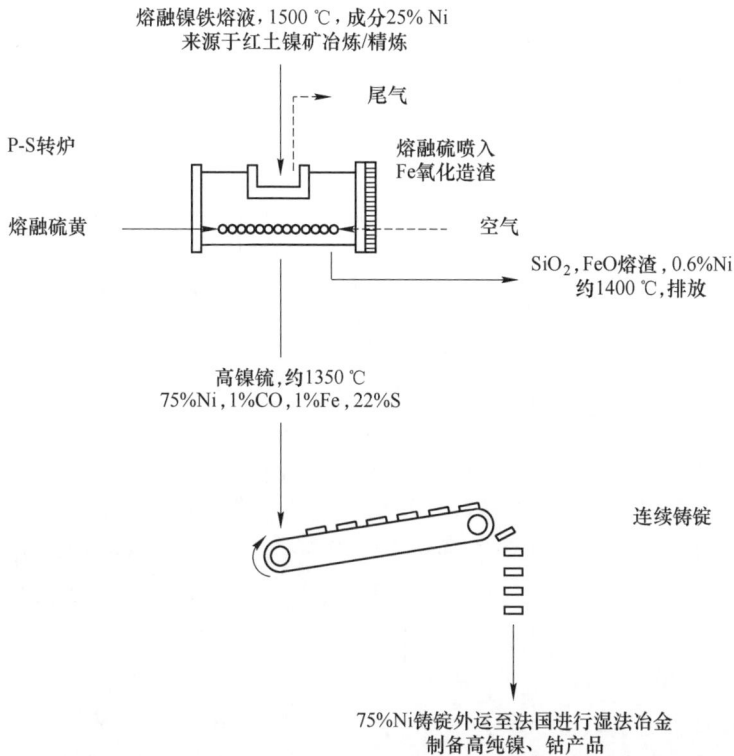

图 4-218 新喀里多尼亚 (Le Nickel) 公司镍铁硫化制备低镍锍工艺流程

硫蒸气或氧化为 SO_2 被烟气所带走, 此外, 黄铁矿离解常常伴随着崩裂作用, 形成大量碎块。这些碎块也易被烟气所带走, 造成硫化剂消耗过高。因此, 在生产上采取增大黄铁矿粒度的措施, 以降低其离解率。一般粒度保持在 25～50 mm, 过大也不好, 因为过大粒度的硫化剂在炉内分布不均匀。由于黄铁矿的这一缺点, 许多工厂都倾向于采用较难离解的石膏 ($CaSO_4$) 作硫化剂。

还原反应

金属氧化物在炉内靠含有的大量 CO 气体和固体焦炭还原, 其总反应可表示为:

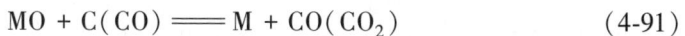

$$MO + C(CO) = M + CO(CO_2) \tag{4-91}$$

最易还原的氧化物是 NiO, 在 700～800 ℃时就以相当快的速度还原, 而硅酸镍的还原要难得多, 当炉料中有 FeO 和 CaO 存在时, 由于形成 Fe_2SiO_4 及 2CaO·SiO_2, 可以加速 $NiSiO_3$ 的还原反应。铁氧化物可还原为 FeO, 与 SiO_2 形成 2FeO·SiO_2。

一定量的铁氧化物被还原为金属铁是希望的, 因为金属铁可使硫化过程和造镍锍过程加速。但是炉内还原程度高,以镍铁形式存在的金属铁量会增多。在鼓风炉熔炼的温度下,镍铁在镍锍中的溶解度有限,便有可能在本床析出成为炉结,给生产带来麻烦。然而,炉内还原程度过低也是不希望的,因为这会降低镍锍中镍的回收率。

硫化反应

以石膏作为硫化剂时,在有炉渣存在的条件下受热,将按下式完全离解:

$$CaSO_4 \cdot 2H_2O = CaO + SO_3 + 2H_2O \tag{4-92}$$

随后含有 CO 和 SO_3 的气体与金属氧化物相互反应而使后者硫化:

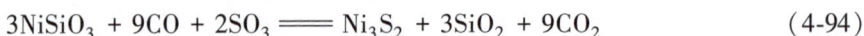

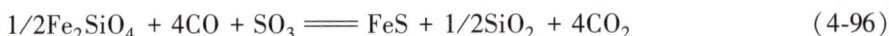

$$3NiO + 9CO + 2SO_3 = Ni_3S_2 + 9CO_2 \tag{4-93}$$

$$3NiSiO_3 + 9CO + 2SO_3 = Ni_3S_2 + 3SiO_2 + 9CO_2 \tag{4-94}$$

$$FeO + 4CO + SO_3 = FeS + 4CO_2 \tag{4-95}$$

$$1/2Fe_2SiO_4 + 4CO + SO_3 = FeS + 1/2SiO_2 + 4CO_2 \tag{4-96}$$

在有焦炭存在时,SO_3 在 600 ℃ 可将镍硫化。在焦点区附近,还原硫化反应所形成的金属硫化物相和少量金属相与炉渣一起熔化,当这些熔体流经风口区时,有少部分被鼓风再氧化为氧化物。镍的氧化物在本床再与金属铁和 FeS 相互反应,最后完成镍的硫化过程。

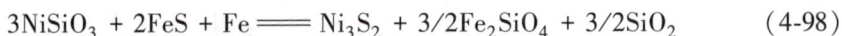

$$3NiO + 2FeS + Fe = Ni_3S_2 + 3FeO \tag{4-97}$$

$$3NiSiO_3 + 2FeS + Fe = Ni_3S_2 + 3/2Fe_2SiO_4 + 3/2SiO_2 \tag{4-98}$$

$$NiO + Fe = Ni + FeO \tag{4-99}$$

$$2NiSiO_3 + 2Fe = 2Ni + Fe_2SiO_4 + SiO_2 \tag{4-100}$$

氧化镍矿还原硫化熔炼所产低镍锍由镍和铁的硫化物组成,和硫化矿造锍熔炼一样,低镍锍以熔融状态加入转炉吹炼,产出的高镍锍主要成分为 Ni_3S_2。高镍锍的进一步处理和硫化矿所产高镍锍的处理方法相同。

C　富氧侧吹熔池熔炼

侧吹浸没燃烧熔池熔炼技术(SSC)是由中国恩菲开发的具有自主知识产权的一种强化熔池熔炼技术集群。该技术最初是利用侧吹炉替代鼓风炉还原液态高铅渣和处理锌浸渣。2010 年 SSC 技术开始进入商业化推广,已在驰宏锌锗会泽冶炼厂、湖南华信液态渣直接还原及湖北金洋再生铅等项目应用并取得成功。目前 SSC 技术已发展成为先进成熟的熔池熔炼技术,正在向铅、锑、锡、铜、镍等金属氧化物物料处理、危险固体废物无害化处理、废旧印刷电路板处理等领域推进运用。

侧吹浸没燃烧熔池熔炼是通过多通道向熔池内喷入富氧空气和燃料(天然气、发生炉煤气、粉煤),以亚音速喷吹方式激烈搅动熔体达到强化熔炼目的,并通过直接燃烧向熔体补热为特征。不同于其他类型侧吹炉,SSC 工艺物料适应性强,特别适用于不发热物料的处理。当炉料加入熔炼区后,碳酸盐或硫酸盐物料随熔体的搅动快速分布于熔体之中，与周围熔体快速传热、传质，完成炉料的加热、分解和熔化等过程。

4.10.1.3 红土镍矿硫化背景及意义

近年来，我国不锈钢产量快速增长和新能源汽车用三元动力电池的高镍化发展趋势突出了我国对镍产品原材料的需求问题。镍矿资源分布主要分为两类：硫化镍矿和红土镍矿。由于长期过度开发使得硫化镍矿储量减少、品位降低、开采难度加大，已经不能满足世界各国对镍的需求。随着不锈钢冶炼技术的不断进步，使其对镍原料的适用度逐渐变宽，从而使镍矿资源的开发利用逐渐由硫化镍矿转变为红土镍矿。由于红土镍矿含水量高，品位低，导致现有冶炼工艺存在能耗高、污染大、经济效益低等问题，因此，如何高效、经济、绿色地开发和利用红土镍矿资源，对镍冶金工业的发展具有重要的意义。

世界各国政府不断强调清洁能源的开发和使用，大力推行电动汽车。新能源汽车的增量必将带动动力电池的爆发性增长。高镍化三元动力电池的制造逐渐成为电池发展的新风向，动力电池的快速发展，必然引发电池制备所需原材料硫酸镍供需问题。

中国每年需从菲律宾、印尼等国家进口大量的红土镍矿，由于其含水量高达30%以上，运输过程产生高昂的费用，大大增加了冶炼成本，降低了经济效益。另外，受印尼红土镍矿出口政策多变的影响，进一步增加了企业运营风险。如果能够在矿区就地生产高品位的含镍原料，无疑将大大降低运输成本，从而增加经济效益和企业生产运营稳定性。但在东南亚国家，矿区都严重缺电，高昂的电费是企业运营面临的另一个难题。因此，开发一种新的冶炼工艺，实现以煤或天然气代替电，在矿区直接生产高品位的含镍原料具有非常广阔的市场前景和实际应用价值。

目前，国内未见有红土镍矿直接制备镍锍工艺和生产实践，国外仅有新喀里多尼亚的安博冶炼厂和印度尼西亚苏拉威西的梭罗科冶炼厂生产镍锍，其工艺为冶炼的镍铁或焙砂利用液态硫黄再硫化而制备镍锍。因此，开发一种高效、经济、综合利用效益高的红土镍矿直接硫化制备镍锍工艺技术具有重要的意义。

本书提出以石膏渣作为硫化剂，重点开展了富氧侧吹选择性还原硫化红土镍矿制备低镍锍基础理论研究和扩大验证试验，掌握了适用于不同类型红土镍矿选择性还原硫化制备低镍锍的冶炼工艺条件，如冶炼渣型选择、高温熔融多相化学反应机制、硫化剂的选择及硫的利用率、有价金属回收率等工艺参数。该工艺充分利用石膏渣中 Ca、S 组分，达到工业固废渣的全组分综合利用，实现固废渣"变废为宝"的绿色循环利用。

4.10.2 红土镍矿还原硫化热力学及试验

4.10.2.1 红土镍矿还原硫化热力学

红土镍矿的还原硫化是个过程复杂、多种反应相互交织影响的矿相结构转变过程，通过热力学计算和分析可有助于了解还原硫化焙烧、熔融过程中多元多相反应体系中各反应的方向和限度，以及反应条件对物相转变过程的影响规律，从而为镍铁氧化物的选择性还原硫化提供热力学依据。利用各种反应的吉布斯自由能判断反应的方向及进行程度。

石膏还原硫化红土镍矿过程中主要发生的化学反应如下。

（1）石膏分解反应。

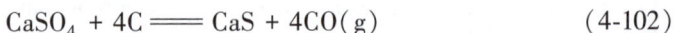

$$CaSO_4 \cdot 2H_2O == CaSO_4 + 2H_2O(g) \tag{4-101}$$

$$CaSO_4 + 4C == CaS + 4CO(g) \tag{4-102}$$

$$CaS + 3CaSO_4 == 4CaO + 4SO_2(g) \tag{4-103}$$

$$2CaSO_4 + C == 2CaO + 2SO_2(g) + CO_2(g) \tag{4-104}$$

石膏在高温条件下可发生分解反应，形成 CaO 和 SO_2。若存在适量还原剂碳的条件下，可大幅度降低分解反应温度，形成 CaS 和 CO。若还原剂碳浓度不足时，也可降低分解反应温度，但形成 CaO 和 SO_2。

（2）金属氧化物还原反应。

$$NiO + C == Ni + CO(g) \tag{4-105}$$

$$Fe_2O_3 + C == 2FeO + CO(g) \tag{4-106}$$

$$Fe_2O_3 + 3C == 2Fe + 3CO(g) \tag{4-107}$$

$$FeO + C == Fe + CO(g) \tag{4-108}$$

（3）造渣反应。

$$2FeO + SiO_2 == 2FeO \cdot SiO_2 \tag{4-109}$$

$$CaO + SiO_2 == CaO \cdot SiO_2 \tag{4-110}$$

（4）多相耦合反应。

综合以上化学反应，石膏还原硫化红土镍矿过程中主要反应如下：

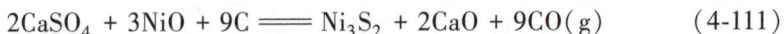

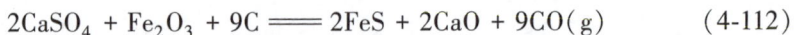

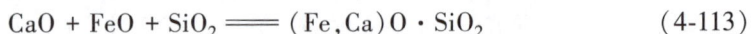

$$2CaSO_4 + 3NiO + 9C == Ni_3S_2 + 2CaO + 9CO(g) \tag{4-111}$$

$$2CaSO_4 + Fe_2O_3 + 9C == 2FeS + 2CaO + 9CO(g) \tag{4-112}$$

$$CaO + FeO + SiO_2 == (Fe,Ca)O \cdot SiO_2 \tag{4-113}$$

A　还原热力学

铁氧化物和镍氧化物的碳热还原热力学已得到较为系统的研究，在碳热还原过程中，CO 还原镍、铁氧化物的反应方程式见表 4-170。

表 4-170　镍、铁氧化物的碳热还原反应方程式

反应	化学反应方程式
（4-114）	$NiO+CO(g) == Ni+CO_2(g)$
（4-115）	$1/2C+1/2CO_2(g) == CO(g)$
（4-116）	$Fe_3O_4+CO(g) == 3FeO+CO_2(g)$

反应	化学反应方程式
(4-117)	$FeO+CO(g)=\!=\!=Fe+CO_2(g)$
(4-118)	$3Fe_2O_3+CO(g)=\!=\!=2Fe_3O_4+CO_2$
(4-119)	$1/4Fe_3O_4+CO(g)=\!=\!=3/4Fe+CO_2(g)$

根据上述各反应的吉布斯自由能与温度的关系，可得到镍、铁氧化物反应的平衡气相组成与温度的关系，如图4-219所示。由图4-219可知，NiO、Fe_2O_3在CO浓度及还原温度都很低的情况下就可以被CO还原，说明NiO极易被CO还原成金属镍，Fe_2O_3极易被还原成Fe_3O_4。

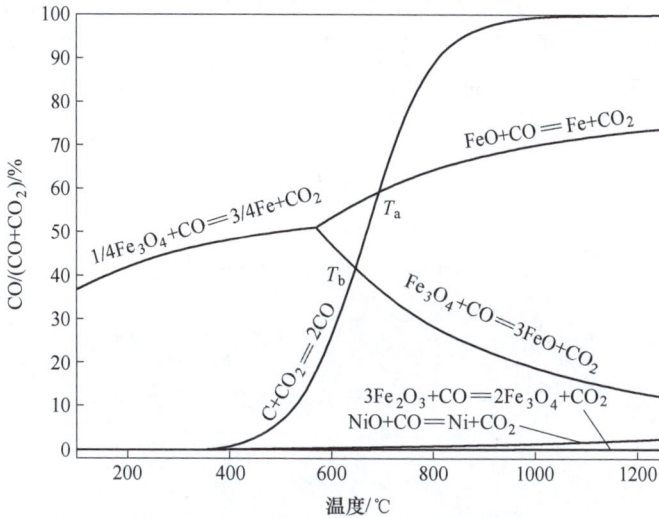

图4-219 平衡气相反应与温度的关系

由图4-219可知，T_a和T_b将图划分为三个区，$T>T_a$的区域为金属铁稳定区；$T<T_b$的区域为Fe_3O_4稳定区；$T_a>T>T_b$的区域为FeO稳定区。由此而知，通过控制还原反应气氛和反应温度，就可控制镍氧化物和铁氧化物的选择性还原。

B 硫化热力学

在还原气氛中，硫酸钙$CaSO_4$的还原产物CaS可以与红土镍矿中的FeO、NiO、SiO_2等组分发生反应，可能反应的方程式见表4-171。

表4-171 CaS-FeO-NiO-SiO_2体系发生反应方程式

反应	化学反应方程式
(4-120)	$NiO+CaS=\!=\!=NiS+CaO$

反应	化学反应方程式
(4-121)	$FeO+CaS \Longrightarrow FeS+CaO$
(4-122)	$NiO+FeS+SiO_2 \Longrightarrow NiS+FeSiO_3$
(4-123)	$FeO+CaS+SiO_2 \Longrightarrow FeS+CaSiO_3$
(4-124)	$NiO+CaS+SiO_2 \Longrightarrow NiS+CaSiO_3$

根据热力学计算，可得到上述反应的吉布斯自由能 ΔG 与温度 T 的关系，如图 4-220 所示。红土镍矿在还原硫化焙烧及高温熔融处理过程中，SiO_2 的存在，可使 FeO、NiO 分别能与 CaS 反应生成 FeS 或 NiS；生成的 FeS 与 NiO 进一步反应生成 NiS；但若体系中没有 SiO_2 存在时，则 CaS 不能与 FeO 反应生成 FeS。综上所述，利用石膏 $CaSO_4$ 作为硫化剂。在红土镍矿还原硫化的焙烧、熔融过程中，红土镍矿混合料中存在的物相主要有 Fe、Ni、FeO、FeS、NiS、$CaSiO_3$。

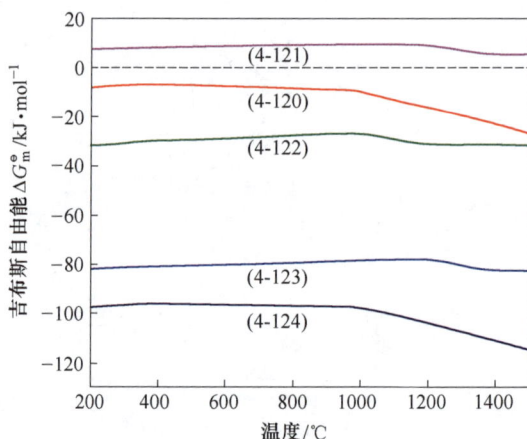

图 4-220 镍、铁氧化物被 CaS 硫化吉布斯自由能曲线

C 选择性还原硫化

利用石膏 $CaSO_4$ 选择性还原硫化红土镍矿制备低镍锍，通过还原反应、硫化反应的热力学分析，推断红土镍矿的主要还原硫化反应机制如图 4-221 所示。此处仅为热力学分析结果，具体选择性反应条件试验详见 4.10.2.2 节。

4.10.2.2 红土镍矿冶炼温度及渣型

A 冶炼温度影响因素

不同 MgO 含量渣系固/液相线温度随渣中 FeO 含量变化的曲线如图 4-222 所示。总体上可见，随着渣中 FeO 含量增加，熔渣固相线温度小幅增加，而液相线温度则先小幅降低，至拐点温度后再较大幅度升高。其中，在不同含量 MgO 渣

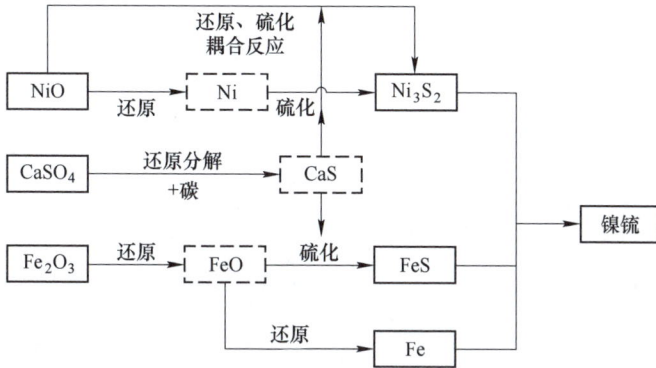

图 4-221 选择性还原硫化反应机制

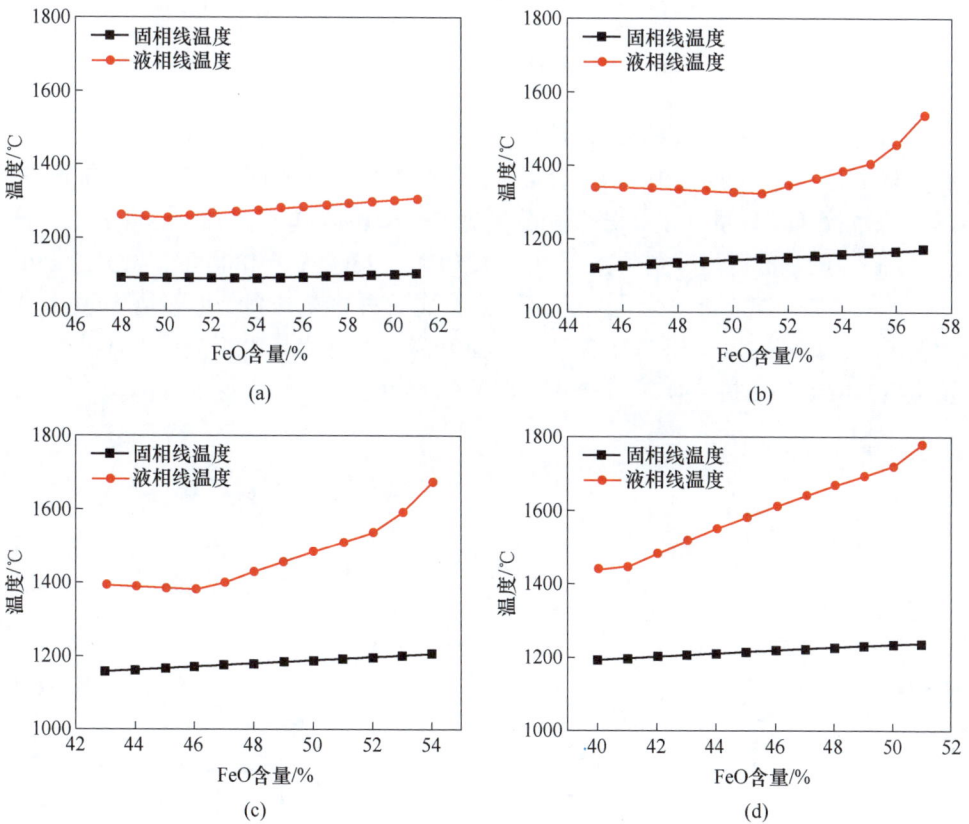

图 4-222 不同 MgO 的炉渣熔化性温度对比

(a) 5%MgO;(b) 10%MgO;(c) 14%MgO;(d) 18%MgO

系中液相线拐点温度值变化如图 4-223 所示。可见，随着渣中 MgO 增加，液相线拐点温度逐渐升高，相应的 FeO 含量逐渐降低。由此可知，渣系熔化温度在 MgO 含量低时也相应较低，而当 MgO 含量较高时，仅当渣中 FeO 含量较低时熔化温度相对较低。

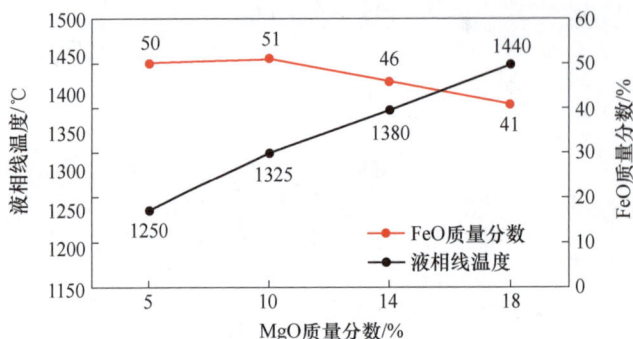

图 4-223　不同 MgO 含量熔渣液相线温度拐点值

不同 MgO 含量时炉渣黏度随渣中 FeO 含量和温度变化的汇总如图 4-224 所示。总体上可见，随着渣中 MgO 含量升高，熔渣黏度在不同温度下也逐渐升高。其中，对于 MgO 含量（质量分数）分别为 5%、10%、14%、18% 的熔渣黏度低于 1 Pa·s 的最低温度分别为 1200 ℃、1250 ℃、1300 ℃、1300 ℃。此外，随着 FeO 含量增加，熔渣黏度变化是先逐渐减小而后再逐渐升高。但当渣中 MgO 含量较高时，熔渣黏度仅随 FeO 含量增加而升高，这可能是由于渣中 MgO 同 FeO 发生反应所致，抑制 FeO 对熔渣黏度的两面性影响。

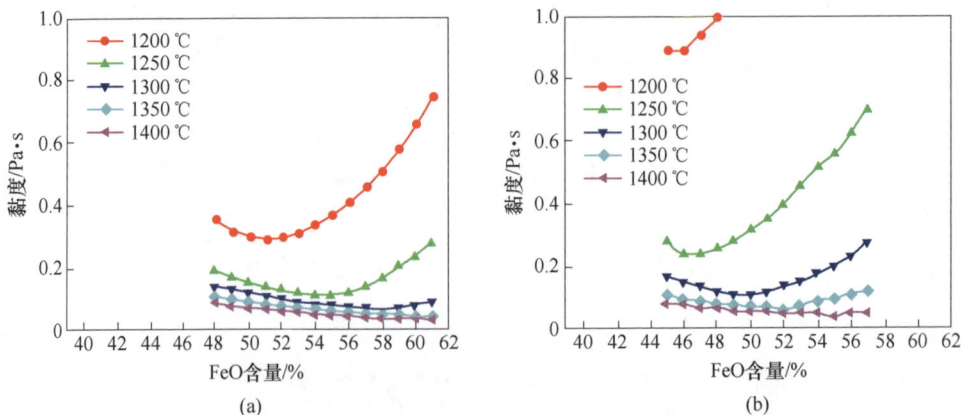

(a)　　　　　　　　　　　　　　(b)

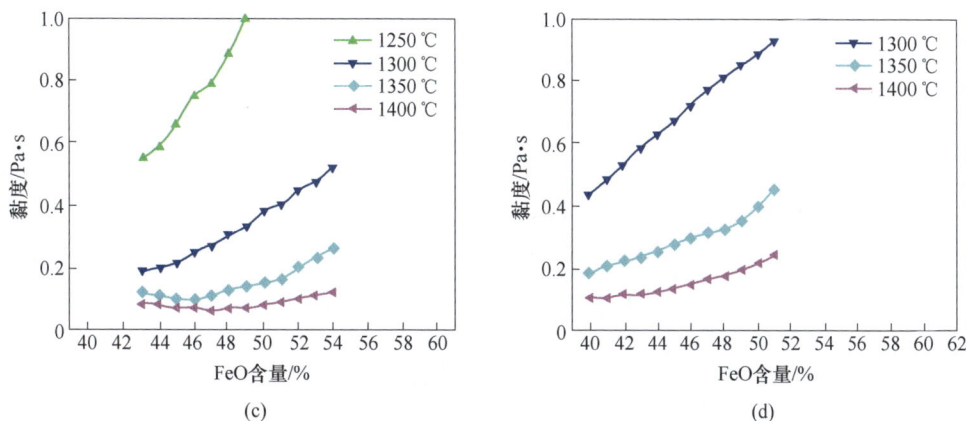

图 4-224 不同 MgO 含量的炉渣黏度对比

(a) 5%MgO；(b) 10%MgO；(c) 14%MgO；(d) 18%MgO

根据以上计算结果对比分析，获得以下规律：

(1) 随着渣中 FeO 含量增加，熔渣固相线温度小幅增加，液相线温度先小幅降至拐点温度后再大幅增加。随着渣中 MgO 含量增加，熔渣固相线和液相线温度均升高，且液相线拐点温度对应的 FeO 含量逐渐降低。

(2) 随着渣中 MgO 含量升高，熔渣黏度增加；而随着温度升高，熔渣黏度则降低。当 5%、10%、14%、18%MgO 熔渣体系黏度低于 0.2 Pa·s 时，对应的最低温度分别为 1250 ℃、1300 ℃、1350 ℃、1400 ℃。

(3) 当 MgO 含量低于 10%时，随着渣中 FeO 含量增加，熔渣黏度先逐渐降低后又升高；而当 MgO 含量高于 10%时，熔渣黏度随着渣中 FeO 含量增加而增加。

B 冶炼渣型

本节主要讨论 CaO-MgO-SiO_2-Al_2O_3-FeO 五元系炉渣熔点变化规律。红土镍矿熔炼炉渣中 Al_2O_3 含量（质量分数）一般为 3%~10%，基本不超过 10%，此处以 Al_2O_3 含量为 8%作为计算依据，考察炉渣中 FeO 含量分别为 10%、30%的 CaO-MgO-SiO_2-0.08Al_2O_3-xFeO 五元系炉渣熔点变化规律，其相图如图 4-225 和图 4-226 所示，对应炉渣最低共熔点温度及成分见表 4-172 和表 4-173。

通过以上对比可知，CaO-MgO-SiO_2-0.08Al_2O_3-xFeO 体系中 FeO 质量分数为 10%、30%时，所应对的炉渣温度范围分别为 1158~1657 ℃、1206~1333 ℃。通过相图对比可知，1400 ℃以下温度区域所对应的成分分布范围明显增大，有效提高了炉渣的可调控性和稳定性。根据以上相图分析，实际熔炼温度控制在 1350~1500 ℃可满足红土镍矿还原硫化制备低镍锍的要求。

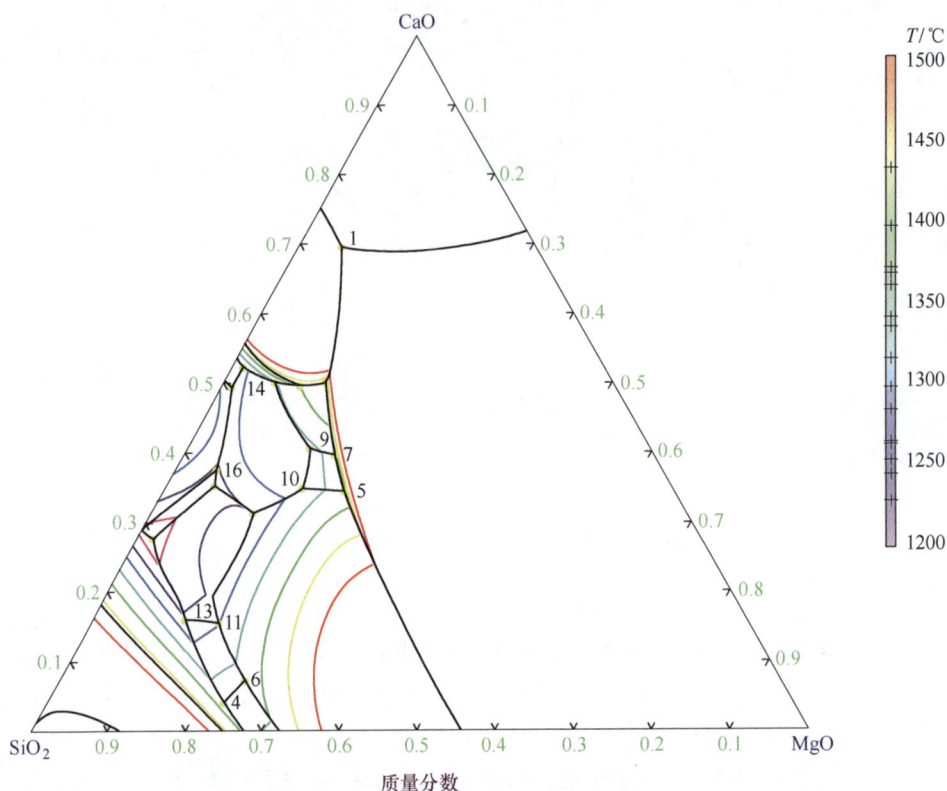

图 4-225 CaO-MgO-SiO$_2$-8%Al$_2$O$_3$-10%FeO 五元系相图

表 4-172 CaO-MgO-SiO$_2$-8%Al$_2$O$_3$-10%FeO 五元渣系最低共熔点温度及成分

编号	组分含量（质量分数)/%			镁硅比	钙硅比	最低共熔点温度 /℃
	CaO	SiO$_2$	MgO			
1	69.46	24.76	5.78	0.23	2.81	1657
2	50.14	36.56	13.31	0.36	1.37	1433
3	49.70	40.16	10.14	0.25	1.24	1397
4	4.10	72.87	23.03	0.32	0.06	1371
5	34.49	42.14	23.37	0.55	0.82	1368
6	7.28	68.53	24.19	0.35	0.11	1367
7	39.76	40.79	19.45	0.48	0.97	1360
8	49.99	43.03	6.98	0.16	1.16	1340
9	40.53	43.47	16.00	0.37	0.93	1334

编号	组分含量（质量分数）/%			镁硅比	钙硅比	最低共熔点温度 /℃
	CaO	SiO$_2$	MgO			
10	34.85	47.31	17.84	0.38	0.74	1314
11	15.46	67.86	16.68	0.25	0.23	1296
12	52.38	46.16	1.45	0.03	1.13	1282
13	16.03	71.96	12.01	0.17	0.22	1262
14	49.32	49.14	1.54	0.03	1.00	1261
15	31.37	55.26	13.37	0.24	0.57	1251
16	37.70	56.94	5.36	0.09	0.66	1242
17	35.29	58.51	6.20	0.11	0.60	1225
18	27.58	70.27	2.14	0.03	0.39	1158

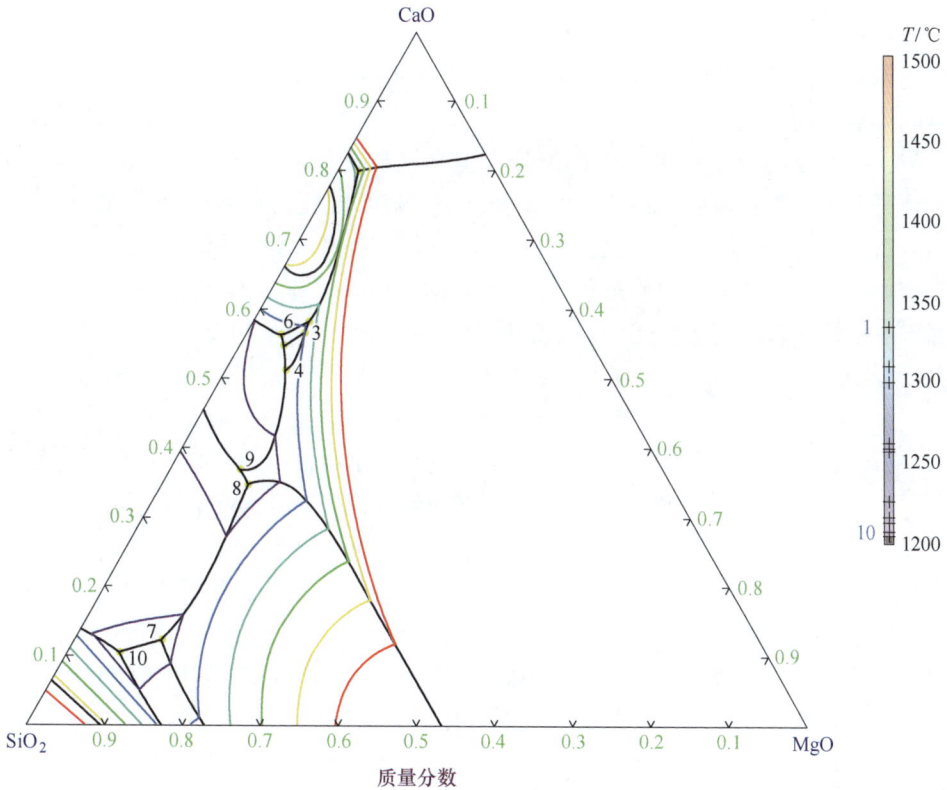

图 4-226　CaO-MgO-SiO$_2$-8%Al$_2$O$_3$-30%FeO 五元系相图

表 4-173 CaO-MgO-SiO$_2$-8%Al$_2$O$_3$-30%FeO 五元渣系最低共熔点温度及成分

编号	组分含量（质量分数）/%			镁硅比	钙硅比	最低共熔点温度 /℃
	CaO	SiO$_2$	MgO			
1	79.95	17.32	2.73	0.16	4.61	1333
2	58.18	34.64	7.19	0.21	1.68	1309
3	56.74	35.89	7.37	0.21	1.58	1299
4	51.34	40.94	7.72	0.19	1.25	1261
5	54.83	39.46	5.71	0.14	1.39	1258
6	56.44	39.12	4.44	0.11	1.44	1256
7	12.31	76.51	11.18	0.15	0.16	1225
8	34.83	54.10	11.07	0.20	0.64	1215
9	36.82	54.04	9.15	0.17	0.68	1212
10	10.54	82.77	6.69	0.08	0.13	1206

　　针对以上相图中低熔点炉渣要求的氧化钙含量、氧化镁含量、镁硅比，以及炉渣碱度的范围，单一的红土镍矿原料难以满足全部要求。实际生产中，需通过不同类型不同产地的红土镍矿按炉渣渣型要求进行配矿处理，对各组分进行合理调节，特别是调节渣系中氧化镁组分含量和镁硅比区间。石膏还原硫化红土镍矿，可有效利用石膏引入的 CaO 作为降低炉渣熔炼温度的有利组元，无需单独配加生石灰或石灰石。对于氧化铝组分而言，虽然炉渣中适量提高氧化铝含量对炉渣熔化性质有利，但在配矿过程中一般不会额外添加，炉渣中氧化铝组分基本来源于红土镍矿自身的氧化铝和还原剂灰分。

4.10.2.3 红土镍矿石膏硫化试验研究

A 石膏预分解试验

　　石膏在高温时存在两种反应，在配入不同还原剂碳粉，并与红土镍矿混合处理后，混合料在高温反应过程中存在碳与石膏或红土镍矿反应程度不同的问题，反应过程中碳在石膏和红土镍矿之间的分配程度不同将可能影响石膏的分解方式。本节将通过高温反应，揭示石膏分解反应对红土镍矿还原硫化反应的影响规律。

　　通过红土镍矿硫化试验，初步发现石膏硫化红土镍矿过程中，石膏分解方式对硫化反应程度具有明显的作用。为此，进行石膏经碳热预处理后再硫化红土镍矿和石膏直接硫化红土镍矿的硫化效果对比试验。

　　石膏预还原分解后应获得分解产物 CaS，通过石膏的碳热反应制备硫化剂 CaS，确定反应物料的性质，石膏分解产物形貌如图 4-227 所示，其成分见表 4-174。

图 4-227 石膏在不同温度下预分解产物形貌

表 4-174 石膏低温焙烧预处理后物相分析结果

样品名称	相态	成分	检测结果
试验 1 石膏∶碳粉 (质量份 25∶7) 800 ℃，2 h	氧化钙中钙	Ca	2.25×10^{-2}
	硫化钙中钙	Ca	24.30×10^{-2}
	硫酸钙中钙	Ca	17.60×10^{-2}
	总钙	TCa	44.15×10^{-2}
	总碳	TC	7.10×10^{-2}
	总硫	TS	24.95×10^{-2}
试验 2 石膏∶碳粉 (质量份 25∶7) 900 ℃，2 h	氧化钙中钙	Ca	1.98×10^{-2}
	硫化钙中钙	Ca	57.61×10^{-2}
	硫酸钙中钙	Ca	2.80×10^{-2}
	总钙	TCa	62.39×10^{-2}
	总碳	TC	0.10×10^{-2}
	总硫	TS	30.89×10^{-2}
试验 3 石膏∶碳粉 (质量份 25∶7) 1000 ℃，2 h	氧化钙中钙	Ca	1.95×10^{-2}
	硫化钙中钙	Ca	59.60×10^{-2}
	硫酸钙中钙	Ca	2.40×10^{-2}
	总钙	TCa	63.95×10^{-2}
	总碳	TC	0.048×10^{-2}
	总硫	TS	28.44×10^{-2}

石膏配入适量还原剂碳粉经低温焙烧预处理后，主要反应产物为硫化钙，物相分析显示主要为物相 CaS。

B 硫化反应对比试验

利用石膏预处理后的硫化剂 CaS 进行高温还原硫化试验，并与硫化剂物质量相当的石膏还原硫化反应试验进行对比，试验方案见表 4-175，试验产物如图 4-228 所示，化学检测分析见表 4-176，金属回收率和硫的利用率见表 4-177。

表 4-175 试验方案 (g)

编号	MLP 矿	硫化剂	C	氧化钙	氧化铝	氧化硅	反应条件
试验 1	100	CaS：9	10	15	8	40	1450 ℃，2 h
试验 2	100	石膏：20	10	10	8	40	1450 ℃，2 h

(a)

(b)

图 4-228 硫化反应产物形貌
（a）硫化剂 CaS；（b）硫化剂 CaSO$_4$

表 4-176 化学成分 （质量分数/%）

试验编号	Ni	Co	Fe	S	Al	Ca	Al$_2$O$_3$	CaO
试验 1-渣	0.139	0.013	23.606	0.92	6.373	9.486	12.04	11.49
试验 1-锍	12.90	0.743	65.104	12.47	0.256	2.077	0.48	2.91
试验 2-渣	0.493	0.052	27.225	1.32	6.529	7.253	12.34	9.74
试验 2-锍	27.28	0.489	43.438	22.2	0.835	2.667	1.58	3.58

表 4-177 金属回收率和硫的利用率 （%）

样品编号	回收率			硫利用率	锍中硫分配率
	Ni	Co	Fe		
试验 1	86.74	80.12	38.71	97.63	48.87
试验 2	51.57	18.11	27.20	73.14	24.45

注：硫的利用率为（镍渣中硫+镍锍中硫)/硫化剂中硫；锍中硫的分配率为锍中硫/（渣中硫+锍中硫）。

试验结果表明，试验 1 硫化剂 CaS 硫化试验产物中渣-锍分离明显，镍锍聚集成饼状分布于坩埚底部，且渣中残留镍含量较低，为 0.139%，锍中镍品位为 12.90%。试验 2 石膏硫化试验产物中渣-锍分离较差，镍锍中镍品位虽然高，但镍锍总质量较少，导致回收率低，主要因为石膏在加热过程中发生分解消耗还原剂，且石膏分解反应不充分，导致硫化剂的有效利用率低。通过试验对比可知，石膏预处理后 CaS 的硫化效果好，硫的利用率高，可达 97.63%。

4.10.3 红土镍矿还原硫化工业试验及工程设计方案

4.10.3.1 红土镍矿 RKEF 石膏硫化半工业试验

A 试验物料准备

红土镍矿 RKEF 石膏硫化半工业试验采用连续生产模式，为提高原矿品位，本次试验红土镍矿原料采用配矿方式，其中 "A" 和 "B" 红土镍矿成分见表 4-178 和表 4-179。硫化剂为石膏模或石膏矿，石膏成分见表 4-180。

表 4-178 "A" 矿干基成分

组分	Ni	Fe	P	S	SiO$_2$	CaO	MgO	Al$_2$O$_3$
质量分数/%	1.83	16.06	0.009	0.074	37.33	4.97	18.34	2.97

表 4-179 "B" 矿干基成分

组分	Ni	Fe	P	S	SiO$_2$	CaO	MgO	Al$_2$O$_3$
质量分数/%	1.660	21.140	0.002	0.019	39.100	0.100	12.410	3.720

表 4-180　硫化剂石膏成分　　　　　（质量分数/%）

名称	氯离子含量/mg·kg⁻¹	CaCO₃	CaSO₄·2H₂O	水分
石膏模	0	10	84.68	6.41
石膏矿	300	9	92.57	0.25

根据试验理论计算，试验物料配料情况及回转窑焙砂产物的检测成分见表 4-181。

表 4-181　试验物料配矿成分　　　　　（质量分数/%）

		Ni	Al₂O₃	Cr₂O₃	TFe	CaO	MgO	SiO₂	H₂O	S	P
理论配料成分		1.41	2.47	0.70	13.58	3.04	13.40	29.76	24.34	0.048	0.005
实际焙砂成分	最小	1.10	—	—	8.17	5.74	17.73	31.94	—	1.46	0.98
	最大	1.69	—	—	16.46	15.2	23.67	42.89	—	5.64	3.06
	平均	1.56	—	—	13.62	7.84	20.54	40.00	—	2.50	1.61

B　试验开展情况

a　镍锍产品情况

试验产物镍锍镍含量及硫含量分布情况分别如图 4-229 所示，由图可知，镍锍在 B 区、C 区均达到红土镍矿还原硫化的目的，且硫含量大于 15%，最高达 30%，主要分布于 22%～28%；同时镍锍中镍含量在 B 区、C 区均大于 10%，且在 B 区域镍含量分布于 17%～24%，在 C 区域镍含量分布于 10%～14%。

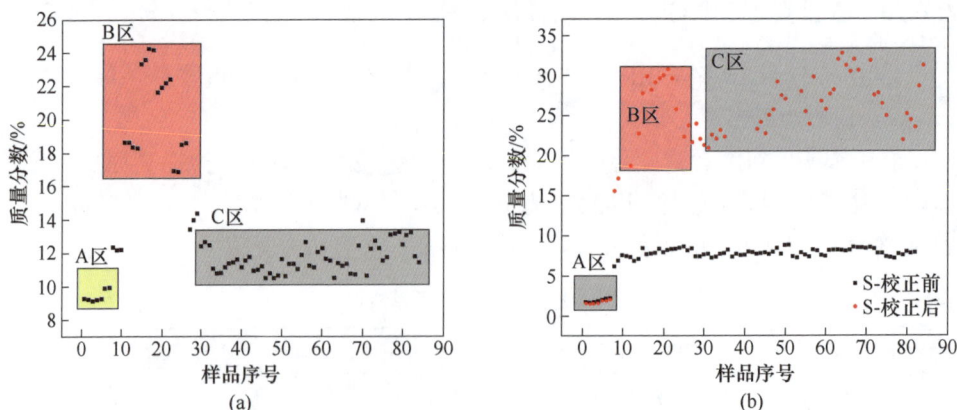

图 4-229　镍锍镍含量（a）及硫含量（b）分布情况

b　镍锍产品成分优化

RKEF 石膏硫化产出低镍锍、炉渣成分分别见表 4-182 和表 4-183。电炉熔炼温度控制在 1450~1550 ℃，产出镍锍镍品位为 18.30%~24.27%，平均镍品位为 21.45%，镍锍硫品位 18.68%~30.68%，平均值为 27.58%。红土镍矿的硫化效果好，目标产品镍锍硫含量达到 18%~22%。

炉渣中渣含镍最低 0.19，渣中 FeO 平均含量为 12% 左右，电炉熔炼低镍锍镍品位 21.45%，回转窑燃料用兰炭用量为 5.71 t/吨矿镍。

表 4-182 低镍锍成分（品位） （质量分数/%）

元素	Ni	S	P	Si	C	Mn	Cr
最小值	18.30	18.68	0.02	0.01	0.07	0.01	0.02
最大值	24.27	30.68	0.03	0.01	0.17	0.01	0.57
平均值	21.45	27.58	0.02	0.01	0.10	0.01	0.16

表 4-183 炉渣成分 （质量分数/%）

元素	Ni	TFe	FeO	Al_2O_3	Cr_2O_3	CaO	MgO	SiO_2	S	Fe/SiO_2	五元碱度
最小值	0.19	7.19	5.60	3.27	0.98	7.76	18.99	43.32	0.18	0.15	0.80
最大值	0.45	16.27	16.21	4.14	1.44	9.57	27.40	49.47	0.38	0.38	0.92

c 金属回收率及硫化剂率

试验共处理红土镍矿总量 7847.5 t，使用硫化剂石膏块 1088 t，吨矿电极弧消耗约为 0.08 t，产出镍锍产品 151.68 t，其镍锍品位平均值约为 Ni：14%，S：25%。石膏块中加入硫总质量为 45.77 t，镍锍产品中硫质量为 35.04 t。因此，全流程中硫化剂中硫的有效利用率为 76.56%。以试验的镍锍品位及镍产量计算金属镍的回收率为 85.25%。

4.10.3.2 红土镍矿侧吹石膏硫化试验研究

针对红土镍矿石膏硫化开展基础试验与侧吹扩试试验，红土镍矿原料化学成分见表 4-184，扩大试验硫化剂石膏渣化学成分见表 4-185。

表 4-184 红土镍矿化学成分 （质量分数/%）

元素	Ni	Co	Fe	S	MgO	SiO_2	CaO	Al_2O_3
质量分数/%	1.75	0.03	18.6	0.05	18.24	48.56	0.99	6.50

表 4-185 石膏渣化学成分 （质量分数/%）

元素	Fe	S	MgO	SiO_2	CaO	Al_2O_3
质量分数/%	0.25	17.39	0.61	2.43	39.08	0.92

利用中国恩菲偃师研发基地侧吹试验炉开展基础试验和扩大试验研究，扩大

试验工艺路线如图 4-230 所示。试验所用富氧气体由高纯氧气、高纯氮气混合所得，燃料为天然气，试验原料为红土镍矿，还原剂为无烟煤，硫化剂为石膏渣。图 4-231 为侧吹炉及烟气处理系统。

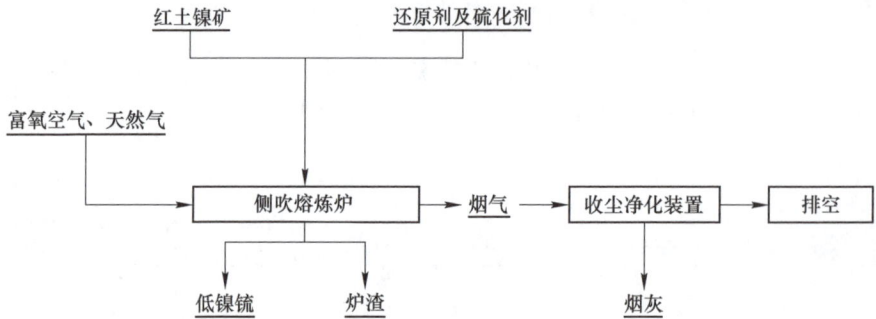

图 4-230 扩大试验工艺流程

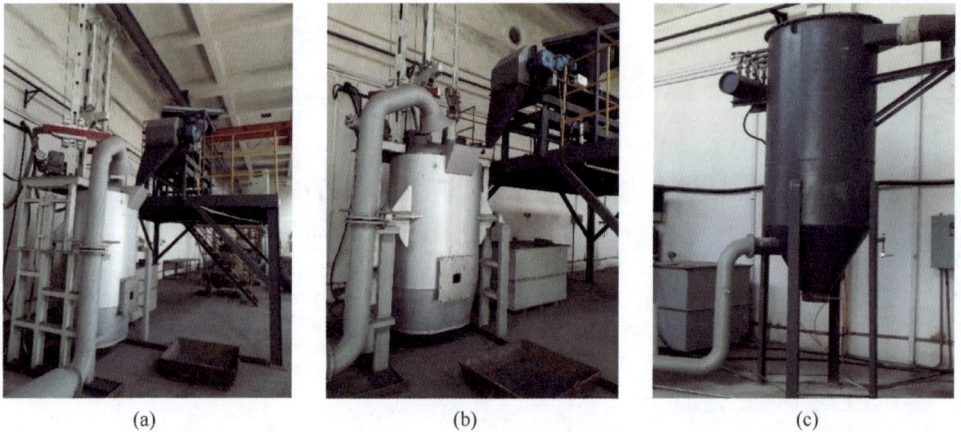

(a) (b) (c)

图 4-231 侧吹炉及烟气处理系统
(a) 侧视图；(b) 主视图；(c) 布袋收尘

A　检测方法

化学成分分析采用 ICP 检测，熔渣样品微观形貌利用电子扫描显微镜（FEI MLA250，SEM，Hillsboro，OR，USA）进行观察，并利用 EDS（XFlash 5030；Bruker，Germany）进行元素分布分析，利用 XRD 进行了物相鉴定。

B　红土镍矿石膏硫化基础试验

利用马弗炉开展高温石膏硫化红土镍矿基础试验，试验方案见表 4-186，反应产物形貌如图 4-232 所示，反应产物化学成分见表 4-187，金属回收率及硫的利用率见表 4-188。

表 4-186 红土镍矿硫化试验方案

试验编号	红土镍矿/g	碳粉/g	二水石膏/g	反应时间/min	反应温度/℃
T-1	100	8	25	40	1500
T-2	100	8	18	40	1500

(a)　　　　　　　　　　　　　　　(b)

图 4-232 红土镍矿硫化反应产物形貌

(a) T-1; (b) T-2

表 4-187 化学成分 （质量分数/%）

试验编号	Ni	Fe	Co	S
T-1 锍	18.19	60.67	0.26	13.00
T-2 锍	15.75	58.71	0.19	20.82
T-1 渣	0.21	12.11	0.0049	0.68
T-2 渣	0.18	10.23	0.0037	0.52

表 4-188 金属回收率及硫的利用率 （%）

试验编号	Ni 回收率	Fe 回收率	Co 回收率	S 利用率
T-1	90.35	57.61	88.04	75.63
T-2	95.06	52.00	87.68	77.33

通过对比试验可知，金属镍回收率均高于90%，钴回收率高于87%，硫利用率高于75%，且铁回收率低于58%，表明石膏硫化红土镍矿在控制碳/硫比且满足还原所需碳的条件下，可达到选择性还原硫化红土镍矿制备低镍锍目的。此外，试验碳/硫比适当提高，有利于提高有价金属的回收率与硫的利用率。

　　为进一步确定渣中有价金属元素分布行为及是否残留 CaS，将试验 T-2 渣样进行微观元素分布分析，结果如图 4-233 所示。由图 4-233 可知，渣中的硫几乎都与渣中残留的金属铁结合，以硫化铁形式存在，而非以 CaS 形式残存在渣中，渣中的钙元素主要进入渣相，形成橄榄石相等物相。

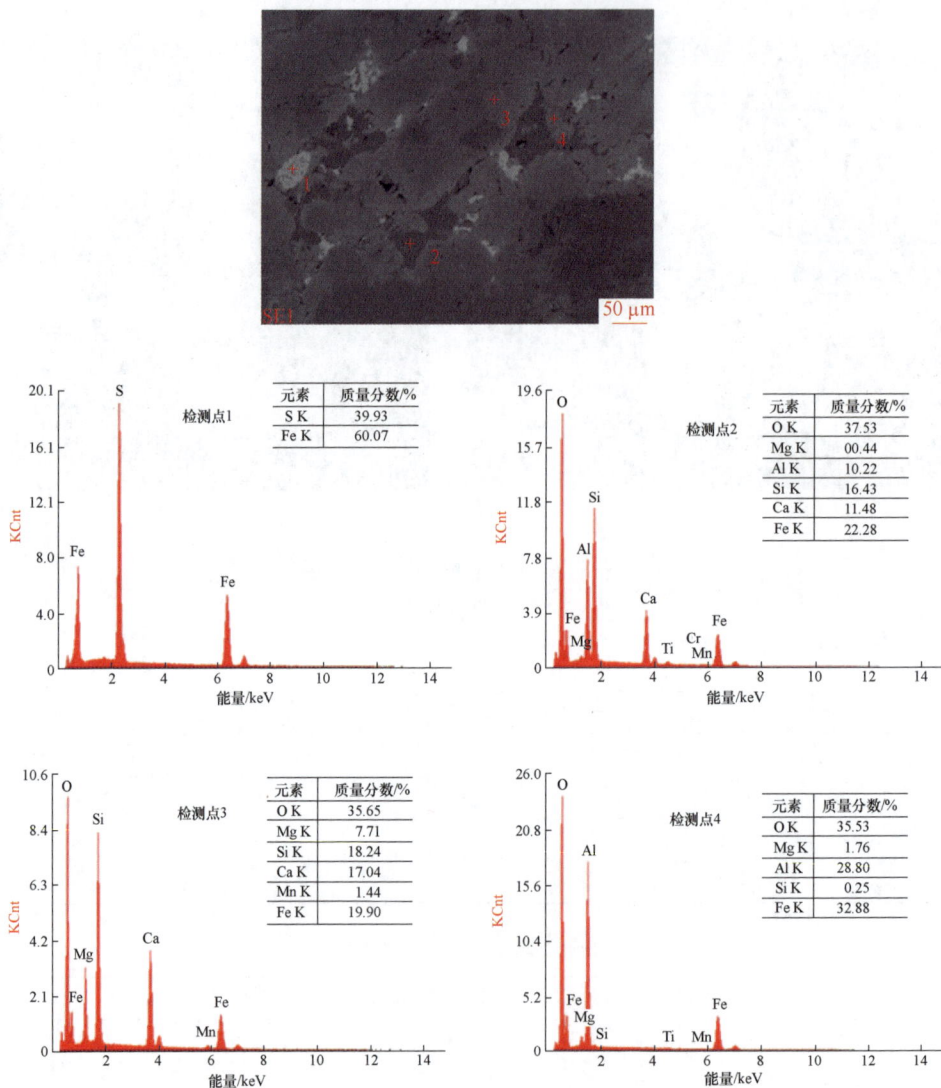

检测点1

元素	质量分数/%
S K	39.93
Fe K	60.07

检测点2

元素	质量分数/%
O K	37.53
Mg K	00.44
Al K	10.22
Si K	16.43
Ca K	11.48
Fe K	22.28

检测点3

元素	质量分数/%
O K	35.65
Mg K	7.71
Si K	18.24
Ca K	17.04
Mn K	1.44
Fe K	19.90

检测点4

元素	质量分数/%
O K	35.53
Mg K	1.76
Al K	28.80
Si K	0.25
Fe K	32.88

图 4-233　能谱分析（SEM-EDS）

C　红土镍矿富氧侧吹硫化扩大试验

　　富氧侧吹扩大试验单炉次物料处理规模为 500 kg。试验现场及产出物形貌如图 4-234 所示，试验结果汇总见表 4-189 和表 4-190，镍锍主要化学成分如图 4-235 所示。

图 4-234 侧吹扩大试验现场及产出物形貌

（a）侧吹炉扩大试验现场；（b）渣包炉渣断面形貌；

（c）渣包底层镍锍形貌；（d）镍锍产物形貌

试验采用喷吹相同气氛的弱还原气体，即氧料比（标态）为-40 m³/t，考察不同还原剂率、硫化剂率条件下富氧侧吹硫化熔炼工艺的可行性及工艺参数。试验结果表明，在 1350~1600 ℃均可产出镍锍，且渣中镍品位小于 0.3%。当冶炼温度为 1450~1600 ℃时，镍锍品位大于 14%，最大为 30%，渣中镍品位小于 0.28%，最小为 0.16%。

表 4-189 试验结果汇总

试验编号	熔炼方式	熔炼温度/℃	样品	化学成分（质量分数）/%				
				Ni	Co	Cu	Fe	S
试验 1	侧吹熔炼	1350~1450	熔渣	0.209	0.019	0.041	20.44	0.16
			镍锍	6.122	0.498	1.682	68.40	13.43

试验编号	熔炼方式	熔炼温度/℃	样品	化学成分（质量分数)/%				
				Ni	Co	Cu	Fe	S
试验 2	侧吹熔炼	1450~1500	熔渣	0.271	0.014	0.015	15.76	0.16
			镍锍	21.87	0.834	0.680	69.55	5.90
试验 3	侧吹熔炼	1550~1600	熔渣	0.1631	0.0032	0.0026	13.52	
			镍锍	14.374	0.4259	0.1692	76.072	10.24
试验 4	侧吹熔炼+电极辅热	1500~1600	熔渣	0.1685	0.0049	0.0031	11.044	

表 4-190　试验过程参数汇总

试验编号	熔剂率（100 kg 矿料)/%		侧吹气体参数（标态)/m³·h⁻¹			喷吹气体
	还原剂率	硫化剂率	天然气	氧气	氮气	
试验 1	9.91	25.57	27	50	20	弱还原
试验 2	13.40	18.57	27	50	20	弱还原
试验 3	16.35	24.56	25	46	8.6	弱还原
试验 4	17.43	24.86	10	16	8	弱还原

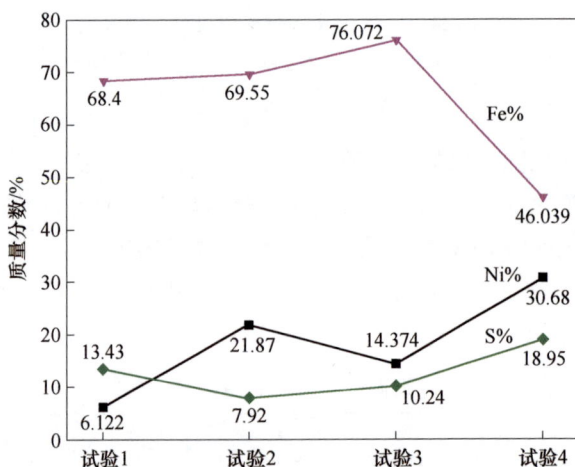

图 4-235　镍锍成分分布情况

D　石膏还原硫化红土镍矿反应机制

利用石膏选择性还原硫化红土镍矿制备低镍锍，通过还原反应、硫化反应的热力学分析，红土镍矿的主要还原硫化反应机制如图 4-236 所示，富氧侧吹硫化红土镍矿生产低镍锍工艺原理如图 4-237 所示。石膏在高温熔融条件下快速自分解形成 CaO、SO_2，导致硫的逸散。若提高 C/S 比大于 2，则增大了 CaS 物相比例，有利于提高硫化剂硫的利用率。

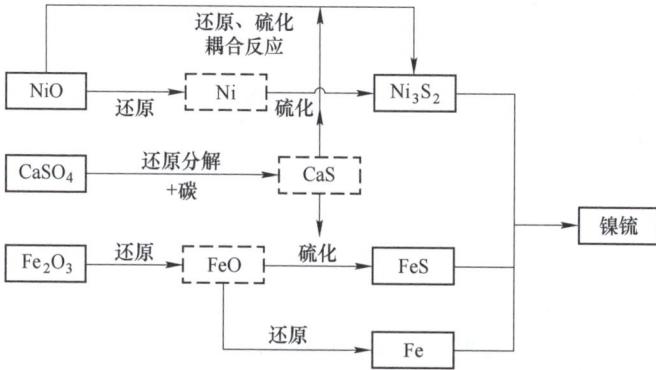

图 4-236 选择性还原硫化反应机制

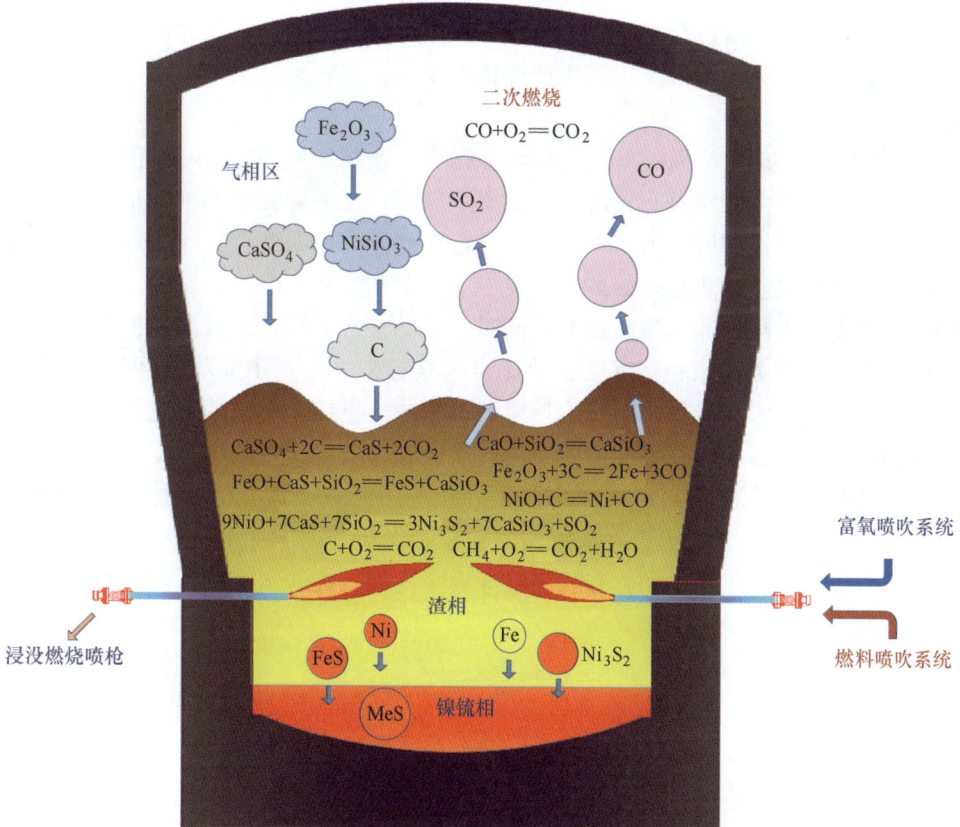

图 4-237 富氧侧吹硫化熔炼工艺原理图

4.10.4　结论

通过分析石膏高温分解反应行为，并开展石膏选择性还原硫化红土镍矿制备低镍锍基础试验，以及富氧侧吹硫化红土镍矿熔炼低镍锍扩大试验，获得以下结论：富氧侧吹硫化红土镍矿熔炼低镍锍工艺可行，石膏选择性还原硫化红土镍矿制备低镍锍主要关键因素为控制石膏热分解形成 CaS，从而提高硫的利用率，降低硫的逸散。富氧侧吹硫化红土镍矿冶炼低镍锍扩大试验结果表明镍回收率大于92%，钴回收率大于87%，硫利用率大于75%，铁回收率小于60%，可满足红土镍矿镍、钴、铁的选择性还原硫化富集回收目的。

4.10.5　展望

新能源产业的快速发展，推动动力电池镍原料的需求旺盛，如何高效经济地提取镍资源对我国镍冶炼行业发展具有重要意义。红土镍矿富氧侧吹硫化熔炼镍锍新技术具有投资少、能耗低、工艺流程短、劳动强度低、作业环境友好等优点。该工艺在红土镍矿火法熔融高效提取镍资源领域具有明显技术优势。该技术可根据项目所在地资源分布情况，选择性采用粉煤或者天然气作为供热燃料，满足直接选择性还原硫化红土镍矿生产镍锍的要求，是未来红土镍矿冶炼领域中重要的发展方向。

"具有自主知识产权的核心技术是企业的'命门'所在。"只有在核心技术上实现更多、更大的突破，才能掌握发展主导权，在更加复杂的国际市场中，增强竞争底气、掌握制胜利器，对于企业、行业而言都是如此。我国在红土镍矿冶炼的技术方面虽然起步相对较晚，但却在21世纪实现了跨越式发展。在产业规模世界领先，国际影响力持续提升的同时，随着核心工艺技术及装备的突破，配套产业模式、相关技术和管理队伍也逐步建立起来，进一步推动了高效、环保、低成本的领先技术持续推广，极大地降低了全球红土镍矿资源的开发门槛，使这一战略性金属能够成为以新能源汽车为代表的高端新兴领域的产业支撑，推动全球的低碳减排目标稳步实现。在产业布局和资源配置全球化的矿业发展大背景下，所有中国企业都应谨记"承担时代责任、共促全球发展"的重大责任和光荣使命，以自主技术为引领，在保障产业安全发展、提升国家资源保障力的道路上行稳致远。

5 氢在有色金属低碳冶炼中研究进展

5.1 前言

金属冶炼行业是国民经济的重要基础产业，是建设制造强国的重要支撑，也是我国工业领域碳排放的重点行业。中国是金属资源生产和消耗大国，在中国金属的生产和冶炼主要利用碳质原料作为还原剂，冶炼过程中排放大量二氧化碳温室气体，会对气候产生不利影响。随着国家"碳达峰"和"碳中和"战略目标的设定，对金属冶炼工业碳减排和控碳排放提出了新的挑战和要求，金属冶炼须向绿色低碳模式发展。

氢能作为最具战略性的绿色清洁能源，在未来能源结构变革中占据重要地位。在低碳转型背景下，在冶炼行业开展"以氢替碳"的氢气冶金技术，推广非焦冶炼和全氢还原技术对冶炼行业中碳减排具有重要作用。同时，氢气对部分金属的还原反应具有放热效应，可减少部分燃料消耗。氢气或富氢还原气在钢铁冶金领域已初步被应用，但对氢气的作用方式和冶炼反应行为缺乏理论解释，尤其在有色金属冶炼领域，更是缺乏相关理论数据支撑。因此，需要进一步通过系统化分析、研究和总结，深入探究氢气对金属氧化物的还原熔炼机理。

目前，氢冶金在钢铁领域已有初步应用，如铁矿石的竖炉气基直接还原及利用焦炉煤气富氢气体实现铁矿石的海绵铁直接还原等，钢铁领域氢冶金已向全氢还原工艺转变。在有色金属冶炼领域中，还没有氢气还原熔炼相关的研究。

结合目前金属碳热还原熔炼工艺，通过调研现有冶炼领域氢气还原利用技术现状，探索氢气在有色金属冶炼生产还原熔炼工艺中的利用，对比碳热还原和氢气还原应用技术特点和工艺要求，提出氢冶金可能的利用方式。通过冶金学软件计算，构建氢气还原金属氧化物的基础理论体系，进行氢气还原金属元素的热力学计算，分析影响氢气还原金属氧化物的主要因素和限制条件，为氢气还原金属氧化物提供理论支持。

5.2 氢冶金在金属冶炼领域应用现状

5.2.1 钢铁冶炼行业氢冶金技术现状

目前，在钢铁氢冶金领域，世界主要钢铁生产国家以高炉富氢冶炼和氢气直接还原-电熔炉/电弧炉短流程工艺作为低碳甚至零碳排放的革新技术。2008 年日本推出 COURSE50（环境友好型工艺炼铁工艺技术开发项目）国家研究项目，其技术本质是利用焦炉煤气进行高炉喷吹和碳捕收技术，实现钢铁冶炼领域的低碳排放，该项目技术核心即氢还原制铁工艺，将固定比例煤粉和焦炭替换为氢气，减少冶炼生产中二氧化碳的排放，同时利用碳捕收技术实现冶炼煤气中二氧化碳的分离和吸收。该技术已于 2016 年进行了第一次探索试验，对吹入氢气带来的影响及二氧化碳减排效果进行了验证，基本确立了氢还原效果最大化的工艺条件；根据项目计划，预计在 2030 年实现第一座高炉的富氢还原制铁技术实用化，实现碳减排 30%，2050 年实现该技术的工业化应用。2016 年瑞典钢铁公司、LKAB 铁矿石公司和 Vattenfall 电力公司联合成立了合资企业，旨在推动 HYBRIT（Hydrogen Breakthrough Ironmaking Technology）项目，该项目利用无化石燃料的电力和氢气代替焦炭和煤，排放产物是水。该项目技术核心是研究可再生能源对电力系统的影响，寻求可再生能源用于发电，降低制氢成本，为 HYBRIT 工艺提供低成本、可靠稳定的氢气，开发基于绿色氢气直接还原的炼铁技术，以替代传统还原剂焦炭和天然气，减少瑞典钢铁行业的碳排放。德国蒂森克虏伯集团与液化空气公司联合研发氢制铁项目，并于 2019 年 11 月 11 日正式进行了氢制铁试验，将还原氢气通过风口注入杜伊斯堡 9 号高炉，该项目计划从 2022 年开始，将氢气制铁技术应用于其他高炉，预计可减少 20% 的碳排放量。

　　国内以高炉-转炉长流程为主的工艺结构短时间内不会有较大改变，因此现有工艺结构的优化调整和新工艺的研发应用是国内钢铁工业碳中和的主要技术发展方向。我国氢冶金技术研究起步较晚，近年来国内钢铁企业开始纷纷布局氢冶金领域，探索减碳甚至零碳的氢冶金技术。河北钢铁集团和意大利特诺恩公司进行了氢冶金技术开发方面的合作，联合中冶京诚开发建设了 120 万吨规模的氢冶金气基竖炉示范工程。该项目提出充分利用可再生绿色能源如风能、太阳能，开发以氢气为核心的新型钢铁冶金新工艺，计划从分布式氢冶金、焦炉煤气净化、气体自重整、二氧化碳脱除、低成本制氢、绿色能源等环节进行全流程技术创新，探索钢铁冶炼行业"低碳"或"零碳"发展模式。山西中晋公司直接还原铁的氢基直接还原项目（CSDRI）于 2021 年 6 月正式进入试生产阶段，其以改质焦炉煤气作为铁矿石还原剂，可生产金属化率超过 90% 的优质海绵铁。中国宝武低碳冶金技术路线图，主要按"富氢碳循环高炉工艺"和"氢基竖炉直接还原-电炉炼钢工艺"两条路线实施，如图 5-1 所示。氢冶金以开发和应用氢基竖炉直接还原-电炉短流程工艺为重点，大幅度降低钢铁冶炼流程的 CO_2 排放量，以实现集团公司发布的"2025 年具备减碳 30% 工艺技术能力，2035 年力争减碳 30%，2050 年力争实现碳中和"的目标。2020 年中国宝武在八钢进行了富氢碳循环氧气高炉工艺试验，将脱碳后的煤气喷入富氢碳循环高炉，高炉吨铁燃料比下降近 45 kg，相较传统高炉减排 30%CO_2。

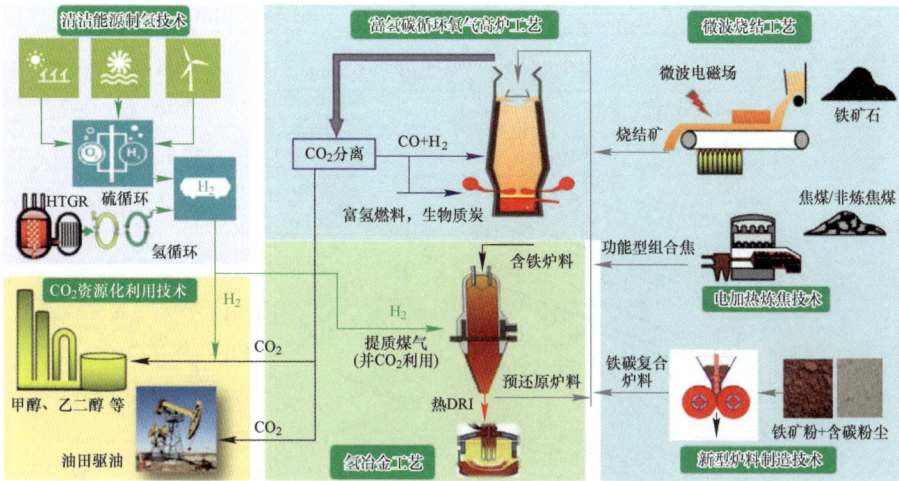

图 5-1 中国宝武低碳冶金技术路线

5.2.2 有色冶炼行业氢气冶金技术现状

我国有色金属工业是国民经济发展的重要支柱，为社会发展和工业建设作出了重大贡献。但作为高污染行业的有色金属冶炼过程每年产生大量温室气体，在有色行业开展"氢替碳"的技术工艺探索，推进有色行业的转型升级势在必行。

根据热力学原理，在金属氧化物生成吉布斯自由能大于水生成吉布斯自由能时，该金属氧化物即可被氢气还原。由图 5-2 Ellingham 图可知，在合适温度条件下，铅、锡、铜、镍、钴等多种金属的氧化物生成吉布斯自由能高于水生成吉布斯自由能，适宜条件下具有被氢气还原的可能。同时，高温条件下氢气生成水吉布斯自由能小于碳生成二氧化碳的吉布斯自由能，说明温度较高时氢气还原能力高于碳，具备替碳作还原剂的应用潜能。

目前，氢气在有色冶炼领域主要以"气基固体还原"反应方式进行应用研究。卢杰等人以焦炉煤气（主要成分为氢气）为还原剂，利用还原焙烧-磁选回收技术工艺进行了红土镍矿制备镍铁实验探索，在总气速 200 L/h、还原温度 800 ℃、还原时间 220 min、硫酸钠添加量 20%、还原产物磨矿 10 min、磁场强度 0.156 T 的条件下，获得镍品位 5.64% 的镍铁产品。高金涛等人对印尼红土镍矿基础特性进行了系统化研究，并通过混合焙烧、氢气还原、磁选工序实现了铁和镍的初步富集，氢气还原过程中铁金属化率高于 80%。Zhang 等人利用氢气辅助镁热还原二氧化钛制备钛金属粉末，利用高温条件下 Ti-H-O 固溶体的稳定性低于 Ti-O 固溶体，采用氢气氛可强化镁与二氧化钛间的反应，并通过镁的进一步脱氧作用，获得钛金属粉末。Kang 等人研究了氢气在还原纯 WO_3 和 WO_3-NiO

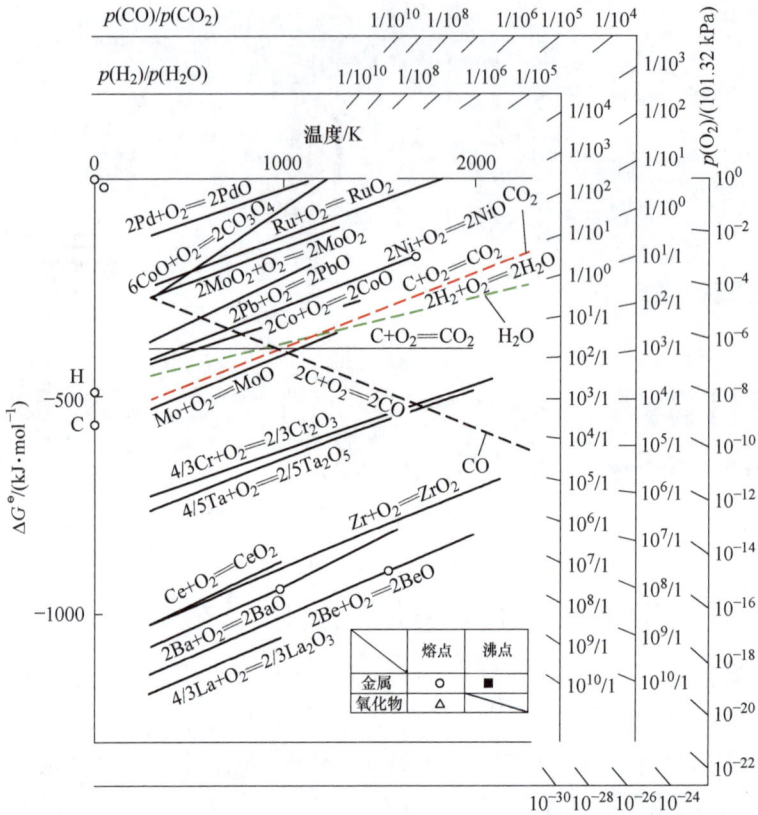

图 5-2 Ellingham 图

体系的反应动力学，发现氢气在 WO_3-NiO 体系中具有更高的反应活性，氢气对纯 WO_3 的还原反应活化能为 94.6~117.4 kJ/mol，而 WO_3-NiO 体系中先被还原的 Ni 可有效促进 WO_3 的还原，氢气对 WO_3、NiO 的还原反应活化能分别为 87.4 kJ/mol、79.4 kJ/mol。Zhang 等人通过添加超细钼粉末作为成核剂，利用氢气还原 MoO_2 粉末成功制备了纳米钼粉末。EBIN 等人利用氢气辅助还原热解技术从 Zn-C 废弃电池的电极材料中回收锌，在 950 ℃ 的还原热解条件下，锌回收率达到 99.8%。陈义胜等人在还原温度 950 ℃、还原时间 2 h、气体流量 120 L/h 的条件下，利用氢气还原含铌矿粉并通过高温熔分，熔分后熔渣的脱磷、脱铁效果良好，铌有效地富集在渣中，是原来矿粉中铌品位的 3.5 倍。

5.3 氢气还原铁氧化物理论分析

5.3.1 氢气还原铁氧化物热力学理论分析

图 5-3 所示为铁氧化物在不同还原剂作用下标准吉布斯自由能变化 ΔG 随温

度 T 的变化关系。根据标准吉布斯自由能曲线可以看出，在标准热力学状态下 H_2、CO、CH_4、C 四种物质对氧化铁还原能力依次为 CO< H_2<CH_4<C，氢气可以在较高温度下还原氧化铁。图 5-4 所示为铁氧化物氢基熔融还原过程所涉及氧化物与氢气反应的标准吉布斯自由能变化曲线。可以明显看出，在标准状态下，氢气还原铁氧化物难度较大。

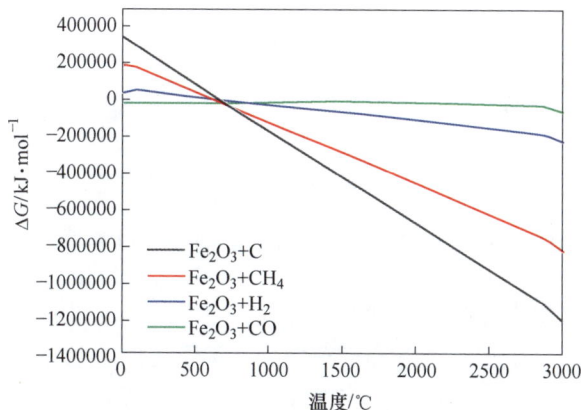

图 5-3   铁氧化物还原反应标准吉布斯自由能变化曲线

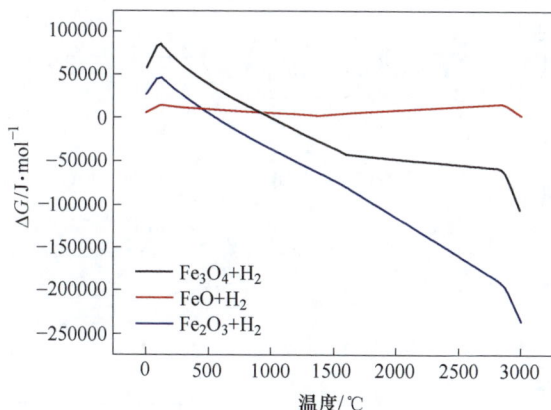

图 5-4   铁氧化物氢气还原反应标准吉布斯自由能变化曲线

1000 ℃不同压强下氢气还原氧化亚铁标准吉布斯自由能变化曲线，如图 5-5 所示。可以看出，低于标准大气压时，氢气可还原氧化亚铁生成单质；而随着压强增大，氢气还原氧化亚铁难度增大。

由图 5-6 氢气还原 Fe_xO 平衡图看出，在氢气"气固"还原铁氧化物时，随着温度升高，平衡曲线呈降低趋势；而氢气还原熔融态铁氧化物生成固态铁或液态铁时，平衡曲线随着温度升高呈升高趋势。氢气气固还原铁氧化物时，温度升

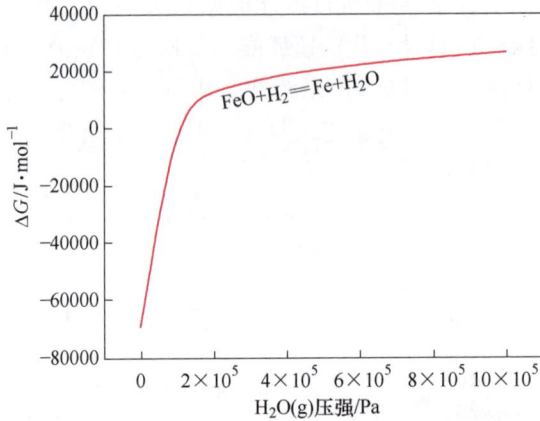

图 5-5 1000 ℃不同压强下氢气还原氧化亚铁标准吉布斯自由能变化曲线

高所需氢分压逐渐降低，说明温度升高有利于还原反应的进行；氢气还原熔融态铁氧化物所需氢分压随着温度升高逐渐增大，说明还原熔融态铁氧化物时，温度升高反而不利于还原反应的进行。但整体来看，还原铁氧化物熔体氢分压小于气固还原铁氧化物，表明氢气还原熔融态 FeO 所需氢分压具有一定优势。

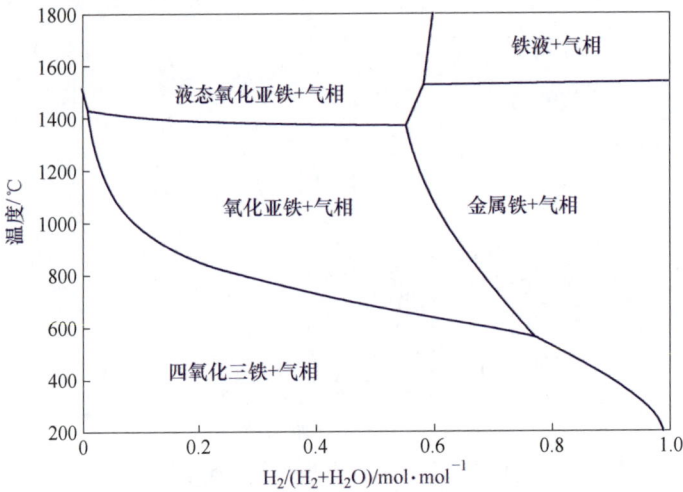

图 5-6 氢气还原 Fe_xO 平衡图

不同温度氢气还原 FeO 平衡相态物相含量如图 5-7 所示。由图 5-7 可知，随着温度升高，平衡相态中单质铁物相含量先增多后减少。这可能是因为低温阶段主要是氢气还原固态氧化亚铁，属于吸热反应，温度升高有利于还原反应的发生；而在高温阶段，氢气还原熔融态氧化亚铁属于放热反应，温度升高不利于反应进行。

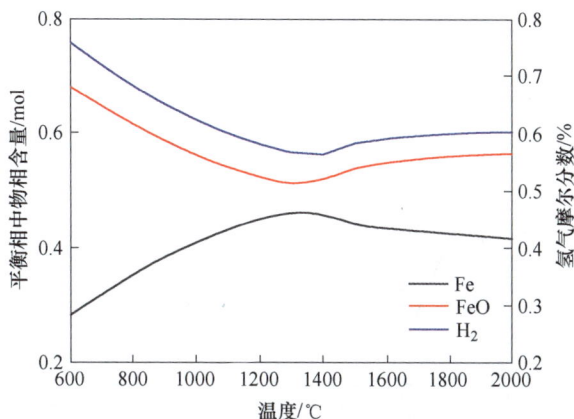

图 5-7 不同温度氢气还原 FeO 平衡相态物相含量

5.3.2 铁氧化物氢气还原热力学平衡

图 5-8 是 900 ℃下不同氢气喷吹速度对平衡态物相含量的影响。可以看出，控制喷吹速度，一定程度可以加速氢气还原铁氧化物速度，缩短反应时间，但喷吹速度快时，氢气还原铁氧化物为单质铁需要的氢气量变多。同时发现，喷吹速度大小对还原过程中形成铁氧化物存在一定影响。喷吹速度快时，氢气还原铁氧化物中间过程不会形成四氧化三铁相；而在氢气喷吹速度慢时，中间反应过程有尖晶石相（主要是四氧化三铁）物相生成。

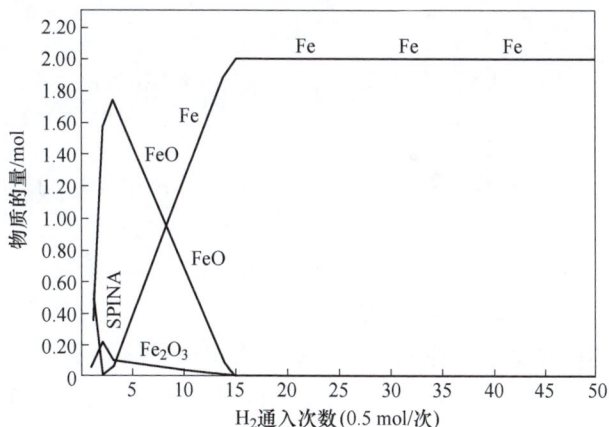

(a)

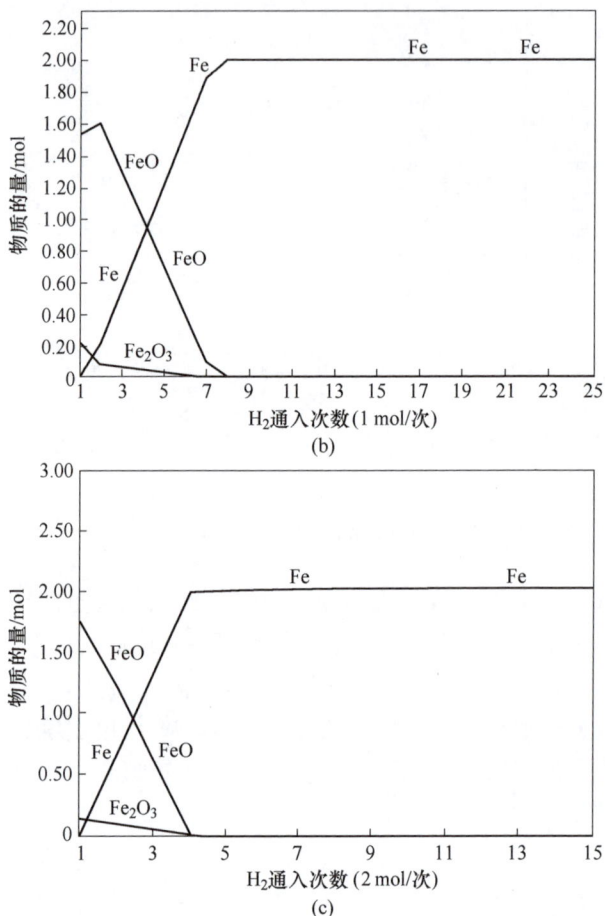

图 5-8　900 ℃下不同氢气喷吹速度时平衡态物相含量

（a）氢气喷吹速度 0.5；（b）氢气喷吹速度 1.0；（c）氢气喷吹速度 2.0

　　图 5-9 是 1600 ℃下不同氢气喷吹速度对平衡态物相含量的影响。可以看出，温度 1600 ℃时，整个反应体系是熔体相，氢气喷吹进入 Fe_2O_3 相，逐渐生成 FeO 相，并迅速转变为金属 Fe 相。而且可以发现，对于铁氧熔体相，增大氢气喷吹速度，可以缩短反应达到平衡的时间，但反应达到平衡时需要氢气量变多。

　　图 5-10 是不同还原剂还原 Fe_2O_3 平衡态物相物质的量变化规律。可以看出，氢气和 CH_4 在 FeO 熔点（1396 ℃）处发生转折，金属铁相由上升变为下降，说明继续升高温度不利于还原反应的进行。对直接使用 C 作还原剂，金属铁相随温度升高逐渐降低，说明温度升高一定程度上限制了 C 和铁氧化物的反应。

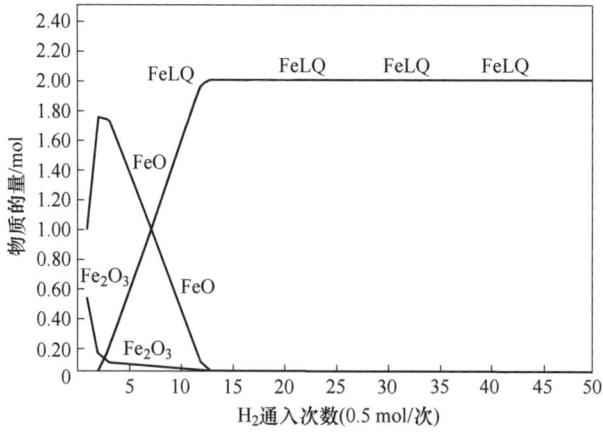

(a)

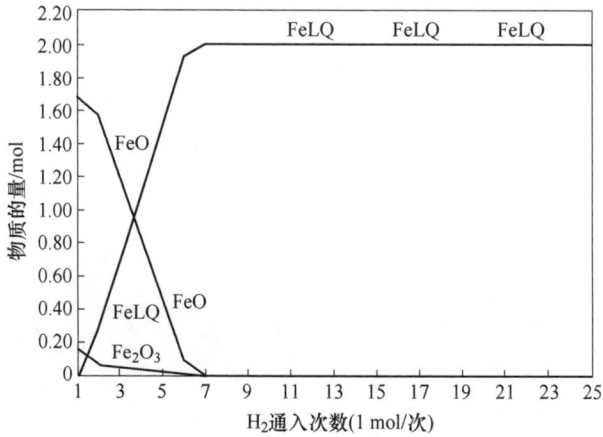

(b)

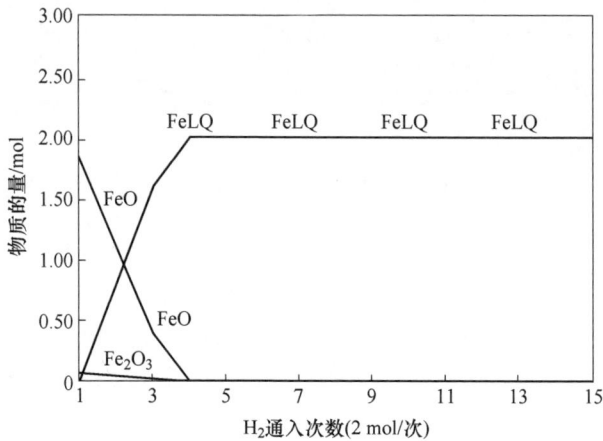

(c)

图 5-9　1600 ℃下不同氢气喷吹速度时平衡态物相含量

（a）氢气喷吹速度 0.5；（b）氢气喷吹速度 1.0；（c）氢气喷吹速度 2.0

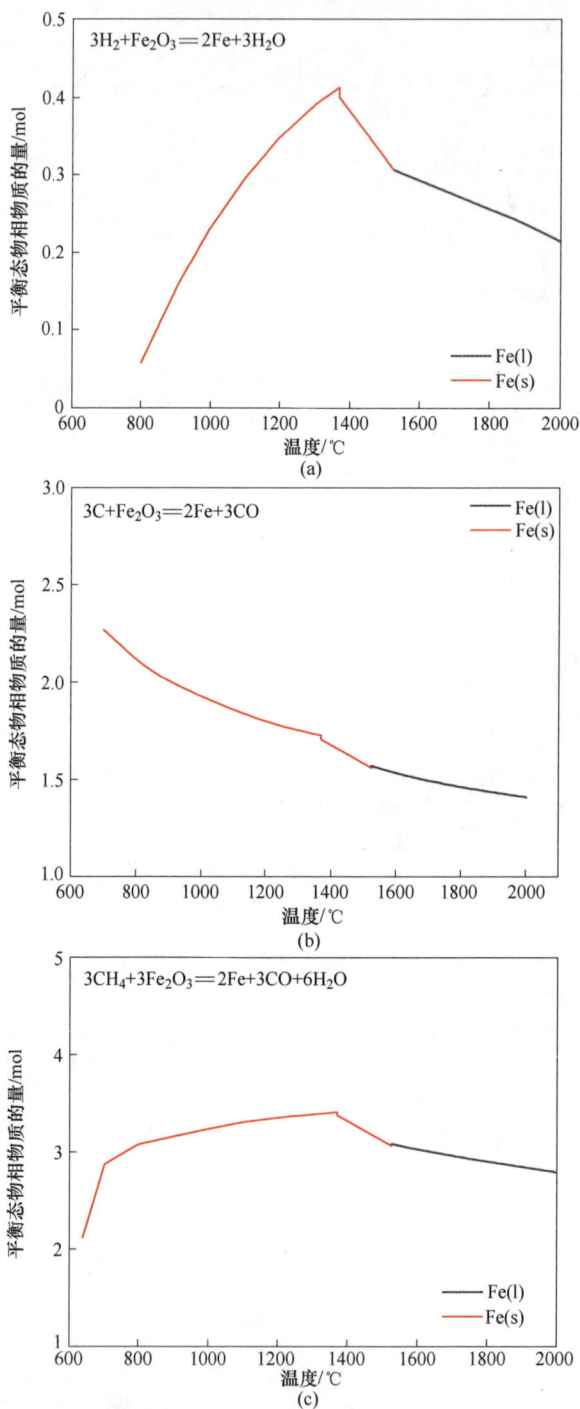

图 5-10 不同还原剂还原 Fe_2O_3 平衡态物相物质的量变化规律

(a) H_2; (b) C; (c) CH_4

5.4 氢气还原有色金属氧化物理论分析

有色金属行业是国民经济发展中的重要产业。有色金属工业能耗高、碳排放量大，在有色金属冶炼行业积极开展控碳排放的技术提升和工艺改进，对减少有色金属行业碳减排具有重要意义。中国作为有色金属生产和消耗大国，在有色金属火法冶炼还原工艺中主要采用碳质原料作为还原剂对金属氧化物熔体进行还原纯化，生产过程中产出大量二氧化碳，造成碳排放增多。

5.4.1 氢气还原有色金属氧化物热力学分析

有色金属种类较多，需要通过热力学计算考察氢气还原有色金属的可能性。图 5-11 所示为氢气还原有色金属的热力学计算。可以看到，对于 CaO、MgO、TiO_2、MnO、Cr_2O_3 等氧化物，由于和氢气反应的标准吉布斯自由能变化大于零，说明氢气在标准条件下无法还原这些氧化物形成金属相。而氧化物 PbO、NiO、CoO、Cu_2O、MoO_3，和氢气反应的标准吉布斯自由能变化小于零，具有和氢气发生还原反应的可能性。有色金属生产工序复杂，涉及物料物相成分较为复杂，为更好分析氢气还原有色金属氧化物的有关理论，以硫化铅精矿冶炼过程中高铅渣为对象研究氢气在有色金属生产过程中的还原特性和规律。

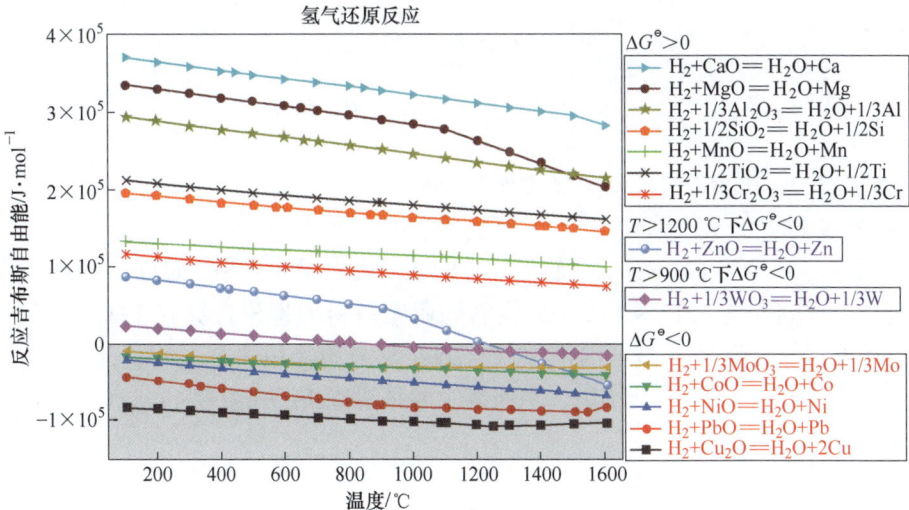

图 5-11 氢气还原有色金属热力计算

5.4.2 高铅渣氢气还原理论分析

5.4.2.1 高铅渣成分物相分析

表 5-1 是国内某高铅渣的化学成分。可以看出，高铅渣中铅主要以硅酸铅和

氧化铅形式存在；锌也主要以硅酸锌和氧化锌形式存在。图 5-12 所示为高铅渣的 XRD 衍射图谱，高铅渣主要物相结构是铅锌氧化物和磁铁矿。

表 5-1　某高铅渣化学成分

成分	PbSiO₃	PbO	ZnSiO₃	ZnO	Fe₃O₄	SiO₂	MgO	Cu₂O	Al₂O₃	CaO
含量 （质量 分数）/%	2.24	53.21	12.84	6.84	13.81	7.52	0.57	2.75	1.70	2.06

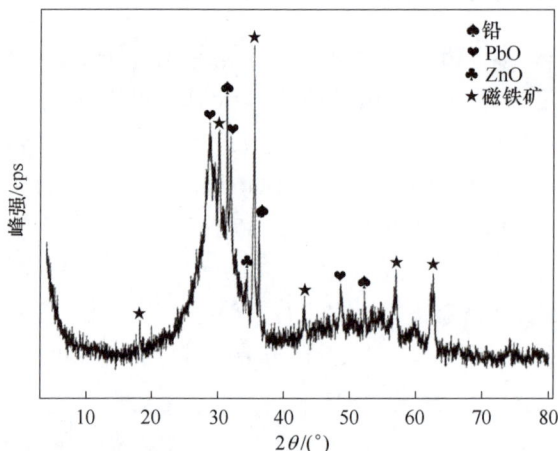

图 5-12　高铅渣 XRD 衍射图谱

5.4.2.2　高铅渣氢气还原理论计算分析

A　高铅渣熔化性质

图 5-13 所示为 FactSage7.2 软件计算的实验用高铅渣液相线温度，1 atm 高铅渣完全熔化温度是 1217.93 ℃，后续氢气还原高铅渣理论计算在 1217.93 ℃ 以上。图 5-14 所示为高铅渣在温度 1000~2000 ℃ 平衡物相演变。可以看到，在温度 1217.93 ℃ 到 1728 ℃ 范围内，平衡线主要是液渣相；在温度 1728 ℃ 以上，液渣相有物质逐渐变成气相。

B　氢气还原高铅渣平衡图

图 5-15 所示为氢气还原高铅渣平衡相图。可以看到，高铅渣中铅氧化物还原基本不受氢气分压的影响。高铅渣中锌氧化物还原随着温度升高，所需的氢气分压逐渐降低，温度升高有利于氢气还原锌氧化物反应的进行。高铅渣中铁氧化物还原反应和氢气还原铁氧化物基本一致。低温阶段，氢气还原高铅渣中铁氧化物所需氢气分压随温度升高逐渐降低；还原熔融态氧化亚铁时，随着温度升高氢气分压逐渐升高，但整体小于低温阶段还原固态氧化亚铁所需氢气分压。

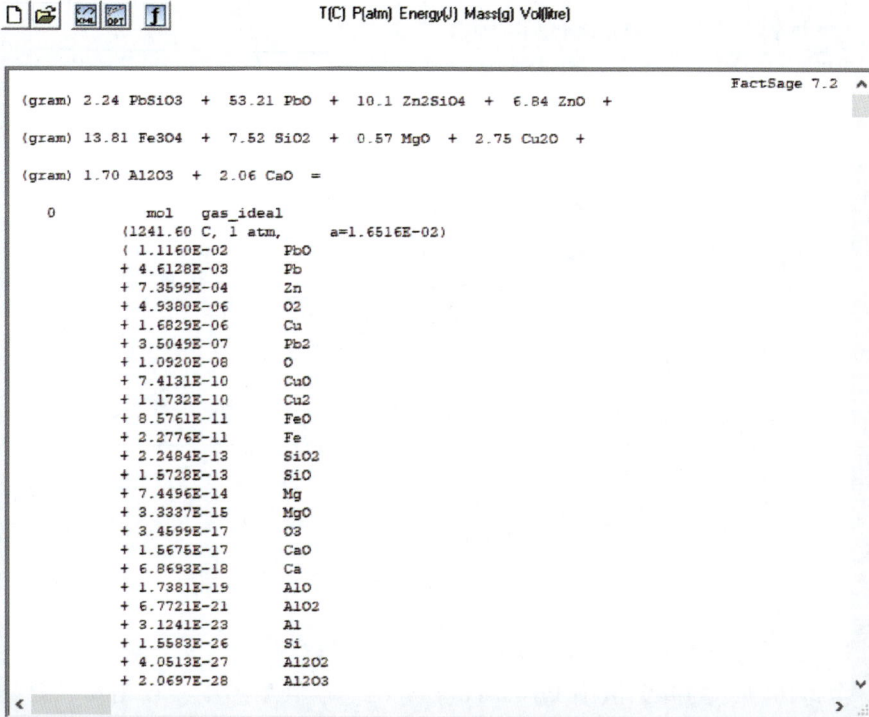

图 5-13　高铅渣液相线温度

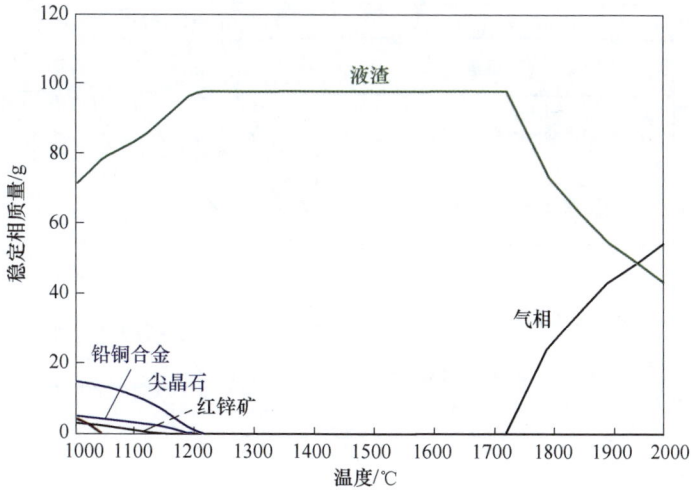

图 5-14　高铅渣随温度升高的物相变化

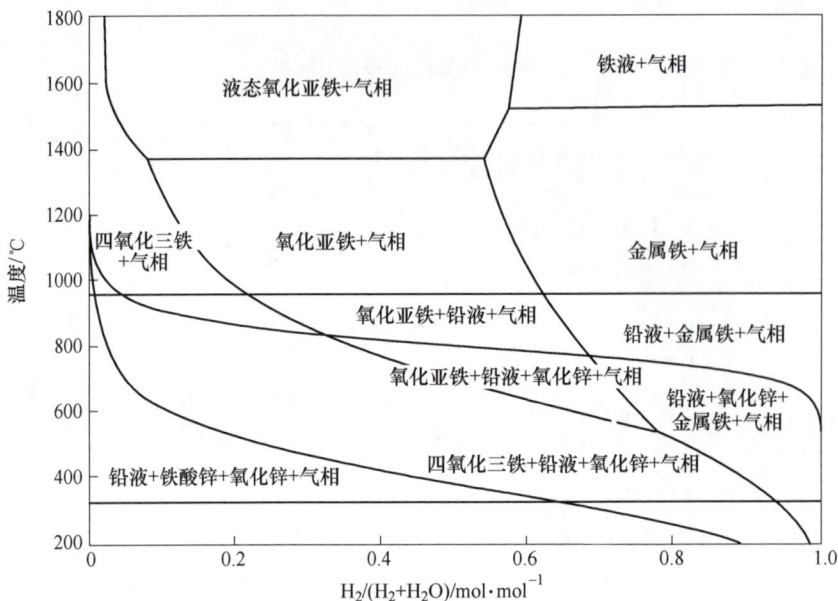

图 5-15　氢气还原高铅渣平衡相图

C　氢气还原高铅渣热力学计算

图 5-16 所示为高铅渣中 Pb-Zn-Fe 氧势图。在氧势图中，氧化物氧势越大，则容易被还原剂还原。在图 5-16 中可以看到，高铅渣中铅氧化物氧势最大，其

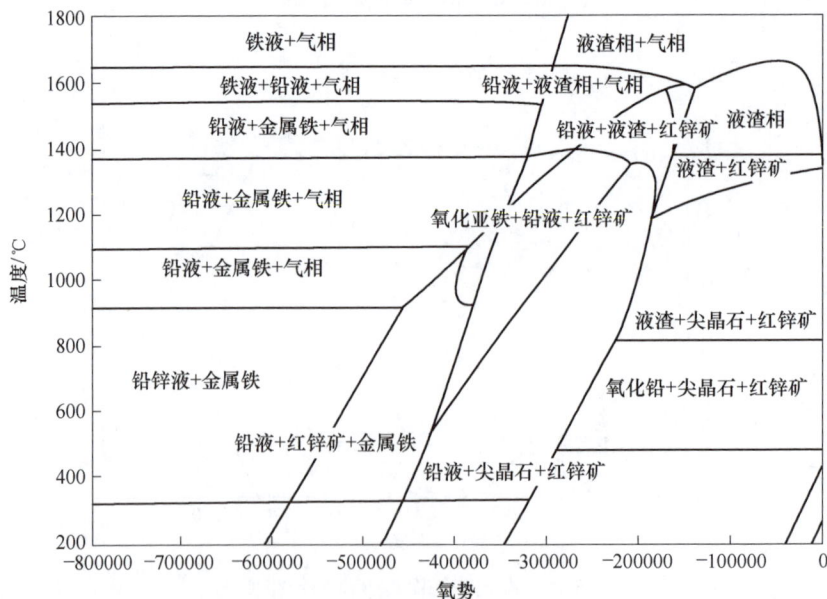

图 5-16　高铅渣 Pb-Zn-Fe 氧势图

次是铁氧化物，再然后是锌氧化物。因此，氢气还原高铅渣时，优先还原高铅渣中铅氧化物，其次还原铁氧化物，最后将锌氧化物还原。

图 5-17 所示为高铅渣中氧化物氢气还原标准吉布斯自由能变化。可以看出，在温度 0~2000 ℃ 范围内，H_2 还原铅氧化物的标准吉布斯自由能变化是负值，说明 H_2 对铅氧化物具有还原性。温度大于 1300 ℃ 时，H_2 和锌氧化物反应的标准吉布斯自由能变化是负值，H_2 可以还原锌氧化物。温度 0~2000 ℃ 范围内，H_2 和 FeO 反应的标准吉布斯自由能变化是正值，说明 H_2 不能还原 FeO；对于高温下 H_2 和 Fe_2O_3、Fe_3O_4 反应的标准吉布斯自由能变化是负值，H_2 可以还原 Fe_2O_3、Fe_3O_4。对比可知，温度 >1500 ℃ 时，H_2 和铅氧化物、锌氧化物和铁氧化物反应的标准吉布斯自由能变：$FeO>Fe_3O_4>Fe_2O_3>Zn_2SiO_4>ZnO>PbO>PbSiO_3>Cu_2O$；温度 1400~1500 ℃ 范围内，$H_2$ 和铅氧化物、锌氧化物和铁氧化物反应的标准吉布斯自由能变：$FeO>Fe_3O_4>Fe_2O_3>Zn_2SiO_4>ZnO>PbSiO_3>PbO>Cu_2O$；温度 1000~1250 ℃ 范围内，$H_2$ 和铅氧化物、锌氧化物和铁氧化物反应的标准吉布斯自由能变：$Zn_2SiO_4>ZnO>FeO>0>Fe_3O_4>Fe_2O_3>PbSiO_3>PbO>Cu_2O$。由图 5-18 标准焓变计算结果可知，温度 ≤1500 ℃ 时，H_2 还原铅氧化物属于放热反应，还原锌氧化物、铁氧化物是吸热反应。

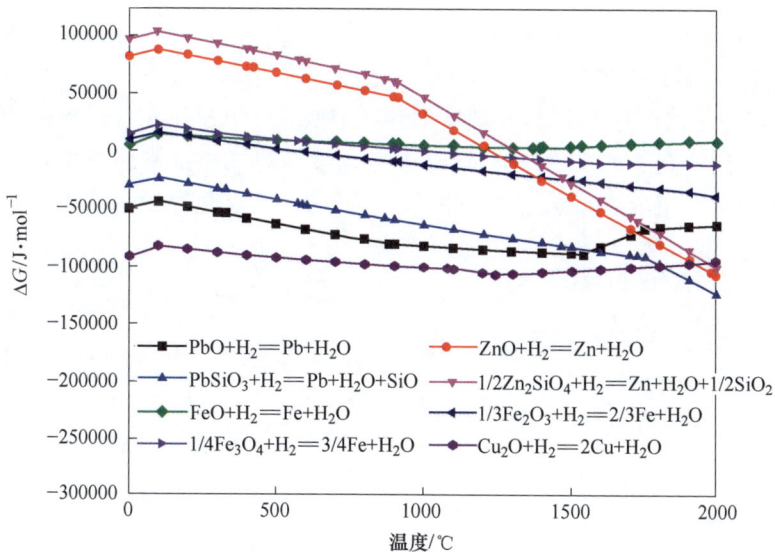

图 5-17　高铅渣氧化物氢气还原标准吉布斯自由能变化

5.4.2.3　氢气熔融还原高铅渣平衡物相演变

图 5-19 所示为氢气量对 100 g 熔融态高铅渣平衡物相演变的影响。理论计算还原 100 g 高铅渣中铅氧化物需要 0.5 g，还原 100 g 高铅渣中铅氧化物、锌氧化物、铁氧化物需要 1.4 g。由图 5-19 可以发现，氢气熔融还原高铅渣，系统中有

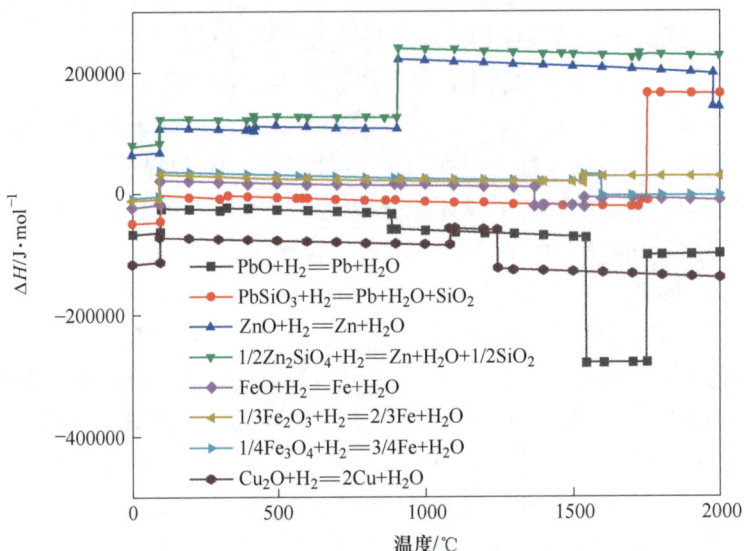

图 5-18　高铅渣氧化物氢气还原标准反应焓变化

气相铅、气相锌形式进入烟气。在温度 1200 ℃ 到 2000 ℃ 范围内，氢气量 0.5 g 时，不能将高铅渣中的铅氧化物充分还原成铅单质，而且有部分锌氧化物被还原生成气相锌。温度 1200 ℃ 到 2000 ℃ 范围内，反应系统中氢气量 1.4 g 时，可将高铅渣中铅氧化物完全还原，在温度 1200 ℃ 到 1300 ℃ 范围内，反应产物中气相铅量较少，温度高于 1300 ℃ 时，产物中进入气相的气相铅量逐渐增多；高铅渣中锌氧化物基本完全被还原生成气相锌，高铅渣中铁氧化物没有被还原。在温度

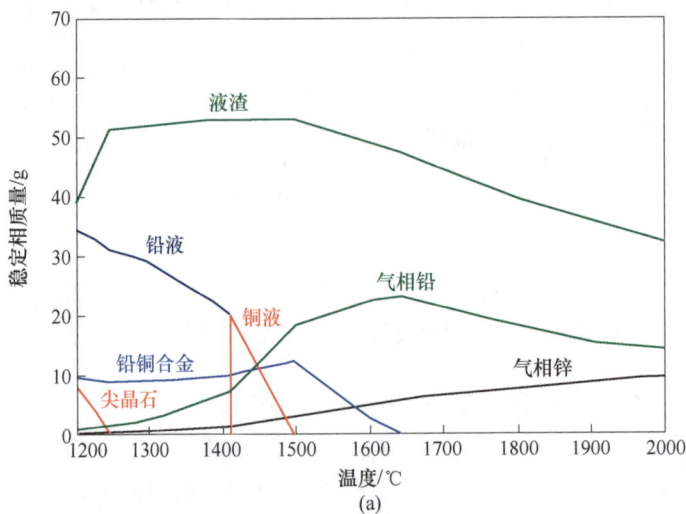

(a)

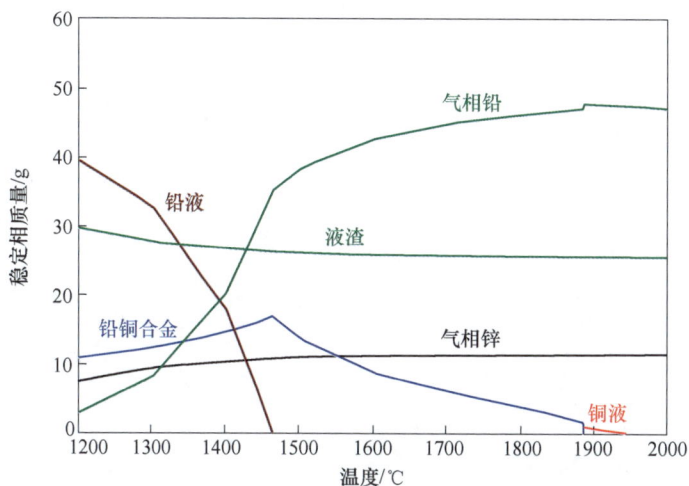

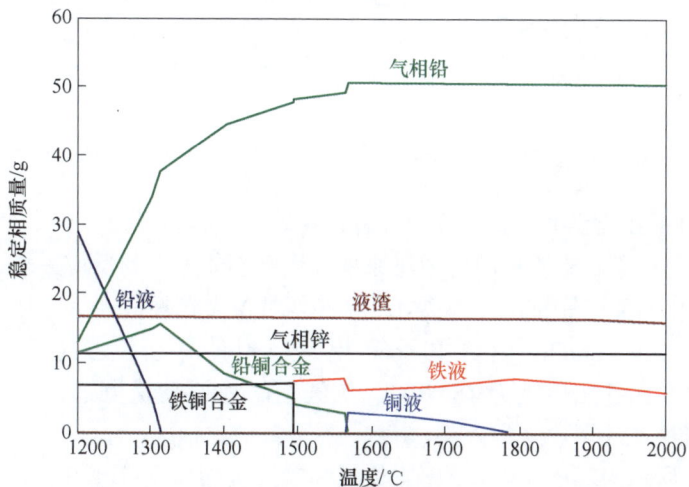

图 5-19 氢气量对熔融态高铅渣平衡物相演变影响

(a) 0.5 g; (b) 1.4 g; (c) 6.5 g

1200~2000 ℃ 范围内，氢气量是 6.5 g 时，高铅渣中的铅氧化物可以被完全还原，进入气相的气相铅量增多，并随温度升高逐渐变多；高铅渣中的锌氧化物被完全还原变生成气相锌；反应系统中氢气量 6.5 g 时，在温度 1200 ℃ 到 1500 ℃，产物中有铁铜合金，在温度 1500 ℃ 到 2000 ℃ 范围内，产出中有铜液、铁液出现。

图 5-20 所示为利用 FactSage7.2 软件计算的温度 1300 ℃ 条件下氢气逸度对熔融还原 100 g 高铅渣平衡物相的影响。从计算结果可知，当氢气逸度 0~0.75 范围内，体系中生成的液态金属铅未完全转变成气相铅。随着体系中氢气逸度增

大，液相金属铅质量逐渐减少，气相铅量逐渐增多；当氢气逸度大于0.75，体系中金属铅主要是气相形式。这是因为同一压强和温度情况下，铅饱和蒸气压是一定的。随着体系中氢气逸度逐渐增大，为达到该温度下铅的饱和蒸气压，需要更多的气相铅进入气相，一定程度上促进了铅从液相向气相的转换。

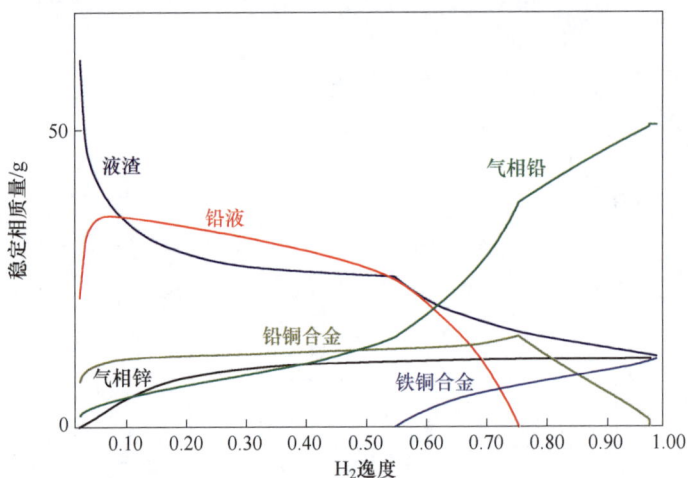

图 5-20　氢气逸度对熔融还原 1300 ℃高铅渣平衡物相的影响

5.4.2.4　氢气喷吹速度对熔融态高铅渣还原过程的影响

氢气熔融还原高铅渣可简化为还原氢气连续不断进入到反应区域，和高铅渣中可还原氧化物反应后排出。为更好地模拟氢气熔融还原高铅渣，该过程可以利用 FactSage7.2 中 Equilib 模块中 open 模式模拟计算。考虑到高铅渣熔点为 1241.6 ℃，金属铁相熔点为 1538 ℃，氢气熔融还原高铅渣选择温度 1300 ℃、1600 ℃进行模拟计算。

图 5-21 所示为温度 1300 ℃不同氢气喷吹速度熔融还原 100 g 高铅渣平衡物相的演变规律。可以看出，熔融还原 1300 ℃高铅渣时，氢气喷出速度对平衡物相演变有一定影响。控制氢气喷吹速度 0.1 g/次，高铅渣平衡物相中演变过程：铅液转变为铜液再转变为铅液最终转变为气相铅的演变过程，还原生成的铜和铁形成铁铜合金。

当氢气喷出速度在 1 g/次和 2 g/次时，体系中首先出现铅液，并逐渐减少转变成气相铅。气相中的铅蒸气和锌蒸气绝对质量增大，随氢气喷入体系中锌蒸气迅速挥发。还原生成的铁和铜以铁铜合金形式存在。同时发现，氢气喷吹速度越快，铅金属液转变为铅气相需要的氢气量越多，在氢气喷吹速度是 0.1 g/次时，需要约 7.2 g 氢气；在氢气喷吹速度是 1 g/次和 2 g/次时，需要约 8.0 g 氢气。氢气喷吹速度越快，反应体系中铅气相量越多。

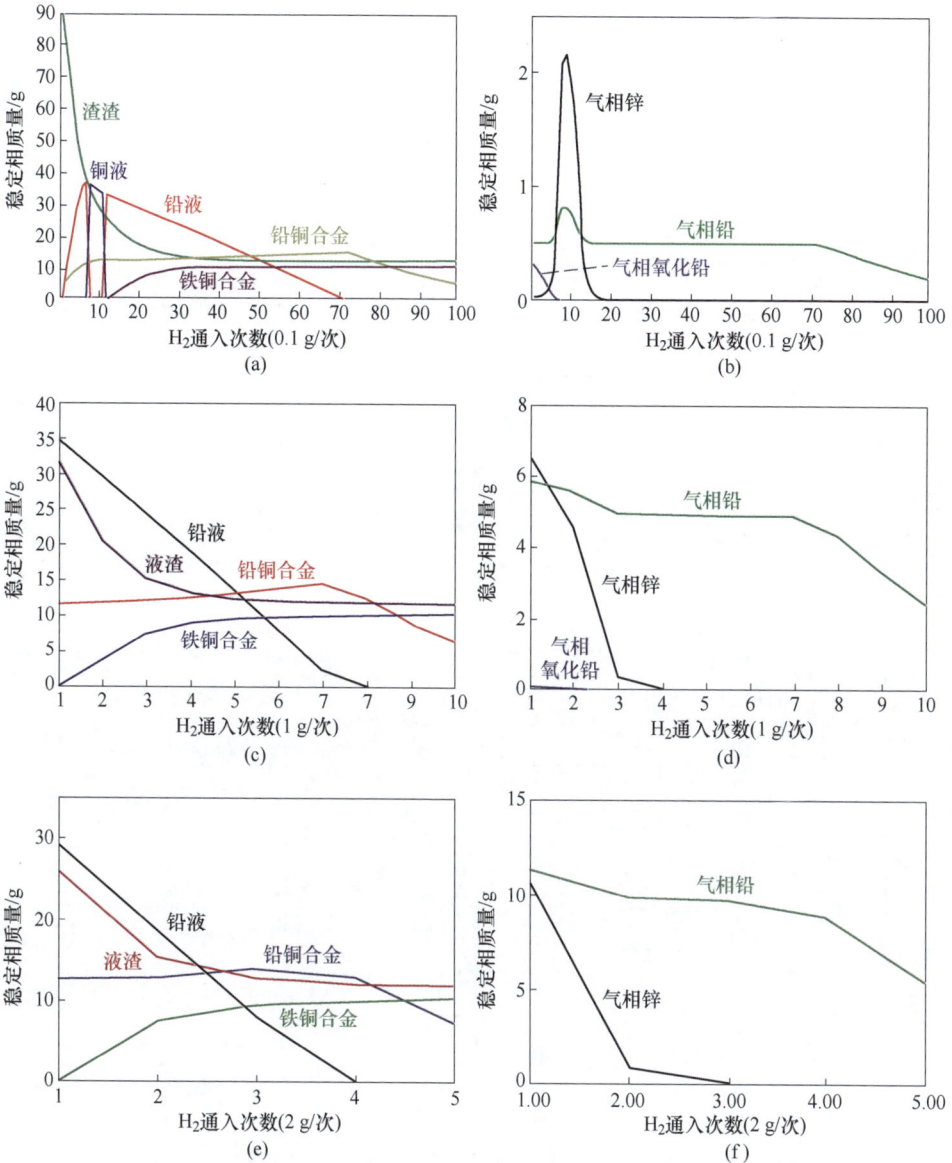

图 5-21　1300 ℃高铅渣还原过程中不同氢气喷吹速度对平衡物相演变影响

（a）H₂ 通入 0.1 g/次时的稳定物相演变；（b）H₂ 通入 0.1 g/次时的气相演变；

（c）H₂ 通入 1 g/次时的稳定物相演变；（d）H₂ 通入 1 g/次时的气相演变；

（e）H₂ 通入 2 g/次时的稳定物相演变；（f）H₂ 通入 2 g/次时的气相演变

图 5-22 是温度 1600 ℃不同氢气喷吹速度熔融还原 100 g 高铅渣平衡物相的演

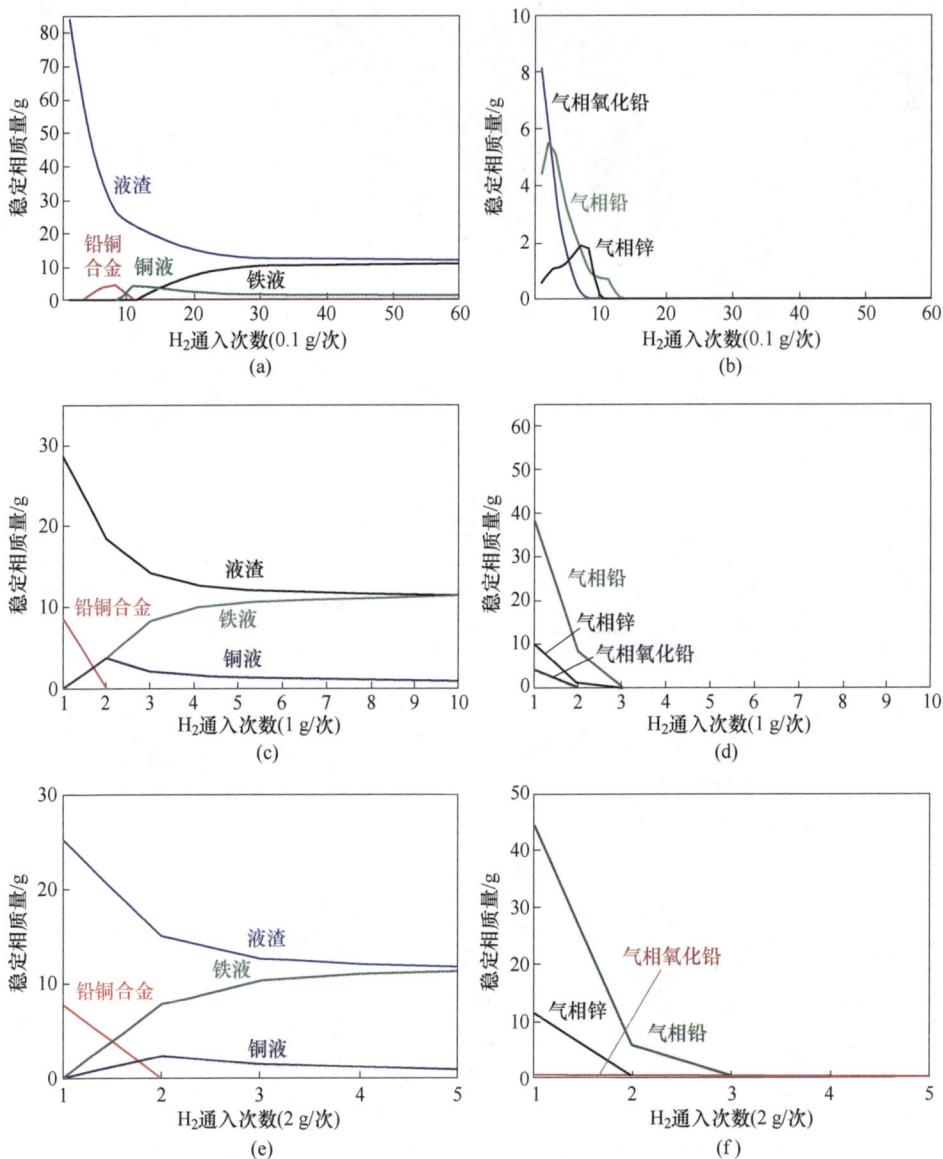

图 5-22　1600 ℃高铅渣还原过程中不同氢气喷吹速度对平衡物相演变影响

（a）H₂通入 0.1 g/次时的稳定物相演变；（b）H₂通入 0.1 g/次时的气相演变；

（c）H₂通入 1 g/次时的稳定物相演变；（d）H₂通入 1 g/次时的气相演变；

（e）H₂通入 2 g/次时的稳定物相演变；（f）H₂通入 2 g/次时的气相演变

变规律不难发现 1600 ℃温度下，反应体系中没有液相铅出现，主要是气相铅，并且绝对质量逐渐减少。氢气还原高铅渣生成的气相锌，和气相铅呈现一样的规律，随着氢气喷入，绝对质量逐渐减少。同时可以看到，氢气喷吹速度较小时，体系中气相铅和气相锌质量较少；氢气喷吹速度较大时，体系中气相铅和气相锌质量较大。在氢气喷吹速度较小时，高铅渣中的铅氧化物和锌氧化物还原后，开始还原高铅渣中的铜氧化物和铁氧化物；氢气喷吹速度较大时，可以在同阶段将高铅渣中的铅氧化物、锌氧化物、铜氧化物、铁氧化物还原。

5.4.3 锌焙砂渣氢气还原理论分析

5.4.3.1 锌焙砂成分物相分析

表 5-2 是某锌焙砂化学成分。锌焙砂中物相主要是氧化铁、氧化锌、铁酸锌及硅酸锌。由图 5-23 XRD 衍射图谱可知，锌焙砂中主要物相有红锌矿、锌铁尖晶石、硅锌矿、闪锌矿。

表 5-2　锌焙砂化学成分

成分	Fe_2O_3	Fe_3O_4	MgO	SiO_2	ZnO	Zn_2SiO_4	$ZnFe_2O_4$	CaO
含量（质量分数）/%	12.24	0.11	0.35	6.69	57.93	7.57	18.44	0.85

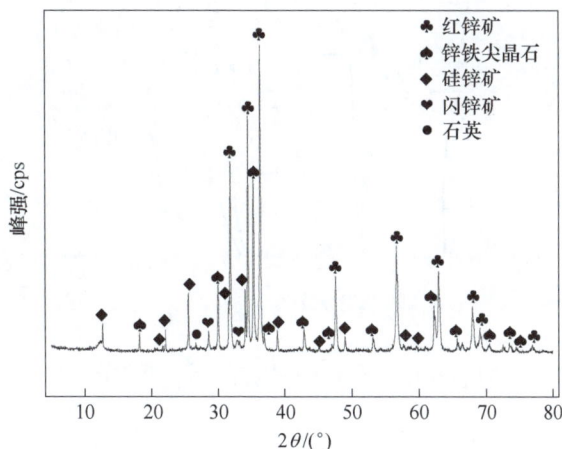

图 5-23　锌焙砂 XRD 衍射图谱

5.4.3.2 锌焙砂熔化性质

锌焙砂还原熔炼选用 FeO-CaO-SiO$_2$ 渣型。图 5-24 是利用 FactSage7.2 软件在氧分压 0.21 atm（1 atm = 101.325 kPa）下计算出的 FeO-CaO-SiO$_2$ 渣型液相线投影图。可以发现，在 CaO 质量含量 20%、SiO$_2$质量含量在 20% ~ 30%时，锌焙砂混合料熔点为 1200 ~ 1450 ℃。利用 FactSage7.2 软件 Equilib 模块计算了 CaO 和

SiO$_2$ 添加量对 100 g 锌焙砂熔点温度的影响。图 5-25 所示为 FeO-CaO-SiO$_2$ 渣型液相区。图 5-26（a）显示随着加入的 CaO 量逐渐增多，锌焙砂混合料熔点温度逐渐增大。图 5-26（b）显示，随着加入的 SiO$_2$ 量增多，100 g 锌焙砂熔点温度逐渐下降。向 100 g 锌焙砂加入 10 gCaO，随着向锌焙砂中加入 SiO$_2$ 数量增多，熔点温度逐渐下降，当 SiO$_2$ 加入 15 g 时，锌焙砂熔点温度降到 1400 ℃以下。具体计算了向 100 g 锌焙砂中加入 CaO 量 10 g、SiO$_2$ 量 15~25 g，计算锌焙砂混合料熔点温度变化，结果见表 5-3。可以看到，向 100 g 锌焙砂添加 10 gCaO、20 gSiO$_2$ 时，熔点温度为 1391 ℃。后续计算以此渣型为基础进行相关计算。

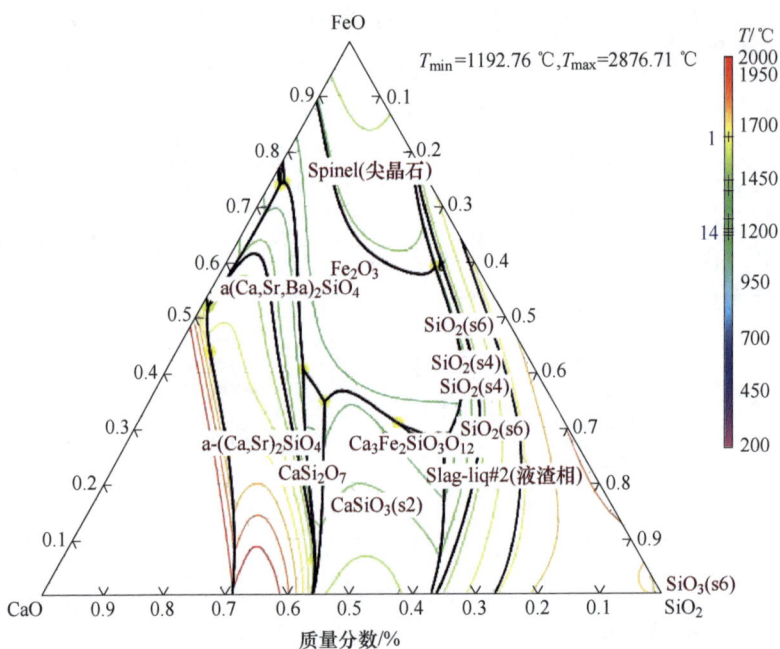

图 5-24　FeO-CaO-SiO$_2$ 渣型液相线投影

5.4.3.3　氢气还原锌焙砂平衡图

图 5-27 所示为氢气还原锌焙砂中铁氧化物和锌氧化物平衡图。可以看出，随着氢气比例增大，还原 ZnO 生成单质锌需要的温度逐渐变小，说明还原过程中增加氢气分压可降低 ZnO 反应温度。氢气还原锌氧化物和铁氧化物平衡图是氢气分别还原铁氧化物和锌氧化物平衡图的组合。在温度低于 600 ℃时，锌焙砂中锌氧化物不被还原，在氢气比例高于 0.75 时，锌焙砂中铁氧化物被还原生成金属铁相。

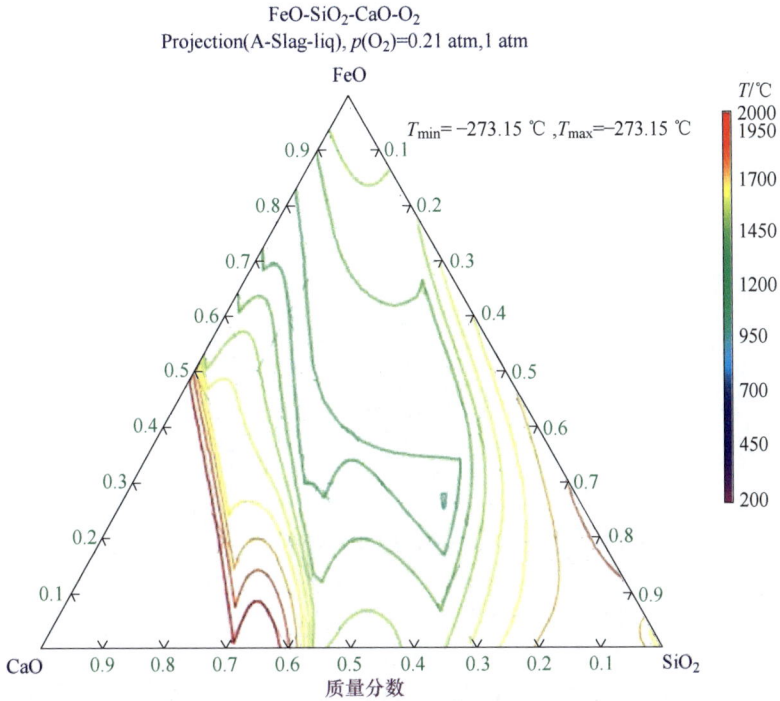

图 5-25　FeO-CaO-SiO$_2$渣型液相区

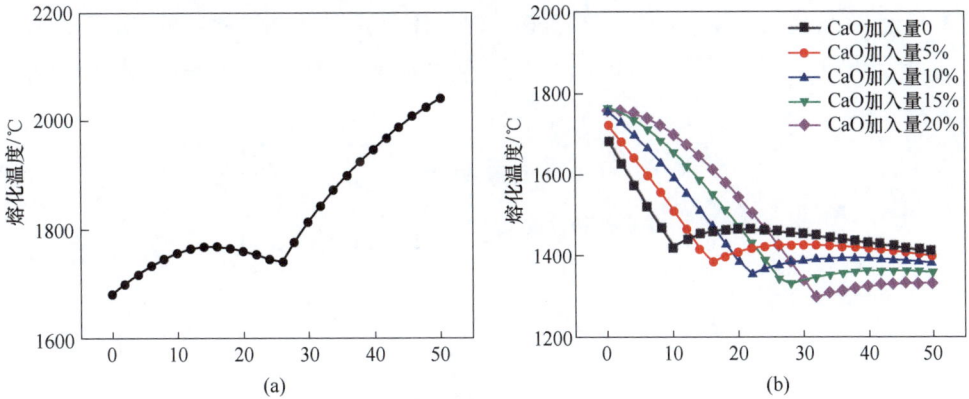

图 5-26　CaO 和 SiO$_2$量对锌焙砂熔点温度影响

(a) CaO 加入量（每 100 g 锌焙砂）；(b) SiO$_2$ 加入量（每 100 g 锌焙砂）

表 5-3　CaO 量 10％添加 SiO$_2$量 15％~25％锌焙砂熔点温度

SiO$_2$添加量/g	15	16	17	18	19	20	21	22	23	24	25
熔点温度/℃	1400	1398	1396	1395	1393	1391	1389	1387	1385	1383	1381

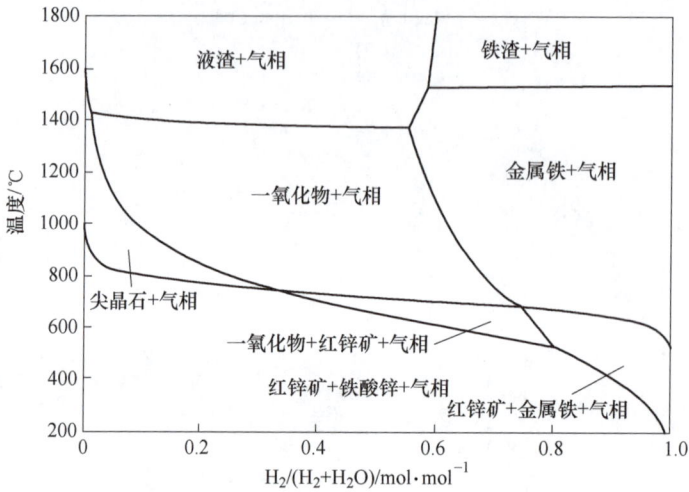

图 5-27　氢气还原锌焙砂中铁氧化物和锌氧化物平衡图

5.4.3.4　氢气还原锌焙砂热力学计算

图 5-28 所示为 1200~2000 ℃区间的锌焙砂中 Zn-Fe 氧势图。由图 5-28 可以发现，在氧势 -400000 到 -250000 范围内，氧化亚铁相和锌气相可以同时存在（图中绿点处组成见图 5-28（b）），说明在同一温度下，锌焙砂中锌氧化物可优先被还原生成锌气相。图 5-29 所示为氢气还原锌焙砂中氧化物标准吉布斯自由能变化。可以看到，在温度小于 1260 ℃时，H_2 还原氧化物顺序：$Fe_2O_3 > Fe_3O_4 > ZnO > Zn_2SiO_4$；温度 1260~1350 ℃范围内，$H_2$ 还原氧化物顺序：$Fe_2O_3 > ZnO > Fe_3O_4 >$

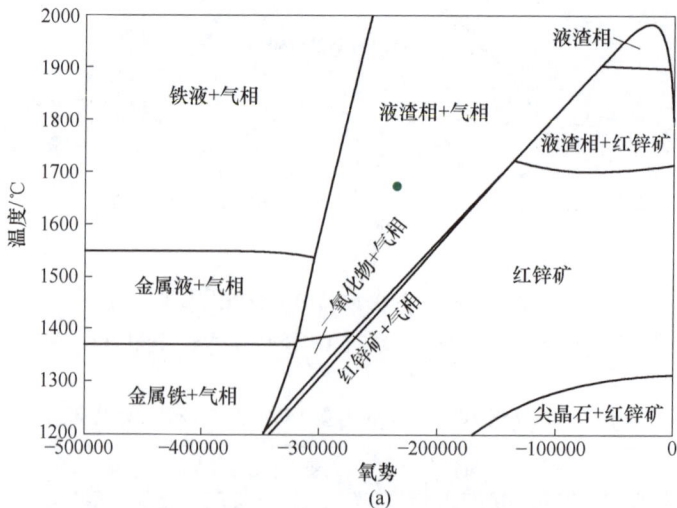

(a)

(gram) Fe　+　Zn　+　O2　=

+ 6.1119E-02 O2

　　1.2848E-02 mol　　gas_ideal
　　(0.84000 gram,1.2848E-02 mol,16.986 litre, 4.9453E-05 gram.cm-3)
　　　　(1338 C,0.10000 atm,　a=1.0000)
　　　　(1.0000　　　　　Zn
　　　　+ 4.1282E-07　　　Fe
　　　　+2.9708E-07　　　O2
　　　　+5.4963E-08　　　FeO
　　　　+2.8354E-08　　　O
　　　　+3.2137E-19　　　O3)
+ 0.22112　　　gram Fe3O4_Magnetite
　(0.22112 gram,9.5502E-04 mol)
　　　　(1338 C,0.10000 atm,s2,a=1.0000)

(b)

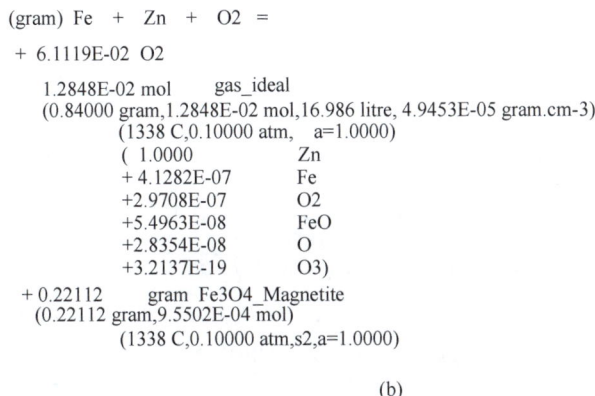

图 5-28　锌焙砂 Zn-Fe 氧势图

（a）氧势图；（b）图（a）中绿点处组成

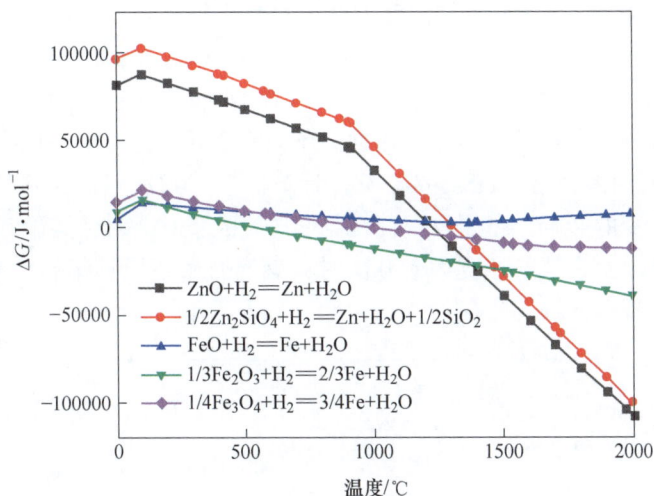

图 5-29　氢气还原锌焙砂氧化物标准吉布斯自由能变

Zn_2SiO_4；温度 1350~1370 ℃范围内，H_2还原氧化物顺序：Fe_2O_3>ZnO>Zn_2SiO_4>Fe_3O_4；温度 1370~1470 ℃范围内，H_2还原氧化物顺序：ZnO>Fe_2O_3>Zn_2SiO_4>Fe_3O_4；温度大于 1470 ℃时，H_2还原氧化物顺序：ZnO>Zn_2SiO_4>Fe_2O_3>Fe_3O_4。通过图 5-30 标准反应焓变计算分析可知，H_2还原铁氧化物、锌氧化物在温度 0 到 2000 ℃范围内，属于吸热反应，因此还原锌焙砂需要外部热源持续供热。

5.4.3.5　氢气熔融还原锌焙砂平衡物相演变

图 5-31 所示为氢气气量对 100 g 熔融态锌焙砂平衡物相演变的影响。可以发

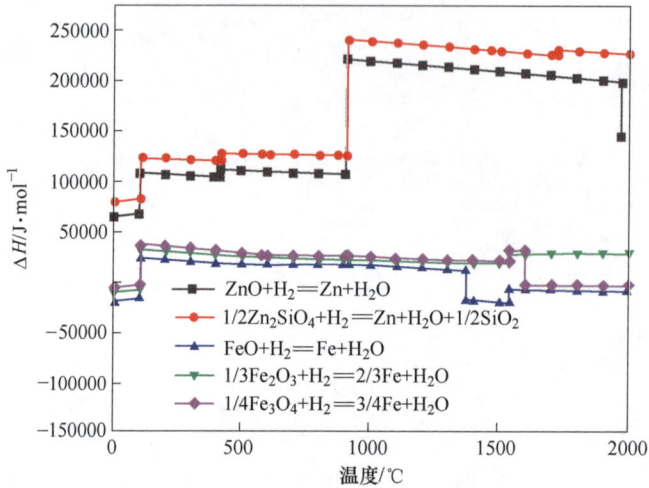

图 5-30　氢气还原锌焙砂氧化物标准反应焓变

现，在氢气气量为 4 g 时，不同温度下产出物相中没有金属铁物相。在氢气气量为 10 g 时，平衡物相中开始有金属铁相出现。在氢气气量是 80 g 时，平衡物相中有金属铁相和二氧化硅出现。从计算可以看出，向熔融态锌焙砂中喷入氢气，首先还原锌焙砂中锌氧化物，锌氧化物被还原完全后，还原铁氧化物。

　　图 5-32 所示为利用 FactSage7.2 软件计算的氢气逸度对熔融还原 100 g 锌焙砂平衡物相演变的影响。可以发现，在氢气逸度大于 0.2 时，熔融锌焙砂中锌氧化物被完全还原；在氢气逸度大于 0.7 时，氢气开始还原锌焙砂中的铁氧化物，平衡物相中出现金属铁相。

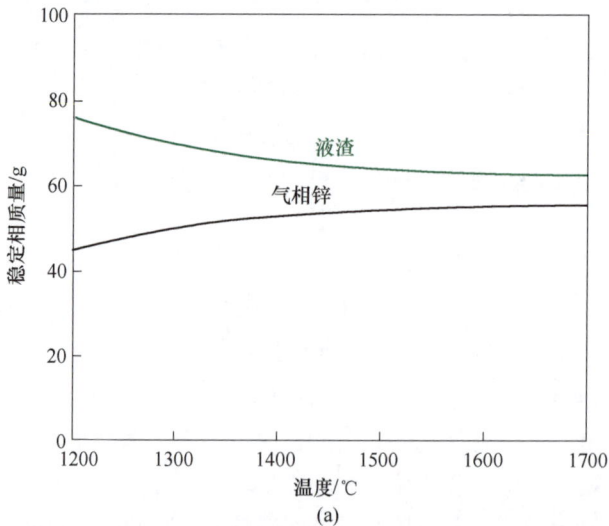

(a)

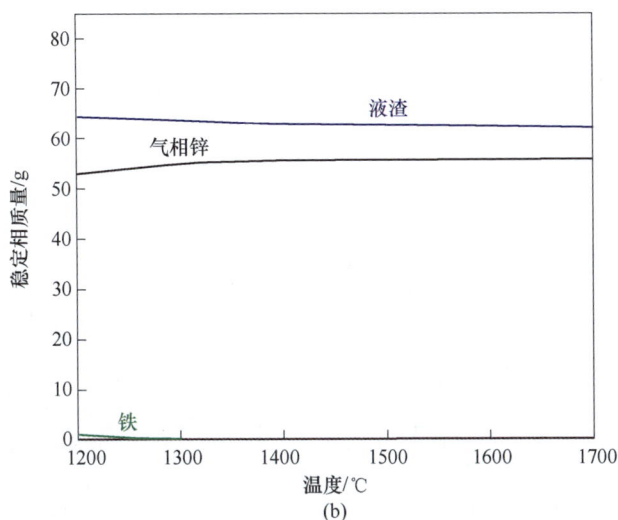

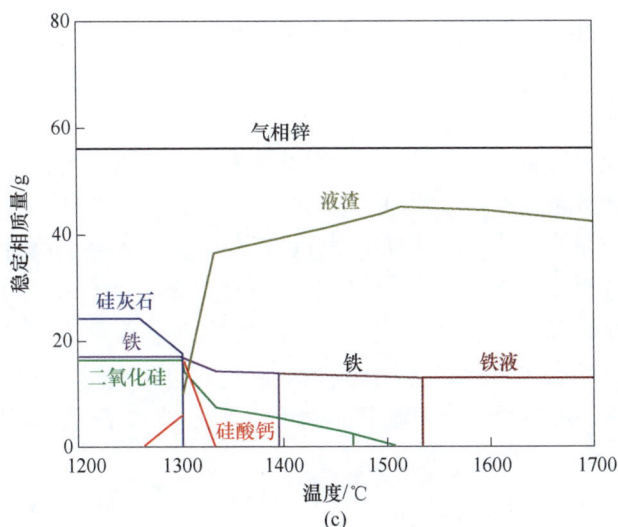

图 5-31　氢气气量对熔融态锌焙砂平衡物相演变影响

(a) 4 g；(b) 10 g；(c) 80 g

5.4.3.6　氢气喷吹速度对熔融态锌焙砂还原过程的影响

氢气熔融还原锌焙砂可简化为还原氢气连续不断进入到反应区域，和锌焙砂中可还原氧化物反应后排出。为更好地模拟氢气熔融固还原锌焙砂，该过程可以利用 FactSage7.2 中 Equilib 模块中 open 模式模拟计算。考虑到锌焙砂熔点是 1391 ℃，FeO 熔点是 1450 ℃，金属铁相熔点 1538 ℃，氢气熔融还原锌焙砂选择 1400 ℃、1500 ℃、1600 ℃进行 open 模拟计算。

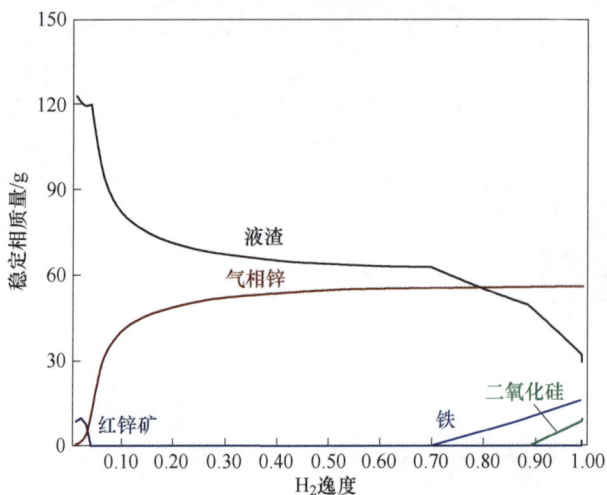

图 5-32　氢气逸度对熔融还原锌焙砂平衡物相的影响

由图 5-31 可知，完全还原熔融态锌焙砂中铁氧化物需要氢气质量约 60 g。为将锌焙砂中铁氧化物完全还原，计算以不同喷吹速度向熔融态锌焙砂喷吹 80 g 氢气对熔融态锌焙砂平衡物相的影响。图 5-33 所示为温度在 1400 ℃、100 g 锌焙砂还原过程不同氢气喷吹速度对平衡物相演变影响。可以发现，随着氢气逐步喷入，氢气优先和熔融态锌焙砂中的锌氧化物反应。在将锌焙砂中锌氧化物还原基本完成后，氢气和锌焙砂中的铁氧化物开始反应生成金属铁。同时发现，氢气喷入速度越快，氢气开始还原锌焙砂中铁氧化物时，锌焙砂锌氧化物含量越高。为避免氢气还原锌焙砂过程中过多还原锌焙砂铁氧化物，需要控制氢气喷吹速度。

图 5-34 所示为温度 1500 ℃、100 g 锌焙砂还原过程不同氢气喷吹速度对平衡物相演变的影响。可以看出，相对于 1400 ℃熔融还原锌焙砂，向 1500 ℃熔融态

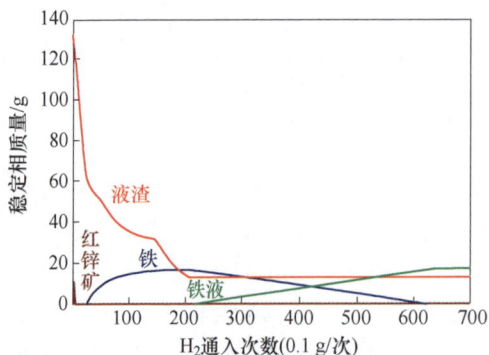

(a)

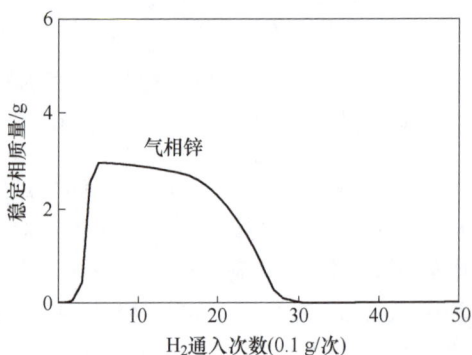

(b)

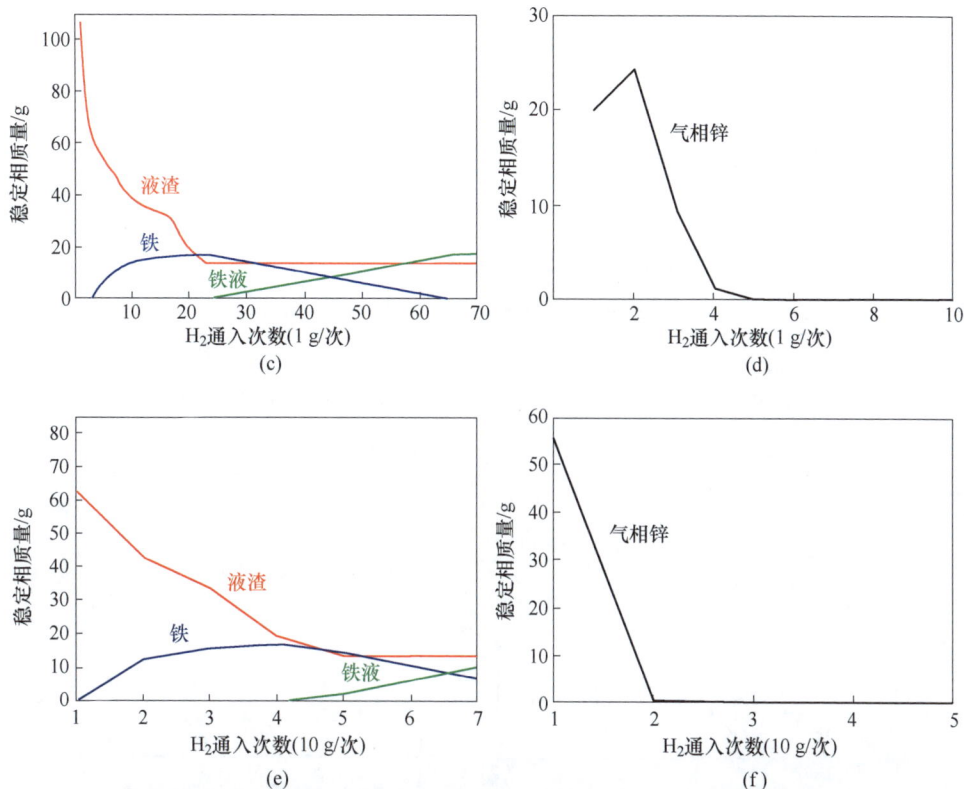

图 5-33 1400 ℃锌焙砂还原过程不同氢气喷吹速度对平衡物相演变影响

(a) H_2通入 0.1 g/次时的稳定物相演变；(b) H_2通入 0.1 g/次时的气相演变；

(c) H_2通入 1 g/次时的稳定物相演变；(d) H_2通入 1 g/次时的气相演变；

(e) H_2通入 10 g/次时的稳定物相演变；(f) H_2通入 10 g/次时的气相演变

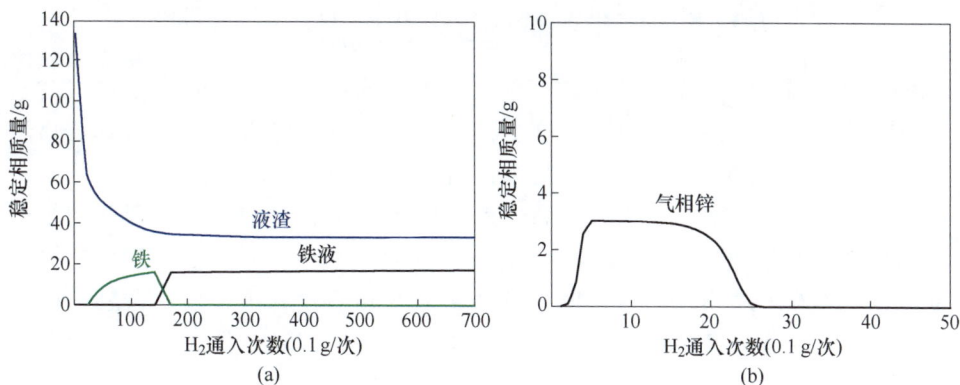

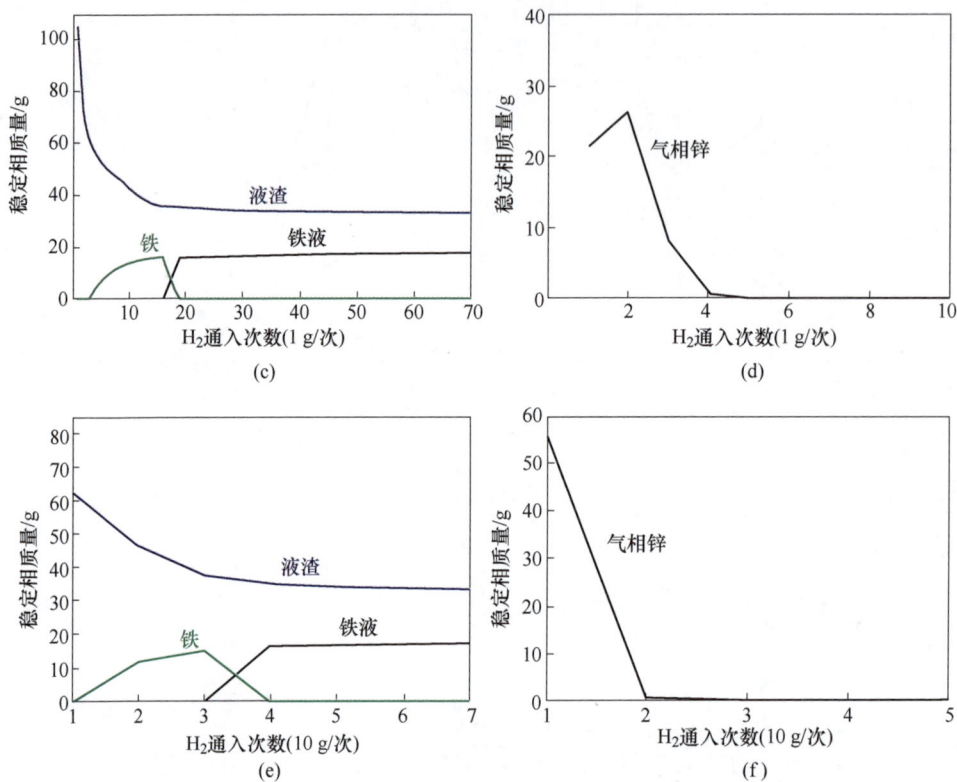

图 5-34 1500 ℃锌焙砂还原过程不同氢气喷吹速度对平衡物相演变影响

(a) H₂通入 0.1 g/次时的稳定物相演变；(b) H₂通入 0.1 g/次时的气相演变；

(c) H₂通入 1 g/次时的稳定物相演变；(d) H₂通入 1 g/次时的气相演变；

(e) H₂通入 10 g/次时的稳定物相演变；(f) H₂通入 10 g/次时的气相演变

锌焙砂中喷入氢气，锌焙砂平衡物相演变基本一致。但随着氢气喷吹速度加快，由固态铁到液态铁转变需要氢气量变少，可能由于温度较高时，氢气还原锌焙砂中二氧化硅速度较快，生成的单质硅和铁相形成低熔点铁硅合金。

图 5-35 所示为温度 1600 ℃、100 g 锌焙砂还原过程不同氢气喷吹速度对平衡物相演变的影响。向 1600 ℃熔融态锌焙砂中喷吹氢气，平衡物相演变规律和 1400 ℃、1500 ℃基本一致，说明温度变化对物相演变的影响较小。氢气还原 1600 ℃锌焙砂中锌氧化物后，会继续还原锌焙砂中铁氧化体，生成液相金属铁液。

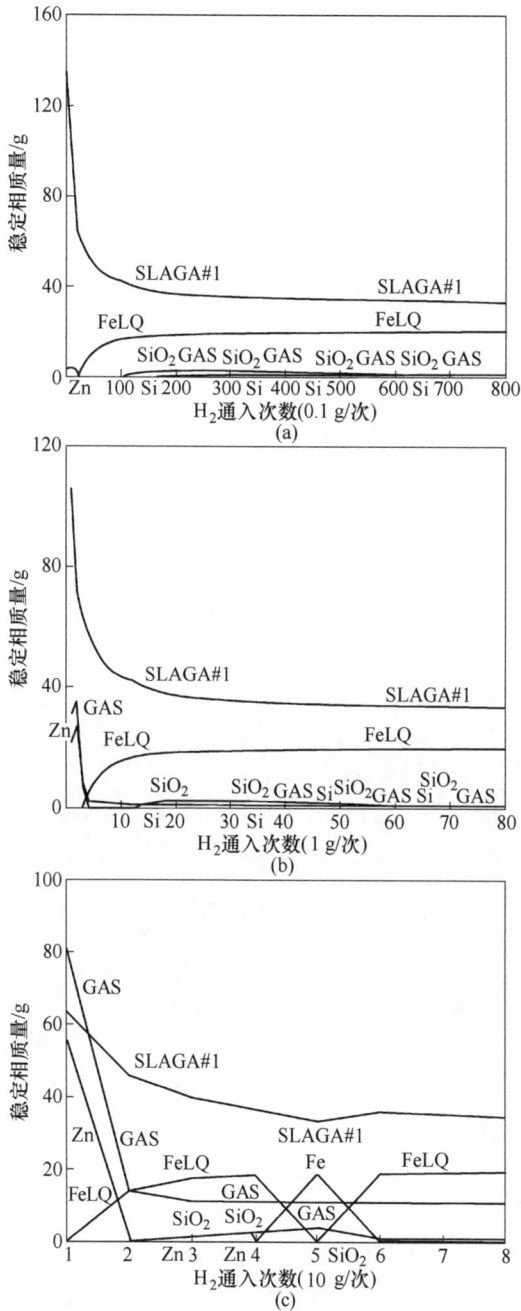

图 5-35 1600 ℃锌焙砂还原过程不同氢气喷吹速度对平衡物相演变影响

(a) H$_2$通入 0.1 g/次时；(b) H$_2$通入 1 g/次时；(c) H$_2$通入 10 g/次时

5.5　氨在有色金属低碳冶炼中的应用展望

能源是发展国民经济的重要物质基础，合理利用能源、降低能源消耗是我国实现可持续发展的长期战略任务。2023 年《国务院政府工作报告》中明确提出稳步推进节能降碳，统筹能源安全稳定供应和绿色低碳发展，科学有序推进碳达峰、碳中和。氢能是实现"双碳"达标的重要技术途径，其具有高热值、高能量转化、无毒性、可再生等多项优点，可利用光伏、风能等可再生资源电解水制备氢气（绿氢）。由于氢气非常活泼，与空气混合后容易发生燃爆，在高温、高压下氢可以穿透钢板，因此其对安全储运的材料要求非常高。目前，由于受限于电解水技术的经济瓶颈和储存运输的安全隐患，绿氢的工业化应用还未得到广泛普及。

近年来，国内外不少研究学者将氨气作为储氢的一种介质。氨气作为氢能载体的一种介质，相对于氢气具有更高的存储安全性，液化后可采用钢瓶、管道和储罐等多种方式以液态形式储存和运输，可解决氢气难以长时间储存和远距离运输的问题，因此许多国家正在积极开展氨能技术研发与规划布局。

目前，将氨用作有色金属冶炼领域的能源供热和冶炼还原剂的应用或研究基本处于空白阶段。基于氨在有色金属冶炼中的利用与发展进行了思考与探讨，提出在双碳减排目标背景下氨在有色金属冶炼领域的研究和发展方向，以期促进氨冶金研究在国内的发展，加速中国有色金属冶炼行业的低碳进程。

5.5.1　氨的制备、储运

氨（NH_3）是现代工业、农业和国防领域最为基础且重要的化工原料之一，对人类发展和社会进步起到了不可或缺的作用。1905 年 Fritz 发明了以铁催化剂为基础的 Haber-Bosch 合成氨工艺，奠定了现代合成氨工业的基础，1910 年 CarlBosch 将该工艺实现工业化。该技术被认为是 20 世纪最伟大的发明之一，二人也因在合成氨工艺中的杰出贡献分别获得了 1918 年和 1931 年的诺贝尔化学奖。但是，现有成熟的工业合成氨技术并非绿氨，依然会造成大量的二氧化碳排放，其综合排放量甚至不低于烃类燃烧。氨的生产原料中98%来自化石燃料，生产过程总的二氧化碳排放量约占全球碳排放量的 1.8%，是名副其实的"碳排放大户"。

根据合成氨工艺中氢气的碳足迹，合成氨可分为灰氨、蓝氨和绿氨。其中，绿氨是以可再生能源为动力进行电解水制氢，再与氮通过热催化或电催化等技术合成，即以绿氢制备绿氨。在双碳减排的推动下，合成氨所用的氢源必然会由工业氢源逐步向以电解水供氢的方式转变，电解所需的能量也必然会发展为以风、光等可再生能源供应方式为主，最终实现绿氨的低成本制备工艺路线。

氨作为一种旨在替代化石燃料的"无碳新能源",其在标准大气压下的液化温度为-33 ℃,与液态氢(-253 ℃)相比,运输和储存更加便捷。在成本上,同质量的液氨储罐是液氢储罐的0.2%~1%,且液氨的密度是液氢的8.5倍。考虑到氨对部分金属如铜、铜合金、镍浓度大于6%的合金的腐蚀危害,实际存储和运输时可采用带聚乙烯内衬套的不锈钢或碳纤维储罐和管路。目前,100 km内液氨的储运成本约为0.15元/kg,100 km内液氢的储运成本约为11元/kg,液氨的储运成本远远低于液氢的储运成本。因此,氨作为一种优质的储氢载体,理应在未来的氢冶金领域中占据重要地位。

5.5.2 氨作为能源供热

氨的燃烧应用不是很成熟,国内外研究学者对氨燃烧机理的认识仍需要进一步研究。目前,关于氨燃烧的研究大多集中于基础燃烧特性方面,除日本对内燃机、燃气轮机及锅炉等燃烧装置中的氨燃烧展开了全面的工业探索和技术开发外,大部分的氨应用燃烧仍处于理论和实验室研究水平。相较于国外对氨燃烧的研究,国内对氨燃烧的研究起步较晚,清华大学、西安交通大学、哈尔滨工业大学等高校开展了相关技术研究工作,但未见工业应用的相关报道。

如反应式(5-1)所示,氨作为能源供热时其理论燃烧产物为H_2O和N_2,属于低碳燃料。相较于目前有色金属冶炼常用的供热气源天然气(CH_4),相同摩尔量条件下氨气的理论燃烧放热量低于天然气的理论燃烧放热量,高于相同摩尔量条件下氢气的理论燃烧放热量。

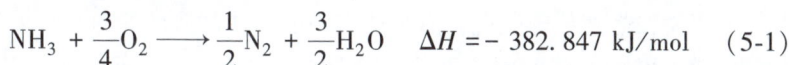

$$NH_3 + \frac{3}{4}O_2 \longrightarrow \frac{1}{2}N_2 + \frac{3}{2}H_2O \quad \Delta H = -382.847 \text{ kJ/mol} \quad (5-1)$$

$$CH_4 + 2O_2 \longrightarrow CO_2 + 2H_2O \quad \Delta H = -890.309 \text{ kJ/mol} \quad (5-2)$$

$$H_2 + \frac{1}{2}O_2 \longrightarrow H_2O \quad \Delta H = -285.830 \text{ kJ/mol} \quad (5-3)$$

氨气、氢气和天然气的燃烧特性关键指标见表5-4。氨气的燃点为651 ℃,空气中的爆炸极限为16%~25%。由于氨的最小点火能量很高,在常规条件下氨气不易燃烧,且燃烧极不稳定。有研究表明,为了提高氨的燃烧性能,通常采用掺烧其他气体燃料、氨气预分解燃烧、增氧燃烧、预热燃烧等方式强化燃烧,其中氨气与氢气、甲烷等燃料进行混合燃烧是目前世界上主流的研究方向。

表 5-4 氨气、氢气和天然气的燃烧特性关键指标

项 目	氨气	氢气	天然气
液态密度/g·cm^{-3}	0.60	0.071	0.42~0.46
沸点/℃	-33	-253	-161.5

项　目	氨气	氢气	天然气
汽化潜热/kJ·kg^{-1}	1370	445.6	511
燃料低热值/MJ·kg^{-1}	18.5	120.0	50.01
燃料高热值/MJ·kg^{-1}	22.5	141.9	55.48
空气中爆炸极限/%	16~25	4.1~74.2	5~15
自燃温度/℃	651	574	538
最大火焰速度/m·s^{-1}	0.07	2.9	3.90
最小点火能/mJ	8	0.02	0.47
辛烷值（RON）	>111	≥120	120~130

　　对于有色金属冶炼领域，特别是冶金炉内喷枪浸没燃烧的应用场景，其冶炼工艺温度通常在 1200 ℃以上，同时冶金炉内通常采用富氧熔炼以减少烟气带走的热量。目前，天然气、水煤气、焦炉煤气和粉煤均已在有色金属冶炼领域中实现燃烧供热的工业应用，如果将氨作为燃料掺入到供热燃料中，在高温及富氧熔炼的双重作用下，有望进一步提高氨的燃烧稳定性，实现氨作为一种低碳燃料应用于有色金属冶炼领域，对环境保护有着积极的意义。

　　以河南某铅冶炼厂的侧吹炼铅工艺为例，该铅冶炼厂采用焦炉煤气作为热源，其所使用的焦炉煤气的热值（约为 4000 大卡/m³，1 大卡≈4.1868 kJ）与氨气的热值相近。因此，采用氨气替代现有的焦炉煤气在侧吹炉工艺或者底吹炉工艺中实现浸没燃烧供热是完全有可能实现的。从经济性的角度出发，以河南济源为例，该地区冶炼厂使用的天然气价格为 4.2 元/m³，天然气的热值约 8000 大卡/m³，而氨气价格约为 1.6 元/m³，热值约 4000 大卡/m³，从供热量来看两者的经济性相近。与传统的有色金属冶炼供热燃料相比，氨的燃烧虽然不会有碳排放，但是由于其自身含氮量高，氨作为燃料燃烧供热时存在氮氧化物排放超标的风险，其燃烧产出的烟气中的氮氧化物含量需要进一步测定与评估。

　　为进一步推动氨在有色金属冶炼领域的应用，未来氨作为能源供热时可从以下几个研发方向进一步开展研究工作：（1）不同掺氨量会对天然气、水煤气、焦炉煤气和粉煤等不同供热燃料的燃烧特性有不同影响，需重点关注混合燃料的点火性能、燃烧稳定性、火焰传播速度和火焰辐射热流强度等燃烧特性参数；（2）不同富氧浓度会影响混合燃料的燃烧特性参数，需重点关注燃烧尾气中 NO_x 的生成机理，采取有效的工艺技术方案抑制尾气中 NO_x 的生成；（3）有色金属冶炼领域中不同金属的冶炼工况条件各不相同，需重点研究不同冶炼工况条件下掺氨混合燃料的详细反应机理模型、火焰形态及具体的传热规律。

5.5.3　氨作为冶炼还原剂

目前，国内外专家学者对于氨在钢铁冶金和材料制备领域的还原机理开展了大量的研究工作，但氨在有色金属领域的还原机理尚处于空白，为此重点针对铜、锌、铅、镍、锡、锑等六种常见的有色金属开展相关热力学计算与讨论。

首先，氨作为氢能的一种载体，其在金属冶炼过程中本身可以分解产生氢气。如图 5-36 所示，当冶炼温度高于 200 ℃时，反应式（5-4）的标准吉布斯自由能小于零，说明氨气在有色金属冶炼过程中可进一步分解为氢气和氮气。以铜渣的还原冶炼为例，其冶炼温度通常为 1100~1250 ℃，在标准状态下氨气及其裂解产出的氢气均可将铜的氧化物还原为金属铜。

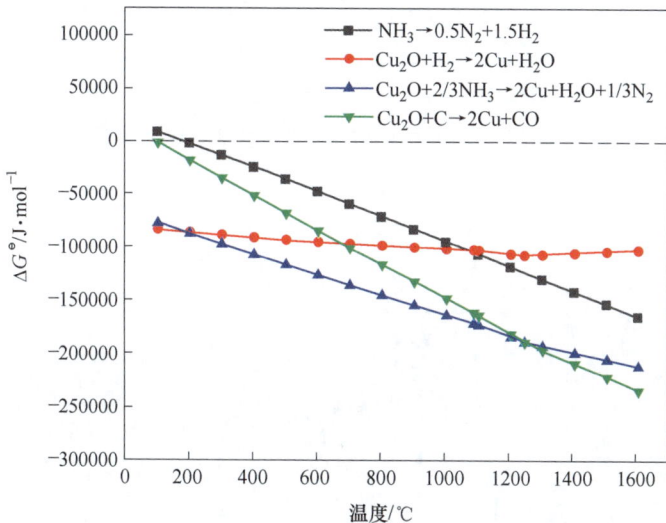

图 5-36　氧化亚铜还原冶炼标准吉布斯自由能计算

如图 5-37 所示，以锌渣的还原冶炼为例，其冶炼温度通常为 1200~1250 ℃，在标准状态下氨气还原氧化锌的最低反应温度（约 900 ℃）要明显低于氢气的最低还原温度（约 1300 ℃）和碳的最低还原温度（约 1000 ℃）。在该冶炼条件下，氨气入炉后会大量分解为氢气和氮气，而氢气的最低反应温度要高于碳的最低还原温度，因此从热力学的角度来说氨气并非是锌渣还原的理想还原剂。

如图 5-38 所示，以高铅渣的还原冶炼为例，其冶炼温度通常为 1100~1200 ℃，在标准状态下氨气及其裂解产出的氢气均可将氧化铅还原为金属铅。

如图 5-39 所示，以红土镍矿的还原冶炼为例，其冶炼温度通常为 1500~1600 ℃，在标准状态下氨气及其裂解产出的氢气均可将氧化镍还原为金属镍。

如图 5-40 所示，以锡精矿的还原冶炼为例，其冶炼温度通常为 1050~

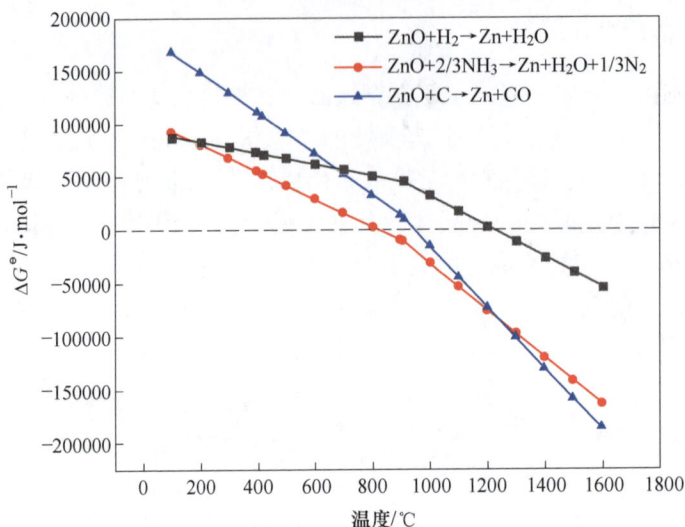

图 5-37 氧化锌还原冶炼标准吉布斯自由能计算

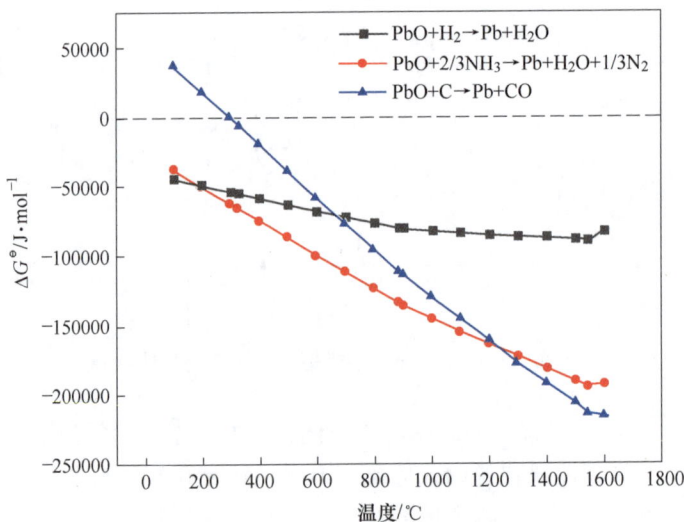

图 5-38 氧化铅还原冶炼标准吉布斯自由能计算

1250 ℃,在标准状态下氨气及其裂解产出的氢气均可将氧化锡还原为金属锡。

如图 5-41 所示,以锑氧粉的还原冶炼为例,其冶炼温度通常为 1100 ~ 1200 ℃,在标准状态下氨气及其裂解产出的氢气均可将氧化锑还原为金属锑。

$$NH_3 \longrightarrow \frac{1}{2}N_2 + \frac{3}{2}H_2 \tag{5-4}$$

$$Cu_2O + H_2 \longrightarrow 2Cu + H_2O \tag{5-5}$$

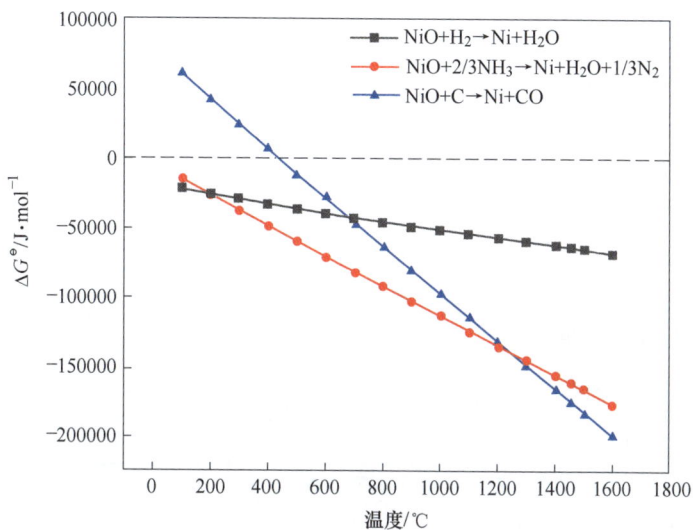

图 5-39 氧化镍还原冶炼标准吉布斯自由能计算

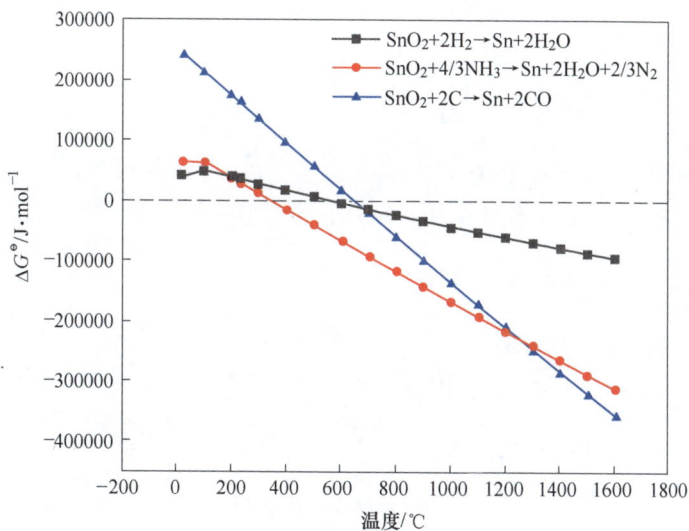

图 5-40 氧化锡还原冶炼标准吉布斯自由能计算

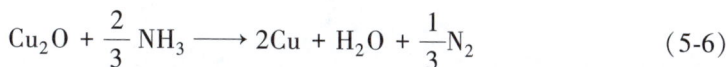

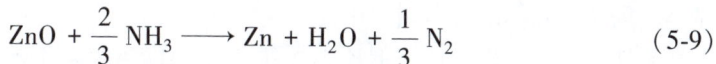

$$Cu_2O + \frac{2}{3}NH_3 \longrightarrow 2Cu + H_2O + \frac{1}{3}N_2 \qquad (5\text{-}6)$$

$$Cu_2O + C \longrightarrow 2Cu + CO \qquad (5\text{-}7)$$

$$ZnO + H_2 \longrightarrow Zn + H_2O \qquad (5\text{-}8)$$

$$ZnO + \frac{2}{3}NH_3 \longrightarrow Zn + H_2O + \frac{1}{3}N_2 \qquad (5\text{-}9)$$

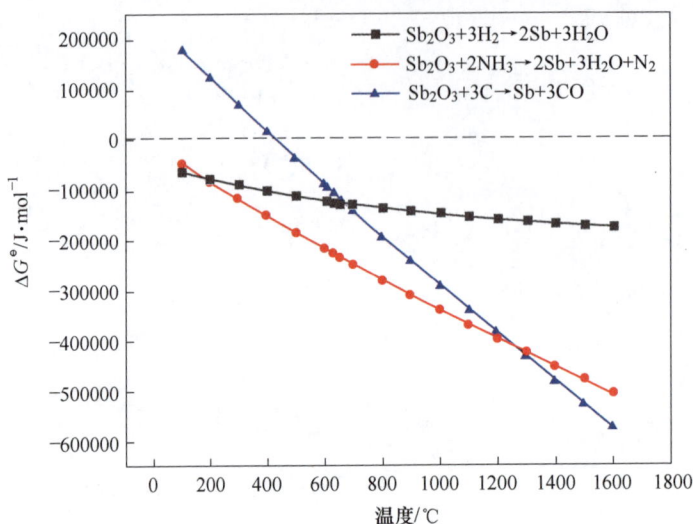

图 5-41　氧化锑还原冶炼标准吉布斯自由能计算

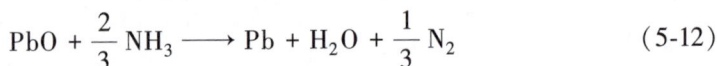

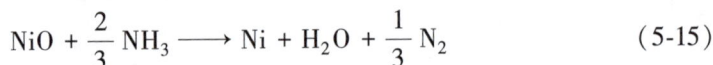

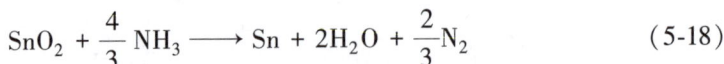

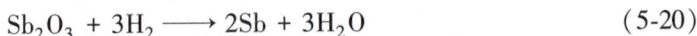

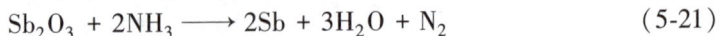

$$ZnO + C \longrightarrow Zn + CO \tag{5-10}$$

$$PbO + H_2 \longrightarrow Pb + H_2O \tag{5-11}$$

$$PbO + \frac{2}{3}NH_3 \longrightarrow Pb + H_2O + \frac{1}{3}N_2 \tag{5-12}$$

$$PbO + C \longrightarrow Pb + CO \tag{5-13}$$

$$NiO + H_2 \longrightarrow Ni + H_2O \tag{5-14}$$

$$NiO + \frac{2}{3}NH_3 \longrightarrow Ni + H_2O + \frac{1}{3}N_2 \tag{5-15}$$

$$NiO + C \longrightarrow Ni + CO \tag{5-16}$$

$$SnO_2 + 2H_2 \longrightarrow Sn + 2H_2O \tag{5-17}$$

$$SnO_2 + \frac{4}{3}NH_3 \longrightarrow Sn + 2H_2O + \frac{2}{3}N_2 \tag{5-18}$$

$$SnO_2 + 2C \longrightarrow Sn + 2CO \tag{5-19}$$

$$Sb_2O_3 + 3H_2 \longrightarrow 2Sb + 3H_2O \tag{5-20}$$

$$Sb_2O_3 + 2NH_3 \longrightarrow 2Sb + 3H_2O + N_2 \tag{5-21}$$

$$Sb_2O_3 + 3C \longrightarrow 2Sb + 3CO \tag{5-22}$$

综合对比图 5-36~图 5-41 的标准吉布斯自由能计算可知，在上述六种不同的有色金属氧化物还原冶炼的温度范围内，氨气还原的标准吉布斯自由能与碳还原的标准吉布斯自由能相接近，而氨气裂解产出的氢还原的标准吉布斯自由能要明显小于碳还原的标准吉布斯自由能。在实际冶炼生产过程中，除上述所讨论的热力学条件外，氨气作为还原剂还必须满足实际生产冶炼的动力学条件，即还原效率要满足实际冶炼生产的需求。未来，还需要有色冶金工作者对氨气还原有色金属冶炼物料的还原动力学计算、气液界面反应强化机制、还原控速环节、还原动力学模型及更深层次的还原机理等多项内容进行深入研究，有条件的可推进小试、扩试及半工业化试验，为氨气作为还原剂应用于工业生产提供更为详细和准确的指导参数。

5.5.4　总结与展望

我国在 2020 年联合国大会上提出了"中国 CO_2 排放量力争于 2030 年前达到峰值，于 2060 年前实现碳中和"的目标，在此背景下，低碳减排已成为我国目前刻不容缓的大趋势。冶金行业是公认的节能减碳环保重点领域，氨作为一种氢载体和可再生能源，已经成为国际社会新能源领域的研究热点。在制氢、储氢、氢冶炼技术未能大规模成熟应用之前，将氨作为供热燃料和还原剂应用于有色金属冶炼领域，具有较为广阔的应用前景。目前，氨气在有色冶金炉窑内的供热燃烧和还原的机理研究尚不全面，仍需要广大有色冶金工作者进一步弥补氨冶金在有色金属冶炼的研究空白。未来，有色金属冶炼领域需加速由传统的碳冶金向新型的氢冶金（氨冶金）转变，优化能源结构组成，开发具有自主知识产权的氨气零碳燃烧技术，特别是将氨气零碳燃烧技术应用于浸没燃烧熔池熔炼领域，有望成为我国有色行业碳减排的一项前瞻性关键技术。

参 考 文 献

[1] 张延玲. 冶金工程数学模型及应用基础 [M]. 北京：冶金工业出版社，2013.

[2] 张传福，谭鹏夫，曾德文，等. QSL 直接炼铅过程的计算机模拟与理论分析 [J]. 有色金属（冶炼部分），1997 (1)：13-16.

[3] 刘燕庭，杨天足，李明周. 铅富氧侧吹氧化熔池熔炼相平衡计算模型 [J]. 中国有色金属学报，2019，29 (11)：2609-2619.

[4] 王建松，覃贾，史欣欣，等. 铅富氧侧吹氧化-还原过程动力学模拟 [J]. 中国有色金属学报，2022，32 (10)：3134-3146.

[5] 刘坤、冯亮花、刘颖杰，等. 冶金传输原理 [M]. 北京：冶金工业出版社，2015.

[6] 黄希祜. 钢铁冶金原理 [M]. 北京：冶金工业出版社，2013.

[7] 张乐如. 现代铅冶金 [M]. 长沙：中南大学出版社，2013.

[8] 任鸿九. 有色金属熔池熔炼 [M]. 北京：冶金工业出版社，2001.

[9] Themelis N J. Transport phenomena in high-intensity smelting furnaces [J]. Trans. Inst. Min. Metall. C, 1987, 96.

[10] 孙永升，韩跃新，高鹏，等. 高磷鲕状赤铁矿石工艺矿物学研究 [J]. 东北大学学报（自然科学版），2013，34 (12)：1773-1777.

[11] 黄武胜，延黎，吴世超，等. 国外某高磷鲕状铁矿石工艺矿物学研究 [J]. 金属矿山，2020 (9)：137-141.

[12] 张桂芳，刘金浪，张宗华. 高磷赤褐铁矿提铁降磷氯化离析工艺条件试验研究 [J]. 中国矿业，2010，19 (7)：67-70.

[13] Zhang J, Luo G P, Zhao W, et al. Phosphorus gasification during the carbothermic reduction of medium phosphorus magnetite ore by adding Na_2CO_3 [J]. ISIJ International, 2019, 59 (2)：235-244.

[14] 曹祎哲. 磷的析出行为对含铌耐候钢组织形貌及冲击性能的影响 [D]. 包头：内蒙古科技大学，2015.

[15] 许满兴. 中国鲕状赤铁矿资源的特征与开发利用 [J]. 烧结球团，2011，36 (3)：24-27.

[16] 沈慧庭，黄晓毅，包玺琳，等. 高磷铁精矿降磷试验研究 [J]. 中国矿业，2011，20 (1)：82-86.

[17] 罗绍尧，周淑珊，许孝元. 钛铁矿精矿的选择性浸出法降磷 [J]. 有色金属（选矿部分），1994 (2)：20-23.

[18] 胡纯，龚文琪，李育彪，等. 高磷鲕状赤铁矿还原焙烧及微生物脱磷试验 [J]. 重庆大学学报，2013，36 (1)：133-139.

[19] 刘万峰，邵广全，张心平，等. 某赤铁矿浮-磁工艺流程试验研究 [J]. 有色金属（选矿部分），2005 (3)：17-20.

[20] 黄涛，吴光亮，孟征兵. 高磷鲕状赤铁矿铁磷分离试验研究 [J]. 金属材料与冶金工程，2012，40 (2)：12-16.

[21] 孙永升，李淑菲，史广全，等．某鲕状赤铁矿深度还原试验研究［J］．金属矿山，2009
　　　（5）：80-83.

[22] 胡俊鸽，高战敏．Corex、Finex 和 HIsmelt 技术的发展近况［J］．钢铁研究，2007，35
　　　（4）：55-58.

[23] 陈学刚．侧吹浸没燃烧熔池熔炼技术的现状与持续发展［J］．中国有色冶金，2017，46
　　　（1）：5-10，29.

[24] 陈学刚，裴忠冶，代文彬，等．侧吹浸没燃烧熔炼技术（SSC）在红土镍矿领域的应用
　　　及展望［J］．中国有色冶金，2018，47（6）：1-7.

[25] 李兰滨．高磷赤铁矿的高炉冶炼技术［J］．钢铁，1990（3）：70-73，69.

[26] 任海．中国新能源汽车用锂电池产业现状及发展趋势［J］．当代化工研究，2021（6）：
　　　14-15.

[27] 孔令湖，邓文兵，尚磊．中国镍矿资源现状与国家级镍矿床实物地质资料筛选［J］．有
　　　色金属：矿山部分，2021，73（2）：79-86.

[28] Rao M J, Li G H, Jiang T, et al. Carbothermic reduction of nickeliferous laterite ores for
　　　nickel pig iron production in china：A review［J］. JOM, 2013, 65（11）：1573-1583.

[29] 朱德庆，田宏宇，潘建，等．低品位红土镍矿综合利用现状及进展［J］．钢铁研究学
　　　报，2020，32（5）：351-362.

[30] 王帅．红土镍矿火法冶炼技术现状与研究进展［J］．中国冶金，2021，31（10）：1-7.

[31] Wang H Y, Hou Y, Chang H Q, et al. Preparation of Ni-Fe-S matte from nickeliferous laterite
　　　ore using CaS as the sulfurization agent［J］. Metallurgical and Materials Transactions B,
　　　2022, 53（2）：1136-1147.

[32] Warner A, Díaz C M, Dalvi A D, et al. World nonferrous smelter survey, Part Ⅳ: Nickel:
　　　Sulfide［J］. JOM, 2007, 59（4）：58-72.

[33] 冯双杰．侧吹熔融还原炉的设计及应用［J］．中国有色冶金，2015，44（3）：19-21.

[34] 陈学刚．侧吹浸没燃烧熔池熔炼技术的现状与持续发展［J］．中国有色冶金，2017，46
　　　（1）：5-10.

[35] 李东波，陈学刚，王忠实．现代有色金属侧吹冶金技术［M］．北京：冶金工业出版
　　　社，2019.

[36] 陈学刚，裴忠冶，代文彬，等．侧吹浸没燃烧熔炼技术（SSC）在红土镍矿领域的应用
　　　及展望［J］．中国有色冶金 A 卷生产实践篇·重金属，2018，47（6）：1-7.

[37] 祁永峰，代文彬，王云，等．石膏热分解性质及硫化反应行为［J］．中国有色冶金，
　　　2022，51（1）：8-14.

[38] 田庆华，李中臣，王亲猛，等．红土镍矿资源现状及冶炼技术研究进展［J］．中国有色
　　　金属学报，2023，33（9）：2975-2997.

[39] 陶高驰，肖峰，蒋伟．国内采用回转窑生产镍铁的实践［J］．有色金属（冶炼部分），
　　　2014（8）：51-54，59.

[40] Gao L H, Liu Z G, Pan Y Z, et al. Separation and recovery of iron and nickel from low-grade
　　　laterite nickel ore using reduction roasting at rotary kiln followed by magnetic separation

technique [J]. Mining Etallurgy & Exploration, 2019, 36 (2): 375-384.

[41] King M G. Nickel laterite technology-finally a new dawn? [J]. JOM, 2005, 57 (7): 35-39.

[42] 金永新. 缅甸达贡山镍矿项目生产实践 [C] //2018红土镍矿行业大会暨APOL年会. 成都: 亚洲与太平洋地区红土镍矿合作组织 (APOL), 2018: 13-16.

[43] Liu P, Li B K, Cheung S C P, et al. Material and energy flows in rotary kiln-electric furnace smelting of ferronickel alloy with energy saving [J]. Applied Thermal Engineering, 2016, 109 (Part A): 542-559.

[44] Harris C T, Peacey J G, Pickles C A. Selective sulphidation of a nickeliferous lateritic ore [J]. Minerals Engineering, 2011, 24 (7): 651-660.

[45] Kotze I J. Pilot plant production of ferronickel from nickel oxide ores and dusts in a DC arc furnace [J]. Minerals Engineering, 2002, 15 (11): 1017-1022.

[46] Chen S L, Guo X Y, Shi W T, et al. Extraction of valuable metals from low-grade nickeliferous laterite ore by reduction roasting-ammonia leaching method [J]. J. Cent. South Univ. Technol. , 2010, 17 (4): 765-769.

[47] 梁威. 从低品位红土镍矿中高效回收镍铁 [J]. 中南大学学报 (自然科学版), 2011, 42 (8): 2173-2177.

[48] 郭学益, 陈远林, 田庆华, 等. 氢冶金理论与方法研究进展 [J]. 中国有色金属学报, 2021, 31 (7): 1891-1906.

[49] 卢杰, 刘守军, 上官炬, 等. 氢气氛下硫酸钠对红土镍矿晶相转变的促进作用 [J]. 化工进展, 2013, 32 (10): 2308-2315.

[50] 高金涛, 张颜庭, 陈培钰, 等. 红土镍矿富集镍和铁的焙烧、氢气还原和磁选分离 [J]. 北京科技大学学报, 2013, 35 (10): 1289-1296.

[51] Zhang Y, Fang Z Z, Xia Y, et al. Hydrogen assisted magnesiothermic reduction of TiO_2 [J]. Chemical Engineering Journal, 2017, 308: 299-310.

[52] Kang H, Jeong Y, Oh S. Hydrogen reduction behavior and microstructural characteristics of WO_3 and WO_3-NiO powders [J]. International Journal of Refractory Metals and Hard Materials, 2019, 80: 69-72.

[53] Zhang Y, Jiao S, Chou K, et al. Size-controlled synthesis of Mo powders via hydrogen reduction of MoO_2 powders with the assistance of Mo nuclei [J]. International Journal of Hydrogen Energy, 2020, 45 (3): 1435-1443.

[54] Ebin B, Petranikova M, Steenari B, et al. Investigation of zinc recovery by hydrogen reduction assisted pyrolysis of alkaline and zinc-carbon battery waste [J]. Waste Management, 2017, 68: 508-517.

[55] 陈义胜, 宿洪亮, 闫永旺, 等. 含铌铁矿粉氢气选择性还原过程中磷行为 [J]. 钢铁, 2016, 51 (3): 22-26.

[56] 刘诚, 陈瑞英, 王满仓, 等. 铜冶炼能耗核算与碳排放量核算差异性和相关性分析 [J]. 中国有色冶金, 2021, 50 (4): 1-6.

[57] 雍瑞生, 杨川箐, 薛明, 等. 氢能应用现状与前景展望 [J]. 中国工程科学, 2023, 25

（2）：111-121.

［58］ Ma Y, Bae J W, Kim S H, et al. Reducing iron oxide with ammonia: a sustainable path to green steel ［J］. Advanced Science, 2023: 2300111.

［59］ Kurata O, Iki N, Matsunuma T, et al. Performances and emission characteristics of NH_3-air and NH_3CH_4-air combustion gas-turbine power generations ［J］. Proceedings of the Combustion Institute, 2017, 36 （3）: 3351-3359.

［60］ 李育磊, 刘玮, 董斌琦, 等. 双碳目标下中国绿氢合成氨发展基础与路线 ［J］. 储能科学与技术, 2022, 11 （9）: 2891-2899.

［61］ Luo Y, Shi Y, Liao S, et al. Coupling ammonia catalytic decomposition and electrochemical oxidation for solid oxide fuel cells: A model based on elementary reaction kinetics ［J］. Journal of Power Sources, 2019, 423: 125-136.

［62］ 蒲亮, 余海帅, 代明昊, 等. 氢的高压与液化储运研究及应用进展 ［J］. 科学通报, 2022, 67 （19）: 2172-2191.

［63］ Kang D W, Holbrook J H. Use of NH_3 fuel to achieve deep greenhouse gas reductions from US transportation ［J］. Energy Reports, 2015, 1: 164-168.

［64］ Otomo J, Koshi M, Mitsumori T, et al. Chemical kinetic modeling of ammonia oxidation with improved reaction mechanism for ammonia/air and ammonia/hydrogen/air combustion ［J］. International Journal of Hydrogen Energy, 2018, 43 （5）: 3004-3014.

［65］ 范卫东, 陈钧. 氨气燃烧强化措施及 NO_x 控制策略研究进展 ［J］. 华中科技大学学报（自然科学版）, 2022, 50 （7）: 14-23.

［66］ Yasuda N, Mochizuki Y, Tsubouchi N, et al. Reduction and nitriding behavior of hematite with ammonia ［J］. ISIJ International, 2015, 55 （4）: 736-741.

［67］ Gou H P, Zhang G H, Chou K C. Phase evolution and reaction mechanism during reduction-nitridation process of titanium dioxide with ammonia ［J］. Journal of Materials Science, 2017, 52: 1255-1264.